Alfred Wilhelm Stelzner

Beitrage zur Geologie und Palaeontologie der Argentinischen

Republik

Alfred Wilhelm Stelzner

Beitrage zur Geologie und Palaeontologie der Argentinischen Republik

ISBN/EAN: 9783744633062

Hergestellt in Europa, USA, Kanada, Australien, Japan

Cover: Foto ©berggeist007 / pixelio.de

Weitere Bücher finden Sie auf **www.hansebooks.com**

BEITRÄGE

ZUR

GEOLOGIE UND PALAEONTOLOGIE

DER

ARGENTINISCHEN REPUBLIK.

AUF ANORDNUNG DER ARGENTINISCHEN NATIONAL-REGIERUNG

HERAUSGEGEBEN

VON

Dr. ALFRED STELZNER.

CASSEL UND BERLIN.

VERLAG VON THEODOR FISCHER

1876—1885.

BEITRÄGE

zur

GEOLOGIE UND PALAEONTOLOGIE

der

ARGENTINISCHEN REPUBLIK

— — — — — —

I.

GEOLOGISCHER THEIL.

CASSEL UND BERLIN,
VERLAG VON THEODOR FISCHER.
1885.

Dieser geologische Theil der Beiträge sollte ursprünglich mit dem in den Jahren 1876—78 erschienenen paläontologischen Theile den 3. Supplementband der Paläontographica bilden. Da jedoch während seines im April 1885 begonnenen Druckes die Paläontographica in anderen Verlag übergegangen sind und die Aufnahme einer grösseren, rein geologischen Arbeit in dieselben nicht zweckmässig erschien, so ist von dem anfänglichen, auch in den Normen der Textbögen zum Ausdruck gelangten Plane abgesehen und die selbständige Herausgabe des vorliegenden Theiles beschlossen worden.

BEITRÄGE

ZUR

GEOLOGIE UND PALAEONTOLOGIE

DER

ARGENTINISCHEN REPUBLIK.

I.

GEOLOGISCHER THEIL.

BEITRÄGE ZUR GEOLOGIE DER ARGENTINISCHEN REPUBLIK

UND DES ANGRENZENDEN, ZWISCHEN DEM 32. und 33.° S. Br. GELEGENEN THEILES DER CHILENISCHEN

CORDILLERE

VON

Dr. ALFRED STELZNER.

CASSEL UND BERLIN
VERLAG VON THEODOR FISCHER
1885.

DER

ACADEMIA NACIONAL

DE CIENCIAS

IN

CÓRDOBA

GEWIDMET

VOM VERFASSER

Vorwort

und Entstehungsgeschichte dieser Beiträge.

— · —

Im Jahre 1869 wurde dem National-Congresse der Argentinischen Republik von den damaligen, um die Culturentwickelung des Landes und namentlich um die Hebung des Schulwesens hochverdienten Präsidenten Dr. D. Domingo F. Sarmiento und von dem Unterrichtsminister Dr. D. Nicolas Avellaneda der Entwurf zu einem Gesetze vorgelegt, nach welchem mit der schon 1622 gegründeten Nationaluniversität in Córdoba, die bis dahin nur aus einer juristischen Facultät bestanden hatte, auch eine nach deutschem Muster einzurichtende naturwissenschaftliche Facultät verbunden werden sollte.

Nachdem dieses Gesetz die Sanction des Congresses erhalten hatte, wurden im Jahre 1870 Dr. P. G. Lorentz aus München als Botaniker, Dr. M. Siewert aus Halle als Chemiker und ich selbst als Mineralog und Geolog nach Córdoba berufen; im Jahre 1872 trafen Dr. H. Weyenbergh aus Harlem als Zoolog und Dr. C. Schultz-Sellack aus Berlin als Physiker ein; 1873 kam Dr. C. H. Vogler aus München an, um den Lehrstuhl für Mathematik zu übernehmen.

Die Professoren sollten diejenige Zeit, welche nicht durch ihre Lehrthätigkeit in Anspruch genommen sein würde, zu Reisen im Lande verwenden, hierbei die naturwissenschaftlichen Verhältnisse der La Plata-Staaten und die mannigfachen, einer technischen Ausnutzung fähigen Bodenschätze derselben erforschen und späterhin die Ergebnisse ihrer Studien weiteren Kreisen durch geeignete Publicationen bekannt machen.

Diese kurzen Erinnerungen werden hier genügen. Wer sich für die weitere Entwickelungsgeschichte des zu so vielen Hoffnungen berechtigenden Institutes interessirt, für die schweren Kämpfe, durch welche dasselbe im Jahre 1874 in seinen Fundamenten erschüttert wurde und für die Reconstruction, deren es sich später unter der Präsidentschaft von Dr. D. N. Avellaneda zu erfreuen hatte, sei nicht nur auf die bezüglichen Angaben im Boletin de la Academia Nacional de Ciencias exactas, existente en la Universidad de Córdoba verwiesen, sondern auch auf die Mittheilungen von Wappäus in den Göttinger gelehrten Anzeigen vom 2. Mai 1877, auf die Erinnerungsworte, welche ich meinem leider so früh verstorbenen Freunde Lorentz in dem Botanischen Centralblatte (IX. 1882. No. 13) widmete und auf die Flugschriften von Dr. Schultz-Sellack und Dr. Vogler, welche man daselbst citirt findet.

Dagegen habe ich, um dem Leser der nachfolgenden Blätter einen Massstab zur Beurtheilung meiner in denselben niedergelegten Beobachtungen an die Hand zu geben, an dieser Stelle zu bemerken, dass ich, nachdem ich mich am 20. Febr. 1871 in Liverpool eingeschifft hatte, am 21. März in Montevideo und — da damals in Buenos Aires das gelbe Fieber wüthete — auf directer Fahrt über Rosario de Santa Fé am 6. April 1871 in Córdoba eingetroffen bin.

Am 2. Juni 1874 habe ich dann, einem Rufe nach Freiberg folgend, Córdoba wieder verlassen und die Heimreise über Buenos Aires und Rio de Janeiro angetreten.

Während meines sonach etwas mehr als dreijährigen Aufenthaltes in der Argentinischen Republik habe ich ausser zahlreichen Excursionen in die Sierra von Córdoba und ausser einem kurzen Ausfluge nach Paraná und Santa Fé, auch noch zwei grössere Reisen unternehmen können.

Die Veranlassung zur ersten dieser beiden Reisen gab Herr Professor L o r e n t z.

Derselbe war 1871, als sich die naturwissenschaftliche Facultät noch in ihrem ersten Entwickelungsstadium befand und deshalb Vorlesungen noch nicht gehalten werden konnten, mit unserem Landsmanne, Herrn F r i e d r i c h S c h i c k e n d a n t z, damals Professor am Colegio Nacional in Tucuman, in Correspondenz getreten und die Folge hiervon war, dass uns dieser letztere in der liebenswürdigsten Weise einlud, unter seiner kundigen Führung die Provinzen Tucuman und Catamarca zu besuchen. Dieser Vorschlag wurde natürlich mit grosser Freude angenommen und bald waren die Reisevorbereitungen in vollem Gange. L o r e n t z liess sich einen für Zwecke botanischer Sammlungen geeigneten Wagen bauen und sobald dieser fertig war, brachen wir, am 23. Novbr. 1871, von Córdoba auf.*)

Am 13. Decbr. wurde nach einer, der herrschenden Hitze und Trockenheit wegen ziemlich beschwerlichen Reise — die Eisenbahn von Córdoba nach Tucuman existirte damals noch nicht — die Provinzialhauptstadt Santiago del Estero, am 18. Decbr. diejenige von Tucuman erreicht. Von hier aus übernahm Herr Schickendantz die Leitung der Expedition und es sei schon jetzt bemerkt, dass wir seinen langjährigen Erfahrungen, seiner Umsicht und Vorsorge den weiteren glücklichen Verlauf der Reise in erster Linie zu danken hatten.

Der Wagen wurde in Tucuman zurückgelassen, die Pflanzenpressen und Papierballen des Botanikers von nun an auf Maulthierrücken verladen, von uns selbst der Sattel bestiegen. Am 28. Decbr. begann die Kreuzung der Sierra von Tucuman und der Aconquijakette. Den 31. Decbr. 1871 und den 1. Januar 1872 rasteten wir in Tafi. Am 3. Januar trafen wir, über den Infernillopass und Amaicha, in San José, den 6. Januar auf der in der Sierra de las Capillitas gelegenen Grube Restauradora ein. Hier blieb ich, von Seiten der englischen Beamten gastlich aufgenommen, bis zum 13. Januar, um das Gebirge und seine Erzlagerstätten kennen zu lernen. Die Reisegefährten zogen inzwischen immer nach dem Fuerte de Andálgala und dem Hüttenwerke Pilciao voraus. Nachdem wir uns auf dem letzteren am 14. Januar wieder vereinigt hatten, ritten wir am 19. über Belen nach dem unweit dieses freundlichen Städtchens gehörigen, Herrn Schickendantz gehörigen Estancia Yacotula, auf welcher wir am 21. eintrafen. Von hier aus unternahmen Lorentz und ich zwei Ausflüge, den einen nach der Sierra de los Granadillos (Valles altos), den anderen nach der unweit der Grenze von Bolivia gelegenen Laguna blanca. Am 5. Febr. kamen wir von der letzteren wieder nach Yacotula zurück.

Von nun an trennten sich unsere Wege. Herr Schickendantz blieb in Yacotula; den Botaniker zog es wieder nach den herrlichen subtropischen Wäldern, die den Ostabhang der Sierra von Tucuman bedecken; ich selbst wollte noch die wichtigsten Grubendistricte der Provinz La Rioja besuchen und ritt daher am 5. Febr. 1872 von Belen aus nach San José bei Tinogasta, machte von hier aus zunächst einen Abstecher nach Fiambalá, und zog mich dann über Tinogasta, Copacavana und Campanas nach dem Hüttenwerke Escaleras de Famatina. Hier fand ich in Herrn Emil Hüniken, der damals technischer Director des Werkes war, wiederum einen Landsmann, der sich die Förderung meiner Reisezwecke in aller und jeder Weise angelegen sein liess. Er begleitete mich nach den Gruben des Mejicana- und Calderadistrictes und versorgte mir weiterhin Führer nach dem Fundpunkte der silurischen Schichten am Potrero de los Angulos und nach dem schon im W. der Famatinakette gelegenen „Kohlenschurfe" von

---

*) Die Reise wurde also in dem Sommer 1871—72 und nicht, wie leider auf der Karte steht, in demjenigen von 1870—71 ausgeführt. Eine Schilderung des ersten Theiles derselben gab Lorentz in der La Plata Monatsschrift. IV. 1876. No. 1 ff. unter dem Titel: Tagebuchblätter von der Reise zwischen Córdoba und Santiago del Estero.

Tambillo. Nachdem so Escaleras de Famatina vom 17. Febr. bis zum 10. März mein Standquartier gewesen war, ritt ich nach Chilecito und besuchte von hier aus den benachbarten, an Silbererzen reichen Cerro negro (11.—17. März). Hierauf wurde die Sierra de Velasco gekreuzt, am 23. März la Rioja und am 27. desselben Monats Catamarca erreicht.

Zu alledem habe ich noch ergänzend zu bemerken, dass ich von Belen an bis Catamarca nur mit einem Arriero und einem Lastthiere gereist bin und dass auf diesem Theile der Reise meine ganze Ausrüstung nur aus Hammer und Compass bestand, da Aneroid und Hypsometer von Herrn Lorentz zurückbehalten worden waren.

In Catamarca hatte ich auf die Eilpost zu warten, die endlich am 8. April abging und mit welcher ich am 14. April 1872, nach nähern fünfmonatlicher Abwesenheit, wieder in Córdoba eintraf.

Der Reiseweg hatte, in der Horizontalen gemessen, ungefähr 350 geogr. Ml. betragen, von denen etwa 135 durchfahren und 215 durchritten werden waren.

Meine zweite Reise sollte zu einer Orientirung in den Provinzen San Juan und Mendoza und in der Cordillere dienen.

Um nach der Stadt San Juan zu gelangen, musste ich mich, in Ermangelung eines besseren Fortkommens, an eine Karrentropa anschliessen, die am 24. Novbr. 1872 mit Kaufmannswaaren von Córdoba aus dahin aufbrach. Es war mir versichert worden, dass dieselbe spätestens nach Verlauf von 14 Tagen ihr Ziel erreichen werde; da jedoch unterwegs unter den Maulthieren eine Seuche ausbrach, so wurde unser Marsch derart verlangsamt, dass wir erst am 14. Decbr., also nach 21 tägiger Fahrt und Wanderung durch die Pampa, in San Juan anlangten.

Hier hatte ich mir zunächst Maulthiere zu kaufen und einen Arriero für die weitere Reise zu suchen. Nach längeren Verhandlungen gelang es, mit D. Antonio Espinosa einen Contract abzuschliessen und die nächsten Monate zeigten, dass ich in demselben einen ebenso zuverlässigen und umsichtigen als ortskundigen Mann gefunden hatte. Er hat mich von San Juan an bis zurück nach Córdoba begleitet und mir während dieser Zeit so treffliche Dienste geleistet, dass ich hier auch seiner gern gedenke.

Da ich während der ganzen Reise meinen cordobaer Diener bei mir hatte und da Don Antonio zur besseren Ueberwachung der Maulthiere auch seinerseits noch einen Knecht mitnahm, so musste er zu meinen beiden eigenen Mulen noch 3 Reit- und 3 Packthiere stellen; dazu kamen dann noch 3 Reservethiere und eine Stute, deren Glockengeläut die Maulthiere über Nacht zusammenzuhalten hat.

Ehe wir marschfertig waren, verstrich freilich erst noch eine Zeit von drei Wochen, die ich so gut als möglich zu Excursionen in der Umgebung von San Juan ausnutzte. Ich besuchte u. a. die Cerros blancos bei Zonda, die Quebrada de la Laja bei Zonda, sowie die am SO. Rande der Sierra de Villagun gelegenen Baños de la Laja und erfreute mich bei mehreren dieser Ausflüge der Begleitung des Herrn Saile Echegaray, eines meiner Schüler, der die Universitätsferien in San Juan verlebte.

Endlich, am 4. Jan. 1873, konnte die Reise nach der Cordillere und nach Chile angetreten werden. Es wurde zunächst die Sierra alta von Zonda gekreuzt und am 6. Jan. die Estancia de las Cuevas, dann, nach einem Besuche der Gruben von Tontal, am 8. Jan. Totoral de Barreal erreicht. Der 9. Jan. wurde zu einem Ausfluge nach dem Hüttenwerken von Sorocayense und Hilario benutzt, am 10. Jan. in Barreal aufgebrochen und am Abend des 11. bei dem letzten argentinischen Gehöfte Halt gemacht.

Von da an führte der Weg zunächst auf dem linken Ufer des Rio de los Patos an dem östlichen Gehänge der Cordillera real bis zu einem los Manantiales genannten Platze, zu dem wir in der Nacht vom 12. zum 13. Jan. campirten. Hierauf wurde das Hauptthal verlassen, westliche Richtung eingeschlagen und durch die Quebrada de las Leñas der Portezuelo del Espinasito erstiegen. Da ich auf der Höhe dieses Passes und an seinem Westabhange, in den Patillos, auf versteinerungsreiche jurassische Schichten stiess und da es in den Patillos ausser genügendem Wasser auch einigen, wenn schon dürftigen Graswuchs gab, schlug ich, um ein paar Tage sammeln zu können, in einer Höhe von 3435 m mein Zelt auf. Am 16. Jan. wurde dasselbe wieder abgebrochen, das Valle hermoso durchzogen und der Pass gleichen Namens, der die Grenze zwischen der Argentinischen Republik und Chile bildet, überschritten. Dann folgten wir dem Rio de Putaendo abwärts bis zur Cuesta del Cusco, erklommen diese am 17. Jan und erreichten nun am Abend des 18. San Antonio, Tags darauf San Felipe.

Hier musste den Maulthieren eine 14 tägige Rast gegönnt werden. Dieser Umstand erlaubte einen Besuch von Santiago de Chile, woselbst mir das Glück zu Theil wurde, Herrn Ignacio Domeyko anzutreffen und ebenso angenehme wie lehrreiche Stunden in seinem Hause und in den schönen von ihm gegründeten Sammlungen verleben zu können. Nachdem ich von der chilenischen Hauptstadt aus noch einen kurzen Ausflug nach Valparaiso gemacht hatte, kehrte ich am 2. Febr. wieder nach San Felipe zurück und begann von hier aus am 5. den Rückweg über die Cordillere.

Den Rio Juncal aufwärts reitend, wurde am Nachmittage des 6. Februar die Estancia gleichen Namens erreicht, am Mittage des 7., nach einem flüchtigen Besuche der Laguna del Inca, die die Wasserscheide der Oceane bildende Cumbre überstiegen und am Abend noch bis zu dem neben der Puente del Inca gelegenen, ersten argentinischen Gehöfte geritten. Hier blieb ich während des 8. Febr., um die am rechten Thalgehänge entblössete Schichtenfolge untersuchen zu können.

Am 9. Februar gelangten wir, dem Rio de Mendoza abwärts folgend, nur bis zur Estancia Punta de las Vacas, am Abend des 10. nach dem Zollhause Uspallata.

Von hier aus wurde das Hauptthal verlassen und der über den Paramillo de Uspallata führende Weg eingeschlagen, der durch das auf dem letzteren liegende Grubengebiet hindurchführt. In diesem verweilte ich den 12. und 13. Febr. und genoss während dieser Zeit die von Seiten des Herrn Eustaquio Villanueva in entgegenkommendster Weise gewährte Gastfreundschaft. Dann folgte ich meiner Tropa, die ich wegen Futtermangels im Grubendistricte immer vorangeschickt hatte, und traf mit ihr am Abend des 14. Febr. in Mendoza ein.

Hier war Herr Dr. Hübler, Professor am Colegio Nacional, so gütig, mit mir nach den in rhätischen Brandschiefern vorgenommenen Schürfen zwischen Challao und San Isidro zu reiten (19. bis 21. Febr.); nachdem ich dann noch in der Zeit vom 23. bis 25. eine Excursion nach dem Cerro de Cachenta gemacht hatte, wurde am 27. Febr. bei Mendoza aufgebrochen. Am 2. März zogen wir nach 57 tägiger Abwesenheit wieder in San Juan ein.

Zunächst wurde hier bis zum 11. gerastet, dann begann die Fortsetzung der Reise, die uns über Ullun, durch die Quebrada de Talacastre — in welcher Silurversteinerungen gesammelt werden konnten — nach den Goldgruben von Gualilan (14. März) und weiterhin nach Jachal (17.) und Guaco (18.) führte. Am 19. März Abends waren wir am Puesto Ferreira, durchquerten am 20. und 21. das Sandsteingebirge zwischen dem Rio Vermejo und Sallnitas und ritten hierauf am Ostabhange der Sierra de la Huerta südwärts nach Valle fertil. Um hier einen Einblick in den Bau des Gebirges zu gewinnen, liess ich die Tropa am 23. März Halt machen und ging meinerseits ein Stück weit in das kleine Gebirgsthale aufwärts, welches bei Valle fertil in die Ebene ausmündet.

Am 24. gelangten wir nach Astica, am 25. nach Barranca colorada. Der 26. führte uns an dem verfallenen Hüttenwerke el Argentino, auch la Huerta genannt, vorüber nach der Grube Santo Domingo, die noch am Abend desselben Tages befahren werden konnte. Der 27. wurde zu einem Besuche der etwas südlicher gelegenen Quebrada de San Pedro und zum Weiterritte nach der Mareyes-Quelle benutzt. An dieser letzteren wurde am 28. und 29. März das Lager aufgeschlagen, so dass ich Zeit fand, die in der Nähe gelegene Grube Rosario und die unweit des Quelles erschürften kohlenführenden rhätischen Schichten besichtigen zu können.

Am Mittage des 29. März begannen wir den Heimweg, der uns zunächst am 31. nach Chepe, weiterhin über la Sanja und Yatas nach Poeho (4. April) führte. Am 7. April langten wir gegen Mittag glücklich wieder in Córdoba an.

Die auf dieser zweiten Reise mit der Karrentropa zurückgelegte Strecke Córdoba-San Juan beträgt etwa 60 geogr. Ml.; der anderweite, von San Juan nach San Felipe und von hier über Mendoza und über San Juan nach Córdoba führende Weg kann, wiederum in der Horizontalen gemessen, mit etwa 230 geogr. Ml. beziffert werden. Um ihn zurückzulegen waren, abgesehen von dem Ausfluge nach Santiago de Chile und Valparaiso, 78 Tage nöthig gewesen und von diesen hatte ich 58 zumeist im Sattel zugebracht.

Die wissenschaftliche Ausrüstung war auch auf dieser Reise eine höchst primitive; ausser dem Compasse stand mir nur noch ein kleines Aneroid von Negretti und Zambra zur Verfügung.

Für den Sommer 1873—74 hatte ich einen Besuch der Provinz San Luis geplant; indessen musste ich mich, da keine Maulthiere aufzutreiben waren, mit einer grösseren Excursion nach der Sierra von Córdoba begnügen.

Dieselbe wurde am 3. Febr. 1874 begonnen und am 21. desselben Monats beendet. Der Weg führte mich über Anisacate, Nono, San Pedro-Dolores und San Ignacio nach Las Peñas und von da über los Condores und Soconcho zurück nach Córdoba.

Dass meine Reisen lediglich den Charakter von Recognoscirungstouren hatten, brauche ich nach alledem nicht erst besonders zu betonen; wohl aber glaube ich hier, und zwar namentlich für solche Leser, welche derartige Orientirungsritte nicht aus eigener Erfahrung kennen, wenigstens noch eines Umstandes gedenken zu sollen, welcher bei der Beurtheilung der auf jenen zu gewinnenden Resultate nicht vergessen werden darf: des Umstandes, dass das Massgebende für die Dispositionen eines Reisenden in der Pampa und in der Cordillere nicht etwa seine eigenen Wünsche, sondern vor allen Dingen die Rücksichten auf die für ihn unentbehrlichen Maulthiere sein müssen; einmal um deswillen, weil selbst diejenigen, die sich einer vollständigeren als der mir verfügbar gewesenen Ausrüstung erfreuen, doch nur in solche Regionen eindringen können, die auch Maulthieren zugänglich sind — da ja der Sattel für Wochen das Bett hergeben und fast jederzeit Proviant mitgenommen werden muss —, und dann ein andres Mal, weil auch in solchen, der Terrainverhältnisse wegen an und für sich zugänglichen Gegenden dann, wenn in ihnen kein Wasser oder kein Graswuchs zu finden ist — also z. B. in den Sand- und Salzsteppen der Ebene oder in den Cordillerenthälern, mit ihren absolut kahlen, nur mit Gesteinsschutt bedeckten Hängen —, bald jedes andere Interesse bei Seite gelassen und nur noch darnach getrachtet werden muss, mit den vielleicht durch starke vorhergegangene Märsche schon ermüdeten Thieren sobald als möglich wieder zu einem Futterplatze zu gelangen. Zehn- bis zwölfstündige Tagesmärsche sind daher keine Seltenheiten. Auf denselben kann wohl hier und da einmal abgestiegen werden, um einen Winkel zu messen, eine hypsometrische Beobachtung zu machen oder ein Probestück von der nächsten Felswand abzuschlagen, aber es wird in der Regel nicht möglich sein, stundenlang an einer beliebigen Stelle zu verweilen, höhere Gehänge zu ersteigen, in Seitenschluchten einzudringen oder längere Profile abzugehen. Ebensowenig ist es möglich, an problematisch gebliebene und der erneuten Revision bedürftige Punkte nochmals zurückzukehren.

Wenn ich trotz alledem schon bald nach der jeweiligen Rückkehr von meinen Reisen vorläufige Berichte im Neuen Jahrbuche für Mineralogie und in den Anales de Agricultura erstattet habe, und wenn ich mich nunmehr anschicke, das Gesehene und Gesammelte hier noch ausführlicher zu schildern — wobei natürlich mancherlei Abweichungen von jenen ersten Darstellungen zum Vorscheine kommen werden, da sich der Blick und die Kenntnisse erst allmählich erweiterten, Versteinerungen und Gesteine erst nachträglich genauer untersucht werden konnten —, so liegt es auf der Hand, dass ich auch jetzt nur Fragmente zu bieten und höchstens einen oder den anderen Punkt so sicher zu fixiren vermag, dass sich spätere Forschung an ihn anlehnen können wird.

Das in solcher Publication liegende Wagniss muss seine Entschuldigung zunächst in dem Umstande finden, dass jene im vorliegenden Falle durch die mir vom Argentinischen Ministerium ertheilten Instructionen bedingt worden ist; weiterhin aber auch in der wohl kaum irrigen Meinung, dass Derjenige, welcher eine terra incognita bereiste, die Verpflichtung hat, über das hierbei Gesehene den Fachgenossen, so gut als es eben gehen will, Bericht zu erstatten, und dass sich diese Verpflichtung steigert, wenn keine Aussicht auf baldige, eingehendere Durchforschung des Reisegebietes von Seiten grösserer Expeditionen oder geologischer Landesinstitute zu erwarten ist.

Als eine geologische terra incognita kann ich aber den grössten Theil der von mir durchstreiften Districte bezeichnen, denn die von mir bereisten Theile der Pampinen Gebirge und Anticordilleren fallen nur selten mit jenen zusammen, die B u r m e i s t e r auf seiner in den Jahren 1857—60 ausgeführten „Reise durch die La Plata-Staaten" besuchte, und von meinen beiden Cordillerenwegen deckt sich nur derjenige, welcher von Santa Rosa de los Andes über die Cumbre und Uspallata nach Mendoza führt, mit einem solchen, den auch D a r w i n im Jahre 1835 zurückgelegt und 1846 in seinem Geological Observations on South America geschildert hat.

Eine eingehendere Begründung erheischt weiterhin die Form, welche ich meiner Arbeit gegeben habe.

Ich hatte mich hinsichtlich der einzuschlagenden Darstellungsweise darüber schlüssig zu machen, ob ich mich auf einen Abdruck meiner Tagebücher oder, da allgemeinere Beschreibungen der Argentinischen Republik und der Art und Weise des Reisens in ihr und in der Cordillere zur Genüge vorhanden sind — ich erinnere nur an die Berichte, die wir B u r m e i s t e r , D a r w i n , L e y b o l d , L o r e n t z , d'O r b i g n y , P h i l i p p i , S t r o b e l u. A. verdanken und an die trefflichen Bilder, die erst ganz neuerdings G ü s s f e l d t von dem Leben eines Naturforschers in der Cordillere gezeichnet hat —, auf eine tagebuchartige Zusammenstellung meiner geologischen Beobachtungen beschränken, oder ob ich, im Gegensatze hierzu, den Versuch wagen sollte, im Anschlusse an das selbst Geschene ein wenn auch nur vorläufiges und sicherlich rasch veraltendes Gesammtbild von dem Gebirgsbaue der Argentinischen Republik und von jenem des ihr benachbarten Theiles der chilenischen Cordillere zu entwickeln.

Zu Gunsten einer Einschränkung auf den Abdruck meiner Tagebücher sprach nicht nur, dass dieser sofort nach der Beendigung meiner Reise hätte erfolgen können, sondern auch die andere Erwägung, dass sich dieselbe nur auf eine Wiedergabe des Selbstbeobachteten beschränkt haben würde und dass eine solche Registratur von positiven Thatsachen gewiss vorsichtiger ist, als eine auf Fragmenten sich aufbauende allgemeinere Darstellung. Denn für diese letztere gilt noch heute jener Uebelstand, den A. v. H u m b o l d t in seinen „Geognostischen und physikalischen Beobachtungen über die Vulkane des Hochlandes von Quito" (Pogg. An. XXXX. 1837. 163), so treffend mit den folgenden Worten gekennzeichnet hat: „Jeder Reisende, der von Europa auch nur drei oder vier Jahre in Lagen entfernt bleibt, in denen er des wissenschaftlichen Verkehrs mit der Heimath entbehrte, fühlt schon am Tage seiner Rückkunft, wie sich mit der raschen Erweiterung der Ansichten über die Bildungsverhältnisse der Gebirgsmassen, auch die jene Ansichten bezeichnende Sprache verändert hat. Diese Entfremdung nun veranlasst oft einen unseligen Trieb des Anpassens und Deutens; und da zu jeder Epoche nur das allgemein gefällt, was dem herrschenden Glauben entspricht, so unterliegt nach und nach das einfach Wahrgenommene den Verstandes-Operationen theorisirender Deutung. Eine solche Gefahr, der es schwer ist, sich ganz zu entziehen, da ein rühmliches Bestreben den Menschen antreibt, den rohen empirischen Stoff durch Ideen zu beherrschen, wird um so grösser und drohender, als die Zahl der Jahre anwächst, die uns von dem Moment der wirklichen Beobachtung trennt."

Dagegen war auf der anderen Seite in Rücksicht zu ziehen, dass eine einfache chronologische Aneinanderreihung der verschiedenartigsten Reisebeobachtungen, die noch dazu an z. Th. weit auseinanderliegenden Punkten angestellt wurden, den Leser ermüden muss, dass sie, namentlich bei demjenigen, welcher dem Reisegebiete ferner steht, kein Interesse für dasselbe zu erwecken vermag und dass sie es dem Leser überlässt, das Facit zu ziehen, während doch hierzu in erster Linie der Reisende selbst, als der mit dem

Gebiete am besten bekannte, berufen erscheint. Dazu kommt noch, dass es lediglich bei der zweiten Art der Berichterstattung möglich schien, auch den von anderen Reisenden gewonnenen Resultaten Rechnung tragen und so die Lücken des eigenen Stückwerkes ergänzen zu können.

Einen Ausweg aus diesen sich widerstreitenden Erwägungen habe ich dadurch zu finden gesucht, dass ich auf den beifolgenden Karten und Profilen — mit einigen ganz unbedeutenden, aus den Einzeichnungen meiner Reisewege leicht ersichtlichen und auch im Texte näher bezeichneten Ausnahmen — nur meine eigenen Beobachtungen eingetragen, dass ich dagegen den erläuternden Text systematisch bearbeitet und hierbei, soweit als möglich, auch die ältere und neuere Litteratur berücksichtigt habe.

Die an sich so wünschenswerthe Verwerthung der vorhandenen Litteratur über die südamerikanische Geologie stösst freilich auf mancherlei und z. Th. fast unüberwindliche Schwierigkeiten. Denn gar viele der älteren Reiseberichte und sonstigen Mittheilungen sind nach Sprache, Inhalt und Localangaben unklar oder veraltet. Andere rufen ernste Zweifel an der Correctheit der wenn auch noch so bestimmt gemachten Mittheilungen hervor; denn selbst wenn man von den Charlatanen ganz absieht, für deren Gedeihen die hispano-amerikanischen Republiken einen so ausserordentlich günstigen Boden abgeben, dass sich jene hier und da selbst in wissenschaftliche Kreise und mit ihren Scripturen selbst in wissenschaftliche Zeit- und Gesellschaftsschriften einzudrängen vermögen, so trifft ja doch für ganz Südamerika zu, was M a r c o u in seiner Explication d'une seconde édition de la carte géologique de la terre von der geologischen Durchforschung Brasiliens gesagt hat: „Tout le monde s'en est mêlé: des botanistes, des zoologistes, des minéralogistes, voire même des astronomes et des hydrographes; mais très rarement des géologues."

Endlich war bei dem Versuche einer allgemeinen Darstellung der geologischen Verhältnisse der Argentinischen Republik auch noch eine andere, nicht minder bedenkliche Klippe zu umschiffen. Indem man nämlich die südamerikanischen Entfernungen gern unterschätzt, vereinigt man in dessen Folge nur allzuoft und allzuschnell solche Einzelbeobachtungen zu einem Ganzen, die an thatsächlich weit auseinander gelegenen und durch noch unerforschte Gebiete von einander getrennten Punkten angestellt worden sind. Es liegt z. B. ausserordentlich nahe, die Aufschlüsse der silurischen Schichten, die man in den Provinzen von Salta und der Rioja kennt, mit einander zu combiniren, und doch ist der Abstand jener etwa gleich dem zwischen dem Prager Silurbecken und der Eifel.

Nun ist es freilich unbestreitbar, dass, wie schon D a r w i n in seinen Geological Observations (S. 246) hervorgehoben hat, „in South America, everything has taken place on a grand scale;" aber auf der anderen Seite möge doch auch an die gewiss nicht minder richtige Bemerkung M a r c o u 's erinnert werden: „La structure géognostique de l'Amérique du Sud paraît assez simple; toutefois cette simplicité tient plutôt à l'imperfection de nos études et aux limites fort restreintes de nos connaissances, qu'à la composition géologique de ce continent. Plus nous connaîtrons cette dernière, plus nous verrons cette simplicité disparaître" (l. c. 163).

Ich werde in der Folge Gelegenheit haben zu zeigen, welche Confusionen entstehen können, wenn man die in diesen Worten liegende Warnung vor allzu schnellem Generalisiren ausser Acht lässt. Meinerseits habe ich ihr u. a. dadurch Rechnung zu tragen gesucht, dass ich auch in dem Texte eigene Beobachtungen, Angaben Dritter und blosse Vermuthungen immer als solche bezeichnet und, soweit Citate in Frage kommen, stets die Quelle derselben angegeben habe.

Da ich meiner Arbeit nur spärlich zugemessene Stunden widmen konnte, so hat sich ihre Vollendung arg verzögert. Den Uebelstand, der hierdurch erwachsen ist, habe ich dadurch wieder auszugleichen gesucht, dass ich nicht bloss die ältere Litteratur, die bis zur Zeit meiner Reisen vorlag, berücksichtigte, sondern dass ich auch von den neuerdings und zwar bis zum Schlusse des Jahres 1884 erschienenen Berichten Nutzen zu ziehen trachtete. Einige der neueren Arbeiten habe ich bei der z. Th. ausserordentlich schweren Zugänglichkeit der südamerikanischen Litteratur leider nicht selbst lesen, sondern nur citiren können. Im übrigen habe ich von denjenigen Arbeiten Dritter, die nicht-argentinische Districte betreffen, in der Regel nur das berücksichtigt, was zum besseren Verständniss des von mir zu beschreibenden Gebietes beizutragen schien und auch bei der weiteren Durchforschung des letzteren im Auge zu behalten sein wird.

Es ist hierin und in der grossen Ungleichförmigkeit des vorhandenen litterarischen Materiales der Grund dafür zu suchen, dass die einzelnen Capitel meiner Arbeit eine etwas verschiedene, bald ausführlichere, bald kürzere Behandlung zeigen. Dass ich petrographischen Diagnosen einen ziemlich umfänglichen Platz eingeräumt habe, mag vielleicht dem einen oder anderen Leser überflüssig erscheinen, zumal derjenige Theil der in Frage kommenden Felsarten, von welchem ich im Juli 1873 Dubletten an das Leipziger Museum gesendet hatte, bereits 1875, unabhängig von meinen eigenen Studien, durch H. Francke untersucht und beschrieben worden ist. Wer indessen jemals in der südamerikanischen Litteratur petrographische Belehrung gesucht und dabei die fast durchgängige Unverwerthbarkeit der vorhandenen Angaben kennen gelernt hat, und wer ausserdem noch in Rücksicht zieht, dass die Francke'sche Arbeit nur eine rein petrographische sein konnte, da ich den nach Leipzig geschickten Stücken nur vorläufige, auf das äussere Ansehen gegründete Bestimmungen und nur ganz kurze, durch keinerlei Karten oder Profile erläuterte Bezeichnungen der Fundstätten beizulegen vermocht hatte, wird es hoffentlich nicht missbilligen, dass ich die von mir gesammelten Eruptivgesteine nochmals und zwar unter fortwährender Beziehung auf ihr geologisches Vorkommen eingehender besprochen habe. Ausserdem war auch ein einfacher Verweis auf Francke's Dissertation schon um deswillen nicht möglich, weil einige Angaben dieser letzteren mit meinen eigenen Wahrnehmungen nicht übereinstimmen.

Diejenigen Leser, die sich nicht specieller für Petrographie interessiren, können meine Gesteinsbeschreibungen, da dieselben meist zu besonderen Capiteln vereinigt worden sind, leicht überschlagen, ohne den Zusammenhang der sonstigen Mittheilungen zu verlieren.

Andere Leser werden dagegen ein Resumé der gesammten Arbeit und eine der neueren Geologie entsprechende Darstellung der geodynamischen Processe, welche die argentinischen Gebirge entstehen liessen, vermissen. Ihrer Ausstellung habe ich zu erwiedern, dass ich im Hinblick auf den heute noch so fragmentaren Zustand unserer Kenntnisse Südamerikas derartige summarische und speculative Betrachtungen noch für verfrüht erachtete. Es schien mir genügend zu sein und den Charakter von „Beiträgen" mehr zu entsprechen, wenn ich mich darauf einschränkte, am Schlusse der meisten Capitel einen kurzen Rückblick auf ihren Inhalt zu werfen und hierbei ebensowohl die zur Zeit ermittelten Thatsachen, wie die noch der Antwort harrenden Fragen hervorzuheben.

Endlich muss ich noch bemerken, dass meine Arbeit auch in das Spanische übersetzt, den Actas de la Academia Nacional de Ciencias en Córdoba einverleibt, dadurch aber auch den in der Argentinischen Republik lebenden Freunden der Geologie zugänglich gemacht werden soll. Da ich also auch auf Leser Rücksicht zu nehmen hatte, denen ein grosser Theil der einschlägigen Litteratur bei der Unvollkommenheit des argentinischen Büchermarktes nicht bekannt, oder aus sprachlichen Gründen nicht verständlich sein dürfte, habe ich es hier und da für zweckmässig gehalten, kurze Rückblicke auf früher gültige und in Laienkreisen wohl noch heute zuweilen vorhandene Vorstellungen zu werfen und die den Fachleuten längst bekannten Thatsachen hervorzuheben, welche im Laufe der Zeit zu veränderten Anschauungen geführt haben.

Durch denselben Umstand wurde das öftere Heranziehen ausser-amerikanischer, zur Erläuterung argentinischer Verhältnisse dienender Beobachtungen veranlasst.

Ueber die von mir entworfene K a r t e und über die sie begleitenden P r o f i l e habe ich die folgenden sachlichen und persönlichen Bemerkungen zu machen.

Zur Zeit meiner beiden grösseren Reisen existirten ausser einigen, namentlich in P e t e r m a n n's Geographischen Mittheilungen enthaltenen Kärtchen kleinerer Districte nur noch der Atlas de la Confédération Argentine von M. de M o u s s y, mit Specialkarten der einzelnen Provinzen in 1:1 860 000, und der Plano topográfico y geológico de la República de Chile von A. Pissis in 1:250 000.

Beide Kartenwerke sind zwar recht sauber gezeichnet, lassen aber, wie das im Hinblick auf ihre Entstehungsgeschichte gar nicht anders zu erwarten ist, rücksichtlich der Genauigkeit ihrer Angaben sehr viel zu wünschen übrig. Die Moussy'schen Karten sind für einzelne Theile der Republik, wie z. B. für die Gebirgszüge der Provinz San Juan, geradezu unbenutzbar.

Später erhielt ich dann noch durch die Güte des Herrn P. M o n e d a, damals Chef der Oficina de Ingenieros Nacionales, die photographische Reproduction des im Jahre 1872 in seinem Institute ausgearbeiteten Kärtchens des NW. Theiles der Argentinischen Republik in 1:2 750 000, welches sich, da bei seiner Zeichnung bereits einige Vermessungen von neuen Wegen und Eisenbahnlinien hatten verwerthet werden können, trotz seines kleinen Massstabes z. Th. als recht brauchbar erwies.

An der Hand dieser Unterlagen und auf Grund meiner eigenen Beobachtungen entwarf ich im Jahre 1873 eine Kartenskizze über die von mir in den Jahren 1871 bis 1873 durchreisten Gebiete und sandte dieselbe, zugleich mit erläuternden Profilen, am 11. Novbr. 1873 an das Ministerium des öffentlichen Unterrichtes in Buenos Aires, zunächst nur zu dem Zwecke, D i e s e m Rechenschaft über meine bis dahin vorgenommenen Untersuchungen abzulegen. Eine zweite, die Sierra von Córdoba umfassende und wiederum von Profilen begleitete Karte, die ich 1874 entworfen hatte, übergab ich dem Herrn Minister persönlich am 8. Juni 1874. Diese Blätter sind von Seiten des Ministeriums alsbald Herrn B u r m e i s t e r zugestellt und nun von demselben für die seinem Tableau géognostique de la République Argentine beigegebene geologische Karte benutzt worden. Meine Skizze der Sierra von Córdoba ist dann ausserdem noch, zwar unter meinem Namen, aber ohne mein Vorwissen, in dem ersten Bande der Actas de la Academia Nacional abgedruckt worden. Wenn Herr B u r m e i s t e r in der Note 0 (S. 383) zu seinem Tableau, in welcher er von diesen Vorgängen spricht, ausserdem bemerkt: „l'autre — das ist die erste, durch meine beiden grösseren Reisen entstandene Kartenskizze — est malheureusement fondée sur une carte topographique assez inexacte, et ne pourrait être publiée telle que l'auteur l'a dessinée, sans occasioner certainement beaucoup d'erreurs", so hat er damit, freilich in einer seinem Leser nicht ersichtlichen Weise, nur das wiederholt, was ich selbst schon dem Ministerium in meinem Begleitschreiben zu dieser Karte ausgesprochen hatte: „mi mapa aun esta tan incompleto que su publicacion actual apenas parece recomendable", auf Deutsch: „Meine Karte ist noch so unvollständig, dass mir für jetzt ihre Publication noch nicht empfehlenswerth erscheint."

Der damalige Standpunkt der argentinischen Kartographie und meiner Untersuchungen wird das ja vollkommen verständlich erscheinen lassen.*)

---

*) Die Vorrede zu dem 2. Bande der Description physique de la République Argentine, in welchem sich jene Kritik meiner Karte findet, ist vom 20. August 1876 datirt. Kurz vorher, am 25. Novbr. 1875, hatte Herr Burmeister, wie schon oben angegeben, meine Kartenskizze der Sierra von Córdoba in den Actas veröffentlicht und dort bezüglich jener anderen, grösseren Karte hinzugefügt, dass sie „no ha sido gratado hasta hoy, porque su gran tamaño es un impedimento para su publicacion en el ṣal-; me he visto obligado á cortar esta mapa en diferentes secciones, para publicarlas sueltas, lo que haré en lo futuro, cuando las secciones

Seitdem ist von A. Petermann auf Grund eines reichen, ihm zur Verfügung gestellten Materiales eine neue Karte der Argentinischen Republik und der angrenzenden Staaten bearbeitet und 1875 in dem 39. Ergänzungshefte der Geographischen Mittheilungen publicirt worden. Selbstverständlicher Weise habe ich unter Benutzung dieser Karte — der besten, die augenblicklich existirt —, meine Skizzen nochmals umgezeichnet und nur diejenigen Ergänzungen und Abänderungen vorgenommen, zu denen mich meine Reisebeobachtungen berechtigten.

Das Einschreiben der Namen aller einzelnen Gehöfte (Estancias) und Hütten (Ranchos), die auf dem von meiner Kartenskizze umfassten Bezirke liegen, war für die Zwecke meines Berichtes nicht nothwendig und ist daher, soweit nicht meine eigenen Reisewege in Betracht kommen, unterblieben.

Die von mir nicht untersuchten Gebirge und Gebirgstheile habe ich auf meiner Karte nur in einer ganz schematischen Weise eingezeichnet, denn eine speciellere Darstellung derselben, jener ähnlich, welche man bei Moussy und Pissis findet, würde zwar sicherlich einen freundlicheren Eindruck erzeugt, aber nicht nur die Kosten wesentlich vertheuert haben, sondern auch, da die Einzelheiten nur aus der Phantasie eines Kartenzeichners hervorgegangen sein würden, ohne irgend welchen Nutzen gewesen sein. Die von mir innegehaltene, wesentlich einfachere Methode wird genügen, um den allgemeinen Verlauf der Gebirge, den Gegensatz von Ebene und Gebirge und das Massenverhältniss der Pampiuen Sierren und Anticordilleren zur Cordillera real zum Ausdruck zu bringen. Das war das Wichtigste. Eine bessere Darstellung wird erst in Zukunft möglich sein, wenn man auch in der Argentinischen Republik die Ueberzeugung von dem Nutzen und von der Unentbehrlichkeit exacter Karten gewonnen haben und wenn einmal das ganze Land von tüchtigen Geodäten planmässig vermessen worden sein wird.

Die auf drei Tafeln beigegebenen Profile schliessen sich durchgängig an die von mir zurückgelegten Wege an und sind theils auf Grund meiner eigenen Aneroid- und Hypsometerablesungen, theils auf Grund derjenigen Höhenangaben, welche sich bei Moussy, Pissis und Petermann finden, entworfen worden. Die auf meinen eigenen Messungen beruhenden Zahlen sind ihnen direct, die aus den genannten fremden Arbeiten entlehnten in Parenthese eingeschrieben worden. Jene entsprechen, da sie nirgends unter Benutzung correspondirender Beobachtungen berechnet werden konnten, nur rohen Annäherungswerthen.

Die Profile folgen sich in der Weise, dass das erste das am nördlichsten gelegene, das letzte (9.) das südlichste ist.

Die vorstehenden Angaben werden genügen, um dem Leser ein Bild von der Entstehungsweise meiner Arbeit zu geben und um die Ansprüche zu regeln, welche er an diese „Beiträge" stellen kann.

Mir selbst bleibt nur noch übrig den Wunsch auszusprechen, dass es gelungen sein möge, durch meinen Bericht nicht nur die geologische Kenntniss der Argentinischen Republik um ein Stück zu fördern, sondern auch das Interesse an der südamerikanischen Geologie überhaupt in weitere Kreise zu verbreiten

sean ejecutadas en Europa, á donde las he mandado para ese objeto." Auf Deutsch: „Die grössere Karte ist bis heute noch nicht gestochen worden, da ihr grosses Format ein Hinderniss für ihre Publication im Lande selbst ist; ich habe mich daher genöthigt gesehen, diese Karte in verschiedene Sectionen zu zerschneiden, um dieselben einzeln zu publiciren. Ich werde das später thun, sobald die Sectionen in Europa, wohin ich sie zu diesem Zwecke geschickt habe, hergestellt worden sein werden." Den Widerspruch, der in seinen beiden Angaben liegt, vermag ich nicht zu deuten; wohl aber halte ich mich für den Fall, dass auch die in dem Actas angekündigte Publication meiner anderen Karte erfolgt sein oder noch erfolgen sollte, für verpflichtet zu bemerken: dass ich die Vertretung für die Angaben dieser, ohne mein Vorwissen und ohne meine Zustimmung, wenn schon vielleicht unter meinem Namen herausgegebenen Karte nicht übernehmen kann, da sie einer Zeit entstammt, in welcher die von mir gesammelten Versteinerungen noch nicht bearbeitet, die von meinen Reisen heimgebrachten Gesteine erst z. kl. Th. untersucht worden und überhaupt meine Auffassungen des Beobachteten noch in der Klärung begriffen waren.

und die Aufmerksamkeit jüngerer Fachgenossen auf die Cordillere, auf dieses „Rückgrat von Südamorika" hinzuleuken, das noch ganze Generationen von Geologen beschäftigen und ihnen mindestens eben so reiche wissenschaftliche Ausbeute geben wird, wie die in unseren Tagen so viel umworbenen und doch so spröden arktischen oder centralafrikanischen Regionen.

Indem ich mich nun anschicke, die Feder wegzulegen, drängt es mich, zuvor erst noch allen Denen meinen herzlichsten Dank auszusprechen, welche mich während meines Aufenthaltes in der Argentinischen Republik und später, bei der Ausarbeitung der nachfolgenden Blätter, in der verschiedenartigsten Weise mit Rath und That unterstützt haben.

Es ist nicht möglich, hier die Namen aller Derjenigen zu verzeichnen, die mich auf meinen Reisen zu ihrem Schuldner gemacht haben; ich muss mich auf die Versicherung beschränken, dass die Gastfreundschaft, die ich allenthalben und in so reichem Masse gefunden habe, nicht nur in den Städten und bei reich begüterten Estancieros, sondern auch in den ärmseligsten Ranchos der Pampa und in den sturmumbrausten Steinhütten der Bergleute, zu den schönsten und werthvollsten Erinnerungen aus der Zeit meiner argentinischen Wanderjahre gehört und mich gern die trüben und wehmüthigen Erfahrungen vergessen lässt, die mir während derselben ebenfalls nicht erspart worden sind.

Unter den zahlreichen Fachgenossen, die mich durch die Förderung des wissenschaftlichen Theiles meiner Arbeit verpflichteten, habe ich in erster Linie meines Cordobeser Collegen, des Herrn Dr. M. Siewert, jetzt Director der landwirthschaftlichen Versuchsstation in Danzig, zu gedenken, da er sich jederzeit und mit der grössten Bereitwilligkeit der chemisch-analytischen Untersuchung der von mir gesammelten Mineralien, Salze und Quellwässer unterzogen hat; nächstdem der Herren Geheimer Hofrath Professor Dr. H. B. Geinitz in Dresden, Professor Dr. C. Gottsche in Kiel und Professor Dr. E. Kayser in Marburg, welche durch die Bearbeitung der von mir gesammelten Versteinerungen meinen „Beiträgen" einen so hohen Werth verliehen haben. Ich erfülle eine mir sehr angenehme Pflicht, wenn ich ihnen hier nochmals meinen wärmsten Dank ausspreche.

Nicht minderen Dank schulde ich auch der Academia Nacional de Ciencias in Córdoba für die materielle Unterstützung, die sie für die Veröffentlichung der „Beiträge" bei dem Ministerium des öffentlichen Unterrichtes auszuwirken die Güte gehabt hat. Wenn ich mir gestattete, Ihren Namen meiner Arbeit voranzustellen, so bitte ich Sie, hierin ein Zeugniss erblicken zu wollen für die unveränderte Theilnahme, die ich an Ihrem wissenschaftlichen Streben und Wirken nehme und für die Aufrichtigkeit, mit welcher ich Ihr meine herzlichsten Wünsche für Ihr ferneres Blühen und Gedeihen zurufe!

Freiberg in Sachsen, den 15. September 1885.

Alfred Stelzner.

Uebersicht des Inhaltes.

1 geogr. Meile = 1.427 argentin. Leguas = 7.42 Kilometer.
0.697 „ „ = 1 „ „ = 5.196 „
0.134 „ „ = 0.193 „ „ = 1 „

1 Quintal = 4 Arrobas = 45.940 Kilogramm.

Die von mir bestimmten und im Texte angegebenen Richtungen entsprechen dem observirten Streichen. Als Magnetabweichung kann man für die Jahre 1870—80 in runden Zahlen annehmen: für Buenos Aires 10° Ost, für Córdoba 12° Ost, für Mendoza 14° Ost und für Valparaiso 15° Ost.

Arroyo: Bach.
Barranca: steilwandiges Flussufer.
Casucha: Schutzhäuschen in der Cordillere.
Cuesta: Gebirgsabhang und der einen solchen erklimmende Weg (die Steige).
Quebrada: ein enges Thal, eine Felsenschlucht.
Potrero: Weideplatz.
Portezuelo: Pass.
Rio: Fluss.

Litteratur

und Angabe der Abkürzungen, unter welchen die öfter benutzten selbständigen Werke, Abhandlungen
und Zeitschriften citirt worden sind.

Andree, Karl. Buenos Ayres und die Argentinischen Provinzen. Neue Ausgabe. Leipzig. 1867.

Bove, G. Patagonia-Terra del Fuoco. Mari Australi. Rapporto al Comitato centrale per le esplorazioni antartiche. Parte I. Genova. 1883.
Parte Geologica ist von Prof. Lovisato.

Brackebusch, L. Esp. Min.: Las especies minerales de la República Argentina. Anales de la Sociedad científica argentina. Buenos Aires. 1879.

Brackebusch, L. Estudios sobre la formacion petrolifera de Jujuy. Boletin de la Academia Nacional de Ciencias en Córdoba. V. 1883.
137. — Mit einer geologischen Karte von Jujuy.

Burmeister, H. und Giebel, C. Juntas: Die Versteinerungen von Juntas im Thale des Rio de Copiapó. Mit 2 Tafeln. Halle. 1861.

Burmeister, H. Reise: Reise durch die La Plata-Staaten, mit besonderer Rücksicht auf die physische Beschaffenheit und den Culturzustand der Argentinischen Republik. Ausgeführt in den Jahren 1857, 1858, 1859 und 1860. 2 Bände. Halle. 1861.

Burmeister, H. Phys. Beach. I: Physikalische Beschreibung der Argentinischen Republik, nach eigenen und den vorhandenen fremden Beobachtungen entworfen. Band I. Die Geschichte der Entdeckung und die geographische Skizze des Landes enthaltend. Buenos Aires. 1875. — Dieser Band erschien gleichzeitig auch in französischer Uebersetzung.

Burmeister, H. Descr. phys. II: Description physique de la République Argentine, d'après des observations personnelles et étrangères. Tome II. Contenant la Climatologie et le Tableau géognostique du pays. Avec une carte géognostique. Paris 1876
Dazu gehört: Atlas de la description physique de la République Argentine. Section I. Vues pittoresques. 14 Tableaux. Buenos Aires 1879.

Burmeister, H. Siehe auch unter Petermann.

Claraz: siehe Hermann.

Crosnier, L. Géologie du Pérou. Notice géologique sur les départements de Huancavelica et d'Ayacucho. Annales des mines. Paris. 1852. (5) II. 1.

Darwin, Ch. Nat. Reis.: Naturwissenschaftliche Reisen. Deutsch und mit Anmerkungen von K. Dieffenbach. Zwei Theile. Braunschweig. 1844.

Darwin, Ch. Geol. Obs.: Geological Observations on South America. Being the third part of the Geology of the voyage of the Beagle, under the command of Capt. Fitzroy, R. N. During the years 1832 to 1836. London. 1846.

Darwin, Ch. Cov.: Geologische Beobachtungen über Süd-America, angestellt während der Reise des „Beagle" in den Jahren 1832—1836 A. d. Engl. übersetzt von J. V. Carus. Stuttgart. 1878. — In der Regel habe ich beide Ausgaben dieses wichtigen Buches citirt.

Döring, A. Algunas observaciones sobre la edad geológica del sistema de la Sierra de Córdoba y San Luis. Boletin del Instituto Geográfico Argentino. Buenos Aires. III. 1882. 41.

Döring, A. Inf. ofic.: Informe oficial de la Comisión científica agregada al Estado Mayor General de la Expedicion al Rio Negro (Patagonia), realizada en los meses de Abril, Mayo y Junio de 1879, bajo las ordenes del General D. Julio A. Roca. Entrega III. Geologia. Buenos Aires. 1882. — Der zweite, abschliessende Theil dieses Informe ist noch nicht erschienen.

Domeyko, J. Ag. min.: Estudio sobre las aguas minerales de Chile. Santiago. 1871.

Domeyko, J. Ensaye: Ensaye sobre los depósitos metalíferos de Chile, con relacion a su jeolojía i configuracion esterior. Memoria escrita a cuenta de la Exposicion Internacional Chilena en 1875. Santiago. 1876.

Domeyko, J. Min.: Mineralojía. Tercera edicion que comprende principalmente las especies mineralójicas de Chile, Bolivia, Perú i Provincias Arjentinas. Santiago. 1879. Dazu: Primer apendice. 1881. Segundo apendice. 1883.

Foetterle, F. Golpe de vista geologico do Brazil e de algumas outras partes centraes da America do Sul. Vienna. 1854.

Foetterle, F. Die Geologie von Süd-Amerika. Mittheilungen aus J. Perthes' Geographischer Anstalt. Gotha. 1856. V. 187. — Mit einer geologischen Uebersichtskarte von Süd-Amerika und einer Zusammenstellung der älteren Litteratur.

Forbes, D. Rep.: Report on the geology of South America. Part I. Bolivia and Southern Peru. With notes on the fossils by Huxley, J. W. Salter and T. Rupert Jones. Quarterly Journal of the Geological Society of London. XVII. 1861. 7. — Mehr bei nicht erschienen; ich habe nach dem selbstständig paginirten Separatabdrucke citirt.

Forbes, E. Descriptions of secondary fossil shells from South America. Appendix zu Darwin. Geol. Obs. 265. (Cat. 387).

Francke, H. Studien: Studien über Cordillerengesteine. Inaugural-Dissertation. Apolda. 1875.

Gay, Cl. Historia física y política de Chile. Paris 1844—49. Con Atlas. Paris. 1854.

Geinitz, H. B. Ueber rhätische Pflanzen- und Thierreste in den Argentinischen Provinzen La Rioja, San Juan und Mendoza. Diese Beiträge. Paläontologischer Theil. II. 1876.

Giebel: siehe Burmeister.

Gillis, J. M. U. S. N. Exped. The U. S. Naval-Astronomical Expedition to the Southern Hemisphere during 1849—52. Washington 1855—56. I. Chile, its geography, climate, earthquakes etc. by Gillis. II. Natural history of the Andes and Pampas by Baird, Gould, J. Hall, A. Gray etc.

Gottsche, C. Ueber jurassische Versteinerungen aus der Argentinischen Cordillere. Diese Beiträge. Paläontologischer Theil. III. 1878.

Graty, A. M. du —. La Confédération Argentine. Paris. 1858.

Güssfeldt, P. Bericht: Bericht über eine Reise in den centralen chileno-argentinischen Anden. Sitzungsberichte der kgl. Preuss. Akademie der Wissenschaften. 1884. II. 889.

Güssfeldt, P. Reise in den Anden von Chile und Argentinien. Deutsche Rundschau. XI. 1884—85.

Hartt, Ch. T. Journey: Scientific results of a journey in Brazil by L. Agassiz and his travelling companions. Geology and Physical Geography of Brazil. Boston. 1870.

Heusser, J. Ch. und Claraz, G. Beiträge: I. Beiträge zur geognostischen und physikalischen Kenntniss der Provinz Buenos Aires. Der Gebirgszug zwischen dem Cap Corrientes und Tapalquen. II. Essais pour servir à une description physique et géognostique de la province argentine de Buenos Aires. Les plaines pampéennes. Neue Denkschriften der Schweizerischen Gesellschaft für d. ges. Naturwissenschaften. 1865. — Auch in spanischer Uebersetzung erschienen.

Host, Fr. u. Rittersbacher, J. Die Militärgrenze am Rio Neuquen. Zeitschrift der Gesellschaft für Erdkunde. Berlin. XVII. 1882. 153. Mit Karte.

Huxley: siehe D. Forbes.

Jones: siehe D. Forbes.

Karsten, H. Amtl. Rev.: Ueber die geognostischen Verhältnisse des westlichen Columbiens, der heutigen Republiken Neu-Granada und Equador. Mit 2 Karten und 6 Tafeln. Amtlicher Bericht der Versammlung deutscher Naturforscher und Aerzte zu Wien. 1856. Wien. 1858.

Keyser, E. Ueber primordiale und untersilurische Familien aus der Argentinischen Republik. Diese Beiträge. Paläontologischer Theil. I. 1876.

Latzina, F. Arg. Rep.: Die Argentinische Republik als Ziel der europäischen Auswanderung. Statistisch-geographische Uebersicht über das Land und seine Hülfsquellen. Amtliche Veröffentlichung. Buenos Aires. 1883. Karte und Text.

Leybold, F. Excurs: Excursion a las pampas arjentinas. Santiago. 1873.

Loviento, D. • Spedizione Antarctica Italiana; escursione nella Sierra del Tandil ed a Cordova. Lettere. Bol. Soc. Geogr. Ital. 1882. 215.

Loviento, D. Una escursione geologica nella Patagonia e nella Terra del Fuoco. Bol. Soc. Geogr. Ital. 1883. 330. 420. — Siehe auch unter Bove.

Maak, G. A. Geological sketch of the Argentin Republic. Proceed. Boston Soc. Nat. Hist. XIII. 1870. 417.

Marcou, J. Explic.: Explication d'une seconde édition de la carte géologique de la terre. Zürich. 1875.

Meyen, F. J. F. Reise: Reise um die Erde, ausgeführt von dem kgl. Preuss. Seehandlungs-Schiffe Princess Louise, in den Jahren 1830—32. 2 Bände. 1834.

Moreno, F. P. Viaje á la Patagonia Austral, emprendido bajo los auspicios del Gobierno Nacional. 1876—77. Buenos Aires. Darnach: Das Quellgebiet des Rio Santa Cruz in Patagonien. Mittheilungen aus J. Perthes' Geograph. Anstalt. XXV. 1879. 427. mit Karte.

Moussy, V. M. de —. Descr.: Description géographique et statistique de la Confédération Argentine. Tom. I—III. Paris. 1860—64. Avec Atlas. Paris. 1869. Der letztere enthält auf Pl. XIX. eine geologische Uebersichtskarte von Süd-Amerika, auf Pl. XX. eine solche der Argentinischen Republik.

Napp, R. Arg. Rep.: Die Argentinische Republik. Im Auftrage des Argentin. Central Comité's für die Philadelphia-Ausstellung und mit dem Beistand mehrerer Mitarbeiter bearbeitet. Mit 6 Karten. Buenos Aires. 1876. — Erschien auch in mehreren Uebersetzungen.

d'Orbigny, A. Voyage: Voyage dans l'Amérique méridional (La Brésil, Uruguay, Rep. Argentine, Patagonia, Chili, Bolivia, Pérou). Executé pendant les années 1826—33. Paris. 1835—47. 8 Vol. avec Atlas. Hierzu III. 3. Géologie. 1842. III. 4. Paléontologie. 1842.

Page, Th. J. La Plata, the Argentine Confederation and Paraguay. Being a narrative of the exploration of the tributaries of the River Plata and adjacent countries during the years 1853—56. London and New York. 1859.

Parish, W. Buenos Aires: Buenos Aires and the Provinces of the Rio de la Plata. London. 1839. 2d Edit. London 1852.

Petermann, A. Maps orig.: Die südamerikanischen Republiken Argentina, Chile, Paraguay und Uruguay in 1875. Mit einem geographischen Compendium von Burmeister. Dazu: Mapa original de la República Argentina y Estados adyacentes, compilado sobre los ultimos trabajos. Ergänzungsheft No. 39 zu den Mittheilungen aus J. Perthes' Geographischer Anstalt. Gotha. 1875.

Philippi, R. A. Reise: Reise durch die Wüste Atacama. Auf Befehl der chilenischen Regierung im Sommer 1853—54 unternommen und beschrieben. Nebst einer Karte und 17 Tafeln. Halle. 1860. Auch in spanischer Auflage unter dem Titel:

Philippi, R. A. Viaje: Viaje al desierto de Atacama. Halle. 1860.

Pissis, A. Recherches sur la synthèse du soulèvement de l'Amérique du Sud. Annales des mines. Paris. 1856. (5) IX. 81. — Pl. III. IV. Coupes géologiques des Andes.

Pissis, A. Descr. top. &c.: Descripcion topográfica y geológica de la Provincia de Aconcagua. Revista de Ciencias y Letras. Santiago. I. 1857. 948.

Pissis, A. Sur la constitution géologique de la chaîne des Andes entre le 16e et le 55e degré de latitude sud. Annales des mines. Paris. 1873. (7) III. 402. — Pl. IX. Carte géologique de la région des Andes entre 23e et 42e sud. — Pl. X. Coupes géologiques.

Pissis, A. Geogr. fis.: Geografía física de la República de Chile. Paris. 1875. Con Atlas. Paris. 1876.

Pissis, A. Plano topográfico y geológico de la República de Chile. Levantado por orden del Gobierno. 13. Blatt. — Eine Reduction dieses Atlas findet sich in den Mittheil. aus J. Perthes' Geogr. Anstalt. 1870. Taf. 3 u. 4.

Richard, F. J. Mining Journey: A mining journey across the great Andes. With explorations in the silver-mining-district of the Provinces of San Juan and Mendoza. London. 1863.

Richard, F. J. Informe: Informe sobre los distritos minerales, minas y establecimientos de la República Argentina en 1868—69. Publicación oficial del Ministerio del Interior. Buenos Aires. 1869.

Ritterabuch: siehe Host.

Salter: siehe D. Forbes.

Seelstrang, A. de —, y A. Tourmente. Nuevo mapa de la República Argentina, construido segun los ultimos datos. Buenos Aires. 1877.

Siewert, M.: siehe Stelzner, Mineralogische Beobachtungen etc.

Sowerby, G. B. Descriptions of tertiary fossil shells from South America. Appendix zu Darwin, Geol. Obs. 249 (Car. 372).

Stelzner, A. Bemerkungen über die nutzbaren Mineralien der argentinischen Republik. Berg- und Hüttenmännische Zeitung. Leipzig. XXXI. 1872. No. 1.

Stelzner, A. Briefliche Mittheilung über seine Reise von Liverpool nach Córdoba und über Excursionen in der Sierra von Córdoba. Neues Jahrbuch für Mineralogie etc. 1872. 193.

Stelzner, A. Briefliche Mittheilungen über seine Reise in den Provinzen Tucuman, Catamarca und la Rioja. Daselbst 1872 630.

Stelzner, A. Briefliche Mittheilungen über seine Reise in den Provinzen San Juan und Mendoza und in der Cordillere zwischen dem 31°. und 33°. s. B. Daselbst 1873. 726.

Stelzner, A. Mineralogische Beobachtungen im Gebiete der argentinischen Republik. Mit chemischen Beiträgen von M. Siewert Tschermak's Mineralogische Mittheilungen. 1873. 219.

Stelzner, A. Comunicaciones sobre la geología y mineralogía de la República Argentina. Anales de Agricultura de la República Argentina. 1873. I. No 16. 17. 18. Introduccion. — No. 19. Las Sierras Argentinas. — No. 22. 23. 24. La Sierra de Córdoba. — 1874. II. No. 3. La Anti-Cordillera. — Ein Theil dieser Aufsätze ist durch G. Burmeister, ohne mein Vorwissen und in einer durch will kürliche Aenderungen und Weglassungen veröffentlichten Weise, in den Acten de la Academia Nacional abgedruckt worden. Ueber meine diesen Abdrucke beigegebene geologische Karte der Sierra von Córdoba siehe oben S. XVII.

Stelzner, A. Geologie der Argentinischen Republik. Die nutzbaren Mineralien der Argentinischen Republik. Bei R. Napp. Arg. Rep. VI. 70 und X. 209.

Strobel, P. Viaggi nell' Argentina meridionale effettuati negli anni 1865—67. I. Relazione della gita da Curiaa nel Chili a San Rafael nella Pampa del Sur. 2. Edis. Parma 1869. — II. Relazione della gita da San Rafael a San Cárlos nella Provincia di Mendoza. Parma. 1868. — III. Relazione della gita da San Cárlos a Mendoza. Parma. 1869.

Tschudi, J. J. v. Reisen durch Südamerika. 5 Bände. Leipzig. 1866—69.

Tourmente: siehe Seelstrang.

Wappäus, J. E. Patagonien, die Argentinische Republik, Uruguay und Paraguay, geographisch und statistisch dargestellt. Aus der 7. Aufl. von Stein's Handbuch der Geographie und Statistik. Leipzig. s. a.

Weiss, Ch. S. Brasilien: Ueber das südliche Ende des Gebirgszuges von Brasilien in der Provinz S. Pedro do Sul und der Banda oriental oder dem Staate Monte Video. Nach den Sammlungen des H. Fr. Sellow. Abhandl. d. kgl. Preuss. Akademie der Wissenschaften. 1827.

Zeballos, E. S. Estud. geol.: Estudio geológico sobre la Provincia de Buenos Aires. Buenos Aires. 1877.

Weitere Litteratur findet sich an den einschlägigen Orten citirt, man sehe insonderheit die Zusammenstellungen

Actas = Actas de la Academia Nacional de Ciencias Exactas existente en la Universidad de Córdoba. Buenos Aires.

Am. Journ. = The American Journal of science and arts conducted by Dana and Silliman. New Haven.

An. agr. = Anales de agricultura de la República Argentina. Buenos Aires.

An. d. m. = Annales des mines. Paris.

An. Soc. Arg. = Anales de la Sociedad científica argentina. Buenos Aires.

An. Univ. Chile = Anales de la Universidad Santiago de Chile. Santiago.

Bol. A. N. = Boletin de la Academia Nacional de Ciencias exactas existente en la Universidad de Córdoba. — Von Tomo III. 1879 an lautet der Titel: Boletin de la Academia Nacional de Ciencias de la República Argentina. — Von Tomo IV. 1881 an: Bolet de la Academia Nacional de Ciencias en Córdoba (República Argentina).

Bol of. A. N: Unter dieser einige Male vorkommenden Abkürzung ist das vorstehende Bol A N. gemeint.

Bol of. Expos. = Boletin de la Exposicion Nacional en Córdoba. Publicacion oficial. Buenos Aires. 1870—72.

Comptes Rendus = Comptes Rendus hebdomadaire des séances de l'Académie des sciences. Paris.

Geogr. Mitthl. = Mittheilungen aus J. Perthes' geographischer Anstalt über wichtige neue Erforschungen auf dem Gesammtgebiete der Geographie. Gotha.

La Plata M. S. = La Plata Monatsschrift, herausgegeben von Richard Napp. Buenos Aires.

N Jb. = Neues Jahrbuch für Mineralogie, Geologie und Palaeontologie. Stuttgart.

Tsch M. = Mineralogische und petrographische Mittheilungen, herausgegeben von G. Tschermak. Wien

Vhdl. G f. Erd = Verhandlungen der Gesellschaft für Erdkunde zu Berlin.

Z. d. g. G = Zeitschrift der deutschen geologischen Gesellschaft. Berlin.

Z. d. G. f Erdk = Zeitschrift der Gesellschaft für Erdkunde zu Berlin.

Z. f allg. Erdk = Zeitschrift für allgemeine Erdkunde. Berlin.

I. Orographischer und Geologischer Ueberblick.*)

Das Gebiet der Argentinischen Republik, dessen geologischer Beschaffenheit die nachstehenden Blätter in erster Linie gewidmet sein sollen, wird vom 26. und 33.° S. Br. und vom 64. und 70.° W. L. von Greenw. umschlossen und erstreckt sich über Theile der Provinzen Córdoba, Santiago del Estero, Tucuman, Catamarca, la Rioja, San Juan und Mendoza. Ausserdem wird auch noch die Geologie desjenigen bereits zu Chile gehörigen Theiles der Cordillere, welcher zwischen dem 31. und 33.° S. Br. liegt und an die Provinzen San Juan und Mendoza angrenzt, ausführlichere Berücksichtigung finden.

In orographischer Beziehung gliedert sich das genannte, etwa 5000 geogr. □ Ml. umfassende Territorium mit seltener Schärfe in 3 Elemente: in die Argentinische Ebene oder Pampa, in die Cordillere und in diejenigen Gebirge, welche theils inselartig aus der Ebene sich erheben, theils als SSO. gerichtete Ausläufer der Cordillere halbinselförmig in die Pampa hineinragen. Diese Ketten zweiter Ordnung werden später auf Grund ihres verschiedenen geologischen Baues theils als Vorketten der Cordillere (Anticordilleren), theils als Pampine Gebirge bezeichnet werden.

Die Pampa wird wohl jederzeit bei denen, welche sie durchreisen, Erinnerungen an den Ocean wachrufen, denn sie scheint, gleichwie dieser letztere, eine vollkommene Horizontalität zu besitzen und lässt da, wo sie nur von Graswuchs bedeckt ist, das Auge frei nach allen Richtungen umherschweifen. Erst bei der Annäherung an Gebirge entwickeln sich Bodenundulationen und zugleich mit denselben stellen sich einzelne Gerölle und weiterhin ausgedehnte Schotterfelder oder die ersten, zunächst nur schüchtern hervorragenden Kuppen festen Gesteines ein.

Dass freilich jene Horizontalität nur eine scheinbare ist, zeigt schon ein flüchtiger Blick auf die Karte und das in ihr eingezeichnete Flussnetz. Eine nähere Prüfung der Höhenlagen verschiedener Punkte in der Ebene ergiebt, dass die Pampa in Wirklichkeit eine sanft gegen SO. geneigte Ebene ist, deren stetiger Verlauf durch äusserst flache und deshalb dem blossen Auge unkenntliche beckenförmige Depressionen unterbrochen wird.

Durch ein von O. nach W. gelegtes Profil wird das am besten erläutert werden. Die am Paraná gelegene Hafenstadt Rosario hat nach M. de Moussy eine Meereshöhe von 38 m. Von ihr aus steigt die Pampa nach W. zu über vier Längengrade hinweg ununterbrochen und ganz allmählich bis zur Sierra von

---

*) Ausführlichere Mittheilungen über die Orographie, Hydrographie und Klimatologie der Argentinischen Republik findet man bei M. de Moussy und R. Napp, namentlich aber bei H. Burmeister.

Palaeontographica Suppl. III. (Geologie der Argentinischen Republik).

Córdoba an, so dass sie an deren Ostrande eine Meereshöhe von etwa 400 m erreicht (Taf. II.). Ungefähr dieselbe Höhenlage hat sie auch unmittelbar am westlichen Fusse des genannten insularen Gebirges; aber weiterhin folgt nun, in unerwarteter Weise, eine grosse mit Salzsteppen erfüllte Depression, deren tiefste Punkte nur 100 m üb. d. M. liegen mögen. Dann beginnt das Ansteigen auf's neue und hält derart an, dass die Pampa, obschon zwischen der Sierra de los Llanos und der Sierra de la Huerta eine nochmalige locale Depression stattfindet, endlich an ihrem Westrande, also da, wo sie innerhalb der Provinzen San Juan und Mendoza an die Vorketten der Cordillere angrenzt, eine Meereshöhe von 500—800 m gewinnt.

Aehnliche Gestaltung würde ein von Rosario aus in NW. Richtung nach Tucuman oder nach dem Südabfalle der Gebirge von Salta gelegtes Profil zeigen.

Der Boden der Pampa besteht aus Löss.

Da die Fruchtbarkeit desselben in den an den atlantischen Ocean angrenzenden Theilen der Ebene wegen der hier reichlich fallenden atmosphärischen Niederschläge zur vollen Geltung kommen kann, so eignen sich die östlichen Provinzen in ausgezeichneter Weise zu Ackerbau und Viehzucht und sind deshalb schon heute, ganz abgesehen von den Handelsemporien am Ufer des La Plata-Stromes, die dicht bevölkertsten der Republik. Zahlreiche Städtchen und Ortschaften wechseln hier mit Einzelgehöften (Estancias) ab und weit ausgedehnte Territorien harren noch der Einwanderer.

Leider halten diese günstigen Verhältnisse landeinwärts nicht an. Das Klima wird gegen W. zu trocken und regenarm und an die Stelle der litoralen Culturflächen und Weiden treten nun entweder Steppen, auf denen sich kärglicher Graswuchs mit nacktem Lehmboden um die Herrschaft streitet, oder monotone, nur von einem spärlichen Thierleben bevölkerte Busch- und Waldländer, oder gar nur kahle, bald mit Flugsand, bald mit Salzkrusten bedeckte, unbewohnte und unbewohnbare Wüsteneien. In gleichem Schritte mindert sich in den centralen und westlichen Provinzen der Viehstand und die Ansiedelungen beschränken sich jetzt innerhalb der Ebene selbst nur noch auf vereinzelte Gehöfte und auf zerstreute Lehm- und Reissig-hütten (Ranchos), die an der Seite von Ziehbrunnen oder neben kleinen, ausgegrabenen, zur Regenzeit sich füllenden Bassins (Represas) liegen.

Die Pampinen Sierren sind theils SSO. gerichtete, halbinselförmig in die Ebene hineinragende Ausläufer der Cordillere und des mit ihr zusammenhängenden Berglandes von Salta, theils NS., also der Cordillere parallel verlaufende und allseitig von der Pampa umgebene insulare Gebirge. In den von mir bereisten Gebieten gehören zu jenen ersteren die Sierra de Famatina, die S. de Gulampaja, die S. de Santa Maria und die S. de Aconquija mit den Sierren von Ambato, Alto und Ancaste, während die wichtigeren insularen Gebirge die Sierra Pié de Palo, die Sierra de la Huerta, die S. Velasco, die S. de los Llanos und die S. de Córdoba sind. Zu den Ketten der letzteren Art gehört auch die von mir nicht untersuchte S. de San Luis.

Alle diese Gebirge sind langgestreckte, oft über mehrere Breitegrade hinwegreichende felsige Ketten, die bald aus einem compacten Ganzen, bald aus mehreren parallelen Längsrücken bestehen. Ihre grösste Höhe erreichen sie in den nördlichen Provinzen. Hier besitzen sie z. Th. reinen Hochgebirgscharacter und tragen mit ewigem Schnee bedeckte Gipfel (Nevado de Aconquija 5400 m; Nevado de Famatina 6024 m nach Burmeister). Gegen S. zu werden sie niedriger und erreichen nur noch selten 1000 oder 2000 m. In diesen Höhen breiten sich dann zuweilen, wie auf der Sierra de Achala, Córdoba, hügelige und von Schluchten durchzogene Plateaus aus, so dass man von der Ebene aus nur einförmige und nahezu horizontale Kammlinien erblickt.

Sehr charakteristisch sind für die Pampinen Sierren ihre Querprofile. Diese zeigen in den meisten

Fällen, wie schon M. de Moussy (Descr. I. 292) hervorgehoben hat, westliche Stellabfälle, „droites comme des murailles", und staffelförmig gegliederte Ostabhänge. Ausgezeichnete Beispiele hierfür liefern die Aconquijakette mit den Sierren von Ambato und Alto, die S. Velasco[*]), die S. von Córdoba und nach M. de Moussy (Descr. I. 279), mit dem auch G. Avé-Lallemant (Acta. I. 103) übereinstimmt, die S. von S. Luis.

Einige dieser pampinen Sierren sind so wasserarm, dass sie nur sehr kärglichen Pflanzenwuchs tragen und nicht bewohnt, ja nicht einmal mit Vieh betrieben werden können (Huerta, Pié de Palo)[**]); andere vermögen dagegen glücklicher Weise als kräftigere Condensatoren des atmosphärischen Wasserdampfes zu wirken. Alsdann finden sich auf ihren Höhen gute Alpenweiden, während in tiefen Felsenschluchten und in breiten, oft hübsch bewaldeten Thälern klare Bäche und Flüsschen dahineilen. In Fällen der letzteren Art, für welche die Sierra von Córdoba das beste und wichtigste Beispiel abgiebt, trifft man dann selbst inmitten des Gebirges auf kleine Ortschaften und auf zahlreiche Estancias und vereinzelte Ranchos. Wo aber die Flüsse und Bäche endlich in die Ebene hinaustreten und nun in Canäle gefasst und in sorgfältig geregelter Weise zur Bewässerung des Lössbodens benutzt werden können, da finden sich jetzt inmitten frischen Grünes und umgeben von traubenstrotzenden Weingärten, von Pfirsich- oder Orangenhainen, blühende Städte, grössere oder kleinere Ortschaften oder Gruppen stattlicher Gehöfte mit weithin ausgedehnten Feldern von Mais, Luzernklee oder Zuckerrohr. Und selbst an dem kleinsten, die Gebirge verlassenden Wasseräderchen wird man zum wenigsten eine oder ein paar Lehm- oder Reissighütten mit einigen ständigen Insassen antreffen.

Aber nur allzurasch verschwinden diese lachenden Bilder wieder. Schon wenige Kilometer unterhalb der Stadt oder dicht neben der kleinen, im Schmucke üppiger Vegetation prangenden Ansiedelung ist das Wasser der vorhin noch munter rauschenden Bäche und Flüsse verschwunden und es sind jetzt nur noch trockene Betten (rios secos) zu sehen, die sich höchstens in den gewitterreichen Jahreszeiten noch für einige Tage oder Wochen füllen können.

Diese für die centralen und westlichen Provinzen so ausserordentlich bedeutungsvollen Verhältnisse finden in der nicht schrittweise sondern sprungweise erfolgten Besiedelung des Landes durch die weltlichen und geistlichen Conquistadoren einen scharfen Ausdruck, denn sie veranlassten die ersten wichtigeren Niederlassungen an den räumlich weit auseinandergelegenen Austrittspunkten von Gebirgsflüssen in die Ebene. So sind, mit Ausnahme von Santiago del Estero, alle Hauptstädte der inneren Provinzen entstanden: Córdoba und San Luis, Mendoza und San Juan, la Rioja und Catamarca. Und auch die weitere Ausbreitung der Cultur ist bis auf den heutigen Tag durch jene den Gebirgen enteilenden Gewässer geregelt und — leider muss man es hinzufügen — beschränkt worden.

Die geringen atmosphärischen Niederschläge in dem Inneren der Republik[***]), die früher erwähnten Niveauverhältnisse der Pampa und der starke Verbrauch des fliessenden Wassers zu Culturzwecken erklären weiterhin auch die Thatsache, dass von sämmtlichen Bächen und Flüssen, die in den eben genannten sechs

---

[*]) Wenn Burmeister (Reise II. 236 u. Phys. Beschr. I. 243) für die Sierra Velasco das entgegengesetzte Verhalten angiebt, so kann ich das höchstens auf die von ihm berührte nördlichste Auszpitzung jenes Gebirges beziehen; der mittlere Haupttheil, an dessen Westseite ich meilenweit entlang geritten bin und den ich dann auf dem Wege von Chilecito nach La Rioja gekreuzt habe, fügt sich durchaus der oben angegebenen Regel.

[**]) Das musste ich zu meinem Bedauern im Januar 1873 empfinden, als ich in San Juan 14 Tage lang auf Maulthiere zu meiner Cordillerenreise zu warten hatte. Gern hätte ich diese Zeit mit einem Besuche der nahen Sierra Pié de Palo ausgenutzt, aber allseitig wurde mir versichert, dass dieselbe jetzt wegen Wasser- und Futtermangels unzugänglich sei.

[***]) Nach Latzina (Arg. Rep.) betrug die jährliche Regenmenge für Corrientes (1876) 1383.4 mm, für Buenos Aires (1856—76) 865.6 mm, für Córdoba (1876) 729.7 mm, für la Rioja (1877) 224.6 mm, für San Juan (1876) 193.0 und für Mendoza (1877) nur 162.5 mm.

Provinzen entspringen, nur ein einziger, nämlich der von der Sierra de Córdoba herabkommende Rio Tercero, den Paraná und mit diesem den Ocean erreicht. Alle anderen versiegen oder ziehen sich mit immer träger werdendem Laufe den grossen Depressionen der Pampa zu, um hier salzige Lagunen und Sümpfe zu bilden, die z. Th. auch ihrerseits während der trockenen Jahreszeit ganz verdunsten können.

Die Pampinen Sierren bestehen im wesentlichen aus krystallinen Schiefern der archäischen Formation und unterscheiden sich dadurch in sehr bestimmter Weise von allen anderen Gebirgen der Republik.

Die Erkenntniss dieser Thatsache hat mich bereits im Jahre 1873 dazu veranlasst, jene zu einer besonderen Gruppe zu vereinigen und mit dem gemeinschaftlichen Namen der Pampinen Sierren zu belegen. Trotz des Widerspruches, der inzwischen von Seiten Burmeister's (Acta I. 5) hiergegen erhoben worden ist, kann ich mich doch nicht zu einer Aenderung dieses Verfahrens entschliessen, denn ich bin eben nach wie vor der Meinung, dass das Verständniss der argentinischen Gebirgswelt durch eine ihrem geologischen Baue Rechnung tragende Gliederung weit mehr erleichtert und gefördert wird als durch eine von jenem gänzlich abstrahirende, rein theoretische Schematisirung.

Neben den archäischen Gneissen und Schiefergesteinen gewinnen in einzelnen Fällen nur noch Granite eine grössere Bedeutung für den Bau der pampinen Gebirge, während sich mesozoische und jüngere Eruptivgesteine zumeist mit einer sehr bescheidenen Rolle begnügen. Das letztere gilt auch von sedimentären Gesteinen (Rhätischen Schichten, cretacischen oder tertiären Sandsteinen), die zwar selten ganz fehlen, jedoch in der Regel nur alte Thäler und Einsattelungen der Gebirge ausfüllen und randliche Einsäumungen der letzteren bilden, die dann rasch unter der Lössdecke der Ebene verschwinden.

Die Cordillere*) ist in ihrem mir bekannt gewordenen und zwischen dem 31.° und 33.° S. Br. liegenden Theile — und nur von diesem ist, sofern nicht ausdrücklich anderes angegeben wird, hier und in der Folge die Rede — ein über 100 km breites Hochgebirge, dessen Querprofil in sofern demjenigen der Pampinen Sierren ähnlich ist, als auch bei ihm einem westlichen Steilabfalle eine durch Vorketten vermittelte staffelförmige Abdachung nach O. gegenübersteht. Das eigentliche Gebirgsinnere zeigt wegen seiner verschiedenartigen geologischen Zusammensetzung, wegen der vielfachen Hebungen und Verwerfungen, von denen es betroffen worden ist und wegen der ganz ausserordentlichen erodirenden Thätigkeit, welche die nach beiden Seiten hin abfliessenden Gewässer entwickelt haben, eine äusserst wechselvolle Physiognomie.

In früheren Zeiten mögen wohl die mächtigen Sedimente und die mit ihnen an Ausdehnung wetteifernden deckenförmigen Ergüsse eruptiver Massen grössere horizontale oder geneigte Hochflächen gebildet haben, aber von denselben sind wegen der ebenerwähnten Ursachen zumeist nur noch ruinenhafte Ueberreste vorhanden, die von schneebedeckten Gipfeln und Graten überragt und von wilden Schluchten und Felsenthälern tief durchschnitten werden. Die Cordillere gewährt also in dieser südlicheren Breite ein wesentlich anderes Bild als unter dem 28.°, wo sie Burmeister als ein Hochplateau kennen lernte, das sich 4200 m üb. d. M. als eine völlig ebene, ganz kahle und von Steinschutt bedeckte Fläche nach allen Seiten hin ausbreitet und auf welchem sich nur an vereinzelten Stellen kleinere oder grössere Kegelberge erheben (Phys. Beschr. I. 212).

Der höchste Punkt in dem von mir bereisten Theile ist der Aconcagua (6834 m nach Pissis,

---

*) Ich habe das Hauptgebirge entweder kurzweg la Cordillera oder, da man auch grössere unbewohnte Vorketten so bezeichnet, la Cordillera, real nennen hören, niemals aber Cordillera de los Andes. Der letztere, nur in Europa gebräuchliche Name rührt nach d'Orbigny (Geologie III. 224) davon her, dass man die Bezeichnungen für die Gebirge östlich von Cuzco (bei den Jacas Antis und darnach bei den Spaniern los Andes) und für die westliche Hauptkette (bei den Spaniern la Cordillera) zusammengefasst hat.

6970 nach Güssfeldt*); ihm stehen am nächsten der Mercedario (6798 m nach Pissis) und der Tupungato (6710 m nach Moussy, 6178 m nach Pissis). Für die Höhenlage der von mir überschrittenen Pässe finden sich folgende Angaben:

	Darwin.	Moussy.	Stelzner.	Güssfeldt.
Espinazito-Pass	—	—	4235 m	—
Portezuelo del Valle hermoso	—	3637 m	3365 m	3565 m
Cumbre-Pass	3798 m	3900 m	3590 m	3750 m

An atmosphärischen Niederschlägen und an zahlreichen fliessenden Gewässern fehlt es der Cordillere nicht; da jedoch ihre mittlere Meereshöhe gegen 3000 m betragen mag, so sind trotzdem Thier- und Pflanzenleben auf ein Minimum reducirt. Hier und da gewahrt man wohl einige verkümmerte Pflänzchen oder spärlichen Graswuchs, aber nur an ganz vereinzelten Stellen entwickeln sich kleine Weideplätze, die während einiger Monate mit Vieh betrieben werden können (Valle hermoso in der Patos-Cordillere, 2785 m). Die ständigen Ansiedelungen beschränken sich in der ganzen Mendoziner und San Juaniner Cordillere auf zwei in dem Hauptthale der ersteren gelegene Gehöfte, die Halteplätze für den starken, vom Januar bis Ende März andauernden Verkehr über den Cumbrepass sind (Punta de las Vacas, 2265 m und Puente del Inca 2570 m).

Jene innige Verknüpfung und Durchdringung von todesstarren und schneebedeckten Felsenmassen, von duftigen Alpenweiden, lieblichen See'n und reichbesiedelten Thälern, die anderen Hochgebirgen einen so ausserordentlichen Reiz verleiht, sucht man also hier vergeblich: die Cordillere ist lediglich eine gigantische Mauer, die zwischen Chile und der Argentinischen Republik emporragt.

In geologischer Hinsicht entspricht sie zwischen dem 31. und 33.° einem Kettengebirge von unsymmetrischem Baue. Eine Längsaxe, die etwas östlich von der Wasserscheide beider Oceane liegt, besteht vornehmlich aus Graniten und Quarzporphyren, in untergeordneter Weise auch noch aus krystallinen Schiefern und hochgradig veränderten, paläozoischen (?) Gesteinen. An diese Axe lagern sich im Osten zunächst mächtig entwickelte Thonschiefer und Grauwacken an, die ihrerseits von rhätischen und cretacischen oder tertiären Sedimenten bedeckt werden. Endlich folgen noch silurische Kalke, die einige Vorketten der Cordillere bilden. Zu diesen aus paläozoischen Sedimenten bestehenden Gebirgen, welche von mir als Anticordilleren bezeichnet worden sind, gehören die Ketten von Uspallata, Tontal, Gualilan und Jachal, sowie diejenigen von Zonda, Guaco und Villagun.**)

Ein durchaus anderes geologisches Bild gewährt der westliche Theil der Cordillere; hier sind in der Hauptsache nur mesozoische und känozoische Sedimente, sowie jüngere vulcanische Gesteine (Andesite und Trachyte) zu beobachten und zwar in der Weise, dass jene als ein schmaler, an die centrale Längsaxe des Gebirges angelagerter Zug zu Tage treten, diese aber den ganzen chilenischen Steilabhang bilden.

---

*) Leider konnten Güssfeldt's Messungen (Bericht), die unter den vorhandenen wohl die vertrauenswürdigsten sind, auf meinen Profilen nicht mehr berücksichtigt werden.

**) Mir wurde diese Sierra als die von Villicum bezeichnet und so habe ich früher auch in Uebereinstimmung mit M. de Moussy geschrieben; indessen giebt Wappäus (Göttl. gel. Anz. 1877. 534) an, dass der richtige Name Villagun sei und ich folge gern seiner Belehrung,

II. Archäische Formationsgruppe.

A. Urgneissformation.

Die krystallinen Schiefer sind, wie erwähnt wurde, in allen Pampinen Sierren die herrschenden Gesteine; die nachfolgenden Bemerkungen über ihre Entwickelungsweise mögen daher nach jenen Sierren gegliedert und mit denjenigen begonnen werden, welche sich auf das mir am besten bekannt gewordene insulare Gebirge, nähmlich auf die Sierra von Córdoba (Taf. II u. III) beziehen. Dieselbe setzt sich aus drei Parallelketten zusammen, aus der Sierra von Córdoba im engeren Sinne des Wortes, wohl auch kurzweg la Sierra genannt, im Osten, aus der Sierra de Achala im Centrum und aus der am westlichsten gelegenen Serrazuela*). Die Urgneissformation, welche in diesen drei Ketten auftritt, besteht aus einem deutlich geschichteten Systeme mannigfaltiger krystallinisch-schieferiger und krystallinisch-körniger Gesteine, die derart mit einander verbunden sind, dass entweder in einem herrschenden Gesteine vereinzelte bankförmige Einlagerungen eines anderen auftreten oder, und das ist das gewöhnlichere, dass sich ein vielfacher Wechsel von zwei, drei und mehr petrographisch differenten Gesteinen in bunter Folge und fast Schicht um Schicht vollzieht. Die kleinen Felsenkuppen am Rio primero bei der Calera unweit Córdoba, die westliche Abdachung der Hochfläche oder Pampa von Olain, die man auf dem Wege von San Roque nach Candelaria kreuzt und das der Serrazuela angehörige Hügelgebiet westlich von S. Barbara mögen beispielsweise als drei Localitäten unter vielen anderen hervorgehoben sein, an denen man diese rasche und mannigfache Wechsellagerung am trefflichsten studiren kann.

Gneiss ist das herrschende Gestein und zwar dominirt eine kleinflaserige Varietät von grauem Gneiss, die dem Freiberger Normalgneiss recht ähnlich ist. Indessen auch grob- und gestrecktflaserige Gneisse, solche die grobgewellt und andere, die dünnplattig und ebenschiefrig sind, wird man schwerlich bei einem Ausfluge in die Sierra vermissen. Dazu kommen dann noch Gneisse, die reich an accessorischem Granat sind, solche, die kleinere oder grössere Feldspathaugen und andere, welche grobe Quarzschmitzen umschliessen. Unter den letzteren verdient wohl diejenige Abänderung besondere Erwähnung, welche am Westabhange der S. de Achala, östl. des Rio Yaime anstehend beobachtet wird und welche ausser gewundenen Schmitzen von weissem Quarz auch Linsen von weissem Quarz und Turmalin, sowie Linsen von Rosenquarz umschliesst.

---

*) Burmeister (Phys. Beschr. I. 262 ff.) und Petermann (Mapa orig. 1875) schreiben Achata, der letztere ausserdem Serrazuela; beides ist falsch.

Rother Gneiss tritt selten auf, indessen wurde er u. a. zwischen Soto und der Pampa de Olain in typischer Entwickelung anstehend, ausserdem mehrfach als Flussgerölle bei Córdoba beobachtet.

Nächst den normalen, deutlich schiefrigen Gneissen finden sich auch granitartige Gneisse und Granite, die auf Grund ihrer vielfachen Wechsellagerung mit deutlichen Schiefergesteinen als diesen gleichwerthige Elemente der Gneissformation betrachtet werden müssen. Diese granitischen Gesteine enthalten gern Granatkrystalle (besonders schön und gross fand ich dergleichen in der Achala zwischen S. Francisco und Talas; sie hatten die Form ∞O.2O2.), Nadeln von schwarzem Turmalin, Körner und körnige Partieen von Magnet- und Titaneisenerz (Pampa de Olain).

Glimmerschiefer tritt in der Sierra von Córdoba nur sehr untergeordnet auf. Trotz der vielen Excursionen, die ich in den 3 Ketten der letzteren gemacht habe, fand ich ihn doch nur an vier Punkten, auf der Pampa de Olain und NW. davon, bei Candelaria, am letzten Orte in dünnschiefrigen Abänderungen, die stark gewunden und geknickt waren; dann am Wege von Soto nach der Hoyada und endlich zu Guayco in der Serrazuela. Jedenfalls ist die Armuth an Glimmerschiefer, den die Sierra von Córdoba mit den W. von ihr liegenden pampinen Gebirgen gemein zu haben scheint, um so beachtenswerther, als das genannte Gestein in den Gebirgen der nördlichen Provinzen in grosser Entwickelung angetroffen wurde.

Schiefriger Quarzit ist ebenfalls nicht häufig und von Turmalinschiefer erhielt ich nur ein Stück aus der Gegend von Totoral, N. von Córdoba. Das geschlämmte Pulver des letzteren liess bei reducirender Behandlung v. d. L. Spuren von Zinn wahrnehmen.

Hornblendehaltige Gesteine sind dagegen sehr gewöhnliche Glieder der Gneissformation. Unter ihren mannigfaltigen Mengungs- und Structur-Varietäten sind kleinkörnige, an Hornblende reiche und deshalb dunkelfarbige Schiefergesteine am häufigsten, aber auch mittelkörnige, dioritartige Gesteine, die aus etwa gleichen Mengen von weissem Plagioklas und grünschwarzer Hornblende bestehen und fast richtungslose Structur haben, müssen in der Sierra vorkommen, da ihre Gerölle in dem Flussschotter bei Córdoba nicht selten zu finden sind. Ihre mineralogische Verwandtschaft mit den im Gebirge selbst und in Wechsellagerung mit Gneiss etc. anstehend beobachteten Hornblendeschiefern spricht wohl dafür, dass sie ebenfalls der Gneissformation zuzurechnen sind. Ein häufiger accessorischer und in den meisten Fällen wohl secundärer Gemengtheil der Hornblendeschiefer ist Epidot, der entweder im Gestein selbst eingewachsen auftritt oder sich auf Kluftflächen desselben angesiedelt hat. In den Uferfelsen des Rio primero, bei der Calera, bildet er mit radialstängeligem Skapolith kleine Lager zwischen Hornblendeschiefer, Kalkstein und Gneiss. Ein anderer sehr gewöhnlicher accessorischer Gemengtheil der Hornblendegesteine ist Titanit; zumeist tritt er nur in kleinen, erst mit der Lupe wahrzunehmenden Kryställchen auf, aber in körnigen Feldspathadern, die den Hornblendeschiefer unmittelbar unterhalb des kleinen Wasserfalles bei der Calera durchtrümern, fand er sich in grösseren, bis 5 mm messenden Krystallen.

Endlich müssen hier noch im südlichen Theile der Sierra auftretende epidotreiche Hornblendeschiefer erwähnt werden, die in fahlbandartiger Weise mit Eisenkies, Kupferkies und etwas Buntkupfererz imprägnirt und auf ihren Kluftflächen von oxydischen Kupfererzen überzogen sind. Ich werde auf dieselben bei Besprechung der Erzlagerstätten zurückkommen.

Als ungemein häufige accessorische Bestandmassen der meisten bis jetzt erwähnten Schiefergesteine sind kleine Gänge, Adern und Schmitzen zu erwähnen, die mit grobkrystallinem granitischen Materiale erfüllt sind und nebenbei oft noch etwas Turmalin, Granat oder Magneteisenerz enthalten. Da die cordobeser Gneissformation von grossen Granitmassen durchbrochen wird, so ist die Möglichkeit zuzugeben, dass einige dieser kleinen Gänge Apophysen des Eruptivgesteines seien; die Mehrzahl der in Rede stehenden Vorkommnisse dürfte aber doch wohl hier wie in anderen archäischen Schiefergebieten secretionären Bildungen angehören.

Ein letztes charakteristisches Element der cordobeser Gneissformation ist krystallinisch körniger Kalkstein (Marmor); er findet sich in allen drei Parallelketten, theils in Bänken, die nur einige Meter stark sind und alsdann wohl in mehrfacher Wiederholung mit Gneiss und Hornblendeschiefer wechsellagern, theils in Einlagerungen von bedeutender Mächtigkeit. In der östlichsten Sierra traf ich derartige Einlagerungen am häufigsten zwischen Saldan und Alta Gracia, in der mittleren namentlich zwischen Avalos und Candelaria, in der Serrazuela aber westlich von S. Carlos. Fortgesetzte Studien werden das Verbreitungsgebiet sicher noch erweitern.

Diese Kalksteine besitzen gewöhnlich mittlere Korngröbe und weisse Farbe, indessen giebt es auch kryptokrystalline und makrokrystalline Varietäten, sowie Abänderungen von gelblicher, röthlicher, grünlichgrauer, selten solche von blasshimmelblauer Farbe.

Die mächtigeren Kalksteinlager in der Nähe von Córdoba, namentlich diejenigen von Malagueño, werden seit einigen Jahren steinbruchweise abgebaut und liefern theils Rohmaterial für architectonische und monumentale Zwecke, theils einen sehr geschätzten Baukalk.

Durch diese Industrie wird nebenbei den Mineralogen eine treffliche Gelegenheit gegeben zum Studium der zahlreichen accessorischen Beimengungen, welche der Kalkstein beherbergt. Ich habe über diese letzteren bereits bei anderer Gelegenheit ausführlicher berichtet[*]) und kann mich daher an dieser Stelle mit einer Aufzählung der bezüglichen Vorkommnisse und mit der Bemerkung begnügen, dass dieselben besonders reichlich in schmäleren Kalksteinbänken und in den Grenzregionen der mächtigeren Marmorlager auftreten und zwar in bandförmigen Zonen, die den benachbarten Gneiss und Hornblendeschiefern parallel verlaufen. Die centralen Theile mächtigerer Lager besteben dagegen aus sehr reinem, von accessorischen Beimengungen fast oder gänzlich freien Marmor. Beobachtet wurden: Körner von Quarz, unscharf umgrenzte Krystalle von weissem Orthoklas, Blättchen von Magnesiaglimmer, Schwärme von kleinen säulenförmigen, grünschwarzen Hornblendekrystallen, Körner von Kokkolith, Kryställchen von honiggelbem Titanit, Granat in Krystallen oder körnigen Massen, die alsdann gern von Pistazit begleitet werden, Wollastonit in einzelnen individualisirten Körnern oder seidenglänzenden, faserigen Aggregaten, Körner von Chondrodit, Körner und kleine octaëdrische Krystalle von Ceylanit, endlich lichtgrüner Serpentin, der den Kalkstein durchadert.

Als recht eigenthümliche accessorische Bestandmassen des Kalksteines habe ich endlich noch bis faustgrosse, rundliche und wie Geschiebe aussehende Gneissmassen zu erwähnen. Ich fand dieselben mehrfach in Kalksteinbänken, die mit solchen von Gneiss wechsellagern und am rechten Ufer des Rio primero, oberhalb der Calera, eine dicht an den Fluss herantretende Felsenwand bilden, ferner, als Seltenheiten, zu Malagueño. Am letzteren Orte sammelte ich einen solchen geröllartigen Gneisseinschluss, der längs seiner Peripherie einen feinen, stetig entwickelten Contactsaum von Granat besitzt.

Endlich ist noch zu erwähnen, dass in der Sierra von Córdoba auch thonschieferartige Gesteine vorkommen. Dieselben stehen, soweit meine Betrachtungen reichen, nur an einem einzigen Punkt des Gebirges an, nämlich im unteren Theile der von Westen her auf die Serrazuela hinaufführenden Cuesta de Yatan und bilden mitbin die westliche Flanke der ganzen Gebirgskette. Ihre stark gebogenen Schichten streichen von N. nach S. Weiter schluchtein- und aufwärts folgt dann sofort grobwelliger Gneiss mit Einlagerungen von Hornblende- und Aktinolithschiefer. Die Grenze zwischen dem Thonschiefer und Gneiss ist leider bedeckt,

_____

[*]) Tsch. M. 1873. 230.

so dass man nicht erkennt, ob beide durch Wechsellagerung verbunden oder scharf von einander getrennt sind. Es muss daher fraglich bleiben, ob das thonschieferartige Gestein, von dem ich keine zu mikroskopischen Studien geeignete Proben besitze, der Gneissformation zugehört oder ob es ein Repräsentant derjenigen jüngeren krystallinen Schiefer ist, welche besonders im Nordwesten der Republik mächtig entwickelt sind. Wie dem aber auch sei, jedenfalls bleibt das für die Sierra von Córdoba ganz isolirte und von den eben erwähnten Thonschiefergebirgen hunderte von Kilometern entfernte Vorkommen höchst merkwürdig.

Die Schichten der Gneissformation besitzen innerhalb der Sierra von Córdoba gewöhnlich ein von N. nach S. gerichtetes Streichen und steiles Einfallen; anderer Schichtenverlauf wurde nur an wenigen Punkten beobachtet und schien immer nur von lokaler Bedeutung zu sein.

Die Sierra de San Luis, die Sierra de Ullapes und die Sierra de los Llanos, welche sich im W. der Sierra von Córdoba erheben, können als Theile einer einzigen grossen Welle der Gneissformation aufgefasst werden, deren Kammlinie an zwei Punkten unter das Niveau der Pampa untertaucht.

Die Provinz San Luis zu bereisen hatte ich keine Gelegenheit; aber die Mittheilungen über die Geologie ihrer Gebirge, die man G. Avé-Lallemant verdankt, (Acta I. 103), beweisen, dass diese letzteren zum grössten Theile aus älteren archäischen Schiefergesteinen bestehen.

Die Sierra von Ullapes berührte ich nur an ihrem nördlichen Ende bei La Sanja, die Llanos nur an ihrem südlichen Ende bei Chepe. An beiden Orten bestanden die Gebirge aus grauem Gneiss, Hornblendegneiss und granitartigen, aber wohl ebenfalls der Gneissformation zugehörigen Gesteinen.

Sierra de la Huerta. Dieselbe bildet das südliche Ende der in der Provinz la Rioja bis zur Grenze des ewigen Schnee's aufsteigenden Sierra de Famatina und zwar stehen die beiden ebengenannten Gebirge, wie ich mich in Salinitas und von der Höhe der Sierra Velasco aus überzeugen konnte, in continuirlichem Zusammenhang mit einander. Die Unterbrechung zwischen ihnen, die Petermann's Karte von 1875 zeigt und die wohl in Angaben Burmeister's ihren Grund hat (Phys. Beschr. I. 239), ist daher orographisch unrichtig;[*] sie ist indessen geologisch insofern vorhanden, als die krystallinen Schiefer, welche die Hauptmasse der Huerta- und Famatina-Kette bilden, nicht nur in der Gegend von Salinitas durch eine breite und mit jüngeren Sedimenten erfüllte Einsattelung getrennt sind, sondern auch, soweit meine Beobachtungen reichen, im N. und S. dieser Einsattelung eine differente Ausbildungsweise zeigen. Eine typische Gneissformation habe ich nämlich bloss in der Huerta angetroffen und es empfiehlt sich deshalb, zunächst nur einige Bemerkungen über dieses kleinere, südlichere Gebirge folgen zu lassen.

Ich habe die Sierra de la Huerta auf meiner Reise von Córdoba nach San Juan zum ersten Male an ihrer Südspitze, bei der Post los Papagallos berührt, habe sie später zwischen Guaco und Salinitas in jener mit Sandsteinen erfüllten Einsattelung gekreuzt[**] und bin hierauf fünf Tage lang an ihrem Ostabhange in südlicher Richtung hingeritten bis zu dem los Mareyes genannten und wieder in der Nähe der Post los Papagallos gelegenen Districte.

Dieser ganze Ostabhang muss darnach im wesentlichen aus einer Gneissformation bestehen, welche eine ganz ähnliche Entwickelung wie diejenige der Sierra von Córdoba besitzt, denn alle die zahlreichen kleinen Bäche, die nach Osten zu aus der Kette heraustreten und denen ebensoviele kleinere oder grössere

---

[*] Die Leute von Valle fertil versicherten mir, dass sie bei Reisen nach San Juan zwei Tage brauchen, um die hohe Sierra de la Huerta zu kreuzen.

[**] Der höchste Punkt dieses Kreuzweges lag 1340 m, wurde aber noch durch 80—100 m hohe Tafelberge von Sandstein überragt, während die Ebene am Ostabhange der Huerta eine Meereshöhe von nur 600—800 m haben mag (Taf. 1. 5).

Ansiedelungen [*]) entsprechen, entführen dem Gebirge Gerölle von grauem Gneiss, Augengneiss, Granatgneiss, rothem Gneiss und Hornblendegesteinen. Mit den letztgenannten dürften wohl grosskrystalline Gemenge in Beziehung gebracht werden, die aus Quarz, weissem Feldspath und bis 10 cm grossen stänglichen Individuen von Hornblende bestehen und welche sich zu kleinkörnigen Hornblendeschiefern etwa so verhalten mögen, wie Pegmatit zu Granit. Zwischen der Quebrada de la Mesada und der Quebrada de Tumana lagen mehrfach Blöcke dieser Art am Wege. Zwischen Tumana und Barranca colorada fanden sich dagegen zwischen Blöcken krystalliner Schiefergesteine auch solche von weissem körnigen Kalkstein. Auf den Abwitterungsflächen derselben ragten leistenartige Schwielen hervor, die sich bei näherer Untersuchung als Lagen von feinfasrigem oder stänglichem Wollastonit zu erkennen gaben. In einem anderen Kalksteine, von dem einige Haufen auf dem Werkplatze des jetzt auflässigen Hüttenwerkes el Argentino lagen, beobachtete ich ausser reichlich eingewachsenen Körnern von gelbem Titanit und von Ceylanit auch häufige Durchaderungen von hellgrünem Serpentin, so dass das Gestein, welches früher als Zuschlag bei den Schmelzprocessen benutzt wurde, lebhaft an dasjenige von Malagueño bei Córdoba erinnerte. Es soll unweit der Hütte anstehen.

In einige Schluchten der Sierra de la Huerta versuchte ich, soweit es Wege und Zeit erlaubten, einzudringen. An der Ausmündung derjenigen von Valle fertil steht breitflasriger und feingewellter grauer Gneiss an, der in der Hauptsache sehr gleichförmig entwickelt ist, aber an einer Prallstelle des Flusses zahlreiche, eckig umrandete Partieen von dunkler Färbung umschliesst und dadurch ein sehr eigenthümliches breccienartiges Ansehen gewinnt. Weiterhin beobachtet man ausgezeichnet schönen Stengelgneiss.[**]) Die Blöcke und Gerölle im benachbarten Flussbette bestanden aus Gneiss und angitführendem Diorit und zeigten dabei eine wahre Musterkarte des letzteren Gesteines; grob- mittel- und kleingemengte, sowie körnige und schiefrige Abänderungen desselben lagen bunt durcheinander und wechselten zuweilen an einem und demselben grösseren Blocke in rascher Folge.[***]) Leider vermochte ich nicht bis zu derjenigen Stelle zu gelangen, an welcher das Gestein ansteht.

Ein kleines Felsengebiet, durch welches der Weg zwischen Barranca colorada und dem vorhin genannten Hüttenwerke führt, zeigte Gneiss, Hornblendegneiss und Gabbro anstehend, ohne die Verbandsverhältnisse zwischen diesen Gesteinen erkennen zu lassen; dagegen war bei der eine halbe Stunde von der Hütte und schon im Gebirge gelegenen Grube S. Domingo eine bankförmige Einlagerung von gabbroartigen Schiefern in grauem Gneiss deutlich wahrzunehmen.

In die weiter südwärts gelegene Quebrada de San Pedro drang ich bis zur Grube Mercedes ein und fand hierbei, dass jene eine wilde Schlucht in grauem Gneisse ist und dass letzterer an einer unweit der Grube gelegenen Stelle ein mächtiges Lager von körnigem Kalkstein umschliesst. Endlich besuchte

---

[*]) Die grösste derselben ist Valle fertil, jedenfalls der empfehlenswertheste Ausgangspunkt für einen späteren Reisenden, der die Sierra de la Huerta näher zu untersuchen wünscht. Los Papagallos, auf Petermann's Karte in einer für den Reisenden vielverheissenden Weise gross geschrieben, ist dagegen eine der elendesten Ansiedelungen, die ich jemals antraf. Es ist ein einziger halb verfallener Lehmrancho, dessen verlumpte Bewohner auf das am Fusse eines Sandsteinhügels zusammensickernde Wasser angewiesen sind. Dieses Wasser war so reich an Bittersalz und derart durch die Maulthiere der vorüberziehenden Tropen verunreinigt, dass mir sein Genuss unmöglich war.

[**]) H. Francke hat denselben mikroskopisch untersucht und gefunden, dass sein Feldspath grösstentheils triklin und sehr häufig nach dem Albit- und Periklingesetz gleichzeitig verzwillingt ist (Studien, No. 51. S. 89).

[***]) Den angitführenden Dioriten der Sierra de la Huerta ähnliche Gesteine sind mir noch von der im La Plata-Strome gelegenen Insel Martin-Garcia bekannt geworden. Sie werden hier in Steinbrüchen gewonnen und finden in Buenos Aires und Rosario als Pflastersteine Verwendung (Siehe Cap. III).

ich noch die unweit Marreyes im Gebirge gelegene Grube Rosario und vermochte hierbei festzustellen, dass der Erzgang derselben in Hornblendegneiss aufsetzt.

Die Sierra Pié de Palo, ein hohes, rauhes und wasserarmes Gebirge,[*]) ist in der Breite von Córdoba die westlichste der insularen Ketten der Pampa. Ich habe auf der Reise nach San Juan nur ihre stark abgeflachten südlichen Ausläufer überschritten und hier grauen Gneiss und Hornblende-schiefer anstehend beobachtet. In den Schotterfeldern am Corral de Piedra, deren Material dem Gebirge entstammen muss, lagen ausser Geröllen der genannten Gesteine auch solche von granathaltigem Glimmerschiefer umher. Im Colegio Nacional von San Juan wurden mir krystallinisch-körnige Kalk-steine und graphitreiche Schiefer, die aus der Sierra stammten, gezeigt.

Sierra de Aconquija, Sierra del Alto und Sierra de Ambato. Das sind die drei wichtigsten Theile eines ziemlich complicirten, im Norden mit dem Gebirgslande von Salta zusammenhängenden peninsularen Kettensystemes. In der Breite der Stadt Tucuman gliedert sich das Gebirge in fünf parallele Kämme, deren westlicher der höchste ist und den mit ewigem Schnee bedeckten Gipfel des Aconquija (5400 m) trägt.

Ich habe alle diese Gebirge zwischen dem 26. und 29.° S. Br. berührt, jedoch keinen recht genügenden Einblick in ihre Orographie und Geologie gewinnen können. Das eine Mal kreuzte ich in Gemeinschaft mit den Herren Lorentz und Schickendantz die fünf tucumaner Parallelketten auf dem Wege von Tucuman nach S. Maria. Im letzteren Städtchen angelangt ritten wir dann am steilen Westabhang der Aconquijakette nach S., durcheilten hierauf die Wüstenei des Campo del Arenal und überschritten endlich die Sierra de las Capillitas, um nach dem Fuerte de Andálgala zu kommen. Später bin ich dann noch allein an dem Südabfalle der Sierra del Ambato zwischen Rioja und Catamarca hingeritten und endlich mit der Eilpost am Westabhange der Kette des Alto entlang gefahren. Auf den letzteren beiden Wegen berührt man zwar die Gebirge und ihre Ausläufer nur sehr selten, kreuzt jedoch die Betten zahlreicher kleiner Bäche, die von ihnen herabkommen und gewinnt durch die in den letzteren umherliegenden Gerölle wenigstens einigen Aufschluss über die Zusammensetzung jener.

Die folgenden Bemerkungen über die Gebirge von Tucuman und Catamarca müssen daher sehr frag-mentar bleiben, immerhin werden sie erkennen lassen, dass auch hier die Gneissformation mächtig entwickelt ist und zwar z. Th. in einer recht interessanten, zu weiteren Untersuchungen auffordernden Weise.

Von den Parallelketten der Sierra von Tucuman bestehen die östlichsten drei aus Thonschiefer, Thonglimmerschiefer, Glimmer- und Chloritschiefer sowie aus grünen kieseligen Schiefern, derart, dass bald das eine Gestein dominirt, bald mehrere der genannten Schiefer in fort-währender Wiederholung mit einander wechsellagern. Auf der Cuesta de las Juntas werden diese Schiefer-gesteine von einer Zone granitartigen Gneisses unterbrochen, während die Längsthäler, die die aus ihnen bestehenden drei Ketten zwischen sich lassen, mit jüngeren Sedimenten erfüllt sind (Taf. I. 1).

Der Schichtenverlauf der Schiefer ist gewöhnlich ein von N. nach S. gerichteter, während das Fallen bei verschiedenen absoluten Werthen zwischen O. und W. schwankt.

---

*) Welches phantasievische Gebilde der Moussy'sche Atlas der Argent. Republik ist, beweist die Einzeichnung der Sierra Pié de Palo in Blatt XIV; das Gebirge soll darnach eine südliche Fortsetzung der Sierra de la Huerta sein, während es doch westlich von den südlichen Ausspitzungen der letzteren liegt. Der Ort Valle fertil, der oben erwähnt wurde, soll nach demselben Atlasblatte in einem Längsthale der Sierra de la Huerta liegen und doch schweift der Blick von ihm aus gegen Osten ungehindert über die Ebene!

2*

Am Rio Anfama standen da, wo wir ihn kreuzten, noch Thonglimmerschiefer an; aber beim Ersteigen seines westlichen Gehänges erreichten wir bald den Beginn der Gneissformation, die nun allem Anschein nach in fast continuirlicher, nur von Durchbrüchen granitischer und trachytischer Gesteine unterbrochener Entwickelung die Kette zwischen Anfama und Tafi und die westlich des letzteren gelegene Aconquijakette bildet, denn allenthalben stehen Gneisse und Glimmerschiefer an und alle Bäche und Schluchten führen Gerölle dieser Gesteine von den Höhen herab. Wechsellagerungen der verschiedenen Abänderungen dieser beiden Schiefergesteine sind ausserordentlich häufig und bilden fast die Regel; in ausgezeichnetester Weise habe ich sie an den Felsenwänden bei dem Fuerte quemado beobachtet, welche schon das linke Gehänge des Rio de S. Maria bilden. Hier alterniren dunkelfarbige Gneisse und Glimmerschiefer mit lichteren Bänken eines turmalinführenden granitischen Gesteines in unzähliger Wiederholung, so dass man das Schichtensystem schon aus weiter Ferne trefflich beobachten kann. Ohne hier in ermüdende Einzelschilderungen eingehen zu wollen, muss ich wenigstens einiger Thatsachen gedenken, die für das Tucumaner Gneissgebirge charakteristisch sind.

Zunächst des Auftretens von Glimmerschiefer. Während derselbe in den bis jetzt betrachteten und südlicher gelegenen Pampinen Gneissketten eine seltene Erscheinung ist, spielt er im Tucumaner Gebirge eine sehr wichtige Rolle. Seine am weitesten verbreitete Varietät ist ein feinkörniges Gestein, das parallel zu seiner Schichtung aus einer Wechselfolge von lichteren und dunkleren Lagen besteht. Die einzelnen Lagen sind ein oder mehrere Millimeter stark und ihre verschiedene Färbung hat, wie Beobachtungen mit dem unbewaffneten Auge und unter dem Mikroskope übereinstimmend zeigen, ihren Grund in der lagenweisen Concentration des Glimmers inmitten des körnigen Quarzes, welcher die Hauptmasse des Gesteines bildet. In den Dünnschliffen verschwindet die für das blosse Auge ziemlich scharfe Abgrenzung der verschiedenen Lagen und man erkennt, dass auch die lichteren Bänder nicht gänzlich frei von dem bräunlichgrün durchscheinenden Glimmer sind, der sich in den dunkleren reichlicher angehäuft hat. Daneben finden sich noch einzelne Blättchen eines lichten Glimmers und einzelne Körnchen von Orthoklas (?) und Plagioklas, indessen treten die letzteren in der körnigen Quarzmasse so vereinzelt auf, dass das Gestein unbedingt als Glimmerschiefer, und noch schärfer als Lagenglimmerschiefer bezeichnet werden darf.

Besonders schön ist dieser Glimmerschiefer an dem östlichen Gehänge des Tafi'er Hochthales zwischen Tafi und Infernillo zu beobachten und zwar wechsellagert er hier mit Bänken grobgewellter Gneisse. Die Oberflächen der Felsen und diejenigen von Geröllen erscheinen oft cannelirt, da die weniger widerstandsfähigen dunkleren Lagen mehr oder weniger tief ausgewittert bez. ausgewaschen sind.

Sodann ist ein granulitartiges Gestein zu erwähnen, das in der Umgegend der Estancia el Bajo de Anfama mehrfach und zwar in Wechsellagerung mit Gneiss beobachtet wurde. Es ist das einzige Granulitvorkommen, das ich innerhalb der Argent. Republik angetroffen habe (vergl. Cap. III).

Eine letzte der Erwähnung werthe Erscheinung, welche in den das Thal von Tafi einschliessenden Gebirgsketten an mehreren Orten zu bemerken war, ist das Auftreten von Staurolith- und Dichroithaltigen Gesteinen.

Staurolith fand ich auf dem Portezuelo zwischen Anfama und Cienega, besonders in der Nähe der kleinen Lagune und sodann beim Abstieg von Cienega in's Thal von Tafi und zwar waren seine Krystalle an beiden Orten in Glimmerschiefer bez. Thonglimmerschiefer eingewachsen. Am Tafi'er Abhang fand ich einige ausgewitterte Krystalle, die etwa 1 cm gross und theils einfache Krystalle von der Combination Prisma, Brachypinakoid und Basis, theils schiefwinklige Durchkreuzungszwillinge waren. Da bei der Estancia Cienega, also zwischen beiden Staurolithfundpunkten die Thalschlucht mit grossen Blöcken eines Granites erfüllt ist, der zahlreiche Gneissfragmente umschliesst und sonach für eruptiv zu halten ist, so liegt es nahe, in diesem Granite den Urheber der localen Staurolithentwickelung zu suchen.

Zahlreiche Blöcke eines grobwelligen, von Quarz-Feldspath-Schmitzen durchzogenen Gneisses, der, und zwar besonders gern in diesen grosskrystallinen Schmitzen, bis über einen Centimeter grosse Körner schönblauen Dichroites, ausserdem auch noch kleine Granaten enthält, fanden sich bei San José im Thale von S. Maria, da, wo die von der Aconquijakette herabkommende Schlucht ausmündet. In San José hat man viele dieser Dichroitgneissblöcke zur Fundamentirung von Mauern verwendet, so namentlich in der Nähe der Kirche.

An derselben Localität fanden sich auch vereinzelte Gerölle von Garbenschiefer.

Ueber die Geologie der das Thal von Catamarca einschliessenden Sierren von Alto und von Ambato vermag ich wenig anzugeben. An der Südspitze der ersteren, welche die Poststrasse zwischen Córdoba und Catamarca berührt, liegen kleine felsige Hügel, die aus Gneiss bestehen; an einer Stelle ragt ein kleines weisses Felsenriff aus demselben hervor: Quarzit, local in Riesengranit übergehend. Die Poststrasse nach Catamarca folgt dann dem Ostabhang der Kette und die Gerölle, die ich in ihrer Nähe zeitweise beobachten konnte, waren durchgängig solche von Gneiss und Granit. Nach Burmeister, der die Sierra del Alto zwischen Medina, südl. von Tucuman, und Piedra blanca bei Catamarca überschritt, besteht sie auch hier „ganz aus metamorphischen Gesteinen, namentlich aus feinblättrigem Glimmerschiefer und grobem Gneiss" (Reise II. 200). Auf meiner Karte habe ich dieser Mittheilung Rechnung getragen.

Die Gesteine der Sierra del Ambato kenne ich nur aus den Geröllen der Bäche, welche die von Catamarca nach der Provinzialhauptstadt la Rioja führende Strasse kreuzt. In den Schotterfeldern, über die man zwischen Catamarca und Miraflores reitet, herrscht jener Lagenglimmerschiefer vor, den ich schon oben aus der Sierra von Tucuman näher beschrieben habe; weiter SW., bei Villabina, Capellan und Chumbicha führen die von der Ambatokette herabkommenden Bäche Gerölle von Gneiss, von granitischen, z. Th. Turmalin-führenden Gesteinen, von Quarziten und, auffälliger Weise, auch noch solche von grauem und blauschwarzem Kieselschiefer, einem Gestein, dessen Zugehörigkeit zur Gneissformation einstweilen noch dahin gestellt bleiben muss. Uebrigens ist zu bemerken, dass nach M. de Moussy in der Sierra von Ambato auch krystalline Kalksteine auftreten sollen (Descr. I. 293).

Die kleine westlich der Ambatokette liegende Sierra de Mazan ist nach Burmeister (Phys. Beschr. I. 253) „ein weniges Leguas langer Kamm metamorpher Gesteine". Auf der Ausstellung von Córdoba (1870) waren weisse körnige Kalksteine von Mazan zu sehen.

Die Sierra de Gulampaja ist das westlichste Gebirgssystem, welches ich in der Provinz Catamarca kennen gelernt habe. Im Norden mit den Hochgebirgen von Salta und Bolivia zusammenhängend, zieht sie sich nach S. zu als ein gigantischer, durch Längen- und Querthäler mannigfach gegliederter Gebirgswall von 26. bis zum 23.° S. Br. hin, also bis in die Gegend von Tinogasta. Den südlichsten, bereits mehrfach unterbrochenen Ausspitzungen gehören die Hügelgebiete von Copacavana, Campanas, los Angulos, Famatina und Chilecito an.

In Gemeinschaft mit Herrn Prof. Lorentz habe ich zunächst denjenigen unter dem 27.° liegenden Theil der Sierra de Gulampaja besucht, welcher den Localnamen Sierra de los Granadillos führt, und zwar haben wir dieses Gebirge von Belen aus bis zu einer Höhe von ungefähr 3000 m erstiegen; später sind wir dann im Längsthale des Rio de Belen über S. Fernando aufwärts geritten bis zur Laguna blanca, die, von Schneebergen majestätisch umrahmt, hart an der Bolivianischen Grenze in einer Meereshöhe von ungefähr 2900 m liegt. Nach Belen zurückgekehrt trennten wir uns; während es den Botaniker nach den herrlichen Wäldern und Matten des Tucumaner Gebirges zurückzog, kreuzte ich die Südspitze der Kette von Granadillos zwischen Zapata und Tinogasta und ritt dann zunächst an ihrem Westabhang abermals nach N. bis Fiambalá. Später berührte ich auf dem Wege nach den Grubengebieten von Famatina die kleinen Gebirge zwischen Copacavana und Chilecito.

Es hat sich aus diesen Reisen ergeben, dass auch im System der Gulampaja-Kette die Gneissformation eine sehr wesentliche Rolle spielt. Zunächst stehen gleich oberhalb der Belener Thalenge bei der Puerta, am linken Gehänge, graue Gneisse, mit einigen Einlagerungen von schiefrigen Quarziten an; weiter thalaufwärts entzieht sich dann allerdings das Material, welches die Gebirgshöhen bildet, der directen Beobachtung des im Thale entlang reitenden Reisenden, da sich jüngere Sedimente unten an die Gehänge anlagern, aber auf dem Wege von Nacimientos nach der Laguna blanca bestehen die Wände der Felsenschlucht, durch die man aufwärts steigt, wieder durchgängig aus alten krystallinen Schiefern. Graue und rothe Gneisse herrschen vor, letztere gewöhnlich ebenplattig abgesondert und stellenweise reich an Turmalin. An der Wechsellagerung dieser beiden Gesteine, die man als typische Repräsentanten der unteren Abtheilung der archäischen Formation zu betrachten pflegt, betheiligt sich nun aber sonderbarer Weise noch ein drittes Gestein, nämlich ein kryptokrystalliner dunkelfarbiger Schiefer, den man nach seinem äusseren Ansehen und nach seiner Härte zwischen Thon- und Kieselschiefer stellen möchte. Bald ist er einförmig grau, grün- oder blauschwarz, bald geflammt und neben ebenplattiger Zerklüftung zeigt er muschligen Bruch. Splitter verschiedener Varietäten, die ich später untersucht habe, zeigen u. d. M. in übereinstimmender Weise eine variolithische Structur; aus ihrer an blassgrünen Körnchen und Nädelchen reichen Grundmasse heben sich zahlreiche kleine rundliche Flecken ab, die ihrerseits aus einem Gewirre wasserheller Mikrolithen bestehen und durch Aggregatpolarisation charakterisirt sind.

Dass diese Schiefer wirklich einen integrirenden Bestandtheil der Gneissformation bilden, sei nochmals ausdrücklich hervorgehoben; an den nackten Felswänden der Schlucht sieht man ihre düsteren Bänke vielfach und allenthalben conform zwischen denen der lichter gefärbten Gneisse liegen.[*]

Im übrigen sei noch erwähnt, dass sich in den Schotterterrassen des Hauptthales, bei Nacimientos und bei S. Fernando, neben Geröllen krystalliner Massengesteine und neben denen der eben geschilderten krystallinen Schiefer auch noch solche von dunklen und harten Schiefergesteinen finden, in welchen ausser vereinzelten kleinen Granaten zahlreiche und bis handbreite Lagen und Schmitzen von feinkörnigem Epidot auftreten; dieselben scheinen dem ebenbesprochenen Variolithschiefer verwandt zu sein. Aber auch Gerölle jenes bandstreifigen Glimmerschiefers liegen vielfach umher, der oben schon aus den Gebirgsketten von Tucuman und Catamarca beschrieben wurde und der daher in der Gneissformation der nördlichen argentinischen Gebirge eine weite Verbreitung haben muss.

Der Schichtenbau im Thale von Belen — S. Fernando — Nacimientos wird nach mehreren übereinstimmenden Beobachtungen durch NW. Streichen und SW., zwischen 50 und 70° schwankendes Einfallen der krystallinen Schiefer gekennzeichnet.

Das westliche Gehänge der Sierra de Gulampaja, soweit ich es zwischen Tinogasta und Fiambalá kennen zu lernen Gelegenheit hatte, besteht fast nur aus normalem grauen Gneiss, der mehrfach durch zahlreiche grosse rothe Feldspathkrystalle in Augengneiss übergeht und von zahlreichen Granit- und Pegmatitgängen durchadert wird. Einlagerungen von rothem Gneiss und Glimmerschiefer konnte ich nur

---

[*] Man hat es also in der S. de Gulampaja allem Anscheine nach mit einem Seitenstück zu denjenigen „Kieselschiefereinlagerungen" zu thun, welche im Gneisse oder Glimmerschiefer der Gegend von Montevideo vorkommen. Weiss, Brasilien. S. 234.

ganz untergeordnet wahrnehmen; nach Geröllen zu schliessen, die in dem bei Zapata austretenden Längsthale lagen, müssen auch Hornbleudeschiefer vorhanden sein.

Das Material, welches die kleineren insularen Gebirge im S. der Kette von Gulampaja bildet, also die Gebirge bei Copacavana, los Angulos, Famatina und Chilecito, besteht aus grauen, rothen, granitartigen und hornblendeführenden Gneissen, unter denen eine Abänderung, welche ich Cocardengneiss nennen möchte, besonders auffällt (vergl. Cap. III). Der Gneiss wird hier ungemein häufig von kleinen Granitgängen durchadert.

Eine eigenthümliche Erscheinung konnte mehrfach am Ostabhange der Sierra von Copacavana beobachtet werden. Es stehen hier NW. streichende und 70° NO. fallende graue Gneisse, Augengneisse und rothe Gneisse an und die letzteren zeigen vielfach eine sehr schöne transversale plattenförmige Zerklüftung in der Streichrichtung von 50° und der Fallrichtung von 80°. An stellen nackten Felswänden des rothen Gneisses und, wie sofort hervorgehoben werden möge, an z. Th. gänzlich unzugänglichen Stellen, beobachtet man nun gar nicht selten inmitten frischen Gesteines halbkugelförmige und bis über kopfgrosse, etwas rauhwandige Aushöhlungen, die horizontal in den Felsen hineingehen. Oft sieht man sie gruppenweise bei einander, inmitten kantig begrenzter oder scharfeckig abgesetzter Felspartieen.

Auch zwischen Tinogasta und Anillaco sah ich derartige sonderbare Höhlungen.

B. v. Cotta, der ganz analoge Bildungen aus den Granitgebieten des Altai beschrieben hat (der Altai 1871. S. 81), ist der Ansicht, dass dort solche Löcher „durch vom Winde angetriebenen Regen ausgenagt werden, an Stellen, deren mineralogische Zusammensetzung durch irgend einen Umstand der Zerstörung wenig Widerstand leistete". Offenbar ist auch bei Copacavana die Erscheinung lediglich das Resultat der Verwitterung eines in seiner Mengung ungleichförmigen Gesteines, aber sie besitzt doch noch viel räthselhaftes, da in einer an meteorischen Niederschlägen so armen Gegend dem Regen wohl kaum ein sonderlicher Einfluss auf die Aushöhlung der Felsflächen zugeschrieben werden kann.

Die Sierra de Velasco (oder Sierra de la Rioja) (Taf. I. 3) kann vielleicht als ein Bindeglied zwischen der Sierra de Gulampaja und den bereits oben besprochenen Gebirgswellen der Llanos, von Ullapes und San Luis betrachtet werden. Sie erstreckt sich ungefähr von 28½ bis 30½ Grad S. Br. und soll bis gegen 2000 m üb. d. M. ansteigen, mithin die am östlichen Fusse und in der Ebene gelegene Provinzialhauptstadt la Rioja um etwa 1500 m überragen. Ich habe das aus mehreren parallelen Kämmen bestehende Gebirge auf der Reise von Chilecito nach Rioja gekreuzt, indem ich den steilen Weg über die Cuesta de Sigud nahm. Ausser einem centralen Granitstocke und einigen jüngeren Sedimenten, die zwischen den östlichen Vorketten eingelagert sind, fand ich dabei auf dem ganzen Wege nur krystalline Schiefergesteine: normalen grauen Gneiss, Augengneiss, rothen Gneiss und durch ziegelrothe Feldspathkrystalle porphyrartigen granitischen Gneiss. Die bankförmige Wechsellagerung dieser verschiedenen, häufig von kleinen Pegmatitgängen durchsetzten Gesteinen konnte an mehreren Stellen beobachtet werden. Das Einfallen der Schichten betrug zumeist 60—70°, während das Streichen derselben keine Constanz zeigte.

In der östlichsten, der Stadt Rioja nächstgelegenen Vorkette stehen ausser Gneissen auch noch Thonschiefer an.

Die Sierra von Famatina (Taf. I.3), welche in der Provinz Catamarca von der Cordillere abzweigt und sich von da in SO. Richtung und ohne Unterbrechung durch die Provinz la Rioja hindurch bis weit nach San Juan hinein fortzieht, hat im Gegensatz zu der Einförmigkeit der anderen pampinen Sierren eine ziemlich mannigfaltige orographische Gliederung und geologische Zusammensetzung. Sie wird darum auch von ihren Anwohnern in den verschiedenen Theilen mit verschiedenen Namen belegt. Ihre südlichste Ausspitzung ist die schon oben besprochene Sierra de la Huerta (S. 9.); den innerhalb der Provinz la Rioja und im Westen der Städtchen Chilecito und Famatina gelegenen Theil, welcher in dem Nevado de Famatina mit 6024 m seine grösste Höhe erreicht, und auf welchen im Lande selbst die Benennung Sierra de Famatina eingeschränkt wird, habe ich auf dem vom Städtchen Famatina nach Vinchina führenden Tocino-Passe überschritten und weiterhin auf mehreren Excursionen kennen gelernt, die ich in die Grubengebiete von Famatina und von Cerro negro bei Chilecito machte. Der höchste Punkt, den ich hierbei erreichte, war der Espino, für welchen 5000 m angegeben werden. Endlich habe ich noch einen mehrtägigen Ausflug in den westlich von Angulos liegenden Theil der Kette gemacht.

Auf allen diesen Touren habe ich nur einmal krystalline Schiefergesteine angetroffen, die nach ihrem petrographischen Charakter der bis jetzt besprochenen Gneissformation zugerechnet werden können. Das betreffende Gebiet wird von der kleinen, im W. der Nevados liegenden Quebrada de la Calera, durch welche der vom Tocino-Passe kommende Weg nach Vinchina führt, durchschnitten. Da wo man auf diesem Wege unterhalb der Potrerillo genannten Localität in das enge Felsenthal eintritt, steht ein Gestein an, dass man zunächst für Granit halten möchte. Aber weiterhin beobachtet man in demselben mehrfache bankförmige Einlagerungen eines dunklen und feinkörnigen gneissartigen Gesteines, die eine Mächtigkeit bis zu 4 m erreichen und bald vereinzelt auftreten, bald in kurzen Abständen sich 6 bis 8 mal wiederholen. Weiter thalabwärts durchschneidet dann das kleine Thal eine Zone von Kieselschiefern und tritt hierauf, ehe es sich in dem Sandsteingebiet von Tambillo zu einer schmalen Felsenspalte verengt, nochmals in den granitischen Gneiss ein, in dem jetzt nur noch sehr spärliche Einlagerungen des erwähnten dunklen Schiefergesteines zu beobachten sind.

Diese Verhältnisse entsprechen ungefähr der in der Sierra de Gulampaja zwischen Nacimientos und der Laguna blanca beobachteten Entwickelungsweise der Gneissformation.

Die Gneissformation im Gebiete der Cordillere. In der Cordillere habe ich nur an einer Stelle Gesteine beobachtet, welche auf Grund ihrer petrographischen Beschaffenheit der Gneissformation zugerechnet und deshalb hier mit erwähnt werden müssen. Jene Stelle liegt im oberen Thalgebiete des Rio de Mendoza, bei den einsamen Gehöfte von der Punta de las Vacas, an welchem der Weg von Uspallata nach dem Cumbre-Pass vorbeiführt (Taf. III. 9). Unmittelbar hinter den Häusern steht hier ein plattig zerklüftetes, dunkelgraues und feinkörniges Gestein an, in dem mit der Lupe einzelne sehr kleine Quarzkörnchen, punktförmig aufglänzende Glimmerschüppchen und einzelne Eisenkiespartikelchen zu sehen sind. An einigen Stellen wird das Gestein gröber krystallinisch und gewinnt ein gneissartiges Ansehen. Mehrfach wird es von kleinen Quarztrümern und von fussstarken Gängen eines feinkörnigen und blassrothen Granites durchadert, an anderen Stellen von stockförmigen Massen eines mittelkörnigen Granites mit weissem Feldspath, grünschwarzem Glimmer und etwas Hornblende durchbrochen.

U. d. M. lässt das herrschende, feinkörnige und graue Gestein ein krystallinisch-körniges Gemenge erkennen, das vorherrschend aus Quarz, nächstdem aus bräunlich grünem Glimmer und aus Magnetit besteht. Nach alledem halte ich es für Glimmerschiefer.

H. Francke, der das von mir gesammelte Gestein ebenfalls u. d. M. untersucht hat, und dessen Beobachtungen in Bezug auf die das Gestein zusammensetzenden Mineralien im wesentlichen mit den meinigen übereinstimmen, hat es dennoch als Quarzbreccie beschrieben und mit den später zu erwähnenden Grauwacken vereinigt (Studien No. 53. S. 40). Angesichts dieses Widerspruches zwischen Francke's und meinen Beobachtungen bat ich Herrn A. Wiehmann gelegentlich seines Aufenthaltes in Freiberg um eine vergleichende Prüfung der fraglichen Gesteine und freue mich, angeben zu können, dass derselbe bei der

Besichtigung von rohen Gesteinssplittern und von Dünnschliffen gleichfalls zu der von mir vertretenen Auffassung gelangte.

Der Glimmerschiefer von der Punta de las Vacas scheint allerdings nur eine sehr beschränkte Ausdehnung zu besitzen, zum wenigsten in der zum Streichen der Cordillere rechtwinkligen Richtung, längs welcher er durch die Thalschlucht entblösst ist; immerhin ist der Nachweis seines Vorkommens in dem mendoziner Hochgebirge von hohem Werthe für das Verständniss des Cordillerenbaues, zumal wenn man sich der Beobachtungen erinnert, die Strobel weiter südlich und Darwin weiter nördlich anstellen konnten. Strobel traf auf seinem Wege vom Planchonpasse nach S. Rafael und zwar einen guten halben Tagemarsch östlich vom Passe, bei den Valles, auf Hornblendeschiefer und bald darauf im Valle de las Yaretas auf schwarze, glänzende Tafelschiefer (N. Jb. 1875. S. 60). Darwin, der allerdings den Glimmerschiefer bei der Punta de las Vacas übersehen und auf seinem Profile nur den später zu erwähnenden Granit eingezeichnet hat, constatirte dagegen im Thale von Copiapo „a great formation (P) of mica-schist, with its usual variations". Er fügt dem bei „It is probable that this mica-schist is an old formation, connected with the granitic rocks and metamorphic schists near the coast" (Geol. Obs. 228. Car. 340. Pl. I. 3). Das letzterwähnte Vorkommen nimmt in der Cordillere eine Stelle ein, die geologisch derjenigen vollkommen gleichwerthig sein dürfte, an welcher der Glimmerschiefer bei der Punta de las Vacas zu Tage tritt, denn beide Punkte finden sich in dem durch alte Eruptivgesteine charakterisirten Centralgebiete, welches, wie später zu zeigen sein wird, die westliche Grenze für die versteinerungsreichen mesozoischen Sedimente bildet.

Somit ergiebt sich denn, dass auch in der centralen Längsaxe der Cordillere hier und da Inseln der archäischen Formation vorhanden sind und es liegt nahe, dieselben als Repräsentanten einer von N. nach S., also den Pampinen Sierren parallel streichenden Welle zu betrachten, welche die allerdings nur local zu Tage tretende Basis der Cordillere bilden würde.

Auf das oben mit Darwin's Worten angedeutete westlichere Auftreten der Gneissformation in der chilenischen Küstencordillere, das ausserhalb der Grenzen meines Untersuchungsgebietes liegt, werde ich am Schlusse dieses Capitels kurz zurückkommen.

B. Urschieferformation.

Es scheint in den argentinischen Gebirgen zwei verschiedene, wenn schon in ihrem Alter sich nahestehende Thonschieferformationen zu geben. Die ältere derselben, welche ich für archäisch halte, ist soweit meine Beobachtungen reichen, absolut versteinerungsleer, besitzt mehrfach bankförmige Einlagerungen von krystallinischen, körnigen oder schieferigen Gesteinen und ist wenigstens zum Theile in räumlicher Beziehung inniger mit der Gneiss-, als mit der Schieferformation verknüpft.

Die jüngere Thonschieferformation findet sich dagegen in der Nachbarschaft von silurischen Kalksteinen und ist weiterhin dadurch gekennzeichnet, dass ihre Schiefer oftmals mit Grauwacken wechsellagern und auch, wenn schon in seltenen Fällen, Spuren von Pflanzenresten enthalten.

Die scharfe Trennung beider Formationen war mir nicht allenthalben möglich, so dass ich sie auf der Karte mit einer und derselben Farbe angegeben habe.

Unter Berücksichtigung der soeben hervorgehobenen Differenzen möchte ich indessen diejenigen Thonschiefer, welche am westlichen Abhange der Serrazuela von Córdoba anstehen (S. 9.) und diejenigen, welche die östlichsten Ketten der Sierra von Tucuman bilden (S. 11.) als archäische betrachten. Anderweite Thonschiefer, die ebenfalls höchst wahrscheinlich archäisch sind und einen wesentlichen Antheil an der Zusammensetzung der Sierra de Famatina nehmen, sollen im folgenden etwas näher besprochen werden (Taf. I. 3).

An denjenigen Theile der Famatina-Kette, der sich westlich von den Städtchen Chilecito und Famatina erhebt, das Quellgebiet der bei Famatina und Chilecito ausmündenden Flüsschen ist und die am Ostabhange der Nevados gelegenen Grubengebiete Mejicana, Ampallado, Caldera und Cerro negro umfasst, dominiren normale Thonschiefer von grauen oder grünen, lichteren oder dunkleren Farben und von grober und unvollkommener oder dünner und ebener Schieferung. Ausserdem findet man, besonders in den höheren Theilen des Gebirges graue, graugrüne oder dunkel-braunschwarze Schiefergesteine, die man ihrer grösseren Härte und ihrem äusseren Aussehen nach als Kieselthonschiefer bezeichnen könnte (vergl. Cap. III). Beide Schiefergesteine, die echten Thonschiefer und die Kieselthonschiefer, sind durch mannigfache Uebergänge mit einander verbunden und erweisen ihre Zusammengehörigkeit überdies durch eine an zahlreichen Stellen wahrzunehmende und vielfach sich wiederholende Wechsellagerung. An dieser Wechsellagerung betheiligen sich an manchen Stellen auch noch Bänke von schiefrigen Quarziten oder solche von Kieselschiefern (so z. B. zwischen Corrales und Durazno, zwischen Corrales und dem Puesto de los Tranquitos und im Thale des im Grubengebiete von Famatina entspringenden Rio amarillo, besonders zwischen der Cueva de los Noroses und der Cueva de la Mesada); endlich beobachtete ich noch vereinzelte bankförmige Einlagerungen von Quarzdiorit und Gneiss, sowie solche eines eigenthümlichen Gesteines von porphyrartiger Structur, welches die Bergleute des Cerro negro „maisillo" zu nennen pflegen.

Bänke eines kleinkörnigen Quarzdiorites sieht man z. B. im Thonschiefer unmittelbar südlich vom Hüttenwerke Escaleras de Famatina und für ein ähnliches Auftreten des Quarzdiorites im Thonschiefer sprechen zahlreiche Blöcke des ersteren, welche in dem wesentlich aus Thonschiefer bestehenden Thale zwischen Escaleras und Tranquitos umherliegen. Auch in dem Schotter der in der Famatinakette entspringenden und bei Angulos und Campanas in die Ebene ausmündenden Flüsschen sind Gerölle von Quarzdioriten eine häufige Erscheinung (vergl. Cap. III).[*]

Eine Einlagerung von Gneiss im Thonschiefer findet sich im Thale kurz unterhalb des vorhin genannten Hüttenwerkes und kann nicht leicht übersehen werden, da sich ihre schroffen kleinen Felsengruppen gar auffällig von den gerundeten und schuttbedeckten Thonschiefergehängen unterscheiden.

„Fajas de Maisillo"[**] sah ich zwischen den Thon- und Kieselthonschiefern des Cerro negro, beim Aufstieg vom Rio amarillo nach der Grube Yareta. Im Thale des im Grubengebiete von Famatina entspringenden und ebenfalls Rio amarillo genannten Gebirgsflüsschens verräth sich das Vorkommen eines ähnlichen Gesteines inmitten des Thonschiefergebietes durch kleine Gesteinskuppen und Blockmeere, die zwischen der Cueva de la Mesada und der Cueva Peres zu beobachten sind.

An beiden Orten besteht das Gestein aus einer lichteren oder dunkleren, graugrünen, splittrig brechenden, fein krystallinen oder keratitischen Grundmasse, in welcher zahlreiche bis 10 mm grosse Körner von grauem Quarz, kleinere krystalline Körner von weissem Plagioklas und vereinzelte Glimmerschüppchen oder faserig-schuppige Aggregate eines grünen chloritartigen Minerales eingewachsen sind. U. d. M. erweist sich die Grundmasse als ein zuweilen etwas radialfaserig struirtes Aggregat von farblosen oder trüben, unscharf begrenzten Körnchen, die

---

[*] Aus dem Thonschieferschutte, welcher den im W. des Espino vom Nevado de Famatina sich herabziehenden Grat bedeckt, ragen unweit des ersteren einige kleine Kuppen eines kleinkörnigen und ziemlich stark verwitterten Gesteines hervor, das ich auf Grund der mikroskopischen Untersuchung für ein proterobasartiges Gestein halten möchte. Die angegebenen Verhältnisse lassen nicht erkennen, ob dieses Gestein der Thonschieferformation angehört oder ob es dieselbe gangförmig durchsetzt, weshalb ich mich mit dieser kurzen Erwähnung seines Vorkommens begnüge.

[**] Faja bedeutet Band oder Streifen.

zwischen gekreuzten Nicols nur ein verschwommenes Farbenbild geben; zwischen denselben sind sehr vereinzelte Quarz- und Plagioklaskörnchen wahrzunehmen. Ausserdem sind jener Grundmasse zahlreiche Schüppchen, Blättchen oder Fetzen eines grünen, chloritischen Minerales eingemengt. In die grösseren porphyrartig auftretenden Quarzkörner greift die Grundmasse oft buchtenartig ein oder diese Körner umschliessen rundlich begrenzte Partieen derselben.

Wenn sonach das Vorkommen des Maisillo in bankförmigen Einlagerungen für seine ursprüngliche Zugehörigkeit zur Schieferformation spricht, ist seine petrographische Natur derart wechselnd, dass man ihn bald als Hälleflinta, bald als Augengneiss, bald als Quarzporphyr betrachten möchte; jedenfalls verdient das Gestein, dem wohl auch ein Theil der „Porphyrbänke", „Gabbrogesteine und Euphotide" zuzurechnen ist, welche E. Hüneke vom Cerro negro erwähnt (Napp. Arg. Rep. 229. 230), bei einer späteren Specialuntersuchung der Famatinakette ein weit sorgfältigeres Studium, als ich demselben zu widmen vermochte.

Der Schichtenbau, welchen die Thonschieferformation in der Famatinakette besitzt, lässt sich nur sehr schwierig entziffern, da die Thalgehänge, soweit sie aus Thonschiefer oder Kieselthonschiefer bestehen, zumeist nur mit Splittern und Scherben dieser Gesteine bedeckt und gigantischen Schutthalden vergleichbar sind. Aus diesen Schutthalden ragen dann die Quarzite und Kieselschiefer, die Diorite, Gneisse und Maisillo-Gesteine, sowie die später zu erwähnenden Quarzporphyre, da sie den atmosphärischen Einflüssen gegenüber widerstandsfähiger sind, als kleine Felsenbänke und Felsenriffe hervor oder kennzeichnen wenigstens ihr Vorhandensein durch Anhäufungen grösserer Blöcke. Immerhin war es möglich, an einzelnen Stellen Streichen und Fallen der Schieferschichten abzunehmen. Darnach scheinen dieselben vorwiegend NW. zu streichen und ein steiles Einfallen nach NO. oder SW. zu besitzen. Hiermit stimmt auch der Verlauf der festeren, bankförmigen Einlagerungen mehrfach überein. Indessen gewahrt man auch andere Streichrichtungen und senkrecht stehende, flachfallende oder stark gefaltete Schichten, so dass man kaum irren wird, wenn man den Bau der Gebirgskette als einen sehr complicirten und vielfach gestörten bezeichnet.

Den Theil der Famatinakette, welcher im W. von los Angulos und Campanas liegt, also im N. der Schneegipfel, versuchte ich von dem Protrero (Weideplatz) de los Angulos aus, den ich später als Fundstätte silurischer Versteinerungen zu schildern haben werde, zu ersteigen (Taf. I. 4). Die Gebirgskette, die sich hier im W. der silurischen Schichten, der mit ihnen verknüpften Porphyre und der sie überlagernden Sandsteine erhebt, besteht an ihrem Fusse aus einem mächtigen Systeme graugrüner, klüftiger, kieseliger Thonschiefer. Ueber denselben folgen zunächst in einer Mächtigkeit von 30—40 m feinkörnige, schiefrige Quarzite, z. Th. porphyrartig durch kleine Quarzkörner, dann, in mächtiger Entwickelung, plattig zerklüftete Schiefergesteine, die den oben besprochenen Maisillobänken correspondiren mögen, hier aber in der dunkelgraugrünen, keratitischen Grundmasse nur sehr vereinzelte kleine Quarz- und Feldspathkörner, dagegen häufig bis 10 mm grosse, lichtfarbige Flecke zeigen, die gegen die Grundmasse unscharf begrenzt sind und sich u. d. M. als ein gröberes felsitisches Gemenge erweisen. Endlich fand ich auf einem stufenförmigen Absatze des Gehänges graugrüne Thonschiefer anstehend. Bis hierher mochte ich wohl 800 oder 1000 m an dem zumeist mit rolligem Schutte bedeckten Gehänge emporgeklettert sein. Zu weiterem Aufstiege langten die Kräfte leider nicht mehr aus; ich vermochte daher nur noch zu constatiren, dass oberhalb der erwähnten Terrasse nochmals Quarzschiefer anstehen und dass über denselben Felsenwände durch ein dunkles Gestein gebildet werden, das nach umherliegenden Fragmenten dioritischer Natur zu sein scheint. Immerhin lässt dieses Profil erkennen, dass die Famatinakette auch im N. der Nevados eine Zusammensetzung hat, die im wesentlichen mit der oben bezeichneten übereinstimmt.

Auf meinen sonstigen Reisen habe ich zwar noch vielfach Thonschiefer in mächtiger Entwickelung angetroffen, jedoch in demselben nur noch in einem einzigen Districte Einlagerungen von krystallinen Schiefern wahrnehmen können. Dieser District ist der Westabhang der Gebirgskette von Tontal, Prov. San Juan (Taf. II). Die Gehänge des Thales, durch welches ich hier von der Grube Carmen nach Tottoral de Barreal hinabritt, bestehen fast allenthalben aus stark gefalteten und geknickten Schichten von Thonschiefer, zeigen aber an zwei Punkten innerhalb des Schiefers mächtige bankförmige Einlagerungen von grauem, an grossen Körnern weissen Feldspathes reichen Gneiss. In Ermangelung anderer zur Altersbestimmung verwerthbarer Momente bin ich daher geneigt, den Thonschiefer dieses Theiles der Tontalkette für archäisch zu halten; dagegen muss der anderweite, auf der Höhe der Tontalkette und an ihrem Ostabhange herrschende Thonschiefer, der mit typischen Grauwackensandsteinen wechsellagert und local Spuren von Pflanzenresten enthält, bereits einer paläozoischen Formation zugerechnet werden.

Rückblick auf die archäische Schieferformation und ergänzende Bemerkungen über ihr Verbreitungsgebiet.

Auf Grund aller geschilderten Verhältnisse ist man wohl zu der Annahme berechtigt, dass sich die archäische Formation, gleichwie in anderen Territorien, so auch innerhalb der Argentinischen Republik in zwei Abtheilungen gliedert; in eine untere Abtheilung, welche in den südlichen pampinen Gebirgen (Córdoba, S. Luis, Llanos, Huerta, Pié de Palo, Rioja) namentlich durch graue und rothe Gneisse, Hornblendegneisse, Dioritschiefer, augitführende Diorite und krystalline Kalksteine, in den nördlichen Gebirgen (Aconquija- und Gulampaja-Kette) neben Gneissen auch durch Bandglimmerschiefer und, wie bei der Laguna blanca, durch mit Gneiss wechsellagernde Bänke kryptokrystalliner Schiefergesteine charakterisirt ist; und in eine obere Abtheilung, die im wesentlichen aus Thonschiefer und Kieselthonschiefer besteht, aber auch noch vereinzelte Einlagerungen von Gneiss und gneissartigen Gesteinen, sowie von Dioriten enthält. Diese obere Abtheilung besitzt ihre Hauptverbreitung in den dem nördlichen und nordwestlichen Theile des Untersuchungsgebietes angehörigen Gebirgsketten (östl. Theil der Sierra von Tucuman, Sierra de Famatina) und tritt ausserdem nur noch in beschränkter Weise am Westabhange der Tontalkette und am Westabhange der Serrazuela von Córdoba zu Tage.

In Bezug auf das weitere Verbreitungsgebiet der archäischen Formation innerhalb der Argentinischen Republik lässt sich nach d'Orbigny (Geologie 46), Darwin (Geol. Obs. 147. Car. 219) und Heusser und Claraz (Beiträge 14) angeben, dass auch in denjenigen insularen Gebirgen, welche sich in den südöstlichen Theile der Pampa, zwischen Buenos Aires und Bahia Blanca erheben, Gneisse, Gneissgranite, Glimmer- und Quarzitschiefer sowie krystalline Kalksteine die herrschenden Gesteine sind. Diese Gebirge (Sierra de Quillalanquen und Tandil, Sierra Ventana) stimmen daher hinsichtlich ihres Materiales durchaus mit den pampinen Sierren von Córdoba, San Luis etc. überein; dagegen unterscheiden sie sich von diesen letzteren durch ihre SO. Richtung und dadurch, dass sie ihre Steilabfälle auf der NO. Seite haben und sich nach SW. hin verzweigen und sanft abdachen (Heusser & Claraz Beiträge 4).[*]

---

[*] Neuere Mittheilungen über diese kleinen Gebirge im S. der Provinz Buenos Aires, welche sich bis 450 m (Tandilkette) und 1150 m (Ventana) üb. d. M. erheben, findet man bei Zeballos, Estud. geol. 51, Ed. Aguirre, La Geologia de la Sierra Baya. An. Soc. Arg. VIII. 34 und Döring, Inf. ofic. 1882. 305 ff. Nach den Darstellungen des Letzteren soll in der Sierra von Tandil und in der Ventana die discordante Ueberlagerung der laurentischen Gneissformation durch huronische Schiefergesteine (Quarzite, Sandsteine, Thonschiefer, Talkschiefer und Dolomite) mehrfach deutlich zu beobachten sein.

Endlich habe ich noch zu erwähnen, dass ich neuerdings durch Herrn George Claraz einige Gesteinsproben erhielt, welche von dem Genannten in dem Gebiete zwischen dem Rio Negro und dem Rio Chupat gesammelt worden sind und dafür sprechen, dass auch hier, in der Sierra von San Antonio, sowie in der etwa einen Breitegrad westlicher gelegenen Sierra von Talas Upa und an dem der letzteren benachbarten Cerro Tschaptschos krystalline Schiefer auftreten. Aus der Sierra von San

Ob man sie trotz dieser allerdings recht auffälligen Verhältnisse den Pampinen Sierren zurechnen kann, nach denen ihre auf Petermann's Karte angedeuteten NW. Fortsetzungen direct hinweisen, oder ob man sie, wie Burmeister (Acta I. 5) vorzieht, von denselben trennen und als südliche Ausläufer der brasilianischen Serra do mar betrachten will, welche letztere nach Heusser (Z. d. g. G. 1858. X. 412) ebenfalls steil nach O. und flach nach W. abfällt, scheint mir bei den jetzigen fragmentaren Kenntnissen, welche wir von allen diesen abgelegenen Gebirgen des Ostens haben, lediglich Sache der subjectiven Anschauung zu sein; ohne mich deshalb in eine weitere Rechtfertigung meiner oder in eine Widerlegung anderer Ansichten einzulassen, begnüge ich mich lieber damit, zu betonen, dass sich die archäische Formation nunmehr von der Küste des Atlantischen Oceanes bis an die in der Cordillere gelegene Grenze der Argentinischen Republik verfolgen lässt, dass sie innerhalb dieser ganzen, 12 Längengrade betragenden Erstreckung in zahlreichen, mehr oder weniger parallelen Ketten zu Tage tritt und dass hiernach wohl angenommen werden darf, dass sie auch zwischen den pampinen Gebirgen, wenn schon durch Sedimente und Löss verdeckt, continuirlich vorhanden ist.

Das grosse, nach Tausenden von Quadratmeilen messende Verbreitungsgebiet, welches hiernach die krystallinen Schiefer in der Argentinischen Republik besitzen, ist aber doch nur ein kleiner Bruchtheil von demjenigen, welches der archäischen Formation in Süd-America überhaupt zukommt. Denn von der Mündung des La Plata-Stromes an zieht sich dieselbe auch durch Uruguay, Brasilien und Guyana bis nach Venezuela als ein breites Küstengebirge des Atlantischen Oceans hin und in dieser ganzen enormen, 40 Breitegrade umfassenden Ausdehnung scheint sie nur in den Thälern des Amazonenstromes und Orinocos durch breitere Decken von Sedimenten überlagert zu werden. Ihre petrographische Entwickelung scheint dabei im wesentlichen allenthalben gleich zu bleiben, denn aus allen jenen Ländern besitzen wir Angaben über das, oftmals durch Wechsellagerung verknüpfte Vorkommen von grauen und granitischen Gneissen, von Hornblendeschiefern, von Glimmer- und Chloritschiefern, Quarziten, Kieselschiefern, Thonschiefern und dolomitischen Kalksteinen; so in den Arbeiten von Weiss und Dandon über Uruguay, von Eschwege, Hartt und Pissis über Brasilien, von Brown, Sawkins und Velain über Guyana.

Die dermaligen Kenntnisse über die nördliche Fortsetzung der in den Sierren von Tucuman und Catamarca entwickelten archäischen Formationen sind gegenwärtig noch sehr ungenügend;[*]) dagegen ist nach W. hin das Vorhandensein der krystallinen Schiefer wieder mehrfach und sicher erwiesen.

Innerhalb der argentinisch-chilenischen Cordillere tritt allerdings das archäische Faltensystem, wie schon oben erwähnt wurde, nur an einigen wenigen Punkten zu Tage; aber jenseits der grossen chilenischen Längsdepression erhebt es sich wieder zu einer weithin entblössten Welle: zur Küsten-Cordillere, an welcher die Wogen des Stillen Oceanes branden. Dass diese letztere in ganz ähnlicher Weise wie die Pampinen Sierren aus mannigfach abwechselnden krystallinen Schiefern besteht, erhellt aus den bezüglichen Berichten von Darwin, Domeyko, Philippi u. A.

Antonio liegen Geröllo von Amphibolschiefer und Diorit vor. Jener ist ein fein krystallines, grünschwarzes Schiefergestein, u. d. M aus Hornblende, Orthoklas, Plagioklas, sehr spärlichem Quarz und etwas Titanit bestehend, während der grobkörnige Diorit, der in seinem äusseren lebhaft an den angeführten Diorit von der Sierra de la Huerta und der Insel Martin Garcia erinnert, u. d. M. mit Sicherheit nur Hornblende und Plagioklas erkennen lässt. Daneben können noch etwas Quarz und Orthoklas vorhanden sein; Diallag fehlt aber. Am Cerro Tschapitschon sammelte Herr Claras einen kleinkörnigen Quarzdiorit, u. d. M. Hornblende, Plagioklas, Orthoklas und Quarz zeigend, und in der etwas nördlicher gelegenen Sierra von Talac Upa sah er krystalline Schiefer anstehen.

[*]) Brackebusch, der neuerdings Salta und Jujuy bereiste, scheint in keiner dieser beiden Provinzen archäische Schiefer angetroffen zu haben. Bol. of. A. N. 1883. V. 137 ff.

III. Petrographische Bemerkungen
über einige Gesteine der archäischen Formation.

Zur Ergänzung dessen, was im Vorstehenden über die Natur und Verbreitung der archäischen Formation mitgetheilt worden ist, lasse ich hier noch die Resultate folgen, welche die petrographische Untersuchung einiger, entweder durch ihr Vorkommen, oder durch ihre Zusammensetzung beachtenswerther Gesteine jener ergeben hat.

Granulit von der Estancia el Bajo de Anfama. Sierra von Tucuman. (vergl. S. 12).

Das in schönen ebenen Platten brechende Gestein hat eine lichtgraue aber dunkel gefleckte und gestreifte Grundmasse von sehr feinkörniger Beschaffenheit und etwas splitterigem Bruche. Inmitten der nach aussen hin unscharf abgegrenzten dunklen Flecken glänze einzelne Spaltflächen von kleinen Hornblendesäulen schwach auf, während kleine Granatkörner in den lichten und dunklen Partien des Gesteines gleich häufig eingewachsen sind.

U. d. M. besteht die graue Grundmasse aus fast wasserhellen, ziemlich scharf umgrenzten Körnchen, die sich bei starker Vergrösserung und zwischen gekreuzten Nicols als Quarz und Plagioklas zu erkennen geben. Auch Orthoklas scheint an dem Gemenge Theil zu nehmen, in welchem überdies opake Körnchen eingestreut sind. Die dunklen Partieen, die das Gestein bei makroskopischer Betrachtung zeigt, werden durch garbenförmige, an ihren Enden vielfach zerfaserte Gruppen kleiner Hornblendenädelchen hervorgebracht, die in der erwähnten Grundmasse eingewachsen sind. Die Granaten zeigen hexagonale, auf Dodekaëder zurück zu führende Querschnitte. In der Hornblende, besonders aber in den Granaten, sind zahlreiche Körnchen von Quarz und Feldspath eingewachsen, z. Th. in solcher Menge, dass die erstgenannten Mineralien siebartig durchlöchert erscheinen.

Cocardengneiss von los Pozos,
einer kleinen am Wege von los Angulos nach Carrisal und Famatina gelegenen Quelle. Prov. la Rioja. (vergl. S. 15).

Dieses schöne Gestein verdient unter den mannigfaltigen Gneissen, welche die kleinen Gebirge im S. der Sierra de Gulampaja zusammensetzen, eine besondere Erwähnung.

Eine kleinkörnige Grundmasse, die sich schon dem unbewaffneten Auge als Gemenge von lichtgrauem Quarz, weissem Feldspath und grünlichschwarzer Hornblende zu erkennen giebt, bildet den kleineren Theil des Gesteines und gewissermassen nur das Bindemittel für zahlreiche, 10—15 mm im Durchm. haltende rundliche Körner von grauem Quarz und weissem Plagioklas. Um diese grösseren Körner, namentlich aber um diejenigen des Quarzes, schmiegen sich bis 1 mm breite dunkle Säume, die nur aus Hornblende und Glimmer bestehen und jedem der grossen Körner ein cocardenartiges Aussehen verleihen. U. d. M. besteht die Grundmasse aus Quarz, Orthoklas und sehr reichlichem Plagioklas, stark pleochroitischer Hornblende und einem blassgrünen, deutlich dichroitischen

Minerale der Glimmergruppe. Dazu kommen noch etwas Titanit und sehr wenig Magnetit, nach Francke (Studien No. 50, S. 38) auch noch etwas Apatit und Titaneisenerz. Die grossen Quarzkörner sind sehr reich an Flüssigkeitseinschlüssen.

Das Gestein steht nach dem Gesagten auf der Grenze zwischen Hornblendegneiss und quarzhaltigem Dioritschiefer.

Hornblendereiche Schiefergesteine aus der Gneissformation der Sierra von Córdoba. (vergl. S. 7).

Diese mit Gneissen und Kalksteinen wechsellagernden Gesteine sind kleinkörnig schiefrig, von düsteren, grünschwarzen Farben, in manchen Varietäten weiss gesprenkelt, ausserdem von unvollkommen dickschiefriger, oder eben- und dünnplattiger, der Schichtung paralleler Structur. Mit dem blossen Auge oder mit der Lupe erkennt man gewöhnlich nur die Spaltflächen nadel- oder kurzsäulenförmiger Hornblendeindividuen, die der Schichtungsebene parallel, innerhalb derselben aber wirr durcheinander liegen. Ausserdem glänzen wohl noch vereinzelte Glimmerblättchen auf. Die Mineralien, welche die zuweilen vorhandene weisse Sprenkelung veranlassen, bleiben für das unbewaffnete Auge unbestimmbar; dagegen lassen kleine oder grössere weisse Schmitzen und Linsen, die zuweilen auftreten und der Schieferung parallel liegen, deutlich erkennen, dass sie aus körnigem Quarz oder aus Quarz und weissem Feldspath bestehen.

Unter dem Mikroskope erweisen sich diese Gesteine durchgängig als krystallinisch körnige Gemenge, an deren Zusammensetzung sich folgende Mineralien betheiligen.

Hornblende, fast immer frisch, blass blaugrün bis grünlichbraun durchscheinend, stark pleochroitisch. Gewöhnlich in stängeligen oder kurzsäulenförmigen Individuen oder in Gruppen parallel verwachsener Nadeln. Im ersteren Falle durch Spaltbarkeit und Lage der optischen Hauptschnitte gut charakterisirt. Magnesiaglimmer von brauner oder gelblichbrauner Farbe. Plagioklas, im frischen Zustande, der der gewöhnlichere ist, mit ausgezeichneter Vielllingsstructur. Orthoklas. Da wo der Plagioklas noch frisch ist, erkennt man in vielen Fällen neben den gestreiften Körnern desselben, und z. Th. sogar in überwiegender Weise, auch solche, denen Vielllingsstreifung fehlt, während sie in allen sonstigen Verhältnissen mit dem Plagioklase übereinstimmen. Man pflegt Körner dieser Art als Orthoklas zu betrachten und obwohl ich mir über den sehr problematischen Werth dieser Bestimmung zu Grunde liegenden negativen Kennzeichens vollständig klar bin, muss ich mich dennoch hier und in der Folge dieser üblichen Auffassung anschliessen, da mir ein positives, zur Erkenntniss mikroskopisch entwickelter Orthoklase brauchbares Merkmal nicht bekannt ist. Quarz, reich an Flüssigkeitseinschlüssen mit sehr mobilen Libellen, ist zwar nicht in allen, aber doch in vielen der untersuchten Gesteine vorhanden. Magneteisenerz tritt in kleinen quadratischen Querschnitten oder in Körnern von unregelmässiger Umgrenzung auf; Titanit, von dem ich schon früher angegeben habe, dass er sich auf den Klüften mancher cordobeser „Hornblendeschiefer" in Krystallchen angesiedelt hat, erscheint auch als Gesteinsgemengtheil in grösseren Krystallen und krystallinen Körnern; ausserdem umrandet er gern in feinkörnigen Säumen die Magnetite. Endlich sind noch vereinzelte Apatite und ebenfalls nur spärlich vorhandene kleine krystalline Partikel von Epidot wahrzunehmen.

Je nach den relativen Mengenverhältnissen, mit welchen sich die soeben aufgezählten Mineralien und zwar namentlich der Quarz und die Feldspäthe an der Zusammensetzung der untersuchten Gesteine betheiligen, kann man die letzteren, bei übrigens gleichem äusseren Gesammthabitus, in Hornblendegneiss und Dioritschiefer unterscheiden, wird aber kaum irren, wenn man diese beiden Gesteine nur als Endglieder einer in der Natur durch allerhand Zwischenstufen verbundenen Reihe betrachtet. Mit den Dioritschiefern mögen dann noch gewisse Diorite in Verbindung gebracht werden, welche richtungslose Structur besitzen und im Gegensatz zu den schiefrigen Gesteinen schon dem blossen Auge ihre lichten und dunklen Elemente deutlich zu unterscheiden und mineralogisch zu bestimmen gestatten.

Die speciellen Ergebnisse der mikroskopischen Untersuchung einiger hornblendereicher Schiefergesteine aus der Sierra von Córdoba sind die folgenden:

häufen sie sich jedoch derart an, dass sie dem Mineralquerschnitte ein dunkles Gesammtansehen geben. Dichroismus kann an Längsschnitten nur in Spuren, an Querschnitten dagegen recht deutlich (blassroth und lichtgelblich oder lichtgrünlich) wahrgenommen werden. Bei gekreuzten Nicols zeigt der Diallag lebhafte Farben und seine Dunkelstellung trat bei neun Messungen dann ein, wenn die Faserung mit der Schwingungsebene des Analysators Winkel von 35 bis 44° bildete. Die Längsschnitte zweier Körner in einer an Diallag reichen Varietät von Valle fertil, welche bei gewöhnlichem Lichte nur etwas abständige Spaltrisse zeigen, lassen bei gekreuzten Nicols erkennen, dass sie aus verzwillingten Lamellen zusammengesetzt sind, die mit jener Spaltrichtung Winkel von 24 bezw. 25° bilden.

Der Diallag ist fast ausnahmslos von Hornblende umgeben und zwar bildet diese letztere entweder nur einen ganz feinen Saum oder einen bis 2 mm breiten Kranz, der alsdann aus richtungslos mit einander verwachsenen Körnern besteht. Von unmittelbar benachbarten Körnern zeigen die einen Längs- und die anderen Querschnitte. Wenn daher Francke (Studien S. 25 und Fig. 4) in derartigen Hornblendeaggregaten um Diallag so schöne Beispiele für Uralitbildung sieht, wie sie wohl bisher nicht beschrieben worden sind, so vermag ich dem in keiner Weise beizustimmen, da nach G. Rose (Reise n. d. Ural. II. 371) das Wesen des Uralites darin besteht, dass sich ein Augitindividuum in ein streng paralleles und gesetzmässig geordnetes Aggregat von Hornblendeähnlichen umsetzt. Derartige Umrandungen oder Umwandlungen sind aber in keinem der vorliegenden Präparate zu erkennen. Ueberhaupt liegt bei den in Rede stehenden Gesteinen durchaus kein Grund vor, der dazu nöthigte, ihre Hornblende für ein secundäres Gebilde zu halten. Francke sagt allerdings, „man sieht, wie die grüne Farbe der Hornblende und die rothe des Augitminerales durch hellere Töne in einander übergehen und, was wichtig ist, eine Spaltungsrichtung des älteren Augits zu einer Spaltungsrichtung der jüngeren Hornblende wird, an welche gemeinsame Spaltungsrichtung sich in der Hornblende die neue entsprechende hinzufügt", aber er ist hier offenbar von einer subjectiven Täuschung befangen gewesen; denn in seinem eigenen Präparate, welches die Erscheinung besonders deutlich zeigen sollte und welches er mir anzuvertrauen die Güte hatte, und in meinen, von demselben Handstücke abstammenden Dünnschliffen vermochte weder Andere, noch ich selbst, jene Uebergänge der Farbe und Spaltbarkeit wahrzunehmen, sondern nur eine ganz scharfe Abgrenzung zwischen Diallag und Hornblende und eine gänzlich regellose Lage zwischen den beiden Mineralien, wie sie zum Ueberflusse auch in Francke's Zeichnung angegeben ist.

Die scharfe Abgrenzung beider Mineralien könnte nun immerhin nach unseren Erfahrungen über Pseudomorphosen mit einer Heranbildung der Hornblende aus dem Diallage vereinbar sein: aber der frische Zustand aller Gesteinselemente, selbst derjenige der zuweilen auftretenden Olivine, entzieht der Annahme, dass in unseren Gesteinen pseudomorphose oder paramorphose Vorgänge stattgefunden haben, alle Berechtigung. Ausserdem spricht gegen secundäre Natur der Hornblende auch noch die anderweite Thatsache, dass sich die isolirt im Feldspathe eingewachsenen Krystalle derselben durch nichts von denen unterscheiden, welche in körnigen Aggregaten den Diallag umgrenzen. Von der im Feldspathe eingewachsenen Hornblende giebt aber auch Francke zu, „dass sie vor als primär und nicht erst aus Augit entstanden gedacht werden müsse" (Studien. S. 26).

Fernere, aber quantitativ untergeordnete Gesteinselemente sind ein Mineral der Chloritgruppe, Olivin und ein Eisenerz. Das schwach dichroitische, blaugrüne, chloritische Mineral findet sich mit Vorliebe inmitten der körnigen, den Diallag umgebenden Hornblendeaggregate und durchschwärmt dieselben in spongiöser Weise. Olivin tritt in recht frischen Körnern in einem meiner Präparate von Martin Garcia auf und Francke beobachtete ihn in einem Gesteine von Valle fertil. Das Eisenerz ist nur in spärlichen Körnchen vorhanden.

Die soeben aufgeführten Mineralien bilden nun in Folge der Schwankungen in ihren gegenseitigen Mengenverhältnissen eine Reihe von Gesteinsabänderungen, deren Extreme einerseits als Diorit und anderseits als hornblendeführender Gabbro, mit oder ohne Olivin, bezeichnet werden könnten. Diorite, die durch mehr oder weniger Diallagkörner porphyrartig sind, geben dann Zwischenglieder ab und verbinden jene Extreme in so allmählicher Weise mit einander, dass dieselben unbedingt als Glieder einer und derselben Reihe aufgefasst werden müssen. Wahrscheinlich repräsentiren sie auch nur locale Mengungsvarietäten einheitlicher Gesteinskörper.

lithischen Schiefer, der zwischen Nacimientos und der Laguna blanca mit Gneiss wechsellagert, da bei diesem letzteren die im Dünnschliffe sichtbar werdenden lichten Flocken Aggregatpolarisation zeigen (S. 14).

Bei stärkerer Vergrösserung (× 800) löst sich die Grundmasse des hier in Rede stehenden Schiefers in ein krystallinisches Aggregat auf, das aus kleinen, licht röthlichbraunen und schwach dichroitischen Nädelchen und Schüppchen, sowie aus wasserhellen doppelbrechenden Körnchen besteht; jene möchte man für Glimmer, diese für Quarz halten. Die vorhin wie Poren erscheinenden Querschnitte der grösseren wasserhellen Körner verlieren bei Betrachtung mit einem stärkeren Objective ihre scharfe Abgrenzung und lassen jetzt als Einschlüsse zahlreiche schwarze Körnchen und kleine undurchsichtig bleibende Flocken einer problematischen Substanz erkennen.

IV. Archäische Granitformation.

Sierra von Córdoba. Granitmassen von grösserer oder geringerer Ausdehnung, denen auf Grund ihres Vorkommens ein archäisches Alter zugeschrieben werden kann, habe ich auf meinen Reisen mehrfach innerhalb der argentinischen Provinzen angetroffen; indessen einigermassen genauer habe ich nur dasjenige grosse Granitgebiet untersuchen können, welches einen wesentlichen Antheil an dem **Sierra de Achala** genannten mittleren und höchsten Kamme der cordobeser Gebirgsinsel nimmt (Taf. II und III. 7). Dasselbe ist ringsum von der Gneissformation umgeben und mag mit seinem Ausstreichen einen Flächenraum von ungefähr 3000 qkm (oder etwas mehr als 50 ☐ Ml.) einnehmen. Innerhalb desselben bildet es ein Bergland, das von Osten her theils allmählich, theils mit grossen steilwandigen Sprüngen zu einer „Pampa" genannten Hochebene ansteigt, die durchschnittlich 1500—1800 m üb. d. M. liegen, in ihren höchsten Punkten aber, wie in den Gigantes und dem Cerro de Chambaqui, mehr als 2000 m erreichen mag.*) Auf der Höhe wechseln nackte Felsflächen mit schönen Alpenweiden ab, während felsige Thäler, die den Quellgebieten des Rio primero und segundo angehören, tief in das granitene Massiv einschneiden. An guten Aufschlüssen fehlt es deshalb in dem letzteren nicht.

An ihnen erweist sich der Achala-Granit allenthalben als Biotitgranit von mittelgrobem Korne; dabei ist er gewöhnlich porphyrartig durch grössere Krystalle oder krystalline Körner von Orthoklas, die mit der Gesteinsmasse fest verwachsen sind. Bankförmige Absonderung ist keine seltene Erscheinung und in ihr, sowie in der ungleichen Härte und Widerstandsfähigkeit, welche verschiedene Gesteinszonen den verwitternden Einflüssen gegenüber besitzen, liegt die Veranlassung zu ausserordentlich mannigfaltigen Erosionsformen, die dem granitenen Bergland einen besonderen Charakter verleihen.

An Steilwänden sieht man vielfach grosse in der Auswitterung begriffene, gerundete Blöcke aus mürberem Gesteine hervorragen; da, wo auf felsigen Hochflächen die Auswitterung festerer Partieen schon weiter fortgeschritten ist, beobachtet man Formen, die an diejenigen von Gletschertischen erinnern, während da, wo vollständig ausgewitterte Blöcke eine schalige Absonderung und die einzelnen Schalen eine ungleiche Widerstandsfähigkeit besassen, schliesslich nur noch einzelne grössere, Glyptodonten-Panzern vergleichbare Schalenfragmente umherliegen. Andererseits sind Blockmeere mit den mannigfachsten An- und Uebereinanderlagerungen ihrer Blöcke eine sehr gewöhnliche Erscheinung.

---

*) Für die los Gigantes genannten Felsen, die man für die höchsten der Sierra de Achala hält, geben Burmeister 2200 m (Phys. Beschr. I. 261) und Gould, vorbehältlich weiterer Messungen, 2587 m (Geogr. Mitthl. XXIII. 1877. 399) an. Die Höhe der ebenfalls in der Achala gelegenen Cuesta de San Javier beziffert M. de Moussy mit 2360 m (Descr. Atlas. Pl. XXIII).

Eine weitere für die Achala besonders charakteristische Wirkung der Erosion, die man auf den nackten Felsenflächen des granitenen Hochplateaus selten vergeblich suchen wird, äussert sich in der Ausbildung flacher, napf- oder beckenförmiger Anshöhlungen, die bis ¼ m im Umfang haben und eine Tiefe von einigen Centimetern erreichen. Bei feuchtem Wetter sind sie gern mit Wasser erfüllt. Zunächst meint man wohl, riesentopfartige Formen vor sich zu haben, aber bei dem Mangel an fliessendem Wasser auf der Hochfläche kann die Ursache dieser tausendfältig auftretenden Näpfchensteine, Hexentassen und Hexenkessel offenbar nur in der Auswitterung besonders mürber Gesteinszonen gesucht werden, die durch den in der Höhe reichlich fallenden Thau eingeleitet, durch Flechten gefördert und durch Regen oder schmelzenden Schnee vollendet wurde.[*]

Besondere Localitäten für das Studium aller der hier genannten Erscheinungen brauche ich nicht anzuführen, denn bei einem jeden Ritte über das Gebirge wird man die letzteren in grosser Zahl und Mannigfaltigkeit beobachten.

Als accessorische Bestandmassen des Achalagranites sind zunächst zahllose Gänge von fein- oder grobkörnigem Granit zu erwähnen, die das Hauptgestein oft wie ein Adernetz durchziehen und in Folge ihrer grösseren Widerstandsfähigkeit gegenüber der Verwitterung auf Felsflächen schwielenartig oder selbst in Form kleiner Riffe hervorragen. In Fällen der letzteren Art sind die Gangmassen zuweilen rechtwinklig zu ihren Salbändern nach zwei Kluftsystemen, die ungefähr horizontal und vertical verlaufen, abgesondert, so dass sie, aus der Entfernung betrachtet, das Ansehen von aus Backsteinen erbauten Mauern erhalten.

Anderweite accessorische Bestandmassen des Achalagranites sind S t ö c k e e i n e s q u a r z r e i c h e n P e g m a t i t e s o d e r R i e s e n g r a n i t e s. Dieselben treten ungemein häufig auf und sind gewöhnlich als kleine, ihre Umgebung 10, 20 oder 30 m. überragende weisse Felsenklippen schon von weitem zu erkennen. In der Nähe betrachtet, meint man in vielen Fällen zunächst nur reinen Quarzfels vor sich zu haben; wenn man indessen etwas herumsucht, so wird man gewiss inmitten der allerdings dominirenden Quarzmassen auch die anderen Granitelemente antreffen: grosse späthige Massen von Feldspath und grosse individualisirte Tafeln oder blättrige Aggregate von Glimmer. In dem Sala grande genannten Districte beobachtete ich an einem solchen Quarzfelsen einen etwa 1 m. langen eckigen und von glattwandigen Flächen umgrenzten Hohlraum, der unverkennbar durch Auswitterung eines einzigen Riesenkrystalles von Orthoklas entstanden war.

In manchen Fällen erweisen sich diese weissen Felsen als Fundstätten von Beryll, Triplit, Apatit und Columbit, wie ich das bereits ausführlicher in T s c h e r m a c k ' s Min. Mittheil. 1873. 220 ff. geschildert habe. Besonders reich an B e r y l l zeigte sich ein kleiner Pegmatitfelsen, der unweit San Roque am Fusse der Achala gelegen ist und über welchen der Weg nach Iloyada hinwegführt. Ich entdeckte in demselben ein wahres Beryllnest, das bei einer Länge von mehr als 2 m. und einer Breite von 0,5 m. fast nur aus finger- bis armstarken, säulenförmigen Krystallen von blassgrünem Beryll bestand. Das grösste Fragment einer hexagonalen Säule, welches ich in dem Mineralogischen Museum von Córdoba aufgestellt habe, mass bei 30 cm. Länge 10 cm. im Durchmesser. An derselben Stelle und gewöhnlich an der Oberfläche der Beryllkrystalle ansitzend, fanden sich auch bis Cubikcentimeter grosse Körner von C o l u m b i t und bei

---

[*] Aehnliche Vertiefungen aus den Graniten des Riesengebirges beschrieb C. K o ř i s t k a (Archiv d. naturw. Landesdurchforschung von Böhmen. II. 1. Abthlg. Prag. 1877. 35) und H. G r u n e r hat solchen Schlesien und des Fichtelgebirges ein besonderes Schriftchen gewidmet (Opfersteine Deutschlands 1881). Beide Forscher stimmen darüber überein, dass diese, zuweilen allerdings recht eigenthümlich gestalteten Vertiefungen auf granitenen Felsflächen keinesfalls Opferschalen eines heidnischen Urvolkes, wofür sie Laien und Gelehrte des öfteren gehalten haben, sondern lediglich Erosionsformen sind.

einem späteren Besuche der Localität stiess ich auf derbe, bis faustgrosse Massen von grünem Apatit. Mein verehrter College, Herr Professor Siewert, hat nachträglich diesen Apatit im cordobeser Laboratorium analysirt und wie er mir brieflich mitzutheilen die Güte hatte, gefunden: dass er ein Fluorapatit ist, in welchem der achte Theil der mit Phosphorsäure verbundenen Kalkerde durch 6.59 °/₀ Manganoxydul, sowie durch etwas Eisenoxyd und Magnesia vertreten ist.*) Triplit fand ich zuerst in einem kleinen Pegmatitfelsen auf der Pampa de S. Luis, hart neben dem von Hoyada nach S. Carlos führenden Wege; auf einer der letzten Excursionen, die ich in die Sierra unternehmen konnte, entdeckte ich dasselbe Mineral in cubikmetergrossen derben Massen, deren Kluftflächen von zarten Rinden lavendelblauen Heterosites überzogen waren, auf der Kuppe des Cerro blanco, an dem von S. Roque kommenden Wege, zwischen Durazno und Hoyada.**)

Wenn man in späteren Zeiten diese Pegmatitstöcke einmal steinbruchsweise abbauen wird, um ihren Quarz und Feldspath für industrielle Zwecke zu verwerthen, so wird nebenbei gewiss eine treffliche Ausbeute an den vorgenannten Mineralien gemacht werden, die derjenigen von Rabenstein, Limoges, Haddam u. a. O. nicht nachstehen wird. Im Uebrigen darf ich hier nicht unerwähnt lassen, dass, soweit meine Beobachtungen reichen, alle die zahlreichen Pegmatitstöcke der Sierra von Córdoba ausnahmslos in dem Achalagranit auftreten, so dass man wohl berechtigt ist, einen genetischen Zusammenhang zwischen ihnen und dem sie beherbergenden grossen Granitmassive anzunehmen.

Herr E. Avé-Lallemant hat bald nachdem die Mineralvorkommen der Cerros blancos in der Achala von mir zum ersten Male in den An. agr. 1873, No. 22 und 23 beschrieben worden waren, in der La Plata Monatsschrift 1873, 192. 225 und 1874, 130 Pegmatitgänge aus der Provinz San Luis geschildert die dort meilenweit im Gneiss und Glimmerschiefer zu verfolgen sein, dabei auch die Erzgänge von der Encantadora durchsetzen und ausser Riesenkrystallen von Orthoklas auch triklinen Feldspath, Beryll, Granat, Turmalin, Apatit, Gadolinit, Orthit, Triplit und ein Mineral der Columbitgruppe führen sollen. Dieser Angaben liegen jedenfalls einige richtige Beobachtungen zu Grunde, dennoch geben mir Zweifel darüber bei, ob sie in allen Punkten correct sind, insonderheit dürfte die Angabe, dass Pegmatitgänge der in Rede stehenden Art auch Erzgänge durchsetzen, mithin jünger als diese letztere sein sollen, auf einem Irrthume beruhen. Dass die Bestimmungen der von Avé-Lallemant gefundenen accessorischen Mineralien nicht zuverlässig sind, hat Brackebusch Esp. Min. gezeigt. Die Orthite und Gadolinite vermochte Avé-Lallemant nicht mehr vorzuzeigen. (97 u. Anmerk.) und der Columbit erwies sich als Titaneisenerz (92).

Was endlich das Verhalten des Achala-Granites zur Gneissformation anlangt, die jenen, wie ich schon erwähnte, allseitig umgiebt, so habe ich in dieser Beziehung nur wenige massgebende Beobachtungen anzustellen vermocht. Im Quellgebiete des Rio 2°, besonders zwischen der Cuesta del Vallecito und dem Puesto de los Tres Arboles, sah ich deutliche und scharfbegrenzte Fragmente von Gneiss, z. Th. einen oder mehrere Meter im Durchmesser haltend, in der Grenzregion des Achala-Granites und andererseits fand ich zwischen dem obenerwähnten Puesto und der Cuesta del Mogotte, die sich von den Chambaquifelsen nach Nono hinabzieht, sowie auf der Sala grande, über welche der Weg von S. Roque-Hoyada, nördlich an den Gigantes vorüber nach Pocho geht, kleine Gebiete von grauem und hornblendehaltigem Gneiss inmitten des herrschenden Achalagranites, und möchte vermuthen, dass hier grosse, von dem letzteren umschlossene Schollen der Gneissformation vorliegen.

Irgend welche augenfällige Metamorphose der Schiefergesteine war indessen weder hier noch in dem das Granitmassiv zunächst umgebenden Gneissterritorium zu beobachten.

---

*) Die Analyse ist inzwischen in der Zeitschr. f. ges. Naturwiss. 1874. 339 veröffentlicht worden.

**) Die analytischen Resultate, welche Siewert bei der Untersuchung des cordobeser Triplites fand, hat Kenngott N. Jb. 1875. 171 berechnet; darnach entspricht die hellere Varietät der Formel RF₂+2₃3RO.P₂O₅), während die dunklere Varietät die für den Triplit angenommene Formel RF₂+3RO.P₂O₅ ergiebt.

Im Norden der Provinz Córdoba zeigt meine Karte ein zweites weniger compact zu Tage tretendes Granitgebiet. Dasselbe fällt in das breite Berg- und Hügelland, zu welchem sich die östlichste Kette der cordobeser Gebirgsinsel gegen N. hin allmälich verflacht, um sich bald darauf in kleine, die Lössformation der Ebene kaum überragende Kuppen aufzulösen. Ich habe dieses Gebiet in der Gegend von Jesus Maria, Totoral, Tulumba, S. Pedro, Orcosuni und Quilino auf mehreren Excursionen berührt und an allen diesen Punkten als herrschendes Gestein einen grosskörnigen Granit angetroffen, der durch zahllose Orthoklaszwillinge porphyrartig ist. Abweichend von jenen des Achalagranites sind diese Krystalle nicht nur grösser, sondern sie lösen sich auch aus dem verwitternden Gesteine unter Wahrung ihrer Form gut heraus; auf dem von Palmen bewachsenen Höhenzuge NW. von Tulumba, über den der Weg von der genannten Villa aus nach der Post Agua del Rodeo führt, kann man solche ausgewitterte Krystalle, 6 bis 8 cm. lang und genau vom Ansehen der typischen Ellbogener, in grosser Zahl sammeln.

In dem herrschenden porphyrartigen Granit schwärmen wieder allenthalben Gänge von feinkörnigem oder grobkrystallinem Granit umher; einzelne derselben halten etwas Granat, andere schwarzen Turmalin und zwar z. Th., wie bei la Cruz, zwischen der Post los Pozos und Ischilin, in solcher Menge, dass es einem Charletan möglich war, hier durch Abteufen zweier „Kohlen-Schächte" leichtgläubige Leute um ihr Geld zu bringen.

Auch Blockmeere sind in dem nördlichen Granitgebiete eine häufige Erscheinung. Besonders schön findet man sie in dem freundlichen Berglande, durch welches sich die nach der Provinz Santiago del Estero gehende Poststrasse zwischen S. Pedro und S. Francisco del Chañar hinzieht und fernerhin in der kleinen Sierra von Orcosuni, die sich am westlichen Rande der grossen Saline erhebt.

Indem ich dieses nördliche Gebiet hier als ein Granitgebiet anführe, darf ich indessen nicht unerwähnt lassen, dass mir bei seiner Bereisung mehrfach Zweifel darüber aufgestiegen sind, ob dasselbe wirklich ein eruptiver Granitstock, oder ob es nicht ein Gneissterritorium sei, in welchem eine petrographisch allerdings durchaus granitartige Gesteinsabänderung vorherrscht. Diese letztere Anschauung mag zwar gegenüber der sonst im Gneissgebiete allenthalben und in rascher Folge zu beobachtenden Wechsellagerung verschiedener Gesteinsvarietäten befremdlich erscheinen, indessen fühlt man sich trotzdem mehrfach zu ihr hingezogen, wenn man an einzelnen Punkten den für gewöhnlich richtungslos struirten Granit unter Beibehaltung seines porphyrartigen Characters ein flaseriges Gefüge und damit zugleich eine bankförmige, lebhaft an Schichtung erinnernde Absonderung annehmen sieht und wenn man in solchen Fällen sogar zwischen den Bänken porphyrartigen Granites Einschaltungen von glimmerreicheren Gesteinen wahrnimmt. Ich habe diese Erscheinungen mehrfach auf dem Wege von Tulumba nach Agua del Rodeo beobachtet, muss aber ihre weitere Verfolgung späteren Detailuntersuchungen überlassen. Einstweilen habe ich das in Rede stehende Gebiet seines im wesentlichen doch einheitlichen petrographischen Charakters wegen als Granit in der Karte eingezeichnet.

Im Anhang an das Vorstehende sei noch in Kürze eines Granitporphyres gedacht, der nahe westlich der Villa S. Pedro einige kleine Felsen im Gneisslande bildet. Das Gestein zeigt dem blossen Auge in einer äusserst feinkörnigen Grundmasse kleine Krystalle und krystallene Körner von Quarz und Feldspath, sowie kleine schuppige Aggregate von dunklem Glimmer. U. d M. erweist sich die Grundmasse als ein feines schriftgranitartiges Geflecht von Quarz und Feldspath. Das Gestein kann daher als ein Granophyr im Sinne von Rosenbusch bezeichnet werden.

Sierra de Tucuman, mit der Sierra de las Capillitas. In der Sierra de Tucuman beobachtete ich Granit zunächst bei der Estancia Cienega (Taf. I. 1). Die unmittelbar bei derselben vorbei

führende Thalschlucht ist ganz erfüllt mit gigantischen Granitblöcken, in deren lichtem und normalem, mittelkörnigen Gesteine sich zahlreiche dunkle, weil glimmerreiche Partieen einstellen. Einzelne der letzteren
sind so scharf abgegrenzt, dass man sie deshalb und wegen ihrer eckigen Conturen für Schieferfragmente
halten möchte.

Granit von genau demselben petrographischen Charakter fand ich dann bald darauf und in ziemlich
weiter Verbreitung in der Schlucht anstehend, welche von NO. kommend, unweit der Estancia Tafí in das
dortige Längshochthal einmündet und es ist höchst wahrscheinlich, dass beide Vorkommnisse, von Cienega
und Tafí, demselben grösseren Granitmassive angehören, in dessen Umgebung sich, wie früher erwähnt
worden ist, Stanrolith- und Dichroithaltige Schiefergesteine entwickelt haben.

Granit ist ferner das wichtigste Gestein der relativ kleinen, von mehreren steilwandigen und z. Th.
unwegsamen Schluchten durchzogenen Sierra de las Capillitas, die sich im W. des Nevados de Aconquija von der tucumaner Kette abzweigt und durch ihre reichen Kupfergruben bekannt ist (Taf. I. 2). In der
Nähe dieser letzteren, auf dem mit wilden Felsengebieten und Blockmeeren bedeckten Gebirgskamme und
auf dem gegen das Campo del Arenal gerichteten Gebirgsabfalle steht allenthalben ein gleichförmiger,
mittel- bis grobkörniger Granit an; grosse eckig conturirte, glimmerreiche und deshalb dunkle Partieen sind
auch in ihm eine häufige Erscheinung. Auf einer meiner Excursionen, bei welcher ich vom Campo del
Arenal aus die Capillitas-Kette im W. der Gruben erstieg, fand ich inmitten des normal entwickelten
Gesteines theils faustgrosse, scharfbegrenzte Einschlüsse von derbem weissen Quarz, theils einige Nester,
die aus radialstrahligen oder stänglichen Massen eines lichtgrauen Sillimanit-ähnlichen Minerales bestanden.

An anderen Punkten der Gebirgskette behält der Granit zwar seine grobkrystalline Grundmasse,
wird aber durch zahlreiche, grosse Orthoklaszwillinge porphyrartig. Derartige Abänderungen stehen in der
Schlucht an, in welcher der von S. Maria kommende Tropenweg das Gebirge vom Campo del Arenal aus
ersteigt, ferner auf der Cuesta de los Negrillos und endlich in dem an die letztere sich anschliessenden
Felsenthale von Choya, durch welches sich der Weg von den Gruben nach dem Fuerte de Andalgalá zieht.
Gegen den Ausgang des Choya-Thales verschwinden indessen die grossen Krystalle wieder und zuletzt wird
das Gestein glimmerreicher und nimmt local eine etwas flaserige, gneissartige Structur an.

Gänge von Turmalin-reichem Pegmatit, bis mehrere Meter mächtig, sind häufig, besonders längs des
erwähnten, vom Campo del Arenal herkommenden Tropenweges zu beobachten; einem ähnlichen Gange, der
stark zersetzt ist, mag wohl der Kaolin oder „Tofo" entstammen, den man bei Amanao gewinnt und, nachdem
man ihn geschlämmt hat, auf dem Hüttenwerke von Pilciao mit sehr gutem Erfolge zur Herstellung von
feuerfesten Ziegeln benutzt.[*]

Hier möge auch der Gänge eines sehr eigenthümlichen porphyrartigen Gesteines gedacht
sein, die in dem Granite der oben genannten Cuesta de los Negrillos aufsetzen und die man mit dem im
Zickzack emporführenden Wege mehrfach überschneidet. Sie geben sich gewöhnlich nur durch kleine locale
Blockanhäufungen zu erkennen; indessen vermochte ich sie an einigen Stellen auch im Granite anstehend
zu beobachten, als scharf abgegrenzte und mehrere Meter mächtige Spaltenausfüllungen. Das Ganggestein
besteht aus einer rothbraunen oder grünlichschwarzen kryptokrystallinen Grundmasse, in welcher mehrere
Centimeter grosse Zwillinge von blassrothem, rissigen und lebhaft glänzenden Orthoklas, kleinere krystalline

---

[*] Bei dieser Gelegenheit sei bemerkt, dass Kaolin mehrfach in der Provinz Salta vorkommen soll. Moussy (II. 425)
und Hoost (Bol. of Espos. VI. 188) erwähnen ihn von Getsemani, 6 leg. von der Stadt Salta und Stuart (Bol. of. Espos. VI. 183)
berichtet, dass „Kaolin de buena calidad y muy aparente para la fabricacion de loza y porcelana" in den Departamentos von Metan
und la Caldera gefunden wird. Ueber Granite der Provinz Jujuy sehe man Brackebusch. Bol. of. A. N. 1883. V. 181.

Körner von weissem triklinen Feldspath, sowie erbsengrosse Quarzkörner eingewachsen sind. Die Grundmasse der dunkelgrünen Abänderung löst sich u. d. M. in mikrolithisch entwickelte Individuen von Feldspath, Hornblende und Glimmer auf, zu denen noch in untergeordneter Weise Körnchen von Quarz und solche von Magnetit hinzutreten. Ausserdem zeigen die Dünnschliffe neben den schon genannten porphyrartig auftretenden Mineralien auch noch vereinzelte grössere Hornblendekrystalle, die von zahllosen Magnetitkörnchen durchwachsen sind. Leider rühren die beiden mir vorliegenden Schliffe von ziemlich stark zersetztem Gesteine her, so dass nur an vereinzelten Individuen des mikrolithischen Feldspathes Zwillingsstreifung zu beobachten ist und es dahin gestellt bleiben muss, ob aller Feldspath der Grundmasse Plagioklas, oder ob neben dem letzteren auch noch Orthoklas vorhanden war.

Auch in dem Granite der Quebrada von Choya setzen mehrere Gänge eines dunklen Gesteines auf, dieselben sind aber weniger mächtig als die der Cuesta und zeigen, vielleicht eben deshalb, keine porphyrisch entwickelten Elemente. Ich habe versäumt, auch von diesen Ganggesteinen Proben mitzunehmen und vermag deshalb keine Vergleichung zwischen ihnen und den zuvor erwähnten anzustellen.

In der Sierra de Gulampaja konnte ich Granit mehrfach beobachten; so am nördlichsten Punkte, den ich erreichte, d. i. am Fusse der Gebirgskette, welche die Laguna blanca im Westen abgrenzt. Granit bildet hier, wenig N. der kleinen, la Puerta genannten Indianeransiedelung einen Höhenzug. Es ist mittelkörniges Gestein, das gewöhnlich richtungslose Structur zeigt, zuweilen aber auch etwas flaserig wird. Local enthält es mächtige Quarzausscheidungen.

Sehr wesentlichen Antheil nimmt der Granit ferner an der Zusammensetzung des südlichen, zwischen dem Rio de Belen und dem Rio del Dolar gelegenen Theiles der Sierra de Gulampaja, welcher den Namen Sierra de los Granadillos führt und dem auch die kleine Sierra von Belen zuzurechnen ist. Ich hatte Gelegenheit, die granitene Natur dieses Gebirgstheiles in der Umgebung von Belen und Londres zu studiren, ferner in dem Felsenthale, durch welches der Weg von Londres über die Cuesta de Zapata nach Tinogasta führt, endlich im Hochgebirge, auf einer Excursion, die ich mit Herrn Professor Lorentz von Yacotula bei Belen aus nach der ungefähr 2500 m hoch gelegenen Sennhütte las Hayas machte. Von der letzteren stiegen wir noch bis zur Höhe von etwa 3300 m auf Granit empor.

Der Granit ist an allen diesen Punkten porphyrartig durch zahlreiche grosse Orthoklaskrystalle, die in einer mittel- bis feinkörnigen Grundmasse eingebettet sind; nur local (Cuesta de Zapata) wird das Gestein so feinkörnig, dass es Granitporphyr genannt werden kann.

In dem kleinen Gebirge von Campanas ist Granit mehrfach zu beobachten. Seine gerundeten und schwach bewachsenen Kuppen contrastiren auffällig von dem kahlen, schroffen und wild zerrissenen Sandsteingebirge, das sich in der Nachbarschaft entwickelt. Das Gestein ist theils mittelkörnig und gleichförmig gemengt, theils wird es durch Orthoklaskrystalle porphyrartig. Aus der letzteren Abänderung bestehen grosse hellklingende Blöcke, die bei Campanas mehrfach umherliegen und welche wohl dem Orte zu seinem Namen (campana, Glocke) verholfen haben.

In der Sierra de Velasco, Provinz la Rioja, traf ich inmitten der Gneissformation, und zwar in der Nähe des Passes, zu welchem die Cuesta de Sigud hinaufführt, auf kleine gerundete Felsenkuppen von Granit, die von einem Blockmeere desselben Gesteines umgeben werden. Der Tropenweg führt durch einen colossalen, thorwegartig ausgehöhlten Granitblock hindurch.

Im Thonschiefer der Sierra Famatina ist ein nicht unbedeutendes Granitgebiet durch das Thal des am Nevado colorado entspringenden und bei Chilecito ausmündenden Rio amarillo gut aufgeschlossen. Wenn man in diesem Thale nach den Gruben des Cerro negro hinaufreitet, so trifft man einen kleinen

Granitstock kurz oberhalb der Trapiche Durazno, während von Leguasäule III an bis zu derjenigen Schlucht, in welcher der Weg nach der Grube Yareta hinaufführt, die Thalgehänge ausschliesslich aus Granit bestehen. Dafür, dass das Verbreitungsgebiet desselben noch weiter thaleinwärts reicht, und dass der Granit an der Zusammensetzung des Nevado colorado einen wesentlichen Antheil hat, spricht das Dominiren grosser Granitgerölle im Hauptthale da, wo jener Grubenweg von ihm abzweigt. Das Gestein ist fein- bis mittelkörniger Granit mit weissem oder licht röthlichem Orthoklas und zeigt hier und da etwas Pistazit. Gänge eines feinkörnigeren, fast dichten Granites von fleischrother Farbe schwärmen nicht selten in dem herrschenden Gesteine umher.

In der Sierra de Uspallata bei Mendoza habe ich anstehenden Granit nicht beobachten können; wohl aber fand ich Gerölle und Blöcke eines schönen mittelkörnigen Granites im Flussbette bei Lujan und in den Schottergehängen an der Boca del Rio (bei der Compuerta) und zwar in so grosser Zahl und von so beträchtlichen Dimensionen, dass sich die Annahme, als habe man es hier mit Cordillerengeröllen zu thun, verbietet. Die Blöcke können vielmehr nur von einem in der Uspallatakette selbst und somit wahrscheinlich in Thonschiefer auftretenden Granitstocke herrühren. Derselbe scheint sich nach Gillies weit ˙ nach S. fortzuziehen und mit demjenigen zusammenzuhängen, den Darwin in der die südliche Fortsetzung des Uspallata-Gebirges bildenden Portillokette beobachtete (Geol. Ob. 183. 186. Car. 274. 278).[*]

In der Cordillere von Catamarca, San Juan und Mendoza tritt Granit, wie ich theils auf directem, theils auf indirectem Wege zu constatiren vermochte, an zahlreichen Stellen und in grosser petrographischer Mannigfaltigkeit auf.

Für den zur Provinz Catamarca gehörigen Theil kann ich diese Angabe nur auf das Studium der Gerölle stützen, die ich im Thale des am Cerro de S. Francisco entspringenden Flusses von Fiambalá-Tinogasta bei dem letztgenannten Orte und ferner in der bei Anillaco in dieses Thal einmündenden Quebrada de la Troya antraf. Granitgerölle finden sich an beiden Punkten nicht selten.

Auf ähnliche indirecte Beobachtung gründet sich die fernere Angabe, dass im Quellgebiete des Rio Jachal, Cordillere von S. Juan, Granite eine beträchtliche Entwickelung besitzen müssen, denn unter den Geröllen des bei Jachal aus der Cordillere austretenden Thales konnte ich solche von sieben verschiedenen Granitvarietäten sammeln, fein- und grobkörnige, durch Orthoklas porphyrartige und solche Abänderungen, die etwas schwarzen Turmalin als accessorische Beimengung enthielten.

Anstehend fand ich dagegen den Granit inmitten der zur Provinz San Juan gehörigen und im Westen der Stadt San Juan gelegenen Patos-Cordillere (Taf. II). Am Ostabhange derselben traf ich ihn auf dem Wege von Barreal de Calingasta nach dem Espinazito-Pass zunächst in den Quellgebieten des Rio colorado und Rio blanco, ferner in der Quebrada de los Hornillos. In den Schluchten der genannten Bäche liegen da, wo dieselben aus dem schneebedeckten Hochgebirge austreten, lediglich grosse Blöcke von Granit und Quarzporphyr und jene bestehen theils aus einem gleichförmigen, mittelkörnigen Gemenge von blassrothem Orthoklas, wenig weissem Plagioklas, grauem Quarz und grünschwarzem Glimmer, theils aus einem fast glimmerfreien Gemenge von fleischrothem Orthoklas und grauem Quarz, in dem sich zuweilen auch schwarzer Turmalin einstellt. [**]

---

[*] Döring hat neuerdings constatirt, dass auch die kleinen Gebirgsinseln, welche im S. von Mendoza aus der westlichen patagonischen Steppe auftauchen, z. gr. Th. aus Granit und Granitporphyr bestehen; so u. a. die am Rio colorado gelegenen Sierren von Pichi-Mahuida und Choique-Mahuida. Inf. Ofic. 1882. 354 f.

[**] H. Francke hat einen Granit vom Rio blanco am Ostabhange der Espinazito-Kette untersucht und giebt an, dass er in Folge der Prävalenz der Hornblende mit Recht ein Hornblende-Granit genannt werden könne (Studien No. 13. S. 5).

Am Eingange der Quebrada de las Leñas, in welcher der Weg nach dem Espinazito-Pass hinauf-führt, ragen kleine Kuppen von Granit unter rothem Sandstein hervor, später bilden mittelkörniger Granit und Quarzporphyre die Felsenwände der engen Schlucht. Man kann alsdann den Granit an der gerundeten Form seiner Felsen und an der lichtgrauen Farbe seiner Schutthalden leicht von den düsteren, rothbraunen Klippen und Halden des Porphyres unterscheiden und mit hinreichender Deutlichkeit mehrfach erkennen, dass der Porphyr den Granit mit gewaltigen Gängen durchbricht.

In der Cordillere von M e n d o z a traf ich Granit an zwei Stellen des oberen Quellgebietes vom Rio de Mendoza an. (Taf. III. 9). Die erste liegt zwischen der el Caleton genannten Felsklippe und dem Ge-höfte von Punta de las Vacas. Vom Caleton an aufwärts reitend, gelangt man zunächst an die Cuesta del Paramillo de las Vacas. Die steilen Felsenwände und Schutthalden der linken Thalseite bildet hier zunächst ein dunkles hornfels-artiges Gestein, das ich in dem von der paläozoischen Formation handelnden Capitel zu besprechen haben werde. Auf dasselbe folgt der im Aeusseren nur wenig davon verschiedene feinkörnige Glimmerschiefer der Punta de las Vacas (S. 16). In die dunklen Felsenmassen, die zwischen dem Caleton und Punta de las Vacas anstehen und die entweder dem Hornfelse oder dem Glimmerschiefer angehören, sieht man mehrere gewölbte Kuppen eines lichtfarbigen Gesteins eingreifen und davon, dass dieselben wenigstens z. Th. aus Granit bestehen, belehren die am Wege lagernden herabgestürzten Felsenblöcke. Noch besser kann man den Granit unmittelbar hinter dem genannten Gehöfte selbst beobachten; denn hier setzen hart am Wege kleine Stöcke und Gänge desselben im Glimmerschiefer auf. Jene bestehen aus einem mittelkörnigen, regelmässigen Gemenge von grauem Quarz, weissem Feldspath, grünschwarzem Glimmer und etwas Hornblende, die bis ¹/₃ m. mächtigen Gänge aber aus feinkörnigem blassrothem Granit.

Die zweite Granitmasse trifft man zwischen der Punta de las Vacas und der Puente del Inca. Das linke Thalgehänge besteht zwischen beiden Punkten vorwiegend aus Quarzporphyr, in welchem local Gänge von Hornblendeandesit aufsetzen. Aber etwa halbwegs zwischen den beiden Gehöften, da wo nach D a r w i n früher die Casa de Pujios (nicht Pujios, wie auf der der deutschen Ausgabe beiliegenden Tafel steht) war, tritt auch noch Granit auf, wiederum ein mittelkörniges, regelmässiges Gemenge von grauem Quarz, weissem Feldspath und schwarzem Glimmer.

Beide Granitvorkommen, das von der Punta de las Vacas und das von der Casa de Pujios hat schon D a r w i n beobachtet und in seinem Profile des Cumbrepasses eingezeichnet. (Geol. Obs. 194. Car. 291. Pl. I. Profil 2. L. M.)

Dabei führt er sie allerdings im Texte als „formation of (andesitic?) granite" an und giebt dadurch zu erkennen, dass er zweifelhaft geblieben ist, ob man es in den beiden vorliegenden Fällen mit jüngeren Eruptivgesteinen oder mit alten Graniten zu thun habe. Mit Rücksicht hierauf kann ich meinerseits nur betonen, dass ich nicht den geringsten Umstand ausfindig zu machen vermochte, der gegen die echte Granit-natur der in Rede stehenden Gesteine sprechen könnte. Ich bin auch überzeugt, dass in den Geological Observations on South America das (andesitic?) wegfallen würde, wenn D a r w i n Zeit zur Unter-suchung der Gerölle gehabt hätte, die bei Punta de las Vacas im Bette des Hauptflusses, kurz unterhalb der Einmündungsstelle des vom Tupungato kommenden Nebenthales, umherliegen, denn unter denselben giebt es, und zwar gar nicht selten, auch solche von grobkrystallinem und durch grosse Orthoklaskrystalle porphyrartigem Granit und solche von mittelkörnigem Granite mit Turmalin als accessorischem Gemeng-theile. Eine derartige Beschaffenheit ist aber weder von D a r w i n selbst, noch von Anderen an dem jüngeren, im Cap. XIX. zu besprechenden „andesitic granite", sondern nur an alten Graniten beobachtet worden.

5*

Im Anschluss hieran, ist wohl auch daran zu erinnern, dass H. F r a n c k e , der den zwischen Punta de las Vacas und Puente del Inca anstehenden Granit u. d. M. untersucht hat, seine bezüglichen Mittheilungen mit den Worten einleitet:

„Von allen Graniten Sachsens oder des Thüringer Waldes liesse sich eine gleiche Beschreibung geben, wie von diesem, dem Cordillerencentrum entnommenen." Als Hauptbestandtheile fand er Quarz, Hornblende und Biotit, beide etwa gleichhäufig und auf das innigste verwachsen, Orthoklas und zum minderen Theile Plagioklas, endlich Magnetit, besonders in der Hornblende. (Studien No. 12. S. 7).

Endlich liegt aber auch die Fundstätte der für D a r w i n fraglichen Gesteine genau in der südlichen Verlängerung der Quebrada de las Lenas, in welcher, wie oben gezeigt wurde, Granit von Quarzporphyr, der aus später zu erwähnenden Gründen ein präjurassisches oder höchstens jurassisches Alter besitzt, gangförmig durchbrochen wird, und somit darf es wohl als unzweifelhaft gelten, dass archäische oder paläozoische Granite auch im Centrum der Mendoziner Cordillere vorhanden sind.

Zum Schlusse dieser Angaben über argentinische Granite sei nochmals hervorgehoben, dass den letzteren, soweit ich ihre Beziehungen zu anderen Gesteinen und Formationen überhaupt beobachten konnte, durchgängig hohes, in der Regel wohl vorsilurisches Alter zuzuschreiben ist. Ich bemerke das namentlich deshalb, weil d'O r b i g n y zwar die Granite von Chiquitos höchstens für silurisch und diejenigen von Santa Lucia bei Potosi für älter als triasisch hält, von denen der Illimani-Kette aber angiebt, dass sie jünger als die Dislocationen der Triasschichten und vielleicht älter als Kreide seien (Géologie 212). Diese letztere Angabe ist indessen nur mit der allergrössten Vorsicht aufzufassen; denn abgesehen davon, dass die d'Orbigny'schen Zurechnung gewisser bolivianischer Sedimente zur Triasformation durchaus hypothetisch und problematisch ist, und dass die Kreideformation in seinen eigenen Profilen auf jenem Plateau nirgends angegeben wird, ist vor allen Dingen auch daran zu erinnern, dass d'O r b i g n y die krystallinen Gesteine überhaupt nur sehr generell in Roches granitiques, porphyritiques und trachytiques gliederte. Er selbst versteht unter „Granit" auch Diorit, Syenit, Pegmatit und Gneisse (S. 211) und so liegt denn die Vermuthung nahe, dass er seinem Granite auch solche Syenit- und Diorit-ähnliche Gesteine zugerechnet hat, die in den von ihm bereisten Gegenden allerdings vorkommen, aber, wie später zu erwähnen sein wird, ein mesozoisches oder känozoisches Alter besitzen und deshalb durchaus nicht als geologisch gleichwerthige Gebilde derjenigen Granite betrachtet werden dürfen, von denen hier allein die Rede war.

Anderseits ist auch daran zu erinnern, dass D. F o r b e s auf seinen Profilen durch die Illimanikette, in welcher jene jüngeren Granite d'O r b i g n y's ihre Hauptentwickelung finden sollen, nur mittelsilurische Granite eingezeichnet hat (Report. Pl. II).

V. Silurformation.

Siehe den Paläontologischen Theil dieser Beiträge. 1. Abtheil. Dr. E. Kayser, Ueber Primordiale und Untersilurische Fossilien aus der Argentinischen Republik. 1876. Vorläufige Bemerkungen über die Silurformation der Arg. Rep. theilte ich bereits N.Jb. 1872. 634 u. 1873. 728 sowie An. agr. 1873. I. No. 19 u. 1874. II. No. 3 mit.

Nachdem durch A. d'Orbigny und D. Forbes das Vorhandensein der Silurformation in Bolivia und Peru erwiesen und durch Darwin die weite Verbreitung paläozoischer Schichten auf den Falklands-Inseln erkannt worden war, lag die Vermuthung nahe, dass paläozoische Schichten auch in dem zwischen jenen Territorien liegenden Gebiete der Argentinischen Republik entwickelt seien (Fötterle in Geogr. Mitthl. 1856). In der That hat dann auch Burmeister in seiner geognostischen Skizze des Erzgebirges von Uspallata (Z. f. allg. Erdk. N. F. IV. 1858) und weiterhin in seinem Reisewerke (1861) angegeben, dass sich die „Grauwackenformation" in den Provinzen von Mendoza und Catamarca finde; in seinem 1876 erschienenen Tableau géognostique hat er in der Hauptsache wieder auf diese älteren Mittheilungen verwiesen. Es ist deshalb und um den sonst unvermeidlichen Verwirrungen vorzubeugen, nothwendig, hier zunächst einmal die thatsächlichen Beobachtungen zu prüfen, welche jenen Darstellungen zu Grunde liegen.

In dem „Rückblick auf den Bau und die Gesteine der Sierra de Uspallata bei Mendoza" giebt Burmeister an, dass die genannte Sierra „ihren Haupt-Grundbestandtheilen nach ein Schiefergebirge, der Grauwacken-Periode angehörig" sei und dass sie zumeist aus stark sandiger Grauwacke, gewöhnlich von dunkel rothbrauner Farbe, gegen den unteren Theil des Gebirges jedoch aus einem helleren, mürberen, stellenweise in förmlichen Sand zerfallenden Gesteine bestehe, welches im Innern des Gebirges dunkler und härter werde oder mit Thonschiefer wechsellagere (Reise I. 274).

„Hart am Wege fand hier (nämlich unweit Challao) mein Begleiter den sehr gut erhaltenen Abdruck eines Calamiten-artigen Gewächses, woran zwei Glieder des über zwei Zoll starken Stengels und mehrere Blattreste sich deutlich erkennen lassen. Das ist die einzige Versteinerung, welche mir im ganzen Gebirge vorgekommen ist; aber glücklicher Weise eine so charakteristische, dass das Alter der Formation als jüngere, Silurische Grauwacke darnach keinem Zweifel unterliegen kann." (Reise I. 248). Dass hier kein Druck-fehler vorliegt, wie man vielleicht glauben möchte, beweist die abermalige Erwähnung des „calamitenartigen Gewächses" bei der recapitulirenden Besprechung der „Grauwacken-Periode" auf S. 276.

Ich habe hierzu zu bemerken, dass ich, und wohl an derselben Stelle, an welcher Burmeister's Reisegenosse seinen Fund machte, ebenfalls Pflanzenreste in dem gelben Sandstein sammelte, die allerdings einige Aehnlichkeit mit Calamiten besitzen, nach der Meinung von Geinitz jedoch wahrscheinlich theils entrindete Farrenstengel, theils Axen einer Cycadee sind (Paläontol. Theil dieser Beiträge, 2. Abtheil S. 9 u. 11,

Taf. II. Fig. 12 u. 13); und ferner habe ich hervorzuheben, dass die diese Pflanzenreste beherbergenden Sandsteine keineswegs ein Glied der durch wechsellagernde Thonschiefer und Grauwacken charakterisirten Formation sein können, welche in der That das Hauptmaterial der Sierra von Uspallata bildet, sondern dass sie dieser Formation an- und aufgelagert und nur nachträglich in ihrer Lagerung nochmals gestört worden sind. Es wird später zu zeigen sein, dass sie der rhätischen Formation angehören.

Dass die Burmeister'sche Ansicht von der Wechsellagerung der Sandsteine und Thonschiefer nicht zulässig ist, wird auch durch folgende Beobachtungen bestätigt. Etwa 10 Minuten Weges von Challao, an der Strasse nach San Isidro, liegt ein kleiner Schurf auf Brandschiefern der rhätischen Schichten. Ueber diesen letzteren folgen in concordanter Lage Sandsteine, in denen einzelne Lagen von Geröllen eingeschaltet sind. Diese Gerölle bestehen zwar vorwiegend aus Quarz und aus Felsitporphyren, indessen finden sich unter ihnen auch solche eines blaugrauen dichten Kalksteines, der, da andere und namentlich ältere Kalksteinvorkommnisse im Mendoziner Gebirge und seiner Nachbarschaft nicht bekannt sind, nur von den später zu erwähnenden Kalksteinen der äusseren Anticordillere abstammen kann, mit welchen er denn auch hinsichtlich seiner petrographischen Natur vollkommen übereinstimmt. Da nun aber die Kalksteine der äusseren Anticordillere jünger als diejenigen Thonschiefer sind, welche das zur inneren Anticordillere gehörige Uspallatagebirge zusammensetzen, so müssen natürlich auch die in Rede stehenden Sandsteine und die in ihnen auftretenden, jene Kalksteingerölle führenden Conglomeratlagen jünger sein als die Thonschiefer und können mithin keine Einlagerungen in den letzteren bilden.

Aber selbst wenn ächte Calamiten vorlägen und selbst wenn die Calamitenführenden Schichten mit den Thonschiefern und Grauwacken wechsellagerten, selbst in diesen Fällen würde es doch immerhin gänzlich unverständlich bleiben, warum nun, wie Burmeister mit der grössten Bestimmtheit behauptete, silurische und nicht carbonische oder dyasische Schichten vorliegen sollten. Dass Burmeister neuerdings seine Ansichten theilweise geändert hat, wird später anzugeben sein.

In anderer, aber nicht minder eigenthümlicher Weise suchte Burmeister das Vorhandensein paläozoischer Schichten in der Provinz Catamarca zu beweisen. Dort sah er auf seiner Reise von Copacavana nach Copiapo beim Eintritt in die Cordillere und zwar in der Quebrada de la Troya „röthlichen Sandstein, mit groben Conglomeraten in regelmässigen Bänken abgelagert" und bemerkt hierüber „Sichere Anhaltspunkte zur Bestimmung des Alters der Formation boten sich nicht dar; weder Versteinerungen noch örtliche Beziehungen zu benachbarten Gesteinen liessen sich wahrnehmen; — wenn man aber bedenkt, dass diese Sedimente den metamorphischen Schiefern der vorhergehenden Bergketten im Fall und in der Streichungsrichtung genau entsprechen, also zunächst über ihnen liegen, so möchte es gestattet sein, darin Glieder der ältesten sedimentären Formationen, d. h. der Grauwackengruppe, zu vermuthen. Ob Cambrisch, Silurisch oder Devonisch, das freilich lässt sich ohne organische Reste nicht wohl bestimmen. Die lebhaft rothe, selbst bunte Färbung scheint mehr für ein jüngeres Alter zu sprechen" (Reise II. 250).

Dem geologisch geschulten Leser gegenüber kann ich alle kritischen Bemerkungen über derartige Schlussfolgerungen unterlassen und mich darauf beschränken anzugeben, dass ich 1872 ebenfalls die Quebrada de la Troya besucht und ihre Sandstein- und Conglomeratformation studirt habe. Dabei ergab sich, dass diese sedimentären Schichten bald horizontal, bald flach undulirt liegen, bald wieder steiles Einfallen zeigen, so dass man auf die Angabe eines mittleren Streichens und Fallens Verzicht leisten muss; die nächstbenachbarten, zwischen S. José und Anillaco anstehenden Gneisse liessen dagegen, abgesehen von mehrfachen Störungen, im allgemeinen ein NW. Streichen und ein NO. Einfallen von 70° erkennen. Von einem Parallelismus zwischen der Schichtenlage der krystallinen Schiefer und jener der klastischen Sedimente kann also keine Rede sein.

Versteinerungen habe ich allerdings in den letzteren auch nicht finden können; dagegen vermochte ich zu constatiren, dass die in den Sandsteinschichten eingelagerten Conglomeratbänke ausser Geröllen von Granit und Gneiss auch solche von verschiedenen Quarzporphyren führen.

Da nun später zu zeigen sein wird, dass die Quarzporphyre der Cordillere, von welchen jene Gerölle abzuleiten sind, ungefähr ein jurassisches Alter besitzen, so können die Sedimente der Troya-Schlucht höchstens mesozoischen Alters sein und in der That gehören sie sehr wahrscheinlich zur rhätischen Formation. Sonach ist auch die zweite und letzte Altersbestimmung, auf welche Burmeister seine 1870 in Descr. phys. II. 268 wiederkehrenden Angaben über die Existenz der paläozoischen Formationen innerhalb der Provinzen von Mendoza und Catamarca gründete, als durchaus unrichtig zu bezeichnen.

Unter solchen Umständen darf ich es wohl als eines der wichtigeren Resultate der neueren Untersuchungen bezeichnen, dass durch dieselben das Vorhandensein paläozoischer Formationsglieder innerhalb der Argentinischen Republik an mehreren Punkten und mit positiver Gewissheit constatirt worden ist.

Um die gegenwärtig bekannten Fundpunkte in einer von N. nach S. fortschreitenden Folge an einander zu reihen, erwähne ich zunächst, dass Herr Professor Lorentz und Herr Dr. Hyeronimus im Jahre 1873 Versteinerungen gesammelt haben: bei Tilcuya, 10 leg. N. von Yavi, in der an Bolivia angrenzenden Provinz Jujuy; sodann am Novado de Castillo in der Cordillere von Salta und endlich in einer zur Cordillere parallel verlaufenden Vorkette unweit der Provinzialhauptstadt Salta selbst. Die Versteinerungen aller dieser Punkte finden sich in einem an Glimmerblättchen reichen Sandstein und entsprechen nach den Untersuchungen Herrn Dr. E. Kayser's durchgängig der jüngeren Primordial-zone (Olenusphase), die hiernach überhaupt zum ersten Male aus der südlichen Hemisphäre bekannt wird. Die Angaben, welche mir meine Herren Collegen über die bezüglichen, ausserhalb meines Untersuchungsgebietes liegenden Fundstätten machten, sind bereits im Paläontologischen Theile dieser Beiträge mitgetheilt worden, so dass hier auf dieselben verwiesen werden kann (vergl. l. c. S. 2. 5 u. 28).[*]

Ich selbst sammelte am Potrero de los Angulos, W. von Campanas, Prov. la Rioja und weiterhin an sechs verschiedenen Punkten derjenigen Kalksteinketten, welche sich zwischen Guaco und Mendoza am Westrande der Pampa hinziehen, gegen 30 Arten von Trilobiten, Cephalopoden, Gasteropoden und Brachiopoden. Dieselben haben nach Kayser's Untersuchungen durchgängig untersilurischen Typus. Mit alledem ist endlich eine feste Basis gewonnen.

Allgemeines über die Silurformation in den Provinzen von San Juan und Mendoza.

Es ist schon in der einleitenden Uebersicht mitgetheilt worden, dass man für die Cordillere innerhalb des mir bekannt gewordenen Theiles zwischen dem 31. und 33.° S. Br. eine geologische Längsaxe annehmen kann, welche durch alte krystalline Schiefer und Granite und — in ganz hervorragender Weise — durch Felsitporphyre charakterisirt ist. Paläozoische Sedimente spielen dagegen, wie in der Folge zu zeigen sein wird, in diesem centralen Theile der Cordillere nur eine ganz untergeordnete Rolle.

Im Osten der von N. nach S. streichenden Axe und parallel zu ihr ziehen sich nun in den Provinzen San Juan und Mendoza mehrere Gebirgsketten hin, die sich durch ihre geologische Zusammensetzung ebensowohl von jener als von den weiter gegen Osten hin gelegenen pampinen Sierren auffällig unterscheiden und dabei noch für sich selbst eine weitere Untergliederung in zwei Gruppen gestatten.

---

[*] Ausserdem ist hier noch auf die sehr werthvollen Beobachtungen aufmerksam zu machen, welche inzwischen L. Brackebusch über die Entwickelung der Silurformation innerhalb der Provinz Jujuy angestellt und Bol. of. A. N. 1883. V. 162 veröffentlicht hat.

Sobald ich diese Thatsache erkannt hatte, schlug ich im Interesse einer leichteren Orientirung vor, diese beiden Kettensysteme als erste und zweite Vorkette der Cordillere oder als Anticordilleren zu bezeichnen (N. Jb. 1873. 728 u. An. agr. 1873. No. 19); um jeglicher Verwechselung vorzubeugen, werde ich in Zukunft die erste Anticordillere die innere, und die zweite die äussere nennen.

Es gereicht mir zur besonderen Genugthuung, dass Burmeister, dem meine am 11. Novbr. 1873 an das Gobierno Nacional eingereichten geognostischen Karten und Profile seit jener Zeit vorgelegen haben, diese meine Auffassung stillschweigend acceptirt hat (Phys. Besch. I. 1875. S. 235);[*] dagegen erlaube ich mir zu bezweifeln, dass es „der leichteren Uebersicht halber" zweckmässig sein soll, statt erster Anticordillere Vor- oder Procordillere und statt zweiter Anticordillere Neben- oder Contracordillere zu sagen; ich meine vielmehr, dass derartige verschiedene, die relative Lage der beiden Kettensysteme aber keineswegs scharf bezeichnende Präfixe lediglich die Ursache zu mannigfacher Verwirrung werden können. Wenn endlich Burmeister meine Gliederung auch schon auf solche Gebirgsketten ausdehnt, deren geologische Constitution bis heute noch absolut unbekannt ist, wie z. B. auf die Sierren von Vinchina und Guandacol, die er seiner Procordillere zurechnet, so ist das eine jener zahlreichen, gänzlich hypothetischen Behauptungen, die den Werth seines Buches so sehr beeinträchtigen. Wenn man der Gliederung der Cordillere und ihrer Vorketten nicht in erster Linie die geologischen Verhältnisse zu Grunde legen will, so wird dieselbe gegenstandslos.

Zu der Meinung, dass die Abgliederung eines doppelten Systemes von Cordilleren-Vorketten naturgemäss und dem Verständnisse der argentinischen Geologie förderlich sei, wurde ich namentlich durch diejenigen Beobachtungen geführt, welche ich auf dem Tropenwege anstellen konnte, der, aus der Cordillera de los Patos kommend, über Barreal de Calingasta, las Cuevas und Maradon nach Zonda und von hier aus durch die Quebrada von Zonda nach San Juan führt (Taf. II).[**]

Zwischen Barreal de Calingasta und Zonda überschreitet derselbe zunächst die drei Ketten von Tontal, Paramillo und Zonda, von denen die erstere noch bis zu ungefähr 4000 m emporragen mag, während die beiden östlicher gelegenen wesentlich niedriger sind. Alle drei Ketten zeigen in ihren Längs- und Querprofilen ruhige, gerundete Linien; sie sind nur mit dürftigem Pflanzenwuchs (Cacteen, kleinen stachlichen Mimosen, Yarillen etc.) bedeckt; in den Höben finden sich einige dürftige Alpenweiden, zumeist aber kahle, mit Gesteinsschutt bedeckte Flächen.

Nach Süden zu vereinigen sich die drei Gebirge in einer noch näher zu ermittelnden Weise zu der Sierra von Mendoza-Uspallata (Taf. III. 9).

Die ebengenannten Gebirge zeigen eine so überaus gleichförmige geologische Beschaffenheit, dass ich sie als innere Anticordillere zusammenfasse. Sie bestehen nämlich, dafern von jüngeren, an den Gehängen an- und in Thälern eingelagerten Sedimenten abgesehen wird, durchweg aus Thonschiefern, denen mehr oder weniger häufig Bänke von Grauwacke (dieses Wort im petrographischen Sinne zu nehmen) eingelagert sind. Nur an zwei Stellen fand ich diese Einförmigkeit unterbrochen; einmal am w. Abhange der Tontalkette, an welchem sich im Thonschiefer auch Einlagerungen von Gneiss-bänken zeigten (S. 20) und sodann in dem die Sierren von Tontal und Paramillo trennenden Längsthale, in welchem sich am Fusse jener ein kleines Riff von Kalkstein hinzieht, das sich schon von weitem durch seine klippigen, ruinenartigen Formen und durch seine lichte Farbe von dem gerundeten und düsteren Hauptkamme abhebt.

---

[*] Von diesem Zeitpunkte an hat sich B. auch „allmälig überzeugt", dass die Sierra Pié de Palo nicht der Vorcordillere angehört, „weil sie nicht, wie letztere, aus wahren Sedimenten, sondern aus metamorphischen Schiefern besteht." l. c. 234 und Anmerk. auf S. 420.

[**] Dass ich denselben in umgekehrter Richtung zurückgelegt habe, thut natürlich nichts zur Sache; der besseren Darstellung wegen empfiehlt sich nur eben die Aneinanderreihung des Beobachteten von W. nach O.

Der Kalkstein ist eigenthümlich breccienartig durch dunklere Kalksteinfragmente und durch Hornsteinpartikel. Seine Klippen können unter Berücksichtigung aller einschlägigen und alsbald näher zu besprechenden Verhältnisse nur als die Ueberreste eines Schichtensystemes betrachtet werden, das jünger als die Thonschieferformation ist und eine muldenförmige Einlagerung oder Einfaltung zwischen den aus der letzteren bestehenden Ketten von Tontal und Paramillo bildet.

Diese Klippen bereiten auf die Verhältnisse vor, die sich nun weiterhin, im Osten der inneren Anticordillere entwickeln. Hier erheben sich nämlich die kleine Sierra von Zonda, die Sierra westlich von Gualilan, die Sierra von Talacastre-Guaco und als östlichste die Sierra von Villagua (Siehe S. 5). Alle diese Gebirge, von denen sich einige in mehrere Parallelkämme gliedern, unterscheiden sich in ihrer Gesammtphysiognomie auffällig von denen der inneren Anticordillere, denn es sind nackte Felsenketten, mit zackigen Graten und steilwandigen, oftmals gänzlich unwegsamen Schluchten. Das lässt schon ahnen, dass sie auch aus anderem Materiale als die westlicher gelegenen Thonschieferketten gebildet sind und in der That überzeugt man sich bald, dass sie, wenn zunächst wiederum von local an- und aufgelagerten jüngeren Sandsteinen abgesehen wird, in der Hauptsache oder durchaus aus bankförmig geschichtetem, blauen dichten Kalkstein oder aus massig abgesondertem, krystallinisch körnigen Dolomit von lichter, grauer oder weisser Farbe bestehen. Diese eigenartige Zusammensetzung der genannten Gebirge hat mich veranlasst, sie ebenfalls zusammenzufassen und sie in ihrer Gesammtheit als äussere Anticordillere zu bezeichnen.*)

In der Provinz Mendoza finden sich, soweit meine Beobachtungen reichen, nur noch Andeutungen der äusseren Anticordillere, denn etwa 25 km NNW. der Provinzialhauptstadt ist jene lediglich durch einige kleine Hügel repräsentirt, die sich isolirt aus der Ebene erheben (Taf. III. 9). Diese Hügel bestehen aus lichtblaugrauem oder weissem, theils dichten, theils körnigen Kalkstein, der in Kalköfen, die am Wege nach Villavicencia liegen, gebrannt wird. Da sie genau in der südlichen Fortsetzung der sanjuaniner Kalksteinketten und wie diese unmittelbar im O. des Thonschiefergebirges liegen, so kann an der geologischen Deutung ihres Materiales wohl kaum gezweifelt werden, wenn schon ich vergeblich nach Versteinerungen, die die letzten etwaigen Zweifel heben würden, gesucht habe.

Ausserdem habe ich nur noch im SW. von Mendoza, auf dem Wege von Challao nach S. Isidro Kalkstein in beschränkter und eigenthümlicher Entwickelung beobachtet.

Nahe S. Isidro sieht man am Ostabhange der bei jenem Gehöfte selbst aus Thonschiefer bestehenden Sierra rothe Sandsteine anlagern; klettert man aber an den mit Gebüsch bedeckten Gehängen ein Stück aufwärts, so trifft man auf schwarze plattige Kalksteine, die local mit dunkelbraunen, sehr feinkörnigen Sandsteinen wechsellagern. Im Gegensatz zu den sonst am Gehänge der Sierra anstehenden rhätischen Sandsteinen, die wohl mancherlei Verwerfungen zeigen, aber jederzeit ebenen Schichtenverlauf besitzen, ist das ganze System jener mit Sandsteinen wechsellagernden Kalke stark gebogen und gefaltet und nebenbei in einer Art und Weise zerklüftet, dass die Kalksteinbänke oft wie aus Backsteinen zusammengesetzt erscheinen. Die höheren Gehänge müssen an dieser Stelle nach Ausweis der umherliegenden Felsblöcke aus andesitischen Breccien bestehen.

Indem ich dieser, der weiteren Untersuchung recht sehr bedürftigen Localität Erwähnung thue, kann ich nur die auf den petrographischen Charakter des Kalksteines und auf die starke Zusammenfaltung der Schichten

---

*) Da die Sierren von Gualilan und Talacastre-Guaco, oder — wie sie Burmeister nennt - - von Jachal aus Kalksteinen und Dolomiten bestehen, können sie nur zur äusseren und nicht, wie bei D. (Phys. Beschr. I. 225) zur inneren Anticordillere gerechnet werden.

(siehe später) gegründete Vermuthung aussprechen, dass die letzteren ebenfalls der Formation der zweiten Anticordillere angehören, eine Vermuthung, in der ich durch den Umstand, dass sich in keiner der sonst im Uspallata-Gebirge auftretenden sedimentären Formationen Kalkstein findet, nur noch bestärkt werde. Uebrigens tritt auch eine ähnliche Verknüpfung von zweifelhaft silurischem Sandstein und Kalkstein, wie weiter unten zu zeigen sein wird, am Potrero de los Angulos in der Prov. la Rioja auf.

Endlich kann hier vielleicht noch daran erinnert werden, dass nach den Angaben Darwin's M. Caldcleugh in einem den Glimmerschiefer der Portillokette überlagernden Schichtensysteme „specimens of ribboned jasper, magnesian limestone, and other minerals" sammelte (Geol. Obs. S. 183. Car. 275). Da nun nach Darwin selbst die Portillokette der ungefähr 60 miles nördlicher gelegenen Sierra von Uspallata und ihre Glimmerschiefer dem Thonschiefer der letzteren entsprechen sollen, so fühlt man sich versucht, die erwähnten, allerdings recht dürftigen Angaben so zu deuten, dass jene hornsteinhaltigen (?) Dolomite der Portillokette eine südliche Fortsetzung der Kalksteine und Dolomite der äusseren Anticordillere repräsentiren. Spätere Reisende werden zu ermitteln haben, ob diese Vermuthung begründet ist oder nicht.

Hinsichtlich der petrographischen Verhältnisse der Thonschiefer und Grauwacken sowie der Kalksteine und Dolomite ist Folgendes zu erwähnen. Die Thonschiefer und Grauwacken bilden, in zahlloser Wiederholung mit einander wechsellagernd, die innere Anticordillere; bald herrscht das eine, bald das andere Gestein vor; aber auch da, wo bei flüchtiger Untersuchung nur das eine Glied vorhanden zu sein scheint, wird man wohl in der Regel bei sorgfältigerem Studium wenigstens untergeordnete bankförmige Einlagerungen des anderen antreffen. Eine getrennte Einzeichnung der beiden Gesteine würde daher selbst auf Specialkarten unausführbar sein. Dagegen konnte ich in der Kalkstein-Dolomit-Formation nur ein einziges Mal schwache Einlagerungen von ebenschiefrigem Thonschiefer beobachten, nämlich im Kalkstein des Grubenberges von Gualilan.

Die Thonschiefer sind mehr oder weniger dünn- und ebenschieferig, von grauer, grüner, grünschwarzer, selten von violetter Farbe. Lokal, wie am Ostabhange der Uspallatakette nach Villavicencia zu, findet man dachschieferartige Varietäten; öfter trifft man inmitten des normalen harten Thonschiefers einzelne Bänke, die einen mehr schieferthonartigen Charakter besitzen.

Die Grauwacke (das Wort natürlich nur im petrographischen Sinne genommen, in dem es schon von Darwin angewendet worden ist) bildet gewöhnlich ein oder mehrere Decimeter starke Bänke oder Platten, die zuweilen auf ihrer Oberfläche mit eigenthümlichen Wülsten oder gekröseartigen Erhabenheiten bedeckt sind. Man sieht dergleichen vielfach in der Stadt San Juan, deren Trottoirs aus solchen Grauwackenplatten bestehen. Irgend welche organische Gebilde konnte ich auf keiner der Platten beobachten, obwohl mir in San Juan mancherlei „Fische", „Pflanzen" u. a. Dinge gezeigt wurden. Dieselben waren ausnahmslos anorganische Gebilde, mehr oder weniger an Versteinerungen erinnernde Naturspiele.

Die Grauwacken sind feste Sandsteine von graugrüner Farbe, oft, gleichwie die Thonschiefer, von weissen Quarzadern durchzogen. U. d. M. erweist sich eine aus der hohen Sierra von Zonda stammende Varietät in deutlichster Weise als ein klastisches Gestein. Sie besteht vorwiegend aus eckigen oder etwas abgerundeten Körnern von Quarz, neben denen vereinzelte Körner von Orthoklas und Plagioklas, einzelne Schuppen von Magnesiaglimmer und einige kleine Fragmente auftreten, die wegen reichlich eingemengter schwarzer Flocken dunkel erscheinen und keine weitere Bestimmung zulassen. Alle diese klastischen Elemente sind verkittet durch grünen chloritartigen Staub, von dem ich es dahin gestellt sein lasse, ob er als ein Zerreibungsproduct oder als ein während, bez. nach der Ablagerung des feinen Schuttes gebildetes Mineral aufzufassen ist.

Als ganz untergeordnete Einlagerungen in dem Thonschiefer-Grauwackengebirge fanden sich an zwei Stellen auch Bänke von weissem oder gelblichem Quarzit, nämlich auf dem westl. Kamme der Tontalkette, zwischen der Cabecera und den Gruben, und sodann in derjenigen Schlucht, in welcher am Ostabhange der Uspallatakette die warme Quelle von Villavicencia entspringt.

Die Kalkstein-Dolomitformation zeigt sich mit Ausnahme der oben genannten Fälle räumlich scharf von der Thonschiefer-Grauwackenformation getrennt. Nach zwei Beobachtungen in der kleinen Sierra de Zonda (Quebrada de Juan Pobre und Quebradra de la Laja) bildet der Kalkstein das untere, der Dolomit das obere Glied; ob aber dieses Lagerungsverhältniss allgemein statthat und ob überhaupt die räumlichen Beziehungen zwischen Kalkstein und Dolomit constante sind, muss erst durch weitere Beobachtung festgestellt werden. Sollte der Dolomit, wie es mir nach einzelnen Wahrnehmungen das wahrscheinliche ist, in der äusseren Anticordillere ein metamorphes Gebilde nach Kalkstein sein, so dürfte er sich wohl auch hier, ähnlich wie in anderen Gebirgen, nicht in einem bestimmten Niveau der Schichtenreihe, sondern längs einzelner Spalten und Dislocationslinien entwickelt finden.

Die Kalksteine sind gewöhnlich dicht, von graublauer, selten von gelblicher oder röthlicher Farbe; zuweilen sind sie etwas bituminös. Nur einmal fand ich sie oolithisch entwickelt (Quebrada de la Laja). Weisse Kalkspathadern durchtrümern sie oft nach allen Richtungen hin. Fast ausnahmslos sind die Kalksteine deutlich geschichtet und zwar in Form von ein bis mehrere Decimeter starken Platten, die eine unebene, höckerige Oberfläche zeigen. Verwitterungsprocesse bewirken z. Th. eine knollige Auflockerung der Platten. Zwischen den letzteren stellen sich häufig feine mergelige und dünnblättrige Zwischenlagen ein.

An solchen Stellen, an welchen die Gehänge der aus Kalkstein bestehenden Gebirgsketten parallel mit dem Schichtenfalle verlaufen, zeigen die frei zu Tage liegenden Kalksteinplatten zuweilen ganz enorme Dimensionen; in der Quebrada de Talacastra und am Westabhange des Grubenberges von Gualilan sah ich nach vielen Hunderten von Quadratmetern zu messende Felsflächen, welche doch nur einer einzigen Kalksteinplatte angehörten.

Der Dolomit ist saccaroid, von weisser, lichtgrauer oder dunkelblaugrauer Farbe und besonders im letzteren Falle so bituminös, dass er, wenn man ihn mit dem Hammer zerschlägt, einen höchst widerlichen Geruch entwickelt. Oft ist er grobzellig oder löcherig. Zuweilen lässt er wohl ebenfalls grobe plattenförmige Schichtung oder Bankung erkennen, in den meisten Fällen ist er jedoch unregelmässig massig abgesondert. Hier und da zeigt er auch brecciennartige Structur.

Herr Saile Echegaray, einer meiner ersten Zuhörer in Córdoba, hat im Laboratorium des Herrn Professor Siewert mehrere von mir in der Sierra de Zonda bei San Juan gesammelte Dolomite analysirt und dabei folgende Zusammensetzungen gefunden:

	1	2	3	4
$CaCO_3$	53.78	38.67	54.14	59.14
$MgCO_3$	28.04	24.31	35.67	39.56
SiO_2	17.98	36.46	10.56	1.52
Fe_2O_3	0.52	0.66	0.56	0.72
	100.32	100.10	100.93	100.94

Das Verhältniss von kohlensaurem Kalk zu kohlensaurer Magnesia ist demnach
für 1. 1 : 0.52, für 2. 1 : 0.63, für 3. 1 : 0.65 und für 4. 1 : 0.06.

1. Gelblicher, feinkörniger, von Hornstein und Chalcedon durchwachsener Dolomit, am Eingange der Quebrada de Zonda, unweit des Kalkofens anstehend.

6*

2. Grauschwarzer, feinkörniger Dolomit mit kleinen Schmitzen von schwarzem Hornstein. Blöcke in der Quebrada de Juan Pobre.

3. Grauschwarzer, feinkörniger Dolomit mit Nestern von schwarzem Hornstein und mit kleinen Nestern von grobkrystallinem weissen Dolomit. In der Quebrada de la Laja anstehend.

4. Weisslich grauer, grobkörniger Dolomit, scheinbar frei von eingemengter Kieselsäure. Blöcke in der Quebrada Juan Pobre.

Die Kalksteine und Dolomite sind, wie es sich für die letzteren schon aus den vorstehenden Analysen und Bemerkungen ergiebt, sehr oft mehr oder weniger reich an Kieselsäure und zwar durchdringt dieselbe entweder das ganze Gestein in feinster, dem blossen Auge unkenntlicher Vertheilung, oder dieselbe findet sich zu grösseren compacten Partien concentrirt, die alsdann gewöhnlich aus blaugrauem oder dunkelschwarzem Hornstein bestehen. Die specielle Form des Vorkommens ist im letzteren Falle eine sehr verschiedene. So bildet der Hornstein in demjenigen Kalksteine, welcher am Eingange der Quebrada de Talacastre ansteht, den Schichten des letzteren parallel verlaufende Lagen, die bis einige Centimeter stark sein können und sich durch ihre Structur als verkieselte Schwammlagen, an deren Oberfläche mitunter kleine Brachiopoden ansitzen, zu erkennen geben.

Viel häufiger tritt dagegen der Hornstein in der Form von faust- bis kopfgrossen Knoten und Knollen oder in sehr unregelmässig gestalteten Adern und Schmitzen auf, die den Kalkstein und Dolomit nach allen Richtungen hin durchziehen. Zuweilen, wie in demjenigen Dolomit, der am östlichen Ende der Quebrada de Zonda die höheren Gehänge bei den jetzt verlassenen Kalköfen bildet, wird der Hornstein auch durch Chalcedon vertreten, der hier in concentrischen Lagen winklige Hohlräume des Gesteines ausfüllt.

Besonderes Interesse erweckt ein ebenfalls an der letztgenannten Localität im Dolomit auftretender braunschwarzer Hornstein, der sich u. d. M. als eine farblose oder gelbliche, durch braune Flocken gewolkte Masse erweist und bei Einschaltung der Nicols eine feinere oder gröbere Aggregatpolarisation zeigt. Ausser kleinen Adern von krystallinem Quarz, die ihn durchziehen, beherbergt dieser Hornstein noch winzige Rhomboёderchen von 0.01 bis 0.1 mm Kantenlänge. Dieselben treten bald vereinzelt, bald in dichtem Gedränge auf und können im letzteren Falle einen allmählichen Uebergang in Dolomit entwickeln. Gepulverter Hornstein dieser Art braust sehr stark mit Salzsäure, so dass wenigstens eine grosse Zahl der Rhomboёderchen aus Kalkspath zu bestehen scheint.[*] Dass daneben auch noch Dolomitrhomboёderchen vorkommen, wie Francke angiebt, will ich nicht bestreiten, obschon ich u. d. M. irgend welche charakteristische Differenzen, die für verschiedene Naturen der Kryställchen sprächen, nicht zu erkennen vermochte.

Francke sagt bei Besprechung dieses Hornsteines, indem er auf eine von mir im N. Jb. 1873. 729 gemachte Bemerkung zurückgreift, „Stelzner" „fasst nach mehreren Andeutungen die Hornsteine als alte Schwammlagen auf." „Dem widerspricht jedoch der mikroskopische Befund, indem kein Schwammspiculum, keine Diatomee, überhaupt gar kein organischer Ueberrest bemerkt wurde, wie sie in gleichaltrigen Hornsteinen Nordamerikas durch C. M. White und F. H. Bradley nachgewiesen sind." (Studien S. 3). Dass ich einen guten Grund dazu hatte, die — oder, wie ich allerdings hätte sagen sollen, gewisse im Kalkstein und Dolomit auftretende Knollen und Lagen dunkelfarbiger Hornsteine von Spongien abzuleiten, ist inzwischen durch Kayser (Paläont. Theil. 1. Abtheil. S. 22) bestätigt worden.

In Bezug auf die architectonischen Verhältnisse der beiden in Rede stehenden Formationen ist hervorzuheben, dass diese letzteren an zahlreichen Orten und in ganz übereinstimmender Weise

---

[*] Feuerstein von ähnlicher Beschaffenheit wurde von H. Fischer in der 2. Fortsetzung seiner kritischen mikroskopischen Studien, 1873. S. 29 beschrieben.

ausserordentlich starke Störungen ihrer ursprünglichen Lagerung zur Schau tragen. Ihre Schichten sind nicht nur im Kleinen oftmals gebogen, zickzackförmig gefaltet oder stücklich zerklüftet, sondern auch ganze mächtige Schichtensysteme zeigen kuppelartige Wölbungen, bizarre Zusammenstauchungen und starke Verwerfungen.

Derartige Störungen im Verlaufe der Thonschieferschichten sieht man z. B. in ausgezeichnet schöner Weise in der Paramillo-Kette zwischen dem Puesto de Maradon und las Cuevas, ferner bei dem verlassenen Schmelzwerke von Hilario, am Westabhange der Tontalkette. Am letzteren Orte wird die Erscheinung dadurch besonders auffällig, dass die stark gebogenen und gefalteten Schichten aus einer Wechsellagerung von grünem und violettem Thonschiefer bestehen, so dass der Verlauf jeder einzelnen Schicht in der deutlichsten Weise verfolgt werden kann.

Aber auch die Plattenkalke zeigen ganz ähnliche Störungen, so u. a. besonders schön in der Quebrada de Zonda, unweit San Juan, bei dem in jener errichteten Wasserdamme und ferner in der Quebrada de Talacastre, N. von San Juan.

Erinnert man sich nun im Hinblick auf derartige Verhältnisse des Umstandes, dass die Thonschiefer und Kalksteine in ziemlich strenger räumlicher Sonderung parallelstreichende wall- und kettenförmige Gebirge bilden und dass sich mehrere dieser Gebirge für sich selbst wieder in Parallelketten unterabtheilen, so drängt sich unwillkürlich die Vermuthung auf, dass wir es in beiden Anticordilleren mit einer grossartigen Faltenbildung zu thun haben und nun erst dürfte sich das richtige Verständniss für jenen Ueberrest der Kalksteinformation erschliessen, die sich zwischen den Thonschieferwällen von Paramillo und Tontal findet. Dieser Kalkstein besass nämlich offenbar zu Anfang eine weit grössere Ausdehnung und hing über den Thonschiefer hinweg mit denjenigen der äusseren Anticordillere zusammen, wurde aber, nachdem er bei der gemeinschaftlichen Faltung beider Formationen innerhalb seines westlichen Verbreitungsgebietes stark zertrümmert und den denudirenden Kräften in besonders empfindlicher Weise exponirt worden war, zum grössten Theile vernichtet und nur da vor der gänzlichen Zerstörung bewahrt, wo er in jener synclinalen Falte des Thonschiefers einen Schutz fand.

Weiterhin wird man die Störung in der Lagerungsweise der Thonschiefer und Kalksteine wohl als das Resultat derselben Kraftäusserung auffassen dürfen, welche auch die mit den Ketten jener parallel streichenden, aber aus archäischen Schiefern bestehenden Pampinen Sierren entstehen liess. Einem späteren Capitel muss die Ermittelung der Zeit, in welcher sich diese gewaltigen Störungen vollzogen, vorbehalten bleiben.

Fundstätten von Versteinerungen. Bezüglich aller paläontologischen Details, welche beweisen, dass die soeben besprochenen Kalksteine der äusseren Anticordillere untersilurischen Alters sind, ist hier auf Herrn Dr. E. Kayser's Arbeit (Pal. Theil. I. Abtheil.) zu verweisen. Dagegen mögen an dieser Stelle im Interesse der weiteren Klärung der vorliegenden Verhältnisse und zur Orientirung späterer Reisender noch einige Bemerkungen über die Fundstätten von Versteinerungen, die mir innerhalb der Thonschiefer- und Kalksteinketten auf die eine oder andere Weise bekannt geworden sind, folgen.

In dem Thonschiefer der inneren Anticordillere habe ich selbst nur an zwei Punkten, nämlich in der unmittelbaren Nähe des zwischen der Sierra alta de Zonda und der Paramillokette gelegenen Puesto de Córdoba und sodann etwas weiter westlich, am O. Abhange der vom Puesto de Maradon aus erstiegenen Paramillokette einige gänzlich unbestimmbare, wenn auch als solche deutlich erkennbare Pflanzenreste gefunden. Dieselben lagen an beiden Orten in einer schieferthonartigen Varietät des sonst vorherrschenden Thonschiefers und zwar wechsellagerten jene Schiefer an beiden Fundstellen mit feinkörnigen, graugrünen Grauwacken.

Ausserdem verdanke ich noch Herrn Dr. La Reina in Mendoza ein Stück ebenfalls feinkörniger, grangrüner Grauwacke, mit einer nicht näher zu bestimmenden Orthis; dasselbe war, nach den durchaus glaubwürdigen Versicherungen des Genannten, in der Sierra von Tontal, zwischen dem dortigen Grubengebiete und Calingasta gefunden worden.

Nach den Mittheilungen desselben Herrn sollen auch auf der Cuesta de la Dehesa, über die der Weg von San Juan nach Calingasta führt und die ebenfalls im Thonschiefergebiete liegen dürfte, Versteinerungen vorkommen, leider konnte ich aber kein Exemplar von dieser Localität zu sehen bekommen.

Weit häufiger und in viel besserem Erhaltungszustande finden sich Versteinerungen in den Kalksteinen der äusseren Anticordillere und zwar machen sie sich hier namentlich auf den Abwitterungsflächen der Kalksteinbänke bemerkbar, während sie durch Zerschlagen des frischen Gesteines nur selten gewonnen werden können, da sie mit demselben zu fest und innig verwachsen sind. Im Dolomite, der mit dem Kalksteine zusammen vorkommt, sah ich nirgends Reste von Organismen.

Ueber die Fundpunkte ist Folgendes zu erwähnen:

In den kleinen Kalksteinriffen zwischen den der inneren Anticordillere angehörigen Sierren von Tontal und Paramillo fand ich trotz langen Suchens keinerlei fossile Reste; dass dergleichen aber hier oder in der Nachbarschaft vorkommen müssen, wird durch Gerölle blaugrauen dichten Kalksteines mit kleinen, nicht näher bestimmbaren Brachiopoden bewiesen, die ich zugleich mit solchen eines feinkörnigen Dolomites im Thale bei der etwas östlicher gelegenen Estancia de las Cuevas sammelte.

Der erste Hauptfundpunkt, der neben einzelnen Brachiopoden besonders zahlreiche, wenn auch vielfach verdrückte Reste von Trilobiten lieferte, ist die von der Stadt San Juan aus leicht zu erreichende Quebrada de Juan Pobre, eine von Süden kommende Seitenschlucht der Quebrada de Zonda, welche unterhalb des grossen Wasserdammes in die letztere einmündet. Diese Quebrada de Juan Pobre ist eine etwa ¼ Stunde lange, äusserst wilde und enge Felsenschlucht mit schroffen, oben zackigen Gehängen; ihr Thalboden hat vielfach treppenförmige Absätze (Saltos), so dass man in den oberen Theil der Schlucht nur zu Fusse gelangen kann. Die meisten Trilobiten, besonders Kopfschilder und Pygidien, sammelte ich an der ersten Felswand, die man beim Eintritt in die Schlucht erreicht und welche, offenbar in Folge der gewaltigen Störungen, die der Kalkstein in seiner ursprünglichen Lagerung erlitten hat, aus kleinstücklich zerklüftetem Gestein besteht. Die gleichen Formen fand ich auch noch weiter schluchteinwärts, bis schliesslich lichte und dunkle, an Hornsteinen reiche, aber vollkommen versteinerungsleere Dolomite die Kalksteine verdrängen.

Ein zweiter Fundpunkt in derselben Gebirgskette ist die etwa eine halbe Wegstunde südlich von der Estancia de Zonda gelegene Quebrada de la Laja, von deren Passe aus man durch eine zunächst ganz ausserordentlich wilde und für Maulthiere kaum passirbare Schlucht nach den Fincas von Pozito bei San Juan gelangt. Die Versteinerungen (Trilobiten und Brachiopoden) sammelte ich noch am Westabhange, etwa halbwegs zum Passe hinauf, da wo neben Blöcken des herrschenden blaugrauen Plattenkalkes auch solche von oolithischem Kalksteine umherliegen. Am Passe und jenseits desselben schneidet dann die Schlucht in hornsteinreiche Dolomite ein, während sich in ihrem Boden jüngere, wahrscheinlich rhätische Sedimente (Conglomerate, Sandsteine und dunkle Schieferthone, die kurz oberhalb Pozitos undeutliche Pflanzenreste führen) eingelagert finden.

Ein weiterer Fundpunkt von Versteinerungen liegt am Ostabhange der Sierra de Villagun, genau da, wo dasjenige kleine, in trockenen Jahreszeiten wasserleere Thälchen aus dem Kalksteingebirge heraustritt, an welchem sich weiter abwärts die Baños salados finden. Der felsige Thaleinschnitt und grosse

Riesentöpfe beweisen, dass hier wenigstens zur Regenzeit ein Bach vorhanden sein muss. An seiner Austrittsstelle fand ich zahlreiche, aber leider sehr schlechte Answitterungen von Maclureen; auf einer Kalksteinplatte zählte ich deren 8; etwas weiter gegen S. zu, in der unmittelbaren Nähe einer kleinen auflässigen und hinsichtlich ihrer Erzführung sehr problematischen Grube sammelte ich ebenfalls im Kalksteine eine an Cyathophyllum erinnernde Koralle und einige kleine Crinoidenglieder.

Als eine der Hauptfundstätten für untersilurische Versteinerungen erweist sich die Quebrada de Talacastre, welche nach dem ortsüblichen Sprachgebrauche die Grenze zwischen den, orographisch freilich ein einheitliches Ganzes bildenden Sierren von Ullun nnd Jachal abgeben soll. Da wo der von San Juan nach den Gruben von Gualilan führende Weg in diese Quebrada eintritt, stehen linker Hand, sobald man eine kleine Wendung gemacht und den Blick auf das Hauptthal verloren hat, bröckliche, mit spongienreichen Hornsteinschichten wechsellagernde Kalksteine an; in diesen sammelte ich die von Herrn Kaiser beschriebenen Trilobiten, Cephalopoden, Gasteropoden und Brachiopoden.

Gewiss wird man hier bei weiterem Nachsuchen noch manche neue Formen finden, nur wird man gut thuen, sich bei einer Bereisung der Gegend speciell auf das Sammeln einzurichten, denn fast der ganze Weg zwischen Ullun bei San Juan und der Cienega bei Gualilan ist, wenigstens in trockenen Zeiten, in welchen ich ihn passirte, eine trostlose Camp- und Gebirgswüste, in der man nur einmal, nämlich an der Represa de los Ranchos, bei welcher sich der Weg nach Gualilan vom San Juan-Jachaler Tropenweg abzweigt, einen mit lehmigem Wasser erfüllten Tümpel antrifft, der dem Reisenden und seinen Thieren das unentbehrliche Nass, wenn auch in wenig zusagender Form liefert. Der Zeitbedarf, den ich mit meiner kleinen Tropa (darunter drei Lastthiere) nothwendig hatte, als ich am 12. und 13. März 1873 den Weg von Ullun nach Gualilan zurücklegte, war folgender: von Ullun bis zur Represa de los Ranchos, an der es übrigens keine Wohnstätte giebt, wie der Name glauben machen könnte, 8 Stunden; dann in 3½ Stunden bis zum Eingange der Quebrada de Talacastra und von hier, nach mehrstündigem Sammeln, in weiteren 5 Stunden zur Cienega de Gualilan, an der man wieder gutes Wasser antrifft.

Im Kalksteine des Grubenberges von Gualilan beobachtete ich ausgewitterte Orthoceratiten, Maclureen, Brachiopoden, Korallen und Schwämme, in der Quebrada de Guaco, auf dem Wege von Jachal nach Guaco (Taf. I. 5), recht hübsche Trilobiten, Gasteropoden, Brachiopoden, Crinoidenglieder und Schwämme. Am zuletztgenannten Orte hatte ich die reichste Ausbeute an den ersten, aus blaugrauen, hornsteinreichen Plattenkalken bestehenden Felsen, auf welche man stösst, sobald man, von Jachal kommend, das mit rothem, jüngeren Sandstein erfüllte Längsthal von Cienega durchschnitten hat.

J. Rickard erwähnt in seinem Informe, S. 75, dass er in dem Kalkgebirge bei Guaco, nur wenige Varas von der Stelle entfernt, an welcher in dem dem Kalksteine von Guaco angelagerten jüngeren, wahrscheinlich rhätischen Sandstein ein kleines Kohlenflötz ausstreicht, einen sehr vollkommenen (bien perfecto) Ammoniten der Juraformation gefunden habe. Da mich der freundliche Besitzer von Guaco, Don José Maria Suarez, der schon der Begleiter von Rickard gewesen war, genau an dieselbe Stelle führte, an der er mit dem letzteren war, so kann ich mit aller Bestimmtheit versichern, dass jener vermeintliche Ammonit nur eine Maclurea von Ophileta gewesen sein kann; ganz gleich, welche ich in der benachbarten Quebrada de Guaco zugleich mit Trilobiten etc. sammelte. Jurassische oder ähnliche Kalksteine, in denen Ammoniten vorkommen könnten, sind bei Guaco nicht vorhanden.

Endlich sei hier noch darauf aufmerksam gemacht, dass sich nach Mittheilungen des Herrn Dr. La Reina versteinerungsführende Kalksteine auf der Cuesta de Medina bei Jachal finden sollen.

Schlussfolgerungen über das Alter der Gesteine der beiden Anticordilleren. Herr Dr. Kayser hat auf Grund der Versteinerungen, welche ich an den soeben aufgezählten Stellen in den

Kalksteinen der äusseren Anticordillere sammeln konnte, nachgewiesen, dass diese letzteren untersilurischen Alters sind, und dass sie im besonderen dem Trentonkalke Nordamerikas, den Llandeilobildungen Schottlands und den russischen Vaginatenkalken entsprechen.

Das Alter der Thonschiefer und Grauwacken, welche die innere Anticordillere bilden, lässt sich dagegen, wenigstens zur Zeit, auf paläontologischem Wege mit ähnlicher Sicherheit nicht bestimmen, da die bis jetzt aus diesen Gesteinen bekannt gewordenen Erfunde von Versteinerungen zu spärlich und zu wenig charakteristischer Natur sind. Immerhin ist schon die Thatsache, dass in jenen Gesteinen überhaupt Versteinerungen vorkommen, deshalb lehrreich, weil sie beweist, dass wir es bei denselben nicht mit archäischen Gebilden zu thun haben. Hält man hieran fest und erinnert man sich weiterhin daran, dass zwischen den Ketten von Tontal und Paramillo untersilurische Kalke als Einlagerungen in einer Thonschieferfalte auftreten, so ergiebt sich, dass die Thonschiefer älter als die Kalke sein und einen noch tieferen paläozoischen Horizont als diese letzteren repräsentiren müssen. Die Erkenntniss dieser Thatsache muss vorläufig genügen.*)

Die Abgrenzung der paläozoischen Thonschiefer von denjenigen, welche ich S. 17 als archäische beschrieben habe, muss dagegen einstweilen noch als unsicher bezeichnet werden und kann sich dermalen höchstens auf das Vorhandensein oder Fehlen von Gneissbänken und von Einlagerungen anderer rein krystallinischschiefriger Silikatgesteine, beziehentlich auf dasjenige von Grauwacken stützen.

Unteres Silur am Potrero de los Angulos, Prov. la Rioja.

Sieht man zunächst von der Cordillere ab, so scheint das Verbreitungsgebiet der silurischen Formation nach dem soeben Mitgetheilten in den Provinzen Mendoza und San Juan auf den Raum zwischen der Cordillere im Westen und den Gneissketten (Pié de Palo, Huerta und deren südlichen Ausläufern) im Osten beschränkt zu sein; denn nach Osten zu, im Gebiete der Pampinen Sierren von San Luis, Córdoba und Buenos Aires sind silurische Schichten bis jetzt noch nirgends angetroffen worden.

Auf Grund dieser Wahrnehmungen möchte man daher auch glauben, dass die Silurformation in der Provinz la Rioja ebenfalls nur westlich der Famatinakette auftrete, da ja diese letztere die nördliche und gegen N. zu immer höher ansteigende Fortsetzung der Sierra de la Huerta bildet. Weiterhin möchte man vermuthen, dass das Silur namentlich in der Sierra von Guandacol zur Entwickelung gelangt sei, da dieses Gebirge, nach Ausweis der vorhandenen Karten in directem Zusammenhange mit den silurischen Kalksteinketten von Jachal und Guaco stehen soll.

Die einzige Notiz, die zur Zeit über das Gebirge von Guandacol vorliegt und sich bei R i c k a r d (Informe 74) findet, steht indessen mit dieser Annahme nicht im Einklange, denn darnach werden aus dem Grubengebirge von Guachi, 12 leguas nördlich von Jachal, nur Glimmerschiefer, Gneiss, Syenit u. a. Hornblendegesteine erwähnt.

---

*) Ganz analoge Resultate scheinen auch die von Brackebusch in Jujuy beobachteten Verhältnisse zu ergeben. Nach Bol. of A. N. 1883. V. 162 bestehen hier die bis zu 4000 bezw. 5300 m ansteigenden Sierras de la Puna (S. de Cabolonga, S. de Cochinoca und S. de Aguilar) aus Thonschiefern und Grauwacken, in denen nur an einer Stelle Versteinerungen zu finden waren. In der gegen O. hin folgenden Cordillera alta, die sich von Tucuman aus über Salta und Jujuy bis nach Bolivia verfolgen lässt, und welcher in Jujuy die 4500—5500 m hohe Sierra de Chañi angehört, wechsellagern dagegen Schiefergesteine, Grauwacken und Quarzite, die z. Th. reich an Versteinerungen (Trilobiten, Cephalopoden, Brachiopoden und Graptolithen) sind. Man wird kaum irren, wenn man den Thonschiefer der Puna-Ketten demjenigen der inneren Anticordillere von San Juan parallelisirt, in den Schichten der östlicher gelegenen Sierra de Chañi aber die Repräsentanten eines höheren silurischen Horizontes erblickt.

Aber noch eine weitere, jetzt nur um so grössere Ueberraschung steht demjenigen, der zum Schematisiren neigt, bevor; denn wenn er nach N. zu wandert, wird er allerdings innerhalb der Provinz la Rioja wieder auf die Silurformation stossen, aber nicht im W., sondern, wider alles Erwarten, im O. der Famatinakette.

Ich muss jeden Versuch zur Erklärung dieser auffälligen Thatsache unterlassen. Er würde nutzlos sein, so lange die westlichen Theile der Provinzen von la Rioja und Catamarca noch diejenige terra incognita sind, die sie gegenwärtig bilden. Ich beschränke mich daher auch im Nachstehenden lediglich auf eine Berichterstattung über die beobachteten Thatsachen.

Dass in der Provinz la Rioja, am Potrero (Weideplatz) de los Angulos, der im Westen von Angulos und am Ostabhange der Famatinakette gelegen ist, „versteinerte Muscheln" vorkommen, war vor einigen Jahren durch einen Deutsch-Ungarn, D. Ignacio Langer, der nach Erzen suchend in dem Gebirge herumschweifte, erkannt, aber bis zur Zeit meiner Reise nicht näher verfolgt worden. Ich erfuhr von jener Entdeckung durch Herrn F. Schickendantz in Pilciao und besuchte deshalb die betreffende Localität gelegentlich meiner Reise von Tinogasta nach Famatina von Campanas aus unter Führung von D. Marcelino Leyba, dem Besitzer einer Chacra in Campanas. Wir ritten am 5. März 1872 in 8 Stunden von Campanas aus über die Cuesta de las Piedras topadas nach dem Potrero; hier machte ich am 6. und 7. Excursionen und kehrte dann am letzteren Tage über die Yesera nach Angulos zurück, um weiterhin das Famatina-Gebiet zu durchstreifen. Dieser Rückweg vom Potrero nach Angulos dauerte, abgesehen von mancherlei Aufenthalt, 6 Stunden.

Hier möge zunächst eine allgemeine Schilderung der auf der Excursion beobachteten geologischen Verhältnisse und dann eine nähere Darstellung der Silurformation vom Potrero de los Angulos folgen.

Unmittelbar östlich der Linie Campanas-Angulos erhebt sich ein kleines Hügel- und Berggebiet, welches aus Gneiss besteht. Blickt man dagegen von Angulos aus nach W., so wird das Auge durch eine ganz eigenthümliche, farbenreiche Gebirgslandschaft gefesselt. In grossen, nach W. zu immer höher und höher ansteigenden Stufen breitet sich hier ein Bergland aus. Die vorderen Stufen sind theils nach O. zu steilabfallende, durchschluchtete Tafelländer, theils NS. streichende Ketten mit zackigen, wie zersägt aussehenden Graten. Die einen wie die anderen leuchten in grell differirenden weissen, gelblichen und lebhaft rothen Farben auf und lassen dadurch schon aus weiter Entfernung erkennen, dass sie aus einer derjenigen, später näher zu besprechenden jüngeren Sandsteinformationen bestehen, welche im Argentinischen Territorium eine so weite Verbreitung besitzen. Im W. wird dieses Bergland von einem hohen Walle überragt, der mit seiner einförmigen Kammlinie und mit seinen düsteren Farben gar auffällig von dem bunten Vorlande absticht. Nur gegen SW. zu trägt dieser höchste, das Gesichtsfeld abschliessende Kamm eine Schneespitze, zum Beweise, dass er die nördlichste Fortsetzung der Famatinakette ist.

Reitet man von Angulos aus flussaufwärts, gegen W. zu, so durchschneidet man während der ersten Stunden jene Sandsteinketten und kann an den oft 100 bis 200 m hohen steilwandigen Thalgehängen deutlich beobachten, dass dem grellfarbigen Sandsteine mehrfach graue, rothe und gelbe, sandig-thonige Schiefergesteine, an der Yesera auch ein ungefähr 5 m mächtiges Gypslager, eingelagert sind; nächstdem aber zeigen die Erosionsthäler, durch welche der Weg nach der Yesera und weiter aufwärts führt, dass die Schichtenlage der Sandsteinformation im höchsten Grade gestört ist. Bald fallen die Schichten und Bänke steil, bald flach, hier nach Ost oder West, dort nach Nord oder Süd, an der einen Stelle haben sie eine schwach muldenförmige Lagerung, an der anderen sind sie jäh verworfen (Taf. I. 4).

Vergebens sucht man im Sandstein und den zwischenlagernden Schiefern nach Versteinerungen und auch das Studium der Gerölle, welche die hier und da im Sandstein eingelagerten Conglomeratbänke bilden, liefert keinerlei sicheren Anhaltepunkt über das Alter der Formation, da jene, soweit meine Beobachtungen reichen, nur aus Granit, Gneiss und Quarz bestehen. Allerdings liegen an einigen Stellen des Thales grosse Blöcke eines groben Conglomerates, in denen ausser Geröllen der ebengenannten Gesteine auch solche von Hornblendeandesiten angetroffen werden und ähnliche Conglomerate bilden die „Piedras topadas" *) genannte Felsenenge zwischen Campanas und dem Potrero de los Angulos; aber ich fand keine Entblössung, die mich darüber belehrt hätte, ob diese posttrachytischen Conglomerate der herrschenden Sandsteinformation ein- oder aufgelagert sind.

Das Alter der Sandsteine kann daher auf dieser Route nicht näher bestimmt werden und es wird erst später auf Grund anderweiter Beobachtungen zu zeigen sein, dass jene sehr wahrscheinlich dem Rhät zugehören.

Am Potrero de los Angulos angelangt, ändern sich die geologischen Verhältnisse und mit ihnen zugleich auch die Physiognomie der Landschaft vollständig. Man tritt zunächst aus dem durchschluchteten Sandsteingebiet in ein einige Tausend Meter breites Hügelland ein, das im Westen von einigen kleinen schroffen Porphyrfelsen überragt wird. Unmittelbar hinter den letzteren und von ihnen nur durch ein kleines Längsthal getrennt, in welchem nochmals eine schmale Zone grellfarbiger, rother und weisser Sandsteine eingelagert ist, erhebt sich dann der Hauptkamm des Gebirges, welcher die nördliche Fortsetzung der Famatinakette bildet und welcher, wie früher gezeigt wurde, aus archäischen Schiefern besteht (S. 19).

Das Hauptinteresse concentrirt sich bald auf das von einigen Bächen durchzogene Hügelland zwischen dem Sandsteingebiete und den Porphyrbergen, denn hier stehen die silurischen Schichten an. Die Stelle, an welcher ich in der Zeit vom 5. bis 7. März 1872 lagerte, wurde mir speciell als Rodado de la Hoyada bezeichnet; es vereinigen sich an ihr mehrere kleine von den Porphyrfelsen herkommende Wasseradern zu einem dem Systeme des Rio de los Angulos zugehörigen Bache. Unweit der Vereinigungsstelle ist oben auf dem linken Gehänge ein kleiner Corral aus rothen Sandsteinblöcken erbaut. Spätere Reisende werden gewiss in Campanas einen Mann finden, der die Lokalität kennt und als Führer zu derselben dienen kann.

Ich lasse nun eine specielle Schilderung des von O. nach W. gerichteten Profiles durch das untersilurische Hügelgebiet folgen.

An der Vereinigungsstelle der kleinen Bäche und Racheln, die von den Bergen herabkommen, kurz unterhalb des erwähnten, nicht mehr benutzten Corrales, steht noch der seit Angulos vielfach beobachtete rothe Sandstein an. Im letzten Felsen (a) ist die Richtung seiner Bänke nicht zu erkennen, aber wenig thalabwärts hatte dieselbe bald 10° östliches, bald 60° N. Einfallen, so dass ich jenes in das Profil eingezeichnet habe. Von hier an in der Bachschlucht aufwärts gehend, trifft man zuerst auf violette und graue, bald schieferthonartige, bald mergel- oder sandsteinartige, dünnplattige Gesteine (b), zwischen denen sich gegen das Hangende zu ebenfalls dünnplattige rothe, glimmerreiche Sandsteine häufiger und häufiger einschalten, um bald darauf allein zu herrschen (c). Zwischen den Platten dieser Sandsteine liegen alsdann nur noch schmale thonige Lagen und auf den Plattenoberflächen selbst kann man zuweilen Wellenfurchen und hexaëdrische Pseudomorphosen nach Steinsalz sehen, sowie kleine warzenförmige Erhöhungen, die ich bereits a. a. O. als Pseudomorphosen nach Salzefflorescenzen gedeutet habe. (Tsch. M. 1873 251). Von den dünnplattigen Gesteinen b. an beobachtet man ein gleichförmiges Einfallen von 60° gegen W., das auch späterhin die Regel ist; im Gebiete der rothen, ebenfalls plattenförmigen Sandsteine c gewahrt man

---

*) topar, aneinander stossen.

indessen eine ausserordentlich starke Faltung und Stauchung der Schichten in einer Weise, wie sie in dem ganzen Sandsteingebiete zwischen Angulos und dem Potrero nirgends zu sehen war.

In den Schichten b und c konnte ich keine Versteinerungen auffinden; wenn man aber in der Hauptschlucht weiter aufwärts steigt, so gelangt man zu einer Region, in welcher, besonders am linken Gehänge, jene dünnplattigen Sandsteine mit versteinerungsführenden, schwarzen oder blaugrauen Thonschiefern und mit ebenfalls versteinerungsführenden, harten und sandigen, graugrünen Grauwacken wechsellagern. Weiter

aufwärts verschwindet dann der Sandstein und es stehen zunächst nur Thonschiefer und Grauwacken an (d). Jene, die Thonschiefer, sind hier, offenbar in Folge mechanischer Störungen, ganz kleinstücklich zerklüftet, dennoch konnte ich in ihnen zahlreiche Exemplare von Orthis calligramma, die Steinkerne eines Bellerophon und ein paar Trilobitenreste sammeln. Grauwacken müssen namentlich auf dem Hügel des rechten Gehänges vorherrschen, denn die Oberfläche desselben ist ganz bedeckt mit versteinerungsreichem Grauwackengebröck· Zwischen demselben liegen indessen auch einzelne Stücken blaugrauen, feinkörnigen Kalksteines umher. Beide, namentlich aber die feinkörnige Grauwacke, sind ungemein reich an schönerhaltenen Brachiopoden, besonders an Orthis calligramma und disparilis (seltener finden sich Orthis vespertilio und adscendens) und man kann diese letzteren, da sie durch die Verwitterung des Gesteines freigelegt worden sind, in dem sandigen Gruse mit Leichtigkeit sammeln.

Weiter aufwärts steigend, nimmt man dann am linken Gehänge der Hauptschlucht, sowie an den Gehängen einer etwas südlicher gelegenen Nebenschlucht, inmitten der Thonschiefer und Grauwacken ¼-½ m mächtige bankförmige Einlagerungen eines felsitischen Gesteines wahr (c). Dasselbe hat eine graue oder rötbliche, hier und da graugrün gefleckte, dichte, felsitartige Grundmasse, in welcher zahlreiche, bis 2 mm. grosse, weisse oder rothe Feldspathkrystalle eingewachsen sind und ausserdem bis mehrere Centimeter grosse unregelmässig umgrenzte Nester und Schmitzen einer bröcklichen grünschwarzen, talkigen oder bolartigen Substanz auftreten. In demselben felsitischen Gestein findet man nun aber auch hier und da, z. Th. in der nächsten Nachbarschaft von Feldspathkrystallen, Versteinerungen; Abdrücke oder Steinkerne von Brachiopoden, an denen zuweilen noch die faserige Kalkschale ansitzt. Da auch die Steinkerne selbst aus der felsitischen Grundmasse bestehen, so hat man es nicht etwa mit versteinerungshaltigen Grauwackenfragmenten in Porphyr, sondern mit Tuffbildungen eines Porphyres zu thun, die sich während der Ablagerung der untersilurischen Thonschiefer und Grauwacken entwickelten und bankförmige Einlagerungen zwischen denselben bildeten. Ich komme später auf diese äusserst interessanten Gesteine zurück, setze aber zunächst die begonnene Profilirung fort.

7*

Am linken Gehänge der Hauptschlucht scheint über dem untersilurischen Schiefergestein zunächst ein dunkles, mandelsteinartiges Gestein aufzutreten, denn zahlreiche Stücke desselben liegen unten an dem steilen und deshalb leider unzugänglichen Felsen; am rechten Gehänge dagegen, das wegsamer ist, kann man sich deutlich davon überzeugen, dass die wenig unterhalb noch immer 60° W. einfallenden versteinerungsführenden Schichten nunmehr von Felsitporphyr (f) überlagert werden. Die rothbraune keratitische Grundmasse desselben zeigt unter der Lupe eine sehr zarte, aber überaus deutliche Fluidalstructur und umschliesst vereinzelte, bis 2 mm grosse, ziegelrothe Feldspathkrystalle und noch kleinere Quarzkörnchen oder kleine Schmitzen von körnigem Quarz. An einer Stelle wird die felsitische Grundmasse graugrün und enthält keine Feldspathkrystalle mehr, dafür aber kleine kugelige Concretionen von dunkler Farbe, sowie kleine dunkelgrüne, fragmentartige Einschlüsse.

Zunächst über den Sedimenten ist der Porphyr in 0.5 m. starke Bänke abgesondert, die gleichwie die unterlagernden Silurschichten 60° einfallen und die da, wo sie auf den letzteren aufruhen, ausserdem noch eine sehr deutliche Zerklüftung rechtwinklig zur Grenzfläche zeigen. Weiter aufwärts entwickelt sich dann der Porphyr zu mächtigen Felsen, an welchen die plattenförmige Absonderung verschwindet und nur noch unregelmässige Zerklüftung sichtbar ist.

Folgt man der in den Porphyrfelsen eingeschnittenen engen Schlucht aufwärts, so erweitert sich dieselbe nach einiger Zeit und man hat nun an steilen Felsen von weissem Sandstein (g) hinaufzuklettern; dieser letztere wird weiterhin von rothen Sandstein (h) theils concordant, theils, und zwar wohl nur in Folge einer stattgehabten Verwerfung oder Abrutschung, discordant überlagert.

Unmittelbar im W. der Sandsteine erhebt sich endlich die aus Thonschiefer, Hornblendeschiefer, Quarziten und anderen Schiefergesteinen bestehende Hauptkette (i. S. 19). Wenn man an derselben ein Stück hinaufgestiegen ist, sieht man deutlich, dass die zuletzt erwähnten Sandsteine die Einlagerung in ein Längsthal bilden, welches sich zwischen den Porphyrfelsen und der Hauptkette hinzieht und es entwickelt sich, obwohl sich die unmittelbare Auflagerung der Sandsteine h und i auf den Porphyr nicht direct beobachten lässt, doch die Meinung, dass jene derselben rhätischen Formation angehören, die im Osten des Potrero, gegen Angulos zu, eine so weite Verbreitung besitzt.

Sucht man alle diese zwischen Angulos und der nördlichen Fortsetzung der Famatinakette angestellten Einzelbeobachtungen zu einem Gesammtbilde zusammenzufassen, so dürfte sich Folgendes angeben lassen.

Im Osten der aus archäischen Schiefern bestehenden Hauptkette haben sich zu einer Zeit, in welcher jene noch einen niedrigen Höhenzug bildeten, untersilurische Schichten abgelagert und zwar zunächst buntfarbige Schieferthone und dünnplattige Sandsteine, sodann Trilobiten-führende Thonschiefer, die anfänglich noch mit jenen wechsellagern, dann eine Zeit lang dominiren und sich hierauf mit Grauwacken und einzelnen Kalksteinbänken vergesellschaften. Schon während der Ablagerung dieser Thonschiefer und Grauwacken beginnen Porphyreruptionen, die z. Th. submarin erfolgen und deshalb Tuffbänke zwischen jenen entstehen lassen. Bald darauf wiederholen sich Eruptionen eines ähnlichen Materiales und zwar in einem solchen Umfange, dass dadurch und wohl auch durch gleichzeitig von statten gehende Hebungen das silurische Meer wenigstens aus dieser Region verdrängt wird und die Bildung seiner Schichtenreihen ihren Abschluss findet. Nachdem sich späterhin, wahrscheinlich in der rhätischen Zeit, über alles Vorhandene eine mächtige Decke von buntfarbigen Sandsteinen und Schieferthonen ausgebreitet hatte, machten sich gewaltige mechanische Kräfte geltend. Dieselben hoben die Famatinakette längs einer grossen NS. streichenden Bruchspalte empor, zertrümmerten und dislocirten die jüngere Sandsteinplatte in mannigfacher Weise (wir werden späterhin noch mehrfach grosse schollenartige Partieen der letzteren auf der Höhe von Gebirgsketten antreffen) und eröffneten zugleich erodirenden Kräften ein weites Feld der Thätigkeit. Als ein besonders interessantes Resultat der letzteren ist die neuerliche Blosslegung der vorher unter der mächtigen Sandsteindecke vergraben gewesenen Silurformation im Gebiete des Potrero de los Angulos zu bezeichnen.

Silurische Schichten in der Cordillere.

Im Anschluss an das Vorstehende habe ich noch einige Thatsachen zu erwähnen, die mit sehr hoher Wahrscheinlichkeit dafür sprechen, dass silurische Schichten auch inmitten der Cordillere auftreten. Ich habe schon S. 35 ein dunkles hornfelsartiges Gestein genannt, das östlich vom Centralglimmerschiefer der Punta de las Vacas, gegen die Cuesta del Paramillo de las Vacas zu, ansteht; auch wurde l. c. bereits mitgetheilt, dass in das eine oder andere der beiden Gesteine grosse Stücke von lichtfarbigem Granit eingreifen. In welches von beiden, das vermag ich leider nicht anzugeben, da ich im Vorbeireiten die Grenze zwischen den zwei dunkelfarbigen und feinkörnigen Gesteinen übersehen habe und auf den stattgehabten Gesteinswechsel erst dann aufmerksam geworden bin, als ich mich bereits inmitten des Gebiets der wahrscheinlich silurischen Schichten befand.

Dass sich auf dem Wege von der Punta de las Vacas nach dem Caleton zu ein Formationswechsel vollzogen hatte, fiel mir zuerst an der Cuesta del Paramillo de las Vacas auf.

Hier steht ein massig abgesondertes, feinkörniges, grünlich- oder bräunlichschwarzes Gestein an, das in seiner ungemein festen und etwas splittrig brechenden, kryptomeren Masse mit der Lupe nur noch mehr oder weniger häufig kleine Quarzkörner entdecken lässt. Grosse Blöcke dieses Gesteines, die von den Felsengehängen herabgestürzt sind und neben dem Wege liegen, zeigen überdies die Eigenthümlichkeit, dass sich zuweilen aus ihrer dunklen Masse bis faustgrosse kugelige oder ellipsoidische Partieen ablösen, die man für eingeschlossene Gerölle halten möchte, die aber allem Anschein nach aus dem gleichen Materiale wie ihr Muttergestein bestehen. In einzelnen Blöcken häufen sich diese sonderbaren Kugeln derart an, dass man ein Conglomerat zu sehen meint, aber in rascher Weise entwickelt sich aus dem letzteren wieder das normale gleichförmige Gestein.[*])

Mehrere kleine, bis zwei Meter mächtige Gänge, die hier und da das dunkle Gestein durchtrümern, bestehen wenigstens z. Th. aus Quarzporphyr mit lichter, thonsteinartiger Grundmasse.

Ohne mir zunächst über die Natur dieses dunklen Gesteins klar werden zu können, ritt ich lange an den aus ihm bestehenden Felsenwänden hin und erreichte dann, von der Punta de las Vacas aus nach 2½ Stunden, den el Caleton genannten Hohlweg, der in jäh zum Flusse abstürzenden Quarzporphyrfelsen treppenartig ausgesprengt ist. Auf dem Profile Taf. III. 9 ist er durch eine Zickzacklinie angedeutet worden. Unmittelbar vor dieser wahrhaft schauerlichen Passage bestehen die Gehänge der linken Thalwand, an welcher der Weg entlang führt, aus Bänken von grauen Quarziten und graugrünen Grauwacken, zwischen denen auch Schichten von thonschieferähnlichem Ansehen inneliegen. Ich will gleich hier bemerken, dass diese Grauwacken nach ihrem allgemeinen Charakter und nach den Bildern, die ihre Dünnschliffe u. d. M. zeigen, nicht von denjenigen zu unterscheiden sind, die in Wechsellagerung mit Thonschiefer das Haupt-

---

[*]) Gerölle eines ähnlichen Pseudoconglomerates, denn so möchte ich die geschilderte Gesteinsabänderung nennen, habe ich auch in den Schottterterrassen der Punta de la Cuesta zwischen dem Puerto de Andalgala und Belen, Prov. Catamarca, gefunden. Von woher dieselben stammen, ist mir unbekannt geblieben.

material der inneren Anticordillere bilden. (S. 42). Mit dem Calcton betritt man sodann das grosse Quarz-porphyrgebiet , das bis zum Ostabhange der Cordillere anhält und dem das Grauwacken- und Thonschiefer-gebirge von Uspallata östlich vorlagert.

Versetzen wir uns nun nochmals zurück nach dem Glimmerschiefer von Punta de las Vacas und reiten wir diesmal von ihm an thalaufwärts. Alsdann werden wir wahrnehmen, dass die zunächst folgenden Felsenwände aus einem bunten Wechsel von Granit, Quarzporphyr und Hornblendeandesit bestehen, bis endlich kurz vor der Puente del Inca und ehe man die dortigen mesozoischen Ablagerungen erreicht , wie-derum ein massig abgesondertes, festes und zähes grünschwarzes Gestein von kryptomerer Structur fels-bildend und in solcher Weise auftritt, dass man sich seine unmittelbare Nachbarschaft mit mesozoischen Schichten nur durch eine grosse, nach der Ablagerung dieser letzteren erfolgte Dislocation erklären kann. Kuglige Absonderungen sind mir an dieser zweiten Fundstätte des schwarzen Gesteines nicht aufgefallen, aber in jeder anderen Hinsicht, nach äusserem Ansehen und mikroskopischer Beschaffenheit, stimmt dasselbe vollständig mit jenem überein, welches wir bereits am Paramillo de las Vacas kennen gelernt haben.

Die Deutung dieser dunklen Gesteine ist nicht leicht. Ich selbst habe sie anfangs eine Mikro-Breccie ge-nannt und für Modificationen des in der Cordillere ungemein mannigfaltig entwickelten Quarzporphyres gehalten (N. Jb. 1873. 734); Francke hat sie wohl in Folge dieses Vorganges später ebenfalls als Quarzbreccie beschrieben (Studien No. 52. S. 40) und Ihnen, wie bereits S. 16 erwähnt wurde, den Glimmerschiefer von der Punta de las Vacas zur Seite gestellt. Fortgesetzte Studien an den inzwischen vervielfältigten Dünnschliffen und vergleichende Beobachtungen an anderen Gesteinen haben mich aber immer mehr und mehr in der Ueberzeugung bestärkt, dass keine der beiden Auffassungen gerechtfertigt war, dass vielmehr die in Rede stehenden Gesteine nach ihrem allge-meinen Habitus und nach ihrer mikroskopischen Beschaffenheit am besten mit gewissen Hornfelsen, namentlich solchen des Harzes, übereinstimmen. In der Meinung, dass mit dieser neueren Deutung das richtige getroffen worden sei, kann mich die Thatsache nur bestärken, dass sich die schwarzen Felsen auf der einen Seite in nächster Nachbar-schaft von Grauwacken und thonschieferartigen Gesteinen, auf der anderen Seite in derjenigen von Granit finden. Ihre Dünnschliffe zeigen u. d. M. vorwaltend eckige oder etwas abgerundete Fragmente von Quarz, die z. Th. reich an Flüssigkeitseinschlüssen mit beweglichen Libellen sind; daneben treten in spärlicher Weise Fragmente von Orthoklas und Plagioklas auf und endlich stellen sich als Seltenheit noch Säulchen von grünlichblauem Turmalin und einzelne Magnetitkörnchen ein. Als Cement dieses vorwiegend klastischen Materiales sind kleine lichtbräunliche, stark dichroitische Glimmerschüppchen zu betrachten, zwischen denen hier und da schwarze Flocken (Graphit ?) inneliegen. Kleine Quarzadern und locale Ansiedelungen grüner Nädelchen sprechen für nachträgliche Infiltrationen oder Stoffumlagerungen.

Ich halte es nach alledem für das Wahrscheinlichste, dass die am Calcton anstehenden Quarzite, Grau-wacken und Schiefergesteine, die ihnen benachbarten Hornfelse und von ihnen nur durch Glimmerschiefer und verschiedene Eruptivgesteine getrennten Hornfelse unterhalb der Puente del Inca einer und derselben Formation angehören. Ueberdies möchte ich hier noch daran erinnern, dass bereits Darwin unterhalb Punta de las Vacas eine „altered clayslate formation, underlying the porphyritic conglomerate" beobachtet hat. Geol. Obs. S. 194 (Car. 291.) sagt er von derselben „Again, near the R. Vacas there is a larger for-mation of (andesitic?) granite [M], which sends a mesh-work of veines into the superincumbent clayslate . . . .; at the junction the clayslate is altered into fine-grained greenstone". Es kann keinem Zweifel unter-liegen, dass dieser fine-grained greenstone der hier besprochene Hornfels ist.

Ueber das Alter der bis jetzt nur vom petrographischen Gesichtspunkte aus besprochenen Grau-wacken und Hornfelse lassen sich bei dem absoluten Mangel an Versteinerungen in denselben nur Ver-muthungen aussprechen; dieselben können aber im Hinblick auf die petrographische Uebereinstimmung der

Grauwacken vom Caleton mit solchen der inneren Anticordillere und in weiterer Berücksichtigung des Mangels aller anderen älteren Formationen innerhalb des Untersuchungsgebietes, mit denen sonst vielleicht eine Verwechselung stattfinden könnte, nur darauf hinauslaufen, dass man jenen Sedimenten der Mendoziner Cordillera real dasselbe untersilurische resp. primordiale Alter zuweist, welches oben für die Thonschiefer und Grauwacken der inneren Anticordillere ermittelt worden ist. Mit dieser Deutung ist es auch recht gut vereinbar, dass die Hornfelse der Cuesta del Paramillo de las Vacas von Quarzporphyren, die, wie später zu zeigen sein wird, wahrscheinlich ein jurassisches Alter haben, durchsetzt werden.

Das Auftreten derartiger alter Sedimente inmitten der Cordillere mag auf den ersten Blick auffällig erscheinen; indessen das Befremdliche verliert sich, wenn man durch die chilenischen Geologen erfährt, dass sich auch im Westen der Cordillere zunächst über den krystallinen Schiefern und zwar in grosser Mächtigkeit und Ausdehnung ein Schichtensystem findet, das aus wechsellagernden glimmerhaltigen Quarziten und thonschieferartigen Gesteinen besteht und den „nicht zu bezweifelnden Character einer alten Sedimentärformation" besitzt.

Domeyko, Essaye. S. 14., z. Th. wohl nach Pissis, An. d. m. T. III. 1873. 404. Die sonstigen Erörterungen, die Pissis in diesem summarischen Berichte über die paläozoischen Schichten in Chile anstellt, dürften wohl kaum von einem Geologen acceptirt werden, so z. B. die Behauptung, dass zwar in den Anden die meisten aus Europa bekannten Formationen ebenfalls vorhanden, aber nicht so scharf wie anderwärts von einander getrennt sein sollen. Das versteinerungsleere Schichtensystem soll, lediglich seiner grossen Mächtigkeit wegen, die ganze Serie von Formationen repräsentiren, welche anderwärts das terrain carbonifère bis einschliesslich des terrain silurien inférieure umfasst (S. 406). „C'est ainsi qu'au-dessus des schistes cristallisés vient un groupe qui représente à la fois les terrains carbonifères, dévoniens et siluriens (S. 412). Dass Silur, Devon und Kohlenkalk in dem Cordillerengebiete bereits durch Darwin, d'Orbigny und Forbes-Salter nachgewiesen worden waren, scheint dem Verfasser der sogenannten Geologischen Karte von Chile gänzlich unbekannt gewesen zu sein!

Unter solchen Verhältnissen wird das Vorkommen von Grauwacken im Centrum der Cordillere erklärt, sobald man annimmt, dass erstens die archäischen Schiefer, wenigstens zwischen San Juan-Mendoza und der Küste des stillen Oceanes, ursprünglich von einer mehr oder weniger continuirlichen Decke silurischer Gesteine bedeckt gewesen seien und dass zweitens die im Capitel II besprochene Kraftwirkung, welche die archäische Formation in ihrer ganzen Breite zwischen dem Atlantischen und dem Stillen Oceane zu einem wellenförmigen Systeme von Gebirgsketten zusammenpresste, erst in postsilurischer Zeit zur Entwickelung gelangt sei und deshalb auch jene den krystallinen Schiefern auflagernden silurischen Schichten mit ergriffen habe. Während zu Gunsten der ersten Annahme die Verbreitung paläozoischer Schichten im Osten und Westen der Cordillere spricht, findet die zweite eine Stütze in den mächtigen Schichtenbiegungen und Verwerfungen der silurischen Schichten, welche, wie früher gezeigt wurde, in den beiden argentinischen Anticordilleren vorhanden sind.

Durch diese Auffassung der Verhältnisse wird auch ein helleres Licht auf die Thatsache geworfen, dass die paläozoischen Gesteine zu beiden Seiten des Centralglimmerschiefers von Punta de las Vacas auftreten, denn es liegt nunmehr ausserordentlich nahe, in den Grauwacken und Hornfelsen vom Caleton und in den Hornfelsen bei der Incabrücke die beiden Schenkel eines anticlinalen Schichtensystemes zu erblicken, welches ursprünglich den Centralglimmerschiefer überwölbte. Dass gegenwärtig von diesem Gewölbe nur noch vereinzelte gigantische Fragmente zu sehen sind, erklärt sich leicht durch die starken Zerspaltungen, die gerade in seinem Bereiche vor sich gegangen und theils zu starken Dislocationen, theils zu öfteren Ausbrüchen verschiedenartiger Eruptivgesteine die Veranlassung geworden sind.

Rückblick auf die silurische Formation innerhalb der Argentinischen Republik und Bemerkungen über die weitere Verbreitung silurischer und devonischer Schichten in Süd-Amerika.

Die auf den vorstehenden Blättern besprochenen Thatsachen lassen erkennen, dass die silurische Formation im Osten der Cordillere in weiter, nord-südlicher Erstreckung entwickelt ist und parallel zu jener streichende Vorketten bildet. Dieselben bestehen in der Provinz Mendoza (Uspallata-Gebirge) in der Hauptsache nur aus einer vielfach wechselnden Schichtenfolge von Thonschiefer und Grauwacke, gliedern sich aber innerhalb der Provinz San Juan in ein doppeltes Kettensystem. Der westliche Theil desselben stimmt in seinem Baue mit dem Mendoziner Gebirge überein, während in dem östlichen Kalksteine und Dolomite das fast ausschliessliche Baumaterial sind. Möglicher Weise findet eine ähnliche Zweitheilung auch innerhalb der Provinz la Rioja, im Westen der Famatinakette statt; bis jetzt kennen wir jedoch aus dieser Provinz nur ein zwar kleines, aber durch seine Lage im Osten der Famatinakette besonders interessantes Silurgebiet. Noch vollkommen offen ist die Frage, ob und wie das Silur in den weiterhin nach Norden zu folgenden Provinzen von Catamarca und Tucuman auftritt. Weder Burmeister noch v. Tschudi haben einschlägige Beobachtungen mitgetheilt, und doch hätten sie Kalksteinkämme, denen der Provinz San Juan ähnlich, nicht übersehen können, jener bei seiner Cordillereukreuzung zwischen Copacavana und Copiapo, dieser auf seinem Wege von Catamarca über Atacama nach Cobija.*)

Nichts destoweniger ist es wahrscheinlich, dass die Silurformation in irgend einer Weise auch in Catamarca oder Tucuman vorhanden ist, da sie ja in Salta und Jujuy nach den Aufsammlungen von Lorentz und den neueren Beobachtungen von Brackebusch wiederum in grosser Verbreitung auftritt. Während also der Zukunft auch hier noch wichtige Entdeckungen vorbehalten sind, müssen wir uns einstweilen mit der Thatsache begnügen, dass jetzt wenigstens einige sichere silurische Etappen in der Argentinischen Republik festgestellt worden sind und damit zugleich die Verbindung angebahnt worden ist zwischen jenen weit auseinander gelegenen paläozoischen Gebieten, welche man seit Jahrzehnten einerseits von den Falklandsinseln und anderseits von dem bolivianisch-peruanischen Hochplateau kannte.

Ein weiteres Ergebniss unserer Untersuchungen ist der Nachweis, dass die silurischen Schichten, deren Entwickelungsgebiet im Westen durch die Cordillere real abgegrenzt zu werden scheint, sich doch in Wirklichkeit unter den mesozoischen und känozoischen Sedimentär- und Eruptivgesteinen derselben hinweg bis nach Chile erstrecken und hierbei sogar einmal in der eigentlichen Cordillere vorübergehend an das Tageslicht treten. Dagegen sind silurische Schichten im Osten der Anticordilleren, also zwischen den aus archäischen Schiefern bestehenden Pampinen Sierren, mit Ausnahme der kleinen Scholle am Potrero de los Angulos noch nicht bekannt geworden; hier scheinen sie niemals zur Entwickelung gelangt zu sein.

Sodann ist hervorzuheben, dass bis jetzt wenigstens zwei silurische Horizonte erkannt zu werden vermochten; nach Kayser's Untersuchungen gehören die Sandsteine von Salta und Jujuy einer jüngeren Primordialzone an, während die in den Kalksteinen der äusseren Anticordillere von San Juan, sowie die in den Schiefern und Grauwacken am Potrero de los Angulos, la Rioja gesammelten und mehrfach unter einander übereinstimmenden Versteinerungen bezeugen, dass an diesen Localitäten untersilurische Horizonte vertreten sind. Welchem speciellen Niveau diejenigen Thonschiefer und Grauwacken zuzurechnen sind, die, in mächtiger Entwickelung, das Liegende dieser untersilurischen Schichten und das Hauptmaterial der inneren Anticordillere bilden, hat dagegen bei den bis jetzt nur äusserst spärlichen Erfunden von Versteinerungen noch

---

*) Geogr. Mittheil. Ergänz. Heft 1800.

nicht festgestellt werden können. Jüngere paläozoische Formationen sind bis jetzt im Gebiete der Argentinischen Republik nicht aufgefunden worden.

Endlich ist hier als ein für die geologische Entwickelungsgeschichte der argentinischen und chilenischen Gebirge wichtiges Moment noch das zu betonen, dass die silurischen Schichten allenthalben ungemein starke Faltungen und Verwerfungen zeigen und hierdurch, sowie durch ihr Auftreten in zwei wellenförmigen Kettensystemen erkennen lassen, dass sie, gleichwie die archäischen Schiefer, mächtige laterale Pressungen erlitten haben müssen.

Eine Vergleichung der silurischen Schichten des argentinischen Territoriums mit denjenigen, welche bis jetzt in anderen Ländern Süd-Amerikas aufgefunden worden sind, liegt nicht in meiner Absicht; indessen mögen hier zum Schlusse wenigstens noch diejenigen Arbeiten angegeben werden, in welchen die Nachweise von einer solchen weiteren Verbreitung der silurischen, und diejenigen von der Existenz der devonischen Formation geliefert worden sind.

Ch. Darwin. On the geology of the Falkland Islands. Quart. Journ. of the Geol. Soc. of London. Vol. II. 1846. S. 267—274. Die gesammelten devonischen Fossilien werden anhangsweise von J. Morris und D. Sharpe beschrieben (Description of eight species of Brachiopodous shells from the palæozoic rocks of the Falkland Islands. l. c. 274 ff). Die Darwin'sche Arbeit, ohne diesen Anhang, ist von Carus übersetzt und den Geol. Beob. üb. S. Am. von Cb. Darwin 1878. beigegeben worden.

A. d'Orbigny. Voyage dans l'Am. mer. Im paläontologischen Theile (T. III. 4. 1842) werden S. 27 und 35 silurische und devonische Versteinerungen aus Bolivia beschrieben. Ausserdem vergl. Géologie. 224 ff.

D. Forbes. Report on Geology of S. Am. Quart. Journ. of the Geol. Soc. of London. 1860. In einem Anhange beschreibt J. W Salter die von F. in Bolivia und Peru gesammelten silurischen und devonischen Versteinerungen.

S. W. Garman. Exploration of lake Titicaca; enthält u. a. Notice of the palæozoic fossils by O. A. Derby. Cambridge. 1876.

Chr. F. Hartt. Geology and physical geography of Brazil. Boston. 1870.

R. Rathbun. On the Devonian Brachiopoda of Ereré, Para. Bull. of the Buffalo Soc. of. N. Sc. Vol. I. 201. Buffalo. 1874.

Chr. F. Hartt and R. Rathbun. Ueber devonische Trilobiten und Mollusken von Ereré, Prov. Pará, Brasilien. (Morgan Expedition. 1870—71). Ein kurzer Auszug aus der in den Ann. of the Lyceum of Nat. Hist., N. Y. Vol. XI. 1875 erschienenen Arbeit findet sich N. Jb. 1877. 107.

R. Rathbun. The Devonian Brachiopoda of the Province of Pará. Proceed. Bost. Soc. Nat. Hist. XX. I. Mai-Nov. 1878. Boston. 1879. Ein Referat hierüber siehe Vhdl. d. k. k. geol. Reichsanstalt. Wien. 1880. 117.

O. A. Derby. A Contribution to the Geology of the Lower Amazonas. Publicirt im Archiv des Nationalmuseums von Rio Janeiro; ein Auszug findet sich im Am. Journ. of Sc. a. A. 3. ser. XVII. 1879. 464—468. Darnach ist oberes Silur nur vom Rio Trombetas, Carua und Maecuru, aber noch nicht südl. vom Amazonenstrom bekannt, während sich Devon auch noch am Rio Tabajos und Xingu entwickelt findet.

Cl. Barrial Posada giebt, wie ich aus G. v. Rath's Naturwissenschaftl. Studien. Bonn. 1879. 407 ersehe, in seinem gelegentlich der Pariser Ausstellung geschriebenen Estudio geológico de la Region aurifera de Tacuarembó an, dass er in dieser zu Uruguay gehörigen Provinz silurische Schiefer mit Conocephalites und Paradoxites gefunden habe. Eine Bestätigung dieser Angaben, die, wenn sie sich bewahrheiten sollten, ein ganz neues Verbreitungsgebiet der silur. Formation betreffen würden, ist abzuwarten, da die Anschauungen Posada's „etwas eigenthümlich" sein sollen.

VI. Petrographische Bemerkungen

über die silurischen Porphyrtuffe und Felsitporphyre vom Potrero de los Angulos.

Die Porphyrtuffe, die bankförmig zwischen versteinerungsreichen untersilurischen Schichten auftreten und selbst Versteinerungen umschliessen (S. 61), bestehen im wesentlichen aus einer etwas splittrig brechenden, felsitischen Grundmasse, die entweder einförmig grau, gelblich, röthlich oder grünlich gefärbt oder dadurch fleckig gezeichnet ist, dass sich vom lichteren Grunde graugrüne, verschwommene Flecken von übrigens ähnlicher Beschaffenheit abheben. In dieser Grundmasse liegen bis 2 mm grosse, fleischfarbene Orthoklaskrystalle inne, entweder regellos durch die ganze Masse eingesprengt, oder innerhalb schmaler, den Bankflächen paralleler Zonen dichter zusammengedrängt. Als accessorische Bestandmassen treten häufig bröckliche, grünschwarze Partieen einer bolartigen Masse auf, bald in Form kleiner, scharf begrenzter Nester, bald wieder in Gestalt von Schmitzen und Flammen, die unscharf begrenzt sind und einen Längsdurchmesser von mehreren Centimetern erreichen können. Endlich umschliesst und erfüllt die Grundmasse auch noch einzelne Brachiopoden, deren faserige Kalkschalen z. Th. noch mit dem ihnen eigenthümlichen Glanze erhalten sind.

Den Anblick, den die Grundmasse u. d. M. bei gewöhnlichem Lichte besitzt, möchte ich mit dem einer lichten, schleimigen Masse vergleichen, in welcher sich Wolken und breite, unscharf begrenzte Schlieren von braunen oder grünlichen, staubförmigen Körnchen hinziehen. Hier und da gewahrt man auch einige grössere opake Partikelchen. Beobachtet man dagegen zwischen gekreuzten Nicols, so heben sich von einem dunkel bleibenden Grunde eine Unzahl kleiner und kleinster, lebhaft polarisirender Trümmerchen und Splitterchen ab. Einzelne der letzteren lassen sich deutlich als mikrolithische Plagioklasleisten erkennen, andere scheinen ihrer grellen Interferenzfarben wegen Quarzsplitterchen zu sein.

Ausserdem treten aber auch zahlreiche grössere klastische Elemente auf; vor allem ringsum ausgebildete Krystalle oder grössere Krystallgrundmasse von Plagioklas und Orthoklas, gewöhnlich sehr frisch; sodann Quarzfragmente, deren eines einen prächtigen Glaseinschluss mit einem Bläschen und mehreren Nädelchen beherbergt, ferner kleine Fragmente von radialfaserigen Felsitkugeln, kleine, fragmentartige, graugrüne, u. d. M. sich nicht weiter auflösende Partieen (Thonschieferbruchstückchen?), kleine, unbestimmbare Kryställchen, endlich noch zahlreiche, im gewöhnlichen Lichte farblose, gekrümmte, oftmals an ihren Rändern ausgezackte Lamellen, die aus körnigem oder faserigem Kalkspath bestehen und deren Deutung als Schalenfragmente von Versteinerungen keinem Zweifel mehr unterliegen kann, wenn man in dem einen meiner Präparate einen ebenfalls noch aus Kalkspath bestehenden Querschnitt einer kleinen Orthis gesehen hat. Francke, der den Tuff ebenfalls untersucht hat (No. 54. S. 41), fand in seinen Präparaten diese Schalenfragmente in Quarz umgewandelt.

Ausserdem haben sich noch in der Grundmasse des Gesteines und zwischen seinen verschiedenartigen Einschlüssen zahlreiche kleine Hohlräume und Spalten gebildet, die jetzt mit radialstängeligem Quarz, mit kleinen farblosen Kryställchen, die ich für solche von Zeolithen halten möchte, mit Kalkspath und einem grünen, feinfaserigen Minerale (Hornblende nach Francke) erfüllt sind.

Auf Grund dieses mikroskopischen Befundes und in Berücksichtigung der Lagerungsverhältnisse des Gesteines wird daher anzunehmen sein, dass wir es mit einer äusserst feinen vulcanischen Asche zu thun haben, die in einer Bucht des silurischen Meeres zu Boden fiel, sich mit Schlamm und klastischen Elementen des Meeresgrundes, u. a. auch mit Muschelfragmenten, mengte, schichtförmige Ablagerungen bildete und später von Wasser durchsickert, dabei aber verkittet und verfestet wurde. Ausserdem traten noch, jetzt und später, mannigfache Zersetzungen und Neubildungen auf. Die ringsum ausgebildeten Feldspathkryställchen sind wohl, gleichwie die Fragmente von Feldspath- und Quarzkrystallen und wie diejenigen von Felsitkügelchen, als Theilchen der vulkanischen Asche und in ihrer dermaligen Form zur Ablagerung gelangt; zum mindesten berechtigt im vorliegenden Falle kein Umstand dazu, sie etwa als Neubildungen inmitten der Tuffschichten zu betrachten. Ein Blick auf die in Sammlungen häufig zu findende, überdies auch von Vogelsang trefflich abgebildete Asche des Kloet auf Java zeigt ja u. a. ebenfalls wohl ausgebildete Kryställchen von Feldspath, die beim Zerstieben jener isolirt werden").

Leider gestattet das mir nur noch sehr spärlich vorliegende Material keine nähere Untersuchung der oben erwähnten, bröckligen, bolartigen Masse, die in den Porphyrtuffen des Potrero de los Angulos so häufig eingewachsen ist; ich bedaure dies um so mehr, als dadurch ein näherer Vergleich mit den ihr offenbar sehr ähnlichen Einschlüssen verhindert wird, die in jenem devonischen Porphyrtuffe vom Stelmel bei Schameder in Westfalen auftreten, welcher durch das in ihm aufgefundene Schwanzschild eines Homalonotus schon seit langer Zeit die höchste Aufmerksamkeit auf sich gelenkt hat und welcher 1845 zum ersten Male durch v. Dechen") beschrieben und neuerdings auch von Mehner""") mikroskopisch untersucht worden ist.

v. Dechen und Mehner erwähnen in dem eigentlichen Gesteine, und zwar als sehr häufig vorkommend, theils Bruchstücken von Thonschiefer, deren Natur auch das Mikroskop bestätigte, theils kleine schwarze Partieen, graue talkige Flecken, dünne Fasern mit gezähnten und sich verlaufenden Rändern und hauchdünne Blättchen, „welche eigentlich den Namen Fragment kaum verdienen". „Wenn die Form dieser Partieen irgend mit einer Entstehungsart derselben in Vergleich gestellt werden sollte, so würde nur etwa anzuführen sein, dass die Reste des Schiefers so ansehen dürften, welche in irgend ein Auflösungsmittel getaucht worden wären", sagt v. Dechen nach ihrer makroskopischen Erscheinungsweise; und auf Mehner machen sie den Eindruck, als seien sie „nicht als Fragmente eines bereits erhärteten Schiefers von der Porphyrmasse umschlossen worden, sondern als noch weicher, plastischer Thonschieferschlamm". Diese Beschreibungen könnten sich ebensogut auf die grünschwarzen Flecken und Schmitzen im Porphyrtuffe von los Angulos beziehen. Ich möchte diese letzteren für ein porodines Zersetzungsproduct halten, welches hinsichtlich der Form seines Auftretens mit dem Palagoniten mancher neueren vulkanischen Tuffe verglichen werden könnte. Jedenfalls ist die Uebereinstimmung zwischen diesen accessorischen Bestandmassen zweier an so ganz verschiedenen Punkten auftretender, übrigens aber sehr ähnlicher Tuffbildungen höchst interessant.

Die Felsitporphyre, welche die untersilurischen Schichten am Potrero de los Angulos überlagern, entstammen wohl demselben Eruptionsheerde, welcher das Material zu den ebenbesprochenen Tuffbildungen lieferte und sind als Massenergüsse zu betrachten, welche den ersten, schwächeren vulkanischen Regungen folgten.

Diese Felsitporphyre zeigen eine rothbraune, durch äusserst feine dunklere Streifen fluidal gezeichnete, keratitische Grundmasse, in welcher bis 2 mm grosse, ziegelrothe Feldspathkryställchen, z. Th. als Zwillinge nach dem Carlsbader Gesetze, spärlich inneliegen und mit der Lupe auch noch sehr kleine Quarzkörnchen zu beobachten sind. Hier und da stellen sich grössere, aus körnigem Quarz bestehende Schmitzen ein.

---

*) Philosophie der Geologie. 1867. Taf. IX.

**) Karstens u. v. Dechens Archiv für Min. XIX. 1845. 367 ff. und Verhandl. d. Naturhist. Ver. d. pr. Rheinlande u. Westfalens. 1855, 190.

***) Tschermack's Min. Mittheil. 1877. 127 ff.

U. d. M. zeigt die Grundmasse eine äusserst feine, mikrofelsitische Structur. Sie erscheint bei gewöhnlichem Lichte grünlich, lichtgelblich- oder lichtröthlichbraun gefärbt, und zwar, wie stärkere Vergrösserung erkennen lässt, in Folge reichlich eingemengten, dunkelbraunen Staubes und ebenso gefärbter Nädelchen. Dieser Staub drängt sich ausserdem auch noch in feinen, schwach ondulirten Linien dichter zusammen und veranlasst dadurch die sehr ausgezeichnete fluidale Zeichnung. Zahlreiche wasserhelle Partikelchen, die sich aus der Grundmasse noch abheben, können nach ihrem Polarisationsverhalten nur Quarz sein. Theils treten sie vereinzelt auf, theils, und das ist das gewöhnlichere, schaaren sie sich in einer sehr eigenthümlichen Weise zu kleinen körnig striirten Bändern und Streifen zusammen, die genau parallel mit den fluidalen Linien des braunen Staubes sind. Grössere Quarzkörner fehlen dagegen; sie scheinen in einer für Quarzporphyre seltenen Weise durch jene körnigen Bänder und Schmitzen vertreten zu werden. Die auch von Francke hervorgehobene Thatsache, dass die Quarze der Tuffe durch ihre Grösse und durch ihren Gehalt an Glaseinschlüssen von denen des Felsitporphyres abweichen, ist sonach in der That recht bemerkenswerth; sie berechtigt aber gewiss nicht dazu, dem Felsitporphyre ein wesentlich jüngeres Alter zuzuschreiben als dem Tuffe, wie das Francke zu thun scheint, da er jenen mitten zwischen den jurassischen Quarzporphyren der Cordillere bespricht, sondern findet schon darin ihre genügende, mit den Lagerungsverhältnissen vollkommen übereinstimmende Erklärung, dass man für die den untersilurischen Schichten eingelagerten Tuffe und die überlagernden, bankförmig und massig abgesonderten Felsitporphyre zwei verschiedene, aber zeitlich sich rasch folgende Eruptionen annimmt.[*)]

Als unverkennbare Neubildungen finden sich endlich in dem Felsitporphyre noch gruppenweis angesiedelte grüne Fäserchen und Nester von körnig-stängeligem Quarz, welche, im Gegensatze zu den kleinen, der Hauptstructur des Gesteines sich unterordnenden und deshalb für primär zu erachtenden Bändern von körnigem Quarz, fleckenweise auftreten, die Fluidalstructur jäh unterbrechen und auch kleine gangförmige Ausläufer in ihre Umgebung entsenden.

Francke hat den Kieselsäuregehalt des Felsitporphyres vom Potrero de los Angulos zu 71. 3 % bestimmt (Studien No. 20. S. 13).

---

*) Von seinem rein petrographischen Standpunkte aus hätte Francke mit demselben Rechte auch die Porphyrtuffe von Angulos den jurassischen Quarzporphyren der Cordillere parallelisiren können, da ja die Quarze der letzteren mehrfach Glaseinschlüsse beherbergen (Studien. S. 11).

VII. Steinkohlenformation.

Nach älteren und neueren Angaben Burmeister's soll die Steinkohlenformation in den Provinzen von Mendoza und San Juan, und nach Rickard soll sie ausserdem noch in den Provinzen la Rioja und Córdoba vorhanden sein.

Ich werde alsbald, in dem von der rhätischen Formation handelnden Capitel zu zeigen haben, dass alle diese und ähnliche Angaben, trotz der Sicherheit, mit der sie gemacht worden sind, doch nur auf der Verwechselung einer kohlenführenden Formation mit der Steinkohlenformation, oder auch auf groben geologischen Irrthümern und Fehlschlüssen beruhen und muss hier, im Gegensatz zu der durch Burmeister und Rickard im Lande weit verbreiteten Meinung, mit aller Bestimmtheit betonen: **dass bis heute das Vorkommen irgend welcher Schichten der Steinkohlenformation im Gebiete der Argentinischen Republik noch nicht nachgewiesen worden ist.**

Wenn ich in dieser Erklärung die Worte „bis heute" besonders hervorhebe und dadurch die Möglichkeit zugebe, dass die Steinkohlenformation in gewissen Theilen der Argentinischen Republik dennoch vorhanden sein und zukünftig einmal aufgefunden werden könne, so veranlasst mich hierzu die Thatsache, dass in der Provinz Corrientes bei S. Javier (am rechten Ufer des Uruguay) Kohlen gefunden worden sind (Moussy. Descr. II. 452 und Bol. of. Espos. VI. 12). Allerdings ist dieses Vorkommen bis jetzt noch von keinem sachverständigen Geologen besichtigt und meines Wissens überhaupt nicht näher untersucht worden; immerhin möchte ich darauf aufmerksam machen, dass man es hier möglicher Weise mit Kohlen der Steinkohlenformation zu thuen hat. Denn da, wie alsbald näher zu besprechen sein wird, auf dem linken Ufer des Uruguay, in der Banda oriental, namentlich aber in der Provinz Rio Grande do Sul, die obere productive Steinkohlenformation entwickelt ist, so drängt sich unwillkürlich die Vermuthung auf, dass die Kohlen von S. Javier einer westlichen Fortsetzung der brasilianischen Kohlenbecken angehören dürften. Jedenfalls wollte ich es nicht verabsäumen, zukünftige Forscher an dieses, bis jetzt gänzlich vernachlässigte und doch vielleicht für die Argentinische Republik recht wichtige Kohlenvorkommen zu erinnern.

Dagegen möchte ich anzujanuiner Leser recht sehr davor warnen, sich nicht mit Igarzabal trügerischen Illusionen über das Vorhandensein der Steinkohlenformation im Norden ihrer Provinz hinzugeben. Weil nämlich Rickard mitgetheilt hatte, dass er in den Kalksteinen der Sierra von Guaco einen sehr vollkommenen Ammoniten der Juraformation gefunden habe, so folgerte Igarzabal ohne weiteres, dass unter diesem Kalkstein auch noch gute, bituminöse Kohlen anzutreffen sein würden (Bol. of. Espos. 1872. V. 62). Ich habe indessen bereits S. 47 hervorgehoben, dass jener Ammonit thatsächlich nur eine unterslilurische Maclurea oder Ophileta gewesen sein kann und unter dem Silur dürfte selbst Herr Igarzabal nicht nach Kohlen suchen wollen.

An das Vorstehende mögen sich hier noch einige kurze Angaben über das bis jetzt bekannt gewordene Vorkommen carbonischer Schichten in den Nachbarländern der Argentinischen Republik anschliessen. In den letzteren ist theils das Subcarbon, theils, wie bereits angedeutet wurde, die productive Steinkohlenformation vorhanden.

Die subcarbonische Formation ist in Bolivia und Peru, sowie in Brasilien als Kohlenkalk entwickelt. Ihr Vorkommen ist zuerst in der Gegend des Titicacasee's und in den südlicher gelegenen Provinzen von Arque und Oruro, sowie in dem Dep. Santa Cruz durch d'Orbigny (Géologie 231. Paléontologie 41) und D. Forbes-Salter (Rep. 43 u. 64) nachgewiesen und neuerdings wieder durch A. Agassiz und Garman (Am. Journ. (3) XI. 492) und durch W. M. Gabb (Description of a collection of fossils made by Dr. A. Raimondi. Journ. Acad. Nat. Sc. Philadelphia. 1877. VIII. 263) besprochen worden.

F. Toula beschrieb Kohlenkalkfossilien, die in der Gegend von Cochabamba, Bol. gesammelt worden waren, in den Sitz. Ber. d. K. Akad. d. Wiss. Wien. 1869. LIX. 433; sodann geben Delesse und de Lapparent in ihren Extraits de Géologie (An. d. M. X. 1876. 553) an, dass Orton die Kohlenformation an den Quellen des Amazonenstromes angetroffen und dass sie Raimondi am Apurimac, in der Nähe des Thales von Cusco, Peru, bis zu 3000 m. verfolgt habe; endlich sind subcarbonische, fossilreiche Schichten neuerdings auch noch im Gebiete des unteren Amazonenstromes, und zwar innerhalb der Provinz Pará in sehr weiter Verbreitung durch Hartt u. A. nachgewiesen worden. Vergl. hierüber Hartt. Journey. 553. Agassiz N. Jb. 1871. 63. O. Derby. On the carboniferous Brachiopoda of Itaituba, Rio Tabajos, Prov. of Pará. Bull. of the Cornell Univ. Vol. I. Ithaca. 1874 und O. Derby. Am. Journ. (3) XVII 1879. 464.

Unter Hinweis auf alle diese Arbeiten sei hier nur hervorgehoben, dass sich nach Forbes die versteinerungsreichen Schichten des bolivianischen Kohlenkalksteines in Meereshöhen von 12,500 bis 15,000 F. (3812 bis 4570 m.) finden und starke Faltungen und Stauchungen zeigen.

Die productive Steinkohlenformation ist in Südamerika zur Zeit lediglich aus dem südlichen Brasilien und dem angrenzenden Uruguay bekannt und es möge sofort bemerkt werden, dass sie sich hier, im Gegensatze zu dem marinen Subcarbone des Westens, in den weit niedrigeren Küstendistricten des Atlantischen Oceans und in sehr ruhiger, ungestörter, beckenförmiger Lagerung findet.

Diese flötzführende Abtheilung wurde 1841 durch Perigot entdeckt, dann von Avé-Lallemant sen. (Reise durch Brasilien. 1858, I. 478) besprochen, jedoch erst durch Nath. Plant genauer untersucht (Geol. Mag. 1869. VI. Darnach N. Jb. 1870. 663). Nach dem letzteren liegen die nördlichen Gebiete in der Provinz S. Catharina; dann ist sie in drei von einander getrennten Becken innerhalb der Provinz Rio Grande do Sul entwickelt und führt hier local 4, bis 25 Fuss mächtige Flötze; endlich soll sie auch, noch am Rio Negro und s. a. O. von Uruguay vorhanden sein.*) Die von Plant gesammelten Pflanzen gehören nach Carruthers (Geol. Mag. l. c.) den Gattungen Flemingites, Odontopteris und Noeggerathia an. „All these forms as far as they can be determined, belong to paleozoic genera; we are thus enabled with certainty to refer the coalfields of the province of Rio Grande do Sul to the Carboniferous period although the coal itself has more the aspect of being the product of a secondary formation" (Carr. S. 151).

---

*) So giebt C. Twite an, dass einer paläozoischen Formation angehörige, bituminöse und kohlenführende Schiefer im Departemento Cerro largo mehrfach aufgeschlossen sind. Memoria sobre la geologia economica de un parte de la República oriental del Uruguay. Montevideo 1875.

Diese Bemerkung ist von Gorceix, der nach Plant die südbrasilianischen Kohlenfelder besucht hat, so flüchtig gelesen oder derart missverstanden worden, dass er Bull. Soc. Géol. Fr. (3) III. 1875. 55 sagt: „M. Carruthers, d'après M. Plant, a placé les couches de ce bassin à la base du jurassique". Diese falsche Angabe ist dann auch von Zeller reproducirt worden (ebendas. S. 572). Merkwürdiger Weise bestanden aber die von Gorceix selbst zu Candiota, Prov. Rio Gr. do Sul. gesammelten Pflanzenreste aus Sigillarien und Farren, „en sorte qu'il est certain que ce combustible appartient bien réellement au terrain houiller" (Delesse et De Lapparent. Extraits de géologie pour les années 1876 et 1877. An. d. m. XIII. 1878. 481).

Im übrigen vergl. man über die brasilianischen Kohlenfelder Hartt. Journey. 526 ff., Marcou. Explic. 169 (darnach sollen auch Lepidodendron und Calamiten gefunden worden sein) und Pechar. Kohlen und Eisen in allen Ländern der Erde. Berlin 1878. 210 (kurze statistische Angaben).

VIII. Dyas- und Triasformation.

Allgemeine Bemerkungen über die in der Argentinischen Republik und in ihren Nachbarländer entwickelten Sandsteinformationen. An allen pampinen Gebirgsinseln, in den beiden Anticordilleren, am Westrande und inmitten der Cordillera real — überall trifft man auf grössere oder kleinere Sandsteingebiete. Bald treten dieselben als ein viele Quadratmeilen umfassendes, hügeliges oder bergiges Vorland der höheren, aus archäischen und silurischen Gesteinen bestehenden Gebirgsketten auf (zwischen Angulos und Campanas, ferner bei Mendoza), bald ziehen sie sich in kurzen Abständen von den letzteren als parallele Vorketten hin (zwischen Mendoza und San Juan, zwischen Ullun und Talacastre), bald umsäumen sie nur den Fuss der älteren Gebirge in Form niedriger, mehr oder weniger stetig entwickelter Anlagerungen, die schon in geringen Abständen von jenen unter dem Lösse der Pampa verschwinden und erst an der nächsten pampinen Kette aus der letzteren wieder emportauchen (Llanos-Huerta, Huerta-Pié de Palo).

An anderen Orten füllen die Sedimente breite und tiefe Einsattelungen aus, welche die älteren Gebirgsketten quer zu ihrem Verlaufe unterbrechen (Huerta-Famatina) und wieder an anderen Punkten trifft man sie innerhalb der älteren Gebirge selbst, eingeklemmt zwischen Längsthälern, welche allem Anscheine nach bei der Faltung und Erhebung der archäischen und paläozoischen Schichten entstanden sind (Famatinakette, Guaco-Talacastre, Tontalkette). Endlich wird man auch noch in den Regionen des Hochgebirges zuweilen durch mächtige Sandsteinmassen überrascht, die nur hoch emporgehobene Schollen der weit verbreiteten Formation sein können (Granadillos 2500 m., Punta del Espino in der Famatinakette 5000 m).

An allen diesen Punkten herrschen Sandsteine vor. Dieselben sind fein- bis kleinkörnig, von weisser oder gelblicher, lichtrother oder rothbrauner Farbe. Häufig zeigen sich inmitten ihrer Bänke faust- bis kopfgrosse, kugelige Concretionen, die dem äusseren Anscheine nach aus dem gleichen Materiale wie das umschliessende mürbere Gestein bestehen und deshalb nur in der localen Anreicherung eines festeren Bindemittels begründet sein können. A. s. O. giebt sich die ungleiche Vertheilung des Cementes durch die bizarresten Ab- und Auswitterungsformen der aus Sandstein bestehenden Felsenwände zu erkennen.

Als untergeordnete, aber keineswegs seltene Einlagerungen treten Conglomeratbänke und Schichten von grauen, rothen oder andersfarbigen Schieferthonen und Letten auf, hier und da auch Brandschiefer und Kohlenschiefer, mit welchen sich dann auch noch schwache Kohlenflötze vergesellschaften können. An anderen Punkten stellen sich inmitten der Sandsteine lager- oder linsenförmige Massen von körnigem Gypse ein, die z. Th. beträchtliche Dimensionen erreichen, während ein kleiner Gypsgehalt der Sandsteine selbst, der sich durch spiegelnde Anflüge auf den Schichtungsfugen oder durch faserige Ausfüllung von Spalten zu erkennen giebt, zu den gewöhnlichsten Erscheinungen gehört.

Da wo die Psammite in grösseren gebirgsbildenden Massen vorhanden sind, geben sie sich schon aus weiter Ferne deutlich zu erkennen und zwar nicht nur durch ihre schroffen und vielfach durchschluchteten Ketten, oder durch ihre im Laufe der Zeiten isolirten Kegel- und Tafelberge, sondern auch — und zwar vor allen Dingen — durch die grellen, bunten Farben ihrer fast immer gänzlich nackten Felsenwände. Namentlich bei Sonnenauf- und -untergang scheinen die letzteren von gelben oder rothen bengalischen Flammen oder von einer mächtigen Feuersbrunst beleuchtet zu sein, so dass sie sich in der schärfsten Weise von den einförmigen und düsterfarbigen Wellen der archäischen und silurischen Gesteine abheben. Ich bedauere, dass nicht durch einige beigefügte Farbenskizzen näher erläutern zu können; dieselben würden treffliche Seitenstücke abgeben zu den manchem Beschauer wohl märchenhaft dünkenden Gebirgslandschaften, die A. E. Dutton in seinem reich ausgestatteten Berichte über die Tertiary History of the Grand Cañon District zur Darstellung gebracht hat.[*])

Aehnliche Sandsteinformationen besitzen, wie an der Hand älterer Reiseberichte zu zeigen sein wird, auch in den Nachbarländern der Argentinischen Republik eine ungemein weite. Verbreitung.

Die Gliederung und Altersbestimmung aller dieser Psammite liegt heute noch sehr im Argen, da der lithologische Charakter für sich allein hierzu nicht ausreicht, da charakteristische Versteinerungen bis jetzt nur an verhältnissmässig wenig Orten angetroffen worden sind und da massgebende Lagerungsverhältnisse zu anderen, besser gekennzeichneten Sedimenten ebenfalls nur höchst selten beobachtet werden konnten. Immerhin lässt sich doch schon soviel mit Sicherheit angeben, dass die fast allgegenwärtigen Psammite keineswegs bloss einer einzigen Formation angehören, sondern sehr verschieden alte Horizonte repräsentiren. So ist bereits S. 39 nachgewiesen worden, dass in den nördlichen Provinzen der Argentinischen Republik Sandsteine mit primordialen Crustaceen- und Brachiopodenresten auftreten; weiterhin ist daran zu erinnern, dass d'Orbigny in Bolivia und Brasilien rothe Sandsteine mit devonischen Versteinerungen angetroffen hat. In der Folge wird dagegen zu zeigen sein, dass andere Sandsteine des bolivianischen Hochplateaus wahrscheinlich der permischen oder triasischen Formation angehören und dass weiterhin, zum wenigsten im Gebiete der Argentinischen Republik, auch noch rhätische, cretacische und tertiäre Sandsteine vorhanden sind.

Ich werde bemüht sein, diejenigen Punkte, auf welche sich die bezüglichen Altersbestimmungen gründen, so genau wie möglich zu fixiren und daneben auch noch, ohne falsche Scheu, das gebührend hervorheben, was dermalen noch problematisch ist; denn nur auf solche Weise, nicht aber durch das zeitweilig und selbst noch in manchen neueren Arbeiten beliebte Generalisiren kann ein allmählicher Fortschritt unserer Kenntnisse erzielt werden.

Dyasische und triasische Sedimente. Nach Burmeister sollen Schichten der genannten Formationen im Gebiete der Argentinischen Republik vorhanden sein. In einem an J. Marcou gerichteten Briefe vom 12. Septbr. 1872 sagt er: „Lors de mon voyage à Mendoza, j'ai reconnu aussi l'existence du Nouveau Grès Rouge (Dyas et Trias); seulement, j'ai omis de le mentionner dans l'article que j'ai publié peu de temps après dans le Journal de la Société de Géographie de Berlin" (Marcou. Explic. 171). Weitere Erläuterungen zu dieser Mittheilung sucht man l. c. vergeblich; schlägt man dagegen den inzwischen erschie-

---

*) U. S. Geological Survey. Washington 1882. Pl. I. Blick auf die Felsen des lower Permian und der Triassic strata im Valley of the Virgen und Pl. XXIII. Kanab Desert bei Sonnenuntergang.

neuen 2. Band der Description physique de la Rép. Arg. Paris. 1876 nach, so findet man in dem Tableau géognostique (S. 259), dass die Sandsteine, deren Anführung früher vergessen wurde, gar nicht in dem mendoziner Gebirge, sondern in der catamarquenischen Cordillere (an der Barranca Blanca nnd im Thale des Rio Blanco) vorkommen sollen nnd dass sich ihre Altersbestimmung darauf gründet, dass Forbes petrographisch ähnliche Schichtensysteme, die in Bolivia eine weite Verbreitung besitzen und sich gegen Süden bis in die Argentinische Republik zu erstrecken scheinen, für permische oder triasische gehalten hat.[*])

Ich selbst muss hierzu bemerken, dass ich auf meinen Reisen keine Beobachtungen anzustellen vermocht habe, welche für das Vorhandensein dyasischer oder triasischer Schichten in der Argentinischen Republik sprechen könnten; da jedoch auf Forbes verwiesen worden ist, so scheint es geboten, vor der Formulirung eines bestimmteren Urtheiles erst bei diesem nachzuschlagen und sich auch in der anderweiten Litteratur nach Angaben umzuschauen, die das Vorkommen dyasischer und triasischer Schichten in den der Argentinischen Republik benachbarten Ländern betreffen.

Hält man sich hierbei an die historische Folge, so würde zunächst in die Erinnerung zurückzurufen sein, dass schon Pentland[*]) und d'Orbigny die Existenz der „terrains triasiques ou salifères" im Gebiete der östlichen bolivianischen Cordillere annahmen. Letzterer rechnete dem genannten Terrain einen Complex wechsellagernder Schichten „de calcaires magnésifères, d'argiles bigarrés et de grès argileux friables" zu, der seiner Meinung nach jünger als Carbon und älter als Kreide und Jura sein sollte. An anderen Orten fehlten die Kalksteine und es traten dann nur argiles bigarrés, bedeckt von grès argileux blancs ou rouge-âtres auf. In den Kalksteinen hatte d'Orbigny hier und da Versteinerungen gefunden, besonders Bivalven; aber leider ging dieser Theil seiner Sammlungen bis auf eine von S. Lucia bei Potosi stammende Chemnitzia verloren. Die letztere erwies sich als eine neue Species und konnte daher keinen sicheren Anhaltepunkt gewähren. So musste sich denn die Altersbestimmung d'Orbigny's in der Hauptsache auf den „aspect minéralogique" der betreffenden Schichten gründen (Géologie 235. Paléontologie 60).

D. Forbes (Rep. 36) hat dieselbe Formation, und zwar ebenfalls auf dem bolivianischen Plateau, in weiter Verbreitung studiren können. Er rechnet ihr auch solche Schichten zu, die d'Orbigny als devonische und carbonische bezeichnet hatte und fasst sie als „Permian or Triassic Formation" auf. „The balance of evidence appears in favour of the Permian epoch, although at the same time I admit that the absence of satisfactory fossil-evidence still leaves the question an open one for inquiry". Die Versteinerungen, die Forbes sammeln konnte, bestanden nur aus Stammstücken von Coniferen und aus Pflanzenresten, die gewöhnlich unbestimmbarer Natur waren. Den Schädel und die Knochen eines Sauriers, die in derselben Formation gefunden wurden, vermochte er nicht zu erwerben. Dieselben sollen inzwischen an das Museum von Avignon in Frankreich gelangt sein.

Auch die Lagerungsverhältnisse der Schichten führen zu keiner recht scharfen Bestimmung; Forbes vermag nur anzugeben, dass die fraglichen Sedimente discordant auf Devon aufliegen, durch jurassische Porphyre gestört und von cretacischen Porphyren durchsetzt worden sind. Es bleibt ihm daher nichts übrig als auch seinerseits die speciellere Altersbestimmung auf den petrographischen Charakter der Formation zu basiren. Da ihn dieser letztere täuschend an denjenigen des russischen Perms erinnert, so giebt das den Ausschlag. Auch die bolivianische Formation besteht nämlich aus „red, greenish, and variegated marls, saliferous and gypseous marls, gypsum beds, along with fine red sandstones, thin grey pebbly conglomerates,

---

[*]) vergl. auch Burmeister u. Giebel. Die Versteinerungen von Junin. 1861. S. 7.
[**]) nach E. de Beaumont's Rapport. 18.

and red conglomerates." Dazu kommen dann noch, wie in dem europäischen Perm, zahlreiche Salzquellen und endlich ist der Sandstein nicht nur, wie in Russland, kupferhaltig, sondern das Kupfer enthält auch, gleichwie dasjenige des thüringischen Kupferschiefers, Vanadin.

Philippi vermochte in der Wüste Atacama keine besseren Anhaltepunkte zu gewinnen und schliesst sich deshalb an Forbes an. „Die rothen Mergel, welche Gyps, Steinsalz und den merkwürdigen Kupfersandstein führen, welche in dem Thale des Flusses von Atacama auftreten, sind offenbar identisch mit denen von Corocoro, erstrecken sich also 5½° Breitegrad! und gehören wohl dem Permischen Systeme an. D'Orbigny rechnet zwar die rothen Mergel und Sandsteine noch zum Kohlensysteme, allein schon die Herren Al. Brogniart, Dufrénoy und Elie de Beaumont haben es wahrscheinlich gemacht, dass sie jünger sind. Bis jetzt fehlt es an Thatsachen, um ihr Alter mit Sicherheit festzustellen." (Reise 130).

Unter solchen Umständen ist eine Notiz von H. Reck beachtenswerth. Derselbe sammelte im Gebiete der namentlich aus Sandsteinen bestehenden Sedimente von Corocoro-Chacarilla Versteinerungen und erfreute sich später bei deren Bestimmung der Beihülfe F. A. Römer's. Darnach bezeichnet er seine Erfunde als Terebratula elongata, Cyathocrinus ramosus und Proterosaurus[*]) und die Gebirgschichten selbst als dyasische. Auf den Schichtungsflächen der Sandsteine fand er wenige Meilen N. von Corocoro ausserdem noch massenhafte Pflanzenabdrücke (Berg- u. Hüttenm. Zeit. 1864. 95. 96).

Moesta sah in der Quebrada de Paipote unter den Jurakalken sehr mächtige Bildungen rother geschichteter Mergel hervortreten, „welche wahrscheinlich als dem Keuper aequivalent zu betrachten sind" (Ueb. d. Vork. der Chlor-Brom- und Jodverbind. des Silbers in der Natur. Marburg 1870. 10).

Hartt sagt in seinem „Résumé of the Geology of Brazil": „Triassic. — I have referred to the triassic a thick series of red sandstones, lithologically identical with the Connecticut River and New Jersey new red sandstone, apparently barren of fossil remains, and which occupy a large area in the Province of Sergipe, underlying the cretaceous" (Journey 551).

Endlich mag schon hier erwähnt werden, dass ganz neuerlich Brackebusch, im Gegensatze zu d'Orbigny, Forbes und Hartt, die Ansicht gewonnen hat, dass die von Bolivia nach Jujuy und Salta herübergreifenden, mit Conglomeraten und Gypsen vergesellschafteten rothen Sandsteine, weil sie petrographisch denen gleichen, die in der mendoziner Cordillere über den jurassischen Schichten liegen und weil sie ihrerseits die Basis für jene Sedimente mit Chemnitzia abgeben, welche d'Orbigny für triassische hielt. Brackebusch selbst aber der Kreide zurechnet, dem oberen Jura oder der unteren Kreide correspondiren (Bol. of. A. N. V. 1883. 167).

Unsere Umschau in der älteren Litteratur führt uns nach alledem zu einem wenig befriedigenden Resultate. Man kann nur sagen, dass das Vorhandensein der Dyas- und Triasformation in Bolivia und Brasilien möglich, in der Gegend von Corocoro sogar wahrscheinlich, aber allenthalben noch recht sehr des schärferen Erweises bedürftig ist.

Weiterhin wird man aber auch erkennen, dass der Burmeister'schen Angabe, nach welcher gewisse, an und für sich nicht näher bestimmbare argentinische Sedimente ebenfalls der Dyas- und Triasformation angehören sollen, eine blosse Vermuthung zu Grunde liegt, so dass jene nur mit der grössten Vorsicht aufzunehmen ist.

---

[*]) Reck schreibt Trotosaurus, indessen ist wohl Proterosaurus gemeint.

9*

IX. Rhätische Formation.

Siehe den Paläontologischen Theil dieser Beiträge. 2. Abtheilung. Dr. H. B. Geinitz, Ueber Rhätische Pflanzen- und Thierreste in den Argentinischen Provinzen la Rioja, San Juan und Mendoza. 1876.

Die Erkenntniss, dass gewisse, in der Argentinischen Republik auftretende Sedimente der rhätischen oder doch zum mindesten einer derselben im Alter sehr nahe stehenden Formation zugerechnet werden müssen, ist dem Umstande zu danken, dass in den betreffenden Sandsteinen mehrfach Einlagerungen von Schieferthonen und Kohlenschiefern vorkommen und dass in den letzteren gut erhaltene thierische und pflanzliche Ueberreste nachgewiesen werden konnten. Die Hauptfundstätte für derartige Pflanzenreste ist der los Mareyes genannte, am südlichen Ende der Sierra de la Huerta gelegene District. Hier erbeutete ich in reicher Zahl die Blätter von Thinnfeldien, Taeniopteriden, Pterophyllen etc., deren spätere sorgfältige Untersuchung Herr H. B. Geinitz zu übernehmen die Güte gehabt hat.

Bezüglich der von Geinitz S. 4 beschriebenen und Taf. I. 10—16 abgebildeten Thinnfeldia crassinervis Gein. mag hier ein bereits N. Jb. 1881. II. 103 veröffentlichter Brief, den Geinitz am 9. II. 1881 an mich geschrieben hat, nochmals abgedruckt werden. Derselbe lautet:

„In meiner Abhandlung über Rhätische Pflanzen- und Thierreste in den Argentinischen Provinzen La Rioja, San Juan und Mendoza, welche ihren Beiträgen zur Geologie und Paläontologie der Argentinischen Republik, II. Cassel. 1876, einverleibt ist, habe ich die gewöhnliche Pflanze in den kohligen Sandschiefern von Mareyes, San Juan, als Thinnfeldia crassinervis Gein. bezeichnet. Zu meiner Ueberraschung ersah ich aus einer Abhandlung von A. G. Nathorst (Öfversigt af kongl. Vetenskaps-Akademiens Förhandlingar, 1880. No. 5, Stockholm, p. 48), dass meine Thinnfeldia crassinervis mit einer Pflanze übereinstimme, welche W. Carruthers im Quart. Journ. of the Geol. Soc. of London, 1872. Vol. XXVIII, p. 355. Pl. 27. Fig. 2. 3. als Pecopteris odontopteroides Morris sp. von Queensland in Australien beschrieben hat. Die Identität beider Pflanzen leuchtet in der That aus einem Vergleiche ihrer Abbildungen deutlich hervor und es wird diese Pflanze daher Thinnfeldia odontopteroides Morris zu nennen sein. Dagegen unterscheidet sich die bei dieser Gelegenheit von Nathorst erwähnte Taeniopteris Mareyesiaca Gein. (a. a. O. p. 9, Taf. 2, Fig. 1—3) von Taeniopteris Daintreei M'Coy, welche Carruthers in Tivoli Coal-mine in Queensland nachwies, durch ihre vom Mittelnerv aus gerade verlaufenden Seitennerven, welche bei T. Daintreei mehr an T. otonoeura Schenk erinnern.

Weitere Analogieen zwischen der von mir und jenen von Carruthers beschriebenen Pflanzen vermag ich nicht zu entdecken, jedenfalls möchte ich Hymenophyllites sp. Gein. Taf. 2, Fig. 6. nicht mit Sphenopteris elongata Carr. vergleichen, Indess fand Nathorst in den Sammlungen Londons von Queensland noch eine mit Baiera taeniata (Gein, Taf. 2, Fig. 10) übereinstimmende Form". Soweit Geinitz.

Nächst dem glückte es mir, in den mit Sandstein wechsellagernden Schieferthonen der Sierra Famatina bei las Gredas ein Blättchen von Hymenophyllites (Taf. II. 6) und bei der Cuesta colorada die Taf. II. 5 abgebildete Otopteris Argentinica zu sammeln. Die milden lichtfarbigen Schieferthone, welche bei Challao unweit Mendoza in Sandsteinen eingelagert sind, lieferten Hymenophyllites Mendozaensis und Pecopteris tenuis, während in den unweit Challao anstehenden Sandsteinen selbst diejenigen Taf. II. 12. 13 abgebildeten Reste angetroffen wurden, welche G e i n i t z für entrindete Farrenstengel und für Axen von Cycadeen zu halten geneigt ist.

In den Brandschiefern von Challao bei Mendoza, vom Cerro de Cacheuta, südl. von Mendoza, und vom Agua del Zorro in der Sierra de Uspallata vermochte ich ausserdem die schon von früher her bekannten Estherien, sowie einige Ganoidenschuppen (Taf. I. 1—6, 7—9) zu sammeln und hierbei wenigstens an der erstgenannten Localität zu erkennen, dass jene Schiefer demselben Saudsteine eingelagert sind, in welchem auch die Schieferthone mit Hymenophyllites und Pecopteris auftreten.

Aus diesen, z. Th. freilich noch recht spärlichen Erfunden hat Herr G e i n i t z gefolgert, dass man „mit hoher Wahrscheinlichkeit sowohl die in der Provinz Mendoza sehr weit verbreiteten Brandschiefer oder schwarzen bituminösen Schiefer, als auch die an Pflanzenresten sehr reichen kohligen Schiefer von Mareyes, und wahrscheinlich auch den compacten schwarzen Schieferthon von der Cuesta colorada bei Escaleras de Famatina, ja wohl auch noch den dunklen Schieferthon von las Gredas bei Escaleras de Famatina zu der rhätischen Formation jener Grenzschichten zwischen der Trias und dem Lias wird stellen müssen." Ich selbst werde, da die Lagerungsverhältnisse und die geographische Verbreitung der betreffenden Fundschichten mit diesem auf paläontologischen Wege gewonnenen Resultate in bestem Einklange stehen, der Autorität von G e i n i t z folgen und in Zukunft kurzweg von rhätischen Schichten sprechen.

Diesen allgemeinen Bemerkungen mögen sich nun zunächst die Skizzen der wichtigeren mir bekannt gewordenen Verbreitungsgebiete der rhätischen Formation anschliessen. Dieselben werden theils zur weiteren Erläuterung des Vorhergehenden dienen und anderntheils Material zur Beantwortung der vielfach aufgeworfenen Frage liefern: ob man innerhalb des Territoriums der Argentinischen Republik auf das Vorhandensein bauwürdiger Steinkohlenflötze und Erdöldeposita rechnen dürfe?

Ueber die rhätischen Schichten der F a m a t i n a k e t t e ist das folgende anzugeben (Taf. I. 3).

Die Sierra de Famatina, welche, wie früher gezeigt wurde, im wesentlichen aus archäischen Schiefern besteht, erhebt sich, nach Art der Pampinen Sierren, im W. des mit ihr gleichnamigen Städtchens in wellenförmigen Stufen rasch aus der Ebene. Diesen einzelnen Stufen des Gebirges entsprechen Längsthäler, die nach N. zu abfallen. In diesen Thälern sind nun mehrfach rhätische Sedimente eingelagert, wie man dies am bequemsten bei Las Gredas und am schönsten an der Cuesta colorada sehen kann.

Bei las Gredas, am Fusse des Gebirges und etwa ¼ Stunde Wegs von dem Hüttenwerke Escaleras de Famatina entfernt, füllen rothe, gelbe und weisse Sandsteine, deren Schichten zumeist sehr steil oder senkrecht stehen, eine Mulde des Thonschiefers aus. In den weissen Sandsteinen treten mehrere bis 1 m mächtige Einlagerungen von grauem Schieferthone auf und in diesen letzteren ziehen sich zuweilen 1 bis 2 mm starke Kohlenstreifchen hin. Ausser undeutlichen Pflanzenresten wurde hier ein Blättchen von Hymenophyllites sp. gesammelt (Taf. II. 6). In den Erosionsspalten des rothen Sandsteines finden sich Ansammlungen einer rothen thonigen Erde (greda colorada), die wohl das ausgewaschene Cement jener ist. Sie hat der Localität ihren Namen gegeben und wird in Escaleras zur Anfertigung von Ziegeln benutzt.[*)]

In grösserem Maasstabe finden sich Einklemmungen rhätischer Sandsteine in dem von hohen Thonschieferbergen eingefassten Thale, durch welches der Saumpfad von Escaleras nach dem Grubengebiete der Mejicana hinaufführt, zwischen dem Puesto Durazno und der Cuesta colorada. Rothe, ockergelbe und weisse Sandsteine wechsellagern an diesem kleinen Passe mit grauen, violetten und schwarzen Schieferthonen.

---

*) Der weisse Sandstein von las Gredas hat sich, wie nebenbei bemerkt sein möge, nicht als feuerfest erwiesen; dagegen soll diese Eigenschaft dem Sandsteine von Paiman, im NO. von Escaleras, zukommen.

Da der normale Verlauf dieser grellfarbigen Schichten derartig gestört ist, dass flach fallende, stark geneigte und vertical stehende unmittelbar an einander angrenzen und da ausserdem die Sandsteine in ganz bizarrer Weise durchschluchtet sind, so entwickelt sich an dieser Cuesta eines jener oben erwähnten bunten Felsenbilder in ganz besonderer Schönheit. Hier glaubt man Ruinen, dort erstarrte Cascaden zu sehen und alles scheint durch verschiedene bunte Lichter beleuchtet zu sein. Unweit der Cuesta hat man in einer der dunkelen Schieferthonlagen geschürft, ohne jedoch die erhofften Kohlen zu finden. Auf der kleinen Halde des Schurfes erbeutete ich nach langem Suchen ein schönes Blatt von Otopteris Argentinica, von dem ein Fragment Taf. II. 5 abgebildet worden ist, daneben einige Samen von Pterophyllum (Taf. II. 21) und von Palissya Brauni (Taf. II. 22).

Indessen auch andere Schluchten des Gebirges sind mit ganz ähnlichen Sandsteinen erfüllt, so dasjenige Thal, welches sich von der Punta del Espino über den Puesto de los Tranquitos gegen NW. hinabzieht und ferner das-jenige, welches im W. der Nevados mit der Quebrada del Corral beginnt und in seinem Unterlaufe dem nach Angulos fliessenden Rio del Tocino als Thalweg dient. In dem erstgenannten Thale zieht sich die Sandsteinformation aus der Ebene von Angulos (etwa 1600 m) aufwärts bis zur Punta del Espino, einer kleinen Felsenkuppe, die über dem Grubengebiete der Mejicana liegt und nahezu 5000 m üb. d. M. erreichen soll. Das Material der Felsenkuppe, welches dem ringsum herrschenden Thonschiefer aufgelagert sein muss, besteht aus Conglomeraten, über denen weisse, z. Th. quarzartige Sandsteine folgen. In den Conglomeraten beobachtete ich Gerölle von Thonschiefer, Granit und Quarzporphyr. Bei dem bereits viel tiefer gelegenen Puesto de los Tranquitos ist das hier schon recht breit gewordene Thal, dessen Gehänge wiederum aus Thonschiefer bestehen, mit mannigfach zerklüfteten und zerstückelten Felsen von weissem und rothem Sandstein erfüllt.

Die Quebrada del Corral berührte ich, als ich von Escaleras aus über die Cuesta del Tocino nach dem Westabhange der Famatinakette ritt. Von dem Tocinopasse aus führt der Weg in einer Porphyrschlucht steil hinab nach jener Quebrada, in welcher der Rio del Tocino entspringt und nach N. zu abfliesst. Die Gehänge der Que-brada bestehen hier im O. noch aus Quarzporphyr, im W. aus krystallinen Schiefern. Im Thalboden selbst breiten sich dagegen rothe und weisse Sandsteine aus, mit deren Bänken welche von Conglomeraten und Schichten von dünnschiefrigen, an der Luft stark zerblätternden grauen Schieferthonen, die Kohlenspuren enthalten, wechsellagern.

Die beiden eben besprochenen Thäler vereinigen sich bei Angulos mit demjenigen des Rio blanco und hier fliessen nun auch — wenn ich mich so ausdrücken darf — ihre Sandsteinfüllungen zusammen, um das einige Meilen breite, hügelige und bergige Sandsteinterritorium zu bilden, welches sich zwischen dem Hochgebirgskamme im W. und den aus Gneissen bestehenden Hügeln von Angulos und Campanas im O. ausbreitet. Es kann auf die bereits S. 49 gegebene Schilderung dieses Gebirgslandes, welches mich mit einigen seiner Felsenscenerieen recht lebhaft an die sächsische Schweiz erinnerte, verwiesen und es mag nur darauf noch einmal aufmerksam gemacht werden, dass sich inmitten seiner Sandsteine auch recht mächtige Einlagerungen von weissem feinkörnigen Gyps finden. Ich selbst beobachtete dergleichen nur an der Yesera (yeso, Gyps) im Thalgebiete des Rio de los Angulos, aber nach den Mittheilungen Herrn E. Hüniken's sind ähnliche Gypslagen auch im Quellgebiete des Rio blanco vorhanden. In den Sandsteinen des letzteren sollen nach demselben Gewährsmanne auch mehrfach verkieselte Hölzer gefunden worden sein. Ich selbst habe trotz vielfachen Suchens weder in den Sandsteinen noch in den local mit ihnen wechsellagernden Schieferthonen Versteinerungen sammeln können, indessen lassen der fast unmittelbare räumliche Zusammenhang des ganzen Gebietes mit den rhätischen Schichten von las Gredas und der Cuesta colorada und die an beiden Orten gleichmässig wahrzunehmende Wechsellagerung buntfarbiger Sandsteine und Schieferthone*) keinen Zweifel darüber aufkommen, dass jenes ebenfalls der rhätischen Formation angehört.

Von Angulos aus zieht sich eine Sandsteinformation, soweit ich dies aus der Ferne wahrnehmen konnte,

---

*) In dem Sandsteingebiete von Angulos-Campanas sah ich dieselbe u. a. besonders schön an dem Cerro pintado (pintado bunt, vielfarbig), an dem mich der Weg von den Piedras tapadas nach dem Potrero de los Angulos vorbeiführte. Der Cerro besteht aus abwechselnden rothen, gelben und weissen Schichten, die nach W. einfallen. Der nackte, östliche Steilabhang zeigt deshalb eine bunte horizontale Streifung.

als eine continuirliche und gegen N. hin zu bedeutender Mächtigkeit und Höhe anschwellende Vorkette des Hochgebirges mindestens noch bis Fiambalá, also noch über einen Breitegrad hinweg fort, indessen habe ich für meine Person so wenig Gelegenheit gehabt, in diesen nördlichen Districten Beobachtungen anzustellen, dass ich die Angehörigkeit jener Sandsteine zum Rhät nur als wahrscheinlich bezeichnen kann. Ich habe die in Rede stehenden Sandsteine nur zwei Mal berührt; zuerst als ich von Anillaco aus eine kleine Strecke in die Quebrada de la Troya eindrang und ein anderes Mal bei Fiambalá. In der Quebrada de la Troya sah ich lediglich feinkörnige gelbbraune Sandsteine mit grobkörnigeren von grünlich-grauer Farbe wechsellagern. Jene enthielten einige rothbraune Thongallen und umschliessen hier und da noch grössere Geschiebe von Granit, Gneiss und mancherlei Felsitund Quarsporphyren, die sich an einigen Stellen zu bankförmigen Einlagerungen von Conglomeraten zusammenschaaren. Bei Fiambalá machte ich nur eine kleine Excursion in das westlich vom Orte gelegene Hügelland und fand hierbei, dass dasselbe aus weissen, gelben und grauen Sandsteinen besteht. Burmeister, der auf seiner Reise von Copacavana nach Copiapo die Troyaschlucht vollständig durchqueerte, sah in ihr auch nur „röthlichen Sandstein, mit groben Conglomeraten, in unregelmässigen Bänken abgelagert, ... Röthliche, gelbliche, bräunliche, selbst grünliche Bänke folgten eine auf die andere, aber nicht unmittelbar, sondern in Pausen, je weiter wir in die Schlucht eindrangen." Der zweite Reisetag durch die Schlucht führte dagegen an Gebängen vorbei, die aus „rothen, starkthonigen Sandsteinen, welche aufwärts in gelbe, graue und zuletzt gar in dunkelschwarzbraune Gesteine übergingen" bestanden (Reise II. 250. 252). Auf Grund dieser Schilderungen und im Hinblick auf den allem Anschein nach continuirlichen Zusammenhang der Troya-Sedimente mit denen von Augulos-Famatina liegt es wenigstens nahe, auch jene für rhätische zu halten; indessen habe ich zu wiederholen, dass diese Auffassung noch eine schärfere als die bis jetzt mögliche Beweisführung erheischt. Nur das ist zweifellos, dass die betreffenden Schichten nicht der „Grauwackengruppe" zugerechnet werden dürfen (S. 39).

Ich muss endlich noch einmal zur Famatinakette zurückkehren, um noch ein letztes Sandsteingebiet zu erwähnen, das mit den bis jetzt besprochenen nicht mehr in unmittelbarem Zusammenhange steht. Es ist dasjenige von Tambillo, am westlichen Fusse des Gebirges. Dasselbe wurde von mir auf der Fortsetzung jener Excursion berührt, die ich schon erwähnt und bereits bis zur Quebrada del Corral geschildert habe. Nachdem man diese Quebrada passirt hat, führt der Weg zunächst am Westabhange der Nevados von Famatina entlang nach S. zu, über die Wasserscheide der Gewässer von Augulos und Vinchina hinweg und sodann durch die in krystallinen Schiefern eingerissene Quebrada de la Calera hinab bis an dem Tambillo genannten Districte. (Weiterhin geht der Weg nach Vinchina, indessen musste ich von Tambillo aus nach Escaleras de Famatina zurückkehren.)

Bei Tambillo lagern sich nun an den westlichen Fuss der Hochgebirgskette Sandsteine und Conglomerate an und innerhalb der ersteren treten, ganz wie bei las Gredas etc., wiederum Schieferthone auf, in denen man ebenfalls auf Kohlen geschürft hat. Man gelangt zu dem Schurfe, wenn man in einer kleinen Schlucht aufwärts reitet, die anfangs nur aus einer zwei Meter breiten Erosionsspalte in grossen Conglomerat besteht, sich aber später zu einem kleinen Kessel erweitert. In diesem letzteren wird das Conglomerat von weissem Sandstein unterlagert, dessen Bänke 30° NW. fallen. Nahe der Gränze beider Gesteine, aber noch im Sandsteine, sieht sich eine 1—1.5 m starke Lage von grauem Schieferthon und schwarzem Kohlenschiefer hin, in der auch einige feine Bänder von Pechkohle auftreten. Gewöhnlich sind diese letzteren nur einige Millimeter stark, indessen schwellen sie auch bis zu 5 und 10 cm an. Einige stengelartige verkohlte Pflanzenreste waren die einzigen Versteinerungen, die ich nach langem Suchen in den Schieferthonen fand.

Ein ähnliches Lager von Kohlenschiefer soll, wie mir D. Federico Galvan versicherte, eine Legua südlich von Tambillo in der Quebrada de los Loros, oder, was auf dasselbe hinauskommt, im Potrero de la Lista ausstreichen, und ausserdem soll rother Sandstein eine weite Verbreitung gegen Vinchina zu besitzen.

Von weiteren „Kohlenflötzen" in dieser Gegend, welche die von Rickard in seinem Informe (S. 113) ausgesprochene „feste Ueberzeugung, dass in dem Thale von Vinchina ein grosses Depositum von Steinkohlen vorhanden sei", zu bestätigen vermöchten, konnte ich indessen nichts erfahren.

Zum Schlusse dieser Mittheilungen über die rhätischen Schichten der Famatinakette möge nur noch ausdrücklich auf die für die Entwickelungsgeschichte der letzteren bedeutsame Thatsache aufmerksam gemacht werden, dass sich die Ueberreste einer und derselben Formation theils in Höhen von 1600—1800 m, als Anlagerungen an den östlichen und westlichen Fuss der Kette (Angulos, Las Gredas, Tambillo), anderntheils aber auch als Einlagerungen in hochemporsteigenden Längsthälern finden und dass sie dabei an allen diesen verschiedenen Localitäten ungemein starke Schichtenstörungen zeigen. Aus dieser Thatsache darf mit Sicherheit gefolgert werden, dass die rhätische Formation bereits vor der Erhebung der Famatinakette zu ihrer dermaligen Höhe abgelagert worden ist und anfänglich wahrscheinlich eine weit verbreitete Decke über den archäischen und silurischen Gesteinen der letzteren bildete. Diese Decke ist dann durch die später vor sich gehende, beziehentlich sich weiter entwickelnde Gebirgsbildung, — durch welche auch die Blosslegung des Silurs vom Potrero de los Angulos angebahnt wurde — vielfach zersprengt und verworfen, z. Th. auch in Falten der älteren Schichtgesteine eingeklemmt worden. Endlich hat tiefeingreifende Erosion die begonnene Zerstückelung der rhätischen Sedimente weiter fortgesetzt, so dass die letzteren heute in zahlreichen kleineren Einzelgebieten auftreten. Nur bei Angulos-Campanas ist eine grössere Sandsteinplatte relativ besser conservirt geblieben.

Die südliche Fortsetzung der Sierra Famatina bildet die bereits der Provinz San Juan angehörige und von jener durch eine breite Depression der archäischen Gesteine gesonderte Sierra de la Huerta (S. 10). In dem Osten der letzteren erheben sich — jenseits der riojaner Saline — die Llanos, während im Westen der Huerta zunächst die letzte pampine Gebirgskette, die S. Pié de Palo, und sodann die Ketten der äusseren Anticordillere, die Sierren von Guaco und Jachal-Talacastre folgen. Rhätische Schichten ziehen sich nun von ihrem soeben beschriebenen riojaner Verbreitungsgebiete aus an den Flanken aller dieser, aus archäischen und silurischen Gesteinen bestehenden Gebirge in mehr oder weniger stetiger Entwickelung hin und füllen überdies noch in bedeutender Mächtigkeit jene früher besprochene Einsattelung aus, welche die Sierra Famatina von der Huerta scheidet. Da sich die Ausbildung der rhätischen Formation in allen diesen, den Provinzen la Rioja und San Juan angehörigen Districten ziemlich gleich bleibt, so würde eine specielle Schilderung aller Punkte, an welchen ich jene beobachtete, nur in ermüdenden Wiederholungen bestehen; ich werde mich deshalb unter Hinweis auf Karte und Profile nur auf die Skizzirung einiger der wichtigeren Localitäten beschränken und hierbei mit einigen Bemerkungen über den los Mareyes genannten District beginnen, weil die Zugehörigkeit der in ihm ausstreichenden Sedimente zum Rhät durch die in den letzteren zahlreich vorkommenden Pflanzenreste am sichersten zu constatiren war (Taf. II).

Die Localität, welche den Namen los Mareyes[*]) führt, ist derjenige unbewohnte und unter den obwaltenden Verhältnissen auch unbewohnbare District, welcher unmittelbar im W. der südlichen Ausspitzung der Sierra de la Huerta liegt. Ein kleiner Quell entspringt hier. Das Wasser desselben ist etwas salzig, aber doch das einzige geniessbare, welches man weit und breit findet. Von dem Quell aus zieht sich ein „Wasserriss" nach dem „Rio de los Papagallos" und durch diesen nach dem „Rio Vermejo"; aber diese beiden Flüsse führen nur während der kurzen Regenzeit, die in manchen Jahren auch ausbleibt, Wasser und zeigen daher für gewöhnlich nur trockene, sandige Betten. In dem Mareyes-District lagern dem Westrande der Huerta kleine Hügel von Sandstein an, die sich nach W. zu rasch verflachen; ihr Gestein verschwindet deshalb bald unter einer Decke von grobem, dem benachbarten Gneissgebirge entstammenden jüngeren Schotter und ist nur noch ein Stück weit an den niedrigen Gehängen des Rio de los Papagallos zu beobachten.

_____
[*]) Mareyes nennt man grosse Steine, die von den Bergleuten durch Hin- und Herschwingen zum Zerkleinern von Erzen benutzt werden. Der District hat offenbar seinen Namen deshalb, weil man an seiner kleinen Quelle früher einmal Erze aus der benachbarten Sierra de la Huerta zu verarbeiten gesucht hat.

An diesen letzteren und ungefähr ¹/₄ Legua im W. des Mareyesquelles streichen zwischen sehr flach nach W. einfallenden Sandsteinen einige Einlagerungen von grauem Schieferthonen, sowie ein ungefähr 1 m mächtiges Flötz von Kohlenschiefer aus, in welchem auch Lagen und Schmitzen einer reinen, schönen Pechkohle auftreten. Während die Sandsteine in der Nähe dieses Punktes weiss und etwas glimmerhaltig sind, nehmen sie gegen den Quell hin rothe Farbe an. In der Nähe des letzteren werden sie auch von einem Gneissconglomerat bankförmig überlagert.

Jenes Flötzausstreichen ist schon seit längerer Zeit bekannt und zum ersten Male wohl durch R i c k a r d beschrieben worden (Mining Journey 1863. S 269; vergl. auch Informe S. 81). Später, im Jahre 1868, sind dann durch F. S. K l a p p e n b a c h einige kleine Schurfarbeiten auf ihm ausgeführt worden. Der Letztgenannte liess einen ungefähr 8 m langen Stollen treiben und unmittelbar neben dem Mundloch desselben einen kleinen Schacht abteufen. Diesen Arbeiten verdankt eine kleine Halde ihre Entstehung, auf der ich die Thinnfeldien, Täniopteriden, Pterophyllen etc. sammeln konnte, welche inzwischen von G e i n i t z untersucht und beschrieben worden sind und welche ergeben haben, dass die vorliegenden Schichten unzweifelhaft mesozoischen, und wahrscheinlich rhätischen Alters sind. Diese Pflanzenreste sind theils verkohlt, theils in einer recht eigenthümlichen Weise plastisch versteint. Im letzteren Falle liegen die verschiedenen Blättchen auf den Schieferflächen so auf, dass man sie gleichwie die getrockneten Pflanzen eines Herbariums abheben zu können meint.

Zur Zeit meiner Anwesenheit (28. März 1873) waren nur noch die Aufschlüsse im Stollen zugänglich, während der kleine Schacht, der eine Tiefe von etwa 5 m erreicht haben soll, voll Wasser stand. Ich muss mich deshalb auf die Angabe beschränken, dass das ungefähr 1 m mächtige Flötz nur zum geringsten Theil aus einigen wenigen, 10—20 cm. mächtigen Schmitzen einer recht schönen Pechkohle, zum grösseren Theile aber aus schwarzem Schieferthon bestand, zwischen dessen dünnschiefrigen Lagen sich allerdings noch zahlreiche, aber nur ein bis mehrere Millimeter starke Kohlenstreifchen hinzogen.[*]

Im Anschluss hieran mag indessen an die Bol. of. Espos. III. 301 ff. veröffentlichten Berichte der Herren J o a q u i m G o d o y and O c t a v i o N i c o u r erinnert werden. Nach denselben lassen sich die Resultate der Klappenbach'schen Versuchsarbeiten dahin zusammenfassen, dass an den Mareyes unter einer mehrere Meter mächtigen Decke von Sandsteinen und Schieferthonen zunächst eine rasch wechselnde Folge von Sandsteinen, Schieferthonen, Kohlenschiefern und schwachen Kohlenbändern und unter diesen ein Kohlenflötz auftritt, das einschliesslich mehrerer Scheeren 2 bis 2.5 m mächtig ist. An dem tiefsten erreichten Punkte soll dann noch ein zweites, 1 bis 2.5 m mächtiges, aber ebenfalls durch thonige Zwischenlagen stark verunreinigtes Flötz angestanden haben, indessen soll die nähere Untersuchung desselben wegen Mangel an Arbeitern und Arbeitsgeräth nicht ausführbar gewesen sein. Nach demselben Berichte und nach mündlichen Mittheilungen, die mir D. F r o i l a n A n t e, der Betriebsleiter der kleinen in der Sierra de la Huerta und unweit der Mareyes gelegenen Grube Rosario machte, finden sich ähnliche Kohlenausblasse noch mehrfach in der Umgebung der Mareyes, so gegen N. hin bis in die Gegend von den Chacritas, die 5 bis 6 Leguas von dem Mareyesquell entfernt sein sollen, dann gegen S. bis bis Chilca und Papagallos und gegen W. bis zu den Cerros colorados. G o d o y und N i c o u r schätzen daher die Dimensionen des Mareyes-Kohlenfeldes auf 8 Leguas Länge und 4 Leguas Breite.

Diese Bezifferungen müssen indessen als minimale bezeichnet werden, denn anderweite, in grösserer Entfernung von den Mareyes gelegene Aufschlüsse bezeugen, dass die kohlenführende Formation unter der pampinen Lössdecke eine noch viel weitere Verbreitung besitzt.

Wenden wir unsere Blicke zunächst nach N. und NW., so ist anzugeben, dass ähnliche Kohlen wie bei den Mareyes nördlich von M o g n a vorkommen sollen (cf. I g a r z a b a l. Bol. of. Espos. V. S. 62). Weiterhin tauchen die rhätischen Sedimente an dem Ostrande der S i e r r a v o n G u a c o wieder aus dem pampinen Löss empor (Taf. I. 5). Hier lagern sie sich nicht nur unweit der Estancia Guaco an die östliche Flanke der untersilurischen Kalksteine und Dolomite an, welche die Hauptmasse der kleinen Gebirgskette bilden, sondern sie füllen

[*] Die Coks- und Aschengehalte dieser Kohlen hat S i e w e r t ermittelt. Vergl. Napp. Arg. Rep. 269.

auch dasjenige in der letzteren von N. nach S. sich hinziehende Längsthal aus, in welchem die Gehöfte von Cienega liegen. An beiden Orten bestehen die rhätischen Sedimente nach meinen eigenen Beobachtungen vorwiegend aus rothen, gelben und weissen Sandsteinen, aber zwischen denselben finden sich, genau wie an den früher beschriebenen Localitäten, mehr oder weniger mächtige Einlagerungen von grauen und dunkelfarbigen Schieferthonen.

Unter anderem traf ich derartige Zwischenschichten in einer kleinen Seitenschlucht, die sich, von S. kommend, unweit der Estancia Guaco mit dem Hauptthale derselben vereinigt. Rickard will an diesem Punkte ein 4 Fuss mächtiges Kohlenflötz (una veta de carbon de piedra — Lignita — de bastante importancia) gesehen haben (Informe S. 75). Ich fand die Lagerung seinen sonstigen Angaben entsprechend, konnte aber zwischen dem Sandstein nur eine gegen einen Meter mächtige Einlagerung von kleinbröcklichem, glänzenden, schwarzen Schieferthon beobachten, die zwar gegen ihre Mitte zu in einen kohlenstoffreicheren Schiefer überging, aber nur ganz vereinzelte kleine Schmitzen von Pechkohle enthielt. Nach mündlichen Mittheilungen von D. José Maria Snarez, dem Besitzer von Guaco, soll sich diese Lage unter gleichbleibenden Verhältnissen einige Leguas weit nach S. und zwar bis in die Gegend von Tucuman verfolgen lassen.

Im übrigen verdient bemerkt zu werden, dass die im wesentlichen aus silurischen Kalksteinen bestehende Sierra von Guaco erst nach der Ablagerung der rhätischen Schichten gehoben worden sein kann, denn auch die letzteren zeigen, gleichwie die silurischen Kalksteine, ganz ausserordentlich gestörte Lagerungsverhältnisse und die Sandsteine breiten sich nicht nur auf dem Boden des Längsthales von Cienega aus, sondern lagern auch den die Gehänge dieses Thales bildenden Kalksteinen in der Höhe des Gebirges auf, was man besonders deutlich kurz oberhalb des Agua hedionda wahrnehmen kann.

Die sonstigen im Gebiete der samjuaniner Anticordillere als An-, Ein- und Auflagerungen vorkommenden Sandsteine dürften z. gr. Th. wohl ebenfalls der rhätischen Formation angehören, so z. B. die in ihrer Lagerung stark gestörten Sandsteine, Conglomerate und Schieferthone, welche in der kleinen Sierra von Zonda die unwegsame Quebrada de la Laja ausfüllen (S. 46), ferner diejenigen, welche an der Cienega redonda (Weg zwischen Gualilan und Jachal) anstehen, von wilden Erosionsschluchten durchfurcht sind und deshalb in der prachtvollsten Weise eine vielfache Wechsellagerung von gräulichen, gelben, rothen und braunen Sandsteinen, Conglomeraten und Schieferthonen erkennen lassen. Von der Cienega redonda an mögen sie sich dann weit gegen N. fortziehen; wenigstens giebt Burmeister an, dass Lignit nahe bei Guandacol, in der engen Schlucht gleichen Namens, ein „dépôt assez considérable“ bilden soll. „Les échantillons, montrés à moi, prouvent que la substance est un véritable lignite, assez noir, un peu luisant, pas très-mou, quelques parties se réduisant en poudre quand on le touche, et comme il paraît d'une très-bonne qualité“ (Descr. phys. IL 395. Note 33). Offenbar liegen hier wieder rhätische Gebilde vor und es ist nicht unwahrscheinlich, dass sich durch spätere Untersuchungen deren räumlicher Zusammenhang mit jenen ergeben wird, die wir oben zu Tambillo, am W. Abhange der Famatinakette kennen gelernt haben.

Im O. der Sierra de Guaco füllen rhätische Sedimente die Einsattelung zwischen der Sierra de Famatina und der Sierra de la Huerta aus (Taf. I. 5). Vom Puesto Ferreira am Rio Vermejo aus ritt ich in zwei Tagen über diese Einsattelung hinweg nach der kleinen Ansiedelung von Salinitas. Der Weg führt anfangs in einem rauhen Felsenthale längs einer gelbrothen Sandsteinwand hin; später zieht er sich über ein Plateau hinweg, das eine Höhe von 12—1400 m besitzen mag, von einzelnen aus Sandstein bestehenden Tafelbergen überragt und anderntheils von zahlreichen wilden, zur Zeit meiner Reise wasserleeren Schluchten durchschnitten wird. Am zweiten Marschtage berührt der Weg auf kurze Erstreckung hin eine Gneisskuppe, aber im W. und O. derselben sah man allenthalben wieder sedimentäre Gesteine anstehen, die ihre Zusammengehörigkeit zu einer und derselben Formation durch die Gleichförmigkeit ihres lithologischen Charakters zu erkennen gaben. Rothe, gelbe und weisse Sandsteine herrschten vor, und zwischen ihnen fanden sich mehrfache und mächtige Einlagerungen von bröcklichen, sandig glimmerigen Schieferthonen, zuweilen auch Bänke von Conglomeraten, deren grobe Gerölle lediglich aus krystallinen Schiefern bestanden. Diese geologisch einförmigen Verhältnisse erhielten nur noch dadurch eine kleine Abwechselung, dass die sedimentären Schichten an mehreren Stellen von Gängen und Stöcken eines kleinkörnigen, düsterfarbigen Olivindiabasen durchbrochen werden. Nach charakteristischen Versteinerungen wurde in jenen vergeblich gesucht; nur beim Aufstiege auf das Plateau fanden sich in einem gelblichbraunen Sandsteine einige nicht weiter bestimmbare Abdrücke von Holzresten.

Eine directe Altersbestimmung der Sedimente des ebenbesprochenen Gebietes ist daher für jetzt nicht möglich und ich möchte ausdrücklich hervorheben, dass dieselbe Bemerkung auch für die anderen, zuvor erwähnten Sandsteingebiete im W. und NW. der Mareyes gilt, also für diejenigen von Guaco, Zonda und der Cienega redonda. Immerhin wird man alle diese durch eine vielfache Wechsellagerung von bunten Sandsteinen, Schieferthonen und kohligen Schiefern ausgezeichneten Schichtensysteme dem Rhät zurechnen dürfen, da sich ihre Fundstätten zwischen den pflanzenreichen Mareyesschichten und den ebenfalls pflanzenführenden Schichten von las Gredas und der Cuesta colorada finden und da sie mit den letzteren nicht nur hinsichtlich ihrer Lagerungsweise, sondern auch hinsichtlich ihrer petrographischen Entwickelung so grosse Uebereinstimmung zeigen. Daneben ist aber grosse Vorsicht geboten und eine Zurechnung aller in dem Zwischendistricte zwischen den Mareyes und Famatina auftretenden Sandsteine zum Rhät durchaus nicht statthaft; denn es müssen z. B. diejenigen Sandsteine, welche in der breiten, vom Rio Vermejo durchflossenen Niederung zwischen Guaco und dem Puesto Ferreira zahlreiche kleine Hügel bilden, und bei recht einförmiger Entwickelungsweise nirgends Einlagerungen von Schieferthonen, sondern hier und da nur solche von Conglomeraten zeigen, einer tertiären Formation zugerechnet werden, da sich in ihren Conglomeraten neben vorherrschenden Geröllen alter krystalliner Schiefergesteine auch solche von unverkennbaren Hornblendeandesiten finden.

Für die Verfolgung der rhätischen Sedimente von den Mareyes aus nach S. und O. liegen dermalen nur sehr wenig Anhaltepunkte vor. Nach einem von M. d. Moussy (Descr. III. 418) erwähnten und auch mir zu Ohren gekommenen Gerüchte sollen in der kleinen Sierra von Guayaguas, welche sich im Allgemeint der Sierra de la Huerta aus der Pampa erhebt, Kohlenanabisse vorhanden sein und diese Thatsache würde für eine südliche Weitererstreckung des Rhäts bis zu jenem Gebirge sprechen; auf Grund ähnlicher Angaben wird man vielleicht auch die Sandsteine der Sierra de los Llanos dem Rhät zurechnen dürfen. Ich selbst habe dieselben allerdings nur bei Chepe beobachten können, woselbst weisse, graue und rothe Sandsteine mit eingelagerten Gneissconglomeraten das alte Gebirge terrassen- und schanzenartig umgürten, aber nach einer mündlichen Mittheilung, die ich Herrn Klappenbach verdanke, sollen auch hier in den Sandsteinen kohlenführende Schichten bekannt sein.

Die Altersverhältnisse der noch weiter gegen O. vorkommenden Sandsteine sind dagegen noch sehr problematisch. Den Gneissen der Sierra von Córdoba lagern zwar an mehreren Punkten rothe Sandsteine auf, die manchen rhätischen Gesteinen des Westens recht ähnlich sind, aber es fehlen ihnen, soweit meine Beobachtungen reichen, alle Einlagerungen von Schieferthonen und überdies machen es andere, später zu besprechende Verhältnisse wahrscheinlich, dass gewisse cordobeser Sandsteine ein tertiäres Alter besitzen. Wenn daher Rickard in seinem Informe (S. 165) angiebt, dass ungefähr 30 Leguas nördlich der Stadt Córdoba Hügel vorhanden sind, die aus rothen Sandsteinen bestehen, so ist diese Angabe an und für sich als richtig zu bezeichnen; wenn er sich aber ausserdem noch gemässigt findet, hiernach und zwar ohne Mittheilung weiterer Gründe zu prophezeien, dass man an der betreffenden Localität in einer Tiefe von 300 bis 400 Fuss Flötze einer ausgezeichnete Kohle (capas de carbon excelente) finden werde, so wird man gut thun, hierauf keine allzugrossen Hoffnungen zu gründen. Ich für meine Person habe wenigstens nur einen einzigen Anhaltepunkt gewinnen können, der für die Wahrscheinlichkeit eines solchen Kohlenvorkommens sprechen könnte.

Die Sierra von San Luis habe ich nicht bereist; ich kann daher nur mittheilen, dass Brackebusch in dem ihrem NO. Thale angehörigen Theile von Cantana und zwar in dem Bajo de Velis genannten Districte desselben, neuerdings Sandsteine und Schieferthone mit Pflanzenresten angetroffen hat und dass er auf Grund jener Pflanzenreste geneigt ist, die betreffenden Schichten für „sehr moderne (tertiäre?)" zu halten (Bol. of. A. N. 1876. II. 189). Weiterhin (S. 205) sagt er freilich, dass er die Pflanzen wegen mangelnder Literatur noch nicht habe bestimmen können. Diejenigen Exemplare, welche er mir zu schicken die Güte hatte, bestanden lediglich aus den völlig unbestimmbaren Abdrücken von Holzresten. Ueber anderweite Sandsteine der Sierra von San Luis vergl. man Brackebusch, l. c. 179 180. Hier wird ausdrücklich constatirt, dass in den Sandsteinen von Sampacho und vom Cerro de Zuco Kohlenschichten weder anstreichend zu beobachten waren, noch mit Bohrungen nachgewiesen werden konnten. Endlich giebt Brackebusch (S. 182) noch an, dass G. Avé-Lallemant bei der Eisenbahnstation von Chajan fossile Pflanzen aufgefunden haben will, Indessen sind über dieses Vorkommen erst noch weitere und sicherere Angaben abzuwarten, ehe man es zu irgend welchen Schlussfolgerungen benutzen kann.

Mir persönlich will es nach allem Gesagten scheinen, als ob rhätische Schichten in den Sierren von Córdoba und San Luis nicht mehr vorkämen.

In der Provinz Mendoza bilden kleine Hügelgebiete und grössere Ketten von rothen Sandsteinen auf stundenweite Entfernung bis die östlichen Vorberge der Sierra del Paramillo; da jedoch der Tropenweg, der sich von San Juan aus über die Cañada honda und weiterhin durch wasserlose Wüsteneien nach Mendoza zieht, immer in einiger Entfernung von diesen Vorbergen bleibt, so musste ich auf deren nähere Untersuchung verzichten und vermag es nur als möglich zu bezeichnen, dass ihr Sandstein das sanjuaniner Rhät mit demjenigen von Mendoza verbindet.

Dagegen hatte ich Gelegenheit, die Sierra von Mendoza oder das Uspallata-Gebirge zu kreuzen und seinen gegen Mendoza gerichteten Ostabhang an einigen Stellen näher zu studiren und vermag in dessen Folge zunächst anzugeben, dass eine aus psammitischen und politischen Schichten zusammengesetzte sedimentäre Formation nicht nur jenem Ostgehänge des Gebirges angelagert, sondern auch auf dem westlichen Abhange zu recht ansehnlicher Entwickelung gelangt ist (Taf. III. 9).

An jenem konnte ich die Formation zunächst an drei, in der Nähe der Stadt Mendoza gelegenen Punkten beobachten, nämlich an dem Wege von der Stadt nach der Estancia de la Casa de Piedra, ferner in der Umgebung des kleinen Hades Challao, und sodann in der Schlucht des Agua salada, welche sich von S. Isidro nach Mendoza hinzieht,*) ausserdem fand ich die Formation auch noch an dem schon südlich des Rio de Mendoza gelegenen Cerro de Cachenta.

Von allen diesen Punkten gewähren die nackten Gehänge des Agua salada die umfassendsten Aufschlüsse. Darnach besteht das Liegende der Formation aus ziemlich einförmig entwickelten rothen Sandsteinen, während das Hangende, das man schluchtaufwärts durchquert, eine vielfache Wechselfolge von rothen, gelben und weissen Sandsteinen mit schwarzen, lichtgrauen, violetten und gelblichbraunen Schichten zeigt; die letzteren können bald als Brand- und Kohlenschiefer, bald als Schieferthone oder plastische Thone bezeichnet werden. Die bei Challao und an der Punta de la Laja (NW. von Mendoza, am Wege nach der Estancia de la Casa de Piedra gelegen) entblössten Schichten, die mit denen des Agua salada direct zusammenzuhängen scheinen, gehören dieser oberen Formationsabtheilung an; ebenso wohl auch diejenigen, die man am Cerro de Cachenta beobachten kann.

In den schwarzen Schieferthonen und Brandschiefern ist an allen diesen Orten mehrfach geschürft worden, aber die hierbei erhofften Kohlen hat man entweder gar nicht, oder nur in gänzlich unbauwürdiger Weise angetroffen. Das letztere war in dem kleinen Schurfe der Fall, der an dem linken Gehänge einer nahe südlich von Challao aus dem Gebirge ausmündenden Schlucht liegt. Zwischen den Sandsteinschichten, welche hier anstehen, sind einige fussstarke Lagen von plastischem Thone und von Kohlenschiefer eingeschaltet und nur in einer einzigen dieser Kohlenschieferschichten tritt auch eine einige Centimeter starke und natürlich gänzlich werthlose Lage von Blätter-Kohle auf.

Interessanter war die paläontologische Ausbeute aus den durch diesen Schurf entblössten Schichten, denn in den thonigen Schiefergesteinen fanden sich nicht nur zahlreiche an Fucoiden erinnernde Reste, sondern auch die Fragmente eines Fiederchens von Pecopteris tenuis Schenk (Taf. I. Fig. 18) und eines solchen von Hymenophyllites Mendozaensis Gein. (Taf. II. 4).

*) Ich besuchte diese Schlucht von dem SO. von Challao gelegenen Puerto del Agua del Medio aus.

Andere Schürfe auf Brandschiefer, nämlich diejenigen vom Agua salada, von Challao (Schurf am Wege nach San Isidro) und vom Cerro Cachenta lieferten Ganoidenschuppen (Taf. I. 7—9) und Estherien (Taf. I. 1—6). Diese letzteren treten in einzelnen Gesteinslagen so massenhaft auf, dass sich jede Spaltfläche der Schiefer ganz und gar mit ihren kleinen Schalen bedeckt zeigt.[*])

Endlich sammelte ich noch in den an der Punta de la Laja anstehenden gelben Sandsteinen die auf Taf. II. 12. 13. abgebildeten Pflanzenreste, die Geinitz für entrindete Farrenstengel und für Cycadeenaxen halten möchte.[**])

Nachdem schon oben daran erinnert worden ist, dass die in Rede stehenden Sedimente der Provinz Mendoza auf Grund aller dieser thierischen und pflanzlichen Ueberreste vom paläontologischen Standpunkte aus mit hoher Wahrscheinlichkeit für rhätische zu halten sind, bleibt mir hier nur noch übrig, vom geologischen Standpunkte aus zu betonen, dass sie unter Berücksichtigung aller mir bekannt gewordenen Verhältnisse nur als die südliche Fortsetzung der oben besprochenen Sedimente von la Rioja und San Juan, welche namentlich auf Grund der Marcyes-Flora ebenfalls als rhätische bestimmt wurden, aufgefasst werden können. Sie stimmen mit diesen letzteren nicht nur rücksichtlich ihrer abwechselungsreichen und dadurch sehr charakteristischen petrographischen Beschaffenheit überein, sondern treten auch, gleichwie jene, als randliche und in ihren Lagerungsverhältnissen mannigfach gestörte Einsäumungen der aus älteren paläozoischen Schichten bestehenden Anticordillere auf.

Zu demselben Resultate führt nun aber auch das Studium eines grossen Theiles derjenigen Sedimente, welche sich im Innern der Sierra de Uspallata und am Westabhange derselben aufgeschlossen finden. Die Gegend, in welcher sich diese Sedimente finden, ist eine so wasser- und vegetationslose Gebirgswüstenei, dass ich, zumal es zur Zeit meiner Reise durch dieselbe seit Monaten nicht geregnet hatte, gezwungen war, sie so schnell wie möglich zu durcheilen. Meine Beobachtungen über diesen District sind deshalb auch nur sehr fragmentar, immerhin vermag ich das Folgende anzugeben.

Wenn man, von Westen kommend, das breite Thal, in welchem das Zollhaus von Uspallata liegt, verlassen hat und auf dem Tropenwege, der über den Paramillo nach Villavicencia und Mendoza führt, in das flach nach O. ansteigende Gebirge eingetreten ist, so sieht man zur rechten Hand ein Gebiet nackter Felsen, die theils aus tertiären (?) Sandsteinen, theils aus mannichfachen jüngeren (?) Eruptivgesteinen und Tuffen derselben bestehen und nicht nur durch den wechselvollen Verlauf der Schichten, sondern auch durch die bizarren Erosionsformen und durch die gelben, rothen, violetten oder düsteren Farben ihrer Hügel, Klippen und Riffe ein ganz wunderbares Landschaftsbild erzeugen. Darwin vergleicht den Anblick desselben sehr treffend mit demjenigen einer colorirten geologischen Zeichnung (Geol. Obs. 197).

Weiterhin führt der Weg in einer kleinen, trocknen und vegetationslosen Schlucht hin, deren Gehänge vorwiegend aus gelblichbraunem Sandstein, zuweilen aber auch aus dunklem klüftigen Eruptivgestein bestehen. Nachdem man ungefähr eine Stunde in dieser Schlucht aufwärts geritten ist, wird man plötzlich — inmitten der Wüste — durch die Ruine eines kleinen Hüttenwerkes, in welchem früher Erze aus benachbarten Gruben zu schmelzen versucht wurden, überrascht. Bald hinter der Hütte folgt dann endlich einmal ein kleiner Quell, das Agua del Zorro.

---

[*]) Geinitz erhielt noch Estherien-führende Brandschiefer vom Districte San Lorenzo. Leider vermag ich die Lage dieses Ortes nicht ausfindig zu machen. Burmeister, der die mendoziner Estherien ebenfalls kennen gelernt und sie anfänglich als Cypridinen beschrieben hat, dürfte im Irrthum dastehen, wenn er meint, dass diese kleinen Krebsformen für die europäische Kohlenformation bezeichnend seien (Reise I. 377. Descr. phys. II. 263).

[**]) Eine ähnliche Deutung verlangt wohl auch jener bereits S. 37 erwähnte „Abdruck eines Calamiten-artigen Gewächses", den Burmeister aus derselben Gegend mitgebracht hat. Als er denselben das erste Mal beschrieb (Reise I. 348), betrachtete er ihn als sicheren Beweis für das silurische Alter der betreffenden Fundschicht. Neuerdings hält er ihn für eine carbonische Pflanze, bleibt aber dabei stehen, dass das Muttergestein desselben „du véritable grauwacke" sei und meint deshalb folgern zu müssen, dass in dem mendoziner Gebirge die Grauwacken- und Steinkohlenformation „de la même époque" seien, weiterhin aber, dass „les couches carbonifères correspondent, quant à leur âge, aux couches plus anciennes du terrain houiller européen" (Descr. phys. II. 265). Nach anderweiten Gründen zur Stütze dieser wunderlichen Behauptung sucht man in den beiden citirten Arbeiten vergeblich.

Kurz vor der Hütte besteht das Gehänge aus einer Wechsellagerung von Sandsteinen und Schiefern. Die letzteren, welche in quantitativer Beziehung gegen die Sandsteine zurücktreten, zeigen auf ihren Abwitterungsflächen eine licht blaugraue Farbe und lassen erst auf frischen Bruchflächen erkennen, dass sie in Wirklichkeit dunkelschwarz, bitumenreiche Brandschiefer sind. Ihre Fugen und Klüfte zeigen sich zuweilen mit Gyps bedeckt. Burmeister der, nebenbei bemerkt, den Gyps für Quarz gehalten hat, will in den Schiefern „stellenweise auch noch wahre bituminöse Glanzkohle" beobachtet haben, „so schön, wie man sie nur sehen kann. In den von mir gesammelten Stücken — so führt er in seiner Reisebeschreibung I. 265 fort — ist die Kohle zwar nur als Trümmer erhalten, aber ich besitze ausserdem ein Handstück vom Umfange eines Apfels, das mir später in Mendoza geschenkt wurde und genau aus derselben Gegend stammt, die ich beschreibe; etwas abseits vom Wege wollte es der Besitzer, welcher es sehr richtig für Steinkohle erkannt hatte, gefunden haben. Hiernach lässt sich das Zeitalter der Formation ohne Schwierigkeit bestimmen; alle die vorher am Rande der Ebene gesehenen und beschriebenen ähnlichen Gestalten gehören ohne Zweifel derselben Epoche an und bezeichnen die jüngeren, flötzleeren oberen Glieder der Steinkohlenformation, wie diese tief schwarzen, compacteren, an Thonlagen mächtigern, wahre Kohlen führenden Schichten die unteren."

Im Gegensatze zu dieser Auffassung, welche auch auf der der Descr. phys. 11 beigegebenen geologischen Karte eines Theiles der Argentinischen Republik durch die entsprechende Einzeichnung der „Formation carbonifere" ihren Ausdruck findet, habe ich zu constatiren, dass ich in den Brandschiefern, von welchen die Rede ist, wiederum einige der Taf. 1 abgebildeten Seminotusschuppen und ausserdem noch zahlreiche Estherien gefunden habe und dass mithin zum mindesten diese Schiefer und die mit ihnen wechsellagernden Sandsteine nur jenen des Ostabhanges des Mendoziner Gebirges parallelisirt und mithin wiederum nur als rhätische aufgefasst werden können.[**])

Unmittelbar vor und nach der Hüttenruine bestehen die Thalgehänge zunächst aus klippigen Felsen von Olivindiabas, aber weiterhin gegen O. und ehe der Weg die aus jüngeren (?) eruptiven Gesteinen bestehende sterile Hochfläche der Uspallatakette erreicht, stellen sich nochmals Sandsteine ein. In diesen weiter östlich gelegenen Sandsteinen sind meines Wissens bituminöse Schiefer nicht aufgefunden worden; dagegen trifft man in ihnen auf die durch Darwin (Geol. Obs. 202. Car. 302) und später durch Burmeister (Reise I. 267) beschriebenen Baumstämme. Darwin zählte 52, aber sie sind noch viel häufiger, denn man findet sie nicht bloss entlang des Tropenweges, sondern auch in dem Hügellande, das sich im N. desselben ausbreitet und in welchem die Gruben Rosario und San Lorenzo liegen. Die Stämme, welche sich nach den Untersuchungen von Rob. Brown als solche von Coniferenholz, von Charakter der Araucarien, aber mit Annäherung an die Taxas (Yew) erwiesen, haben einen Durchmesser von 0.5 bis 1 m") und sind zum grösseren Theile verkieselt; z. a. Th. finden sich aber auch an ihrer Stelle Säulen von grobkrystallinem Kalkspath. Derselbe hat sich offenbar an solchen Stellen entwickelt, an welchen die Stämme vermodert waren und dadurch Veranlassung zur Bildung cylindrischer Hohlräume gegeben hatten.

Die meisten dieser Stämme stehen aufrecht oder, correcter ausgedrückt, senkrecht zu den sie umgebenden, z. Th. bis 25° geneigten Schichten. Nur einige wenige haben eine zur Schichtung schräge Lage. An den steilen und nackten Thalgehängen sieht man sie z. Th. mehrere Meter lang ausgewittert; in dem Hügellande ragen sie dagegen gewöhnlich als kleine Stumpfe aber ihre stärker abgewitterte Umgebung hervor, so dass man sie leicht auffinden kann.

Einen unmittelbaren Zusammenhang der Sandsteine, welche diese verkieselten Hölzer umschliessen, und jener anderen, die im Westen des Agua del Zorro mit Brandschiefern wechsellagern, habe ich zwar nicht beobach-

---

") Nach Rickard sollen die Schiefer 25% flüchtige Bestandtheile enthalten und deshalb früher, so lange die benachbarte Hütte noch im Betriebe war, zugleich mit Holz als Feuerungsmaterial verwendet worden sein (Informe 31). Ausserdem will der Genannte auch nördlich von der auf dem Paramillo liegenden Grube Ballejos einige bis 8 Zoll mächtige Schichten von Kohle 4 Fuss unter der Tagesoberfläche gefunden haben (l. c. 37).

**) Don Eustaquio Villanueva, der Besitzer der Grube Rosario, versicherte mir, dass NW. des Grubengebietes sogar einige Stämme von 2.5 m Durchmesser zu sehen seien.

ten können, indessen möchte ich im Hinblicke auf die nahe Nachbarschaft beider Gebiete glauben, dass derselbe existirt und dass mithin die die Baumstämme führenden Sandsteine dem Rhät angehören.

Darwin möchte diese Sandsteine allerdings seiner grossen patagonischen Tertiärformation um deswillen zurechnen, weil die Psammite der letzteren des öfteren mit Tuffen verknüpft sind, und weil sie auf der Insel Chiloë ebenfalls zahlreiche verkieselte Hölzer umschliessen. Indessen habe ich bezüglich dieser Meinung darauf aufmerksam zu machen, dass Darwin' das Vorkommen von Estherien in den Brandschiefern des Agua del Zorro entgangen ist — er spricht (Geol. Obs. 201) nur von einem „stratum of a black, indurated, carbonaceous shale marked with imperfect vegetable impressions" — und dass ihm überhaupt die Existenz der rhätischen Formation im mendoziner Gebirge und in den angrenzenden argentinischen Provinzen unbekannt geblieben ist. Unter solchen Umständen ist es wohl erlaubt zu glauben, dass er, wenn ihm die heutigen Erfahrungen bereits zur Seite gestanden hätten, ebenfalls eine andere Auffassung von der Sachlage gewonnen haben würde. Ausserdem ist auch zu bemerken, dass man auf Grund des Vorkommens von Coniferenresten die Sandsteine von Uspallata ebensogut mit Darwin's cretaceo-oolithischer Formation, wie mit seinem patagonischen Tertiär parallelisiren könnte, denn in demjenigen Sandsteine, welchen er bei Amolanas im Thale von Coplapo antraf und welchen er jener erstgenannten Formation zurechnet, fand er ebenfalls Tausende von verkieselten Coniferenstämmen (Geol. Obs. 225. Car. 336)[*].

Im Anschlusse an diese Mittheilungen über das mendoziner Rhät ist hier endlich noch hervorzuheben, dass man allem Anschein nach in dem Bitumengehalte seiner Brandschiefer das Rohmaterial für die Petroleumquellen zu suchen hat, die in dem Verbreitungsgebiete der in Rede stehenden Formation hier und da auftreten. Ich selbst habe dergleichen am Cerro Cacheuta gesehen, der sich ungefähr 40 km SW. von Mendoza erhebt, und zwar unmittelbar im S. der Boca del Rio genannten Stelle, an welcher der Rio de Mendoza aus dem Gebirge in die Ebene heraustritt. Der südliche, also vom Flusse abwärts gelegene Steilabhang des Cerro's wird, soweit ich ihn in der Umgebung der kleinen Gruben untersuchen konnte, die hier früher selenreiche Bleierze abbauten, jetzt aber auflässig sind, von porphyritischen und amygdaloidischen Gesteinen gebildet. Vor dem eigentlichen Cerro, gegen die Quebrada del Corral zu, liegen aber noch einige kleine Vorberge und diese bestehen aus einer Wechselfolge von Sandsteinbänken und mergeligen Schiefern. Zwischen den letzteren sind ausserdem noch Lagen von Schieferthonen und Brandschiefern und einige nur wenige Centimeter starke Lagen von blättriger Kohle eingeschaltet. Die Brandschiefer strotzen wieder von Estherien. In dem flach undulirten Terrain, das sich zwischen den kleinen Hügeln der Sandstein-Schiefer-Formation ausbreitet, sah ich (am 24. II. 1873) den Boden an zwei Stellen mit einer einige Centimeter starken Schicht von schwarzem, zähen Erdpech (Asphalt) bedeckt und zwar mochte die grössere der beiden Asphaltflächen einige 100 □ m umfassen. In der Nachbarschaft waren ausserdem noch einige kleine Löcher gegraben und auf dem Wasser, welches dieselben erfüllte, schwamm oben eine dünne Naphtaschicht auf. Da das Vorhandensein von anderen, an organischen Stoffen reichen, sedimentären Formationen in grösserer Tiefe durchaus unwahrscheinlich ist, so ist kaum ein Zweifel darüber möglich, dass man es hier mit Erdölquellen zu thuen hat, welche von dem Bitumengehalte der Estherienschiefer gespeist werden und deren zu Tage getretenes Material im Laufe der Zeit z. gr. Th. verharzt ist.

Aehnliche, nur grössere Deposita von Asphalt sollen, wie mir glaubwürdig versichert wurde, in dem im Süden der Provinz Mendoza gelegenen Departement von San Rafael bekannt sein. Da M. de Moussy (Descr. II. 391) einen Anthracit erwähnt, der sich bei San Carlos, südl. von Mendoza, findet, „qui donne d'excel-

---

[*] m. vergl. auch die neueren, wichtigen Mittheilungen von G. Steinmann. Nach demselben finden sich in den „basalen Schichten" der chilenischen Cordillere u. s. auch Conglomerate, Sandsteine und Schieferthone mit Kohlenschmitzen, die eine wohlerhaltene Flora von einem ausgesprochenen unterliassischen resp. rhätischen Charakter geliefert haben und zahlreiche verkieselte Baumstämme umschliessen. N. Jb. 1884. I. 201.

lent gas à éclairer à la destillation", fernerhin auch von „plusieurs sources bitumineuses, dont quelques-unes sont exploitées*) par des Chiliens" spricht, und da R i c k a r d (Informe 38) mittheilt, dass 70 Leguas südl. von Mendoza, an dem über den P l a n c h o n - P a s s nach Chile führenden Wege, grosse Deposita von Petroleum vorhanden sein sollen,**) so dürfte die Annahme berechtigt sein, dass sich die rhätische Formation mit ihren Brandschiefern noch über 1—2 Breitegrade hinweg an den Vorbergen der mendoziner Cordillere hinzieht.

Rückblick auf das argentinische Rhät. Kohlen- und Petroleumfrage.

An die vorstehenden Mittheilungen über Gliederung und Verbreitung der rhätischen Formation mögen hier zunächst noch einige Bemerkungen angeschlossen werden über die vielfach ventilirte Frage, ob man in dem Gebiete der Argentinischen Republik das Vorhandensein bauwürdiger Kohlen annehmen dürfe und wo diese letzteren zu suchen seien.

Bis heute müssen noch alle für den umfänglichen Dampfschiffs- und Eisenbahnbetrieb, für die Gasbeleuchtungsanstalten und für die verschiedenen Fabriken des Landes nothwendigen Kohlen aus England bezogen werden, obgleich F. R i c k a r d nach seiner 1868 ausgeführten Bereisung der argentinischen Grubengebiete schon im folgenden Jahre an das Gobierno Nacional berichtet hatte, dass die Argentinische Republik ihres Kohlenreichthumes wegen berufen zu sein scheine, dereinst das England Südamerikas zu werden! (Informe 82).

Unter der Präsidentschaft des Herrn Dr. F. S a r m i e n t o wurde deshalb von Seiten der Nationalregierung ein Preis von 20000 Patacon (etwa 80000 Mark) für die Entdeckung eines abbauwürdigen Kohlenfeldes ausgesetzt, dadurch aber ein fieberhaftes Suchen nach Kohle veranlasst. Jeder schwarze Stein sollte ein Kohlenlager andeuten, auf Turmalin führenden Graniten wurden Schächte abgeteuft und ohne Aufhören las man in den argentinischen Zeitungen, dass der „schwarze Diamant" in Gestalt von unerschöpflichen Kohlenfeldern" gefunden sei.

In Amerika ist man freilich an solches Geschrei von Leuten gewöhnt, denen es nicht um Erforschung der Wahrheit, sondern darum zu thun ist, die Gunst der Regierung und der öffentlichen Meinung vorübergehend zu gewinnen; ja man liebt sogar derartige hyperbolische Redensarten und gefällt sich in Renommagen über die wirklichen und eingebildeten Reichthümer des Landes, weil man naiv genug ist zu glauben, dass durch derartige Berichte der Credit im Auslande gesteigert und auch fremdes Capital herbeigezogen werde.

In Erinnerung dieser Thatsache sei daher für amerikanische Leser der nachfolgenden Zeilen ausdrücklich bemerkt, dass die Kohlenfrage hier in einer durchaus objectiven und nüchternen Weise behandelt werden soll.

Da ist denn zunächst zu constatiren, dass die einzige Formation, in welcher innerhalb der Argentinischen Republik bis jetzt Anzeigen für vorhandene Kohlen aufgefunden worden sind, die rhätische ist.***)

---

*) Diese Ausbeutung kann nur vorübergehend stattgefunden haben. 1873 wusste man in Mendoza nichts mehr von derselben.

**) Wohl dasselbe Vorkommen hat R. Crawford neuerdings gelegentlich der Vornahmung einer Eisenbahnlinie über den Planchon-Pass beobachtet. „There is also a very important deposit situated about midway between the rivers Diamante and Atuel, not far from the base of the mountains. Here a well springing from the side of a high hill discharges large quantities of bituminous matter into the valley below. From it issues also a yellowish fluid resembling diluted petroleum, so that there is every probability that, were means provided for transporting it to a market, a large trade would arise from this source (Across the Pampas and the Andes. London. 1884. 208. 317).

***) S. 61 wurde allerdings gezeigt, dass sich möglicher Weise auch noch der Steinkohlenformation angehörige Kohlen in Corrientes finden; so lange indessen aber dieses Vorkommen keine ausführlicheren und zuverlässigeren Berichte als die gegenwärtigen vorliegen, wird man wohl gut thun, jene Möglichkeit vorläufig bei der Kohlenfrage ausser Acht zu lassen.

Das Entwickelungsgebiet dieser Formation erstreckt sich, soweit es mir durch eigene Beobachtungen bekannt geworden ist, in W.-O. Richtung von der Anticordillere mindestens bis zu der Sierra de los Llanos und in N.-S. Richtung von Famatina (29°) über Guaco und die Mareyes bis an den Cerro Cacheuta bei Mendoza (33°), reicht aber im S. wahrscheinlich noch bis in die Gegend von S. Rafael (34½°).

Für das Gebiet zwischen Famatina und Mendoza, das bis jetzt allein etwas näher bekannt ist und auf dessen Berücksichtigung ich mich daher im Folgenden beschränke, lässt sich, wie gezeigt wurde, angeben, dass hier die rhätische Formation allenthalben aus Sandsteinen mit Einlagerungen von Conglomeraten, Schieferthonen, Kohlenschiefern und Brandschiefern besteht und dass in Begleitung der letzteren z. Th. auch schwache Kohlenflötze auftreten. Hiernach und in Erinnerung des Vorhandenseins guter Kohlen in dem Rhät von Richmond (Virginia), von Schonen (südl. Schweden) und von gewissen Districten Indiens wird die Möglichkeit zuzugeben sein, dass auch in dem argentinischen Rhät bauwürdige Flötze vorhanden seien. Die Wahrscheinlichkeit hierfür ist indessen für die verschiedenen oben besprochenen argentinischen Districte eine sehr ungleiche und zwar ist sie für den nördlichen und südlichen Theil, d. h. für die Gegend zwischen Famatina und Guaco einer- und für diejenige von Mendoza-Uspallata anderseits nur eine sehr geringe. Denn im Hinblick auf die vielfachen und tiefgreifenden Aufschlüsse, die namentlich in dem nördlichen Districte durch gewaltige Dislocationen und energische Zerstörungen hervorgebracht worden sind, dürfte man wohl erwarten, dass auch die Ausstriche mächtiger Kohlenflötze zu sehen sein müssten, wenn letztere überhaupt vorhanden wären. Aber kein Fall dieser Art ist bekannt, trotzdem die Gegend von schürfenden Bergleuten und Guanacojägern nach allen Richtungen hin durchstrichen worden ist.

Hoffnungsvoller gestalten sich dagegen die Verhältnisse für das zwischen Guaco und den Mareyes liegende, im O. von der Huerta, im W. von dem Pié de Palo begrenzte Territorium und für das benachbarten Districte zwischen der Huerta und den Llanos. In dieser Breite verflachen sich die bei Famatina bis zu den Regionen des ewigen Schnee's aufsteigenden Gebirgsketten, die Hebungen sind also hier weniger intensiv gewesen und die rhätischen Schichten, die bei den Mareyes mit sehr flacher Neigung an den Gneissen der Huerta anlagern, scheinen unter der Decke des pampinen Lösses die alten Becken zwischen den genannten Gebirgen in wenig gestörter Weise auszufüllen.*) Ausserdem wird durch den Pflanzenreichthum der Mareyesschichten bewiesen, dass zum wenigsten an den Rändern dieser Becken in der rhätischen Zeit Coniferen- und Cycadeenwälder existirt haben müssen, und dass diese Wälder üppig genug und die Umstände hinreichend günstig waren, um Kohlenflötze entstehen zu lassen, zeigen die am W. Fusse der Huerta und an den gegenüberliegenden Gehängen der Sierren von Jachal und Guaco thatsächlich vorhandenen Ausstriche der letzteren. Diese Ausstriche sind allerdings nur wenig mächtig und ihre Kohlen sind durch thonige Bergmittel so stark verunreinigt, dass sie einen technischen Werth nicht besitzen; aber da es in anderen Kohlenrevieren vielfach erwiesen ist, dass sich das vegetabilische Material in der Beckenmitte gern reichlicher anhäufte, als am Beckenrande, so ist es wenigstens möglich, dass ähnliche günstige Verhältnisse auch in den Niederungen zwischen den sanjoaniner und riojaner Gneissgebirgen stattgefunden haben und dass die Bauwürdigkeit der Mareyesflötze mit deren Entfernung von der Huerta zunimmt. Ueberhaupt ist das Kohlengebirge bei den Mareyes, wie der Bergmann sagen würde, von freundlicherer Beschaffenheit, als an allen anderen Orten, da hier weisse und graue Sandsteine und Schieferthone über die sonst vorherrschenden, grellfarbigen, gelben, rothen und violetten Gesteine dominiren.

Aus allen diesen Gründen scheint mir daher der Mareyes-District — aber auch nur dieser — ein

---

*) Bei Chepe, an der Spitze der Llanos, fallen die Sandsteinbänke allerdings wieder unter 45° SW. ein.

solcher zu sein, in welchem auf Grund der gegenwärtig bekannten Aufschlüsse die Existenz mächtigerer Kohlenflötze mit einiger Wahrscheinlichkeit angenommen werden darf.

Ob freilich hier vorhandene Kohlenflötze auch in gewinnbringender Weise abbaufähig sein würden, das ist eine ganz andere Frage; denn die weite Niederung zwischen der Huerta und dem Pié de Palo ist mit Ausnahme einiger, an den Gebirgsrändern gelegener kleiner Oasen eine absolute Wüste, ohne Wasser, ohne Weideland und Futterplätze und ohne das für den Bergbau unumgänglich nothwendige Holz. Dadurch würden ganz enorme Betriebsschwierigkeiten erwachsen und wenn sich dieselben auch durch grosse Capital-anlagen und durch eine umsichtige und energische Leitung abschwächen lassen könnten, so werden doch noch genug Hindernisse übrig bleiben, um die Rentabilität etwaiger Kohlengruben in ernste Frage zu stellen, zumal in einem Lande, in welchem das Capital eine sehr hohe Verzinsung erwartet.

Immerhin dürfte es von mehr als theoretischem Interesse sein, einige Bohrlöcher an verschiedenen Punkten zwischen der Huerta und dem Pié de Palo niederzustossen,[*] denn man würde hierdurch nicht bloss die unter allen Umständen wünschenswerthe Klarheit über das Verhalten der Mareyes-Flötze in der Becken-mitte erhalten, sondern gleichzeitig auch eine zweite, für die Argentinische Republik noch viel wichtigere Frage ihrer Entscheidung näher bringen: diejenige nach dem Erfolge artesischer Bohrungen in den Travesieen des Binnenlandes.

Artesische Brunnenanlagen versprechen da Erfolg, wo Schichtensysteme von wenig gestörter, becken-förmiger Lagerung auftreten und wo zwischen Bänken von wasserdurchlässigen Gesteinen wasserundurch-lässige Schichten eingeschaltet sind, so dass sich die in die Tiefe einsickernden Wässer auf den letzteren ansammeln und in der durch das Bohrloch geschaffenen Röhre aufsteigen können. Alle diese Forderungen scheinen im vorliegenden Gebiete erfüllt zu sein: die rhätische Formation breitet sich zwischen der Huerta und dem Pié de Palo muldenförmig aus und Wasser aufquellende Schieferthonschichten lagern hier zwischen porösen Sandsteinen. Endlich müssen auch unterirdische Wasseransammlungen angenommen werden, da das zwischen den in Rede stehenden Gebirgen eintretende Versiegen des Rio Jachal und des Rio Vermejo doch nicht lediglich auf eine Verdunstung, sondern auch auf ein Versickern des Wassers zurückzuführen ist. Die Anlage artesischer Brunnen scheint daher in keinem anderen der mir bekannt gewordenen Districte der Argentinischen Republik günstigere Resultate zu versprechen, als in der Wüstenei zwischen der Huerta und dem Pié de Palo, in welchen die längs der Tropenwege sich hinziehenden Garni-turen gebleichter Rinder- und Maulthierskelette fortwährend an die grossen Beschwerden und Hindernisse gemahnen, mit welchen Handel und Transport im argentinischen Binnenlande zu kämpfen haben!

Indem ich nach diesem Abschweife zur rhätischen Formation und ihren mineralischen Schätzen zurückkehre, und indem ich alles Vorhergehende in dem Satze zusammenfasse, dass in derselben Kohlen-flötze thatsächlich vorkommen, dass aber die Bauwürdigkeit derselben noch zu erweisen ist, glaube ich diese Bemerkungen mit einer nochmaligen Erwähnung der Petroleum-Quellen schliessen zu sollen, die in Mendoza ebenfalls aus der rhätischen Formation entspringen und nach allem, was bis jetzt in zuverlässiger Weise über dieselben bekannt geworden ist, eine weit grössere als die seitherige Beachtung zu verdienen und einen weit höheren Nutzen zu versprechen scheinen als die rhätischen Kohlenflötze.

Die Petroleumvorkommnisse von Salta und Jujuy können erst später besprochen werden.

---

[*] Derartige Bohrungen hat 1869 schon Rickard (Informe 82) warm empfohlen, aber seine Vorschläge sind in den Archiven vergraben und vergessen worden.

Bemerkungen über die weitere Verbreitung der rhätischen Formation.

Philippi erwähnt ein Kohlenvorkommen in der Quebrada del Ternero unweit Pnquios, welches letztere nach seiner Karte etwa 15 Leguas ONO. von Copiapo liegt; er giebt an, dass in jener Quebrada bituminöse Schieferthone mit dünnen Schichten vortrefflicher Steinkohle vorkommen, „die wahrscheinlich dem Lias angehören" (Reise 108. 130).

Später haben dann Mallard und Fuchs an dieser Stelle gesammelt und ihre Ausbeute ist von R. Zeiller unter Mitwirkung von Schimper bestimmt worden. Darnach sind die in einem graublauen, schieferigen Sandstein liegenden Pflanzen: Jeanpaulia Münsteri Göpp. sp., Pecopteris Fuchsi Schimp. (neu, verwandt mit P. Göppertiana Münst. sp.), ? Dictiophyllum acutilobum F. Braun sp. und Podazamites distans Prels. sp., endlich auch noch die von mir an der Cuesta colorada bei Escaleras de Famatina gefundene Palissya Brauni Endl.

Zeiller gelangt im Angesichte dieser Erfunde und zwar, wie ich besonders betonen möchte, in vollster Unabhängigkeit von Geinitz, zu folgendem Resultate: „Ces diverses plantes appartiennent toutes à la flore des couches rhétiques et à celle du Lias inférieure, qui sont, d'ailleurs, à peine distinctes l'une de l'autre, et elles leur sont particulières, notamment le Jeanpaulia Münsteriana et le Pallisya Brauni, qui n'ont jamais été rencontrés dans les étages suivants. Il ne peut donc y avoir d'incertitude pour les couches de charbon de la Ternera, qu'entre l'Infra-lias et de Lias inférieure, incertitude fort limitée par consequent."[*]) Eine neuerliche Bestätigung dieser Ansicht findet sich bei Steinmann (N. Jb. 1884. I. 300), denn darnach folgen auf die pflanzenführenden Schichten der Quebrada de la Ternera in fast unmittelbarer und conformer Ueberlagerung Schichten mit Gryphaea arcuata, Arieten und Spirifer Walcotti.

Im Anschlusse hieran möchte ich endlich noch erwähnen, dass das Rhät möglicher Weise auch noch in südlicheren Theilen Chile's existirt, denn Pissis giebt in seinem Berichte „Sur la constitution géologique de la chaine des Andes entre le 16° et le 53° degré de lat. Sud." (An. d. m. 1873. III. 405) an, dass zwischen dem Rio Maule, der sich unter etwa 35° bei Constitucion in den stillen Ocean ergiesst und dem Rio Bio Bio, der bei Concepcion unter etwa 37° ausmündet, also in einem Districte, der nur um weniges südlicher als San Rafael in der Provinz Mendoza (S. 79) liegt, „le terrain se compose de grès, de psammites et de schiste anthraciteux; il contient quelques empreintes végétales, mais on n'y a rencontré qu'une seule petite coquille qui paraît être une posidomie". Darnach hält Pissis diese Schichten für silurische oder devonische, indessen scheint mir die Frage erlaubt zu sein, ob nicht etwa seine Posidonien Estherien und ob mithin die vermeintlichen paläozoischen Schichten dem mendoziner Rhät gleichzustellen seien?

Wie dem aber auch sei, jedenfalls darf schon jetzt als bewiesen gelten, dass in der rhätischen oder zum Beginne der jurassischen Zeit in dem Bezirke der westlichen argentinischen Provinzen Festland existirt und sich nach Chile hinüber erstreckt hat. Cycadeenwälder bedeckten dasselbe und spiegelten ihre Wedel in Binnensee'n, die von Ganoiden- und Estherien-Schwärmen bevölkert waren. Hier und da speicherte sich auch in sumpfigen Niederungen das Rohmaterial zu kleinen Kohlenflötzen auf.

---

[*]) Notes sur les plantes fossiles de la Ternera (Chili). Bull. Soc. géol. de France (3) 1875. III. 572. Darnach Auszug in An. d. m. 1876. X. 597. Dass sich Zeiller im Irrthume befindet, wenn er in seiner Arbeit die von Gerceis am Rio Grande do Sul gesammelten Pflanzen ebenfalls für rhätische hält, ist schon S. 63 nachgewiesen worden.

X. Rhätische Eruptivgesteine
(Olivindiabase, Diabase und Melaphyre).

———

Die Gebirgskette, welche sich im Westen der Provinzialhauptstadt Mendoza erhebt und durch ein breites Längsthal von der Cordillere abgesondert wird, besteht im wesentlichen aus paläozoischen Thonschiefern und Grauwacken (S. 40). Denselben sind, wie S. 76 ff. gezeigt wurde, im Osten und Westen rhätische Sedimente an- und aufgelagert.

Ausser diesen geschichteten Formationen betheiligen sich nun aber auch noch mehrfache Eruptivgesteine an der Zusammensetzung des Gebirges: wahrscheinlich Granit (S. 34), sodann Olivindiabase und Mandelsteine, ferner Quarzporphyre, endlich Andesite und andere jüngere vulkanische Bildungen (Taf. III. 9).

Darwin' ist es nicht gelungen, die drei zuletzt genannten Arten von Eruptivgesteinen von einander zu trennen; er hat vielmehr, da er die rhätischen Sandsteine noch für tertiäre Gebilde hielt, alle Sedimente (mit Ausnahme der paläozoischen) und alle mit Sedimenten wechsellagernden Bänke von submarinen Tuffen, alle Ströme mehr oder weniger compacter Laven und alle sonstigen eruptiven Gesteine (mit Ausnahme der Granite) zu einer und derselben Formation, nämlich zu seinem patagonischen Tertiär zusammengefasst. Dadurch leidet die Klarheit seiner Schilderung des Uspallatagebirges (Geol. Obs. 196. Car. 293.) ganz ausserordentlich, zumal er dieselbe weder durch specielle Profilzeichnungen, noch durch hinreichend genaue petrographische Notizen erläutert hat.

Das Verdienst, die Sichtung der verschiedenen Eruptivgesteine angebahnt zu haben, gebührt Burmeister. Derselbe hat nämlich hervorgehoben, dass die herrschenden Grauwacken von dreierlei Eruptivgesteinen durchbrochen werden: 1.) von rothem Felsitporphyre, welcher demjenigen der Gegend von Halle a. S. verglichen wird; 2.) von schwarzen Augitgesteinen, bezüglich derer es zweifelhaft gelassen wird, ob sie „wirklich Basalt oder nicht vielmehr Melaphyr" sind und 3.) von vulkanischen Gesteinen, die auf der Karte als „Trachyt und Tuffe" bezeichnet werden. Der bedeutendste Eruptionsheerd der letzteren liegt am Westabhange der Sierra von Uspallata (Z. f. allg. Erdk. N. F. IV. 1858. 276 und Reise I. 274).

Von diesen verschiedenen Eruptivgesteinen kommen für jetzt nur die unter 2 genannten in Betracht, die namentlich westlich vom Paramillo auftreten. Diejenigen von ihnen, welche Burmeister am Agua del Zorro sah, „konnte er nur für Basalte halten". Als er dann aber, von jenem kleinen Wasserplatz ausgehend, die Stelle passirt hatte, an welcher im Sandsteine die verticalstehenden Araucarienstämme zu sehen sind und als er nun auf dem Haupttropenwege gegen den östlich vorliegenden Theil des Gebirges anstieg, traf er zunächst auf eine mächtige Mandelsteinformation, die weiterhin in einen „wahren Melaphyr, wie man ihn schöner nicht seben kann" und endlich, zu oberst, in „ein zähes, hartes, eisenschwarzes Gestein, das statt der Mandeln kleine Blasenräume enthält und einer Augit-Lava mit starkem Magneteisengehalt ähnlich sieht", überging (Reise I. 276).

Dass mit der Zusammenfassung aller dieser Gesteine zu „Basalt oder Melaphyr" und namentlich mit der Trennung derselben von dem „Trachyt" das Richtige getroffen worden ist, ergiebt sich daraus, dass jener „Basalt", wenigstens mehrfach, im Liegenden der rhätischen Sandsteine angetroffen wird und zwar unter Verhältnissen, die diese Lagerungsweise nicht durch sein nachträgliches Eindringen, sondern nur durch sein früheres Dasein erklären.

Man kann sich hiervon schon auf dem Haupttropenwege selbst, kurz oberhalb des Agua del Zorro, überzeugen; besser noch in dem Grubengebiete, welches sich unmittelbar nördlich der kleinen Quelle auf einer nach W. zu abfallenden, hügeligen Hochfläche ausbreitet. Denn obwohl man in der Umgebung der Gruben, abgesehen von einigen alsbald zu erwähnenden Ausnahmen, allenthalben Araucariensandstein am Tage anstehen sieht, ist es doch eine den Bergleuten wohlbekannte Thatsache, dass dieser Sandstein nur eine geringmächtige Decke über lettigen, nach der Tenfe zu härter werdenden Gesteinen von grünschwarzer Farbe bildet. Mit allen tieferen Schächten, die im Sandstein angesetzt wurden, hat man endlich das dunkle, massige Gestein erreicht. Ich selbst habe diese Angaben bei den Befahrungen der Gruben Rosario und S. Pedro, bei derjenigen des Stollens von Sauce und in der etwas abseits liegenden Grube Carranza bestätigt gefunden. Auf allen diesen Gruben liegt der Sandstein über bankförmig geschichteten Tuffen, die bald breccienartige Structur zeigen, bald, wie im Stollen von Sauce, den Eindruck machen, als ob nuss- bis faustgrosse, bunte Thonballen zusammengeknetet worden wären. Zwischen den Tuffen und parallel zu ihren Bänken, zogen sich mehrere sogenannte Mantos hin, die bei einer Mächtigkeit bis zu zwei Metern aus einem dünngeschichteten Gesteine bestanden, welches an der Luft stark zerblätterte. Unter den Tuffen folgt dann noch ein festes, grünschwarzes und massig abgesondertes Gestein, das dem am Agua del Zorro anstehenden vollkommen gleich zu sein scheint.[*]

Das Zorrogestein, und die mit ihm verknüpften Tuffe sind hiernach zweifelsohne älter als die rhätischen Sandsteine.

Daneben finden sich aber in dem Grubendistricte auch noch gang- oder stockförmige Gesteine, welche den Sandstein durchbrechen und am Tage in Gestalt kleiner Kuppen überragen. Da ich von diesen letzteren leider keine Proben mitgenommen habe,[**] so muss ich mich hier mit der Angabe begnügen, dass auch einige dieser jüngeren Ganggesteine, ihrem äusseren Ansehen nach, an das Zorrogestein erinnerten. Andere waren blasig und die Blasenräume zeigten sich alsdann mit Kalkspath und Achat erfüllt; so z. B. zwischen den Gruben Santa Rita und Vetilla.

Ich kann nur noch erwähnen, dass die Verhältnisse bei mir die — allerdings noch weiterer Prüfung bedürftige — Vorstellung erzeugt haben, als ob die älteren und jüngeren Eruptivgesteine des Grubengebietes einander verwandt und Producte einer und derselben, längere Zeit hindurch andauernden, im allgemeinen aber mit der Ablagerung der rhätischen Sandsteine zusammenfallenden Eruptionsperiode seien. Ich bin in dieser Meinung dadurch bestärkt worden, dass ich in den argentinischen Andesit- und Trachytgebieten, auch

---

[*] Auch Darwin sah an einer Stelle schwarze, verhärtete, kohlige Schiefer mit undeutlichen Pflanzenresten (also doch wohl Estheriensehiefer) auf submarinen Laven aufruhen und allen Unebenheiten von deren Oberfläche folgen (Geol. Obs. 201. Car. 304).

[**] Die grosse Dürre, welche zur Zeit meiner Bereisung der Uspallatakette herrschte, nöthigte mich, meinen Aufenthalt in dem Grubengebiete auf 1½ Tag zu beschränken. Ausserdem hatte ich alle meine Lastthiere nach einem Futterplatze vorauszuschicken müssen und war deshalb gezwungen, die Aufsammlung von Erz- und Gesteinsproben auf ein Minimum zu beschränken.

in denjenigen, die sich in der Sierra de Uspallata selbst und zwar in unmittelbarer Nachbarschaft der rhätischen Sandsteine finden, keine Gesteine angetroffen habe, welche sich mit dem Zorrogesteine und mit den Ganggesteinen des ebenbesprochenen Grubengebietes vergleichen liessen.

Eine nähere Beschreibung kann ich nur von dem am Agua del Zorro anstehenden Olivindiabas geben.

Dieses Gestein zeigt eine feinkörnige grünschwarze Grundmasse, in welcher zahlreiche kleine Spaltflächen von Feldspath aufglänzen. U. d. M. erkennt man, dass es ein krystallinisch-körniges Gemenge ist und im wesentlichen aus wasserhellem, leistenförmigen Plagioklas und aus violettbraunem Augit besteht. Diesen beiden vorherrschenden Elementen gesellen sich noch mehr oder weniger häufig Olivinkrystalle zu, die kleine Picotite enthalten; endlich findet sich noch allenthalben Magnetit, dessen Oktaëderchen zu äusserst zierlichen, rechtwinklig gestrickten Aggregaten vereinigt sind. Apatit fehlt in den mir vorliegenden Dünnschliffen; dagegen treten local kleine mit Kalkspath erfüllte Drusenräume auf.

Wie bereits angegeben wurde, hat Burmeister das Gestein seinem äusseren Ansehen nach Basalt genannt und ich selbst habe es während meiner Reise auch noch für ein Eruptivgestein der tertiären Zeit gehalten (N. Jb. 1873. 731). Deshalb ist es dann wohl auch von Francke, dessen Untersuchungsresultate mit den meinigen vollkommen übereinstimmen, als Dolerit beschrieben worden (Stud. No. 48. S. 35). Nachdem nun aber inzwischen durch Geinitz die Zugehörigkeit des Araucariensandsteines zum Rhät erwiesen worden und demnach auch für die Zorrogesteine ein mesozoisches Alter anzunehmen ist, dürfte es sich mit Rücksicht auf die in der Petrographie dermalen übliche Terminologie empfehlen, das Gestein als Paläodolerit oder, wie es oben geschehen ist, als Olivindiabas zu bezeichnen.

Ein zweites Gebiet, in welchem rhätische Eruptivgesteine aufzutreten scheinen, ist die schon oben erwähnte Einsattelung, welche die Sierra de Famatina von der Sierra de la Huerta trennt (Taf. I. 5).

Von Guaco kommend, kreuzte ich diesen an Wasser und Vegetation gleich armen Wüstendistrict in einem ein und einhalbtägigen Ritt (20. bis 21. III. 1873) zwischen dem Puesto Ferreira und Salinitas und beobachtete hierbei mehrfach inmitten der vorherrschenden rhätischen Sedimente theils bis mehrere Meter mächtige Gänge, theils kleine Kuppen und Hügelgebiete, die aus grünschwarzen, mittelkörnigen bis aphanitischen, zuweilen auch amygdaloidisch entwickelten Gesteinen bestanden. An einer Stelle sah ich auch eine deckenförmige Ueberlagerung des Sandsteines durch Aphanit.

Analoge Eruptivgesteine traf ich, nachdem ich bei Salinitas das Gebiet der mesozoischen Sedimente verlassen hatte, auch noch auf dem Wege, der sich vom genannten Orte aus am Ostabhange der Sierra de la Huerta über Ugno nach Valle fertil hinzieht. Einige Leguas südlich von Salinitas, in der unmittelbaren Nähe einiger verlassenen Ranchos, ragen aus dem Lössboden der Ebene einige kleine Hügel empor, die aus einem schwarzen, aphanitischen Gesteine bestehen, und in Valle fertil liegt zwischen den Gneisshügeln, die sich von der Kirche nach dem Flusse hinziehen, eine kleine Kuppe (es stehen drei Kreuze auf ihr) ähnlichen Gesteines, das plattenförmig zerklüftet ist und in Folge beginnender Verwitterung körnige Absonderung zeigt.

Bei weiterer Nachforschung würde man in dem Gebiete zwischen dem Rio Vermejo, Salinitas und Valle fertil gewiss noch zahlreiche andere solcher kleiner Eruptivmassen antreffen.

Bei denjenigen, die ich beobachten konnte, war es mir nicht möglich, aus den Lagerungsverhältnissen Anhaltepunkte für eine exactere Altersbestimmung abzuleiten; da sich jedoch die Mehrzahl der kleinen Gänge und Kuppen in dem Gebiete der rhätischen Sedimente findet, da sonstige jüngere Eruptivgesteine in dem Districte fehlen und da die beobachteten Gesteine ihrer Zusammensetzung nach wiederum keinem mir bekannt gewordenen jüngeren Eruptivgesteine der Argetinischen Republik verwandt sind, dagegen z. Th. lebhaft an den den Araucariensandstein vom Agua del Zorro unterteufenden Olivindiabas erinnern, so bin ich geneigt, sie ebenfalls als solche von ungefähr rhätischem Alter zu betrachten. Die weitere Erhärtung oder Entkräftung der Gründe, die mich hierzu veranlassten, muss der Zukunft überlassen bleiben.

In Bezug auf den petrographischen Charakter dieser durchgängig grün- oder blauschwarzen Gesteine ist noch hervorzuheben, dass sie gewöhnlich sehr kleinkrystallinisch oder aphanitisch, im letzteren Falle z. Th. auch noch amygdaloidisch entwickelt sind. Die Ausfüllungsmasse der Blasenräume eines dieser Mandelsteine, der am östlichen Gehänge eines breiten Thales ansteht, das man, vom Vermejo kommend, kurz vor Salinitas zu kreuzen hat, bestand aus Kalkspath und zwar entsprach jedem der zahlreichen, einige Millimeter grossen und kugelig gestalteten Blasenräume ein Rhomboëder.

Das Mikroskop belehrt, dass die wesentlichen Constituenten aller dieser Gesteine wasserhelle Tafeln oder Leisten von Plagioklas und säulenförmige Krystalle oder Krystallkörner von violettbraunem Augit sind Gewöhnlich verbinden sich diese beiden Mineralien zu einem körnigen Gemenge von richtungsloser Structur und nur in einem Falle bildeten die Plagioklasleisten eine Art Gerippe, dessen winkelige Zwischenräume mit büschelförmig gruppirten Nadeln und Strahlen von Augit erfüllt waren. Als dritter Gemengtheil ist Picotit-führender Olivin zu erwähnen; derselbe fehlt lediglich in dem Gestein der kleinen Kuppe von Valle fertil. Sodann findet sich regelmässig Magnetit, entweder in isolirten Krystallen und Körnern, oder, wie im Zorrogestein, in gestrickten Octaëdergruppen.

Sieht man von der etwas kleinkörnigeren Structur der in Rede stehenden Gesteine ab, so stimmen sie bis hierher genau oder doch in allen wesentlichen Punkten mit dem oben aus der Uspallatakette geschilderten überein. Dagegen ist von diesem letzteren abweichend, dass einige der zuletzt besprochenen Gesteine Apatitsäulchen, die jenen fehlten, enthalten und dass, während sich die Structur einiger der untersuchten Gesteine wiederum als rein körnig erwies, bei einigen anderen Abänderungen die winkligen Zwischenräume zwischen den oben genannten wesentlichen Gesteinselementen mit kleinen Mengen einer Körnchen oder Fäserchen führenden Glasbasis ausgefüllt sind. Dass sich zuweilen noch Kalkspath, Viridit und andere Zersetzungsproducte angesiedelt haben, sei hier nur nebenbei bemerkt.

Nach allem Vorstehenden lässt sich angeben, dass auch die Gesteine der Gegend zwischen dem Vermejo, Salinitas und Valle fertil zumeist O l i v i n d i a b a s e sind, dass neben denselben nur einmal (Valle fertil) ein o l l i v i n f r e i e r D i a b a s auftritt und endlich, dass jene z. Th. Uebergänge in M e l a p h y r zeigen, dafern man mit R o s e n b u s c h (Physiographie. II. 392) unter „Melaphyr" diejenigen älteren massigen Gesteine versteht, welche wesentlich aus Plagioklas, Augit und Olivin mit freien Eisenoxyden und einer irgendwie gearteten Basis in wechselnden Mengenverhältnissen bestehen.

XI. Porphyre.

A. Quarzporphyre in der Cordillere.

Gegen Ende oder bald nach Abschluss der paläozoischen Zeit und während der mesozoischen Zeit sind in der argentinisch-chilenischen Cordillere an zahlreichen Orten und z. Th. in sehr beträchtlichen Massen Porphyre zur Eruption gelangt. Theils sind es quarzhaltige, theils quarzfreie Gesteine. Da ich auf meinen Reisen nur die ersteren angetroffen habe, so beginne ich mit einer Zusammenstellung dessen, was ich bezüglich der Quarzporphyre selbst beobachten und sonst in Erfahrung bringen konnte. Daran mögen sich dann noch einige der älteren und neueren Litteratur entnommene Angaben über die anderweiten Cordillerenporphyre anschliessen.

Die Cordillere von Catamarca habe ich nicht gekreuzt. Ich muss mich daher bezüglich ihrer auf die Bemerkung einschränken, dass nicht nur die ihr vorgelagerten rhätischen (?) Sedimente unter anderen Geröllen auch solche von Quarzporphyren einschliessen (S. 71), sondern dass auch die heutigen Flussalluvionen reich an Geschieben verschiedener Quarzporphyre sind. Ich habe mich hiervon bei Fiambalá und in dem unteren Theile der zwischen Fiambalá und Tinogasta in das Thal des Rio colorado ausmündenden Troya-Schlucht überzeugen können. Die kleinen Schotterfelder, welche sich auf dem Boden der letzteren ausbreiten, bestehen aus Geröllen von Gneiss, Graniten, Quarzporphyren und Andesiten. Die Quarzporphyre besitzen theils eine gleichförmig entwickelte, theils eine bandartig gestreifte Grundmasse; andere Gerölle stammten von Quarzporphyrbreccien ab.

Das Vorhandensein von Quarzporphyr in dem am Catamarca angrenzenden Theile der chilenischen Cordillere wird sich aus später zu erwähnenden Beobachtungen ergeben.

Cordillere von San Juan. Ueber die Zusammensetzung des nördlichen Theiles derselben vermag ich wiederum nur auf Grund derjenigen Gerölle ein Urtheil abzugeben, welche der Rio de Jachal mit sich führt und welche sich in den Schotterfeldern studiren lassen, die sich dicht neben dem Städtchen Jachal kurz unterhalb des Austrittspunktes des Flusses aus der von silurischen Kalksteinen gebildeten äusseren Anticordillere, ausbreiten. Diese Schotterfelder bestehen lediglich aus Geröllen von Graniten, Quarzporphyren und vereinzelten Hornblende-Andesiten.

Weiter südlich in der Provinz San Juan habe ich zunächst das Thal des Rio de San Juan in seinem Oberlaufe, zwischen der Sierra Tontal und der Patos-Cordillere kennen gelernt. Die z. Th. ganz ausserordentlich mächtigen Schotterterrassen, die sich hier auf dem rechten Ufer von Hilario an aufwärts bis Barreal hinziehen, bestehen zum grössten Theile aus Quarzporphyren und diese letzteren können lediglich aus der Cordillere abstammen, weil die Sierra Tontal, an deren westlichen Fusse sich jene Schotter anlagern, im wesentlichen nur aus paläozoischen Thonschiefern und Grauwacken zusammengesetzt ist.

Von Barreal an gegen die Patos zu bin ich dann an dem Ostabhange der centralen Cordillere entlang geritten bis zur Quebrada de la Leña. Der beschwerliche Weg überschneidet zahlreiche von den Nevados herabkommende Schluchten und die Gewässer der letzteren bringen fast ausschliesslich Blöcke und Gerölle von Graniten und Quarzporphyren aus den Höhen herab. Die beiden genannten Gesteine müssen sich also in hervorragender Weise an der Zusammensetzung desjenigen Hochgebirges betheiligen, das sich unmittelbar nördlich an den Nevado del Espinazito anschliesst (Taf. II).

In der eben genannten Quebrada de la Leña fand ich endlich Granit und Quarzporphyr anstehend, und zwar im unteren Theile der Schlucht, etwa zwischen 2620 und 3665 m (S. 35). Weiter aufwärts bis zum Passe (4235 m) folgen zunächst versteinerungsleere Sedimente, zwischen denen sich ein paar Lagergänge von jüngeren basaltischen und andesitischen Gesteinen ausbreiten, während auf dem Passe selbst Kalksteine anstehen, die durch zahlreiche Versteinerungen ihre Zugehörigkeit zum Dogger zu erkennen geben. Gleich alte, ebenfalls versteinerungsreiche Sedimente (Kalksteine, Mergel, Sandsteine) bilden dann den Westabhang der Espinazitokette und das am westlichen Fusse sich ausbreitende Hügelland. Von hier aus nach W. zu sah ich in der Cordillere keine Granite oder Quarzporphyre mehr, wohl aber stiess ich bei meinen Excursionen im Juragebiete auf zahlreiche, die Schichten derselben durchbrechende Kuppen und Gänge von Hornblendeandesiten. Endlich ist noch hervorzuheben, dass den soeben erwähnten jurassischen Sedimenten am Westabhange des Espinazito local auch Conglomeratbänke eingelagert sind, welche in ihrem eisenschüssigen Cemente, da wo dasselbe reichlich entwickelt ist, ausser Ammoniten- und Belemnitenfragmenten einige Brachiopoden, Trigonia Lycetti, Tr. rectangularia und Lucina Goliath (Gottsche S. 38) enthalten, während ihre Gerölle lediglich solche von Quarzporphyr sind und rücksichtlich ihrer petrographischen Beschaffenheit mit den in der Quebrada de la Leña und in der Espinazitokette anstehenden Gesteinen vollständig übereinstimmen. Es darf daher gefolgert werden, dass die letzteren ein präjurassisches Alter haben und dass hier Granite und Quarzporphyre die felsige Ostküste des Jurameeres bildeten.

Zu genau denselben Schlussfolgerungen führen die in der mendoziner Cordillere zu beobachtenden Verhältnisse.

Ich habe die letztere auf dem Cumbre-Pass gekreuzt, der etwa 33° S. Br. und 1° südlich vom Espinazito liegt. (Taf. III. 9). Der Weg nach der Cumbre tritt westlich von Uspallata in die Cordillere ein und folgt, von hier aus bis zur Cumbre allmählich ansteigend, dem Oberlaufe des Rio de Mendoza, sich über Punta de las Vacas und Puente del Inca immer am linken Gehänge des Thales hinziehend, das bis zur Puenta del Inca zumeist nur eine wilde Felsenschlucht ist, weiterhin aber ein breiteres Hochgebirgsthal wird. Die kahlen, nur hier und da von mächtigen Schutthalden bedeckten Felsenwände jener Schlucht bestehen von ihrem Anfang an aufwärts bis zum Calcton, d. i. auf eine ungefähr 20 km lange Wegstrecke, allem Anschein nach fast nur aus Quarzporphyr, dann folgen zwischen dem Calcton und Punta de las Vacas die S. 16, 35 und 53 besprochenen metamorphen Schiefer, Glimmerschiefer und Granite, hierauf nochmals Quarzporphyr und Quarzporphyrbreccien, die an einer Stelle, ähnlich wie in der Quebrada de la Leña, mit Granit abwechseln und an einer anderen von einem mächtigen Gange von Hornblendeandesit durchsetzt werden. Endlich steht kurz vor der Puente del Inca nochmals Hornfels an und nun folgen, von der Puente del Inca an bis zur Cumbre, also wiederum im W. der Granite und Porphyre, jurassische und cretacische Sedimente.

Zur Charakteristik der Porphyrschlucht, welche der mendoziner Fluss zwischen dem Caleton und der Ebene von Uspallata durchströmt, möge hier die folgende Stelle meines Tagebuches eingerückt sein.*) „Auf die metamorphen Schiefer folgt am Caleton plötzlich Quarzporphyr, rothbraun, mit zahlreichen Quarzkörnern und Feldspathkrystallen. Seine Grenzverhältnisse zu jenen bleiben an den wild zerklüfteten und unzugänglichen Felswänden unklar. Nach einer halben Stunde erweitert sich die enge Porphyrschlucht zu einem kleinen, ringsum abgeschlossenen Kessel, el Jaule, dessen Gehänge in ihrer ganzen Höhe aus plattig abgesondertem oder geschichtetem Thonsteinporphyr (Porphyrtuff) bestehen. Die Bänke liegen horizontal. Das Gestein hat lichte gelbliche, röthliche oder violette Farbe; bald ist es einförmig, compact entwickelt, bald zeigt es Breccienstructur. Deutlich sieht man die Tuffe von einigen Gängen durchschnitten werden, indessen vermag ich die Natur der Ganggesteine nicht zu untersuchen. Unterhalb des Jaule besitzt das Thal wieder schluchtartigen Charakter. Die hohen, zuweilen in nadelförmige Spitzen auslaufenden Gehänge bestehen allenthalben aus typischem Quarzporphyr, der in der Regel massig abgesondert, zuweilen aber auch plattig zerklüftet ist. Der Weg, trotzdem er erst vor ein paar Jahren angelegt worden sein soll, ist ungemein steinig und herzlich schlecht, zuweilen geradezu gefährlich. Er führt zumeist an Schutthalden entlang und da, wo er in dieselben eingeschnitten worden ist, ragen aus den Böschungen grosse Felsblöcke heraus, die jeden Augenblick auf den Reisenden herabzustürzen drohen. Dazu geht es immer auf und ab, weil mehrere kleine, vom linken Gehänge herabkommende Bäche gekreuzt werden müssen. Einer dieser Bäche bildet einen recht schönen Wasserfall und unterbricht dadurch für einen Augenblick die düstere und monotone Scenerie der Thalschlucht, in welcher unten der rothschlammige Fluss wild dahinströmt. Vegetation ist nirgends zu sehen — die einzige Staffage bilden einige Skelette oder mumienartig vertrocknete Leichen von Maulthieren und Ochsen**) und nur wenn man schärfer nach dem rechten, felsenreicheren Gehänge hinübersieht, erblickt man auch noch die Stangen des transandinen Telegraphen. 12 Uhr hatten wir den Jaulekessel passirt, um 3 Uhr erreichten wir den von links her in den Hauptfluss einmündenden Rio Picheuta (1900 m) und damit das untere Ende des Felsenthales. Nach einstündiger Rast wurde wieder aufgebrochen; um 5 Uhr, da wo links eine kleine, wilde aber trockene Schlucht herabkommt, sieht man durch dieselbe eine Schneespitze der Cordillera del Tigre. Am linken Gehänge wird jetzt der Quarzporphyr wieder lichte, verschiedenfarbige, bankförmig geschichtete Thonsteinporphyre (Tuffe) unterbrochen und ähnliche Gesteine scheinen auch auf dem rechten Ufer die letzten Quarzporphyrfelsen zu überlagern, die hier, wie gewöhnlich, steilwandig und klippig sind und überdies ein recht eigenthümliches gangförmiges Ineinandergreifen rother und schwarzer Gesteine zeigen; dasselbe fesselt das Auge des Geologen besonders deshalb, weil sich von der Hauptmasse eines gangförmig auftretenden Gesteines von lichterer rother Farbe schräg nach unten gerichtete Apophysen in den herrschenden dunkleren Porphyr einzwängen.***) Die Gehänge werden jetzt rasch niedriger und treten etwas zurück; an ihrem Fusse ziehen sich bis 20 m hohe, terrassenartig abgestufte Schotterablagerungen hin. 5⁄4 traten wir aus der Cordillere heraus in das breite Längsthal von Uspallata, dessen Boden mit flachen Schotterhügeln erfüllt ist. 8¼ ritten wir endlich bei schönem Mondschein vor der Estancia von Uspallata, mit welcher das argentinische Zollhaus verbunden ist, vor."

Anhaltepunkte für die Altersbestimmung des Quarzporphyres konnte ich in der Mendoziner Cordillere nur an der Puente del Inca gewinnen. Hier bestehen die rechten Thalgehänge aus einer concordant gelagerten Folge von mittel- oder oberjurassischen und untercretacischen Schichten. Kalksteine, die z. Th. marmorisirt sind, herrschen vor, indessen finden sich auch parallel zwischen denselben zwei Conglomeratbänke, (6 und 13 des später zu beschreibenden Profils), von denen die untere dem jurassischen, die obere dem cretacischen Theile des Profils anzugehören scheint, da jene unmittelbar über einer Bank liegt, die von Schalen

---

*) Rücksichtlich derselben ist zu beachten, dass ich die Schlucht in der Richtung von W. nach O. also thalabwärts durchritten habe.

**) da jährlich Tausende von argentinischen Ochsen über den Cumbrepass nach Chile getrieben werden.

***) vergl. auch Darwin in Geol. Obs. 194, Car. 291.

der Gryphaea cf. calceola Qu. strotzt, während sich diese schon im Hangenden einer marmorartigen Kalksteinschicht findet, aus welcher die neocome Arca Gabrielis Leym. herausgeschlagen wurde. Beide Conglomeratbänke bestehen in der Hauptsache aus Quarzporphyr- und Quarzgeröllen, die durch eisenschüssiges Bindemittel verkittet sind und die ersteren entsprechen rücksichtlich ihrer petrographischen Beschaffenheit vollkommen den thalabwärts von der Incabrücke in Felsen anstehenden Gesteinen.

Diese Verhältnisse stimmen nicht nur mit den in der Espinazitokette gesammelten Erfahrungen, sondern auch mit der schon früher erwähnten Thatsache überein, dass sich Quarzporphyrgerölle bereits in den rhätischen Sedimenten von Mendoza und in dem wahrscheinlich ebenfalls rhätischen Sandstein der Troya-Schlucht einstellen. Berücksichtigt man weiterhin, dass sich auch in der mendoziner Cordillere die mesozoischen Sedimente wiederum nur im W. der Quarzporphyre finden, so wird man daher auch für diese Region folgern dürfen, dass das Ufer des Jurameeres aus Quarzporphyrklippen bestanden habe und man wird nach alledem kaum irren, wenn man die vom Rio de Mendoza durchschnittenen Gesteine als die unmittelbare Fortsetzung der Espinarito-Porphyre auffasst.

Einige Bemerkungen über die petrographische Beschaffenheit der besprochenen Quarzporphyre behalte ich mir für später vor und will deshalb hier nur noch angeben, dass sich dieselben sowohl in der sanjuaniner als in der mendoziner Cordillere theils als compacte, einheitliche Gesteine von massiger oder plattenförmiger Absonderung, theils als bankförmig geschichtete, grobe Breccien entwickelt finden. Die letzteren, die man an einigen Stellen der Quebrada de la Leña und an den Felsen unmittelbar oberhalb der Punta de las Vacas beobachten kann, bestehen lediglich aus fest in einander gekneteten, durch spärlicheren oder reichlicheren felsitischen Teig verkitteten Fragmenten verschiedener Porphyrabänderungen. Mehrfach sah ich auch Gänge der einen Quarzporphyrvarietät innerhalb einer anderen oder innerhalb der eben erwähnten Breccien auftreten. Diese Verknüpfung von massigen Gesteinen mit Eruptivbreccien und den früher erwähnten Tuffen dürfte im Vereine mit der gewaltigen, in der mendoziner Cordillere nach Meilen messenden Breite des N.-S. gerichteten Porphyrzuges dafür sprechen, dass dieser letztere nicht durch eine einzige Eruption entstanden, sondern das Product einer länger andauernden Eruptionsperiode ist, während deren Verlauf das hervorquellende Material mancherlei kleine Modificationen erlitten haben mag.

Zum Schlusse dieser Mittheilung meiner eigenen Beobachtungen sei endlich — mit Rücksicht auf später zu widerlegende ältere Auffassungen — nochmals hervorgehoben, dass ich auf meinen Reisen in der sanjuaniner und mendoziner Cordillere im Westen der jurassischen und cretacischen Sedimente zwar noch mancherlei durch Feldspäthe, Hornblende oder Augit porphyrartige, sowie granitähnliche Gesteine der Andesit- und Trachytgruppe, aber nirgends mehr Quarzporphyre oder ihnen zuzurechnende Breccien und Tuffe angetroffen habe.

Ich kann daher die Summe der von mir selbst gemachten Erfahrungen in die drei Sätze zusammenfassen: dass innerhalb der Cordilleren von San Juan (Patos) und Mendoza (Cumbre) Quarzporphyre in beträchtlichen Massen zur Eruption gelangt sind, dass dieselben mindestens älter als Dogger, z. Th. sogar älter als Rhät sind und dass sie lediglich im Osten der jurassischen und cretacischen Sedimente auftreten.

B. Die weitere Verbreitung von Quarzporphyren und anderen Porphyrgesteinen in der Cordillere.

Um ein vollständigeres Bild von der Rolle zu erhalten, welche die Quarzporphyre in der Cordillerengeologie spielen, wird es nothwendig, sich auch noch in der älteren Litteratur nach anderweiten Vorkommnissen jener Gesteine umzusehen. Die Verwerthung der Angaben, welche sich hierüber finden, erfordert freilich grosse Vorsicht, da die meisten Cordillerenreisenden — auch im Sinne ihrer Zeit — so wenig Petrographen waren, dass sie nur allzuoft die verschiedenartigsten Gesteine von porphyartiger Structur mit einander vermengt, Quarzporphyre, quarzfreie Porphyrite, Augit- und Hornblendeandesite etc. kurzweg als Porphyre bezeichnet und diese unzweifelhaft verschieden alten Eruptionsproducte z. Th. sogar für gleichwerthige Gebilde genommen haben. Wenn man also bei d'Orbigny und Darwin, bei Forbes, Domeyko und Philippi, bei Crosnier und Pissis des öfteren erwähnt findet, dass „Porphyre" in den verschiedensten Theilen der Cordillere eine ganz ausserordentliche Entwickelung besitzen, so darf man diese Angaben, wie die Folge zeigen wird, durchaus nicht blos auf die Quarzporphyre beziehen.

D'Orbigny fasst z. B. unter seinen „Roches porphyriques" porphyres syénitiques noirâtres, très compactes, porphyres pyroxéniques, porphyres syénitiques, roches amygdalaires grises ou violacées, wacken anciennes amygdalaires très-variées zusammen und ist dabei geneigt, den ganzen immensen Zug der porphyrischen Gesteine, der bei N.-S. Richtung den Westabhang der Cordillere bildet, für postcretacisch zu halten (Géologie 214); Darwin und Forbes unterscheiden fast nirgends zwischen Quarzporphyren und quarzfreien Gesteinen von porphyrartiger Structur; da Darwin ausserdem, wie in einem späteren Capitel zu zeigen sein wird, die mesozoischen Porphyrtuffe des nördlichen Chile für gleichalt mit den Andesittuffen des mittleren Chile gehalten hat, so ist da, wo er kurzweg von Porphyrgesteinen spricht, in zahlreichen Fällen schlechterdings nicht zu erkennen, auf welcherlei Gesteine sich seine Angaben eigentlich beziehen. Domeyko ist so wenig Petrograph, dass er von Graniten redet, die gleiches Ansehen und gleiche Zusammensetzung mit Dioriten haben sollen (An. d. m. (4) IX. 1846. 366. 422) und an einer anderen Stelle angiebt, dass die granitischen und porphyrischen Gesteine der Cordillere, in dem sie Quarz, Feldspath, Glimmer und Amphibol aufnehmen oder abgeben, Pegmatite, Diorite, Syenite, eigentliche Granite, Grünsteine etc. entstehen lassen, die ganz unmerklich ineinander übergehen sollen. Da nun ausserdem die genannten Gesteine ihre krystalline Structur rasch ändern und porphyrische oder dichte Varietäten bilden können, so wird er ganz rathlos und erklärt „de là résulte cette immense quantité de roches différentes qu'on rencontre dans ce groupe (de roches non stratifiées granitoïdes), et dont il serait aussi difficile qu'inutile (!) de décrire les nuances et les modifications (L. c. 4. 497). Die Arbeiten von Pissis endlich strotzen leider, ich bedaure es sagen zu müssen, derart von Unklarheiten und Ungeheuerlichkeiten, dass sie nur selten benutzt werden können.

Ich bin natürlich weit davon entfernt, den ebengenannten hochverdienten Forschern vom Standpunkte der neueren petrographischen Schule aus Vorwürfe machen zu wollen; dieselben würden in mehr als einer Beziehung ungerechtfertigte sein — aber ebensowenig können hier die Fehler der in einem früheren und unvollkommneren Zustande der Wissenschaft begründeten Darstellungen mit Stillschweigen übergangen werden, da dieselben schon so vielfach die Veranlassung zu groben und folgenschweren Irrthümern geworden sind und ohne kritische Beleuchtung auch in Zukunft immer wieder zu neuer Verwirrung führen würden.

Der dargelegten Umstände wegen empfiehlt es sich, die Angaben über das Vorkommen von Quarzporphyren der Cordillere von denen zu sondern, welche nur von Porphyren überhaupt sprechen und weiterhin unter den auf Gesteine der letzteren Art bezüglichen Mittheilungen hier nur diejenigen zu berücksichtigen, welche von solchen „Porphyren" handeln, die entweder die Basis der mesozoischen Sedimente bilden oder mit den letzteren wechsellagern und sonach auch ihrerseits höchstens ein mesozoisches Alter besitzen können.

Durchmustern wir also zunächst die ältere Litteratur im Hinblick auf anderweite, aus der Cordillere bekannt gewordene Vorkommnisse von Quarzporphyr, so ergiebt sich, wenn wir hierbei im N. beginnen und nach S. zu fortschreiten, Folgendes.

Nach Meyen sollen in der Cordillere von Tacna, Peru, also etwa unter 18° S. Br., geschichtete Gesteine, die den Charakter von Thonsteinporphyren haben, von ungeheueren Porphyrmassen durchbrochen werden. Die letzteren sollen ebenfalls geschichtet sein und beinahe senkrecht stehen. In der gelblich grauen Grundmasse dieser Porphyre sind nach G. Rose kleine schneeweisse, undurchsichtige Feldspath-krystalle und kleine graulichweisse, stark durchscheinende Quarzkörner eingewachsen (Meyen, Reise um die Erde. Berlin. 1834. I. 446).*)

Aus dem Berichte Philippi's über die Geologie der Wüste Atacama ist hier hervorzuheben, dass in der letzteren auch „Hornsteinporphyre" oder, wie sie in der spanischen Ausgabe des trefflichen Werkes bezeichnet werden, „pórfidos con base de piedra cornea, con cristales de cuarzo" angetroffen werden. Diese Quarzporphyre sind „indessen viel seltener und scheinen immer nur in kleineren Massen vorzukommen". (Reise 130—132. Viaje 114—116).

Wichtig sind die Beobachtungen, welche Domeyko an dem im Quellgebiete des Rio de Copiapo und etwa im W. von der Troyaschlucht (S. 88) gelegenen Portezuelo de come caballo machen konnte. Darnach soll an diesem Passe selbst Granit anstehen, im W. desselben aber eine reiche Musterkarte von Porphyren zu finden sein. „Les brèches et les porphyres de ces parages sont souvent quartziféres et micacés, ce qui n'arrive que bien rarement dans la région basse de ces montagnes." Auch an der Grotte el Pan sah Domeyko „des porphyres et brèches porphyriques rouges quartziféres (An. d. m. (4) IX. 1846. 411. 415. 537).

Dass in der Breite von Coquimbo typische Quarzporphyre auftreten, beweisen die S. 88 erwähn-ten Gerölle, welche der nach Osten aus der Cordillere abfliessende Rio Jachal mit sich führt; hieran schliessen sich dann südwärts die Gesteine der Patos-Cordillere und des Cumbrepasses.

Endlich ist noch dessen zu gedenken, dass Darwin bei seiner Kreuzung des Portillopasses (33° 30') und zwar zunächst in der Peuqueneskette (im Thalbecken des Rio del Yeso) jurassische, bezw. cretacische Sedimente von conform gelagerten porphyritischen Conglomeraten unterteuft werden sah und an einer Stelle auch einen Uebergang derartiger Conglomerate „into a mountain of porphyry" beobachten konnte. Ob diese porphyrischen Gesteine quarzführend sind, wird allerdings nicht angegeben; dagegen wird mitge-theilt, dass in dem am Ostabhange der Portillokette, bei los Arenales herrschenden Glimmerschiefer Gänge aufsetzen, die mehrfach aus blassbraunem felsitischen Porphyr mit Quarzkörnern bestehen (Geol. obs. 178. 184. Car. 267. 270).

Nach Domeyko und Pissis sollen auch auf demjenigen Passe, welcher am Vulkan Planchon (etwa 35° S. Br.) vorbeiführt, „Porphyre" entwickelt sein; Strobel, der diesen Pass überschritten hat, konnte jedoch auf dem ganzen Wege bis in die Nähe des argentinischen Forts S. Rafael weder echte Porphyre noch Porphyrbreccien beobachten, wohl aber zahlreiche Trachyte, die z. Th. durch Hornblende porphyrartig waren. „Diese Varietät mag wohl von den genannten Geologen Chile's zu den echten Porphyren gezogen worden sein (N. Jb. 1875. 56).

Der nun folgende Theil der Cordillere ist in geologischer Beziehung zumeist noch eine terra incognita; nur aus der Küsten- und Inselregion des südl. Chile sowie des Feuerlandes liegen noch einige Beobachtungen vor und aus diesen scheint sich zu ergeben, dass Quarzporphyre auch noch im süd-lichen Litorale vorhanden sind, aber nur noch sporadisch auftreten. Es möge genügen, hier an die Gänge quarzführender Porphyrgesteine zu erinnern, die Darwin in den Glimmer- und Thonschiefern der Insel Quiriquina, der Halbinsel Tres Montes (47°) und des Chonos-Archipeles angetroffen hat (Geol. obs. 152 ff. Car. 228 ff).

---

*) Mir selbst ist durch die Güte des Herrn Hüttenmeister Hübner in Freiberg ein Quarzporphyr bekannt geworden, der in der Gegend zwischen San Mateo und Morococha, also ungefähr unter 11° S. Br., „anscheinend geschichtete Massen" bildet. Derselbe besteht aus einer rothbraunen Grundmasse, in welcher angemein zahlreiche kleine Quarzkörner und weisse Feldspathkrystalle eingewachsen sind.

Da man genauere Angaben über die Eruptionszeiten der soeben aufgezählten Quarzporphyre in den citirten Reiseberichten leider vergeblich sucht, so kann hier nur noch vermuthungsweise ausgesprochen werden, dass jene Gesteine mit denen der sanjuaniner und mendoziner Cordillere, mit welchen sie ja mehrfach das Auftreten im O. der jurassischen Sedimente gemein haben, auch hinsichtlich ihres Alters übereinstimmen. Das Eruptionsgebiet der präjurassischen Quarzporphyre würde sich alsdann innerhalb der Cordillere mindestens von Tacna an bis zum Portillopasse, d. i. über 15 Breitegrade hinweg erstrecken.

Im Anschlusse an diese Mittheilungen über Quarzporphyre mögen nun sofort noch die Ergebnisse der zumeist nur litterarischen Studien über jene anderweiten „Porphyre" der Cordillere folgen, welche entweder als Basis der mesozoischen Sedimente auftreten oder als stromartige Decken, Tuff- und Conglomeratbänke Einlagerungen innerhalb dieser Sedimente bilden und welche sonach höchstens in der mesozoischen Zeit hervorgebrochen sein können. Ich ordne die vorliegenden Angaben wieder in der Folge von N. nach S.

Nach C r o s n i e r sollen varietätenreiche porphyres rouges eine weite Verbreitung zwischen H u a n d o und H u a n c a v e l i c a, also etwa unter 13° S. Br. besitzen und die Basis der dortigen secundären, nach Pflücker's neueren Mittheilungen[*] wahrscheinlich cretacischen Formation bilden (An. d. M. (5) II. 1852. 35). Nach demselben Autor sollen „porphyres bigarrés" sowie „conglomérats et poudingues porphyriques dont les noyaux et le ciment sont également porphyriques et ne se distinguent que par la couleur et une dureté plus grande dans les noyaux que dans la pâte" bei P a m p a s, Prov. T a y a c a c h a, zwischen P i s c a s und C o c h o b a m b a, bei M a y o u. a. a. O. vielfach mit Kalksteinen, Mergeln und Sandsteinen des terrain secondaire wechsellagern (l. c., bes. S. 58—68; vergl. auch Pl. I).

D a r w i n giebt an, dass die Küste von Iquique (etwa 20° S. Br.) in der Höhe zwischen 2000 und 3000 Fuss aus einer geschichteten „porphyritic conglomerat formation" besteht. „Various reddish and purple, sometimes laminated, porphyries, resembling those of Chile" sollen vorherrschen, indessen auch „porphyritic breccia-conglomerate" vorkommen. Das Hangende der Schichtenreihe bilden nach Ausweis der in dem Grubengebiete von H u a n t a j a y a anstehenden Felsen purpurgraue Kalksteine und purpurfarbene ? Sandsteine, von denen sich die ersteren durch ihre Versteinerungen als Glieder der Darwin'schen cretaceo-oolitic formation zu erkennen geben (Geol. obs. 233. Car. 348). Hiermit stimmen die neueren Angaben von E. W i l l i a m s überein.[**] Ausserdem sei noch im Anschluss hieran erwähnt, dass das Paläontologische Museum der Berliner Universität von Huantajaya einen zur Gruppe des Humphresianus gehörigen und ungefähr 20 cm im Durchmesser haltenden Ammoniten besitzt, dessen Versteinerungsmaterial aus einem rothbraunen, kleine Feldspathkrystalle und Kalkspathnester enthaltenden Porphyrtuffe besteht. Ich werde später auf dieses interessante Stück zurückzukommen haben.

D. F o r b e s beginnt in seinen geologischen Mittheilungen über B o l i v i a und S ü d - P e r u die Besprechung der „Upper oolitic series with interstratified porphyritic rocks" mit der Bemerkung: The sedimentary beds wich her represent the Upper Oolitic system are so interstratified with beds of eruptive porphyries, porphyritic tuffs, and porphyry-conglomerates evidently cotemporaneous, that it is quite impossible to draw any line of demarcation between these rocks (Rep. 32). Der seiner Abhandlung beiliegenden Karte nach würden sich diese Angaben mindestens auf den District zwischen den 16. und 26° S. Br. beziehen.

In den Angaben, welche P h i l i p p i über „Porphyre" der Wüste A t a c a m a gemacht hat, sind

---

[*] Apuntes sobre el distrito mineral de Yauli. Anales de la escuela de construcciones civiles y de minas del Peru. III. 1863.
[**] D o m e y k o. 1° Apendice á la Mineralojia. Santiago. 1881. 18.

allem Anscheine nach jurassische und tertiäre Eruptivgesteine nicht immer auseinandergehalten worden; immerhin dürfte sich aus den bezüglichen Mittheilungen ergeben, dass die von Forbes in Bolivia angetroffenen jurassischen Porphyrtuffe auch in der Wüste auftreten, denn Philippi sah in der letzteren oftmals „Thonsteinporphyre von bunten Farben, ohne Quarz, mit Feldspathkrystallen" mit versteinerungsführenden liasischen oder unterjurassischen Mergeln und Kalksteinen wechsellagern und gewann hierbei wenigstens „in sehr vielen Fällen" die Ueberzeugung, dass jene „unstreitig als ein Glied der Juraformation anzusehen seien" (Viaje 114—116. Reise 130—132).

Das Vorhandensein von „Porphyren" in der Breite von Copiapo ist durch Darwin und Domeyko nachgewiesen worden.

Die Schilderung des Profiles, welches der erstere im Thale von Copiapo, bis los Amolanos bei Juntas aufwärts, beobachtete, ist zwar nicht allenthalben klar, indessen ergiebt sich doch aus den Mittheilungen über die in jenem Thale wahrgenommene fünfte Erhebungsaxe, dass in der Nähe von Amolanas im Liegenden der durch Versteinerungen hinlänglich charakterisirten jurassischen Schichten und conform mit ihnen ziemlich mächtig entwickelte Conglomerate auftreten. Einzelne dieser Conglomeratbänke, die fast ausschliesslich aus bunt durcheinandergemengten, eckigen und abgerundeten Porphyrstücken bestehen, hält Darwin für Producte submariner Eruptionen, die auf dem Grunde des Jurameeres erfolgt sein sollen; andere, die zwar ebenfalls vorwiegend aus verschiedenen Porphyren zusammengesetzt sind, in denen aber auch ein Granitgeröll und Geschiebe von Glimmerschiefer, von rothem Sandstein und von jaspisartigen Gesteinen gefunden wurden, sollen sich dagegen durch die vollkommene Rundung aller ihrer Fragmente auszeichnen und werden deshalb für Ablagerungen von Geröllen gehalten, die von einem aus Porphyr und etwas Glimmerschiefer bestehenden inselreichen Küstenlande des Jurameeres abstammen (Geol. Obs. 222. Car. 331).

Aehnliche Angaben macht Domeyko. Nach ihm sollen bei Jorquera, wenig NO. von Juntas, fossilhaltige Kalksteine und Mergel zwischen couches des porphyres et brèches porphyriques stratifiées eingeschaltet sein und dabei soll das porphyrische Liegende und Hangende dieser Schichten aus gleichem Materiale bestehen (An. d. m. (4) IX. 1846. 422).

In dem Districte zwischen Copiapo und Coquimbo gehören Auflagerungen versteinerungshaltiger jurassischer Sedimente auf Porphyre und Wechsellagerungen beider ebenfalls nicht zu den Seltenheiten. Domeyko erwähnt sie von Molle, vom Cerro de los tres Cruzes im Thale von Huasco und von Arqueros (l. c. 432. 510. 506). Für Arqueros wird das Vorkommen auch von Darwin bestätigt.

Endlich stösst man auch im Thalgebiete von Coquimbo (Cordillere von Elqui) auf analoge Verhältnisse. Darwin fand hier auf der nördlichen Seite des Rio claro (etwa unter 30° S. Br.) versteinerungsführende jurassische Schichten mit conformen Einlagerungen von Conglomeraten, die aus Rollsteinen von Sandstein, Quarz und Porphyr bestanden, weiterhin die ebenfalls conforme Einlagerung einer Schicht röthlichen Porphyres mit grösseren Krystallen von albitischem? Feldspath, „wahrscheinlich einer submarinen Lava" (Geol. obs. 210. Car. 320).

Aeusserst wichtige Mittheilungen über die hier in Rede stehenden Verhältnisse des Districtes zwischen Copiapo und Coquimbo hat neuerdings Steinmann auf Grund dreimonatlicher Studien der sogenannten „basalen Schichten" gemacht. Nach demselben treten „Porphyre und Porphyrsedimente" in drei Niveaus der jurassischen und cretacischen Schichten auf; einmal, in sehr wenig mächtiger Entwickelung, im Liegenden der unterliassischen Schichten, sodann zwischen unterem und mittlerem Lias, endlich als ein mehrere 1000 Fuss mächtiges Aequivalent des oberen Doggers, des Malmes und der unteren Kreide (Mittelneocom und Urgon) (N. Jb. 1884. I. 198). Den ausführlicheren Mittheilungen Steinmann's und den

Ergebnisse der petrographischen Untersuchung der von ihm gesammelten Eruptivgesteine (er bezeichnet sie z. Th. als Diorite) ist mit höchster Spannung entgegenzusehen.

Dafür dass sich auch in dem südlicheren, von mir bereinten Theile der Cordillere eruptive Processe während der mesozoischen Zeit abgespielt haben, ist mir nur ein einziges sicheres Beispiel und zwar an der Puente del Inca bekannt geworden. Hier findet sich nämlich als parallele Einlagerung zwischen neocomen Schichten eine bankförmige Melaphyrmasse, die lediglich als das Produkt eines während der Ablagerungszeit der neocomen Schichten erfolgten deckenförmigen Ergusses einer eruptiven Masse betrachtet werden kann, da sich von ihr abstammende Gerölle bereits an der Zusammensetzung eines in ihrem Hangenden auftretenden und ebenfalls noch der cretacischen Schichtenreihe angehörigen Conglomerates betheiligen.

Massgebende Aufschlüsse dafür, ob einige tuffartige Gesteine, die ich in dem Juragebiete des Espinazito sah, den mesozoischen oder den känozoischen Eruptivgebilden zuzurechnen sind, konnte ich leider nicht ausfindig machen; ebensowenig vermag ich zu beurtheilen, ob vielleicht einige der bereits S. 93 nach Darwin erwähnten Porphyre des Portillopasses den hier in Rede stehenden Gesteinen zugehören.

Anderweite Mittheilungen über mesozoische „Porphyre" der Cordillere sind mir nicht bekannt geworden. Ich kann mich daher jetzt einer Besprechung der Ansichten zuwenden, welche bisher über die Genesis der „Porphyr"-Formation geherrscht haben. Dieselben laufen z. gr. Th. darauf hinaus, dass die „Porphyre" das Product einer grossartigen Metamorphose von allerhand älteren Gesteinen sein sollen.

Diese Anschauung ist meines Wissens zum ersten Male von Darwin ausgesprochen worden. Derselbe hält zwar einen Theil der porphyrischen Gesteine für eruptive, z. Th. submarin ausgeflossene oder ausgeschleuderte Massen (S. 95), glaubt aber ausserdem, dass ein anderer, grösserer Theil, und zwar namentlich alle „porphyritic breccia-conglomerates and feldspathic porphyritic slates" aus sedimentären Gesteinen hervorgegangen seien: weil sie selbst zuweilen ein durchaus sedimentäres Ansehen haben, d. h. Schichtung zeigen, weil sie so häufig mit echten Sedimenten wechsellagern, weil sie auf der einen Seite ganz allmähliche Uebergänge in noch unveränderte Sedimente, auf der anderen Seite solche in Porphyre zeigen, die nicht mehr die Spur eines mechanischen Ursprunges erkennen lassen und endlich, weil die Fragmente der Porphyrbreccien vielfach auf das innigste mit einander verbunden sind (Geol. obs. 170 ff. Car. 255 ff). Noch klarer wird Darwin's Meinung aus der Schilderung des Profiles mesozoischer Sedimente an der Incabrücke „The formation of porphyritic claystone conglomerate (welche er z. a. O. im Liegenden der mesozoischen Sedimente und zwar in grosser Mächtigkeit angetroffen hatte) does not in this section attain nearly its ordinary thickness; this may be partly attributed to the metamorphic action having been here much less energetic than usual, though the lower beds have been affected to a certain degree. If it had been as energetic as in most other parts of Chile, many of the beds of sandstone and conglomerate, containing rounded masses of porphyry, would doubtless have been converted into porphyritic conglomerate; and these would have alternated with, and even blended into, crystalline and porphyritic strata without a trace of mechanical structure, — namely, into those which, in the present state of the section, we see are unquestionably submarine lavas" (Geol. obs. 192. Car. 288/*). Ferner giebt Darwin an, dass Schlammschichten (mud) in „feldspathic slaty rock, and sometimes into greenstone" umgewandelt worden sein sollen (l. c. 238, bezw. 355).

*) Die zuletzt erwähnten „submarine lavas" sind, wie später zu zeigen sein wird, Lagergänge eines Trachytes im oberen Theile des Juraprofiles und haben schlechterdings nichts mit den aus Quarsporphyrgeröllen bestehenden Conglomeratbänken zu thuen, die mit versteinerungsführenden Kalksteinen wechsellagern (91).

Diese Ansichten sind nun von Domeyko, Pissis, Crosnier, Raimondi u. A. nicht nur acceptirt, sondern auch noch auf allerhand andere Gesteine von porphyrartiger Structur angewendet worden. Ich beschränke mich, um das zu zeigen, auf folgende Citate, die sich mit Leichtigkeit vervielfältigen liessen.

Domeyko unterscheidet ebenfalls eruptive[*]) und durch metamorphosirende Processe entstandene Porphyre. Die Existenz der letzteren nimmt er an, weil unzweifelhafte Sedimente (Conglomerate, rothe Sandsteine, Mergel) nicht nur mit Porphyren wechsellagern, sondern auch ganz allmählich in dergleichen übergehen, und zwar derart, dass sich schliesslich eine vollständige Umänderung ihrer mineralogischen und geologischen Charactere vollziehen soll (An. d. m. (4) IX. 1846. 505 ff); ja er ist sogar der Meinung, dass jüngere „Porphyre" mit Olivinkörnern und Krystallen von glasigem Feldspath, die er am Antuco beobachtete und in Laven und vulkanische Schlacken übergehen sah, hervorgegangen sein sollen aus „de roches préexistantes à l'ouverture du cratère, roches qui, ayant appartenu au système général des Andes, ont subi, à l'époque de la formation du volcan, un ramollissement, un soulèvement local et des modifications notables dans leur caractères minéralogiques." (An. d. m. (4) XIV. 1848. 192 ff. 226). Noch ganz neuerdings hält er ähnliche Ansichten für alle die Basis der Cordillere bildenden infraliasischen, von Pissis der Trias und Dyas zugerechneten Schichten aufrecht und bezeichnet deshalb diese ganze mächtige Schichtenreihe als pórfidos metamórficos estratificados oder als pórfidos abigarrados. Er giebt an, dass dieselben gewöhnlich den Character von Thonsteinporphyren besitzen, aber auch mit Breccien, die ein porphyrisches Cement haben, mit Mandelsteinen, Conglomeraten, Sandsteinen und kohlenführenden Schichten wechsellagern. (Ensayo 27—30). Als Ursache der Umwandlung der sedimentären Gesteine zu Porphyren nimmt Domeyko die gleichzeitige Einwirkung von Wasser, Hitze und Gasen unter hohem Drucke an (Ag. min. 1871. 16).

Nach Pissis soll die ganze Schichtenfolge der triasischen Sandsteine bis einschliesslich der jurassischen Kalksteine und Mergel überall umgewandelt sein wo sie von Syeniten und Labradoriten durchbrochen und von den bei den Eruptionen dieser Gesteine entweichenden Dämpfen durchzogen worden ist. Aus den grès rouges und ihren poudingues sollen dabei Amygdaloide und „de vraies roches porphyriques" (die im Gegensatz zu anderen Porphyren grosse weisse Labradortafeln, grosse schwarze Krystalle, wahrscheinlich von Hypersthen und Körner von Magnetit enthalten), aus thonigen und mergeligen Schichten aber Jaspise und Quarzgesteine entstanden sein (An. d. m. (5) IX. 1856. 124. 131. 145. Descr. top. Ac. 275. 277. An. d. m. (7) III. 1873. 407. 414).

Endlich hat auch Crosnier derartige Anschauungen zu den seinigen gemacht, wie sich aus An. d. m. (4) XIX. 1851. 186 und (5) II. 1852. 38 ergiebt. In dem in der ersten Arbeit enthaltenen Ueberblick über die Geologie von Chile sagt er u. a.: „Les terrains stratifiés . . . sont profondément métamorphisés, ou même entièrement refondus par le contact des masses énormes de roches granitoïdes." Diese „roches granitoïdes" sollen nach S. 196 Granit, Gneiss, Eurit, Diorit, Hornblendegesteine, verschiedenartige Porphyre und sogar Glimmerschiefer, sowie Gesteine ähnlich den schistes ardoisiers von Angers sein!

Seit mehr als 30 Jahren herrscht also, wie man sieht, die Hypothese von der metamorphen Natur der „Porphyrgesteine" und in einer grossen Zahl der vorliegenden Berichte spielt sie, bis auf unsere Tage herab, gewissermassen das Alpha und Omega der Cordillerengeologie.

Nur zwei der älteren Forscher haben sich ihr nicht angeschlossen: Forbes und Philippi. Der erstere hat die fragliche Hypothese ganz auf sich beruhen lassen und sich damit begnügt, für die in Bolivia

---

[*]) Unter den eruptiven Porphyren soll freilich einer der häufigsten und charakteristischsten ein „Pyroxenporphyr, grau, hart, mit grossen glänzenden schwarzen Krystallen" sein (Essayo 30). Das ist offenbar ein Andesit!

und Peru von ihm selbst beobachteten „interstrafied porphyritic rocks" anzugeben, dass er dieselben für eruptive Porphyre und deren Tuffe hält.[*])

Philippi hat dagegen directe Zweifel gegen die Zulässigkeit der herrschenden Ansicht ausgesprochen und namentlich betont, dass er sich keine Vorstellung davon machen könne, wie die „bunten Porphyre" (Domeyko's pórfidos abigarrados) in solchen Fällen durch Umwandlung gebildet worden sein sollen, in denen sie mit Kalksteinschichten abwechseln (Reise 131. Viage 114). Diese vereinzelte Bemerkung ist indessen verhallt und die Thatsache, auf welche sie aufmerksam macht, ist, obwohl sie ja schon für sich allein genügt haben würde, um die Hypothese vom allgemeinen Metamorphismus in ihren Grundfesten zu erschüttern, von den anderen Cordillerengeologen keiner Beachtung gewürdigt worden.

Bekannt mit den Anschauungen der letzteren habe ich selbst auf meinen beiden Cordillerenreisen allenthalben und aufmerksam nach Belegen für das Vorhandensein einer localen oder regionalen Metamorphose der mesozoischen Sedimente gesucht, thatsächlich aber keine einzige Beobachtung machen können, welche sich irgendwie zu Gunsten der herrschenden Hypothese hätte verwerthen lassen. Denn die bereits oben besprochenen, namentlich aus Quarzporphyrgeröllen bestehenden Conglomerate, die ich in Wechsellagerung mit den mesozoischen Sedimenten der sanjuaniner und mendoziner Cordillere antraf, haben doch wahrlich nicht das geringste mit einer Metamorphose jener zu schaffen, sondern beweisen lediglich das Vorhandensein einer aus Quarzporphyren bestehenden Küste des Jura- und Kreidemeeres; die an der Incabrücke parallel zwischen den neocomen Schichten liegende Melaphyrbank, kann, wie S. 96 hervorgehoben wurde, lediglich als der deckenförmige Erguss einer eruptiven Masse während der Ablagerung jener Schichten betrachtet werden und einige, bald durchgreifend, bald lagergangartig auftretende· Gänge und Stöcke von Andesiten und Trachyten, auf die man, wie später zu zeigen sein wird, hier und da im Gebiete der paläozoischen und mesozoischen Sedimente stösst, haben zwar in seltenen Fällen die ihnen nächstbenachbarten Kalksteinbänke etwas marmorisirt, sonst aber keinerlei Einfluss auf jene älteren Sedimente ausgeübt.

Erst nach meiner Rückkehr nach Europa sollte ich ein Belegstück für die „durch Metamorphose" entstandenen Porphyre der Cordillere kennen lernen: jenen schon S. 94 erwähnten Ammoniten von Huantajaya bei Iquique, den das Berliner Museum besitzt. Demselben liegt eine von Raimondi unterschriebene spanische Etiquette bei, welche in der Uebersetzung lautet: „Dieser Ammonit ist sehr sonderbar, weil er in eine porphyrische Masse umgewandelt worden ist und sonach in ausgezeichneter Weise die Metamorphose des Gesteines erkennen lässt. Er gehört der Oolithformation an, die in dem Grubengebiete von Huantajaya vielfach entwickelt ist und durch Porphyreruptionen einen starken Metamorphismus erlitten hat".[**])

Bei flüchtiger Betrachtung scheint dieser Ammonit in der That aus einem rothbraunen Felsitporphyr zu bestehen, in dem zahlreiche kleine weisse und blassrothe Feldspathkrystalle eingewachsen sind; dass aber sein Versteinerungsmaterial in Wirklichkeit ein aus Fragmenten von Gesteinen, Muschelschalen, Crinoiden- und Corallenresten reicher Porphyrschlamm oder Porphyrtuff ist, erwies sich alsbald bei der näheren, weiter unten zu besprechenden mikroskopischen Untersuchung, die mir durch die Güte des Herrn Professors Dr. Dames ermöglicht wurde.

Aehnlich wird es sich wohl auch mit den anderen „metamorphen Porphyren", soweit dieselben that-

---

[*]) Ebenso verfährt Steinmann in seinem oben citirten vorläufigen Bericht über die Cordillere von Coquimbo und Copiapo.

[**]) Esta amonita es muy extraña, porque hace conocer patentamente el metamorfismo de las rocas, habiendo sido trasformada en una roca porfírica. Pertenece á la formacion oolitica, á la que pertenecen tambien una gran parte de los terrenos del mineral de Huantajaya, los que han sufrido un gran metamorfismo por la erupcion de los pórfidos. A. Raimondi.

sächlich ein mesozoisches Alter besitzen, mit mesozoischen Sedimenten wechsellagern und in Sandsteine, Mergel etc. übergehen, verhalten.

Und somit glaube ich denn auf Grund der Erfahrungen, welche die heutige Geologie über metamorphosirende Processe besitzt, auf Grund einer kritischen Verwerthung der im Vorstehenden citirten älteren Angaben, welche über die Porphyrformation der Cordillere vorliegen und auf Grund der einschlägigen, von mir selbst angestellten Beobachtungen behaupten zu dürfen, dass die von Darwin, Domeyko, Crosnier, Pissis und Raimondi vertretene Annahme einer Metamorphose mächtiger und weit ausgedehnter mesozoischer Sedimente zu porphyrischen Gesteinen jeder schärferen sachlichen Begründung entbehrt und deshalb für solange, als die letztere nicht geliefert worden ist, als unhaltbar bezeichnet werden muss.

An Stelle dieser Theorie hat jetzt das Folgende als Ergebniss der vorstehenden Studien zu treten.

Die Cordillere ist auch nach der Eruption der präjurassischen Quarzporphyre (S. 91) und zwar zunächst während der Jura- und Kreidezeit der Schauplatz einer regen vulcanischen Thätigkeit gewesen.

Diese letztere hat sich längs einer Linie entwickelt, die im W. der Längsaxe der Cordillere gelegen ist, parallel zur letzteren verläuft und mindestens vom 13.° bis zum 33.° S. Br. verfolgt werden kann.

Im Verhältniss zu dieser enormen Länge, die etwa der Entfernung Neapel-Hammerfest entspricht, besitzt das Eruptionsgebiet der „Porphyre" nur eine sehr beschränkte Breite; lediglich bei Iquique und Coquimbo reicht es bis oder fast bis an die Küste des stillen Oceanes; weiter südlich findet es bereits in der aus altkrystallinen Schiefer- und Massengesteinen bestehenden Küstencordillere seine westliche Grenze.

Die eruptiven Gebilde der mesozoischen Zeit sind theils deckenförmige Ströme, theils — bei submarinen Ergüssen — mannigfache Tuffgesteine und Conglomerate, von welchen die beiden letzteren, gleichwie die früher beschriebenen untersilurischen Porphyrtuffe vom Potrero de los Angulos, nicht nur mit versteinerungsführenden marinen Sandsteinen, Kalksteinen und Mergeln wechsellagern, sondern auch unter Umständen selbst Versteinerungen führen können.

Das Material der mesozoischen Porphyre bedarf noch näherer petrographischer Untersuchung.

Endlich mag hier nochmals darauf aufmerksam gemacht werden, dass ein Theil der „geschichteten, buntscheckigen Porphyre" Darwin's und Domeyko's, und dass auch manche andere Gesteine von porphyrartiger Structur, welche seither den „basalen Schichten der Cordillere" oder überhaupt den mesozoischen Porphyren zugerechnet wurden, thatsächlich der weit jüngeren Eruptionsperiode der Andesite und Trachyte angehören. Näheres hierüber wird im Cap. XVII mitzutheilen sein.

C. Quarzporphyre der Anticordilleren und Pampinen Sierren.

In den Anticordilleren und in mehreren Pampinen Sierren finden sich hier und da ebenfalls Stöcke und Gänge von Quarzporphyren. Die Altersbestimmung derselben ist zwar, da in diesen östlichen Regionen in der Hauptsache nur noch archäische Schiefer und paläozoische Sedimente angetroffen werden, nicht in einer so scharfen und objectiven Weise möglich wie innerhalb der Cordillere; da jedoch die zu besprechenden Gesteine rücksichtlich ihrer petrographischen Natur einerseits die grösste Uebereinstimmung mit den typischen Quarzporphyren der Cordillere und anderseits sehr augenfällige Differenzen mit den zuweilen in ihrer Nachbarschaft auftretenden Andesiten und Trachyten zeigen, und da keinerlei sonstige Thatsachen vorliegen, welche gegen die Gleichaltrigkeit der ausserandinen Porphyre mit jenen des Hauptgebirges sprechen könnten, so mag die Anschauung erlaubt sein, dass die Eruptionen beider in einer und derselben Epoche erfolgt sind und dass die in den östlichen Gebirgen isolirt auftretenden Quarzporphyre nur Abzweigungen des grösseren, unter der Cordillere liegenden Eruptionsheerdes repräsentiren.

13*

Die Fundstätten der ausserandinen Quarzporphyre mögen hier in west-östlicher Folge geordnet werden. **Anticordilleren.** Im Gebiete der aus paläozoischen Thonschiefern bestehenden inneren Anticordillere, und zwar zunächst in der **Sierra de Uspallata** habe ich selbst auf dem Wege von Uspallata über Villavicencia nach Mendoza keinen Quarzporphyr, sondern nur zahlreiche Durchbrüche jüngerer Eruptivgesteine beobachten können; dagegen ist jener von **Burmeister** angetroffen worden und zwar auf dem von Mendoza aus in NW. Richtung über Challao und das Agua de la Lacha nach der Estancia von Uspallata führenden Wege. B. fand hier mehrfach „sogenannte Feldsteinporphyre, denen ganz ähnlich, welche in der Gegend von Halle mächtig entwickelt sind." Die Grundmasse bildet eine „dichte, rothe oder rothbraune Masse von Feldspath- und Quarzsubstanz, worin ziemlich kleine, aber annäherungsweise gleichgrosse, fleischrothe oder gelbliche Feldspathkrystalle eingelagert sind, aber kaum gemischt mit Quarzkörnern, die wenigstens den von mir gesammelten Handstücken ganz fehlen." Nach B.'s Schilderungen treten diese Gesteine als Lagergänge in den Grauwacken und Chloritschiefern auf und sind gewöhnlich von Reibungsbreccien begleitet.[*)

Weitere einschlägige Beobachtungen liegen von P. **Strobel** vor. Derselbe konnte, wie oben bereits mitgetheilt wurde, auf seiner Reise über den Planchon Pass innerhalb der Cordillere selbst keinen Quarzporphyr beobachten, sondern stiess auf denselben erst nahe westlich von **San Rafael**. Hier bildete das Gestein einen kleinen, aus der Pampasebene emporragenden Hügel. Dagegen war nun, von **San Rafael** an gegen N. zu, in der an **San Carlos** vorbeiführenden und weiterhin sich an die Sierra von Uspallata anschliessenden Anticordillere (in den Preanden **Strobel's**) Quarzporphyr sehr weit verbreitet. An „Mannigfaltigkeit stehen diese argentinischen Porphyre jenen Tirols bei weitem nicht nach. Die Farbe des Porphyrs bei San Rafael geht von der gelblich-röthlichen in die scharlach- und ziegelrothe über; bald enthält er Quarzkrystalle, bald ist er scheinbar homogen. Das von mir gesammelte Probestück sieht dem Porphyr von Elfdalen in Schweden vollkommen gleich; auch jenem am Arona am Lago Maggiore ist ihm ähnlich. Bei las Peñas, den Felsen zwischen San Rafael und San Carlos ist der Porphyr ebenfalls quarzhaltig, bald roseuröthlich, bald violettbraun, mit weissen Feldspathkrystallen. In den Preanden, nördlich von den Portillo's, giebt's sowohl Porphyre, die jenen bei San Rafael, als solche, welche denen bei las Peñas gleichen. Unübertrefflich an Mannigfaltigkeit sah ich ihn in der Sierra de Uspallata, und nirgends habe ich so viele Varietäten auf so kleinem Raume vereint gefunden, als bei der Cueva de los Manantiales, oder Quellenhöhle, am nordwestlichen Abhange des Cerro l'elado, oder Kahlenberges, nordwestlich von Mendoza und südöstlich von Uspallata, Fundort, wohin **Burmeister** in seinem Ausfluge nach der genannten Sierra nicht gekommen ist, und auch **Stelzner**[**)] nicht gelangt zu sein scheint. Es erinnerte mich an die Bozener und Meraner Porphyre Tirols, von welchen ich viele Verwandte hier sah. Jener Porphyr zeigt alle möglichen Farbenschattirungen und Nuancen: gelbröthlich, roth, ziegel- und leberfarben, braun, wein- und aschfarbig, grünlich. Bald enthält er Quarzkrystalle, bald gelbe oder schwarze Glimmerblättchen. Thonporphyre, Porphyrconglomerate und Sandsteine, Trümmerporphyre und Porphyrtuffe sind im untergeordnet. Auch sogenannte **geschichtete** Porphyre beobachtet man an angeführter Stelle, sowie Gänge einer Abart in einer anderen." (N. Jb. 1875. 58).

In der ebenfalls aus Thonschiefer bestehenden nördlichen Fortsetzung der Sierra de Uspallata, d. i. in der **Sierra de Tontal**, muss ebenfalls Quarzporphyr vorhanden sein. Ich sah ihn zwar innerhalb der-

---

*) Reise. I. 279. Vergl. auch Zeitschr. f. allgem. Erdkunde. N. F. IV. 1858. 276 u. Taf. VI. Nach der letzteren habe ich das Vorkommen in meiner Karte angedeutet.

**) Ich habe diesen Punkt nicht kennen gelernt. A. St.

selben nirgends anstehen, fand aber auf dem in einem Hochthale hinführenden Wege von der Cabezera nach den Gruben mehrfach eckige Fragmente eines röthlichen, krystallarmen Felsitporphyres, die nur von in der Nachbarschaft aufsetzenden Gängen oder Stöcken herrühren konnten.

Hiernächst spielt der Quarzporphyr in der F a m a t i n a k e t t e eine ziemlich wichtige Rolle (Taf. I. 3). Als ich diesen Gebirge von Escaleras de Famatina aus auf dem nach Vinchina führenden Tropenwege kreuzte, traf ich den Quarzporphyr zunächst am Ostabhange des Portezuelo del Tocino, von welchem er oberhalb des Puesto de los Tranquitos etwa die letzten 800 bis 1000 m bildet. Vom Tocino-Passe aus konnte ich ihn dann längs des Westabhanges der beiden Nevados in ununterbrochener Entwickelung bis zum Quellgebiete der bei Tambillo ausmündenden Quebrada de la Calera verfolgen, theils in anstehenden Felsen, theils in gewaltigen Schuttmassen, welche sich Hunderte von Metern weit an den Gehängen herabziehen.

In der Quebrada de la Calera, die sich in archäischen Schiefern und jüngeren Sedimenten eingeschnitten hat, sah ich nur noch einen kleinen, in Kieselschiefer aufsetzenden Gang von Quarzporphyr.

Die am Famatinastocke herrschenden Abänderungen des Quarzporphyres sind massig abgesonderte Gesteine, in deren gleichförmig lichtrother oder rothbrauner felsitischen Grundmasse sehr zahlreiche kleine Krystalle und krystalline Körner von Quarz, Orthoklas und Plagioklas eingewachsen sind; nach Blöcken, die an der el Potrerillo genannten Lokalität des Westabhanges umherlagen, treten indessen auch schöne fluidale Abänderungen und solche auf, die in einer graugrünen, felsitischen Grundmasse bis faustgrosse Kugeln von dichtem, röthlichgrauen Hornsteine umschliessen. Einige der aus dem Gehängeschutt hervor ragenden Felsenkuppen bestehen aus Quarzporphyrbreccien.

Im Uebrigen ist zu bemerken, dass die Quarzporphyre, welche sonach den grössten Theil des Westabhanges des eigentlichen Famatinastockes bilden, nur einige wenige Leguas südlich von dem untersilurischen Porphyre des Potrero de los Angulos auftreten; man könnte daher versucht sein, sie mit diesen letzteren zu parallelisiren. Indessen sind die Gesteine der Famatinakette in petrographischer Beziehung von denen des Potreros doch so auffallend verschieden und andrerseits gewissen Porphyren und Porphyrbreccien der Cordillere so ähnlich, dass ich sie mit den letzteren für mesozoische Eruptivgesteine halten zu sollen glaube.

Die südliche Ausspitzung der Famatinakette bildet die in der Provinz San Juan gelegene und im wesentlichen aus Gneiss bestehende S i e r r a de la H u e r t a. In ihr beobachtete ich, und zwar in der Quebrada de San Pedro, vereinzelte Fragmente eines krystallarmen Quarzporphyres von röthlicher, felsitischer Grundmasse.

Die S i e r r a de los G r a n a d i l l o s, oder das südliche Ende der Sierra de Gulampajá, besteht da, wo man sie auf dem Wege von Belen nach Tinogasta zwischen Londres und Zapatá kreuzt, namentlich aus verschiedenen Graniten und Granitporphyren; aber nahe dem nach Zapatá hinabführenden Passe trifft man auch auf Gebröck und Felsblöcke von rothen und braunen Quarzporphyren. Die letzteren müssen daher wohl in der Nähe anstehen. Dafür, dass Quarzporphyre auch noch eine weitere Verbreitung in den Granadillos und in der westlich an dieselbe angrenzenden Gebirgskette besitzen, sprechen überdies Gerölle, die ich theils am Ostabhange der Granadillos (bei Yacotula unweit Belen), anderntheils am Westabhange (in den Schotterterrassen des bei Zapatá vorbeifliessenden Flusses) sammelte; namentlich am letzteren Orte gab es recht verschiedenartige Varietäten von Quarzporphyr; eine derselben zeichnete sich durch ungewöhnlich grosse, etwa einen Centimeter messende Orthoklaskrystalle aus, die neben kleineren Quarzkörnern in einer gelblichgrauen, felsitischen Grundmasse eingewachsen waren.

In S a l t a und J u j u y hat B r a c k e b u s c h mehrfach Gänge von Quarzporphyr beobachtet (Bol. of. A. N. V. 1883. 181).

Pampine Sierren. Die Sierra von San Luis habe ich leider nicht selbst besuchen können; ich beschränke mich deshalb auf die Angabe, dass nach G. Avé-Lallemant Felsitfels, der durch spärliche Individuen von Quarz und Feldspath in Quarzporphyr übergeht, mehrere kleine Stöcke und Gänge im Gneisse von Socoscora am Westabhange der genannten Sierra bildet. Derselbe soll von Pechsteingängen durchsetzt werden (Acta. 1875. I, 132 u. Taf. II).

Nach demselben Gewährsmanne sollen auch zwischen dem Rio Quinto und Cuarto, in der Nähe von Liouze, einige kleine Berge, die sich insular aus der Pampa erheben, aus rothem quarzführenden Porphyr bestehen (La Plata M. S. 1873. 17).

In der Sierra von Córdoba treten Quarzporphyre, soweit meine eigenen Beobachtungen reichen, nur in der Gegend von San Pedro auf, und zwar in vereinzelten Gängen und kleinen Stöcken. Einen dieser Stöcke, dessen Gestein aus einer rothbraunen, violettbraunen oder schwarzen, keratitischen Grundmasse mit zahlreichen, 2—3 mm grossen krystallinen Körnern von Quarz und von weissem oder ziegelrothem Feldspath besteht, überschreitet die Poststrasse zwischen S. Cruz und S. Pedro, etwa eine Wegstunde vor dem letztgenannten Orte; einige andere Gänge, deren Gestein zwischen Quarzporphyr und Granitporphyr schwankt, setzen in dem hügeligen Granitgebiete auf, welches sich unmittelbar im W. von San Pedro erhebt.

Endlich mögen hier auch noch diejenigen Quarzporphyre, welche aus dem Gebiete des atlantischen Litorales bekannt geworden sind, in Kürze erwähnt sein.

Die älteste Notiz über dergleichen findet sich bei Weiss. Nach seinen Mittheilungen sammelte v. Sellow zwischen Maldonado und Montevideo (NW. vom Pan de Azucar) „Nadelporphyr, dem von Buch'schen von Christiania bis zur Ununterscheidbarkeit gleich"; ferner in derselben Gegend (an der Punta de la Sierra) „ausgezeichneten Syenitporphyr, in den reinsten Feldspathporphyr übergehend, wie den von der Elbbrücke bei Meissen" (Weiss. 232). Weitere „schöne und feste, quarzführende rothe Porphyre", z. Th. „vollkommene Repräsentanten des älteren quarzführenden Porphyres" hatte v. Sellow von Rio Grande do Sul (aus der Nähe des Cerro do Polteiro de Luiz Maxado u. v. a. O.) eingesendet (l. c. 259).[*]

Ich selbst sah in dem Mineralogischen Museum der Universität Buenos Aires Quarzporphyre von Caápuen in Paraguay, die L. J. Fontana, der Conservator jenes Museums, gesammelt hatte. Die Stücken zeigten in einer bräunlichgrauen, felsitischen Grundmasse kleine Körner von grauem Quarz, Kryställchen von fleischfarbenem Feldspath, sowie zahlreiche Schuppen grünschwarzen Chlorites.

Endlich ist noch anzugeben, dass Quarzporphyre auch in der Patagonischen Küstenregion eine beträchtliche Verbreitung besitzen. Das ergiebt sich zunächst aus den Mittheilungen Darwin's, nach welchen hier zwischen 43°50′ und 48°56′ S. Br. an mehreren Punkten, namentlich aber bei Port Desire kleine Kuppen und grössere Massen verschiedenartiger Porphyre auftreten. „Claystone porphyries", die z. Th. quarzhaltig sind, herrschen vor; in der Nähe von Port Desire wurden aber auch „beds of black perfect pitch-stone" beobachtet (Geol. Obs. 148. Car. 221).

Da mir Herr G. Claraz die auf einer seiner Reisen in Patagonien gesammelten Gesteine zur Bestimmung freundlichst anvertraut hat, so vermag ich dem eben gesagten noch hinzuzufügen, dass auch in den neben der Bai von S. Matias sich erhebenden Sierras de S. Antonio und in dem NW. von denselben gelegenen Districte zwischen Valcheta und Yagep-Aschmeschlec mannigfaltige und

---

[*] Auch Carlos Twite erwähnt in seiner Memoria sobre la geologia económica de la República oriental del Uruguay. Montevideo. 1875. Gänge von Feldspath- und Quarzporphyren, indessen sind seine petrographischen Bestimmungen mit sehr grosser Vorsicht aufzunehmen.

z. Th. ganz ausgezeichnet typische Quarzporphyre, in dem zuletzt genannten Districte auch noch schwarze Pechsteine vorkommen.

In der schon dem westlichen Patagonien angehörigen, am Rio colorado gelegenen Sierra de Choique-Mahuida sind auch von Döring Quarzporphyre beobachtet worden (Inf. ofic. 1882. 374).

Es unterliegt wohl keinem Zweifel, dass genauere Studien der von mir bereisten Provinzen und neue Expeditionen in die bisher noch gänzlich unerforschten Gebirge der Argentinischen Republik und ihrer Nachbarländer die Zahl dieser isolirten Vorkommnisse von Quarzporphyren vervielfältigen werden; aber jedenfalls lässt sich schon jetzt angeben: dass das grosse, in der Cordillere gelegene Hauptgebiet der Quarzporphyre gegen Osten zu weithin von kleineren Eruptionscentren und von zahlreichen einzelnen Stöcken und Gängen begleitet wird.

Eruptive Gesteine, welche sich mit den mesozoischen „Porphyren" der Cordillere vergleichen liessen, sind mir dagegen aus dem Bereiche der Argentinischen Republik nicht bekannt geworden.

XII. Petrographische Bemerkungen
über die Quarzporphyre.

Die petrographischen Bemerkungen über die Quarzporphyre kann ich für das von mir selbst gesammelte Material (Gerölle der Troyaschlucht und von Jachal, Gesteine der Espinazitokette — Quebrada de la Leña — und der Mendoziner Cordillere — zwischen der Puenta del Inca und Uspallata —, Gesteine der Famatinakette, Gerölle aus der Sierra de los Granadillos, Gesteine der Sierra von Córdoba) zusammenfassen, da die verschiedenen, an allen diesen Fundstätten auftretenden Gesteine vielfache Uebereinstimmung in ihren Charakteren zeigen.

Die Grundmasse der Quarzporphyre erscheint dem blossen Auge entweder felsitisch oder keratitisch; ihre Farbe ist grau, grünlichgrau, rothbraun, ziegelroth, violettbraun oder schwarz. Fluidale Zeichnungen sind Seltenheiten. Die porphyrischen Einsprenglinge bestehen aus kleinen, selten 4 mm übersteigenden krystallinen Körnern, Krystallen und Krystallfragmenten von Quarz, röthlichem oder weissem Orthoklas und Plagioklas und zwar treten diese drei Mineralien in der Regel gleichzeitig neben einander auf, wenn auch in sehr verschiedener relativer Menge. In Folge dessen, und weil auch das Verhältniss der Einsprenglinge zur Grundmasse innerhalb weiter Grenzen schwankt, entstehen sehr zahlreiche Gesteinsabänderungen, die aber, wie dies schon Weiss und Strobel hervorgehoben haben, durchaus den typischen Quarzporphyren Sachsens, Thüringens und Südtirols gleichen. Handstücke aus der Cordillere kann man von solchen der genannten europäischen Fundpunkte nicht unterscheiden.

Ausnahmsweise wurde in der Famatinakette ein Quarzporphyr beobachtet, der in einer graugrünen, felsitischen Grundmasse neben den krystallinen Einsprenglingen auch noch erbsen- bis faustgrosse Kugeln von dichtem, röthlichgrauen Hornstein umschloss.

50 Präparate von 39 verschiedenen Quarzporphyren wurden in Rücksicht auf ihre Grundmasse und auf ihre porphyrischen Einsprenglinge näher untersucht. Hierbei zeigte die erstere gewöhnlich eine Mittelstufe zwischen mikrogranitischer und mikrofelsitischer Structur; sie liess zwischen gekreuzten Nicols zwar erkennen, dass eine Gliederung in krystalline Elemente stattgefunden hat, erlaubte aber keine mineralogische Bestimmung dieser Elemente, theils wegen deren Kleinheit, theils wegen der Verschwommenheit ihrer Umrisse. Glasige Theile vermochte ich niemals mit Sicherheit wahrzunehmen, denn selbst in denjenigen Fällen, in denen die Grundmasse bei schwacher Vergrösserung dunkelbleibende Stellen zeigte, lösten sich diese letzteren bei Anwendung einer 4—600fachen Vergrösserung und bei Drehung der Präparate in ihrer Ebne in Aggregate auf, deren Theilchen vorübergehend lichtblaugrau wurden.

In allen derartigen Quarzporphyren, besonders aber in denen von rother, brauner oder violetter Farbe der Grundmasse, zeigt das Mikroskop inmitten der letzteren ausser Opacitkörnern und blaugrünen Schüppchen auch noch gelbliche oder rothbraun durchscheinende, staubförmige Körnchen und ebenso gefärbte, flockige oder dendritische Partieen, die wohl als secundäre Ferritbildungen zu betrachten sind; da, wo sich dieselben besonders reichlich entwickelt haben, werden sie opak, lassen aber auch jetzt noch ihre gelbrothe oder ziegelrothe Farbe bei Anwendung von Oberlicht sehr deutlich erkennen.

Fluidale Structur, hervorgebracht durch lineare Zusammendrängung von Opacitkörnchen und dunklen, winzigen Nädelchen zeigen Quarzporphyre der Quebrada de la Leña, der Punta de las Vacas (Mendoz. Cord.) und solche von S. Pedro, Córdoba, während sich in der Grundmasse eines bei San Juan gesammelten Gerölles die Opacitkörnchen zu trichitenartigen Gestalten vereinigen.

Quarzporphyre von sphärolithisch entwickelter Grundmasse liegen von Fiambalá, Catamarca und vom Potrerillo, Westabhang der Famatinakette vor. In dem letzteren sind nicht nur die schon oben erwähnten, bis faustgrossen Hornsteinkugeln eingewachsen, sondern auch noch 1 bis 2 mm grosse kugelige Concretionen von sehr eigenthümlicher Beschaffenheit. Jede dieser kleinen Concretionen besteht nämlich aus 4, 6 und mehr handförmigen Bogensegmenten, die spiralförmig gruppirt sind und aus Orthoklas zu bestehen scheinen. Dabei entsprechen nach Ausweis des Polarisationsverhaltens die einzelnen Schalen oder wenigstens grössern Bogenstücken derselben je einem Orthoklasindividuum, während die verschiedenen Orthoklasschalen einer und derselben Concretion auch verschiedene Orientirung zeigen. Zwischen die Schalen drängt sich Grundmasse ein. Das Centrum bildet entweder ein nicht näher bestimmbarer trüber und unregelmässig umgrenzter Kern (Fragment?) oder ein kleiner Orthoklaskrystall.

Die Grundmasse von einigen wenigen der vorliegenden Quarzporphyre ist mikrogranitisch, d. h. sie löst sich u.' d. M. in ein rein krystallines Gemenge deutlich erkennbarer Körnchen von Quarz, Orthoklas und Plagioklas auf, in welchem sich wohl auch noch einzelne Schüppchen von Glimmer einstellen. Hierher gehören Varietäten von Yacotula bei Belen und von Fiambalá, Catamarca, sowie solche, die als Gerölle bei San Juan gesammelt worden und aus der Cordillere stammen. Bei einem dieser sanjuaniner „Mikrogranite" besteht die felsitische, für das blosse Auge unauflösbare Grundmasse aus einem lückenreichen Aggregate von Orthoklaskryställchen, deren winkelige Zwischenräume mit Quarz erfüllt sind. Die Quarzfüllung jedes einzelnen Hohlraumes zeigt dabei einheitliches Polarisationsverhalten.

Unter den Einsprenglingen der Quarzporphyre sind als nie fehlend Quarz, Orthoklas und Plagioklas zu nennen. Der Quarz besitzt in der Regel die Form rundlicher Körner von 1—3 mm Durchmesser; sehr selten findet er sich in Krystallen. Porphyrgrundmasse dringt gern, wie an zahlreichen Dünnschliffen zu sehen ist, buchtförmig in die Quarzkörner ein oder bildet in den letzteren ringumgrenzte Einschlüsse.

Nach Schwärmen kleiner Flüssigkeitseinschlüsse, mit trägen oder mobilen Libellen, sucht man in den Quarzen selten vergeblich und findet dann wohl nebenbei als anderweite Gäste des Minerales äusserst zarte farblose Mikrolithen; dagegen sind Glaseinschlüsse in den Quarzen aller untersuchten Porphyre eine äusserst seltene Erscheinung.

Die Orthoklase und Plagioklase finden sich gewöhnlich in 2—3 mm grossen Krystallen oder entsprechenden Krystallfragmenten; nur einmal, in einem Porphyrgeröll von Zapata, wurden bis 10 und 12 mm grosse fleischfarbene Orthoklaskrystalle angetroffen. Im übrigen zeigen beide Feldspäthe die gewöhnlichen Erscheinungen und es mag höchstens das hervorgehoben werden, dass der Orthoklas sehr oft schon mehlig getrübt oder reichlich mit Chloritstaub imprägnirt ist, wenn der ihn begleitende Plagioklas noch recht frisch ist.

Magnetitkörner und Apatitnädelchen sind in den meisten Gesteinsabänderungen nur in bescheidener Menge oder gar nicht beobachtet worden; Blättchen von Magnesiaglimmer sind ebenfalls selten. In dem Porphyr eines Gerölles von Fiambalá und in einer Quarzporphyrbreccie der sanjuaniner Cordillere fanden sich Gruppen von Magnetitkörnchen, die mit Francke ihrer regelmässigen Umgrenzung nach für Pseudomorphosen nach Hornblende gehalten werden können; davon aber, dass in der ebenerwähnten Breccie das die Gesteinsfragmente verkittende Cement aus Quarz und Hornblende bestehe, wie dies Francke ebenfalls angiebt (Studien 43), habe ich mich weder an seinen eigenen, mir freundlichst zur Disposition gestellten Präparaten, noch an meinen, von demselben Handstücke abstammenden Dünnschliffen zu überzeugen vermocht. Das Cement erscheint mir als eine felsitische Grundmasse, in welcher allerdings sonst nicht beobachtete, kleine gelbgrüne Körnchen inneliegen; diese letzteren zeigen aber weder Form und Spaltbarkeit der Hornblende, noch starken Dichroismus und sind überhaupt sehr schlecht charakterisirt. Sie erinnern mich eher an Pistazit, indessen ist mir ihre sichere mineralogische Bestimmung u. d. M. nicht möglich.

Endlich sind noch als mehr oder weniger häufig entwickelte Zersetzungs- und Infiltrationsprodukte, die sich in den verschiedenen Quarzporphyren finden, Viridit und Pistazit nebst jüngerem Quarz zu erwähnen, sowie blauer Flussspath und Kalkspath; die letzteren wurden als Ansiedelungen in dem Orthoklas eines Quarzporphyrs von Zapala beobachtet.

Anhang. Porphyrtuff, welcher das Versteinerungsmaterial eines Ammoniten von Huantajaya bei Iquique bildet (S. 98).

In einer felsitartigen, rothbraunen, ziegelroth- und grüngefleckten Grundmasse, welche ungefähr Apatithärte besitzt, liegen zahlreiche kleine, weisse und blassrothe Feldspathkrystalle inne, ausserdem auch — wie man namentlich an einseitig angeschliffenen Stücken deutlich erkennt — kleine Splitter von grauer, grüner und schwarzer Farbe, sowie zahlreiche Fragmente von Muschelschalen. Die letzteren bestehen noch aus faserigem oder blättrigem Kalkspath. Klüfte, die mit Kalkspath belegt sind, durchziehen das Gestein. Legt man grössere Splitter desselben in kalte und verdünnte Salzsäure, so findet längere Zeit hindurch lebhaftes Aufbrausen statt; ist dasselbe beendet, so hat sich das Gestein etwas entfärbt, ist cavernös geworden und zeigt nun noch viel deutlicher als zuvor seine feine Brecciennatur; die Gesammtform der mit Säure behandelten Splitter hat sich dagegen nicht geändert.

Ferner lassen auch schon jene einseitig angeschliffenen Stücke unter der Lupe erkennen, dass die kleinen rothen Flecken der Grundmasse durch besonders reichliche Concentration des allenthalben eingesprengten, ziegelrothen Ferritstaubes veranlasst werden.

In Dünnschliffen erweist sich die Hauptmasse des Gesteines, sobald man von den reichlichen Einmengungen staubförmigen und flockigen Ferrites und von den anderen fremden Elementen absicht, als eine farblose oder wenig getrübte Substanz von homogener Beschaffenheit. Zwischen gekreuzten Nicols bleibt sie auch während der Horizontal drehung der Präparate dunkel und nur einzelne kleine Punkte oder netzförmig verzweigte, zarte Adern geben einen blassen, blaugrünen Lichtschein., Von mikrofelsitischer Structur ist nichts wahrzunehmen; man möchte deshalb die Gesteinsgrundmasse für einen äusserst feinen Schlamm, der möglicher Weise von gallertartigen, später erhärteten Zersetzungsprodncten durchdrungen ist, halten.

Die gröberen klastischen Elemente sind, wie erwähnt, theils Gesteinstrümmer, theils Fragmente von Muschelschalen; häufig treten in Dünnschliffe auch kreisrunde oder elliptische Stellen auf, die mehr oder weniger deutlich eine zellige Structur zeigen und Querschnitte von Crinoidengliedern sein dürften, während andere poröse Fragmente von Korallen oder Schwämmen herzurühren scheinen. Quarzkörner sind nur äusserst selten zu beobachten; die Orthoklase und Plagioklase finden sich theils in gut und scharf umgrenzten Krystallen, häufiger noch in der Form von Fragmenten; Anhaltepunkte, die dafür sprechen könnten, dass sie sich durch concretionäre Vorgänge erst inmitten der Grundmasse gebildet hätten, liegen nicht vor. Zahlreiche kleine Hohlräume und Adern sind allenthalben in der Gesteinsmasse wahrzunehmen; dieselben sind an ihren Wandungen gewöhnlich mit Büscheln eines äusserst zartfaserigen, grünen und kaum dichroitischen Minerales tapezirt, ausserdem mit späthigem Kalkspath erfüllt. In dem letzteren können nicht selten kleine Flüssigkeitseinschlüsse wahrgenommen werden. Das grüne faserige Mineral hat sich auch sonst noch in Form kleiner Nester inmitten der Grundmasse entwickelt. Einige kreisrund umgrenzte Hohlräume scheinen mit körnig-stänglichem Quarze erfüllt zu sein.

Nach alledem darf das Versteinerungsmaterial des Ammoniten von Huantajaya wohl als ein verhärteter, feiner, felsitischer Schlamm und, geologisch gesprochen, als ein submarin gebildeter Quarzporphyrtuff betrachtet werden. Innerhalb desselben haben zwar nach seiner Ablagerung mancherlei Bildungen und Umbildungen von Mineralien stattgefunden, aber dieselben berechtigen keineswegs zu der Annahme, dass das Gesammtgestein ein metamorphosirtes Sediment in dem oben näher entwickelten Sinne Darwin's und der chilenisch-peruanischen Geologen sei. Die scharf begrenzten Fragmente von Feldspathkrystallen und Gesteinen und das Vorhandensein der z. Th. noch aus dem ursprünglichen Kalkspathe bestehenden Fragmente von Muschelschalen und Crinoidengliedern sind mit einer derartigen Auffassung schlechterdings nicht zu vereinigen.

XIII. Juraformation.

Siehe den Paläontologischen Theil dieser Beiträge. 3. Abtheilung. Dr. C. Gottsche. Ueber Jurassische Versteinerungen aus der Argentinischen Cordillere. 1878.

Jurassische Schichten habe ich nur innerhalb der Cordilleren von San Juan und Mendoza angetroffen und zwar in beiden Fällen unmittelbar im Westen der Granite und Quarzporphyre. Ich lasse zunächst eine Skizze des selbst beobachteten folgen.

Cordillera de los Patos (Espinazito-Kette, Prov. S. Juan. Taf. II). Der Tropenweg, der von der Provinzialhauptstadt San Juan nach San Felipe führt, kreuzt zunächst die aus silurischen Kalken und aus Thonschiefern bestehenden Anticordilleren, zieht sich dann — zwischen der Sierra de Tontal (Thonschiefer) und der Espinazito-Kette (Granite, Quarzporphyre) in dem breiten Längsthale des Rio de los Patos hin, dessen Boden mit einer mächtigen Ablagerung jungcretacischer oder alttertiärer Sedimente bedeckt ist, biegt hierauf, um einen grossen und unwegsamen Bogen des Patosthales abzuschneiden, in die Quebrada de las Leñas ein und führt nun in dieser letzteren steil empor zum Espinazito-Passe.

Am Morgen des 11. Januar 1873 hatten wir das letzte noch im Patosthale liegende argentinische Gehöft, Totoral de Barreal (1560 m), verlassen, am Abend des 13. waren los Manantiales erreicht worden, d. s. kleine sumpfige Wiesen, die in 2770 m vor dem Eingange in die Quebrada de las Leñas liegen, am 14., früh gegen 7 Uhr, ritten wir in die letztere ein. Die Felsen am Eingange und in dem untersten Theile der wilden Hochgebirgsschlucht bestehen noch aus dem im Patosthale herrschenden Sandsteine, aber bald taucht Granit unter dem letzteren empor und nach kurzem Ansteigen zeigen die felsigen oder mit gewaltigen Schutthalden bedeckten Gehänge nur noch Granit, Quarzporphyr und Quarzporphyrbreccien (S. 36).

Weiter aufwärts, etwa bei 3665 m, biegt die Thalschlucht, die bis jetzt einen westlichen Verlauf hatte, plötzlich nach NW. um.

Von dieser Stelle an, an welcher nebenbei bemerkt die ersten kleinen Schneeflecken erreicht wurden, ändern sich die geologischen Verhältnisse in auffälliger Weise. Die linken (NO.) Gehänge der von nun an aller Vegetation entbehrenden Schlucht bleiben zwar noch felsig und bestehen wohl noch aus den vorher beobachteten krystallinen Massengesteinen, aber die rechten (SW.) Gehänge zeigen deutliche Schichtung und lassen weisse, grüne und rothe Sandsteine erkennen, zwischen denen auch einzelne Conglomeratbänke und Schichten eines tuffartigen Gesteines eingeschaltet sind. In das Liegende dieser Sedimente scheinen noch einige Riffe von Quarzporphyr einzugreifen; weiter oben trifft man dagegen inmitten der Sandsteine auf zwei ihrer Schichtung parallel verlaufende Gänge. Der untere dieser beiden Lagergänge, der die Veranlassung zu einem kleinen Wasserfalle wird, besteht aus einem schönen Hornblendeandesit, der obere, den man kurz unterhalb des Passes erreicht, aus Feldspathbasalt.

11*

In den bis jetzt überschrittenen Sedimenten der Quebrada waren keinerlei Versteinerungen zu entdecken; da sie aber gegen W. einfallen und allem Anschein nach die alsbald zu erwähnenden Juraschichten
unterteufen, so dürften sie wohl dem Rhät oder Lias zuzurechnen sein.

Der etwa 4235 m hohe Pass, zu dessen Rechten sich unmittelbar der schneebedeckte Espinazito
erhebt, wurde 1½ Nchm. erreicht. Eine grossartig schöne, aber auch grossartig wilde Hochgebirgsland-
schaft breitet sich nun vor den Blicken des Reisenden aus. Zu seinen Füssen liegt das Quellgebiet der
Patillos,*) ein vielfach durchschluchtetes Felsgebiet, in welchem namentlich blutroth leuchtende Sandstein-
wände das Auge fesseln. Deutlich sieht man die Schichtung derselben; bald fällt sie steil nach O., bald
flach nach W., bald wieder ist sie muldenartig gebogen — also ganz offenbar liegen beträchtliche Schichtenstörungen vor. Weiterhin erblickt man unten im Thale, zwischen den rothen Sandsteinen, kleine weisse
Felsen mit einer ganz eigenthümlich geriffelten Oberfläche — das sind, wie sich später herausstellt, einige
100 m hohe kahle Gypsberge; a. a. O. erheben sich dunkelfarbige Andesitkegel. Zahlreiche Schneeberge
rahmen den weiten Gebirgskessel auf allen Seiten ein. Aber auch sie werden noch überragt von dem majes-
tätischen Aconcagua (nach Güssfeldt 6970 m), der von SSO. her in die farben- und formenreiche Ge-
birgseinöde herniederschaut.

Doch noch eine andere Ueberraschung ist dem Geologen vorbehalten, wenn er diesen schönen Punkt
erklommen hat; denn die flach einfallenden Kalkstein- und Sandsteinschichten, die zugleich mit einigen in
ihnen aufsetzenden Gängen von Hornblendeandesit den Pass bilden, sind reich an Ammoniten! Die schönen
Exemplare von Stephanoceras, die auf Taf. II u. III abgebildet wurden, stammen vom Passe; sie lagen ausgewittert umher oder liessen sich leicht aus dem Kalksteine herausschlagen. Neben ihnen fanden sich noch
einige Belemniten-Fragmente und einige Pelecypodenreste.

Bis 4½ Nchm. sammelte ich hier, dann musste ich der Tropa, die immer vorausgegangen war, folgen.
Auf einem bösen Wege reitet man nun hinab. Anfangs zieht man sich noch am Gehänge hin, an welchem
Juraschichten anstehen und Andesitschutt umherliegt, aber bald geht es in kurzen, oft nur je 20 Schritt
langen zickzackförmigen Windungen auf einem langen Grate (espinazo), der dem Passe den Namen gegeben
hat, abwärts. Sonderbar ausgewitterte Säulen, Riffe und Pyramiden von Sandstein überragen die Gehänge,
die da, wo sie nicht schuttbedeckt sind, in Folge der Wechsellagerung von härteren und weicheren Bänken
eine eigenthümliche Terrassirung zeigen. Hier stellen sich auch die ersten spärlichen Pflanzen wieder ein:
einige Gräser, die sich arabeskenartig zwischen dem Steingeröck hinziehen.

Gegen 6 Uhr war der Lagerplatz erreicht, den die Diener ausgesucht hatten (3435 m) und der nun
während der nächsten beiden Tage (14. u. 15. Januar 1873) als Ausgangspunkt zu kleineren Excursionen in
das umgebende Bergland diente.**)

Auf diesen letzteren gewährten zwar die bald flachen, bald mehrere 100 m tiefen und steilwandigen
Schluchten im Quellgebiete der Patillos vielfache Aufschlüsse, aber einen klaren Einblick in den ziemlich

---

*) So bezeichnete mein Arriero das Gebiet; auf Petermann's Karte wird es Yegeras genannt. Richtiger wäre Yeseras
(yeso, Gyps). Monssy's Karte ist für diese Gegend ein reines Phantasiegebilde.

**) An schönem, klaren Wasser fehlte es nicht; die Wurzeln einer cuerno de cabra genannten Zwergmimose lieferten das
nothwendigste Brennholz. Die Maulthiere fanden allerdings nur einen kärglichen Graswuchs. Das Aneroid schwankte zwischen
495.0 und 495.5 mm, das Thermometer zeigte nach empfindlich kalten Nächten, an 3 Vormittagen, früh zwischen 6 u. 7 Uhr, 2.5—10.25 C.
In der Sommerzeit (Januar, Februar) dürfte ein längerer Aufenthalt in diesen Regionen ohne grosse Schwierigkeiten möglich sein,
sobald man mit genügendem Proviant versehen ist und die Thiere einstweilen nach den guten Weideplätzen schickt, die sich im
Thale des Rio de los Patos, gegen das Valle hermoso zu, finden und nur gegen 2½ Stunden entfernt sind.

verwickelten Gebirgsbau und in die Folge der jurassischen Schichten vermochte ich in zwei Tagen leider nicht zu gewinnen. Die Natur der Gesteine wechselt ausserordentlich rasch; hier bestehen die Gehänge aus verschiedenfarbigen Sandsteinen, in denen zuweilen kleine Brocken von Faserkohle eingewachsen sind, dort aus röthlichen oder gelblichen Mergeln und Kalksteinen, die bald an Versteinerungen arm sind, bald von denselben strotzen. Dazwischen lagert an der einen Stelle grobes, aus Quarzporphyrgeröllen bestehendes Conglomerat, in dessen mergeligem und oft sehr eisenschüssigem Bindemittel sich da, wo sich dasselbe reichlicher entwickelt findet, Ammoniten und Rhynchonellen einstellen. Am nordwestlichen Abhange des Espinazito-Passes stehen unten rothe, an Ammoniten reiche Sandsteine an, darüber liegen graue Mergel mit Trigonien u. a. Bivalven. Mächtige Steilwände, die vom Lagerplatze aus gegen NO. zu sehen sind, fordern durch ihre rothen, gelben und schwarzen, grell mit einander abwechselnden Schichtensysteme zu einer näheren Untersuchung auf, erweisen sich aber als völlig unzugänglich. Bequemer lassen sich die zahlreichen Gänge und Kuppen von Hornblendeandesit und schwarzen basaltischen Gesteinen studiren, die an zahlreichen Stellen die jurassischen Sedimente durchbrochen und hierbei den dichten Jurakalk zuweilen in fein krystallinen Marmor umgewandelt haben. Einige kleine Wildbäche haben sich ihre Betten längs der Grenzen solcher Eruptivgesteine mit den Sedimenten eingewaschen.

Eine Sichtung aller dieser Verhältnisse würde wochenlange Arbeit und vor allen Dingen eine gute Karte erfordern — aber ehe es diese geben wird, mögen wohl noch Generationen vergehen.

Am 16. Jan. früh 7 Uhr musste aufgebrochen werden und die kleine Tropa zog nun in der SSO. gerichteten Patillos-Schlucht (Yesera) wiederum nach dem Thale des Rio de los Patos. Bei dieser Gelegenheit kam ich hart an einem jener Gypsberge vorüber, die ich schon von der Passhöhe aus wahrgenommen hatte. Die ganze Felsenmasse ist körniger oder dichter weisser Gyps und ihre nackte Oberfläche ist mit geschlängelten Erosionsrinnen bedeckt, die sich nach abwärts zu vielfach verzweigen und dann, bei geeigneter Beleuchtung, den Berg bedeckt erscheinen lassen mit tänzelnden Wellen, die das Machtwort eines Zauberers erstarren liess. Später bestehen die Gehänge aus groben Dolomitbreccien mit grosslöcherigen Abwitterungsflächen, die man für Repräsentanten des weissen Jura's zu halten geneigt ist. Darunter tritt nochmals Gyps hervor, um weiterhin, auf der rechten Thalseite, einen zweiten, mehrere 100 m hohen Felsen zu bilden. An einer anderen Stelle wird die rauchwackenartige Dolomitbreccie von einem dunklen, basaltischen Eruptivgesteine durchbrochen. An dem zuletzt erwähnten Gypsfelsen vereinigt sich die Patilloschlucht mit dem Hauptthale; aber ihr munteres Gebirgswasser hat noch so viel jugendlichen Uebermuth, dass es dem Flusse nicht direct zuströmt, sondern nochmals in den Gypsfelsen eindringt, um erst nach kurzem, unterirdischen Laufe aus einem kleinen Felsenthore jenseits der Thalecke wieder an das Tageslicht zu treten.

Die Thalebene des Rio de los Patos, die wir bei Barreal in einem Niveau von 1560 m verlassen hatten, mag hier noch eine Meereshöhe von nahezu 2800 m besitzen.[*] Abwärts sieht man, wie sich das Thal zu einer wilden Schlucht verengt, aber aufwärts zu, wohin wir reiten, ist es wohl gegen ¹/₄ Legua breit. Die rechten Steilgehänge bauen sich in grossartiger Einfachheit aus sedimentären Schichten auf, und zwar scheint es, als würden die Dolomite, die den unteren Theil bilden, von gelben Sandsteinen, diese wiederum von rothen Sandsteinen und Conglomeraten überlagert, indessen bleibt der Weg zu weit vom Gehänge entfernt, als dass sich sicheres beobachten liesse. Nach einer Stunde biegt man in das Valle hermoso ein, ein breites Hochgebirgsthal, das seinen Namen mit vollem Rechte verdient; denn das Auge, das nun schon seit

---

*) Die Aneroidablesung ergab 2785 m; hiernach bitte ich das Profil auf Taf. II zu corrigiren, in welchem für die in Rede stehende Höhe irrthümlicher Weise 2285 m angegeben und auch bei der Zeichnung zu Grunde gelegt worden sind.

mehreren Tagen nichts als öde Felsenlandschaften gesehen hat, in denen fast alles Thier- und Pflanzenleben erstorben war, kann sich hier ,wenigstens für einige Wegstunden an dem Anblicke blumenreicher Wiesen und weidender Rinder- und Pferdeheerden erfreuen. Hier und da werden die Wiesenflächen von Sümpfen und Weihern unterbrochen. In der Umgebung derselben ist der Boden gewöhnlich mit weissen Salzefflorescenzen bedeckt.

Die Gehänge des Valle hermoso bestehen unten aus versteinerungsleerem rothen Sandstein, in der Höhe aber aus dunkelfarbigen Conglomeraten und Tuffen, die jenen concordant auflagern. Ebenso ist das linke Gehänge, an welchem der Weg entlang führt, zusammengesetzt, nur dass hier, wie herabgestürzte grosse Blöcke erkennen lassen, über den Conglomeraten und Tuffen vulcanischer Gesteine auch deckenförmige Ergüsse der letzteren aufruhen müssen. Schwarze, blasenreiche Gesteine, in deren Hohlräumen sich oft Kalkspath- oder Quarzkrystalle angesiedelt haben, bilden die obersten klippigen Felsenkuppen.

Ein Uhr Mittags begann bei etwa 2900 m der Aufstieg auf die Cuesta del Valle hermoso. Der Weg verlässt das Hauptthal und folgt einem kleinen Nebenbache. Dabei hat man rückwärts noch einmal einen prachtvollen Blick auf den Nevado del Espinazito, während man seitwärts in eine wilde Schlucht hineinsieht, zu der sich jetzt das „herrliche Thal" plötzlich verengt. Dieselbe scheint direct vom Aconcagua herzukommen, dessen hellaufleuchtende Schneeflächen im schärfsten Contraste zu den dunklen Eruptivgesteinen stehen, welche die felsigen Gehänge im Vordergrunde bilden.

Ungern trennt man sich von diesem schönen Bilde und folgt dem allmählich breiter werdenden Nebenthale aufwärts zum Passe. Zu beiden Seiten hat man steil einfallende Bänke von dunklen Conglomeraten und vulcanischen Tuffen. Das Pflanzenleben stirbt wieder ab und es stellen sich kleine Schneeflächen am Wege ein. 3 Uhr Nachmittags erreichen wir die „Linea divisoria", die Wasserscheide beider Oceane. Das Aneroid zeigt 500 mm, was einer Höhe von 3305 m entspricht.[*]) Der ganze Westabhang der Cordillere, der nun vor uns liegt, besteht, soweit meine Beobachtungen reichen, fast nur noch aus jüngeren Eruptivgesteinen und ihren Tuffen. Die jurassischen Schichten haben wir schon längst im Rücken.

Ich könnte somit auch die Schilderung meines Weges hier abbrechen, indessen möge sie doch, der besseren Uebersicht wegen, gleich hier zu Ende geführt sein. Von der Linea aus zogen wir uns auf den schuttbedeckten Gehängen derjenigen Schlucht allmählich abwärts, in welcher unten der Rio de San Antonio als ein unbändig wilder Giesbach schäumt. Jeder eigentliche Weg hat hier aufgehört; bei jedem Tritte der Thiere rollt Felsgebröck hinab in die Tiefe, aber endlich, gegen 6 Uhr Abends, ist der Bach in einer Thalweitung erreicht und da etwas Graswuchs und Gestrüpp vorhanden ist, so wird abgesattelt und das Lagerfeuer angebrannt. Die Höhe des Platzes ist gegen 2650 m.

Am nächsten Tage (17. Jan.) kann erst früh 7 Uhr aufgebrochen werden. Einige Stunden lang geht es im Thale selbst abwärts, dann aber wird dasselbe unwegsam. Eine erste böse Stelle kann noch durch Auf- und Abklettern am Gehänge umgangen werden, aber bald wird alles Fortkommen in der Tiefe unmöglich, und so muss auch jetzt dasselbe Verfahren eingeschlagen werden, wie jenes frühere, bei welchem wir dem unpassirbaren Theile des Rio de los Patos durch die Kreuzung des Espinazito-Passes auswichen. Diesmal wird die Höhe des rechten Thalgehänges, die Cuesta del Cuzco, erklommen. 10 Uhr Vorm., als das Aneroid 565 mm zeigte, begann der Aufstieg auf kurz-zickzackförmigem Wege; gegen 1 Uhr ist die Passhöhe erreicht, auf welcher das Aneroid bei 8.25 C. 490 mm Luftdruck angibt. Darnach mag der Fuss der Cuesta eine Meereshöhe von etwa 2400 m, der Portezuelo eine solche von 3400 m haben. Das sind eben Cordil-

---

[*]) vergl. S. 5.

lerenwege! Doch nun hat man auch gewonnenes Spiel, denn oben auf der Höhe, die ein hügeliges Plateau zu bilden scheint, giebt es einen klaren Quell und dicht neben demselben eine kleine Wiesenfläche. Auf dieser wird Halt gemacht, damit sich die Thiere von den Anstrengungen des beschwerlichen, siebenstündigen Marsches erholen können.

Am 19. reiten wir drei Stunden lang in einem kleinen Thälchen hin, gelangen dann wieder an den Rio de San Antonio und nun stellen sich bald in rascher Folge Sträucher, Bäume, Weizenfelder und Gehöfte ein. Zuletzt führt eine schöne, schattige Pappelallee in dem gegen 1 Legua breiten und mit herrlichen Fruchtfeldern bedeckten Thale entlang. Abends 7 Uhr erreichen wir die Plaza von S. Antonio (gegen 900 m).

Cumbrepass (Cordillere von Mendoza Taf. III. 9). Die geographische und geologische Position, welche die jurassischen Sedimente in der Mendoziner Cordillere einnehmen, entspricht in allen wesentlichen Punkten derjenigen, welche sie in den Patos zeigen. Aus diesem Grunde kann ich mich hier in der allgemeinen Darstellung kürzer fassen, zumal der Weg über den Cumbre-Pass zu den bekannteren gehört und die sonstigen geologischen Verhältnisse, die man auf ihm beobachten kann, a. a. O. dieser Beiträge gegeben worden sind oder gegeben werden sollen.

Ich selbst habe den Pass von S. Rosa de los Andes aus (4. Febr. 1873) nach Uspallata (10. Febr.), also in der Richtung von W. nach O. überschritten, werde jedoch die geologischen Verhältnisse in der umgekehrten Folge skizziren, damit der Vergleich zwischen ihnen und denjenigen der Patos erleichtert werde.

Die bei Mendoza emporsteigende Sierra von Uspallata kann als die südl. Fortsetzung der inneren Anticordillere von San Juan betrachtet werden. Sie besteht gleichwie diese letztere aus paläozoischen Thonschiefern, zeigt jedoch noch An- und Auflagerungen von rhätischen Sedimenten. Westlich von ihr folgt zunächst eine breite, mit diluvialem Schotter erfüllte Depression (Estancia Uspallata 1800 m); dann erhebt sich, mit schroffen Felsenwänden, die Cordillere. Der Weg folgt bis zum Fusse der Cumbre allezeit dem linken Gehänge desjenigen Hauptthales, in welchem der Rio de Mendoza herabkommt und führt dabei an den beiden Gehöften von der Punta de las Vacas (2265 m) und der Puente del Inca (2570 m) vorüber. Dann verlässt er das Thal, übersteigt rasch, mit steilem Zickzack, die Cumbre (östl. Fuss 3050, Passhöhe 3590 m*) und zieht sich nun in einer engen Schlucht in das Thal des Rio Juncal hinab (Estancia Juncal oder westl. Fuss des Passes 2650 m). Dem letzteren folgt er alsdann bis Santa Rosa de los Andes (nach Petermann 818 m).

Auf jenem ersten Theile des Weges, von der Uspallataebene an bis kurz oberhalb Punta de las Vacas, bestehen die Thalgehänge fast ununterbrochen aus Quarzporphyr und den demselben zugehörigen Breccien und Tuffen. Nur local treten auch Granit, Glimmerschiefer und hornfelsartige Modificationen von paläozoischen Schiefern zwischen den Porphyren zu Tage. Ausserdem wurden diese letzteren kurz oberhalb der Punta de las Vacas auch noch von einem mächtigen Gange von Hornblendeandesit durchbrochen. An der Puente del Inca erfolgt dann ein plötzlicher Wechsel in den geologischen Verhältnissen; denn von nun an schneidet das Thal in Sedimente ein. Dieselben gehören einem N.-S. streichenden Schichtenzuge an und fallen anfangs 30° W., so dass man in der Tiefe des gegen W. zu ansteigenden Thales zunächst, aber nur auf sehr kurze Erstreckung hin, die liegenden Schichten (Jura), bald darauf die ausserordentlich mächtig entwickelten hangenden Schichten (Sandsteine) anstehen sieht. Die letzteren bilden dann auf 10 bis 15 km hin ausschliesslich die das Thal einfassenden Felsenwände, um erst einige Kilometer vor dem Fusse der Cumbre unter jener Decke von jüngeren Eruptivgesteinen zu verschwinden, die wir bereits von dem Valle

---

*) vergl. S. 5.

hermoso her kennen und die nun abermals, von der Cumbre an bis nach S. Rosa de los Andes hin, in staunenswerther Mächtigkeit den ganzen chilenischen Theil der Cordillere zusammensetzt.

Das Studium der Juraformation muss sich sonach bei dem Wege über die Cumbre auf das Gehänge bei der Puente del Inca beschränken. Der Paläontologe findet hier leider eine weit kärglichere Ausbeute als in den Patos, aber dafür wird der Geologe durch die weit grössere Klarheit entschädigt, mit welcher er diesmal einen Einblick in die Lagerungs- und Altersverhältnisse empfängt, die zwischen den jurassischen Schichten und der mächtigen, gegen Westen hin folgenden Sandsteinformation bestehen.

Schon Pentland hatte an der Puente del Inca Exogyren und Pholadomyen gesammelt; [*] später hat dann Darwin das dort aufgeschlossene Profil mit der ihm eigenen Sorgfalt untersucht und beschrieben. Ich selbst habe am 8. Febr. 1873 die theils felsige, theils schuttbedeckte rechte Thalseite unmittelbar gegenüber dem Gehöfte erstiegen und zwar bis zu einem, nach Ausweis meines Aneroides 560 m über der Thalsohle liegenden terrassenförmigen Absatze, oberhalb dessen das noch bis zu der Region des ewigen Schnee's emporragende Gebirge plötzlich weit zurückspringt; ich muss aber diese ziemlich beschwerliche Kletterpartie wohl an einer anderen Stelle als Darwin ausgeführt haben, da meine Beobachtungen z. Th. von denjenigen abweichen, welche in den Geol. obs. 180 ff. (Car. 284 ff) niedergelegt sind. Daraus und aus dem von Darwin hervorgehobenen Umstande, dass die sedimentären Schichten des Inca-Profils oftmals eine linsenförmige Gestalt haben und sich wiederholt auskeilen und ersetzen, dürfte sich die Differenz unserer Wahrnehmungen genügend erklären; immerhin glaube ich, die Darwin'schen Angaben in folgender Weise mit meinen Notizen parallelisiren zu können.

Profil an dem rechten Thalgehänge bei der Puente del Inca.

nach Darwin.	nach Stelzner.
1. Veränderter Thonschiefer; dass er die Basis des Profiles bilde, wurde nicht direct beobachtet, sondern nur aus Aufschlüssen a. a. O. gefolgert.	Der unterste Theil des Gehänges wird durch eine gegen 100 m hohe Schuttanlagerung, die aus Trümmern und Blöcken der nachstehend genannten Gesteine besteht, der Beobachtung entzogen.
2. Verschiedene Schichten von purpurfarbenen, porphyritischen Conglomeraten und undeutlich breccienförmigen Thonsteinporphyren (keine umgewandelten Sedimentärgesteine) waren die tiefsten, an der P. d. I. thatsächlich untersuchten Bänke.	
3. 80 Fuss harter, sehr compacter, unreiner weisslicher Kalkstein mit Spuren von Muschelschalen. Aus dieser Schicht sollen cf. Geol. obs. 193 Blöcke mit Gryphaea aff. Couloni und Arca? Gabrielis abstammen, die unten am Gehänge gefunden wurden. (Dieselben sind indessen wohl aus meiner, weit höheren Schicht 10. abzuleiten, die Darwin nicht beobachtet hat).	1. Gelbgrauer Marmor, von weissen Kalkspathadern durchzogen, in groben, vielfach zerklüfteten Bänken anstehend. 2. Weisser zuckerkörniger Marmor.
4. Rothes, quarziges, feinkörniges Conglomerat.	3. Flache Böschung mit dem Gruse eines weissen und violetten, saudsteinähnlichen Gesteines bedeckt.
5. Weisser, hornsteinartiger Kalkstein mit Knoten eines bläulichen Mergels.	4. Plattiger Kalkstein, mergelig, grau mit violetten Flecken, stücklich zerklüftend, mit zahllosen answitternden Gryphaeen und einigen wenigen anderen Bivalven. (Gryphaea cf. calceola Quenst. Pecten sp. Gottsche 40).

---

[*] L. v. Buch. Pétrifi. rec. en Am. 1839. 20.

6. Weisses, conglomeratartiges Gestein.
7. Sehr kieseliger, feinkörniger, weisser Sandstein.
8. u. 9. Rothe und weisse nicht untersuchte Schichten.

10. Gelber, feinkörniger, dünngeschichteter Dolomit mit einzelnen Quarzgeröllen und Kalkspathdrusen, von denen einige die Form von Muschelschalen zeigen.

11. Eine 20—30 Fuss mächtige und den darunter liegenden völlig conform gelagerte Schicht aus harter, grau-lilafarbiger Grundmasse, mit zahlreichen Krystallen von Feldspath und schwarzem Glimmer; offenbar eine submarine Lava.

12. Gelber, purpurn gefleckter Dolomit; wie 10.

13. Gestein von purpurgrauer, kryptokrystalliner Grundmasse mit Kalkspathmandeln etc.; eine submarine Lava.

14. Rother Sandstein, nach oben in grobes, hartes, rothes Conglomerat übergehend, 800 Fuss mächtig.

Die Gerölle des Conglomerates sind solche von dunklem, purparfarbigen Porphyr und von Quarz.

15. Mächtiges Lager eines gelblichweissen Gesteines in dessen krystallinischer, feldspathiger Grundmasse Krystalle von weissem Feldspath, schwarzem Glimmer und kleine, mit eisenschüssiger Masse erfüllte Cavitäten zu beobachten.

Offenbar eine submarine Lava; gleich Nr. 11.

5. Weisser zuckerkörniger Marmor, sehr klüftig, felsige Klippen bildend.
6. Bänke von rothbraunem Conglomerat, dessen bald gröbere, bald feinere Gerölle vorwiegend solche von Quarzporphyr, daneben aber auch solche von Quarz sind.
7. Ockergelber, mergeliger Kalkstein, nach oben krystallinisch werdend, mit zahlreichen kleinen Quarzgeröllen und einzelnen sehr undeutlichen Bivalvenabdrücken.
8. Weisse und graue, krystallinisch körnige Kalksteine, local mit rothen Hornsteinschmitzen.
NB. Die Schichten 1—8 zusammen etwa 140 m. mächtig.
9. Eine gegen 10 m. mächtige Platte von Trachyt ganz analog No. 14. (vergl. Cap. XVII).

10. Weisser, körniger, fast marmorartiger Kalkstein, voller Bivalvenschalen, die aber sehr krystallinisch und bröcklich geworden sind, so dass sie sich in der Regel nicht blosslegen lassen. In ihren Hohlräumen z. Th. kleine Particen von Erdpech. Aus diesen Schichten stammen zuverlässig Blöcke mit Arca (Cucullaea) Gabrielis Leym. (Gottsche 41), die ich in der Schutthalde am Fusse des Gehänges antraf (vergl. Darwin No. 3).
11. Felsenklippen von braunrothem oder violettgrauem, weissgeaderten, n. d. Mikr. oolithischen Kalkstein. Mit 10 zusammen 25 m mächtig.
12. Eine 25 m mächtige Decke von grünschwarzem grossblasigen Mandelstein; die mit Kalkspath erfüllten Blasenräume sind oft langgezogen, parallel an den Grenzflächen des Gesteines. Local geht das letztere in ein grüngraues, porphyrisches Gestein über (S. 96).
13. 140 m mächtiges, grobes Conglomerat; unter den Geröllen dominiren solche von Quarzporphyr, indessen finden sich auch einige von dem im Liegenden auftretenden Mandelstein No. 12.
14. Eine gegen 110 m mächtige Platte von Trachyt, die eine zu ihren Auflagerungsflächen rechtwinklige, pfeilerartige Absonderung zeigt und sich, wie man vom Thale aus erkennt, weithin fortzieht. Ganz analog No. 9.

16 u. 17. Dunkel purpurne, kalkige, feinkörnige Sandsteine, in grobe, weisse Quarzconglomerate übergehend.

18. Rothes Conglomerat, Sandstein und submarine Lava wie No. 13, mit einander wechsellagernd.

19. Ein compactes, grünlichschwarzes Gestein mit Nestern und Adern von Kalkstein, Brauneisenerz und Epidot; ohne Zweifel eine submarine Lava.

20. Dünngeschichtete, feinkörnige, blass-purpurfarbene Sandsteine.

21—27. Eine mindestens 2000 Fuss mächtige Schichtenfolge von Gyps (dieser in z. Th. 300 Fuss starken Bänken) und Sandstein scheint die benachbarten höchsten Gipfel, die Darwin nur noch z. Th. direct untersuchen konnte, zu bilden.

NB. Die Gesammtmächtigkeit des Profiles 1—27 schätzt Darwin auf 6000 Fuss.

15. Braune, feinkörnige Sandsteine.

Das nun nach SO. zurücktretende Gehänge wurde nicht mehr erstiegen; Rollstücke bewiesen aber, dass Gyps und Sandsteine an seiner Zusammensetzung den wichtigsten Antheil nehmen. Auch scheint ein dritter Lagergang den unter 9 u. 14 erwähnten analog, vorhanden zu sein.

Die hangende, von Darwin mit 21—27 bezeichnete Schichtenfolge ist nun diejenige, welche sich oberhalb von der Incabrücke in das Thal herabzieht und auf weite Erstreckung hin ausschliesslich die Gehänge des letzteren bildet. Man kann sich daher auch auf dem Wege zur Cumbre mit Leichtigkeit davon überzeugen, dass sie im wesentlichen aus gelben und rothen Sandsteinen und Gyps besteht. Der letztere bildet mehrfach hart am Wege kleine, nackte Kuppen; a. a. O. sieht man hoch oben an den Gehängen, dass er den Sandsteinen conform eingelagert ist.

Auch da, wo sich Einblicke in Seitenthäler erschliessen (Valle de los Horcones), gewahrt man allenthalben nur aus hellfarbigen Sandsteinen bestehende Gebirge und nimmt zu gleicher Zeit wahr, dass die Lagerung jener hier ausserordentlich gewaltsame Störungen erlitten hat, denn in raschem Wechsel sieht man die Schichten bald horizontal, bald steilaufgerichtet, bald nach der einen oder anderen Seite zu einfallend. Ausserdem wird an der einen Stelle das Auge auch wieder durch eine jener scharf begrenzten Wechsellagerungen weisser, gelber, rother und dunkelfarbiger Schichten gefesselt, die schon am Espinazito die Aufmerksamkeit erregt hatte. Nach alledem kann es wohl keinem Zweifel unterliegen, dass das hangende Schichtensystem an der Puente del Inca, welches Darwin als „Gypsformation" bezeichnet hat, die südliche Fortsetzung jener ebenfalls Gyps führenden Sandsteine ist, die wir bereits zwischen den Patillos und dem Valle hermoso kennen gelernt haben.

Versteinerungen habe ich auch im mendoziner Thale innerhalb dieser Sandsteinformation nicht angetroffen; dagegen habe ich zwei andere Beobachtungen anstellen können, die der Erwähnung werth sind. Zunächst ist hervorzuheben, dass der breite Boden des in die Sandsteinformation eingerissenen Thales zwischen der Puente del Inca und der Cumbre oftmals und auf weite Flächen hin mit Kalktuffablagerungen bedeckt ist, die eine Mächtigkeit von einem Meter und darüber besitzen. Da nun in dieser Region des Thales nirgends Kalkstein angetroffen wird — man sieht ihn weder anstehen, noch trifft man Blöcke und Gerölle von ihm im Gehängeschutt und in dem Flussbette —, so scheint jenes Vorkommen nur durch die Annahme kalkreicher Quellen erklärt werden zu können, die ihr Material aus der Tiefe bezogen haben und das würde mit der anderweit gewonnenen Anschauung, nach welcher die Kalksteine der Incabrücke die Sandsteine unterteufen, vollkommen übereinstimmen.

Die zweite Thatsache, die ich betonen möchte, betrifft die Zusammensetzung der Conglomerate, welche sich auch auf der oberhalb der Incabrücke gelegenen Thalstrecke mehrfach im Sandsteine eingelagert finden. In diesen Conglomeraten habe ich nämlich lediglich Gerölle von Quarz und von Quarzporphyren gesehen, dagegen kein einziges Gerölle der Andesit-Trachyt-Formation, welche kurz vor dem Cumbrepasse und in unmittelbarer Nachbarschaft von der „Gypsformation" beginnt, um sich nun weiter gegen W. in ganz ungeheurer Mächtigkeit auszubreiten. Diese Thatsache lässt sich gewiss nur durch den Umstand erklären, dass die Sandsteine, Conglomerate und Gypse schon vor dem Ausbruche dieser jüngeren Eruptivgesteine abgelagert worden sind.

Ergebnisse der paläontologischen Untersuchungen. Aus den sorgfältigen Untersuchungen, denen Herr Gottsche die von mir in den Patos und an der Puente del Inca gesammelten Versteinerungen unterzog (dies. Beitr. II. 3), hat sich zunächst an der Hand einer reichen Fauna ergeben: dass dasjenige mächtige und in seinem lithologischen Charakter sehr wechselvolle Schichtensystem, welches den Westabbang des Espinazito und das unmittelbar vor demselben sich ausbreitende Hügelland bildet, im wesentlichen dem Unteroolith (unteren Dogger) angehört, dass neben diesem letzteren auch noch Kelloway (unterer Malm) vorhanden ist und dass hierbei von den überhaupt aufgefundenen 56 Arten 18 auch aus Europa bekannt und 29 weitere durch ähnliche Formen in den Juraschichten Europas vertreten sind (l. c. 38).

Die spärlichen Erfunde von Versteinerungen an der Puente del Inca (von Pentland, Darwin und mir) haben dagegen leider nicht gestattet, das Alter aller hier profilirten Schichten mit gleicher Sicherheit zu fixiren. Gottsche vermochte es nur als möglich zu bezeichnen, dass meine Schicht 4 (mit Gryphaea cf. calceola Qu. und einem Pecten aus der Gruppe des Iens) ebenfalls dem Unteroolithe angehöre. Hiermit würde übereinstimmen, dass Pentland an derselben Localität zahlreiche Steinkerne einer Trigonia gesammelt hat, welche nach L. v. Buch der Tr. costata verwandt ist[*]). Weiterhin würde die ebenfalls von Pentland mitgebrachte Isocardia excentrica Voltz, die L. v. Buch als „identique avec celle du Jura" bezeichnet, für die Existenz von oberem Malm sprechen.

Endlich scheint aber auch noch nach Darwin, d'Orbigny und E. Forbes[**]), sowie nach Gottsche[***]). Neocom mit Arca Gabrielis Leym. und Gryphaea aff. Couloni vorhanden zu sein (Schicht 10 meines Profiles). Indem ich mir vorbehalte, das letztere und die in seinem Hangenden auftretende, gypsführende Sandsteinformation erst in dem nächsten Capitel zu besprechen, mögen hier zunächst noch einige weitere Bemerkungen über das sonstige Vorkommen der Juraformation in Südamerika Platz finden.

Der Entwickelungsgang, den unsere Kenntniss der südamerikanischen Juraformation genommen hat, ist ein gar eigenthümlicher; denn obwohl Meyen bereits 1835 und Gay 1838 ihre in der Cordillere gesammelten Fossilien ganz richtig als jurassische beschrieben hatten, konnte sich L. v. Buch doch nicht von der bei ihm festgewurzelten Ansicht trennen, dass alle secundären Formationen der Anden zwischen dem Golfe von Mexico und Cuzco, oder zwischen 10° N. und 15° S.Br der Kreideformation angehörten, so dass er noch 1839 in seinen Pétrifications recueillies en Amérique ausrief: „La formation jurassique ou est-elle donc restée? C'est en vain, qu'on la cherche".

Dann glaubte Darwin in den Versteinerungen seiner durch ganz Chile hindurchgehenden Gypsformation, mit welcher er auch die im Liegenden auftretenden Kalksteine vereinigte, „a most singular mix-

---

[*]) Physical. Beschreib. d. canar. Inseln. Ges. Schriften. III. 1877. 604.
[**]) Darwin. Geol. obs. 193. Car. 289.
[***]) l. c. 40.

ture of cretaceous and oolitic forms" erkannt zu haben (Geol. Obs. 238. Car. 366), so dass er sich veranlasst sah, die ganze Schichtenreihe nahezu einer und derselben Periode zuzurechnen und diese letztere vorläufig die cretaceo-oolithische zu nennen. Da dieses Vorkommen einer Mischlingsfauna von keinem späteren Reisenden bestätigt worden ist, so können die Angaben Darwin's wohl nur dadurch erklärt werden, dass sich entweder seine palaeontologischen Mitarbeiter bei ihren Bestimmungen durch die v. Buch'sche Lehre beeinflussen liessen, oder dass er selbst Versteinerungen, die ihm von wissenschaftlich ungebildeten Sammlern gebracht und als von derselben Localität herstammend bezeichnet worden waren, irrthümlicher Weise auf eine und dieselbe Schicht zurückführte. M. vergl. z. B. die Mittheilungen über die Versteinerungen von Guasco (Geol. Obs. 217. Car. 325).

Endlich sandte Domeyko seine Sammlungen von Cordillerenversteinerungen nach Europa und nun erst, 1850, wurden Meyen und Gay durch Bayle und Coquand rehabilitirt. Die Arbeit der beiden französischen Gelehrten war bahnbrechend geworden; ihr schlossen sich in rascher Folge diejenigen von Philippi, D. Forbes, Burmeister und Giebel an und als Gottsche im paläont. Theile dies. Beitr. auch noch die Espinazito-Fauna beschrieben hatte, konnte A. N (eumayr) in seinem Referate über diese letzte Arbeit bereits betonen: dass in der Cordillere mit Ausnahme des Tithon alle Stufen des Jura repräsentirt seien, so dass Südamerika ausser Europa der einzige Bezirk sei, in welchem sich bis jetzt eine annähernd vollständige Vertretung des Jura durch marine Bildungen constatiren lasse.[*)

Welch' rascher Wechsel und Fortschritt in 40 Jahren!

Seitdem sind schon wieder neue, wichtige Arbeiten zu verzeichnen, darunter diejenige, in welcher Steinmann auch von der Auffindung des eben noch vermissten Tithones berichtet.[**)

Ein näheres Eingehen auf die hier nur angedeuteten historischen Thatsachen und auf die Erweiterungen, welche unsere Kenntnisse durch die neuesten Erfunde gewonnen haben, würde mich hier zu weit führen; wer sich für diese oder jene interessirt, sei auf die Originalarbeiten verwiesen, die ich mit Gottsche bis zum Jahre 1876 zusammengestellt habe. Dagegen möge hier noch der dermalen bekannte Verbreitungsbezirk der südamerikanischen Jura-Formation kurz besprochen und es mögen diejenigen Resultate betont werden, welche sich aus der Natur desselben für die Entwickelungsgeschichte des Continentes ableiten lassen.

Die Juraformation ist bis jetzt in Südamerika lediglich innerhalb der Cordillere und in dem derselben benachbarten Küstendistricte des Stillen Oceanes angetroffen worden. Innerhalb dieser Region bildet sie ein dem Hauptgebirge parallel streichendes Band, das bei einer sehr geringen und oftmals nur einen oder einige wenige Kilometer messenden Breite sicher eine Länge von 500, wahrscheinlich aber von 700—800 Ml. hat; denn nach Gottsche's Tabelle (p. 48) kennt man sie an etwa 30 Localitäten zwischen 5°46' S. Br. (S. Felipe, Peru) und 36°50' (Cordillere von Chillan) anstehend, indessen muss sie nach Ausweis aufgefundener Gerölle südlich noch bis in die Gegend des 42° Grades gehen, und eine weitere nördliche Ausdehnung ist inzwischen durch die Amaltheen-funde A. Stübel's in Neugranada constatirt worden (Steinmann. N. Jb.

[*) Verhandl. d. k. k. geolog. Reichsanstalt. Wien. 1879. 83.
[**) 1877. W. M. Gabb. Description of a collection of fossils made by Dr. A. Raimondi in Peru. Journ. Acad. of Nat. Sc. of Philadelphia. New Ser. Vol. VIII. pt. III. 263 ff.
1881. G. Steinmann. Zur Kenntnis der Jura- u. Kreideformation von Caracoles. N. Jb. Beilagebd. I. 239 ff.
1881. G. Steinmann. Ueber Tithon u. Kreide aus den peruanischen Anden. N. Jb. 130 ff.
1882. G. Steinmann. Ueber Jura u. Kreide i. d. Anden. N. Jb. I. 166.
1884. G. Steinmann. Reisenotizen aus Chile. N. Jb. I. 198.

1882. L 169). *) Durch Hyatt-Orton, Gabb-Raimondi und Steinmann sind ausserdem noch zahlreiche andere, bei Gottsche noch nicht berücksichtigte Fundpunkte bekannt geworden. Da dieselben indessen zwischen die oben angegebenen Grenzen hineinfallen und sonach den Sachverhalt nur erhärten, aber nicht weiter ändern, scheint ihre Aufzählung hier überflüssig zu sein.

Seiner geographischen Lage nach fällt das Jurаband im allgemeinen mit der Wasserscheide der beiden Oceane zusammen, gebt aber bald auf die westliche, bald auf die östliche Seite derselben hinüber.

Zwischen 5°46' und 31°30' (Cordillere von Illapel) liegt es nämlich fast stets im Westen; weiter südlich geht es dann zunächst auf die atlantische Seite der Linea divisoria hinüber, so dass es nun auch auf eine kurze Erstreckung hin in das Argentinische Gebiet hineinfällt (Cordilleren von San Juan und Mendoza).

Wie sich die Verhältnisse weiter südwärts gestalten, bedarf noch näherer Aufklärung. Im Quellgebiete des Rio Malpú (Tinquenes) liegt nach Darwin der Jura bereits wieder im W. der Wasserscheide, aber dann muss er abermals nach O. ansbiegen und sich stellenweise auch auf beiden Hängen des Gebirges hinziehen. Denn während Domeyko angiebt, dass er ihn in der Cordillere vom Descabezado und Antuco auf der chilenischen Seite nicht kenne, hat P. Strobel auf seiner Reise über den Planchon-Pass, im Schutte der Schlucht von Leñas amarillas, zwei Tagereisen östlich der Wasserscheide gegen San Rafael zu, also unter etwa 35°, liasische Versteinerungen gefunden (Geogr. Mittheil. 1870. 300. N. Jb. 1875. 60) und M. Drouilly 1875 in Santiago Trigonien ausgestellt, die er am Cerro de Caicalen sammelte. Dieser letztere soll in der Breite vom Antuco (37°20'), aber schon im Osten der Cordillere, zwischen der letzteren und dem Rio Nanquen (? Neuquen) im Territorium der Pehuenches-Indianer liegen (Domeyko. Ensaye. 37). Diese letzteren Funde erinnern auch an die Gerölle mit Ammonites communis, die Burmeister aus dem Gebiete des Rio Negro (von welchem der Neuquen ein Seitenfluss ist) und des Rio Chubat (wohl Chupat der Petermann'schen Karte) erhielt (Desc. phys. II. 257) und weiterhin an die, allerdings wohl nur mit grosser Vorsicht aufzunehmende Notiz von M. de Moussy (I. 284), dass der Cerro Payen, zwischen 36 und 37° im Süden der Provinz Mendoza gelegen, namentlich aus thonigen Schiefern bestehen, aber auch Ammoniten-führende Kalksteine enthalten soll.**) Da andererseits der Jura unter 36°50' auch wieder vom Westabhange der Cordillere, nämlich aus der Gegend von Chillan bekannt ist, würde er sonach in diesen südlicheren Regionen eine ganz aussergewöhnliche Breite in OW. Richtung besitzen (zwischen 69 n. 72° W. Greenw.).***)

Da es als selbstverständlich betrachtet werden darf, dass eine so mächtige und so mannigfach gegliederte marine Formation wie die in Rede stehende von Haus aus nicht bloss die eben skizzirte lineare Verbreitung gehabt haben kann, sondern auch eine grössere ost-westliche Erstreckung gehabt haben muss so erwächst jetzt noch die Aufgabe, das weitere Ablagerungsgebiet des Juras zu reconstruiren und zu erklären, warum der letztere nur in jener bandförmigen Zone beobachtbar ist. Die ausführlichere Antwort hierauf wird zwar erst in dem von den jüngeren Eruptivgesteinen handelnden Capitel gegeben werden können, immerhin

---

*) Steinmann hat die Fundorte der von Stübel erhaltenen Ammoniten, die das Vorkommen des Lias in Neu-Granada beweisen, nur ihren Namen nach genannt. Da diese Namen auf Karten schwerlich zu finden sein dürften, so möge hier auf Grund mündlicher Mittheilungen, die ich Herrn Dr. A. Stübel verdanke, bemerkt sein, dass der braune Sandstein mit der Amaltheenform aus der Gruppe des A. pustulatus zwischen Pital und La Plata, unter etwa 2°10' N. Br., am Gehänge der der mittleren Cordillere angehörigen Cerro Pelado, in ungefährer Höhe von 2900 m, der schwarze Petroleum führende Kalkstein mit A. costatus aber an dem eine Tagereise vom Cerro Pelado entfernten Rio Guayabo gesammelt wurde.

**) Niederlein hat am Cerro Payen nur Sandsteine und jüngere Eruptivgesteine beobachtet. Z. d. Ges. f. Erdk. 1881. XVI. 48 u. 204.

***) Die Fundschichten des Plesiosaurus chilensis auf der Insel Quiriquina u. a. a. O. der chilenischen Küstenregion, die Burmeister für jurassische hielt (Jurass. 11), gehören dagegen der Kreide an, während die Kohlen der Provinz Arauco, die von Sievekling als oolithische beschrieben wurden (Geogr. Mittheil. 1883. 57) nach Philippi (Zeitschr. f. ges. Naturwiss. 1876. LI. 678 u. Geogr. Mittbl. 1883. 458) solche der Tertiärformation sind.

möge sie schon hier durch einen Blick auf den im Osten der Cordillere gelegenen Theil des Continentes angebahnt werden.

Dieser östliche Theil von Südamerika ist zwar noch vielfach eine terra incognita; immerhin ist er doch bereits von so zahlreichen Reisenden und nach so mannigfachen Richtungen hin durchstreift worden, dass wir, wenn die Juraformation in ihm vorhanden wäre, sicherlich eine wenn auch nur fragmentare Kenntniss hiervon besitzen müssten. Das ist aber nicht der Fall. Der Jura ist weder von Ch. B r o w n und S a w k i n s in Guyana, noch von v. E s c h w e g e, Spix und M a r t i u s, Lund, T s c h u d i, A g a s s i z und H a r t t in Brasilien, noch von D a r w i n, d'O r b i g n y, B u r m e i s t e r, H e u s s e r und C l a r a z, D ö r i n g, B r a c k e b u s c h u. A. in der Argentinischen Republik und in Patagonien angetroffen worden und auch ich selbst habe innerhalb der Argentinischen Republik, als Auflagerungen oder Einklemmungen in den paläozoischen Anticordilleren und als Umsäumungen der archäischen Gebirgsinseln in der Pampa ausser dem Rhät nur noch Sedimente gefunden, die, wie später nachzuweisen sein wird, der oberen Kreide oder dem unteren Tertiär zugerechnet werden müssen und da, wo hinreichende Aufschlüsse vorlagen, als Liegendes immer nur paläozoische oder archäische Gesteine zeigten.[*]

Es darf sonach wohl behauptet werden, dass die Juraformation nicht nur heute im Osten der Cordillere fehlt, sondern dass sie hier überhaupt niemals vorhanden gewesen ist.

Einige in der älteren Litteratur zu findende Angaben, die im Widerspruche mit diesem Ergebnisse zu stehen scheinen, beruhen auf Irrthümern. So zunächst die Angabe von M. de M o u s s y: les montagnes de la Negrilla, qui sont le prolongement de l'Atajo à l'est vers l'Aconquija, sont des calcaires, peut-être de l'époque jurasaique . . . . . Les mineurs de las Capillitas disent même y avoir trouvé des coquilles fossiles, dont il nous a été impossible de voir le moindre échantillon (I. 292). Die Cuesta de la Negrilla, die M o u s s y übrigens auf seiner Karte ganz falsch eingezeichnet und sonach wohl nicht persönlich kennen gelernt hat, besteht da, wo ich sie kreuzte, aus Sandsteinen und krystallinen Massengesteinen. Die Bergleute der Capillitasgruben haben das umliegende Gebirge in der That vielfach durchstreift, dabei aber, wie mir Herr F. S c h i c k e n d a n t z versicherte, mit Ausnahme einer localen Kalktuffbildung nirgends Kalksteine angetroffen.

Zu einer weiteren irreleitenden Angabe, die sich bei B u r m e i s t e r (Descr. phys. II. 260) eingeschlichen hat, habe ich selbst unverschuldeter Weise die Veranlassung gegeben. Als die Herren L o r e n t z und H y e r o n i m u s Salta bereisten, sandten sie mir die inzwischen von E. K a y s e r beschriebenen primordialen Versteinerungen vom Nevado del Castillo. Unter denselben fanden sich auch, ohne besondere Fundortsangabe, einige Ammoniten, so dass ich glauben musste, dieselben seien ebenfalls im saltenischen Hochgebirge gesammelt worden. Ich hatte aus hiervon gelegentlich Herrn B u r m e i s t e r benachrichtigt und dieser hat meine Mittheilung l. c. abgedruckt. Später, nach der Rückkehr der Reisenden nach Córdoba, stellte sich jedoch heraus, dass jene Ammoniten von Caracoles stammten und nur durch Maulthiertreiber in die Hände der Collegen gekommen waren.

Dass endlich die krystallinisch-körnigen Dolomite, welche E. A i g u i r r e (La Geologia de la Sierra Baya. An. Soc. Cient. Arg. VIII) aus dem Gebiete der im S. von Buenos Aires gelegenen Tandilkette als jurassische beschrieben hat, höchstens untersilurische, wahrscheinlich aber huronische sind, ist bereits durch A. D ö r i n g (Inf. ofic. 1882. 311) gezeigt worden.

Im Anschlusse an die vorstehende, nach Osten gerichtete Umschau möge hier endlich noch die mit den Resultaten derselben im besten Einklange stehende Thatsache betont werden, dass die innerhalb der Cordillere zu Tage tretenden Juraschichten in unverkennbarer Weise den Charakter einer litoralen Facies

---

[*] Diese letztere Beobachtung ist auch schon von D a r w i n gemacht worden. Derselbe bemerkt in dem Summary of the Patagonian Tertiary Formation ausdrücklich: It rests, wherever any underlying formation can be seen, on plutonic and metamorphic rocks (Geol. Obs. 119. Car. 179).

besitzen. Ich erinnere an die allenthalben mit den Kalksteinen wechsellagernden Sandsteine, an das häufige Auftreten von aus groben Quarzporphyr-Geröllen bestehenden Conglomeraten und an die Sandsteine mit verkieselten Coniferenstämmen von Amolanas (S. 79).[*])

Nach alledem wird man zunächst folgern dürfen, dass das in der Cordillere sich hinziehende Band jurassischer Schichten ungefähr die ursprüngliche östliche Küstenlinie des Jurameeres repräsentirt.

Wenn man sich nun ausserdem noch jenes, hier und da mit Sümpfen bedeckten Festlandes entsinnt, das zur rhätischen Zeit in den Territorien der Provinzen von Mendoza und San Juan, la Rioja und Catamarca bestanden und sich local auch nach Chile hinüber ausgebreitet haben muss (S. 83) und wenn man weiterhin den Ergebnissen Rechnung trägt, zu welchen das Studium über Alter und Verbreitung der Quarzporphyre und der sonstigen „Porphyre" der Cordillere führte (Cap. XI), so entwickelt sich für die Zustände und Vorgänge während der jurassischen Zeit das folgende Gesammtbild:

Der westliche Theil des zur rhätischen Zeit existirenden Continentes erleidet während der Jurazeit eine Senkung.

Das Senkungsfeld liegt unmittelbar im W. der grossen N.-S. verlaufenden Eruptionsspalte, welche in früheren Zeiten die Granite und Quarzporphyre der centralen Cordillere zu Tage gefördert hatte.

Es wird alsbald von dem jurassischen Meere, das sich, ähnlich wie der heutige Stille Ocean, gegen Westen hin ausbreitet, bedeckt.

Während dieses jurassische Meer seine versteinerungsreichen Sedimente ablagert, quillt an zahlreichen Stellen der alten continentalen Bruchspalte neues porphyrisches Material hervor und breitet seine Ströme und Tuffschichten zwischen den jurassischen Sedimenten aus.

Warum nun unter solchen Verhältnissen die Juraformation heute doch nur als ein schmales, N.-S verlaufendes Band innerhalb der Cordillere zu Tage tritt und an dem Westabhange der letzteren nicht oder nur in ganz isolirten Partieen zu beobachten ist, das wird sich erst in den folgenden Abschnitten näher erörtern lassen.

---

[*]) Vielleicht kann hier auch noch auf die kleinen Flötze von Lignit und Kohle hingewiesen werden, die Domeyko mehrfach in den „pórfidos metamórficos" der chilenischen Cordillere angetroffen hat (Mineralojía 671. 675, Essays. 28. 31). Die Zugehörigkeit der betreffenden „pórfidos metamórficos" zur Juraformation bedarf allerdings, da Domeyko, wie noch zu zeigen sein wird, unter diesem Namen sehr verschiedenartige Gebilde zusammengefasst hat, der weiteren Bestätigung.

XIV. Kreideformation.

Schichten der Kreideformation habe ich nur in sehr beschränkter Weise studiren können und zwar einmal in der Cordillere von San Juan und Mendoza, ein anderes Mal im Gebiete der Sierra von Tucuman Ich werde beide Regionen für sich besprechen und Gelegenheit nehmen, einige Bemerkungen über die weitere Verbreitung der Kreideformation in Südamerika anzuschliessen.

A. Kreideformation in der Argentinischen Cordillere.

Die einschlägigen Beobachtungen habe ich bereits bei der Schilderung meiner Wege durch die Patos und über die Cumbre mitgetheilt (S. X. 106, 111). Es ging aus denselben hervor, dass in den Patos über dem durch seine Versteinerungen trefflich gekennzeichneten Dogger zunächst eine, vielleicht den Malm repräsentirende Zone von rauchwackenähnlichem Dolomit und weiterhin eine mächtige, gypsführende Sandsteinformation folgt. An der einen Breitegrad südlicher gelegenen Incabrücke ist die concordante Auflagerung der nämlichen gypsführenden Sandsteinformation auf kalkige Sedimente mit noch grösserer Deutlichkeit zu erkennen, dafür aber, wegen der hier nur spärlicher vorhandenen Versteinerungen, das Niveau der im liegenden entwickelten Schichten weniger sicher zu bestimmen. Immerhin konnte es vom paläontologischen Standpunkte aus als möglich bezeichnet werden, dass die Schicht 4 des früher mitgetheilten Profiles, mit Gryphaea cf. calceola Quenst., dem Unteroolith und die Schicht 10, mit Arca Gabrielis und Gryphaea aff. Couloni dem Neocom angehören. In den zwischen liegenden Kalksteinen und Conglomeraten würden alsdann Repräsentanten des Malm und in der den hangenden Theil des Profiles ausmachenden, nach Darwin gegen 2000 Fuss mächtigen Schichtenfolge des gypsführenden Sandsteines Aequivalente der postneocomen Kreide und, aus später zu erwähnenden Gründen, allenfalls auch noch solche des älteren Tertiäres zu erblicken sein.[*]

Diese Altersbestimmung der gypsführenden Sandsteine kann sich allerdings nur auf deren Lagerungsverhältnisse gründen, da Versteinerungen bis jetzt weder in denen der sanjuaniner, noch in jenen der mendoziner Cordillere angetroffen worden sind, indessen wird ihre Zurechnung zur Kreide auf keine ernsten Bedenken stossen, wenn man sich der Beobachtungen erinnert, die Darwin im N. und S. des von mir bereisten Cordillerendistrictes anstellen konnte. Aus denselben ergiebt sich, dass auch in den nördlicher

---

[*] Wegen des kleinen Maasstabes der Karte und der Profile sind die Neocomschichten an der Puente del Inca nicht mit einer eigenen Farbe eingetragen, sondern mit dem Jura vereinigt zur Darstellung gebracht worden.

gelegenen Thälern von Copiapo (bei las Amolanas, 28°) und Coquimbo (Rio Claro, 30°), sowie bei Illapel (31°40') und anderseits in der südlich auf die Cumbre folgenden Peuqueneskette (33°40') gypsführende Sandsteine auftreten und sich wiederum im Hangenden von versteinerungsreichen Jura- und Neocomschichten ausbreiten. Deshalb hat es auch schon Darwin für zweifellos erachtet, dass man es an allen den genannten Punkten mit einer einheitlichen, durch das ganze nördliche und mittlere Chile sich hindurchziehenden Formation von gewaltiger Mächtigkeit (bei Copiapo 7000, bei Coquimbo 6000, in den Peuquenes weit über 3000 Fuss) zu thuen habe. Er selbst bezeichnete dieselbe bald als „Gypsformation", bald — aus den S. 116 erwähnten, heute jedoch nicht mehr stichhaltigen Gründen — als cretaceo-oolithische Formation.

Eine weitere und im höchsten Grade erwünschte Bestätigung der hier entwickelten Ansichten verdankt man den neuesten, in der Cordillere von Coquimbo und Copiapo angestellten Untersuchungen Steinmann's, durch welche hier das Vorhandensein von Lias, Dogger, Mittelneocom und Urgon festgestellt und überdies nachgewiesen worden ist, dass das zwischen dem 30.° und 26.° S. Br. an fünf Punkten angetroffene Urgon theilweise noch von „Porphyren" und deren Sedimenten bedeckt ist, die dann ihrerseits im Thale von Copiapo wieder mit Schichten der Gypsformation abschliessen. Das Mittelneocom und Urgon sind, analog den Verhältnissen an der Incabrücke, als Kalksteinfacies entwickelt und durch Versteinerungen gut charakterisirt, während die außlagernden Schichten der Gypsformation leider auch hier frei von organischen Resten gefunden wurden. Dennoch glaubt Steinmann auf Grund seiner im N. und S. Chiles gesammelten Erfahrungen für die letzteren eine zwischen Urgon und oberem Senon liegende Bildungszeit annehmen zu dürfen.

Im Anschlusse hieran möge sofort noch erwähnt sein, dass nach Steinmann's weiteren Beobachtungen die cretacische Kalkfacies, die in der Nähe von Chañarcillo eine bedeutende Mächtigkeit erreicht, im Verfolge nach N. mehr und mehr abnimmt und sich schon bei Puquios in der S. 95 erwähnten Porphyrformation gänzlich auskeilt, dadurch beweisend, dass die während der Jurazeit begonnene eruptive Thätigkeit auch während der Kreidezeit fortdauerte.

Bezüglich der weiteren Verbreitung der Kreideformation in der Cordillere werde ich mich hier auf eine Zusammenstellung der Litteratur und auf einige kurze, den Hauptarbeiten entnommene Angaben beschränken, da wir gewiss vielfache Berichtigungen und Ergänzungen des seither bekannten demnächst von Steinmann erwarten dürfen. Der leichteren Uebersichtlichkeit wegen werde ich die Notizen in der Folge von N. nach S. ordnen.

Venezuela, Neu-Granada, Ecuador.

L. de Buch. Pétrifications recueillies en Amérique par M. Alex. de Humboldt et par M. Ch. Degenhardt. Berlin. 1839. J. Lea. Notice of the oolithe formation in America with description of some of its organic remains. Trans. Am. Phil. Soc. (2) VII. 1841. A. d'Orbigny. Voyage dans l'Am. mérid. Paléontologie. 1842. Terrain crétacé p. 65. E. Forbes. Report on the fossils from Santa Fé de Bogotá. Quart. Journ. Geol. Soc. London. 1845. 174. L. v. Buch. Die Anden von Venezuela. Zeitschr. d. deutsch. geol. Ges. II. 1850. 339. H. Karsten. Beiträge zur Kenntniss des nördl. Venezuela. Daselbst. 345. A. d'Orbigny. Notes sur quelques coquilles fossiles, recueillies dans les montagnes de la Nouvelle Grenada. Journ. de Conchyologie. 1853. IV. 208. H. Karsten. Ueber die geognostischen Verhältnisse des westlichen Columbiens, der heutigen Republiken Neu-Granada u. Equador. Amtlich. Bericht. d. Versammlg. deutsch. Naturf. u. Aerzte zu Wien in 1856. Wien. 1858. 80. G. P. Wall. On the geology of a part of Venezuela and of Trinidad. Quart. Journ. Geol. Soc. London. XVI. 1860. 460. Th. Wolf. Acerca de un fenómeno físico en las costas de Manabí, Ecuador. Quito. 1872. Th. Wolf. Relacion de un viaje geognóstico por la provincia de Guayas. Quito. 1874. Th. Wolf. Geognostische Skizze der Provinz Guayaquil, Ecuador.

N. Jahrb. f. Min. 1874. 385. J. Marcou. Explication d'une seconde édition de la carte Géologique de la Terre, 1875. Th. Wolf. Ueber die geognostische Beschaffenheit der Provinz Loja, Ecuador. Zeitschr. d. deutsch. geol. Ges. XXVIII. 1876. 391.

Die Kreidebildungen der drei nördlichsten Republiken beginnen auf Trinidad und bei Cumana (10° N. Br.) und ziehen sich von hier aus in O.-W. Richtung durch Venezuela, dann, von NO. durch SW. durch Neu Granada und endlich in nahezu N.-S. Richtung durch ganz Ecuador bis Loja (4° S. Br.) hindurch. Sie besitzen dabei eine sehr bedeutende Mächtigkeit (dieselbe wird z. Th. auf mehrere 1000 m angegeben) und gliedern sich zum mindesten in drei Stufen:

1. Neocom, vorherrschend aus Thonen und Mergeln bestehend, nach oben zu kalkreicher werdend. Reich an Cephalopoden.

2. Gault. Nach Karsten dominiren dunkle Kalksteine mit Einlagerungen von Thonschiefern, seltener mit solchen von schwarzen Kieselschiefern. Die Kalksteine sind ausserordentlich reich an Cephalopoden (Ammoniten, daneben Hamites, Ancyloceras, Ptychoceras, Baculites) und an Pelecypoden.

3. Obere Kreide, von Karsten dem oberen Quader und Pläner Sachsens, von d'Orbigny der craie blanche zugerechnet. Diese obere Kreide besitzt eine durchschnittliche Mächtigkeit von 1000 m, bildet, bis gegen 1700 m. emporsteigend, die meisten Gipfel der östlichen Anden und besteht nach Karsten namentlich aus lichten Sandsteinen, die mit mächtigen Schichten Foraminiferen-reicher, diesmal besonders gelblich, seltener dunkel gefärbter Kieselschiefer und mit etwas Thonschiefer wechsellagern. In den ausserdem noch dieser oberen Schichtenreihe angehörigen Kalksteinen finden sich namentlich Rudisten, Zweischaler und Echinodermen, während die Sandsteine arm an Versteinerungen sind.

Peru und Bolivia.

Ch. Darwin, Geological observations on South America. 1846. L. Crosnier. Géologie du Pérou. Ann. de min. [5] II. 1852. L. Raimondi. On geology of Peru. Proceed. Calif. Acad. Nat. Sc. III. 1863—67. 359. A. Hyatt. The jurassic and cretaceous Ammonites collected in South America by Prof. James Orton. Proceed. Boston Soc. Nat. Hist. XVII. Part. I. 1875. 365. W. M. Gabb. Description of a collection of fossils, made by Dr. A. Raimondi in Peru. Journ. Acad. Nat. Sc. Philadelphia. New Ser. VIII. Part. III. 1877. 263. Raimondi. Minerales del Perú. Lima. 1878. Steinmann. Ueber Tithon und Kreide in den peruanischen Anden. N. Jb. f. Min. 1881. II. 130. Steinmann. Ueber Jura und Kreide in den Anden. Daselbst. 1882. I. 166. L. Pflücker y Rico. Apuntes sobre el distrito mineral de Yauli. Anal. de la Escuela de Construcc. civ. y de Minas del Perú. T. III. 1883.

Die seither nachgewiesenen Horizonte sind die folgenden:

1. Tithon. Steinmann beschrieb einen Perisphinctes neuer Opp. sp., der zu Huallanca, Prov. Ancachs gefunden wurde.

2. Neocom. Ungefähr unter 11½° S. Br., nahe dem 4803 m hohen Passe von Antaranga, NO. von Lima, fand Crosnier Gerölle, die nach Bayle's Bestimmung Arca Gabrielis und den Steinkern einer Pterodonta umschlossen (l. c. 20) und Darwin erhielt von dem etwa unter gleichem Breitegrade gelegenen Cerro de Pasco einen neuen Ammoniten und ein Astarte, die nach d'Orbigny's Meinung wahrscheinlich dem Neocome angehörten. (Geol. obs. 233. Car. 344.)

3. Gault (etwa Albian), von Gabb für Lias gehalten, ist nach Steinmann zwischen dem 7. und 12.° S. Br. entwickelt, theils, wie zu Huallanca (10°) in einer marinen Facies (schwarze, bituminöse Kalksteine), theils als Brackwasserbildung (Schieferthone mit eingelagerten Kohlenflötzen), die gleichwie Hartt's weiter unten zu erwähnende Bahian group eine gewisse Verwandtschaft mit dem europäischen

Wealden zeigt. Diese letztere Ausbildungsweise findet sich besonders zu Pariatambo, 5 Leguas von Morococha. Andere Fundpunkte für Gault sind das Hochland von Cajamarca (7·), Casibamba, Prov. Huamachuco, 3000—5000 m, Tingo, Provinz Huari (9—10·), 3500 m, Huallanca, Provinz Ancachs, Saco bei Morococha, Cerro de la Ventanilla, zwischen Pachachaca und Jauja (12") 5000 m.

4. Cenoman. Nach Pflücker's Mittheilungen ist dasselbe wahrscheinlich neben Albian im Hochgebirgsdistricte von Yauli, 3373—4467 m., weit verbreitet.

5. Senon (grès vert superieur) mit Ceratites Syriacus und Cer. Vibreyanus fand Orton bei Celendin unter 6° S. Br., zwischen Cajamarca und Chachapoyas am Maranon gelegen und zu Cajamarca selbst. Hierzu möge im Hinblicke auf die gypsführenden Sandsteine der chilenisch-argentinischen Kreide noch erwähnt sein, dass auch in der peruanischen Kreide Gyps- und Steinsalzeinlagerungen vorkommen. (Pflücker).

Die Cordillere des südl. Peru (12—20°) ist in paläontologischer Beziehung noch wenig bekannt und es ist vielleicht nur hierin begründet, wenn wir über das Auftreten der Kreide in diesem Theile des Hochgebirges noch keine Nachrichten besitzen[*]). Dagegen findet sie sich wieder in Bolivia und zwar bei Caracoles, denn nach Steinmann sind hier oberer Lias, mittlerer Dogger, Callovian, Oxford, Kimmeridge und untere Kreide (Aptian) entwickelt. Auf andere Kreideschichten, die in Bolivia vorhanden zu sein scheinen, komme ich weiter unten zurück.

Chilenische und Argentinische Cordillere.

Meyen. Einige Bemerkungen über die Identität der Flötzformationen in der alten und neuen Welt. Nova acta Acad. Caes. Leop. XVII. II. 1835. 617. L. v. Buch. Description physique des Iles Canaries. 1836. 471. Domeyko. Sur les mines d'amalgame natif d'argent d'Arqueros. Ann. d. m. XX. 1841. 255. d'Orbigny. Voyage. 1842. Darwin. Geol. obs. 1846. Bayle et Coquand, Mémoire sur les fossiles secondaires recueillis dans le Chili par J. Domeyko et sur les terrains auxquels ils appartiennent. Mém. Soc. géol. de France (2) III. 1851. 1. Dumont d'Urville. Voyage au Pol Sud et dans l'Oceanie sur les corvettes l'Astrolabe et la Zelée pendant les années 1837—1840. Darin Tome V. J. Grange. Géologie, Mineralogie et Geographie physique. I. 1848. II. 1854 (Von dem paläontologischen Theile des Reisewerkes, den d'Orbigny bearbeiten wollte, ist nur der Atlas erschienen. Die Fundortsangaben zu dessen Abbildungen, die sich übrigens nur z. Th. auf Südamerika beziehen, muss man sich in d'Orbigny's Prodrome de Paléontologie II. 1850 unter Sénonien und III. 1852 unter Falunien suchen. Ein Referat über den geologischen Theil von Grange findet sich N. Jb. 1848. 234 u. 338). d'Orbigny Cours élémentaire de Paléontologie et de Géologie stratigraphique 1849—52. M. M. Gabb. Description of some new species of cretaceous fossils from South America. Proceed. Acad. Nat. Sc. Philadelphia. 1860. A. R. de Corbineau. Apuntes sobre los terrenos terciarios i cuaternarios de Caldera i Coquimbo; formacion cretaceo de Coquimbo. Anal. de la Univ. de Chile. 1869. Mallard et Pucha. Sur quelques points de la géologie du Chili. Ann. d. min. (7) III. 1873. 67. C. Gottsche. Diese Beiträge. Paläont. Theil. III. 1878. R. A. Philippi. Ueber die Versteinerungen der Tertiärformation Chiles. Zeitschr. f. ges. Naturwiss. LI. 1878. 674. G. Steinmann. Reisenotizen aus Patagonien. N. Jb. 1883. II. 255. G. Steinmann. Reisenotizen aus Chile. Daselbst 1884. I. 198.

Das Neocom, Urgon und die jüngeren gypsführenden Kreidesandsteine der Cordillere des mittleren Chiles und der Argentinischen Republik sind bereits oben besprochen worden. Weiter südwärts ist die

---

[*]) Andere Autoren waren dagegen der noch auf Fötterle's geolog. Uebersichtskarte von Südamerika (Geograph. Mittheil. 1856. Tf. 11) zum Ausdruck gelangten Meinung, dass Südpern mit Bolivia zur Kreidezeit Festland gewesen sei, und gründeten jene u. a. darauf, dass die nördlichen und südlichen Kreidedistricte keine marinen Mollusken mit einander gemein haben und dass nur jene Analogieen mit Texas, Algier und Europa zeigen sollten. Aber Arca Gabrielis, die wir oben von Antarauga kennen gelernt haben und Ostrea Couloni, die Boussignault in Columbien sammelte, sind jetzt auch aus dem Süden bekannt (Puente del Inca).

16*

Kreide zunächst wieder aus der Cordillere von Chillan (36° 18') und aus dem Gebiete der Bai von Talcahnano bekannt, in dem letzteren namentlich von der Insel Quiriquina (36° 30').

Aus der Nähe der Baños termales de Chillan, und zwar vom Passe der nach dem Lugar de los Pehuenches führt (5500 bis 6000 F. üb. d. M.) erhielt ich durch die Güte des Herrn Ingenieur Fonck die auch zu Caracoles vorkommende Trigonia transitoria, die Steinmann der unteren Kreide zurechnet; derselben Sendung lag Astarte Andium Gottsche und eine andere Trigonia bei, die nach gefälliger brieflicher Mittheilung Herrn Steinmann's zweifellos dafür spricht, dass bei Chillan auch Unteroolith vertreten ist.

Die Kreide von Quiriquina haben frühere Reisende nicht von dem in der Provinz Concepcion und weiter südlich vorkommenden älteren Tertiär getrennt; in Folge dessen findet man vielfach angegeben, dass an der Südküste von Chile ein Schichtensystem mit einer Mischlingsfauna von cretacischen und tertiären Formen vorhanden sei. d'Orbigny hat dasselbe auf Grund der ersten und weniger vollständigen Sammlungen, die ihm vorlagen, seinem alttertiären Terrain patagonien (Géologie 247), späterhin aber dem Senon zugerechnet (Cours élément. II. 672, Prodrome II). Mallard und Fuchs möchten es lieber mit dem argile plastique parisienne oder mit dem calcaire pisolithique parallelisiren, während Marcou zu der Annahme geneigt ist, dass man es mit einem dem californischen ähnlichen Eocän zu thuen habe, „qui contient quelques Céphalopodes, dont on croyait à tort l'existence terminée avec les temps crétacés (Explic. 175). Aus den neueren und neuesten Beobachtungen von Philippi (1878) und Steinmann (1884) ergiebt sich jedoch, dass die seither angenommene Verschmelzung der Kreide- und Tertiärfauna nicht existirt, sondern dass die Kreide (Senon) und das Tertiär (Eocän) von einander zu trennen sind. Jene ist u. a. durch Plesiosaurusreste und Ammoniten, diese durch eine reiche Molluskenfauna charakterisirt. Von 81 Gattungen der letzteren, die Philippi kennen lernte, sind nur 3, die auf die Kreideformation hinweisen: Baculites, Cinulia und Trigonia; die übrigen 78, und wenn man Dicolpus, Pugnellus und Cyprina? ausnehmen will, 75, sind dagegen solche, die man gewohnt ist, im Tertiärgebirge anzutreffen. Die frühere Zusammenfassung der beiden Horizonte mag darin ihren Grund haben, dass die Tertiärschichten denen der Kreide concordant und in solcher Weise folgen, dass allerdings, wie Steinmann hervorhebt, eine Unterbrechung in den Ablagerungen beider nicht stattgefunden haben kann.

An der Magelhaens-Strasse war bereits durch Darwin und durch die Chirurgen der Dumont d'Urville'schen Expedition ältere Kreide bekannt geworden (Darwin. Geol. Obs. 151. Car. 227. Grange 1. 174. d'Orbigny. Géologie 239. 242 und Cours élément. II. 609). Steinmann hat inzwischen neben derselben auch noch Schichten mit einer Fauna der jüngeren Kreidezeit entdeckt und nachgewiesen, dass sich das aus z. Th. Thonschiefer-ähnlichen Mergeln, aus Sandsteinen und eisenschüssigen Kalksteinen bestehende, mindestens 1000 m mächtige Schichtensystem als ein breiter Streifen von der Magelhaens-Strasse aus, der östlichen Abdachung der patagonischen Cordillere entlang, bis zu den etwa 3° nördlicher gelegenen Lagunen von Santa Cruz hinzieht, sich hierbei an der Zusammensetzung der höchsten Spitzen der Cordillere betheiligt und grossartige Störungen in seinen Lagerungsverhältnissen erlitten hat.

B. Kreideformation in der Provinz Tucuman.

Als ich im December 1871 in Tucuman war, hatte Herr Fr. Schickendantz die Freundlichkeit, mit mir einen Ausflug nach der 18 km NNO. der Stadt, am Abhange der kleinen Sierra de la Candelaria*)

---

*) So heisst sie wenigstens auf der 1872 von der Oficina de Ingenieros Nacionales bearbeiteten und photographisch vervielfältigten Karte. M. de Moussy nennt sie in seinem Atlas Cerros de Medina.

gelegenen Salzquelle von Timbó zu machen. Auf dem Wege nach der Quelle kreuzten wir den Rio de la Calera und in ihm sah ich zahlreiche grössere Blöcke eines feinoolithischen Kalksteines umherliegen, die offenbar aus den höheren Theilen des Gebirges herabgeschwemmt worden waren. Das Flüsschen hat nach ihrem seinen Namen; man sammelt sie und verwendet sie in Tucuman als Baukalk.

Die rundlichen Körner des Oolithes haben eine Grösse von durchschnittlich 0.5 mm und ihre Querschnitte zeigen u. d. M. sowohl concentrisch schalige als radialfasrige Structur; die Centra bestehen oft aus je einem kleinen eckigen Quarzkorn.

Später, als ich mit den Herren Schickendantz und Lorentz von Tucuman aus nach dem in der Aconquijakette gelegenen Hochthale von Tafi ritt, war ich überrascht, in der Höhe der aus Thonschiefer bestehenden Sierra von Tucuman rothe und grüne, mehr oder weniger sandige und z. Th. Gypsknoten führende Schieferletten anzutreffen. Dieselben bilden mit ihren 20—60° SW. fallenden Schichten die schönen, flach undulirten Alpenweiden zwischen San Javier (885 m) und Siambon. Ausserdem tritt auch noch rother Sandstein auf. Im Thale von San Javier sah ich denselben anstehen; im Thale von Siambon fand ich ihn wenigstens in der Form von Flussgeröllen (Taf. I. 1).

Auf die beste Entblössung der rothen Schieferletten stiess ich kurz oberhalb Siambon, am linken Gehänge des Arroyo del Matadero. Ich vermochte hier zu constatiren, dass dem Letten, welcher durch eine mit Flussschotter von oben her erfüllte Spalte verworfen war, nicht nur mehrere bis 1 m starke Bänke von weissem, feinkörnigen Gyps, sondern auch eine einen Decimeter starke Lage oolithischen Kalksteines eingelagert war. Der letztere glich durchaus demjenigen der Sierra de la Candelaria. Im Bache lagen diesmal noch Blöcke von weissem oder grauem, gebänderten Gyps, in welchem z. Th. grössere Krystalle von Gyps porphyrartig eingewachsen waren, umher.

Da mir keine Versteinerungen in den soeben besprochenen Schichten zu entdecken vermochte und ähnliche Bildungen ausserhalb der Provinz Tucuman nirgends wieder angetroffen hatte, so fehlte mir seiner Zeit jeglicher Anhaltepunkt für die Beurtheilung ihres Alters.

Derselbe ist erst neuerdings durch die Untersuchungen Brackebusch's in Salta und Jujuy gewonnen worden (Estudios sobre la formacion petrolifera de Jujuy. Bol. of. A. N. V. 1883. 137). Der Genannte fand nämlich zwischen den aus paläozoischen Gesteinen bestehenden Gebirgsketten, die das Gerippe der Provinz Jujuy bilden, namentlich in den Osten dieser Gebirge allenthalben Sedimente ein- und angelagert, die in ihrem Liegenden aus rothen z. Th. gypsführenden Sandsteinen und Conglomeraten bestehen und durch eine Schichtenfolge von Dolomiten, Kalksteinen, Oolithen, Mergeln und bituminösen Schiefern überlagert werden und er war weiterhin so glücklich, wenigstens in den hangenden Schichten an zahlreichen Orten und z. Th. in grosser Menge Versteinerungen sammeln zu können. Unter den letzteren war die schon von d'Orbigny aus Bolivia bekannt gewordene Chemnitzia (Melania) Potosensis besonders häufig; daneben wurden aber auch am Cerro de Calilegua und bei Simbolar (in der am östlichsten gelegenen Sierra von S. Barbara) Fisch- und Insectenreste angetroffen. Dadurch wird sich das Alter der betreffenden Schichten, die d'Orbigny seiner Zeit der Trias zurechnen wollte (S. 65), schärfer bestimmen lassen. Brackebusch möchte sie für Aequivalente des Wealden oder Neocom halten und sie der in Brasilien entwickelten Bahian group Hartt's, auf die ich alsbald zu sprechen komme, parallelisiren. Obwohl die in Aussicht gestellte nähere paläontologische Bestätigung dieser Angabe noch abzuwarten sein wird, glaube ich hier die Altersbestimmung von Brackebusch acceptiren und somit auch die von mir in der Sierra von Tucuman beobachteten Sedimente, die unzweifelhaft eine der südlichsten Ausspitzungen jener in den nördlicheren Regionen weit verbreiteten Formation angehören, der Kreide zurechnen zu sollen.

Bei dieser Sachlage möchte ich dann aber auch noch diejenigen Schichten für cretacische halten, die ich bei San José im Thale von S. Maria, Catamarca angetroffen und früher, wegen der an der Zusammensetzung ihrer Conglomerate theilnehmenden Gerölle vulcanischer Gesteine als tertiäre bezeichnet habe (N. Jb. 1872. 635. Napp. Arg. Rep. 82). Die betreffenden Schichten ziehen sich an dem westlichen Fusse der Aconquija-Kette hin. Ihre Mächtigkeit beträgt gegen 100 m, ihre Höhe üb. d. M. etwa 2000 m. Sie liegen theils horizontal, theils fallen sie unter 30—40° ein. Den vorherrschenden rothen, gelben und grauen Sandsteinen sind blaugraue Mergel, schwache Gypsbänke und starke Conglomeratlagen eingeschaltet. Die Gerölle der letzteren bestehen vorwiegend aus Gneiss und Granit, seltener, wie gesagt, aus einem blasigen schwarzen Gesteine von vulcanischem Habitus.

Ausserdem fand ich nun hier, zu meiner grössten Ueberraschung, nicht nur die Schichtungsflächen der kalkigen Sandsteine und Mergel mit zahlreichen Abdrucken und Steinkernen von Bivalven bedeckt, sondern ich traf auch einige Gesteinslagen, die fast nur aus Trümmern von Conchylienschalen zusammengesetzt waren und beim Zerschlagen einen starken bituminösen Geruch entwickelten.[*] Leider schienen diese Sachen unbestimmbar zu sein; aber neuerdings hat sich Döring mit ihrer Untersuchung beschäftigt und dabei die Ueberzeugung gewonnen, dass höchst wahrscheinlich Süsswassermollusken (Corbicula-Arten) vorliegen (Inf. ofic. 1882. 405. 499). Hierdurch und durch die inzwischen bekannt gewordenen Funde Brackebusch's entwickelt sich unwillkürlich die Ansicht, dass die Schichten von S. José, die sich schon an und für sich durch ihre Versteinerungsführung von allen anderen Sandsteinen der centralen Provinzen unterscheiden, zugleich mit den östlicher, in den Sierren von Tucuman und Candelaria vorkommenden Sedimenten der Kreide von Jujuy angehören. Das scheint mir wenigstens viel näher zu liegen als die von Döring (l. c. 466 und Bol. of. A. N. VI. 1884. 329) ausgesprochene Meinung, nach welcher die in Rede stehenden Schichten den miocänen Piso araucano, also eine Tertiärstufe repräsentiren sollen, deren Existenz meines Wissens weder an einem anderen Punkte von Catamarca, noch überhaupt in dem NW. der Argentinischen Republik bekannt ist.

Die Kreideformation von Jujuy fesselt im übrigen das wissenschaftliche und praktische Interesse noch dadurch in hohem Grade, dass sie, besonders in ihren fossilhaltigen Horizonten, durch eine z. Th. sehr reichliche Petroleumführung ausgezeichnet ist. An zahlreichen Orten schwitzt das Petroleum aus dem Kalksteine aus oder imprägnirt mit bis 25% die mit jenem wechsellagernden Mergel und Conglomerate. Hier und da entspringen auch Petroleumquellen, die an der Oberfläche verhärtenden Asphalt bilden.[**] Jujuy dürfte daher berufen sein, binnen kurzer Zeit in die Reihe der Petroleum producirenden Länder einzutreten.

---

[*] Man erreicht die Fundstätte, wenn man von der Kirche aus nach Osten geht.

[**] Die von Brackebusch näher beschriebene Petroleumführung erinnert, wie ich hinzufügen möchte, einerseits an die dem Gault angehörigen schwarzen bituminösen Kalksteine, die man von einigen Orten Peru's kennt (S. 122) und an die z. Th. ebenfalls mit Gault verknüpften Erdölvorkommnisse, die Karsten aus West-Columbien beschrieben hat (Amtl. Ber. 1856. 85, 86), darf aber auf der anderen Seite nicht für eine der südamerikanischen Kreide ausschliesslich zukommende Eigenschaft gehalten werden, da ja auch das in den südlichen argentinischen Provinzen entwickelte Rhät (S. 79) und weiterhin gewisse jurassische Kalksteine Neu-Granadas (Steinmann. N. Jb. 1882. I. 169 u. oben S. 117) petroleumführend sind. Wenn daher Brackebusch für das oben besprochene Schichtensystem von Salta und Jujuy die Benennung Formation petrolifera vorgeschlagen hat, so kann ich das nicht für zweckmässig erachten. Ueber die letztere vergleiche man ausserdem Houst in Bol. of. Expos. VI. 189. 349 und in La Plata M. S. I. No. 5. u. Kyle. El petroleo de la provincia de Jujuy. 1881. Das zähe braunschwarze Rohpetroleum, das an der Quelle der Laguna de la Brea austritt, enthielt nach Siewert (La Plata M. S. 1876. No. 9) eine bedeutende Menge von Wasser beigemengt. Wurde es nach vorgängiger Entwässerung destillirt, so gab es 75.5—80.8% Roböl, 20.0—14.5% Cokes mit wenig Asche und 4.5% Gase; die an der Luft bereits erhärtete Masse lieferte dagegen 11.25% Wasser, 23.60% Roböl, 58.50% Cokes mit Asche und 6.65% Gas.

C. Anderweites Vorkommen der Kreideformation im Osten der Cordillere.

Als letztes sicher erwiesenes Gebiet der Kreideformation ist hier endlich noch dasjenige zu erwähnen, welches sich an der Nordküste von Brasilien findet und namentlich durch Hartt sorgfältig studirt worden ist. Die darüber vorliegende Litteratur ist die folgende:

Gardner. Geological notes made during a Journey from the Coast into the Interior of the Province of Ceará, in the North of Brazil, embracing an account of a deposit of fossil fishes. Edinb. New Phil. Journ. 1841. 75. Agassiz. Sur quelques poissons fossiles du Brézil. Comptes Rendus. 1844. XVIII. 1007. S. Allport. On the discovery of some fossil remains near Bahia in South America. Quart. Journ. Geol. Soc. London. 1860. XVI. 263. O. C. Marsh. Notice of some new Reptilian remains from the Cretaceous of Brazil. Am. Journ. Sc. a. A. 1869. XLVII. 390. Ch. F. Hartt. Scientific results of a journey in Brazil by L. Agassiz. Geology and Physical Geography of Brazil. Boston 1870. R. Rathbun. Preliminary report on the cretaceous Lamellibranchs collected in the vicinity of Pernambuco, Brazil, on the Morgan Expedition of 1870. Proceed. Boston Soc. Nat. Hist. 1875. XVIII. Part. I. 241.

Die Kreideformation ist hiernach namentlich in dem Küstendistricte zwischen 3° und 13° S. Br., d. i. in den Provinzen Piauhy, Ceará, Parahyba do Norte, Pernambuco, Alagôas, Sergipe und Bahia entwickelt, bildet aber wahrscheinlich auch die halbwegs zwischen Bahia und Rio de Janeiro gelegenen Albrolhos Inseln und scheint sich endlich nach den von Hartt erwähnten Beobachtungen Chandler's unter horizontalen, wahrscheinlich tertiären Sandsteinen im Innern des Kaiserreiches weit zu verbreiten (an dem dem Solimoes tributären Purús und an den in letzteren einmündenden Aquiry). In dem erstgenannten Küstendistricte bildet sie eine Reihe von Bassins, die mit Süsswasserschichten und Gebilden einer seichten See erfüllt sind, während die am Purús auftretenden Schichten, die sich wahrscheinlich längs des ganzen Amazonenthales hinziehen, mariner Entstehung sind. Die Schichten erheben sich im Küstendistricte nur wenig über das heutige Meeresniveau und zeigen im Gegensatze zu den horizontal auflagernden Sandsteinen eine mehr oder weniger starke Neigung. Auf den Albrolhos wurde der Lagergang eines basaltischen Gesteines zwischen ihnen beobachtet. Hartt unterscheidet vier Horizonte:

1. **Bahian group.** Eine Wechsellagerung von Conglomeraten, Sandsteinen und Schieferthonen mit Kalksteinbänken und ?Kohlenflötzen. Im Schieferthone Reste von Crocodilen, Sauriern, Fischen, ferner Estherien, Cypridinen und Mollusken; im Kalksteine zahlreiche Melanien und Paludinen. Letztere sollen lebhaft an englischen Wealden erinnern, indessen wird die Gruppe, deren Hauptfundstätte in der Nähe von Bahia liegt, mit Rücksicht auf ihre sonstigen Formen dem Neocom parallelisirt.

2. **Sergipian group.** Kalksteine von Maroim, Prov. Sergipe, mit Ceratiten, Ammoniten etc. Einige Arten identisch mit solchen der Kreide von Texas, andere mit solchen des Neocomes von Columbien. S. 393 als „evidently upper cretaceous", S. 556 als „middle cretaceous?" bezeichnet.

3. **Cotinguiban group.** Kalksteine von Sapucahy unweit Aracaju, Prov. Sergipe, mit Flintlagen, übrigens von einer dem solenhofener Schiefer ähnlichen Beschaffenheit. Darin Fischschuppen, Ammoniten und Inoceramen. Wahrscheinlich Senon.

4. **Amazonian group.** Gehärtete Thone und Pseudoconglomerate von Purús mit Resten von Mosasaurus und Schildkröten. Nach Agassiz dem upper chalk oder Mastrichtien entsprechend.

In noch südlicheren Regionen des Ostens sind bis jetzt durch Versteinerungen charakterisirte Kreideschichten nicht angetroffen worden,[*] und sonach würde hier nur noch übrig bleiben einiger

---

[*] Denn der „vielleicht dem Senon" angehörige Kalkstein, den G. Avé-Lallemant bei Rosca in der argentin. Provinz

Sedimente zu gedenken, deren Zugehörigkeit zur Kreide bei dem heutigen Standpunkte unserer Kenntnisse lediglich als möglich bezeichnet werden kann: es sind dies, wenigstens zu einem Theile, die in den Pampinen Sierren und Anticordilleren der Argentinischen Republik weit verbreiteten Sandsteine. Da sich dieselben aber nicht von anderen, wahrscheinlich alttertiären Sandsteinen trennen lassen, so ziehe ich es vor, sie erst in Gemeinschaft mit diesen letzteren im folgenden Abschnitte zu besprechen.

Resultate. Vorher aber mögen hier die bis jetzt über die Entwickelung der Kreide in Südamerika gewonnenen Thatsachen zu folgenden Sätzen summirt werden.

Die Kreide besitzt in Südamerika nicht mehr jene Alleinherrschaft unter den mesozoischen Formationen, welche ihr von L. v. Buch und A. d'Orbigny zugeschrieben wurde, sondern hat einen Theil derselben an die Juraformation abgeben müssen. Immerhin spielt sie noch eine sehr beachtenswerthe Rolle in der Geologie des Continentes.

Die Kreide findet sich in allen denjenigen Districten, in welchen die Juraformation bekannt ist, nämlich in den Cordilleren von Neu-Granada, Ecuador, Peru, in dem nördlichen und mittleren Chile und in den dem letzteren angrenzenden Theilen der Argentinischen Republik; sie breitet sich aber ihrerseits auch noch weiter aus: innerhalb der Cordillere nördlich bis nach Venezuela und südlich bis zur Magelhaens-Strasse. Ausserdem ist sie noch an der Nordküste von Brasilien und, nach Brackebusch, in Bolivien und in den nördlichen Provinzen der Argentinischen Republik (Tucuman, Salta, Jujuy) vorhanden. Die Verbindung der letztgenannten östlichen und centralen Districte unter sich und mit dem der Cordillere angehörigen Entwickelungsgebiete ist noch zu erforschen.

Die cretacischen Sedimente entsprechen theils einer marinen Kalkfacies, theils einer durch Psammite und Conglomerate charakterisirten Küstenfacies. Stellenweise, wie in Peru, in den nördlichen Provinzen der Argentinischen Republik und in dem brasilianischen Küstengebiete finden sich ausserdem noch lacustre, z. Th. von kleinen Kohlenflötzen begleitete Ablagerungen.

Innerhalb des andinen Entwickelungsgebietes finden sich marine Kalksteine vorwiegend in der unteren Abtheilung der Kreideformation, während die hangenden Schichten in der Hauptsache aus Psammiten bestehen. Nur das Verbreitungsgebiet jener scheint demjenigen der jurassischen Sedimente zu entsprechen und im Osten wiederum durch den Granit-Quarzporphyrzug der centralen Cordillere begrenzt zu werden.

Da wo Jura und Kreide gemeinschaftlich auftreten, liegt die letztere, gleichwie im Westen von Nordamerika, concordant auf dem ersteren. Die Sedimente beider Formationen müssen daher als die Producte eines continuirlichen Ablagerungsprocesses betrachtet werden. Das bis jetzt allerdings nur local beobachtete Vorkommen von Tithon steht hiermit im besten Einklange.

Nur im Hinblick auf diese Continuität könnte man allenfalls beide mesozoische Formationen zu einer cretaceo-oolithischen zusammenfassen; dagegen hat die frühere Annahme von der Coexistenz jurassischer und cretacischer Organismen, die zu dieser Bezeichnung die Veranlassung gab, durchaus keine neuere Bestätigung gefunden.

San Luis entdeckt haben wollte (La Plata M. S. 1874. No. 12 und Acta I. 125) und der dann hiernach auch von Burmeister erwähnt wurde (Descr. phys. II. 255), ist lediglich ein recenter Kalktuff; seine zahlreichen „Discolithen und Foraminiferen" erwiesen sich, als Brackebusch die Originalpräparate von Ave-Lallemant untersuchen konnte, als Producte einer „admirable fantasia" (Bol. of. A. N. II. 176 Anmerk.).

Auch während der Ablagerung der cretacischen Sedimente fanden an einigen Stellen der continentalen Hauptspalte mehr oder weniger starke Eruptionen statt.

Nach alledem darf gefolgert werden, dass sich auch während der Kreidezeit im Westen der durch Granite und Quarzporphyre gekennzeichneten continentalen Hauptspalte eine im allgemeinen stetige, nur zeitweise und local durch rückläufige Bewegungen unterbrochene Senkung vollzogen hat.

Darin, dass sich das Senkungsfeld am Ende der mesozoischen Zeit auch auf den südlichen und nordöstlichen Theil des alten Continentes ausdehnte, besteht die wesentliche Differenz zwischen den Bildungsvorgängen in der Jura- und Kreidezeit.

XV. Tertiär-Formation.

Brasilien und Gebiet des oberen Amazonenstromes. Die ältere Litteratur findet man zusammengestellt bei F. Fötterle. Die Geologie von Südamerika. Geogr. Mittheil. 1856. 188. Neuere Arbeiten sind: Gabb. Description of Fossils from the Clay Deposits of the Upper Amazon. Am. Journ. of Conchology. 1868. IV. 157. Agassis et Coutinho. Bull. Soc. géol. France. (2) XXV. 1868. 684 (Geologie des Amazonen-Stromes). J. Orton. The Andes and the Amazon. 1870. Conrad. Description of new fossil shells from the Upper Amazon. Am. Journ. of Conchology. VI. 1870. 192. Nelson. On the Molluscan Fauna of the Later Tertiary of Peru. Transact. Connecticut Acad. 1870. II. 186. Hartt. Geology and Physical Geography of Brazil. 1870. II. Woodward. The tertiary shells of the Amazonas Valley. Magaz. of Nat. Hist. London. (4) VII. 1871. 59. Hartt. On the tertiary basin of the Marañon. Am. Journ. Sc. a. A. III. 1872. 53. Dall. Notes on the Genus Anisothyris Conrad, with a description of new species. Am. Journ. of Conchology. 1872. VI. 89. Conrad. Remarks on the Tertiary Clays of the Upper Amazon, with description of new shells. Procced. Acad. Nat. Sc. Philadelphia. 1874. XXVI. 25. Brown. On the tertiary deposits on the Solimoes and Javary Rivers in Brazil. Lond. Edinb. Phil. Magaz. 1878. No. 37. Böttcher. Die Tertiärfauna von Pebas am oberen Marañon. Jahrb. k. k. geol. Reichsanst. 1878. XXVIII. 485. C. B. Brown. On the tertiary deposits on the Solimoes and Javary Rivers. With an appendix by R. Etheridge. Quart. Journ. Geol. Soc. 1879. XXXV. 76.

Argentinische Republik Ch. S. Weiss. Ueb. das südl. Ende des Gebirgszuges von Brasilien etc. 1826. A. d'Orbigny. Voyage. Géologie. 1842. 66. Paléontologie. 1842. 110. Darwin. Geol. obs. 1846. A. Bravard. Monografía de los terrenos marinos terciarios de las cercanias del Paraná. Paraná. 1858. (Wieder abgedruckt in den Anales del Museo público de Buenos Aires. XIII. 1883. 45). Burmeister. Ueber die Tertiärformation von Paraná. Zeitschr. d. deutsch. geol. Ges. X. 1858. 423. Burmeister. Reise durch die La Plata-Staaten. 1861. I. 410. Darwin. Procced. Geol. Soc. London. 1862. (Ueber die Bohrlöcher von Buenos Aires). Burmeister. Zeitschr. f. allg. Erdkunde. N. F. XII. 1862. 118. XVII. 1864. 394 und Geogr. Mittheil. 1863. 92. (Ueber dieselben Bohrlöcher). Burmeister. Descr. phys. II. 1876. 219. F. Moreno. Viaje á la Patagonia austral. Buenos Aires. 1879. R. Lista. Mis exploraciones y descubrimientos en la Patagonia. Buenos Aires. 1880. Informe oficial de la Comision científica agregada al Estado Major General de la Expedicion al Rio Negro (Patagonia), realizada bajo los Ordenes del General D. J. A. Roca. Entrega III. Geología por el Dr. D. A. Döring. Buenos Aires. 1882. (Referat N. Jb. 1884. I-209-). F. Ameghino. Sobre una coleccion de mamíferos fósiles del Piso Mesopotámico de la Formacion Patagónica, recogidos en las barrancas del Paraná por el profesor P. Scalabrini. Bol. of. A. N. Tom. V. 1883. 101 (Referat N. Jb. 1884. I-110-).

Chile. Ausser den S. 123 citirten Werken und Abhandlungen von Corbineau, Darwin, Grange und d'Orbigny sind anzugeben: Domeyko. Sur la composition géologique du Chili à la latitude de Concepcion.

Ans. de min. (4) XIV. 1848. 163. Ch. Darwin. Geological Observations on Coral Reefs, Volcanic Islands and on Southamerica. 1851. P. de Barrio, Noticia sobre el terreno carbonifero de Coronel. An. Univ. Chile 1857. Hesse, Ueber die Kohlen von Lota. Zeitschr. f. Berg-, Hütten- und Salineenwesen. Berlin VI. 1858. 21. Cronnier. Du terrain tertiaire à lignites des environs de Concepcion. Ann. de min. (4) XIX. 1851. 185. E. Gay. Historia física i política de Chile. Darin: T. VIII. Zoolojía. Huppé. Moluscos. 1854. J. C. Shyte. El territorio de Magallanes i su colonizacion. Auszug in Zeitschr. f. allgem. Erdkunde. N. F. III. 1857. 312. L. García. Estado actual de las minas de carbon fósil de Lota y Lotilla en la Provincia de Concepcion. An. Univ. Chile. XIX. 1861. 29. Pissis. Sur les volcans et sur les terrains récents du Chili. Compt. Rend. Paris. LX. 1865. 1096. E. Concha i Toro. Memoria sobre las formaciones cuaternarias, terciarias i cretáceas de Chile. An. Univ. Chile. 1869. Ledebour und Mundle. Ueber die Kohlen von Concepcion. Geol. Magaz. 1870. 499. Darnach N. Jahrb. f. Min. 1870. 221. Mallard et Fuchs. Sur quelques points de la géologie du Chili. Ann. de min. (7) III. 1873. 67. Pissis. Sur la constitution géologique de la chaine des Andes entre le 16e et le 53e degrée de lat. Sud. Ann. d. min. (7) III. 1873. 410. R. A. Philippi. Ueber die Versteinerungen der Tertiärformation Chiles. Zeitschr. f. ges. Naturw. LI. 1878. 674. Darnach Referat im N. Jb. f. Min. 1879. 216. C. Ochsenius. Meeresetnbruch in die chilenischen Kohlenwerke von Coronel. Berg- u. Hüttenm-Zeit. XLI. 1882. No. 3. R. A. Philippi. Bemerkungen über die chilenische Provinz Arauco und namentlich über das Departement gleichen Namens. Geogr. Mittheil. XXIX. 1883. 453. Darnach. Reisenotizen aus Patagonien. N. Jb. 1883. II. 255. Steinmann. Reisenotizen aus Chile. Daselbst. 1884. I. 198.

In der Tertiärzeit ist, wie sich herausstellen wird, die Haupterhebung der Cordillere erfolgt. Da dieses für die orographische Herausbildung des heutigen Continentes so ausserordentlich bedeutsame Ereigniss auch auf die Verbreitungs- und Entwickelungsweise der in der Ablagerung begriffenen jüngeren Sedimente einen sehr bemerkenswerthen Einfluss ausgeübt hat, so empfiehlt es sich, meiner Ansicht nach, für Südamerika zunächst für in den anderen Continenten üblichen Gliederung des Tertiäres abzusehen und dafür in erster Linie die vor und nach jener Hebung abgelagerten Schichten als ältere und jüngere von einander zu unterscheiden. Verführt man in diesem Sinne, so entspricht das ältere Tertiär im allgemeinen dem tertiaire guaranien, das jüngere dem tertiaire patagonien von d'Orbigny (Géologie. 64. 245). Der argile pampéenne aber, den der französische Gelehrte für die dritte und jüngste Stufe des argentinischen Tertiäres hielt, ist heute dem Quartäre zuzurechnen.

A. Aelteres Tertiär (tertiaire guaranien d'Orb, jüngere Kreide z. Th.?)

Im Osten der Cordillere. Nachdem d'Orbigny in der Gegend von Paraná das dort durch eine reiche Versteinerungsführung gut charakterisirte jüngere Tertiär (Patagonien) kennen gelernt hatte, fuhr er den Paraná weiter hinauf und beobachtete nun an den Ufern des Flusses, von La Paz an, ein Schichtensystem, das in seinem liegenden, 50 m mächtigen Theile aus rothen eisenschüssigen Sandsteinen besteht. Ueber demselben lagern in conformer Weise noch 8 m mergelige Kalksteine und graue gypshaltige Thone. Versteinerungen wurden hier nirgends mehr angetroffen und so musste die Annahme, dass man es jetzt mit einem älteren Tertiär zu thuen habe, lediglich auf den Umstand gegründet werden, dass die eben genannten Schichten das thalwärts anstehende Patagonien concordant zu unterteufen scheinen. Jenes wurde tertiaire guaranien genannt.

Sellow und Darwin haben dann ähnliche Sedimente in der Banda Oriental angetroffen und weiterhin ist durch die beiden artesischen Bohrungen, welche 1801 bei der Kirche la Piedad in Buenos Aires und bald darauf in Barracas, eine Legua südlich von der Hauptstadt gelegen, ausgeführt wurden, der Nachweis geliefert worden, dass das Patagonien auch bei Buenos Aires durch ein dem Guaranien petrographisch ähnliches Schichtensystem von rothen plastischen Thonen und kalkigen, feinkörnigen Sandsteinen unterlagert wird. Da indessen auch an diesem letzteren Orte alle Versteinerungen fehlten und da man auch hier weiter abwärts sofort auf krystalline Schiefer stiess, so musste die Altersbestimmung wiederum dem subjectiven Ermessen überlassen bleiben. Wie sehr dieses schwanken kann, dafür liefert Burmeister einen drastischen Beweis, wenn er den rothen Thon zuerst für devonisch halten möchte, „weil ihm im Innern von Brasilien ganz ähnliche weiche devonische Thonschiefer vorgekommen waren", unmittelbar nachher aber mit d'Orbigny dem älteren Tertiär parallelisirt, weil er weich und höchst plastisch ist (Geogr. Mittheil. 1863. 93. 95). Die letztere Ansicht hat er dann für für alle Folge beibehalten, ohne indessen eine nähere Begründung für dieselbe zu geben. Darwin ist ebenfalls geneigt, das Guaranien von Buenos Aires, von Uruguay und von Corrientes für tertiär, vielleicht nur für eine tiefere Stufe des Patagonien mit verändertem mineralogischen Charakter zu halten (Geol. obs. 101. Car. 150).

Mit dem Vorstehenden ist jedoch das Verbreitungsgebiet des Guaranien erst zum allerkleinsten Theile skizzirt worden; denn zunächst will es d'Orbigny selbst auch in den bolivianischen Provinzen von Moxos und Chiquitos vielfach angetroffen haben.

Sodann besitzt ein dem Guaranien sehr ähnliches Schichtensystem eine ganz ausserordentlich weite Verbreitung in Brasilien. Dasselbe ist hier nach Hartt's Angaben z. Th. bis 1000 Fuss mächtig und besteht dabei vorwiegend aus rothem Sandsteine, der seinem äusseren Ansehen nach mit dem New Red Sandstone Neuschottlands verglichen wird; oftmals sind thonige Schichten, hier und da auch Conglomerate eingelagert. Versteinerungen wurden nirgends beobachtet. Derartige Sedimente sollen sich nicht nur in den westlichen Theilen der brasilianischen Hochlande, welche die Wasserscheide zwischen dem Paraguay und dem Amazonenstrome bilden und welche sich an das von d'Orbigny constatirte bolivianische Verbreitungsgebiet anschliessen, sondern auch in den centralen und nördlichen Provinzen des Kaiserreiches vielfach ausbreiten und endlich von Rio Janeiro an bis zum Amazonenstrome allenthalben an der atlantischen Küste zu beobachten sein. Weiter gegen Norden zu soll sich dann eine ganz ähnliche Sandsteinformation durch Guayana hindurch bis nach Venezuela verfolgen lassen.

In Brasilien steigen diese Sandsteinschichten nach Hartt's Beobachtungen von der Küste an landeinwärts allmählich bis gegen 3000 F. üb. d. M. an und eine gleiche Höhenlage sollen sie auch in Guayana besitzen.

Aeltere Reisende und Schriftsteller sind über das Alter dieser weitverbreiteten Sandsteine zu sehr verschiedenen Ansichten gelangt. Die einen haben sie für Old Red- oder für New Red Sandstone gehalten (Eschwege, Helmreichen, Humboldt), andere haben sie der Kreide, bezw. dem Quadersandsteine zugerechnet (Gardner, Spix und Martius), Fötterle aber war der Meinung, dass man es bei diesen Psammiten wohl mit Gebilden verschiedenen Alters zu thuen habe und fasst sie deshalb auf seiner geologischen Uebersichtskarte von Südamerika vorläufig nur „mit einem die Formation nicht bezeichnenden Namen" als Brasilianischer Sandstein zusammen (Geogr. Mittheil. 1856. 191). Aehnliche Vorsicht ist gewiss auch heute noch vielfach am Platze (vergl. oben S. 64); anderseits sind aber auch in den letzten Jahren mancherlei wichtige Anhaltepunkte gewonnen worden, die zu einer allmählichen Klärung der Sachlage beitragen. So namentlich auf der Thayer Expedition. Auf dieser konnte sich Hartt davon überzeugen, dass in Brasilien die hier in Rede stehende Sandsteinformation mehrfach discordant auf den durch ihre Fossilien charakterisirten Kreideschichten auflagert und ihrerseits von diluvialen Bildungen bedeckt wird und dass zwar die Kreideschichten mancherlei Störungen zeigen, die Sandsteine aber sich allenthalben ihre ursprüngliche söhlige Lage bewahrt haben (Journey. 140. 557). Er bezeichnete deshalb wenigstens den grössten Theil des brasilianischen

Sandsteines als Tertiär und war insonderheit geneigt, ihn für jüngeres Tertiär zu halten; indessen ist hierbei zu berücksichtigen, dass im Jahre 1870, als Hartt seine Beobachtungen publicirte, die weiter unten zu erwähnenden Pebasschichten noch nicht bekannt waren. Seitdem die letzteren aufgefunden worden sind, wird dem tertiären Sandsteine Brasiliens ein eocänes Alter zuerkannt werden müssen.

Nach diesen orientirenden Bemerkungen wende ich mich wieder dem Gebiete der Argentinischen Republik zu, um diejenigen älteren Bemerkungen und eigenen Beobachtungen zusammenzustellen, welche dafür sprechen, dass auch hier alttertiäre Sandsteine, vielleicht im Vereine mit jungcretacischen, eine sehr beträchtliche Ausdehnung besitzen. Das Mitzutheilende möge wieder geographisch geordnet werden, diesmal in ost-westlicher Folge.

Entre Rios und Banda oriental. In Bezug auf diese schon oben erwähnten Regionen möge hier nur noch darauf aufmerksam gemacht werden, dass die in ihnen vielfach vorkommenden Sandsteine zuweilen Gerölle von Chalcedonen und Achaten und solche von vulcanischen Gesteinen einschliessen. d'Orbigny (Géologie. 69) und Burmeister (Descr. phys. II. 251) erwähnen das Vorkommen von Chalcedonen und Achaten in den von ihnen den Guarani zugerechneten Sandsteinen; Darwin citirt eine Beobachtung Isabelle's, nach welcher im Gebiete des Itaqui und Ibicuy, zweier in Rio Grande do Sul gelegener Zuflüsse des Uruguay, sedimentäre Schichten vorkommen, die Fragmente von rothen zersetzten ächten Schlacken und von schwarzen Retiniten einschliessen (Geol. Obs. 94. Car. 139). Die Chalcedone und Achate stammen offenbar von denjenigen Melaphyren und Mandelsteinen ab, die Sellow in grosser Ausdehnung im Quellgebiete des Uruguay antraf; aber leider ist das Alter dieser und der anderen soeben erwähnten vulcanischen Gesteine noch gänzlich unbekannt.[*]

Córdoba. In der westlichsten Kette der Sierra von Córdoba, in der Serrazuela (Taf. II), erhebt sich nördlich von Pocho eine Gruppe schöner Kegelberge, die aus Augitandesiten bestehen und von geschichteten Tuffen dieser letzteren umlagert werden. Einer dieser Kegel, der mir bald als Cerro de Popa, bald als Cerro del Moyesito bezeichnet wurde und den ich von der Estancia Talayni aus erstiegen habe, zeigt an seinem Ostabhange sehr deutlich, dass hier der Augitandesit Schichten rothen und gelben Sandsteines überlagert, die ihrerseits Gerölle ähnlicher Andesite einschliessen. Analoge Verhältnisse beobachtete ich in der ebenfalls aus Andesiten bestehenden Sierra de los Condores, welche in der ersten Kette der Sierra von Córdoba da liegt, wo der Rio Tercero aus derselben in die Pampas heraustritt (Taf. III. 8). Hier wechsellagern Bänke von gelben Sandsteinen und Mergeln mit vulcanischen Tuffen und das ganze derartige Schichtensystem wird von Strömen massig zerklüfteter, basaltischer und andesitischer Laven bedeckt. Die Sandsteine am Popa mögen in einer Meereshöhe von 1000—1200 m, diejenigen der Sierra de los Condores in einer solchen von 600 m anstehen.

Es liegt im Hinblick auf diese Thatsachen nahe, auch die anderweit in der Sierra von Córdoba mehrfach auftretenden und mit Conglomeraten wechsellagernden Sandsteine für tertiäre zu halten, so diejenigen, welche sich am Ostabhange der Sierra, von der Calera an bis Ascochinga hinziehen und am letzteren Orte, gleichwie bei Quitilipe, eine schwache Gypsführung besitzen; ferner diejenigen, welche ein kleines, durchschluchtetes Berggebiet nördlich von Ischilin bilden[*] und weiter nördlich wieder in dem Thale von Orkosuni auftreten — aber sichere Anhaltepunkte für die Altersbestimmung dieser übrigen Sandsteinvorkommnisse habe ich nicht ausfindig zu machen vermocht (vergl. S. 75).

---

[*] Sellow giebt nur an, dass von den Melaphyren Sandsteine theils gangförmig durchsetzt, theils deckenförmig überlagert werden (Weiss. Brasilien. 245 Anmerkung 2); darnach würden entweder die Sandsteine am oberen Uruguay älter sein müssen als das Guarani von Entre Rios und Buenos Aires, oder es würde anzunehmen sein, dass die Eruption der Amygdaloide längere Zeit hindurch angedauert habe und theils vor, theils nach der Ablagerung des Guarany erfolgt sei. Der letztere Fall würde u. s. demjenigen analog sein, der alsbald vom Cerro de Popa, Córdoba zu besprechen ist.

[**] Lorentz. La Plata M. B. III. 1675. 119.

Catamarca. Am nördlichen Fusse der Capillitas, einer kleinen granitischen und trachytischen Gebirgskette, welche sich vom Aconquija nach Westen hin abzweigt und den Campo del Arenal im Süden abgrenzt, erhebt sich aus der Sandwüste des letzteren ein kleines Hügelgebiet von Hornblendeandesiten (Taf. I. 2). In diesem Gebiete, zwischen den Andesitkegeln, trifft man mehrfach auf rothe Sandsteine, die Gypsknötchen enthalten und local mit rothen harten Thongesteinen wechsellagern. An der einen Stelle sah ich dem Sandsteine aber auch eine Conglomeratbank concordant auflagern und in dieser konnte ich zahlreiche Gerölle von unzweifelhaftem Hornblendeandesit beobachten. Die Sandsteine, deren Schichten ein Einfallen von 80° zeigten, liegen ungefähr 2000 m üb. d. M.

In dem von Nacimientos über S. Fernando nach Belen führenden Thale werden die Gehänge vielfach aus Sandstein gebildet, so unmittelbar oberhalb der Puerta, bei welcher sich das bis hierher breite Thal zu der engen, bei Belen ausmündenden Felsenschlucht in altkrystallinen Gesteinen umgestaltet. Auch oberhalb der Puerta besteht das linke Gehänge des Thales aus Gneiss, aber im Thalboden sind demselben 50° W. einfallende Schichten rothen Sandsteines angelagert. Ueber diesen Sandsteinen, und concordant zu ihnen, sah ich eine gegen 20 m mächtige Decke eines plattigen basaltartigen Gesteines, das senkrecht zu seiner Auflagerungsfläche zerklüftet ist. Da, wo ich es beobachten konnte, bildet es die Krönung eines durch tiefeingreifende erosive Wirkungen isolirten Felsens; ob es an anderen Orten der Nachbarschaft auch noch vom Sandstein überlagert wird, vermochte ich nicht zu erkennen.

In demselben Thale, zwischen S. Fernando und Villavid, bestehen die Gehänge aus mächtig entwickelten, in gigantischen Platten brechenden Sandsteinen, in denen mehrfach einzelne grössere Gerölle oder ganze Conglomeratbänke concordant eingelagert sind. Die Gerölle dieser letzteren und jene vereinzelt im Sandstein eingewachsenen bestanden, wie ich mich namentlich zwischen Villavid und der Laguna cortada überzeugen konnte, theils aus Granit und Gneiss, theils aus Hornblendeandesiten. Ehe man, immer weiter thalaufwärts reitend, die Laguna cortada selbst erreicht, muss man einen aus buntscheckigen Andesitbreccien bestehenden Hügel übersteigen, der sich quer über das Thal wegzieht und einen natürlichen Damm für die genannte Lagune bildet. Zwischen den bankförmig geschichteten Breccien treten am Ostabhange dieses Hügels parallele Einlagerungen von Sandsteinen auf. Die Höhe der Laguna mag etwa 2200 m betragen.

San Juan. Die Verhältnisse, die in dem breiten Längsthale des Rio Vermejo, zwischen der aus Silurkalken bestehenden Sierra de Gnaco und der mit rhätischen Sedimenten erfüllten Einsenkung der Sierra de la Huerta beobachtet wurden, sind z. Th. schon S. 74 geschildert worden. Die flache Thalniederung, die da, wo ich sie von Gnaco aus gegen O. hin durchritt, eine Meereshöbe von etwa 1000 m besitzt, ist mit flachen Hügeln bedeckt, die aus gelben und rothen Sandsteinen bestehen. Auf den Klüften der letzteren wurde oft Fasergyps angetroffen. Conglomeratbänke, unter deren Geröllen ich einzelne Hornblende- und Augitandesite mit Sicherheit zu erkennen vermochte, sind dem Sandsteine mehrfach eingelagert. Ich trage deshalb kein Bedenken, den letzteren für tertiär zu halten, obwohl er sich dem äusseren Ansehen nach kaum von den durch Kohleneinlagerungen und Pflanzenreste charakterisirten rhätischen Sandsteinen unterscheiden lässt, welche den benachbarten Gebirgen an- und aufgelagert sind.

Die Cerros blancos sind einige aus lichtfarbigen Daciten bestehende Kegel- und Glockenberge, die sich in dem zwischen der grossen und kleinen Sierra de Zonda gelegenen Längsthale erheben und die gegen 700 m hoch gelegene Thalsoble um etwa 300 m überragen (Taf. II). In den Schluchten, welche sich zwischen der kleinen, kahlen Berggruppe hinziehen, stehen vielfach rothe, z. Th. thonige Sandsteine und grobe, an Quarzporphyrgeröllen reiche, eisenschüssige Conglomerate an. Diese Sedimente bilden aber kein zusammenhängendes und einheitliches Ganzes, sondern sie entsprechen gigantischen Fragmenten, die offenbar bei den den Dacitausbrüchen vorhergegangenen Bodenbewegungen entstanden und weiterhin von dem vulcanischen Ausbruchsmaterial überströmt, dadurch aber vor der vollständigen Zerstörung durch spätere erodirende Processe geschützt worden sind. Während sie jetzt nur noch in der unmittelbaren Umgebung der Dacitkegel angetroffen werden, haben sie früher offenbar eine weitere Verbreitung und höchst wahrscheinlich eine directe Verbindung mit denjenigen Sandsteinen gehabt, welche sich in den

Längsthälern und auf den Höhen der im W. des Zonda'er Thales ansteigenden inneren Anticordillere mehrfach und x. Th. in ausserordentlicher Mächtigkeit beobachten lassen.

Auf dem von Zonda über diese Anticordillere hinweg nach den Patos führenden Wege (Taf. II) stiess ich bei dem Puesto de los Papagallos auf die ersten Sandsteine. Dieselben ziehen sich von hier aus über die Colorados zunächst bis in die Gegend des Puesto de Córdoba hin und liegen dabei, 100 und mehr Meter mächtig, auf den Thonschiefern und Grauwacken der Anticordillere auf. Ihre kleinen, schluchtenreichen Felsgebiete geben sich durch grelle, rothe und gelbe Farben (daher „Colorados") und durch scharf contourirte Erosionsformen schon von weitem zu erkennen.

An mehreren Orten, so u. a. zwischen den Colorados und dem Puesto von Córdoba sah ich inmitten der Sandsteine Conglomeratbänke. Gerölle mannigfaltiger Quarzporphyre herrschten in den letzteren vor, aber auch solche von Hornblendeandesiten wurden gefunden. Die Sandsteinschichten, die mehrfach ein Einfallen von 45° zeigen und dabei eine Reihe hinter einander liegender Felsen mit einseitigem Stellabfalle bilden, mögen eine Meereshöhe von 1200—1400 m haben. Weiterhin traf ich auf Sandstein mit schwachen Conglomerateinlagerungen bei der Estancia de las Cuevas (ungefähr 2500 m. üb. d. M.), in dem zwischen den Sierren von Paramillo und Tontal sich hinziehenden Längsthale. Das Einfallen der Schichten beträgt hier 40° In den Conglomeraten waren diesmal nur Quarzporphyrgerölle zu beobachten, die wenigstens, da die unmittelbar benachbarten Gebirge nur aus Thonschiefer bestehen und grössere Massen von Quarzporphyr erst in der Cordillera real vorhanden sind, einen beachtenswerthen Fingerzeig über die Herkunft des klastischen Materials gewähren. Derselbe Sandstein, der sich im Thalboden findet, scheint auch auf der Höhe der Tontalkette dem Thonschiefer aufzulagern und hier den Cerro de las Cuevas zu bilden, der nach roher Schätzung 3400 m erreichen mag.

Weit mächtiger entwickeln sich die Sandsteine im W. der Tontalkette, zwischen dieser und der Cordillera real. Auf dem zweitägigen Wege, der sich von Barreal aus, zahlreiche Seitenschluchten überschreitend, am linken Gehänge des Rio de San Juan hinzieht, reitet man lange Zeit durch Gebiete sedimentärer Schichten, welche den Graniten und Quarzporphyren der Espinazito-Kette angelagert sind. Feste und mürbe Sandsteine von grauer, gelblicher oder rother Farbe herrschen vor; daneben finden sich morgelige Gesteine, hier und da auch Einlagerungen von Conglomeratbänken. Die ungleichen Widerstände, welche die verschiedenen Gesteine der Verwitterung entgegensetzen, haben oft eine eigenthümliche Terrassirung der Gehänge erzeugt. Nach Versteinerungen wurde vergeblich gesucht, aber unter den Geröllen der Conglomerate waren hier wieder vereinzelte Hornblendeandesite neben zahlreichen und mannigfachen Quarzporphyren zu entdecken. Jene lassen sich nicht von dem Materiale der Gänge und Kuppen, welche die im W. der Espinazitokette entwickelten Juraschichten durchsetzten, unterscheiden.

Die soeben besprochenen Sedimente, die sich am östlichen Gehänge der Cordillera real hinziehen, stehen allem Anschein nach in directem Zusammenhange mit denjenigen, welche in ausserordentlich mächtiger Entwickelung die Cordillera del Tigre, zum mindesten in ihrem nördlichen Theile, bilden. Die letztere steigt auf der rechten Seite des Rio de San Juan jäh an und trägt auf ihrer Höhe schon ständige Schneeflächen. Leider habe ich sie nicht besuchen können, aber ihre wilden Erosionsformen und ihre grellen, des Sandsteingebirges eigenthümlichen Farben lassen auch bei demjenigen, der sich mit ihrer Betrachtung aus der Ferne begnügen muss, keinen Zweifel über die Natur ihres Materiales aufkommen.

So sehen wir denn, wie in der Provinz San Juan die Sandsteine gegen W. zu immer mächtiger werden und immer höher emporsteigen, bis sie in den zuletzt betrachteten Regionen, auch ihrer Höhenlage nach, zu Nachbarn derjenigen gypsführenden Sandsteinformation werden, die inmitten der Cordillere auf den Jura- und Kreideschichten auflagert. Mit Rücksicht auf später anzustellende Betrachtungen möge schon jetzt auf diese Thatsache besonders aufmerksam gemacht werden.

Mendoza. Es ist mir sehr wahrscheinlich, dass die rothen Sandsteine, welche zugleich mit jüngeren Eruptivgesteinen und deren Tuffen das Berggebiet am Westabhange der Sierra von Uspallata bilden, tertiären Alters sind; ich habe jedoch diesen wilden und wüsten District auf dem Wege von Uspallata nach dem Agua del

Zorro so rasch durcheilen müssen, dass ich bestimmteres nicht anzugeben vermag. Auf der Karte habe ich daher bei Uspallata Tertiär nur mit ? eingetragen.

Das gleiche Verfahren habe ich dann auch noch in einigen anderen Fällen angewendet, in welchen ich ebenfalls keinerlei Anhaltspunkte für die Altersbestimmung beobachteter Sandsteine gewinnen konnte (Ablagerungen an die Sierra Pié de Palo, an die Sierra de Villagua etc.).

Aelteres Tertiär im Westen der Cordillere.

Das Tertiär der Westküste besitzt zwar nach den darüber vorliegenden Mittheilungen eine von jenem des Ostens recht verschiedene Ausbildungsweise, lässt sich jedoch ebenfalls in zwei Hauptabtheilungen gliedern, von denen die eine vor, die andere nach der Erhebung der Cordillere zur Ablagerung gelangt ist. Die ältere Stufe, von welcher hier zunächst allein die Rede ist, wird daher als ein ungefähres Aequivalent des Guaranien betrachtet werden dürfen. Ich beschränke mich zum Beweise des eben Gesagten auf folgende Angaben.

Karsten traf auf steil aufgerichtete, marine Tertiärschichten in dem 3000 F. hohen Gebirge Baudo, im Westen der Vulcanenreihe Antioquiens (Neu Granada) gelegen und andere, jenen im Alter entsprechende, sah er weiter südwärts zu Popayan (etwa 2¼° N. Br.), am Fusse der Vulcane Purace und Sotora in 5000 F. Höhe den Trachyten aufgelagert. Noch andere fanden sich auf der Hochebene von Tuquerras in 8000 F. Höhe, am Fusse der Vulcane Cumbal und Chiles, den Nachbarn des Pichincha und des Imbabura, bis zu deren Gipfel sich ähnliche, aber versteinerungsleere Schichten erheben. Aus diesen Thatsachen folgert Karsten, „dass die unter dem Aequator über 2000 Fuss hohe Cordillerenkette hier den grössten Theil ihrer Erhebung, vielleicht ihre ganze Höhe, erst in der jüngsten Tertiärzeit erhielt, während weiter gegen N. schon Inseln, die aus Granit, Syenit und Gesteinen der Kreideformation zusammengesetzt waren, dem Ocean überragten" (Zeitschr. d. deutsch. geol. Ges. 1861. XIII. 624).

Aehnliche Beobachtungen hat neuerdings Th. Wolf in Ecuador und zwar in der gebirgigen Provinz Loja gemacht. Er fand hier (unter ungefähr 4° S. Br.) zwei Tertiärbecken auf, deren Schichten aus Schieferthonen mit dicotyledonen Pflanzenresten, aus Kalk, Lehm, Braunkohlen, Sandsteinen und Conglomeraten bestehen und besonders längs der Ketten des älteren Schiefergebirges „steil aufgerichtet und furchtbar durcheinander geworfen sind; ein Beweis, dass hier in verhältnissmässig jungen Zeiten noch grosse Niveauveränderungen in den Anden stattfanden; wahrscheinlich fällt die letzte Hebung derselben in die nachtertiäre Zeit" (Zeitschr. d. deutsch. geol. Ges. 1876. XXVIII. 393).

Endlich ist hier an jenes bereits S. 124 erwähnte Tertiär zu erinnern, das an der Küste von Chile, in den Provinzen von Concepcion und Arauco, bekannt ist, nach Darwin und Corbineau aber auch noch weiter südwärts, auf Chiloë und dem Chonosarchipele vorzukommen scheint. Das der Kreide concordant auflagernde Schichtensystem besteht in seinem unteren Theile namentlich aus Sandsteinen und Conglomeraten, während in seinem Hangenden Schieferthone herrschen, denen an mehreren Orten z. Th. sehr werthvolle Lignitflötze eingelagert sind. In gewissen Schichten, wie z. B. in den die Kohlen von Lebu begleitenden Thonen, sind zahlreiche marine Versteinerungen aufgefunden worden, die nach Philippi (1878) beweisen, dass wenigstens einem Theile des kohlenführenden Schichtensystemes eocänes Alter zugeschrieben werden muss. Daneben mag vielleicht auch noch eine jüngere Kohlenformation vorkommen (Philippi 1883[*]). Bezüglich seiner Position unterscheidet sich das chilenische Eocän von dem Alt-Tertiär der nörd-

---

[*] Nach Engler. Versuch einer Entwickelungsgeschichte der Pflanzenwelt. 1882. soll die von Ochsenius bei Coronel gesammelte Braunkohlenflora wahrscheinlich miocän sein (N. Jb. 1883, 1-130-).

lichen Republiken dadurch, dass es lediglich auf die Küstenregion beschränkt ist und innerhalb derselben nur in geringen Höhen vorkommt; in dem Kohlengebiete von Coronel ist es sogar bis unter den heutigen Meeresspiegel verfolgt worden*). Da jedoch die von Mallard und Fuchs reproducirten Profile des Kohlengebirges von Lota erkennen lassen, dass auch hier mehrfache Verwerfungen der Schichten stattgefunden haben und da nach den Mittheilungen Darwin's auch auf dem Chonosarchipele, auf der Halbinsel Lacuy, Chiloë, und an der Küste zwischen Valdivia und Concepcion grössere Dislocationen wahrzunehmen sind, so wird man im Gegensatz zu Pissis**) trotzdem annehmen dürfen, dass auch das ältere Tertiär des südlichen Chiles vor der Erhebung der Cordillere zur Ablagerung gelangt ist.

Resultate. Die im vorstehenden über die ältere Tertiärformation gegebenen Mittheilungen lassen sich folgendermassen zusammenfassen.

Rothe und gelbe, zuweilen etwas gypshaltige Sandsteine, welche hier und da Einlagerungen von Letten, Schieferthonen und Conglomeraten zeigen, besitzen in den Stromgebieten des Amazonas und des La Plata eine ungemein weite Verbreitung.

In Brasilien ziehen sich diese Sandsteine von der atlantischen Küste weit landeinwärts und bis zu einer Meereshöhe von ungefähr 1000 m empor; dabei haben sie sich allenthalben einen ungestörten Verlauf ihrer Schichten gewahrt.

In der Argentinischen Republik trifft man sie nicht nur in den östlichen, an den atlantischen Ocean angrenzenden Provinzen, sondern auch im Gebiete der Pampinen Sierren und Anticordilleren. Sie mögen daher auch hier anfänglich eine ziemlich stetig ausgebreitete Decke gebildet haben. Von derselben finden sich aber heute nur noch grössere oder kleinere Ueberreste. Die Meereshöhe dieser letzteren ist im O. nur eine geringe, wird aber gegen W. zu immmer grösser und grösser und übersteigt allmählig 3000 m.

Die höher gelegenen Schichten des Westens zeigen sehr auffällige Störungen in ihrer Lagerung.

Es muss daher angenommen werden, dass der Absatz dieser Sandsteinformation vor der Erhebung der Cordillere stattgefunden hat.

Aus der erwähnten Differenz der Lagerungsweise kann ein Widerspruch gegen die Gleichstellung der brasilianischen und argentinischen Sandsteinformation nicht abgeleitet werden; jene erklärt sich zur Genüge aus der durch die weitere Entwickelungsgeschichte des Continentes und durch die heutige Orographie des letzteren erwiesene Thatsache, dass die später vor sich gegangene Hebung im W. eine maximale war und sich nach O. hin allmählich schwächte. Die Kreideschichten sind ja in der Cordillere ebenfalls bis zu mehreren 1000 m emporgehoben worden, während sie an der brasilianischen Küste z. Th. noch im Niveau des heutigen Meeres angetroffen werden.

In Brasilien liegen die Sandsteine discordant über der Kreide; anderseits müssen sie hier älter sein als die später zu erwähnenden, nach Böttcher einer sehr frühen Tertiärzeit angehörenden Pebas-Schichten. In Entre Rios und Buenos Aires unterlagert das hierherzurechnende Guaranien d'Orbignys das oligocäne, und nach Döring (Inf. ofic. 1882) z. Th. auch obereocäne Tertiäre patagonien. In den centralen Theilen der Argentinischen Republik (Pampine Sierren, Anticordilleren) sind direct nur Auflagerungen auf archäische und paläozoische Gesteine zu beobachten; im Vermejothale (S. Juan) müssen jedoch auch Auflagerungen auf Rhät stattfinden.

---

*) Freilich in einer für den dortigen Bergbau sehr verhängnisvollen Weise, denn 1881 ging eine der Gruben durch einen Meereseinbruch unrettbar verloren.

**) Nach der meines Wissens ganz vereinzelt dastehenden Anschauung von Pissis (1865) soll nämlich die Erhebung der Cordillere nach der Neocomzeit und vor der Entwickelung des terrain à lignites erfolgt sein.

Weitere Anhaltepunkte zu einer Bestimmung des relativen Alters der Sandsteinformation liefern die Thatsachen, dass sich in ihren Conglomeraten an mehreren argentinischen Fundpunkten Gerölle von mindestens postjurassischen Andesiten finden und dass a. a. O. die Sandsteine durch Wechsellagerung mit Andesiten und ihren Tuffen verknüpft sind, die ihren petrographischen Charakteren nach ebenfalls für jüngere, der Tertiärzeit angehörige Eruptionsproducte gehalten werden müssen.

Die in Rede stehenden Sandsteine Brasiliens und der Argentinischen Republik sind daher einer älteren Tertiärformation und zwar wahrscheinlich dem Eocän zuzurechnen.

Hinsichtlich der Bildungsweise dieser Sandsteine ist daran zu erinnern, dass d'Orbigny das Guaranien von Corrientes und Entre Rios für die Uferbildung eines alten Tertiärmeeres gehalten hat[*]) und dass Hartt für die Sandsteine Brasiliens zu einer ähnlichen Ansicht gelangt ist; [**]) in den argentinischen Sandsteinen wird man ebenfalls marine Ablagerungen (Sedimente einer seichten See) zu erblicken haben.

Es wird daher zu folgern sein, dass jener alte Continent, der, wie wir früher gesehen haben, während der Jura- und Kreidezeit vorhanden war und den grössten Theil von Brasilien sowie den ganzen Osten der Argentinischen Republik und Patagoniens umfasste, während der Ablagerungszeit der alttertiären Sandsteine eine Submersion erlitten hat. Die höchsten Theile des sinkenden Continentes (das alte, der Cordillere entsprechende Küstengebirge des Jura- und Kreidemeeres und die bereits vorhandenen Anticordilleren und Pampinen Sierren) müssen jedoch auch während der Senkungsdauer mit ihren Kämmen hier und da die Wasserfläche überragt und das Material zu den groben Conglomeraten geliefert haben, die in der Sandsteinformation angetroffen werden.

Wenn wir diese Ergebnisse weiterhin mit jenen zusammenhalten, die früher bei der Betrachtung der Jura- und Kreideformation gewonnen wurden, so entwickelt sich jetzt die Vorstellung, dass die Senkung, die im W. der Cordillerenspalte zur Jurazeit begonnen und während der Kreidezeit nicht nur fortgesetzt, sondern auch Theile der atlantischen Küste (Nordbrasilien) ergriffen hatte, auch noch während des Beginnes der Tertiärzeit angedauert und derart zugenommen hat, dass das pacifische Meer, welches die gypsführenden Sandsteine der Cordillere ablagerte, gegen Ende und nach Ablauf der Kreidezeit hier und da über seinen alten, damals noch relativ niedrigen Uferrand nach O. hin übergreifen, sich über die Territorien der Argentinischen Republik und über einen grossen Theil von Brasilien ausbreiten und sich mit dem seit der silurischen Zeit von ihm getrennten atlantischen Ocean vereinigen konnte.

Auf Grund dieser Vorstellung, die meines Erachtens nach dem heutigen Standpunkte unserer Kenntnisse am besten entspricht, nehme ich daher, z. Th. in Ergänzung der früheren auf die Kreideformation bezüglichen Mittheilungen an: dass die in der Cordillere dem Neocom auflagernde, über 1000 m mächtige, gypsführende Sandsteinformation in continuirlicher Folge nicht nur die Schichten der oberen Kreide, sondern auch diejenigen des unteren Tertiäres repräsentirt, dass sich ihre oberen Schichten nach O. hin ausbreiten und hier die alttertiären Sandsteine der Argentinischen Republik und Brasiliens bilden und dass diese oberen Schichten sonach das psammitische Acquivalent des z. Th. kohlenführenden älteren Tertiäres (Eocänes) sind,

---

[*]) Géologie 246. Die Sandsteine Boliviens werden dagegen theils als „une alluvion subite de la fin des terrains crétacés", theils als „déposées dans les petits bassins terrestres d'une continent hors des eaux" betrachtet.

[**]) These beds must have been deposited when the continent stood at a level full 3000 feet lower than at present. The material was evidently derived from the wearing away of the decomposed gneissose rocks, and it appears to have been deposited rapidly in a muddy sea, not favorable for the existence of life". (Journey. 658).

welches im südlichen Chile ebenfalls concordant auf Kreide folgt und sich auch gegen N. zu in Ecuador und Neu-Granada entwickelt findet.*)

Auf der Karte und auf den Profilen habe ich daher die postneocomen Sandsteine der Cordillere und die alttertiären Sandsteine der Anticordilleren und Pampinen Sierren mit einer und derselben Farbe eingetragen.

B. Jüngeres Tertiär.

Am Oberlaufe des Amazonenstromes (Peru). Das Vorkommen von Tertiärschichten am oberen Amazonenstrome oder Marañon ist durch Orton entdeckt und seitdem mehrfach beschrieben worden. Der genannte Fluss durchschneidet zwischen Iquitos und der brasilianischen Grenzfestung Tabatinga (5° S. Br., 70° W. Greenw.) auf nahezu 400 km blaue Thonschichten, die hier und da Lignite umschliessen und discordant von jüngeren fluviatilen Ablagerungen (Thon, Lehm, Sand) überlagert werden. In den letzteren kommen keine Versteinerungen vor, wohl aber finden sich dergleichen ziemlich häufig in den blauen Thonen und zwar ist die reichste Fundstätte bei der kleinen peruanischen Stadt Pebas, die gegen 300 km oberhalb Tabatinga, an der Einmündungsstelle des Rio Ambayacú in den Marañon (Solimoes) gelegen ist und eine Meereshöhe von 90 m hat. Nach Böttcher ist „die Ablagerung von Pebas rein brakischer Natur, in dem die häufigsten Vertreter der dort vorkommenden Versteinerungen, die Corbulidengattung Anisothyris, die Untergattung Isala von Hydrobia, die Genera Dreissenia und Neritina zweifellos auf ein Aestuarium in der Nähe des Unterlaufes eines grossen Stromes und auf eine enge Verknüpfung des Meeres mit einem Flusse überhaupt hinweisen". In Uebereinstimmung mit Woodward erblickt deshalb Böttcher in den Ablagerungen von Pebas die Bildungen eines uralten Deltas des Marañon, das 3200 km (430 geogr. Ml.) weiter landeinwärts liegen würde als das jetzige.

Argentinische Republik. (Terrain patagonien d'Orb.) Diejenige argentinische Provinz, aus welcher das jüngere Tertiär am besten bekannt ist, ist Entre Rios. Hier bieten nicht nur die Gehänge des Paraná, zwischen der Stadt Paraná (32°) und la Paz (31°), sondern nach Darwin auch die zahlreichen ost-westlichen Seitenschluchten des Paraná, des Gualeguaychu und des Uruguay, die sich quer über die Provinz weg aneinanderreihen, gute Aufschlüsse. Am Uruguay kann man das Patagonien bis zu dem schon Brasilien angehörigen Ibicuy (29°) verfolgen.

Für seine tiefsten Schichten hält d'Orbigny röthliche Sandsteine mit Schalen von Ostrea und Venus, die er bei la Paz anstehen sah. Die höhere Schichtenfolge lässt sich wohl am schönsten und zugleich auch am bequemsten in der Umgebung der Stadt Paraná studiren und zwar ebensowohl an den 20 bis 30 m hohen Steilgehängen, die hier das Flussufer bilden, wie in der unmittelbar unterhalb der Stadt sich herabziehenden Schlucht des Arroyo del Salto.

Obwohl ich mich in Paraná im September 1872 mehrere Tage lang aufgehalten und hierbei Excursionen bis Villa Urquiza gemacht habe, so vermag ich doch den ausführlichen Schilderungen, welche bereits d'Orbigny, Darwin, Bravard und Burmeister über das hiesige Patogonien gegeben haben, Neues nicht beizufügen und beschränke mich deshalb auf folgende Skizze der Verhältnisse.

---

*) Zu einer der oben entwickelten ähnlichen Anschauung ist neuerdings auch A. Döring gekommen, denn er möchte auf Grund seiner Studien in Patagonien die untere Abtheilung der brasilianisch-argentinisch-patagonischen Sandsteinformation, die er allerdings, unbekannt mit der Geologie der Cordillere, nur bis an den Westrand der letzteren reichen lässt, der nordamerikanischen Laramie-Gruppe, die obere dagegen, die er noch in einen Piso guaranitico und in einen Piso pehuenche gliedert, dem unteren Eocän parallelisiren. (Inf. ofic. 1882).

18*

Die bei Paraná in horizontaler und ungestörter Lagerung und in einer Meereshöhe von etwa 40—70 m zu beobachtende Schichtenfolge ist in ihrem Detail so variabel, dass selbst Profile nahe benachbarter Punkte nicht genau miteinander übereinstimmen; im grossen Ganzen aber kann man beobachten, dass die unteren 10—15 Meter der Gehänge aus gelbbraunen oder grünlichgrauen, z. Th. lehmigen Sanden bestehen, zwischen denen sich local einige 5—10 cm starke thonige Zwischenlagen eingeschaltet zeigen. Darwin — dessen St. Fé Bajada, wie nebenbei bemerkt sein möge, mit der heute Paraná genannten Stadt identisch ist — fand in den letzteren deutliche Spuren pflanzlicher Ueberreste und Burmeister entdeckte in ihnen mehrfach Süsswassermuscheln. Die mächtigen Sandschichten selbst, in denen vielfach concretionäre Massen von Gyps inneliegen, sind in ihren unteren Theilen arm an fossilen Resten, dagegen werden diese letzteren nach oben hin häufiger und treten nun stellenweise, wenn auch nicht mit grosser Artenmannigfaltigkeit, so doch in staunenswerther Individuenzahl auf. Schalen mariner Pelecypoden, namentlich solche von Pecten und Ostrea, dominiren und lassen durch ihren ganz vortrefflichen Erhaltungszustand erkennen, dass sie nicht herbeigeschwemmt worden sein können, sondern am Wohnplatze selbst begraben worden sein müssen. Da zur Zeit meiner Anwesenheit in Paraná gerade Uferbauten im Gange waren und deshalb mehrorts die Gehänge abgetragen und planirt wurden, so konnte ich unter Tausenden von Exemplaren die besten auswählen. Neues war nicht viel darunter, indessen mag erwähnt werden, dass ich mehrere geschlossene Exemplare des schönen Pecten Darwinianus d'Orb. sammeln konnte, nach denen Burmeister vergeblich suchte (Descr. phys. II. 228). Dieselben liegen jetzt mit meiner übrigen Ausbeute im Cordobeser Museum. Gasteropoden sind nur ganz vereinzelt gefunden worden, ebenso Crustaceen und Echinodermen.[*] Dagegen sind Zähne von Haien und Rochen und abgeriebene Emailstücken, die Burmeister für Kieferknochen, Kopfschilder etc. von Siluriden hält, eine recht häufige Erscheinung. Als Seltenheiten kommen endlich noch Reste von Crocodilen und Süsswasserschildkröten, sowie Reste von Säugethieren, namentlich von Edentaten und Nagern vor. Die Liste derselben, welche Burmeister Descr. phys. II. 243 gegeben hat, ist durch die 1883 von Ameghino beschriebenen Funde zu ergänzen.

Als Hangendes der bis jetzt beschriebenen Sandschicht tritt eine Austernbank auf, fast nur aus Ostrea patagonica d'Orb. bestehend, deren grosse und meist noch geschlossene Schalen man in der Umgegend von Paraná zu Tausenden auflesen kann. Dann kommen zunächst nochmals schwache Sandschichten und hierauf, wenigstens im Gebiete des Arroyo del Salto, Bänke von Kalkstein, in Summa 3—5 m mächtig. Dieser Kalkstein, der als Baukalk Verwendung findet und deshalb in mehreren grossen Steinbrüchen gut aufgeschlossen ist, ist theils dicht und mehr oder weniger sandig, theils feinkrystallinisch und etwas drusig; an anderen Stellen besteht er nur aus feinem Muscheldetritus. Häufig trifft man in ihm auf Steinkerne von Arca, Venus etc., die wohl mit zierlichen Krusten von Kalkspath oder Gyps überzogen sind. Burmeister fand in diesem Kalksteine auch eine Wallfischrippe und einen Zahn, den er für denjenigen eines Seehundes (Ottaria) halten möchte.

Ueber der Kalkbank folgt als letzte, dem Patagonien zuzurechnende Schicht, nochmals eine schwache Sandlage mit Schalen der schon tiefer unten beobachteten Pelecypodengeschlechter. Dieselbe wird nur noch von Löss bedeckt, der bereits der Pampasformation angehört. An den Profilen bei Paraná misst dieser Löss

---

[*] Korallen sind in dem Patagonien selbst bis jetzt nicht angetroffen worden; auf ihr Vorkommen deuten aber möglicher Weise Fragmente von Asträen hin, die — allem Ansehein nach auf secundärer Lagerstätte — in dem Diluvium von S. Nicolas und in Entre Rios gefunden wurden. Burmeister. Descr. phys. II. 177. 249. Lorentz. La vegetacion del Nordeste de la Provincia de Entre Rios. Buenos Aires. 1878. 177.

nur 3—4 m, aber flussabwärts wird er bald mächtiger und entzieht nun das Patagonien der directen Beobachtung. Die thatsächliche Weitererstreckung des letzteren ist daher nur noch aus den Ergebnissen der beiden Bohrlöcher bekannt geworden, welche man bei Buenos Aires niedergestossen hat. Mit denselben wurden nämlich zunächst eine 40—60 m mächtige Decke von jüngeren Flussalluvionen und von Diluvium (Pampaslehm und ältere Sandablagerungen mit Flussgeröllen), hierauf eine gegen 30 m mächtige, aus Thonen, Mergeln und einigen Kalksteinbänken bestehende Schichtengruppe, und endlich die schon oben besprochenen, dem Guaranien zugerechneten Thone und Sandsteine durchsunken. Da sich in den Bohrproben des mittleren Schichtensystemes Schalenfragmente von Ostrea patagonica und Pecten paranensis fanden, so ist dasselbe mit D a r w i n und Burmeister als Patagonien zu betrachten.

An den Rändern der Pampinen Sierren von Buenos Aires und Córdoba, an denen man das weitere Ausstreichen des Patagonien am ehesten erwarten möchte, ist das letztere nicht vorhanden und ebensowenig ist es an irgend einem anderen Punkte des argentinischen Binnenlandes angetroffen worden[*]). Sein Verbreitungsgebiet scheint sich daher auf einen Meeresbusen zu beschränken, der ähnlich wie jener von Pebas, mit einem nach Osten hin offenen Tertiärmeere zusammenhing und sich bis in die Gegend von Paraná erstreckte[**]). Als der letzte Ueberrest dieses Golfes ist der heutige Mündungsbusen des La Plata zu betrachten. Mit dieser auch von Burmeister getheilten Auffassung steht die zu Paraná vorhandene Wechsellagerung von marinen, brakischen und fluviatilen Schichten und das Vorkommen von eingeschwemmten Landsäugethierresten im besten Einklange.

P a t a g o n i e n und M a g e l h a e n s - S t r a s s e. Seine Hauptentwickelung besitzt das jüngere Tertiär in P a t a g o n i e n. d'O r b i g n y, namentlich aber D a r w i n, haben es hier, 200—800 Fuss mächtig, zunächst an zahlreichen Küstenpunkten angetroffen, so an der Mündung des Rio Negro (41°), bei S. José, bei Port Desire, bei S. Cruz (50°). An allen diesen Localitäten ist die Formation durch Versteinerungen charakterisirt, die wenigstens z. Th. mit jenen von Entre Rios specifisch übereinstimmen; die beiden obengenannten Forscher bezweifeln daher nicht, dass man es an der Küste des atlantischen Oceanes, von der La Plata Mündung an bis zur Magelhaens-Strasse, d. i. von 34—54° S. Br. mit einer und derselben, wenn auch nicht absolut, so doch wenigstens nahezu stetig entwickelten Formation zu thuen habe.

Während der Ablagerung derselben müssen sich, wie D a r w i n (Geol. Obs. 115. Car. 173) und D ö r i n g (Inf. ofic. 1882) gezeigt haben, die Vulcane der benachbarten Cordillere in lebhafter Activität befunden haben, denn den versteinerungsführenden Sandschichten sind an mehreren Punkten der patagonischen Küste bimssteinhaltige Letten und Conglomerate mit Bimssteingeröllen eingelagert und zwischen der Küste von Santa Cruz und der Cordillere treten Ströme von basaltischer Lava auf, die mit dem oberen Theile des Tertiäres gleichaltrig sind.

An der Magelhaens-Strasse, und zwar an der östlichen Küste derselben, beobachtete D a r w i n bis zur S. Polycarps Bucht horizontale tertiäre Schichten; die Chirurgen der Dumont d'Urville'schen Expedition

---

[*]) Wenn M. de M o u s s y für das Salinengebiet der Provinz Santiago del Estero angiebt (III. 211): „Les fossiles ne sont pas rares dans ce terrain, qui appartient dans sa plus grande portion à la période tertiaire; les sassments de mammifères que l'on y trouve, les coquilles qu'offre la coupe des berges du Salado et du Dulce, garantissent l'exactitude de cette classification", so kann er nur die d'Orbigny'sche Auffassung im Sinne haben, nach welcher auch der knochenführende Pampaslöss für Tertiär gilt. Die „coquilles" finden sich ebenfalls in diesem Löss; es sind gebleichte Gehäuse derselben Schneckenarten, welche noch heute in der Gegend leben.

[**]) Die Entfernung der Stadt Paraná von Montevideo beträgt nach Petermann's Karte, den Fluss entlang gemessen, ungefähr 640 km. Nach D ö r i n g's Meinung kann dieser tertiäre Golf sogar bis zum Mar chiquito, eventuell bis zur Ebene von Santiago del Estero gereicht haben. Bol. of. A. N. VI. 1884. 272.

fanden am Pecket-Hafen horizontale Sandsteinschichten, in denen sie u. a. Ostrea patagonica, Turritella patagonica, T. ambulacrum und Fusus patagonicus sammelten, also Arten, die auch in dem Tertiär von Port Desire, Port S. Julian und S. Cruz auftreten (G r a n g e. I. 155); M a l l a r d und F u c h s sahen bei Puntas Arenas (54°) ebenfalls ein aus horizontalen Sanden, Sandsteinen, Thonen und Ligniten bestehendes Schichtensystem, wiederum mit Ostrea patagonica und heben, indem sie von diesen Beobachtungen berichten, ausdrücklich hervor, dass d i e s e Schichten wahrscheinlich mit d ' O r b i g n y ' s tertiäre patagonien identisch, dagegen jünger seien, als die ebenfalls lignitführenden Schichten von Concepcion (An. d. m. (7) III. 1873. 98). Hiermit stimmen auch die auf das südliche Patagonien bezüglichen Angaben von S t e i n m a n n vollständig überein. In denselben wird ebenfalls betont, dass man die patagonische Tertiärformation, im Gegensatze zur Kreide, nur ausserhalb der Cordillere antrifft und zwar in stets nahezu horizontaler, in der Nähe des Gebirges schwach gegen Osten geneigter Stellung und discordant auf stark gestörten Kreideschichten (N. Jb. 1883. II—256—).

K ü s t e d e s S t i l l e n O c e a n e s. Zwischen den älteren Gesteinen, welche die Westküste des Continentes nördlich von Concepcion bilden, treten hier und da in Gestalt grösserer oder kleinerer buchtenartiger Einlagerungen Sandsteine auf, die eine Mächtigkeit bis zu mehreren 100 Fussen erreichen und im Gegensatze zu dem Eocän von Concepcion eine nur sehr wenig geneigte oder völlig horizontale Schichtenlage zeigen. D a r w i n, d ' O r b i g n y und D ö r i n g halten sie für mit dem Patagonien der Ostküste synchrone Bildungen. Als Fundpunkte erwähne ich nach G a y Cagnil (34°30') und Topacalma (34°7'), nach D a r w i n das weniger nördlich gelegene Navidad (33°57'), Coquimbo (30°) — von wo auch d ' O r b i g n y tertiäre Fossilen beschrieb —, Copiapo und Caldera (27°) und endlich Payta in Peru (5°). Unter den Versteinerungen von Coquimbo und Payta findet sich u. a. wieder eine Ostrea, die nach S o w e r b y der für die Ostküste so ausserordentlich charakteristischen patagonica in höchsten Grade ähnlich, wenn nicht gleich ist.

Vielleicht darf hier auch das marine Tertiär mit Haifischzähnen und schlecht erhaltenen Conchylienresten erwähnt werden, das T h. W o l f in horizontalen oder flachfallenden Schichten in der ecuadorianischen Küstenprovinz Esmeralda antraf[*]).

Ueber die bisher vorgenommenen Vergleiche der soeben besprochenen jüngeren Tertiärschichten mit europäischen Ablagerungen ist das Folgende zu erwähnen.

B ö t t c h e r, der die Versteinerungen der Pebas-Thone am sorgfältigsten untersucht hat, konnte trotzdem nicht aus der vorliegenden Fauna selbst auf das Alter ihrer Fundschicht schliessen und erblickt deshalb nur in den mächtigen Sand-, Geröll- und Schlammablagerungen, die sich von Pebas an abwärts bis zur Küste hinziehen und ein späteres Product der Flussanschwemmung sind, einen Maassstab für die Zeit, welche von der Ablagerung der Pebasformation an bis jetzt verflossen ist. Durch diese offenbar sehr unsichern Methode gelangt er zu dem Resultate, dass die Thone einer sehr frühen Tertiärzeit angehören und „sicher in die oligocäne, vielleicht sogar in die eocäne Zeit hinabreichen."

Das Patagonien hielt D a r w i n noch für eine Ablagerung aus dem Beginne der Tertiärzeit und vielleicht für gleichaltrig mit dem Eocäne der nördlichen Hemisphäre (Geol. obs. 118. 133, Car 177. 199); d ' O r b i g n y dagegen, der die Frage nach dem speciellen Alter des Patagonien in seinem Reisewerke noch offen gelassen hatte, hat dann später (Prodrome. 1852. III) die Schichten von Parana und Patagonien, sowie diejenigen von Coquimbo und Navidad dem Falunien oder Miocän zugerechnet. D ö r i n g stellt Inf. ofic. 1882 die untersten, von ihm Piso paranense genannten Schichten des Patagonien dem oberen Eocäne, die mittleren

---

[*]) Viajes científicos por la República del Ecuador. Guayaquil 1879. (Referat N. Jb. 1880. I.—194—).

und oberen Schichten aber, für welche er die Bezeichnungen Piso mesopotámico und Piso patagónico vorschlägt, dem Oligocäne gleich. Burmeister und Corbineau endlich haben auf eine Parallelisirung des Patagoniens, bezw. des jüngeren Tertiäres von Chile mit dem europäischen Tertiäre verzichtet. Das Material, welches ich selbst bei Paraná sammeln konnte, besteht fast nur aus den von früher bekannten Formen und vermag zu einer weiteren Klärung der Altersfrage nichts beizutragen.

Einstweilen muss es daher genügen, auch aus den neueren Urtheilen der Paläontologen zu ersehen, dass das Patagonien jünger ist als das kohlenführende Eocän der Westküste und somit auch jünger als die meiner Meinung nach mit dem letzteren gleichwerthige Sandsteinformation des Ostens.

Resultate. Aus den vorstehend verzeichneten Thatsachen glaube ich im Anschlusse an die bei der Betrachtung des älteren Tertiäres gewonnenen Ergebnisse die folgenden Sätze ableiten zu können:

Nach der Ablagerung des älteren Tertiäres hört die Senkung, welche zu einer vorübergehenden Vereinigung des pacifischen und atlantischen Oceanes geführt hatte, auf und es tritt eine rückläufige Bewegung ein. Die Meeresbedeckung beschränkt sich in folge dessen auf die östliche und westliche Küstenregion und auf einige, von dem atlantischen Oceane aus z. Th. noch tief in den Continent eingreifende Golfe; die letzteren deuten aber bereits die Lage der Mündungen des heutigen Amazonas, des La Plata und vielleicht auch des Rio Negro an.

Das derart reducirte Meer lagert das jüngere Tertiär (tertiaire patagonien) ab.

Die Schichten des letzteren zeigen im Gegensatze zu denjenigen des alten Tertiäres an allen Orten ihres weiten Verbreitungsgebietes noch heute ihre ursprüngliche Horizontalität und eine das gegenwärtige Meeresniveau nur wenig übersteigende Höhenlage.*)

Aus diesen Lagerungsverhältnissen darf wohl gefolgert werden, dass die letzte, mit bedeutenden Dislocationen verbundene Hebung des Continentes, welche der Cordillere ihren Hochgebirgscharakter verlieh und auch die Bildung der Anticordilleren und Pampinen Sierren abschloss, schon vor der Ablagerung des patagonischen Tertiäres vollendet gewesen ist, sich also zwischen der älteren und jüngeren Tertiärzeit vollzogen hat.**)

Bei dieser Hebung öffneten sich auch die uralten Spalten des Continentes zu einer neuen und, wie die Folge zeigen wird, ausserordentlich lebhaften und mannigfaltigen vulcanischen Thätigkeit.

Durch alle diese Vorgänge hat der südamerikanische Continent im wesentlichen seine heutige Umgrenzung und Gestaltung erhalten. Vom Ende der patagonischen Tertiärzeit an ist er nun, mit Ausnahme einer geringen Ueberfluthung seiner Küsten während der Quartärzeit, bis auf die Gegenwart herab Festland geblieben.

Die lacustren, fluviatilen und submarinen Schichten, die während der dem Patagonien folgenden tertiären Festlandsperiode (d. i. während der miocänen und pliocänen) Zeit, und zwar namentlich in Patagonien zur Ablagerung gelangt sind, hat Döring (Inf. ofic. 1882) ausführlich beschrieben. Da ich selbst dergleichen Bildungen nicht beobachten konnte, so begnüge ich mich hier mit dem Hinweise auf seine Arbeit.

---

*) Die einzige Ausnahme hiervon würden diejenigen Schichten bilden, die Darwin am Oberlaufe des Rio de S. Cruz beobachtete und die hier, am Ostabhange der Cordillere, bei übrigens ungestörter Lagerung, eine Höhe von 3000 Fuss über dem Meere erreichen sollen. Die Zugehörigkeit dieser Schichten zum Patagonien ist indessen wohl zweifelhaft.

**) Nach d'Orbigny soll die Cordillere zwar ebenfalls bereits zum Beginne des tertiaire patagonien existirt, jedoch zunächst erst noch eine geringere Höhe besessen und ihre Haupterhebung erst zur Bildungszeit des Terrain pampéen erlitten haben. Diese Auffassung ist indessen nur eine Consequenz der gänzlich unhaltbaren Hypothese, mit welcher d'Orbigny die Entstehung der Pampasformation zu erklären versuchte und wird zugleich mit der letzteren hinfällig.

XVI. Die jüngeren Eruptivgesteine.

In diesem Capitel sollen alle diejenigen Eruptivgesteine und diejenigen aus eruptivem Materiale bestehenden Breccien, Conglomerate und Tuffe besprochen werden, welchen auf Grund ihrer Lagerungsbeziehungen zu sedimentären Formationen oder, dafern diese nicht zu ermitteln waren, auf Grund ihrer petrographischen Beschaffenheit ein tertiäres Alter zuzuschreiben ist.

In einem ersten Abschnitte werde ich zunächst die bezüglichen Beobachtungen mittheilen, die ich selbst auf dem Wege über den Espinazito- und Cumbre-Pass anstellen konnte und hieran, unter Mitberücksichtigung der älteren Litteratur, einige allgemeinere Bemerkungen über das Vorkommen der jüngeren Eruptivgesteine in der Cordillere anschliessen. Ein zweiter Abschnitt wird sich mit dem ausserandinen Verbreitungsgebiete der jüngeren Eruptivgesteine beschäftigen.

Zur Ergänzung des Vorausgegangenen werden alsdann in Cap. XVII diejenigen Ergebnisse zusammengestellt werden, welche die mikroskopische Untersuchung der von mir gesammelten jüngeren Eruptivgesteine geliefert hat.

Endlich mag die Besprechung einiger weiteren Eruptivgesteine, die man ihrem petrographischen Habitus nach für ältere Granite oder Diorite halten möchte, die aber meiner Anschauung nach ebenfalls tertiären Alters sind, dem XVIII. Capitel vorbehalten bleiben.

A. Die jüngeren Eruptivgesteine der Cordillere.

Beobachtungen auf dem Wege über den Espinazito-Pass und den Portezuelo del Valle hermoso nach San Antonio (Taf. II). Eine Skizze dieses Weges ist schon oben in dem von der Juraformation handelnden Capitel gegeben und es ist schon damals mitgetheilt worden, dass in den räthischen (?) Sandsteinen der Quebrada de las Leñas, namentlich aber in dem Juragebiete des Espinazito und der angrenzenden Patillos zahlreiche Kuppen, Quer- und Lagergänge von Hornblendeandesiten und Feldspathbasalten zu beobachten sind (S. 107 ff. Cap. XVII. 10—13. 42). Ich habe dem jetzt noch hinzuzufügen, dass sich in der Nachbarschaft einiger der grösseren Andesitstöcke auch grünlichgraue, feinerdige, geschichtete Tuffe finden und dass die neben einigen Andesitgängen anstehenden, für gewöhnlich dichten jurassischen Kalksteine eine krystallinisch körnige Structur erhalten haben.

Aus diesen Lagerungsverhältnissen und Contactwirkungen, sowie aus dem Umstande, dass man in den durch Ammoniten etc. gekennzeichneten jurassischen Conglomeraten lediglich Gerölle von Quarzporphyren, nicht aber solche von den in nächster Nähe aufsetzenden Andesiten und Basalten beobachtet, darf mit Sicherheit gefolgert werden, dass wir es hier mit postjurassischen Eruptivgesteinen zu thuen haben. Eine schärfere Altersbestimmung ist auf directem Wege nicht möglich. Es lässt sich also nur noch angeben, dass jene Gesteine in ihrem petrographischen Charakter mit Andesiten und Basalten anderer, tertiärer Eruptionsgebiete vollständig übereinstimmen.

Eine Ausnahme hiervon machen nur einige dichte, grünschwarze, an Kalkspathmandeln reiche Gesteine, die stockförmig in die Rauchwacken der Yeseraschlucht eingreifen und in ihrem äusseren Ansehen so lebhaft an die neocomen Mandelsteine der Puente del Inca erinnern, dass man versucht wird, sie diesen letzteren auch im Alter gleichzustellen (S. 113. No. 12).

In dem weiter gegen W. folgenden und nach der Linea divisoria führenden Valle hermoso bestehen die Gehänge anfangs, bei der Einmündungsstelle in das Patosthal, nur aus postneocomen oder alttertiären, gelben und rothen Sandsteinen; aber thalaufwärts lagern sich den letzteren bald mächtig entwickelte und zu groben Bänken abgesonderte, düsterfarbige Conglomerate und Breccien auf, die ihrerseits die Unterlage für starke Decken massig abgesonderter Gesteine abgeben. Die Conglomerate wechsellagern an einigen Stellen mit grauen, feinkörnigen, ebenschichtigen und dünnplattigen Sandsteinen; ihre Gerölle bestehen lediglich aus dunkelfarbigen, kryptokrystallinen, dichten oder amygdaloidischen Gesteinen. Die gleiche Beschaffenheit zeigt das Material der Breccien (Eruptivtuffe) und das der zuoberst auflagernden, massig abgesonderten Decken.

In das Niveau der letzteren gelangt man bei dem Aufstiege zum Portezuelo del Valle hermoso. Dunkle, bald massige, bald breccien- oder conglomeratartig struirte Gesteine bilden hier in einförmiger Weise die wildzerklüfteten Felsenkämme, die sich zu beiden Seiten des Weges erheben. Nur hier und da, besonders in der Nähe des Passes, an welchem die Breccien- und Conglomeratbänke eine sehr gestörte Lagerung und z. Th. eine fast verticale Stellung zeigen, sieht man in ihnen auch noch Gänge eines eigenthümlichen porphyritischen Gesteines aufsetzen. Die Grundmasse des letzteren ist kryptokrystallin, dunkel grünschwarz und umschliesst zahlreiche grosse, tafelförmige Krystalle von weissem oder grünlichweissem Plagioklas.

Mit der über den Portezuelo hinlaufenden Linea divisoria betritt man chilenischen Boden und nun beginnt der äusserst beschwerliche Abstieg auf dem Westabhange der Cordillere; denn obgleich der Weg im wesentlichen der Schlucht des Rio de San Antonio folgt, wird diese letztere doch stellenweise so wild und unwegsam, dass man mehrfach das Thal verlassen muss, um es erst nach Uebersteigung der felsigen oder schuttbedeckten Gehänge und nach Ueberschreitung der auf denselben sich ausbreitenden Plateaus wieder zu gewinnen. Unter solchen Umständen brauchte ich mit meinen, durch den vorhergegangenen Weg und durch den Aufenthalt am Espinazito schon ermüdeten Thieren von der Linea divisoria an bis zur Guardia am Rio de San Antonio 2½ Reisetage.

Die geologischen Verhältnisse, die man auf diesem Wege kennen lernt, sind in ihren Specialitäten mannigfaltig, im grossen Ganzen aber einförmig, denn allenthalben herrschen düstere, graue, grünschwarze, rothbraune oder violette Gesteine. Bald sind dieselben gleichförmig dicht, bald durch kleine Feldspathkrystalle porphyrartig, bald wieder amygdaloidisch. Säulenförmige Absonderung ist selten; gewöhnlich sieht man massig zerklüftete Felsen oder grobe, bankförmige Schichtung oder die Bänke bestehen dann entweder aus conglomeratartigen Gesteinen oder aus Breccien (Eruptivtuffen). Das Material dieser verschiedenen klastischen Gesteine ist auch hier von dem der massig abgesonderten nicht verschieden.

In solchen Regionen, in denen die Conglomerate besonders mächtig entwickelt sind, zeigen die Gehänge oft eine eigenthümliche Terrassirung, die offenbar in Wechsellagerung ungleich fester Bänke begründet ist.

Von der Guardia de San Antonio an tritt man in die Culturregion ein, aber nun wird auch das Thal breit, und mit eingezäunten Feldern bedeckt. Da sich die Strasse mitten zwischen diesen letzteren und weitab von den Gehängen hinzieht, so konnte ich nur noch im Orte San Antonio selbst und dann gegen San Felipe zu anstehende Gesteine beobachten. Dieselben zeigten indessen keinen wesentlich anderen Charakter als die der Felsenmassen im Quellgebiete des Flusses. Von makrokrystallinen Gesteinen fand ich auf dem ganzen Wege von den Patos bis zur Guardia San Antonio nur ein einziges Mal, am linken Gehänge des Rio San Antonio, gerade gegenüber der Cuesta del Cuzco, einen eigenthümlichen Quarzdiorit, über welchen das nähere weiter unten berichtet werden wird. Seine Verbandsverhältnisse mit den kryptokrystallinen, massigen und klastischen Gesteinen, welche thalauf- und thalabwärts vorherrschen und die über 1000 m hohen Thalgehänge zusammensetzen, waren nicht zu erkennen.

An den „Porphyriten", die von dem Portezuelo del Valle hermoso an gegen W. zu das herrschende Gestein bilden, unterscheidet das blosse Auge nur Grundmasse und eingewachsene Feldspathkrystallchen. Jene ist scheinbar dicht oder äusserst feinkrystallinisch, grau, graugrün, braun oder rothbraun gefärbt. Die in variabler Menge zur Entwickelung gelangten Feldspathkryställiche messen selten mehr als einige Millimeter und heben sich mehr oder weniger deutlich von der Grundmasse ab, je nachdem sie eine weisse oder eine mit der letzteren übereinstimmende, graugrüne oder rothe Farbe besitzen.

Die grauen und graugrünen Gesteine erwiesen sich u. d. M. als die frischeren. Ihre Grundmasse lässt im Dünnschliffe Plagioklasmikrolithen, farblose Nädelchen und opake Körnchen erkennen. Diese Elemente liegen entweder wirr durcheinander, oder entwickeln Neigung zu fluidaler Anordnung. In selteneren Fällen sind auch einige Augitmikrolithen wahrzunehmen, während man kleine Einmengungen von Viridit, Eisenoxyd und etwas Kalkspath kaum vergeblich suchen wird. Eine Basis habe ich dagegen in keinem dieser Gesteine mit Sicherheit zu erkennen vermocht; wenn sie vorhanden ist, kann sie nur eine sehr untergeordnete Rolle spielen. Die wahrnehmbaren porphyrischen Einsprenglinge bestehen aus Plagioklas, Augit und grösseren Magnetitkörnern; so z. B. in einem graugrünen feinkrystallinen Porphyrit, der im Thale des Rio San Antonio gegenüber der Cuesta Cuzco ansteht, ferner in einem Gesteine mit graubrauner Grundmasse und ungewöhnlich grossen und zahlreichen Feldspathkryställchen, das im Orte San Antonio stellenweise das linke Thalgehänge bildet, endlich in demjenigen Gesteine, welches in einem grossen Steinbruche am Bahnhofe von San Felipe gebrochen wird und im Gegensatze zu dem obenerwähnten dem blossen Auge keine grösseren Krystalle, sondern nur eine kryptomere, graugrüne, rothbraun gefleckte Grundmasse zeigt. In vielen dieser Gesteine sieht man übrigens u. d. M. neben den durch ihre Zwillingslamellen gut charakterisirten Plagioklasen hier und da auch ungestreifte Feldspathkrystalle; aber selbst wenn diese letzteren, was ich dahin gestellt sein lasse, Orthoklase wären, würden sie doch in allen näher untersuchten Fällen quantitativ beträchtlich gegen den Plagioklas zurückstehen.

Die Grundmasse der rothen Gesteinsabänderungen ist, wie das Mikroskop zeigt, ungemein stark imprägnirt mit rothen, kaum durchscheinenden oder gänzlich opaken Feldspathkrystalle; aber selbst wenn diese letzteren, was ich dahin gestellt sein lasse, Orthoklase wären, würden sie doch in allen näher untersuchten Fällen quantitativ beträchtlich gegen den Plagioklas zurückstehen.

Die Grundmasse der rothen Gesteinsabänderungen ist, wie das Mikroskop zeigt, ungemein stark imprägnirt mit rothen, durchscheinenden oder gänzlich opaken Eisenoxyden, denen gewöhnlich, nach Ausweis des Verhaltens gegenüber Salzsäure, kleine Mengen von Kalkspath beigemengt sind; indessen werden an dünneren Stellen der Präparate zwischen dem Eisenoxyde auch jetzt noch Feldspathmikrolithen wahrnehmbar, die nun in jenem gleichwie in einem Cemente innenliegen. Von grösseren porphyrischen Krystallen kann man in diesen zersetzteren Gesteinen bei durchfallendem Lichte zwar noch Feldspäthe beobachten, die mehr oder weniger angegriffen sind und auf ihren Klufflächen wohl ebenfalls mit Häuten von rothen Eisenoxyden bedeckt sind, übrigens aber fast immer noch deutliche Viellingsstreifung zeigen. Bei auffallendem Lichte machen sich wohl auch noch vereinzelte Körnchen von Magnetit und Eisenkies bemerkbar.

Diese Diagnosen beziehen sich durchgängig auf Gesteine, welche ich zwischen dem Portezuelo del Valle hermoso und der Cuesta del Cusco und zwischen dieser und San Antonio sammelte[*]).

Aechte Sedimentärgesteine fehlen auf dem Wege von dem Portexuelo del Valle hermoso bis San Antonio nahezu vollständig; nur an einer Stelle, im Quellgebiete des Rio de San Antonio, nicht weit unterhalb des genannten Passes, sah ich inmitten der massigen und klastischen Eruptivgesteine eine kleine Partie weissen Sandsteines, die den Eindruck einer grossen, durch jene aus der Tiefe mit heraufgebrachten Scholle machte. Welcher Formation dieselbe zugehört, war nicht zu ermitteln.

Unter solchen Verhältnissen lässt sich daher auch das Alter der im vorstehenden geschilderten „Porphyrite" und der im innigsten räumlichen Zusammenhang mit ihnen stehenden klastischen Gesteine (Eruptivbreccien, Tuffe, Conglomerate) auf diesem Wege zunächst nicht weiter bestimmen. Indessen glaube ich doch nicht zu irren, wenn ich alle diese Eruptionsgebilde für solche der tertiären Zeit halte und wenn ich sie deshalb und ihres petrographischen Charakters wegen als Andesite, bezw. als Augitandesite bezeichne. Die Gründe, welche mich zu dieser Auffassung bestimmen, können jedoch erst später auseinandergesetzt werden.

Beobachtungen auf dem Wege von der Puente del Inca nach Santa Ros de los Andes (Taf. III. 9)[**].

Aus den Mittheilungen, die über diesen Pass schon früher gemacht worden sind (S. 89 u. 111) sei hier zunächst nochmals hervorgehoben, dass sich die der oberen Kreide (bezw. dem Eocän) angehörigen Schichten, welche au der Puente del Inca die jurassischen und neocomen Sedimente überlagern, gegen W. zu in das Hauptthal hinabziehen, so dass der Reisende auf dem Wege von der Incabrücke zum Fusse der Cumbre zunächst noch auf längere Erstreckung hin an Felsengehängen hinreitet, die im wesentlichen aus jenen hangenden gelben und rothen Sandsteinen bestehen. Ferner sei nochmals betont, dass sich in diesen Psammiten hier und da Gypslager und Conglomeratbänke eingelagert finden und dass in diesen Conglomeraten lediglich Gerölle von Quarzporphyren zu beobachten und. Endlich möge daran erinnert werden, dass die Lagerungsverhältnisse der Sandsteinformation gegen die Cumbre zu ganz ausserordentliche Störungen zeigen.

In der Gegend der ersten Casucha oder Schutzhütte, die man von der Puente del Inca aus erreicht, ändern sich die geologischen Verhältnisse in auffälliger Weise. Die steilen Thalgehänge zeigen jetzt nur noch mächtige Aufschichtungen von ausserordentlich groben, dunklen Conglomeraten und grünschwarzen Tuffen und die Gerölle jener bestehen nunmehr lediglich aus schwarzgrünen, kryptokrystallinen und, wie ich ausdrücklich hervorheben möchte, durchaus quarzfreien Gesteinen. Offenbar hat man es hier mit Conglomeraten zu thuen, die von denen der weiter thalabwärts entwickelten Sandsteinformation vollständig verschieden sind. Die Tuffe sind von feinkörniger oder feinerdiger Beschaffenheit und oftmals kuglig oder durch zwei sich rechtwinklig schneidende Kluftsysteme derart abgesondert, dass das Ansehen ihrer Bänke an dasjenige von Backsteinmauern erinnert.

---

[*]) Aus dem zuletzt genannten Districte stammt der von Francke unter No. 43, p. 27 beschriebene Andesit. Warum der Ferrit in diesem Gesteine als primäre, in anderen ganz ähnlichen Andesiten (so in No. 42 und 45) als secundäre Bildung aufgefasst wird, ist leider nicht angegeben worden.

[**]) Um eine Conformität mit der Darstellung der auf die Patascordillere bezüglichen Beobachtungen zu erzielen, werde ich auch diesmal die Erscheinungen in derjenigen Reihenfolge schildern, in welcher man sie von O. gegen W. hin wahrnimmt. Ich selbst habe den Pass in umgekehrter Richtung gekreuzt.

Da das aus einer Wechsellagerung beider Gesteine bestehende Schichtensystem 45° SW. einfällt, so haben die zerreiblichen Tuffe gewaltige Felsenstürze und Abrutschungen veranlasst; man sieht deshalb, besonders an der linken, oben vielfach zerklüfteten und mit Schneeflächen bedeckten Thalseite Schichtflächen freigelegt, die sich von der halben Höhe der Thalwand an continuirlich bis zur Schneeregion hinaufziehen und Tausende von Quadratmetern messen.

Der Ostabhang der Cumbre, den man bald darauf erreicht, und an dem man nun etwa 500 m bis zu dem mit der Wasserscheide des atlantischen und stillen Oceanes zusammenfallenden Passe auf beschwerlichem Zickzackwege steil emporzusteigen hat, besteht allem Anscheine nach aus rothen Mergeln und in untergeordneter Weise auch aus Sandsteinen; diese Gesteine sind indessen so ausserordentlich verwittert und zerbröckelt, dass der steile Hang fast gänzlich mit feinem rothen Gruse bedeckt ist und dass das Ausstreichen der Schichten nur hier und da in Gestalt kleiner, am Gehänge sich hinziehender, leistenartiger Vorsprünge wahrgenommen werden kann.

Mit der Cumbre tritt ein letzter und ausserordentlich bedeutungsvoller Wechsel im Gebirgsbaue ein: denn auf der Wasserscheide selbst, in der Felsenschlucht, durch welche der Weg von jener aus zum ersten chilenischen Gehöfte, der Estancia Juncal, hinabführt und weiter westwärts beobachtet man im wesentlichen nur noch düsterfarbige, massig zerklüftete „Porphyrite,“ grobe, aus dem Materiale dieser Porphyrite gebildete Breccien und Conglomerate sowie Schichten feinerer Tuffe; ausserdem sieht man in diese porphyritischen Gesteine noch mehrfach Gänge oder Stöcke anderer Eruptivgebilde eingreifen — aber Sandsteine, Kalksteine u. a. rein hydatogene Sedimente sind von der Cumbre an gänzlich aus dem Gesichtskreise verschwunden und kommen auch während der nächsten Tagereise nicht mehr zum Vorscheine*). Mit der Cumbre ist man daher offenbar in dieselbe Region vulcanischer Gesteine eingetreten, die in dem Patos-Profile mit dem Portezuelo del Valle hermoso erreicht worden war und man wird deshalb in Uebereinstimmung mit den dortigen, weit deutlicheren Gebirgsaufschlüssen annehmen dürfen, dass sich auch diesmal die vulcanische Formation der Cumbre deckenförmig über den rothen Mergeln und Sandsteinen und über den weiter östlich vorherrschenden gypsführenden Sandsteinen ausbreitet.

Eine weitere Stütze für die Parallelisirung beider Regionen wird man darin erblicken dürfen, dass die porphyritischen Gesteine, die von der Cumbre an gegen W. zu die herrschenden werden, mit einer einzigen mir bekannt gewordenen Ausnahme, sowohl in ihrem äusseren Ansehen, wie in ihrem mikroskopischen Detail, vollständig mit jenen übereinstimmen, welche wir aus dem Thale von San Antonio kennen gelernt haben**). Deshalb und wegen der später zu besprechenden Verhältnisse werde ich daher auch die Cumbre-Porphyrite von nun an als Augitandesite bezeichnen und kann bezüglich ihrer petrographischen Beschaffenheit auf das S. 146 mitgetheilte verweisen.

Die soeben angedeutete Ausnahme, die im übrigen vielleicht nur eine scheinbare ist und auf dem fragmentaren Charakter meiner Beobachtungen beruht, besteht darin, dass einer der Cumbre-Andesite, welcher sich in seinem äusseren Ansehen (rothbraune, kryptomere Grundmasse mit zahlreichen kleinen, weissen, porphyrartig eingewachsenen Feldspathkrystallen) von den herrschenden Gesteinen nicht unterscheidet, u. d. M.

---

*) Das stimmt im wesentlichen auch mit Darwin's Beobachtungen überein; indessen findet sich Geol. obs. 188 (Car. 252) folgende Bemerkung: Only at on spot on this western side, on a lofty pinnacle not far from the Cumbre, I saw strata apparently belonging to the Gypseous formation, and conformably capping a pile of stratified porphyries. Man vergleiche auch das Profil der deutschen Ausgabe. Ich habe diese Stelle nicht sehen können.

**) Die petrographische Uebereinstimmung der Gesteine beider Regionen ist auch von Francke (Studien, 27) erkannt worden, ohne dass er über das geologisch gleichwerthige Vorkommen derselben orientirt war.

nicht, wie gewöhnlich, Augitkrystalle oder grüne faserige Pseudomorphosen nach dergleichen, sondern einzelne dunkelumrandete, im übrigen aber frische, grün durchscheinende Hornblendekrystalle erkennen lässt. Splitter dieses Gesteines habe ich von denjenigen Blöcken abgeschlagen, welche den Westabhang der Cumbre in der Nähe der eisernen Maschinentheile bedecken*).

Die vulkanischen Trümmergesteine, die in dem Cumbre-Profile wiederum eine sehr bedeutende räumliche Entwickelung zeigen, bestehen durchgängig aus andesitischem Materiale. Fragmente oder Gerölle von Granit oder Quarzporphyr, von krystallinen Schiefern, von Kalkstein oder Sandstein habe ich nie in ihnen angetroffen; ebenso wenig habe ich Körner oder Krystalle von Quarz als primäre Gemengtheile der vorhandenen porphyrischen oder dichten Gesteine wahrgenommen. Da wo man ja einmal etwas Quarz sieht, füllt derselbe mit Epidot kleine Trümer und Nester aus und ist unzweifelhaft secundärer Entstehung.

Die Gröbe der Breccien schwankt innerhalb weiter Grenzen. Bald sind kopf- oder faustgrosse Stücken in einander geknetet, bald herrschen Bröckchen von kleineren Dimensionen vor. Weiterhin sind die mit einander verkitteten Andesitfragmente, die man an einer und derselben Felswand oder an einem und demselben Blocke beobachtet, entweder von gleichartiger Beschaffenheit, oder sie differiren nach der Farbe ihrer Grundmasse und nach der Zahl und Grösse der in ihnen ausgeschiedenen Feldspathkrystalle. Die einzelnen Fragmente und Splitter, die dicht neben einander liegen, können grau, grün, roth, rothbraun, violett oder schwarz sein; indessen sind auch hier dunkle, grüne und rothbraune Farben die gewöhnlicheren. Das die Fragmente verkittende Cäment ist bald nur spärlich vorhanden, bald überwiegt es mit seiner Masse die der Fragmente. Dabei stimmt seine Beschaffenheit entweder mit derjenigen der Fragmente nahezu überein oder sie unterscheidet sich von der letzteren, z. B. durch dichtere, homogenere Structur und durch lichtere, blaugraue oder grünlichgraue Farbe. Der Eindruck, den die Breccien hervorbringen, ist darnach ausserordentlich verschieden; bald glaubt man bei Betrachtung frischer Bruchflächen einen gleichförmigen, dunklen Andesit vor sich zu haben und erkennt erst auf den Abwitterungsflächen, auf denen das spärliche Cement etwas stärker gebleicht ist als die Fragmente, dass thatsächlich ein klastisches Gestein vorliegt; bald steht man vor Gesteinen, die nur aus zusammengekneteten, verschiedenfarbigen Fragmenten zu bestehen scheinen und ein buntscheckiges Ansehen haben und wieder a. a. O. sieht man in einer lichtfarbigen argillitischen Grundmasse nur hier und da einen dunklen Andesitbrocken inneliegen. A. a. O. entwickeln sich aus den Breccien Conglomerate, deren Gerölle ebenfalls nur aus andesitischem Materiale bestehen, oder man stösst auf geschichtete, feinerdige Tuffe, die nach ihrem Vorkommen inmitten der Andesitregion als anderweite Modification der Breccien betrachtet werden müssen**)

Die Breccien sind theils massig abgesondert, theils zeigen sie eine grobe bankförmige Schichtung. Die Conglomerate und Tuffe sind stets geschichtet. In Folge dessen vermag man oft zu erkennen, dass die

---

*) Diese Maschinentheile, für eine in Mendoza zu erbauende Mühle bestimmt, waren von Juncal aus im Jahre 1861 mit ganz ausserordentlichen Anstrengungen schon bis zu einer Höhe von über 3000 m hinaufgeschafft worden, als die Nachricht eintraf, dass Mendoza durch ein Erdbeben zerstört und hierbei auch der Besitzer jener Mühle ein Opfer der Katastrophe geworden sei. Die Räder blieben in Folge dessen auf der Stelle liegen, welche sie bei dem Eintreffen jener Unglücksbotschaft erreicht hatten, um nun bei jedem des Weges einherziehenden Reisenden neues Staunen zu erwecken.

**) Hier mag auch auf diejenige Schilderung verwiesen werden, die Darwin von den „purplish or greenish, porphyritic claystone conglomerate" gegeben hat. „All the varieties of porphyritic conglomerate and breccias pass into each other, and by innumerable gradations into porphyries no longer retaining the least trace of mechanical origin" (obs. 17L Car. 356). Nur ist zu bemerken, dass die von Darwin als „Basal strata of the Cordillera" zusammengefassten Conglomerate, wie a. a. O. zu zeigen sein wird, zur z. Th. der Andesitformation, zum andern aber der im Capitel XI besprochenen Quarzporphyrformation angehören.

Lagerung der Trümmergesteine eine ausserordentlich gestörte ist; so u. a. beim Abstiege von der Cumbre nach der Estancia Juncal. Hier sieht man am rechten Gehänge der furchtbar wilden und düsteren Schlucht, da wo der Weg aus S. nach SW. umbiegt, die dunkelfarbigen Conglomeratbänke vertical stehen, während sie gegenüber, am linken Gehänge, 45° einfallen und später, am westlichen Ufer der Laguna del Inca, scheinbar horizontal liegen. Das erinnert auf das Lebhafteste an die starken Dislocationen im Gebiete der gypsführenden Sandsteinformation im O. der Cumbre.

Ueber die Beziehungen, die zwischen den eben besprochenen Trümmergesteinen und den massigen Andesiten bestehen, habe ich auf dem Wege über die Cumbre leider keine sicheren Anhaltepunkte gewinnen können, denn der Weg führt auf lange Strecken nur über die den hohen Felswänden angelagerten gigantischen Schutthalden hin und da, wo man endlich einmal an anstehendes Gestein kommt, ist dieses letztere gewöhnlich so intensiv braun beschlagen, dass man auch jetzt kein übersichtliches Bild über die gegenseitige Verknüpfung der vorhandenen und nach Ausweis der abgeschlagenen Splitter mehr oder weniger verschiedenen Gesteine erhalten kann. Nur an einigen wenigen Stellen, so z. B. zwischen der untersten Casucha am Westabhange der Cumbre und der dann folgenden Estancia Juncal, und zwar am linken Gehänge der Schlucht, schien es mir, als bilde der massig abgesonderte Andesit *) grosse gangartige Gesteinskörper inmitten der herrschenden Breccien.

Das Gebiet der massigen Andesite und ihrer Trümmergesteine ist nun aber keineswegs bloss auf den unmittelbaren Westabhang der Cumbre selbst beschränkt, sondern es erstreckt sich noch weiter thalabwärts, bis zur Guardia nueva, die an der Einmündungsstelle des Rio colorado in den Rio Juncal und etwa 30 km westlich von der Estancia Juncal liegt. Bis hierher bestehen die alpinen Felsengehänge und die ihnen anlagernden Schutthalden wenigstens zum grössten Theile noch aus verschiedenen, den eben geschilderten gleichen andesitischen Gesteinen. Erst unterhalb der Guardia nueva, da wo das Thal breiter wird und aus dem Hochgebirge in einen District flach gerundeter Hügel eintritt, ändert sich zugleich mit dem landschaftlichen, auch der geologische Charakter der Gegend. Von jetzt an dominiren nämlich bankförmig geschichtete Tuffe von thonsteinartigem Charakter. Dieselben haben zumeist eine lichte, violettgraue Färbung, zeigen, bei übrigens gleichförmiger Beschaffenheit, oftmals eine breccien- oder conglomeratartige Structur und besitzen eine grosse Neigung zu stücklicher Zerklüftung und Zerwitterung. Ihre Schichtenlage ist zumeist eine flache; auffällige Störungen sind nicht mehr wahrzunehmen.

Mitten im Gebiete dieser Tuffe trifft man ausserdem in unerwarteter Weise auch auf eine kleine Partie von Sandstein. Die Lagerungsverhältnisse derselben zu den Tuffen sind mir unbekannt geblieben; ich vermag nur noch anzugeben, dass der Sandstein von mehreren Gängen eines schwarzen Eruptivgesteines durchsetzt wird.

Das sind die Hauptumrisse des geologischen Bildes, welches ich von dem centralen Theile des Cumbre-Profiles gewinnen konnte. Ich habe jenes nur noch durch einige Mittheilungen über diejenigen Eruptivgesteine zu ergänzen, welche namentlich im Gebiete der andesitischen Breccien in Form von Quer- oder Lagergängen oder in der von kleineren oder grösseren Stöcken aufsetzen und welche, obwohl sie ihrem Volumen nach nur eine ziemlich untergeordnete Rolle spielen, dennoch wegen ihrer Vielzahl und wegen der mannigfachen, z. Th. sehr eigenartigen Beschaffenheit ihres Materiales das Interesse des Geologen und Petrographen in hohem Grade fesseln. Ich ordne die bezüglichen Bemerkungen, da die relativen Altersverhältnisse der zu erwähnenden Gesteine nicht ermittelt werden konnten, nach petrographischen Gesichtspunkten und dehne

---

*) Es ist dies der von Francke unter No. 39 beschriebene Augitandesit.

sie auch auf diejenigen gangförmig auftretenden Gesteine aus, welche ich in dem östlichen Theile des Cumbre-
profiles, im Gebiete der Quarzporphyre und der mesozoischen Sedimente, antraf und nach ihrem Vorkommen
und petrographischen Charakter ebenfalls für Eruptionsproducte der tertiären Zeit halten muss.

Stöcke und Gänge jüngerer Eruptivgesteine im Cumbreprofil.

Granitische Gesteine. Im Gebiete des Juncalthales treten inmitten der Andesitregion an
wenigstens drei Orten Massengesteine von krystallinisch körniger, granitartiger Structur auf. Ich erwähne
dieselben schon hier im Interesse der Uebersichtlichkeit meiner Darstellung, verweise jedoch im übrigen auf
Capitel XVIII, in welchem diese so höchst eigenthümlichen Vorkommnisse eingehender besprochen werden sollen.
Trachyte. Dagegen muss ich nun auf die beiden 10 und 110 m mächtigen Lagergänge zurückkommen, welche mit den Neocomschichten an der Puente del Inca zu wechsellagern scheinen und schon auf
S. 113 unter No. 9. und No. 14 aufgeführt worden sind. Die Gesteine beider Gänge sind senkrecht zu ihrer
Lagerfläche zerklüftet und besitzen ein durchaus gleichförmiges Ansehen. Sie können, wie die weiter unten
zu gebende Diagnose zeigen wird, nur als Trachyte aufgefasst werden (Cap. XVII. 3).
Bereits Darwin hat die völlig conforme Zwischenlagerung beider Trachytplatten zwischen den
mesozoischen Schichten hervorgehoben und er hat jene, wohl eben dieses Umstandes wegen, für Lavaströme
gehalten, die während der Ablagerungszeit der Sedimente auf dem Meeresgrunde ausgeflossen sein sollen.
Die beiden Trachyte würden alsdann einen ganz ähnlichen Ursprung haben müssen wie der Mandelsteinstrom
No. 12 des Incaprofiles, für welchen eine andere als die Darwin'sche Ansicht in der That gar nicht zulässig ist, da sich Gerölle von ihm bereits in den Conglomeraten finden, welche sein unmittelbares Hangendes bilden.
Indessen kann ich mich doch nicht mit der Darwin'schen Auffassung befreunden, sondern meine
vielmehr, dass die Trachyte erst nachträglich in die neocomen Schichten eingedrungene Lagergänge sind.
Ich will zur Unterstützung meiner Ansicht wenig Werth darauf legen, dass man in den hangenden Conglomeraten No. 13 keine Gerölle der tieferen Trachytbank No. 9 findet, denn diese letztere hätte ja bei der
Ablagerung der Conglomerate bereits wieder bedeckt sein können; ich will auch die marmorartige Beschaffenheit des unmittelbar unter und über der schwächeren Trachytplatte 9 liegenden Kalksteines ausser Acht
lassen, da die Sandsteine und Conglomerate neben dem mächtigeren Trachyt No. 14 keine erkenbare Veränderung zeigen und da andere Kalksteinbänke (No. 1. 2. und 5), welche wenigstens in keinen erkennbaren
Beziehungen zu den Trachyten stehen, trotzdem eine ganz ähnliche Marmorisirung wie die Schichten 8 und
10 erlitten haben; ich will endlich auch recht gern zugeben, dass eruptive Massen der Kreidezeit einen so
typisch trachytischen Charakter besitzen können, wie die in Rede stehenden Gesteine; wohl aber möchte ich
folgende Gesichtspunkte betonen.
Der Abstand zwischen den beiden Trachytplatten beträgt 190 m und der Zwischenraum zwischen
ihnen wird von 25 m Kalkstein, 140 m Conglomeraten und ausserdem von einer 25 m mächtigen Decke des
erwähnten grünschwarzen Mandelsteines ausgefüllt. Es müsste daher mit Darwin angenommen werden,
dass in dem langen Zeitraume, den die Ablagerungen der 165 m mächtigen Sedimente erforderten, drei
Eruptionen erfolgt seien und dass von demselben die erste und dritte ein durchaus identisches, die zweite
dagegen ein vollständig differentes Material geliefert hätten. Eine derartige Wechselfolge relativ kleiner
Eruptivmassen würde doch gewiss sehr merkwürdig sein. Dagegen verliert die Sachlage alles befremdliche,
sobald wir die beiden Trachyte als die Producte einer und derselben jüngeren Eruption ansehen. Ihre lager-

artige Natur mag dann allerdings für den ersten Augenblick überraschen; wenn wir indessen weitere Um-schau halten, so steht jene in unserem Gebiete keineswegs vereinzelt da, denn ich habe schon erwähnt, dass sich zwischen den jurassischen Sedimenten des Espinazitodistrictes neben Quergängen auch ganz un-zweifelhafte Lagergänge von Hornblendeandesiten und Basalten finden und weiter unten werde ich noch zu zeigen haben, dass nicht minder ausgezeichnete Lagergänge von Quarztrachyt zwischen den silurischen Kalk-steinbänken von Gualilan beobachtet werden können.

Daraus ergiebt sich also, dass an den zuletzt genannten Punkten aufreissende Eruptionsspalten, „die in den Schichtungsfugen vorliegenden Discontinuitäten, als die Flächen des kleinsten Widerstandes, benutzten und sich in der Richtung dieser Fugen fortsetzten, wodurch dann das Schichtensystem zum Aufklaffen ge-langte, und das eruptive Gesteinsmaterial auf den Schichtungswechsel eindringen und zur Ablagerung ge-langen konnte.“ *)

Und ganz ebenso kann es und wird es, wenigstens meiner Ansicht nach, mit den Trachyten an der Puente del Inca gewesen sein. Man muss sich nur an die ganz gewaltigen Dislocationen erinnern, welche die mesozoischen Schichten erlitten haben und an die enorme vulcanische Productivität, welche allem Anschein nach zur Zeit jener Gebirgsstörungen in dem der Incabrücke benachbarten Theile der Cordillere statthatte, — alsdann hat man den richtigen Maassstab für die Beurtheilung meiner Ansicht gefunden, nach welcher ein paar, 10 und 110 m mächtige und im Streichen ein oder ein paar tausend Meter anhaltende Spalten parallel zu den Fugen von vorliegenden Sedimenten aufgerissen und mit trachytischem Materiale erfüllt worden sein sollen.

Zur weiteren Stütze dieser Auffassung muss endlich noch betont werden, dass uns zwar Gänge und Kegelberge von Gesteinen, welche den Trachyten der Incabrücke petrographisch ausserordentlich nahe stehen, noch an manchen anderen Orten begegnen werden, dass aber auch an allen diesen anderen Fundpunkten keinerlei Thatsachen bekannt geworden sind, aus denen sich ein vortertiäres Alter der argentinisch-chile-nischen Trachyte erweisen liesse.

Andesite mit grossen Feldspathkrystallen. Während die porphyrisch entwickelten Feldspathkrystalle der gewöhnlichen Cumbre-Andesite in der Regel nur einige Millimeter im Durchmesser haben, stösst man hier und da auch auf grünschwarze, z. Th. etwas blasige Gesteine, in deren Grundmasse sehr zahlreiche und bis 1 cm grosse, leisten- und tafelförmige, weisse Plagioklaskrystalle eingewachsen sind. Diese Krystalle sind selten mehr oder weniger stark in Pistazit umgewandelt. Derartige Gesteine, die sonach einen wesentlich anderen Gesammtcharakter als die herrschenden Augitandesite zeigen und lebhaft an manche so-genannte Labradorporphyrite erinnern, müssen u. a. im Quellgebiete des Rio Juncal vielfach vorhanden sein, denn die Wildbäche, die unweit der Estancia Juncal in das Thal herabkommen, führen zahlreiche Blöcke und Gerölle solcher Porphyrite mit sich.

Da diesen Gesteinen jene, welche in den Augitandesiten am Portezuelo del Valle hermoso gang-förmig aufsetzen (S. 145), sehr ähnlich sind, so wird man nicht fehl gehen, wenn man auch die von Juncal als tertiäre Eruptionsproducte betrachtet. Die Darwin'schen Beobachtungen stimmen hiermit recht gut überein. Nach denselben sollen „greenstone-porphyry, and other dusky rocks, all generally porphyritic with fine, large, tabular, opaque crystals, often placed crosswise, of feldspar cleaving like albite . . . and often amygdaloidal with silex, agate, carbonate of lime, green an brown bole“ den basalen Straten der Cordillere (d. i. der Andesitformation) angehören und entweder in gangförmigen Massen oder in Form

---

*) Naumann. Lehrb. der Geognosie. 1862. II. 417, bei Besprechung der Lagergänge von pyroxenischen Grünsteinen.

von Bänken auftreten und im letzteren Falle mit Bänken von „porphyritic conglomerate" wechsellagern. In einigen Theilen der Cordillere, wie z. B. in der Nähe von Santiago, sollen solche greenstone-porphyries with large tabular crystals of albite sogar häufiger sein als das purplish porphyritic conglomerate (Geol. Obs. 172. Cap. 256).

Durch die mikroskopische Untersuchung wird das Verständniss dieser Porphyrite nur wenig gefördert, denn die Grundmasse ist so sehr von Zersetzungsproducten (Pistazit, Kalkspath etc.) durchdrungen, dass sie nur an sehr dünnen Stellen der Präparate einige Plagioklasmikrolithen, Magnetitkörnchen und Pseudomorphosen eines faarigen, grünen Minerales nach nicht näher bestimmbaren Krystallen erkennen lässt. Die genannten Zersetzungsproducte finden sich wohl auch in kleinen Drusen angesiedelt und werden alsdann von secundärem Quarze begleitet. Unter den porphyrischen Einsprenglingen sind nur die Feldspäthe relativ frisch und sicher erkennbar. Die meisten sind deutliche Plagioklase, aber einzelne entbehren der Zwillingsstreifung, und könnten daher auch Orthoklase sein. Es ist wohl in solchen Umständen begründet, dass Francke eines dieser Gesteine, welches in Geröllen bei der Guardia del Rio colorado gesammelt wurde, als Trachyt beschrieben hat, dessen Hornblende in faarigen Viridit umgewandelt worden sein soll (No. 31. p. 18), während er ein anderes, dessen Blöcke häufig bei der Estancia Juncal im Flussbette herumliegen (No. 45. p. 28), als Augitandesit bezeichnete, obschon er den Augit, weil das Gestein „eine tiefgreifende Umwandlung" erlitten hatte, darin nicht mehr wahrnehmen konnte. Ich vermag an den Handstücken und Dünnschliffen dieser beiden Gesteine keinen wesentlichen Unterschied ausfindig zu machen und halte es für das wahrscheinlichste, dass beide stark zersetzte Gesteine der Augitandesitgruppe sind. Sicheres wird sich freilich erst dann angeben lassen, wenn einmal frischeres Material der Untersuchung unterworfen werden kann.

Hornblendeandesit. Auf dem Wege von Uspallata nach der Cumbre, also noch im Osten der Andesitregion, habe ich nur einen einzigen mächtigen Gang von typischem Hornblendeandesit angetroffen. Derselbe setzt auf der linken Thalseite, zwischen der Punta de las Vacas und der Puente del Inca, auf der Grenze von Quarzporphyrbreccien mit dem weiter aufwärts folgenden, letzten Granitstock auf und erinnert durch diese vorgeschobene Position lebhaft an die auch petrographisch ganz ähnlichen Hornblendeandesite, welche wir oben aus dem Juragebiete des Espinazito kennen gelernt haben.

Anderweiten, nicht minder gut charakterisirten Hornblendeandesit traf ich am Westabhange der Cumbre und zwar am Ostrande der Laguna del Inca. Ich sah hier allerdings nur zahlreiche grosse Blöcke des Gesteines umherliegen, zweifle aber nach allen sonstigen Erfahrungen nicht daran, dass dieselben von einem Gange herrühren (Cap. XVII. 14).

Viel besser ist das dritte mir bekannt gewordene Vorkommen aufgeschlossen. Dasselbe liegt schon in den westlichen Vorbergen der Cordillere, zwischen der Guardia nueva am Rio colorado und dem Städtchen Santa Rosa de los Andes. Etwa halbwegs zwischen den beiden eben genannten Punkten wird der hier vorherrschende thonsteinartige Tuff (S. 150) von einem kleinen Hornblendeandesitgang durchschnitten, der quer über das Thal und den Weg hinwegsetzt und sich mit seinen felsigen Wänden sehr deutlich von den gerundeten Hügelformen der benachbarten Tuffe abhebt (Cap. XVII. 15).

Basaltische Gesteine. Gänge von schwarzen kryptomeren Gesteinen, welche letztere compact, blasig oder durch Kalkspath amygdaloidisch sind, sieht man häufig im Juncalthale inmitten der Andesit-Trümmergesteine aufsetzen. Bald sind es Quer-, bald Lagergänge. Die letzteren zeigen gern eine senkrecht zu ihrer Auflagerungsfläche stehende säulenförmige Absonderung. Kein Reisender wird die hierhergehörigen prächtigen Gänge übersehen, welche die Höhen des linken Thalgehänges zwischen der Estancia Juncal und dem Salto del Soldato durchflechten.

Meine eigenen Beobachtungen schliessen im wesentlichen für das Patos-Profil mit San Felipe, für das Cumbre-Profil mit Santa Rosa de los Andes ab. Das bergige Vorland, welches sich im W. der beiden freundlichen Städtchen ausbreitet und von dem Rio Aconcagua, d. i. von den vereinigten Rio S. Antonio (Putaendo) und Rio Juncal durchströmt wird, habe ich nur noch mit der Eisenbahn durchfahren. Ich muss mich deshalb auf die Bemerkung beschränken, dass das Verbreitungsgebiet der jüngeren vulcanischen Gesteine im W. von San Felipe bald sein Ende zu erreichen scheint. Zu seinen westlichsten Ausläufern dürften die kleinen Kegelberge gehören, welche sich im Längsthale von Santiago erheben. Von diesen habe ich noch zwei besuchen können: den inmitten der Hauptstadt gelegenen, mit Promenaden bedeckten Cerro de Santa Lucia und den nördlich vor der Stadt gelegenen Cerro blanco.

Das säulenförmig zerklüftete, grünlichgraue Gestein des ersteren möchte ich auf Grund der mir vorliegenden Dünnschliffe als Augitandesit bezeichnen, während es Francke dem Augittrachyt zurechnet (No. 28. S. 22); das Gestein des Cerro blanco ist, wie auch Francke angiebt (No. 25. S. 17), ein typischer Hornblendetrachyt. Ein ähnliches Gestein scheint auch nach den Angaben von G. Rose den Monte Domenico bei Santiago zu bilden (Meyen. Reise I. 263*).

In der Küstencordillere, deren westlicher Abstand von San Felipe gegen 40 bis 50 km betragen mag, sind nach allen vorliegenden Angaben nur noch alte krystalline Schiefer- und Massengesteine vorhanden.

Die Resultate, welche sich aus den im Vorstehenden geschilderten Beobachtungen ergeben, lassen sich folgendermaassen zusammenfassen.

Zwischen dem Portezuelo del Valle hermoso (Thal von San Antonio) und der 65 km südlicher gelegenen Cumbre (Thal des Rio Juncal) besteht der ganze Westabhang der Cordillere im wesentlichen aus jüngeren (tertiären) Eruptivgesteinen und zwar namentlich aus massigen, durch kleine Feldspathkrystalle porphyrischen Augitandesiten und aus geschichteten Trümmergesteinen (Breccien, Conglomeraten, Tuffen), deren Material wenigstens zum grössten Theile ebenfalls andesitischer Natur ist. Ausserdem finden sich noch an zahlreichen Orten Augitandesite mit grossen Feldspathkrystallen, Hornblendeandesite, basaltische Gesteine, Trachyte und eigenthümliche granitische Gesteine; alle diese letzteren haben aber nur eine beschränkte räumliche Entwickelung und treten innerhalb und zur Seite des Andesitgebietes lediglich gang- und stockförmig auf.

Sandsteine sind mit Ausnahme der S. 147, 148, 150 und soeben anerkennungsweise erwähnten Fälle auf dem Westabhange der Cordillere nicht bekannt; ebensowenig andere versteinerungsführende Sedimente.

Die Mächtigkeit der geschichteten andesitischen Trümmergesteine wage ich im Hinblicke auf die mannigfaltigen Störungen, welche jene in den von mir bereisten Theilen der Cordillere erlitten haben, nicht zu schätzen; aber der Hinweis darauf, dass sich dergleichen Gesteine vom Portezuelo del Valle hermoso (3365 m) bis nach San Felipe (657 m) und von der Cumbre (3600 m) bis nach los Andes (818 m) herabziehen, dass sie also zwischen Punkten, deren ost-westliche Entfernung 60 resp. 45 km beträgt und deren

---

*) Anmerkungsweise möge hier auch noch auf die Angaben Domeyko's aufmerksam gemacht sein, nach denen sich in der Gegend von Santiago porphyrartige Breccien und Tuffe finden, die mit „stratificirten Porphyren" wechsellagern und einzelne Abdrücke von Pflanzen sowie Fragmente von verkieselten und verkohlten Hölzern führen; so an les Favellones, S. v. Santiago und am Rio colorado bei dem Carro von Aocayes (An. d. m. (IX) 1846. 13). Neuerdings werden auch Sandsteine und Thone erwähnt, die mit bautscheckigen Porphyren wechsellagern und in denen zuweilen kleine Flötze schlechter Kohlen auftreten sollen (Essays 31). Nach der Lage der genannten Fundpunkte möchte ich glauben, dass diese Vorkommnisse der Andesitformation angehören. Vergl. aber auch S. 119.

Höhenlagen um fast 3000 m differiren, nahezu continuirlich entwickelt sind, dass sie hierbei auf weite Erstreckung hin das ausschliessliche Material der alpinen Thalgehänge bilden und dass sie auch allem Anscheine nach die die oben genannten Pässe überragenden Höhen zusammensetzen — der Hinweis auf diese Punkte wird genügen um erkennen zu lassen, welche ausserordentliche Rolle die Augitandesite unter dem 32. und 33. Breitegrade spielen und welchen bedeutenden Antheil sie hier an der Ausbildung des Cordillerenreliefs haben.

Differenz zwischen meinen und den älteren Anschauungen. Wenn man das Vorstehende mit denjenigen Darstellungen vergleicht, die Darwin von den geologischen Verhältnissen der Cordillere von Central-Chile gegeben hat (Geol. obs. 168. Car. 253), so wird man finden, dass unsere Beobachtungen zwar in gar manchen Punkten recht gut übereinstimmen, dass wir aber in der Deutung des Gesehenen z. Th. weit von einander abweichen. Denn während ich die im Westen der Cumbre vorherrschenden Augitandesite und vulcanischen Trümmergesteine als Producte einer tertiären Eruptionsepoche auffasse und daher annehme, dass dieselben über den mesozoischen Sedimenten liegen, sollen jene geschichteten Breccien und Conglomerate nach Darwin älter als die jurassischen Sedimente sein und „the basal strata of the Cordillera" ausmachen (Geol. obs. 171. Car. 255). Diese von Darwin ausgesprochenen Ansichten sind dann in der späteren Zeit von Crosnier, Domeyko, Pissis u. A. nicht nur unverändert acceptirt, sondern auch noch generalisirt und bis heute von den chilenischen Geologen und Bergleuten festgehalten worden.

Wir haben es daher mit einer Meinungsdifferenz zu thun, deren Schlichtung für das Verständniss des geologischen Baues der Cordillere von der allerhöchsten Bedeutung ist.

Indem ich es unter solchen Umständen versuche, meine Ansichten noch fester zu begründen, werde ich mich hierbei zunächst an das Cumbre-Profil halten, da dieses von Darwin und von mir bereist worden ist. Hier muss sich also die Ursache unserer verschiedenen Ansichten am ehesten auffinden lassen.

In der That ist dieselbe bald entdeckt. Sie besteht in erster Linie darin, dass Darwin die Quarzporphyre und Quarzporphyrbreccien, welche im Osten der Puente del Inca, gegen Uspallata hin verbreitet sind, und die Andesite mit ihren Breccien, Conglomeraten und Tuffen, welche im Westen der Cumbre die Herrschaft führen, für gleichwerthige Gebilde hielt und dass er nun weiterhin die Ergebnisse, zu welchen ihn seine Studien der Quarzporphyre und der mesozoischen Eruptivgesteine im Norden Chiles geführt hatten, auch auf die Andesitformation übertrug.

Die Gleichstellung der Quarzporphyre und der Andesite des Cumbreprofiles ergiebt sich ebensowohl aus den Beschreibungen, wie aus den Profilen Darwin's. Auf den letzteren wird nur eine Art von „Porphyries" und nur eine Art von „porphyritic Conglomerate" markirt und diese sollen sich, abgesehen von der Unterbrechung durch die mesozoischen Sedimente bei der Puente del Inca, vom Westabhange der Cordillere (Ebene von Aconcagua) bis zum Ostabhange derselben (Ebene von Uspallata) erstrecken.

In Hinsicht auf den rein petrographischen Punkt, der hierbei zunächst in Frage kommt, muss allerdings zugegeben werden, dass einige Tuffe des Ostens solchen des Westens recht ähnlich sind; so z. B. die thonsteinartigen Tuffe des Quarzporphyrgebietes bei la Jaula und gewisse Tuffe der Andesitregion des unteren Juncalthales und dass man daher, wenn man sich nur an das äussere Ansehen dieser Gesteine halten müsste und keine Beziehungen zwischen ihnen und benachbarten, besser charakterisirten Eruptivgesteinen wahrzunehmen vermöchte, leicht zu einer Verkennung der Sachlage, d. h. also zu einer Gleichstellung dieser ihrem Alter nach sehr verschiedenen Gebilde gelangen könnte. Sobald man aber von solchen unter Umständen problematischen Tuffen, die im vorliegenden Falle glücklicher Weise eine sehr untergeordnete Rolle spielen, absieht und seinen Blick auf die Hauptmassen der Eruptivgesteine im engeren Sinne des Wortes und auf diejenigen ihnen jeweilig associirten, räumlich vorherrschenden Breccien und Conglomerate lenkt, die aus grösseren, gut erkennbaren Fragmenten jener normalen Gesteine bestehen, muss die Thatsache, dass wir es im Osten mit typischen Quarzporphyren und im Westen mit quarzfreien Porphyren zu thun haben, einem Petrographen sofort in die Augen fallen*). Sie ist auch von H. Francke in seinen Studien über die von mir gesammelten Cordillerengesteine rückhaltlos anerkannt, ja sie ist auch von Darwin selbst nicht gänzlich übersehen worden. Denn von einem Porphyre, welchen der letztere in der Gegend von la Jaula, zwischen Uspallata und der Puente del Inca, also in dem Hauptgebiete der Quarzporphyre sah und welcher eine stockförmige Masse inmitten der „Porphyrconglomeratformation", weiter thalabwärts auch eine prächtige Gruppe zackiger Berge bildet, giebt er nicht nur an, dass er aus einer rothen felsitischen Grundmasse mit ziemlich grossen Krystallen von rothem Feldspath, zahlreichen grossen eckigen Quarzkörnern und kleinen Flecken eines weichen grünen soapstone-ähnlichen Minerales bestehe, sondern er bemerkt auch, dass die wahrscheinlich orthoklastischen Feldspathkrystalle dieses Gesteines „certainly are quite unlike the variety, so abundantly met with in almost all the other rocks of this line of section, and which, wherever I tried it, cleaved like albite". Er kommt daher zu dem Resultate, dass dieser Porphyr „differs remarkably from all the other porphyries" (Geol. obs. 194. Car. 291). Aber merkwürdiger Weise hält er nun gerade diesen Quarzporphyr für ein jüngeres, erst lange nach Ablagerung der Gypsformation injicirtes Gestein.

Die geringe Beachtung, welche die auch a. a. O. auffällige und neuerdings auch von Steinmann für den District zwischen Coquimbo und Coplapo betonte Differenz zwischen den östlichen und westlichen, oder zwischen den älteren und jüngeren Eruptivgesteinen bei Darwin gefunden hat, wird nur durch den unentwickelten Zustand erklärt, in welchem sich die Petrographie während der dreissiger und vierziger Jahre in England noch befand; überdies vielleicht auch noch dadurch, dass Darwin, wie schon S. 96 ff gezeigt wurde, die Porphyrgesteine der Cordillere zum grössten Theile für metamorphe Gebilde hielt.

Aber nachdem einmal das eine Uebersehen stattgefunden hatte, so musste sich auch aus demselben die oben erwähnte folgenschwere Consequenz entwickeln. Denn da im nördlichen Chile und im südlichen Peru Conglomerate und Tuffe von Quarzporphyr und anderen Porphyrgesteinen als Basis und als Zwischenlagerungen versteinerungsführender mesozoischer Sedimente auftreten (S. 94), so folgerte Darwin zunächst ganz richtig, dass diese Porphyre älter als die mesozoischen Sedimente (oder höchstens gleichalt mit denselben) seien. Da es weiterhin nur eine allgemeiner verbreitete Porphyrformation geben sollte, so wurden dieser letzteren auch die im W. der Cumbre herrschenden Gesteine (die Andesite) zugerechnet und im Alter gleichgestellt. Hieraus ergab sich dann endlich noch die weitere Annahme, dass auch diese „Porphyre" die cretaceo-oolithische Formation unterteufen.

Da bereits S. 107 ff. gezeigt worden ist, dass die Darwin'sche Auffassung, soweit die Quarzporphyre des Ostens in Frage kommen, auch für die Cumbre- und Patos-Cordillere vollkommene Berechtigung

*) Erst ganz kürzlich ist mir aus dem W der Linea divisoria und zwar aus dem unteren Juncalthale ein quarzhaltiges Porphyritgestein bekannt geworden. Herr Dr. A. Stübel hat dasselbe bei den Potreros von Guigay, unweit der Einmündungsstelle des Rio blanco in das Juncalthal und 1395 m hoch gelegen, gesammelt und theilt mir mit, dass es dort in grosser Mächtigkeit ansteht. Ich selbst habe das Vorkommen leider übersehen. In einer rothbraunen Grundmasse sind zahlreiche kleine weisse Feldspathkrystalle und, etwas spärlicher, Quarzkörner eingewachsen. Hier und da sieht man dunkle, krystallfreie und scharf umgrenzte Flecken, welche den Eindruck von Fragmenten hervorbringen. U. d M. zeigen sich als anderweite Einsprenglinge in der mikrofelsitischen und fluidal striirten Grundmasse Pseudomorphosen von Viridit und Epidot nach Augit (?) und als Seltenheit braune frische Hornblende. Die Feldspathe erweisen sich zum grössten Theile als Plagioklase; einige entbehren indessen der Vielingsstreifung. Nach seinem Gesammtcharakter glaube ich das unter allen Umständen sehr interessante Gestein, auf welches die Aufmerksamkeit späterer Reisenden hiermit gelenkt sein möge, den Angitandesiten und nicht den Quarzporphyren zurechnen zu sollen.

hat, so bleibt hier nur noch übrig, den Nachweis ihrer Unhaltbarkeit für die „Porphyre" des Westens, d. i. für die Andesite zu erbringen.

Indem ich mich hierzu anschicke, werde ich, da sich diese „Porphyre" wegen ihrer mineralogischen Zusammensetzung und Structur ebensowohl älteren als jüngeren Gesteinen andrer Orte zur Seite stellen lassen, von einer auf petrographische Momente sich stützenden Altersbestimmung derselben gänzlich absehen und mich lediglich auf die Verwerthung der Lagerungsverhältnisse und auf diejenige anderweit beobachtbarer Thatsachen beschränken.

Die Deutlichkeit der Lagerungsverhältnisse lässt nun allerdings gerade an der Cumbre, und, wie es nach Darwin's Profil scheinen will, auch in der Peuquenes-Kette viel zu wünschen übrig, da die mesozoischen Sedimente und die Schichten der andesitischen Conglomerate und Tuffe in der nächsten Nähe der Cumbre (bezw. im Thalbecken des Rio Yeso), also gerade da, wo die Beziehungen zwischen den „Porphyreu" und der Gypsformation am ersten zu ermitteln sein würden, ganz ausserordentliche Störungen erlitten haben. Die Deutung des hier vorliegenden Cordillerenbaues muss daher zunächst eine mehr oder weniger subjective sein und so erklärt es sich, dass, während nach meiner S. 148 mitgetheilten Ansicht die am Ostabhange der Cumbre anstehenden rothen Mergel und Sandsteine die Andesitconglomerate unterteufen, nach Darwin's Auffassung gerade an der Cumbre eine grosse Verwerfung vorhanden sein und das Schichtensystem der vertical (?) stehenden rothen Sandsteine unmittelbar an westlich einfallende porphyrische Conglomerate angrenzen soll.

Unter solchen Umständen ist die Klarheit der relativen Lagerungsverhältnisse im Valle hermoso (Patos-Profil) vom höchsten Werthe. Hier ist ein Zweifel nicht möglich; weithin sieht man, dass die andesitischen Massen- und Trümmergesteine eine mächtige Decke über den cretacischen oder eocänen rothen Sandsteinen bilden und somit das der Darwin'schen Anschauung entgegengesetzte Verhalten besitzen.

Sodann muss hier nochmals, und zwar mit dem grössten Nachdrucke betont werden, dass diejenigen Conglomerate, welche als integrirende Glieder der jurassischen und cretacischen Schichtensysteme so häufig auftreten, in allen mir bekannt gewordenen Fällen vorwiegend aus Geröllen von typischen Quarzporphyren und nur hier und da noch, in untergeordneter Weise, auch aus Geröllen von Quarz oder Granit, dagegen niemals aus Geröllen von quarzfreien Porphyren (Andesiten) bestehen. Das gilt für die jurassischen, Ammoniten etc. führenden Conglomerate des Espinazito, für die jurassischen und cretacischen Conglomerate der Puente del Inca und selbst für die Conglomerate derjenigen cretacischen oder alttertiären Sandsteinformation, welche zwischen der Puente del Inca und der Cumbre entwickelt ist und in der unmittelbarsten Nachbarschaft der Andesite auftritt. Umgekehrt finden sich, wie ebenfalls schon früher hervorgehoben wurde, in den andesitischen Conglomeraten und Breccien des Westabhanges der Cumbre lediglich Fragmente und Gerölle von „quarzfreien Porphyriten", niemals aber solche von Quarzporphyren, Quarz, Granit u. a. älteren Gesteinen.

Als besten Zeugen für diese differente Beschaffenheit der beiden Conglomeratarten kann ich — Darwin selbst anführen; denn die Verschiedenheit derjenigen Conglomerate, welche er im mittleren Chile (im Cumbreprofil und in der Peuqueneskette) sah und irrthümlicher Weise für basale Schichten der Cordillere hielt und jener anderen, welche er im nördlichen Chile (Thal von Copiapo) zwischen den durch ihre Versteinerungen charakterisirten Sedimenten der Juraformation selbst eingelagert fand, ist ihm sehr wohl aufgefallen und wird von ihm — als ein glänzendes Zeugniss für die Sorgfalt seiner Beobachtungen und für die Objectivität seiner Schilderungen — ausdrücklich als etwas recht merkwürdiges betont. Nachdem er in den Conglomeraten der Cumbre nur „many varieties of clay-stone porphyry" gesehen hatte, wundert er sich mehrfach darüber, dass in den Conglomeraten der Gypsformation neben Porphyrgeröllen auch Gerölle von rothem Sandstein, jaspery stone, Glimmerschiefer, Granit und Quarz vorhanden sind. „In these respects there is a wide difference between the gypseous conglomerates and those of the purphyritic-conglomerate formation, in which latter, angular and rounded fragments, almost exclusively composed of porphyries, are mingled together (Geol. Obs. 222. 225. 227. Car. 332. 338. 339).

Zur Klarstellung eines letzten Punktes, von dem man meinen sollte, dass er die schwebende Controverse sofort und in der sichersten Weise zum Austrage bringen müsse, fehlt es leider in dem von mir bereisten Cordillerendistricte an genügenden Beobachtungen. Da er aber von höchster Wichtigkeit ist, und trotzdem bis jetzt niemals in Erwägung gezogen worden zu sein scheint, so kann ich ihn hier nicht mit Stillschweigen übergehen.

Ich habe früher nachgewiesen, dass der Jura- und Kreidestreifen, der sich in der Cordillere von N. nach S. hinzieht, einer litoralen Facies entspricht, dass wir in den Graniten und Quarzporphyren, welche östlich an ihn angrenzen, die alten Küstengebirge des Jura- und Kreidemeeres zu erblicken haben und dass sich diese Meere von jener Küste aus nach Westen hin ausgebreitet haben müssen. Andererseits wissen wir jetzt, dass die fraglichen Porphyrite ein 45 bis 60 km breites Territorium unmittelbar im Westen der mesozoischen Sedimente, also da einnehmen, wo eigentlich die Fortsetzung der letzteren zu suchen ist.

Wenn daher die Porphyrite, entsprechend der seitherigen Anschauung, basale Schichten der Cordillere wären, so müsste man erwarten, dass ihnen zum wenigsten noch hier und da die mesozoischen Sedimente auflagerten; sollten sie dagegen ein jüngeres Deckengebirge repräsentiren, so müsste das umgekehrte Verhältniss wahrzunehmen sein, d. h. die mesozoischen Sedimente hätten alsdann im Westen der vulcanischen Decke unter der letzteren wieder zum Vorschein zu kommen.

Für welchen dieser beiden Fälle sprechen nun die beobachtbaren Thatsachen?

Auf diese Frage ist das Folgende zu bemerken. Die im ersten Falle nothwendige Ueberlagerung der Porphyrite durch die Sedimente ist bis jetzt weder von Darwin noch von einem anderen Reisenden in einem grösseren und alle Zweifel behebenden Maassstabe beobachtet worden. Die einzigen Vorkommnisse, welche hier allenfalls zu erwähnen sein würden, sind die am Westabhange hier und da auftretenden kleinen Sandsteingebiete. Ich stiess auf ein solches inmitten der Porphyrite beim Abstieg vom Portezuelo del Valle hermoso nach W. (S. 147) und Darwin glaubt sowohl in den Penquenes- als in dem Cumbreprofil je einmal gesehen zu haben, dass kleine Sandsteinpartieen conform auf den stratificirten Porphyren auflagern; aber in beiden Fällen basiren seine Angaben im Texte und seine Einzeichnungen in die Profile nicht auf unmittelbarer Untersuchung, sondern lediglich auf dem allgemeinen Ansehen entfernt vom Wege liegender, unerstiegener Bergspitzen (Geol. Obs. 176. 188. Car. 205. 282). Derartige Beobachtungen sind offenbar nicht beweiskräftig, zumal wenn man sich entsinnt, dass Domeyko hier und da Sandsteine in den Pórfidos abigarrados eingelagert fand. Ich muss ihnen aber auch das andere Factum entgegenstellen, dass ich die Alluvionen der Thäler, welche sich von dem Portezuelo del Valle hermoso und von der Cumbre nach W. hinabziehen und allenthalben in die andesitischen Gesteine eingeschnitten sind, sehr oft und sehr sorgfältig durchmustert und trotzdem in ihnen niemals ein einziges Geröll, geschweige denn einen grösseren Block von Kalkstein oder Sandstein gefunden habe. Dergleichen müssten aber doch in den Schuttablagerungen jener Hauptthäler und in denen der zuströmenden Wildbäche vorhanden sein, wenn sich oben, In den unzugänglichen Höhen, die mesozoischen Schichten ausbreiteten. Die Anhänger der zuerst von Darwin vertretenen Anschauung würden daher anzunehmen haben, dass der ganze, 6000 bis 7000 Fuss mächtige Schichtencomplex der jurassischen Kalksteine und der cretacischen gypsführenden Sandsteine, der doch einstmals ihrer Meinung nach dem porphyritischen Fundamente aufgelagert haben soll, bereits wieder gänzlich zerstört und abgeschwemmt worden sei. Das ist eine arge Zumuthung an die Leistungsfähigkeit der Erosion! Wir weisen also dieselbe zurück, wenden uns der neuen Auffassung zu und kommen — aus der Scylla in die Charybdis! Denn da wo die Andesite im Westen aufhören und wo nunmehr die mesozoischen Sedimente in mächtiger Entwickelung unter Ihnen wieder emportauchen sollten, stossen wir statt der letzteren wider alles Erwarten nur auf die alten krystallinen Schiefer und Massengesteine der Küstencordillere und so scheint es denn, als ob der alte Ausruf L. v. Buch's: „la formation jurassique ou est-elle donc restée? C'est en vain, qu'on la cherche", auch heute noch in gewissem Sinne volle Berechtigung habe. Und doch scheint es vielleicht nur so. Denn wenn man wirklich aufmerksam sucht, zum wenigsten in der Litteratur und auf den geognostischen Karten, so stösst man auf einige Angaben, die meiner Ansicht nach als ein erster Anfang zur Lösung des vorliegenden Problemes betrachtet werden dürfen. Eine solche Angabe finde ich in Domeyko's Essaye. Nachdem hier auf S. 32 als allgemein gültige Regel bezeichnet worden ist, dass die jurassischen und cretacischen Sedimente immer auf den Porphyren und niemals direct auf alten granitischen Gesteinen aufruhen, werden wir wenige Seiten später durch die Bemerkung überrascht, dass zwar im mittleren Chile der Jura fast ausschliesslich in den höchsten Regionen der Anden und in der nächsten Nähe der Linea divisoria gefunden werde, dass aber doch auch eine oder die andere Lokalität bekannt sei, an welcher fossilhaltige Schichten („wahrscheinlich der Kreide angehörig") als inselartige Partieen inmitten der aus älteren Formationen bestehenden westlichen Ausläufer der Cordillere auftreten. Als solche Punkte werden la Calera im Departemento de la Victoria (nach Pissis' Karte 30 km SSW. von Santiago) und Polpaico (35 km NW. von Santiago) genannt (l. c. 37). Hierdurch aufmerksam gemacht, habe ich dann den Pissis'schen Atlas zu Rathe gezogen und in diesem auch noch eine dritte Calera im Departemento de Quillota, dicht neben der Eisenbahn von Santiago nach Valparaiso verzeichnet gefunden. Dieselbe hat nach Ausweis der Karte ihren Namen von einem Hügel, der aus der „formacion cretacea inferior y jurassica" gebildet werden und sich inmitten von Schiefergesteinen des „Devon und Silur" erheben soll. Weiterhin darf hier wohl auch an die schon S. 83 erwähnten, im W. auftretenden rhätischen Schichten erinnert werden.

Alle diese Vorkommnisse sind bis jetzt als etwas ganz nebensächliches behandelt worden; mir will es dagegen scheinen, als seien sie der höchsten Beachtung werth, weil sie uns Fingerzeige über den Verbleib der gesuchten Formation geben.[*]) Denn diese isolirten Hügel cretacischer oder jurassischer Schichten können doch offenbar nur die letzten Ueberreste von Sedimenten sein, welche sich einstmals stetig über den archäischen Gesteinen der pacifischen Küste ausgebreitet haben, welche ursprünglich mit den gleichaltrigen Sedimenten der centralen Cordillere in unmittelbarem Zusammenhang standen und welche, als die letzteren in postcretacischer Zeit um 3000 bis 4000 m emporgehoben wurden, wenigstens nahezu in ihrem alten Niveau verharrten. Die weitere Antwort würde dann vielleicht darauf hinauslaufen, dass bei jener Hebung die mesozoischen Sedimente längs der zwischen der Küstencordillere und der Hauptcordillere sich hinziehenden Dislocationsspalte zerstückelt worden und dass nun ihre Trümmer denjenigen zerstörenden Kräften anheimgefallen seien, welche die Brandung des unmittelbar benachbarten Oceanes im Vereine mit den von der Cordillere herabkommenden Flüssen ausübte.

Unter allen Umständen verlangt also auch der zweite der beiden überhaupt möglichen Fälle die Entfaltung zerstörender Kräfte in einem selten grossartigen Massstabe und so würden sich denn, wenn die

---

[*]) Ich selbst bin auf diese isolirten Partieen leider erst nach meiner Anwesenheit in Chile aufmerksam geworden. Da sie von Santiago aus sehr leicht zu erreichen sein dürften, so ist wohl zu hoffen, dass sie recht bald einmal näher untersucht werden.

Erklärung der letzteren allein Ausschlag gebend wäre, die beiden Lösungen unseres Problemes nahezu gleichwerthig gegenüberstehen. Da wir indessen die balancirende Wage auf der einen Seite noch mit der Differenz zwischen den petrographischen Charakteren der Quarzporphyre und der Porphyrite, mit der Differenz zwischen den Conglomeraten der centralen Cordillere und jenen des Westabhanges und mit dem Profile des Valle hermoso belasten können, ohne für die andere Seite irgend welche entsprechende Gegengewichte zu haben, so kann sie nach meinem Dafürhalten nur zu Gunsten derjenigen Auffassung ausschlagen, welche in der Breite von Santiago in den weither für die Basis der mesozoischen Sedimente gehaltenen Porphyriten thatsächlich die andesitische Decke jener erblickt. [*])

Entstehungsweise der andesitischen Trümmergesteine. Da die Trümmergesteine der Quarzporphyre und der Andesite weither mit einander identificirt worden sind, so galten auch für die Entstehungsweise der letzteren alle jene Ansichten, welche ich bereits S. 96 ff. besprochen und durch Beispiele belegt habe. Dieselben liefen darauf hinaus, dass Darwin wenigstens einen Theil der „basalen Straten der Cordillere", also einen Theil seiner „porphyritic conglomerates and breccias", und dass Domeyko, Pissis u. a. chilenische und peruanische Geologen alle diejenigen Gesteine, welche sie als roches stratifiés porphyriques, als terrain de porphyres bigarrés stratifiés oder als pórfidos abigarrados y brechas porfíricas zu bezeichnen pflegen, für umgewandelte marine Sedimente halten.

Meine Stellung zu dieser Hypothese habe ich S. 98 dargelegt; indem ich auf das dort Gesagte verweise, möge hier nur noch ausdrücklich betont werden, dass sich mir auch in den beiden Thälern von San Antonio und Juncal — welche nach der grossen Karte von Pissis in metamorphe Schichten der silurischen und devonischen Formation einschneiden sollen! — nicht das geringste Verständniss für jene so fest eingewurzelte Auffassung erschlossen hat. Die an den Gehängen der beiden Thäler in so grossartiger Entwickelung zu beobachtenden Trümmergesteine zeigen allerdings in der Regel eine bankförmige Schichtung, aber die Schichten selbst bestehen nach allem, was ich während meiner Reise mit dem blossen Auge gesehen und später u. d. M. wahrgenommen habe, ausschliesslich aus den oben geschilderten augithaltigen Feldspathporphyriten (Andesiten). Ebensowenig sind mir aus der Litteratur irgend welche bestimmten Angaben bekannt geworden, die zu Gunsten der Ansicht gedeutet werden könnten, dass die heutige Beschaffenheit der Porphyrite und ihrer Trümmergesteine nicht die ursprüngliche, sondern das Ergebniss einer tiefgreifenden Metamorphose sei.

Zur Ergänzung und Richtigstellung des eben Mitgetheilten habe ich indessen noch daran zu erinnern, dass auch Darwin wenigstens einen Theil der „alternating strata of porphyries and porphyritic conglomerates" für das Erzeugniss submariner Lavaströme und für die Trümmerbildung submariner Eruptionen hält (Geol. Obs. 173, 238. Car. 259. 355).[**])

Diese zweite Ansicht ist denjenigen Vorstellungen conform, zu welchen das Studium der a. a. O. bekannten Breccien und Tuffe von Quarzporphyren, Augitporphyriten, Trachyten, Andesiten etc. geführt hat,

---

[*]) Dass Darwin auch a. a. O. der Cordillere die basalen und die hangenden Schichten der mesozoischen Formationen verwechselt und alsdann zur Erklärung der mit seinen Fundamentalanschauungen nicht übereinstimmenden Lagerungsverhältnisse seine Zuflucht zu Dislocationen (Hebungen) genommen hat, die in Wirklichkeit nicht existiren, ergiebt sich aus einer Bemerkung Steinmann's in seinem Briefe über die Cordilleren von Coquimbo und Copiapo. N. Jb. 1884. I. 200.

[**]) Auf welche anderen Theile sich diese zweite Ansicht bezieht, wird nicht ausdrücklich angegeben, da sie nur in der allgemeinen Schilderung der basalen Schichten und in der Recapitulation über die geologische Beschaffenheit der Gesammtcordillere und zwar an beiden Stellen ohne Nennung bestimmter Fundorte erwähnt wird.

so dass ich sie mit Freuden acceptire und zwar nicht nur für einzelne, sondern für alle der Andesitformation zuzurechnenden klastischen Gesteine, die zwischen dem 32.° und 33.° S. Br. am westlichen Cordillerenabhange angetroffen werden.

Die aus ihr entspringende Forderung, dass sich die heute bis zu mindestens 3000 m emporsteigenden vulcanischen Sedimente im Bereiche des Meeres gebildet haben sollen, läuft auf dasselbe hinaus, was aus den vielfachen und gewaltigen Störungen in der Lagerungsweise derselben zu folgern ist; nämlich darauf: dass die Andesiteruptionen, die das Material zu den mit einander wechsellagernden compacten Strömen, Breccien, Conglomeraten und Tuffen lieferten, bereits vor der letzten Hebung der Cordillere stattgefunden haben.

Die weitere Verbreitung jüngerer Eruptivgesteine in der Cordillere. Um ein richtiges Verständniss von der Bedeutung zu gewinnen, welche die jüngeren Eruptivgesteine für den Cordillerenbau haben, würde es jetzt nothwendig sein, die vorstehenden Mittheilungen, welche sich im wesentlichen nur auf den kleinen District zwischen dem Rio de San Antonio und dem Rio Juncal bezogen, durch eine Schilderung der anderweiten Verbreitung jener Gesteine zu ergänzen. Dieses Vorhaben kann jedoch nur in einer sehr fragmentaren Weise zur Ausführung gebracht werden, da, wie ich zu zeigen suchte, von den früheren Cordillerenforschern die älteren und jüngeren Eruptivgesteine in der Regel nicht auseinander gehalten worden sind, so dass man in der Mehrzahl der Fälle, in denen das Vorkommen „porphyrischer Gesteine" erwähnt wird, nicht zu erkennen vermag, ob sich die bezüglichen Angaben auf Quarzporphyre, auf mesozoische Porphyrgesteine, auf Andesite oder auf irgend welche andere Gesteine von porphyrischer Structur beziehen. Aus diesem Grunde sind u. a. die gelegentlich bereits citirten Angaben Darwin's: dass er die 6000 bis 7000 Fuss mächtigen Porphyre und l'orphyrconglomerate als einen 50 bis 100 Miles breiten Streifen und auf eine Länge von 450 Miles selbst verfolgt habe, dass diese Formation aber nach dem, was er weiterhin bei Iquique gesehen und aus Handstücken und älteren Berichten kennen gelernt habe, eine vielmal grössere, und zwar mindestens 850 Miles messende Länge besitzen müsse (Geol. Obs. 173. 238. Car 259. 304), als durchaus unsichere zu bezeichnen. Mit nicht minderer Vorsicht sind die Angaben von Domeyko[*]) und Crosnier[**]) aufzufassen, nach welchem das terrain de porphyres bigarrés stratifiés von Chiloë an bis nach Copiapo allenthalben die Basis der Anden bilden und auch in Peru in grosser Mächtigkeit und Ausdehnung entwickelt sein soll.

Nachdem ich indem S. 92 ff. versucht habe, diejenigen älteren Mittheilungen zusammenzustellen, welche allem Anscheine nach auf das Vorkommen von Quarzporphyr zu beziehen sind, glaube ich jetzt rücksichtlich der weiteren Verbreitung der Andesitformation und ihrer Sedimente, sowie rücksichtlich des Auftretens anderer tertiärer Eruptivgesteine innerhalb der Cordillere wenigstens folgende Angaben machen zu sollen.

Die in den Thälern von San Antonio und Juncal vorherrschende Andesitformation scheint zunächst gegen S. zu von Darwin nochmals im Thale des Maipu (Portillopass) und zwar aufwärts bis zur Vereinigungsstelle des Yeso- und Volcanflusses beobachtet worden zu sein (Geol. Obs. 177. Car. 265); dann traf sie Stübel bei Cauquenes, im Thale von Cachapual. Derselbe sah hier eine bis 1000 Fuss mächtige

[*] An. d. m. (4) IX. 1846. 3. (4) XIV. 1848. 184. Essays 30.
[**] An. d. m. (5) II. 1862. 86.

geschichtete Formation, deren Material nach seinen Mittheilungen*) zumeist aus krystallinen Gesteinen von verschiedener Zusammensetzung besteht, so dass die einzelnen mit einander wechsellagernden Schichten bald lichtere, bald dunklere Farbe zeigen und sich schon aus der Entfernung deutlich erkennen lassen. Als Einlagerungen in dieser Formation werden auch einige kleine Anthracitflötze erwähnt. Stübel hält dieses ganze Schichtensystem für unzweifelhaft sedimentär, hebt dabei aber als eine sehr befremdende Erscheinung hervor, dass die Gerölle einiger mächtiger Conglomeratbänke durch ein krystallines Cement verknüpft seien. Endlich giebt er an, dass das ganze Schichtensystem, welches er vorläufig und offenbar im Anschluss an Domeyko formacion metamórfica de los Andes zu nennen vorschlägt, von zahlreichen Gängen durchzogen wird, deren Ausfüllungsmassen älteren Eruptivgesteinen gleichen. Gesteine „mit porphyrischer, syenitischer und dioritischer Structur" sollen vorherrschen. Da Herr Dr. Stübel die Güte gehabt hat, mir die von ihm bei Cauquenes gesammelten Gesteine zu zeigen und mir von einigen derselben die mikroskopische Untersuchung zu gestatten, so vermag ich anzugeben, dass die erwähnte geschichtete Formation allem Anscheine nach dieselbe ist wie jene von San Antonio und Juncal. Auch bei Cauquenes dominiren hiernach wiederum graue, graugrüne, violettgraue oder rothbraune Gesteine, die entweder durch grössere oder durch zahlreiche kleinere Plagioklaskrystalle porphyrisch sind und zuweilen breccienartige Structur besitzen. Ferner treten Conglomerate von violettgrauen oder rothen, thonsteinartigen Massen, ausserdem Sandsteine und kohlenhaltige Schieferthone auf. Von den Ganggesteinen haben einige eine schwarze, dichte oder feinblasige Grundmasse und sind dabei entweder von homogener Beschaffenheit oder porphyrartig durch Plagioklaskrystalle; andere zeigen holokrystallinen Habitus. Auf diese letzteren werde ich im Cap. XVIII zurückkommen.

Endlich ist es mir noch höchst wahrscheinlich, dass auch derjenige porphyre bigarré stratifié, welcher nach Domeyko (An. d. m. (4) XIV. 1848. Pl. III) in der Breite des Vulcanes von Antuco (37°20') in mächtiger Aufschichtung den Westabfall der Cordillere bildet, der Andesitformation angehört, denn die von demselben gegebenen Schilderungen erinnern auf das lebhafteste an die mir im S. Antonio- und im Juncal-Thal bekannt gewordenen Verhältnisse.

Die Andesitformation würde dann also von S. Antonio (32°20') an mindestens über fünf Breitegrade hinweg mehr oder weniger stetig zur Entwickelung gelangt sein, und zwar immer auf dem Westabhange der Cordillere.

Innerhalb dieser Breiten haben aber auch auf dem östlichen, argentinischen Abhange der Cordillere Eruptionen stattgefunden. Hierüber belehrt den Bericht, den P. Strobel über seine Bereisung des Planchon-Passes (34°40' S. Br.) gegeben hat. Nach demselben ist „Trachyt",auf der ganzen Strecke vom Planchonpasse bis zur Pampa del Sur und zum Rio del Diamante kolossal entwickelt; er spielt dort unstreitig die Hauptrolle . . . . . Das untersuchte Trachytgestein ist bald weisslich oder weissviolett, bald graulich, grünlich oder violett; mehr oder minder zäh, bald dicht, bald thonig (Domit). Nicht selten ist es porphyrartig und diese Varietät mag wohl von den Geologen Chile's zu den ächten Porphyren gezogen worden sein. . . . . Dem Trachyt untergeordnet sind Trachytconglomerate, Breccien und Puddingsteine, vorzüglich gegen die Pampa zu." Unweit der Ebene wurde auch Basalt gefunden und an einigen Stellen beobachtet, dass er den Trachyt durchsetzt (N. Jb. 1875. 58).

Eruptionsgebiete aus den südlicheren Regionen der Westküste finden sich bei Darwin erwähnt. Derselbe giebt an, dass auf dem nördlichen Ende von Chiloë, in der Nähe von Sau Carlos (42° S. Br.) eine vulcanische Formation mächtig entwickelt ist. Neben dunkler, blasiger oder amygdaloidischer Lava

---

*) Alfonso Stübel. Antigua erupcion volcánica en la vecindad de los baños de Cauquenes. Santiago. 1876.

finden sich auch Ströme von Pechstein und von „purpurfarbenen Thonsteinporphyren". (Geol. obs. 121. Car. 181). Weiterhin traf er einen wahrscheinlich tertiären Eruptionsheerd im Chonos-Archipel und zwar bei S. Andres auf Tres montes (45° S. Br.). Hier treten compacte, zellige oder amygdaloidische Laven und solche die durch glasigen weissen Feldspath porphyrartig sind, in Verknüpfung mit conform liegenden Schichten lignitführender Tuffe auf. Daneben kommen auch noch Pechsteine vor (Geol. Obs. 120. 159. Car. 179. 239).

Auf eine auch nur skizzenhafte Aufzählung der Andesite und Trachyte, welche in den Hochgebirgen der nördlichen Cordillere vorkommen, muss ich hier verzichten; es muss genügen, daran zu erinnern, dass nach d'Orbigny in Bolivia mannigfaltig entwickelte „Trachyte" nicht nur einzelne Bergkuppe nund Bergketten, sondern zwischen dem 15. und 20.° S. Br. geradezu das ganze westliche Plateau der Cordillere bilden*), dass nach A. v. Humboldt in der Cordillere von Ecuador „die Mächtigkeit der Trachytlagen so bedeutend ist, dass sie in nicht unterbrochenen Massen auf dem Plateau von Quito (Chimborazo, Pichincha) 14000 bis 18000 Fuss beträgt**) und dass nach Karsten's Schilderungen Andesite und Trachyte auch in Neu Granada eine weite Verbreitung besitzen***).

Abich konnte daher auf Grund der älteren Beobachtungen den Ausspruch thun, dass der Andesit in der Cordillere „als die colossalste uns bekannte vulcanische Bildung auftritt" †).

Neuere Arbeiten, die sich auf jüngere Eruptivgesteine der Cordillere beziehen, sind die folgenden: Artopé. Ueber augithaltige Trachyte der Andeu. Göttingen. 1872 (Gesteine der Sammlung A. v. Humboldt's.) J. Jouyovitch. Note sur les roches éruptives et métamorphiques des Andes. Belgrad. 1880. (Eine vorläufige Notiz über die von Boussignault in den Cordilleren von Ecuador, Neu-Granada und Venezuela gesammelten, am Collège de France aufbewahrten Gesteine). C. W. Gümbel. Nachträge zu den Mittheilungen über die Wassersteine (Enhydros) von Uruguay und über einige süd- und mittelamerikanische sogenannte Andesite. Sitzungsber. d. math. phys. Classe der Münchener Akademie vom 5. März 1881 (die von M. Wagner gesammelten Gesteine betr.). H. Ziegonspeck. Ueber das Gestein des Vulcans Yate, südlich von der Boca de Reloncavi, mittlere Andenkette. Süd-Chile. 1883. (N. Jb. 1884. II.58.) J. M. Zujovics. Les roches des Cordillères. Paris. 1884 (N. Jb. 1885. I-38-).

B. Die jüngeren Eruptivgesteine im Osten der oceanischen Wasserscheide.

Die zahlreichen und mannigfaltigen Vorkommnisse von Trachyten, Andesiten und Basalten, die sich am Ostabhange der Cordillere, sowie in den östlichen Vorketten derselben und in den Pampinen Sierren finden, werde ich in dem Nachfolgenden in einer nach Provinzen und Gebirgen geordneten Weise besprechen

Patagonien††). Auf jeder patagonischen Expedition sind tertiäre Eruptionsgebiete und deren Producte angetroffen worden, theils am Rande der Cordillere, theils in dem zwischen der Cordillera und der atlantischen Küste sich ausbreitenden Territorium. Steinmann erwähnt einzelne Basaltkegel, die er im Thale des unter 51°30' S. Br. ausmündenden Rio Gallegos antraf, als die südlichsten bis jetzt bekannten

---

*) Géologie. 1842. 114 145. 217 und Profil von Arica nach Chalumani. Pl. VIII. fig. I. Man vergl. auch Forbes. Rep. Pl. III.

**) Geognost. Versuch über die Lagerung der Gebirgsarten in beiden Erdhälften. 1823. 336.

***) Geognostische Verhältnisse des Westl. Columbiens. Amtl. Bericht der Versamml. deutsch. Naturforscher. Wien. 1858. 82.

†) Ueber die Natur und Zusammensetzung der vulcanischen Bildungen. 1841. 47.

††) Zur Orientirung dient am besten die Karte von Patagonien in Geogr. Mittheil. XXVIII. 1882. Taf. 2.

Vorkommnisse und berichtet dann N. Jb. 1883. II. 257 weiter: „Zwischen dem Rio Gallegos und dem Rio Sta. Cruz ragt das Cahual-Gebirge und das sich im NO. daran anschliessende Hochplateau der Vis-cacha aus der Niederung, welche sich vom Cerro Painé gegen Osten erstreckt, mit seinen pittoresken, mit ewigem Schnee bedeckten Spitzen hervor. Die Hauptmasse des Gebirges besteht aus poröser Lava und fest verkitteten Conglomeraten derselben, deren submariner Ursprung nicht zu verkennen ist. Sehr verschiedenartige, theils basaltische, theils wohl andesitische Gesteine durchsetzen in Form von Gängen die ältere Lava und erschweren so die leichte Erkennung der Lagerung. Der Zeitpunkt der Eruption lässt sich ohne grosse Schwierigkeit feststellen. Die älteren Tertiärschichten sind durchbrochen und zeigen keinerlei Bestandtheile von Eruptivgestein; nur die allerjüngsten Schichten, welche man in einer Höhe von nahezu 1000 m z. B. in der Cordillere Latorre antrifft, sind reich an Lavagerölle. Demnach hat die Bildung des Cahual-Gebirges in spät tertiärer Zeit statt gefunden."

Darwin sah, als er den unter 5° ausmündenden Rio Sta. Cruz hinauffuhr, auf dem rechten Ufer desselben von der Cordillere herabkommende Riesenströme von basaltischer Lava. Er schätzte ihre Länge auf 100 geographical miles; ihre Mächtigkeit betrug local 322 Fuss. „Der Basalt ist meist schwarz und feinkörnig, zuweilen aber auch grau und blättrig; er enthält etwas Olivin und hat im Thale hinauf viel glasigen Feldspath; hier ist er auch oft mandelsteinartig . . . . . . Er ist häufig säulenförmig abgesondert." Die Eruptionen, welche diese Ströme zu Tage fördern, sollen erst nach derjenigen Zeit erfolgt sein, in welcher die patagonische Formation zur Ablagerung gelangt war (Geol. Obs. 115. Car. 172).

Weiter gegen N. zu fand Moyano, dass sich zwischen dem Rio Gio und dem Rio Deseado eine vulcanische Erhebung in bedeutender Höhe zur Küste hinzieht und dass der Rio Deseado selbst in seinem Oberlaufe durch eine Schlucht strömt, welche in fast senkrecht abfallende Basaltmauern tief eingeschnitten ist (Geogr. Mittheil. 1882. 47)"); an demselben Orte wird S. 42. 43 nach Moreno referirt dass auf dem linken Ufer des dem Rio Negro tributären Rio Limay Porphyr- und Granitketten häufig von Basaltmassen durchbrochen werden und dass in dem Districte zwischen dem Rio Negro und dem Rio Valchita das tertiäre Grundgebirge von Basaltmassen und Laven bedeckt wird.

Das Gebiet zwischen dem Rio Chupat (Chubut) und dem Rio Negro (zwischen 43° und 39° S. Br.) hat im Jahre 1865 auch Herr Georg Claraz bereist. Die hierbei von ihm gesammelten Gesteine hat er mir kürzlich zur näheren Untersuchung übergeben. Dieselben beweisen ebenfalls, dass in dem genannten Gebiete eine rege vulcanische Thätigkeit stattgefunden haben muss. Ich vermag über deren Producte folgendes anzugeben.

Lichtröthlichgrauer Trachyt, porphyrartig durch kleine Sanidin- und vereinzelte Plagioklaskrystalle, in welchem u. d. M. auch noch spärliche Augite wahrzunehmen sind, liegt aus der Nähe der Höhle von Yalaumsca-taghe vor. Weiterhin ist dem Trachyt vielleicht auch ein Gestein zuzurechnen, das nach der ihm beiliegenden Etiquette zwischen Talac-Gpa und dem Cerro von Tschaptschoa, d. i. SO. von Yalaumsca-taghe senkrechte, schön gebänderte Felsenwände bildet. Es ist dicht und zeigt schon dem blossen Auge eine aus feinen violettgrauen und gelblichweissen Lagen gebildete, ausgezeichnete Fluctuationsstructur. Parallel zur letzteren umschliesst es zahlreiche, flachgestreckte und mit Quarzkryställchen ausgekleidete Drusenräume. Unter dem Mikroskope gewahrt man durchgängig sphärolithische Entwickelung.

*) Ob der mehrfach quarzhaltige „claystone porphyry", dem Darwin an der Mündung des Rio Deseado (bei Port Desire) antraf, und welchen er mit den Gesteinen der basalen Straten der Cordillere verglich (Geol. obs 151. Car. 298) ein jüngeres oder älteres Eruptivgestein ist, lässt sich aus der gegebenen Beschreibung nicht erkennen.

Andesitische Gesteine, die nach vorliegenden Angaben und Proben mit Tuffen verknüpft sein müssen, bilden auf grosser Erstreckung bin die Wände des Chapat-Thales. Ihre porphyrartigen Einsprenglinge sind theils Plagioklas und Hornblende, zu denen sich in dem einen Falle auch noch einzelne Quarzkörner gesellen, theils Plagioklas und Augit mit einzelnen Quarzkörnern. Hochgradig zersetzte Abänderungen dieser Gesteine werden von kleinen Adern und Gängen durchzogen, auf denen sich rother Stilbit (Heulandit), Natrolith, Quarz, Chalcedon und Kalkspath angesiedelt haben. In anderen mir vorliegenden Stücken füllen diese secondären Mineralien kleine Blasenräume aus. Endlich ist in einem lichtgelblichbraunen Tuffe eine Kluftfläche mit einer Kruste von bis 3 mm grossen, wasserhellen Analcimkrystallen bedeckt.

Aus einem makrokrystallinen, etwas cavernösen Dolerit, dessen wesentliche Gemengtheile leistenförmige Plagioklase, Augite und zersetzte Olivine sind, während u. d. M. auch noch Magnetit, Titaneisenerz, Apatit und Zeolithe erkannt werden können, bestehen die Berge zwischen Lotschal und Calmiaotsch.

Sodann treten mehrfach glashaltige Plagioklaskrystalle auf: in den obengenannten Bergen, ferner zwischen der Sierra von Talac-Gpa und Yamnago, zwischen Yamnau und Treneta, auf dem schon oben nach Moreno genannten Plateau von Valchita und in der östlicher gelegenen Sierra von S. Antonio. In der dichten, etwas blasigen Grundmasse aller dieser dunkelgrauen oder blauschwarzen Gesteine sieht man mit dem blossen Auge nur einzelne frische oder verwitterte Olivinkörner; u. d. M. werden ausserdem noch grössere Plagioklaskrystalle und Augite bemerkbar, während sich die Grundmasse in Plagioklasleisten, Augitmikrolithen, Magnetitkörnchen, einzelne Apatite und in wasserhelles oder braunes, gekörneltes oder mit nadeligen Krystalliten erfülltes Glas gliedert. Die Blasenräume dieser Basalte sind zuweilen mit Kalkspath erfüllt.

Eine sehr beträchtliche Entwickelung scheinen in dem Gebiete des Rio Chupat und in demjenigen des Rio Negro feinerdige, aus vulcanischem Materiale bestehende Sedimente zu besitzen, die, wie sich aus der Einmengung von Fragmenten gebleichter Conchylienschalen und von Pflanzenresten ergiebt, z. Th. durch Flüsse aufbereitete Deposita sind, z. Th. aber auch directe, subaëre Anhäufungen von vulcanischen Aschen sein mögen. Derartige, Tosa genannte Gebilde liegen aus der Gegend zwischen Helken und Yamnan, aus dem Gebiete des Rio Negro, in dem sie die obere Schicht der Thalwände bilden und von dem dem Bezirke von Bahia Blanca angehörigen Plateau des Naposta grande, sowie von der Quelle Hetschu vor. Es sind mürbe, feinerdige oder thonartige, lichtgraue Massen, die, wenn sie mit Säuren behandelt werden, kurze Zeit lang mehr oder weniger brausen, im Wasser zerfallen und beim Schlämmen einen feinsandigen Rückstand geben, der u. d. M. kleine Bröckchen von Bimstein, eckige und zackige, wohl die Zwischenwände zersprungener blasiger Gesteine repräsentirende Glassplitterchen, Krystalle oder Krystallbruchstücken von Sanidin, Plagioklas, Augit und Hornblende, sowie opake, z. Th. magnetische Körnchen erkennen lässt.

Von der Strecke zwischen Helken-Yamnan liegt ein gröberer Tuff vor, der aus bis mehrere Centimeter grossen, locker mit einander verkitteten Bimssteinbrocken besteht.

Endlich liegen in den Sammlungen von Claraz auch noch Flussgerölle und darunter solche von schwarzem Obsidian.

Geschichteten trachytischen Detritus, Bimssteintuff und vulcanische Aschen traf auch Döring auf der Rio Negro-Expedition in grosser Verbreitung an; Inf. ofic. 1882 bemerkt er, dass sich derartige Bildungen einerseits bis weit nach Südpatagonien, andererseits bis an die atlantische Küste erstrecken und an der letzteren noch 20 bis 100 m mächtig sind, landeinwärts dagegen noch weit stärkere Schichtenmassen bilden. Seiner Meinung nach rühren sie von Eruptionen, die gegen Ende der Ablagerungszeit des oligocänen Piso patagónico begannen und während derjenigen des miocänen Piso araucano ihr Maximum erreichten; dabei sollen die ersten Ablagerungen, mit denen hier und da noch Bänke mit Versteinerungen des patagonischen Tertiäres wechsellagern, submarin, die späteren subaër erfolgt sein. Endlich mag hier noch an die in geologischer Hinsicht freilich ziemlich unsicheren Mittheilungen G. Niederleins erinnert werden, nach welchen sich am Ostabhange der Cordillere, zwischen dem 34.° und 38.° S. Br., ein sehr bedeutendes, an basaltischen und trachytischen Gesteinen reiches Eruptionsgebiet finden soll (Z. d. G. f. Erdk. 1881. XVI. 48 u. 204).

Provinz Mendoza. Die ersten Beobachtungen hat auch hier Darwin angestellt und zwar im Süden der Provinz, nach welchem er vom Portillopasse hinabstieg, um dann über Mendoza und den Cumbrepass nach Chile zurückzukehren (Geol. Obs. 182. Car. 272); einige neuere Nachrichten hat Fr. Leybold gegeben, der im Februar 1871 von Santiago del Chile aus ebenfalls über den Portillopass nach San Carlos im S. von Mendoza ging und von hier aus über den hart im S. des Vulcanes Maipu vorbeiführenden Diamante-Pass wieder nach der chilenischen Hauptstadt heimritt.*)

Aus den ziemlich gut übereinstimmenden Angaben der beiden Reisenden ergiebt sich, dass auf den Glimmerschiefer, der im Westabhange des Portillopasses bildet, Lavafelder auflagern und dass mit denselben, dem Ostrande der Cordillere entlang, mehr oder weniger mächtige Ablagerungen von Bimssteintuffen in räumlichem Zusammenhang stehen. Darwin giebt an, dass die Lavafelder im Osten von los Arenales aus 3—400 Fuss mächtigen Strömen bestehen, stellenweise schöne säulenförmige Absonderung zeigen und sehr steil nach der östlich vorliegenden Pampa abfallen. Des letzteren Umstandes wegen hält er es für unzweifelhaft, dass die Lavaschichten noch in einer auf die Zeit ihres Fliessens folgenden Periode gehoben worden sein müssen. Die Lava wird von einem Gesteine gebildet, das seinem Charakter nach in der Mitte zwischen Trachyt und Basalt stehen und Feldspath neben Olivin und wenig Glimmer enthalten soll. Zuweilen wird es amygdaloidisch und führt alsdann Zeolithe. „An der Mündung des (vom Portillopasse über los Arenales nach der Pampa hinabführenden) Thales, innerhalb der Klippen jenes Lavafeldes finden sich in der Form einzelner kleiner Hügel und in der von Reihen niedriger Riffe Ueberreste einer beträchtlichen Ablagerung compacten weissen Tuffes, der zu Filtrirsteinen gebrochen wird und aus Bimsteinbrocken, vulcanischen Krystallen, Glimmerblättchen und Lavafragmenten besteht." Leybold sah, als er von San Carlos aus nach S. ritt, die Bänke dieses Bimssteintuffes in z. Th. enormer Entwickelung längs des Abhanges der Cordillere anstehen und constatirte, dass sie auch wesentlichen Antheil an der Zusammensetzung des Cordillerenabhanges im O. des Diamante-Passes haben. Von der Boca del Cajon de Cruz de piedra (2233 m) an, durch welche man in die Cordillere eintritt, verfolgte er sie bis in die Schneeregionen der Paramillos, welche mit 3617 m die oceanische Wasserscheide bilden. Nur an dem Bajo de Leones genannten Orte (3106 m) wurden sie auf geringe Erstreckung durch „rothe Porphyre" unterbrochen.

Die aus dem vulcanischen Tuffe der Gegend von San Carlos gearbeiteten Filter finden in den anderen Provinzen eine ausgedehnte Verwendung. Ihr Material erinnerte mich jederzeit auf das lebhafteste an den Trass des Brohlthales.

Weiterhin ist hier noch auf die bereits S. 162 kurz besprochenen, auf den Planchon-Pass bezüglichen Mittheilungen P. Strobel's und auf meine eigenen, auf dem Wege zwischen der Incabrücke und der Cumbre angestellten und S. 151 ff. registrirten Beobachtungen zu verweisen.

Die Uspallata-Kette, die sich im W. der Provinzialhauptstadt Mendoza erhebt, und durch ein breites Längsthal von der Cordillere abgetrennt ist, haben in früheren Jahren Darwin und Burmeister gekreuzt; mich selbst hat der Rückweg aus Chile über dieselbe hinweggeführt.

Burmeister hat, wie bereits S. 84 mitgetheilt wurde, die Eruptivgesteine des Gebirges zum

---

*) Excursion á las Pampas Arjentinas. Santiago. 1873. mit Karte. Eine Uebersetzung dieser Arbeit hat P. G. Lorentz in der La Plata Monatschrift III. 1875 No. 7 ff. gegeben.

ersten Male gegliedert und Felsitporphyre. Basalte oder Melaphyre (Olivindiabase) und Trachyte mit ihren Tuffen unterschieden. Von den letzteren bemerkt er, dass sie in vielfachen Bänken abgelagert und oben mit schwarzer basaltischer Lava bedeckt worden sind. „Eine spätere Revolutionskatastrophe hat sie (diese Bänke) aus ihrer horizontalen Lage versetzt und bald nach Westen, bald nach Osten einfallend verworfen, doch ist die Neigung der meisten Gruppen westlich . . . . . Die untersten, am Rande der Ebene von Uspallata, welche grösstentheils aus schwarzgrüner geschichteter Lava bestehen, fallen wieder östlich. Es ist die wildeste durcheinandergeworfene Versetzung der Massen, welche man sehen kann und so mannigfach in ihrer Richtung, dass eine weitere Schilderung sich weder geben noch versuchen lässt . . . . . Das Ganze erschien mir als das unterste Ende einer grossen vulcanischen Eruption im Innern der Sierra, welche mit Aschenaus-würfen und Lavaergüssen wechselnd einen in der Ebene nach Norden wie nach Süden sich ausbreitenden Strom erzeugte, der später von den herabfliessenden Wassern zerrissen . . . . . und tafelförmig ausge-waschen ist".[*])

Ich selbst habe dieses wasserlose und absolut kahle Gebiet jüngerer vulcanischer Gesteine, welches sich zwischen Uspallata und dem Agua del Zorro über eine Fläche von mehreren Quadratmeilen ausbreitet und durch die bizarren Formen, wie durch die violetten, rothen und schwarzen Farben seiner felsigen Kuppen, Rücken und Riffe in der That ganz ungewöhnliche Bilder entwickelt, an einem glühend heissen Sommertage so eilig durchreiten müssen, dass ich der von Burmeister entworfenen Schilderung nur die Bemerkung hinzuzufügen vermag, dass diejenigen massigen Gesteine, welche ich zu Gesicht bekommen habe, ihrem petrographischen Charakter nach weit mehr an Andesite und Basalte als an Trachyte erinnerten. In der That scheint auch die von Burmeister gewählte Bezeichnung Trachyt, wie sich das aus den oben citirten, die Natur der Gesteine näher erläuternden Mittheilungen ergiebt, nur eine geologische und keine petrographische sein zu sollen.

Ob einige kleine Felsenkuppen, die östlich von dem Araucarien-Sandsteine auf dem Paramillo de Uspallata emporragen, aus Andesiten bestehen, lässt sich bei der hochgradigen Verwitterung ihrer Gesteine nicht sicher angeben; dagegen müssen typische Hornblendeandesite in dem wesentlich aus Thonschiefer und Grauwacke zusammengesetzten Districte zwischen dem Paramillo und Villavicencia vorhanden sein, denn in den Einfriedigungen, welche die Gehöfte des letzteren Ortes umgeben, sind zahlreiche Blöcke des genannten Gesteines eingemauert, die nur aus der Nachbarschaft stammen können.

Im Anschlusse an diese leider nur sehr dürftigen Notizen habe ich noch auzugeben, dass in der Sierra von Mendoza auch im SW. der Stadt, da wo Burmeister auf seiner Karte lediglich Grauwacke und Steinkohle verzeichnet, Gesteine der Andesitgruppe in ziemlicher Ausdehnung entwickelt sind. Die unteren Theile des Ostabhanges der Sierra bestehen hier allerdings aus Thonschiefern und angelagerten rhätischen Schichten; wenn man aber von Challao nach San Isidro reitet, so sieht man mehrfach Riesenblöcke umherliegen, welche aus grün- und rothscheckigen, denen der chilenischen Cordillere im höchsten Grade ähnlichen Breccien bestehen. Dieselben können nur von einer in der Höhe des Gebirges ausgebreiteten mächtigen Decke herstammen, deren schroffen und felsigen Abbruch man gewahrt, sobald man im Thale von San Isidro ein Stück hinaufgeht.

Endlich besteht auch noch der unmittelbar im Süden des Rio Mendoza gelegene Cerro de Ca-cheuta, da wo die später zu besprechenden selenreichen Erzgänge aufsetzen, aus einem theils bankförmig abgesonderten, theils massig zerklüfteten Gesteine, das ich den Andesiten zurechnen möchte. In der

*) Zeitschr. f. allgem. Erdkunde. N. F IV. 1868. 276.

feinkörnigen grauen Grundmasse sieht man hier und da einzelne kleine porphyrartig eingewachsene Feldspathkrystalle; an anderen Stellen ist das Gestein dicht und blasig, oder mit kleinen Kalkspath- und Achatmandeln erfüllt. In allen seinen Varietäten ist es stark verwittert.

Provinz San Juan. In dieser Provinz habe ich ausser den bereits S. 144 ff. besprochenen Andesiten und Basalten des Espinazitodistrictes zwei Dacit-Gebiete kennen gelernt: das der Cerros blancos bei Zonda und dasjenige von Gualilan.

Da wo der Rio San Juan aus der inneren Anticordillere heraustritt, um das zwischen dieser und der Kalksteinkette von Zonda gelegene Längsthal zu kreuzen, liegen zu seinen beiden Seiten Gruppen von Bergen, die schon von weitem durch ihre schönen kegel- und glockenförmigen Gestalten und durch ihre lichte Farbe auffallen. Der letzteren wegen heben sie sich namentlich bei Morgenbeleuchtung ausserordentlich scharf von dem düstren und langgestreckten Thonschieferwalle ab, der unmittelbar hinter ihnen aufsteigt, um die Sierra alta von Zonda zu bilden. Mit Recht führen sie daher ihren Namen: los Cerros blancos.

Ich besuchte in Gemeinschaft mit Don Salle Echegaray diejenige Gruppe, welche sich auf dem rechten Ufer des Rio San Juan erhebt, von der etwa 5 km südlicher liegenden Estancia Zonda aus. Der Bergkegel, den ich hierbei erstieg, überragte nach Aneroidmessungen die Thalsohle um 190 m; die Höhe seiner Nachbarn mag bis 300 m erreichen.[*] Das Material dieser Kegelberge bestand da, wo ich es beobachten konnte, aus einem lichtgrauen, hornblendeführenden Gesteine, das man seinem allgemeinen Ansehen nach für Trachyt halten möchte, das aber namentlich auf Grund seiner chemischen Zusammensetzung dem Dacit zugerechnet werden muss. Es zeigt theils massige, theils plattenförmige Absonderungen (Cap. XVII 4).

Bezüglich der Schollen alttertiärer Sandsteine, welche von diesen Daciten umschlossen und überlagert werden, ist hier auf das S. 134 bereits mitgetheilte zu verweisen. Dagegen ist noch zu erwähnen, dass der auf dem linken Ufer des Rio San Juan gelegene Theil des Eruptionsgebietes eine weit grössere Ausdehnung zu besitzen scheint als der von mir besuchte. Denn nicht nur von Zonda aus, sondern auch später, als ich von San Juan aus der Sierra Ullun entlang nach Talacastre ritt, sah ich in der Höhe des Gebirges, welches die nördliche Fortsetzung der Sierra alta von Zonda bildet, mehrfach Bergkuppen, die wiederum durch Glockenform und lichte Farbe auf das deutlichste von ihrer Umgebung contrastiren. Da die lineare Anordnung dieser Kuppen ungefähr nach Gualilan hinweist und da an diesem Orte, wie sofort zu zeigen sein wird, wiederum Dacite auftreten, so wird man zu der Annahme geneigt, dass in der sanjuaniner Anticordillere eine mehrere Meilen lange Kette von Dacitdurchbrüchen vorhanden ist.

Der durch seine goldhaltigen Kiesgänge bekannte Grubendistrict von Gualilan liegt zwischen San Juan und Jachal in einer beckenförmigen Ausbreitung desjenigen Längsthales, welches im Osten von der Sierra von Ullun-Talacastre, im Westen von der Sierra del Tigre begrenzt wird. Inmitten jener Thalweitung erhebt sich eine kleine Gruppe von Kuppen, Hügeln und Felsenriffen, darunter auch der Grubenberg. Das Material dieser Kuppen besteht wie dasjenige der östlichen und westlichen Hauptgebirgszüge im wesentlichen aus untersilurischen Kalksteinen (S. 47); in demselben treten zuweilen, aber immer nur in Form untergeordneter Einlagerungen, auch noch milde, ebenschiefrige Thonschiefer auf.

Die individuelle Höhe des Grubenberges über der Thalniederung mag etwa 100 m betragen. Seine Kalksteinbänke fallen 50—70° W. und werden parallel zu ihrem nord-südlichen Streichen von den in Cap. XX

---

[*] An einigen dieser Felsen, las Piedras pintadas genannt, finden sich zahlreiche Inschriften und anderweite Einkratzungen, die von den alten Indianern herrühren sollen. Ich erachte mich nicht für competent, ein Urtheil über diese Dinge abzugeben, erwähne aber die Thatsache, um die Aufmerksamkeit Anderer auf sie zu lenken.

zu besprechenden Erzgängen, ausserdem aber auch von mehreren 5—30 m mächtigen Dacitgängen durchsetzt.

Von diesen letzteren Gängen lassen sich in sehr deutlicher Weise zwei Systeme unterscheiden; eines derselben besteht aus Lagergängen, oder doch wenigstens aus Gängen, deren Streichen mit demjenigen der Kalksteinbänke vollkommen parallel ist — ob dies auch hinsichtlich des Fallens gilt, muss ich dahin gestellt sein lassen, da mir die Befahrung der Grube nicht gestattet wurde —, das andere wird durch Quergänge gebildet, deren Verlauf ungefähr rechtwinklig zu dem ebengenannten ist. Ich zählte 3 Lager- und 2 Quergänge, indessen ist die Zahl jener wohl noch grösser, denn es erheben sich unmittelbar im W. des Grubenberges noch einige kleine Dacithügel aus dem Thalboden, die bei rückenförmiger Gestaltung ebenfalls nordsüdliche Orientirung zeigen. Der Kalkstein des Grubenberges wird daher in höchst eigenthümlicher Weise durch ein wahres Netz von Dacitgängen in schachbrettartig gesonderte Prismen zerlegt.

Wie sich die Lager- und Quergänge an ihren Kreuzungspunkten zu einander verhalten, ist über Tage leider nicht zu erkennen; jedenfalls bestehen sie aus gleichem Gestein. Dieses letztere ist so zerklüftet und an der Gebirgsoberfläche so stark verwittert, dass die Ausstriche der Gänge gewöhnlich mit einer starken Gruslage bedeckt sind und grabenartige Einsenkungen im Kalksteine bilden.

Im übrigen ist vielleicht noch erwähnenswerth, dass die westlichen Abhänge einiger der kleinen, dem Grubenberge benachbarten Kalksteinhügel zuweilen nur von je einer einzigen Kalksteinplatte, deren Oberfläche Tausende von Quadratmetern misst, gebildet werden; denn da sich hieraus ergiebt, dass die schichtförmige Absonderung des Kalksteines eine besonders ausgezeichnete ist, so wird auch erklärlich, warum aufreissende Spalten den Schichtungsfugen folgten und Lagergänge entstehen liessen.

Die Dacite, die von den zu Gualilan arbeitenden cornischen Bergleuten natürlich Elvans genannt werden, sind weiter unten näher beschrieben (Cap. XVII. 5—7). Am besten ist derjenige Quergang aufgeschlossen, der gegenüber, dem Maschinenhause, am Westabhange des Grubenberges ausstreicht. Er ist etwa 8 m mächtig und umschliesst grosse Kalksteinfragmente; local werden dieselben so zahlreich, dass eine förmliche Breccie entsteht. Eine besondere Veränderung vermochte ich an dem Kalksteine dieser Fragmente nicht wahrzunehmen, dagegen fiel mir auf, dass die dacitische Gangmasse entlang ihren Salbändern eine ausserordentlich schöne Parallelstructur angenommen hatte. Sie spaltete hier geradezu schiefrig und die parallel zu der Schieferungsebene liegenden Glimmerblättchen gaben ihr ein fast gneissartiges Ansehen.

Endlich ist zu erwähnen, dass nach den Mittheilungen, welche mir der englische Grubencapitän machte, dem Dacit von Gualilan ähnliche Gesteine in der westlich von der Grube gelegenen Sierra del Tigre noch mehrfach vorkommen.

Mir fehlte leider die Zeit zu einem Ausfluge nach den betreffenden Punkten; ich vermochte, nachdem ich von Gualilan aus weiter nordwärts gezogen war, nur noch zu constatiren, dass sich im Rio Jachal, dicht bei dem Städtchen gleichen Namens, zwischen vorherrschenden Geröllen von Graniten und Quarzporphyren vereinzelt andere finden, die aus verschiedenen Hornblendeandesiten und aus grauschwarzen lavaartigen Gesteinen bestehen. Es müssen also auch in den schon der Cordillere angehörigen und im N. der Provinz San Juan gelegenen Gebirgen Eruptionen von verschiedenen jüngeren Gesteinen stattgefunden haben.

Provinz la Rioja. In der pampinen Sierra de Velasco (S. de la Rioja), welche sich unmittelbar im W. der Provinzialhauptstadt erhebt, habe ich da, wo ich dieselbe kreuzte, keinerlei Anzeichen von dem Vorhandensein tertiärer Eruptivgesteine beobachten können; dagegen habe ich andesitische Gesteine an einigen Punkten der Sierra Famatina anstehen sehen.

Dacit bildet am rechten Gehänge des vom Cerro Mejicana nach las Escaleras herabkommenden Rio amarillo kleine Felsen zwischen der Cuesta colorada und den Cuevas de Noroños (Cap. XVII. 8); ein anderweiter kleiner Stock von etwas quarzhaltigem Hornblendeandesit (Dacit) findet sich in der Seitenschlucht, die sich von den Calderagruben aus in nördlicher Richtung zum Rio amarillo herabzieht und kurz oberhalb der Noroños in den letzteren einmündet (Cap. XVII. 9); auf einen dritten Gang, der aus demselben Gesteine besteht, stösst man dann, wenn man durch die nur genannte Seitenschlucht die Höhe erreicht hat und sich nun der Grube Caldera de S. Pedro zuwendet. Er streicht unweit der letzteren zu Tage aus und die Grubengebäude sind aus seinem Gesteine erbaut.

Diese drei Stöcke und Gänge von Andesit setzen inmitten des in der Famatinakette dominirenden Thonschiefers auf.

Für die sonstige Verbreitung von Andesit sprechen Gerölle, die man in grösserer oder geringerer Häufigkeit in dem von Cerro Negro nach Chilecito herabkommenden Thale findet, zwischen der Trapiche del Durazno und der Einmündungsstelle des Agua clara; dieselben stammen also wahrscheinlich wieder aus dem Calderagebiete. Sie bestehen aus hornblendehaltigem Augitandesit, der deshalb besonders interessant ist, weil in kleinen Hohlräumen des Gesteines zuweilen Tridymitkryställchen angetroffen werden (Cap. XVII. 23).

Endlich müssen auch noch in derjenigen Gebirgskette, welche sich im W. von los Angulos und Campanas erhebt und welche als die unmittelbare nördliche Fortsetzung der Famatinakette zu betrachten ist, hornblendehaltige Augitandesite aufsetzen, denn ich habe Gerölle der letzteren mehrfach in den Bächen gefunden, die aus jenem Gebirge herabkommen und den genannten Ortschaften das Wasser liefern.

Provinz Catamarca. Der nordwestliche Theil von Catamarca ist durch einige, im allgemeinen NS. verlaufende und durch hohe Gebirgswälle geschiedene Längsthäler charakterisirt. Jene Wälle, die theils Vorketten der Cordillere sind, anderntheils schon der letzteren selbst zugerechnet werden, bestehen vorherrschend aus alten krystallinen Schiefern und aus Granit, während in den zwischen ihnen gelegenen Thalmulden Sandsteine zu grosser Entwickelung gelangt sind. In den Gebirgen finden sich aber auch noch zahlreiche Durchbrüche von Trachyten und Andesiten, die zwar gegenüber der Gesammtmasse jener sehr zurücktreten, aber dennoch an einzelnen Punkten einen nicht unbedeutenden Umfang gewinnen und durch die Mannigfaltigkeit der zu Tage geförderten Gesteine das Interesse des Geologen in hohem Grade fesseln.

Ein anderweites beachtenswerthes Eruptionsgebiet ist dasjenige der einander benachbarten Sierren von Capillitas und vom Atajo, die sich von der Aconquijakette gegen W. hin abzweigen und den Campo del Arenal vom Campo del Fuerte trennen.

Die Besprechung der in den verschiedenen Districten wahrgenommenen Erscheinungen werde ich in einer von W. nach O. vorschreitenden Weise, nach Thal- und Berggebieten ordnen.

Thal von Fiambalá-Copacavana. Im W. desselben erheben sich verschiedene Kämme, die theils die nördlichen Ausläufer der Sierra de Famatina sein, theils schon der Cordillere zugehören sollen; im O. des Thales steigt die Sierra de los Granadillos empor, deren südliches Ende durch ein kleines Längsthal anderweit gegliedert wird; in demselben fliesst zu Regenzeiten der Rio del Tolar (Dolar?) nach S., um sich unterhalb Tinogasta mit dem von Fiambalá herkommenden Hauptgewässer zu vereinigen.

Im Hauptthale bin ich bis Fiambalá hinaufgeritten und habe bei dieser Gelegenheit keinerlei jüngere Eruptivgesteine anstehend beobachten, wohl aber mehrfach Gerölle von Hornblendeandesiten sammeln können, in den Schotterfeldern bei Fiambalá und in der la Troya genannten Schlucht, welche unterhalb Fiambalá vom W. her in das Hauptthal eintritt und durch welche ein stark frequentirter Tropenweg nach Copiapo führt. Ausserdem ist es besonderer Erwähnung werth, dass Bimssteingerölle in dem Hauptthale eine gar nicht seltene Erscheinung sind. Besonders häufig und bis 1 dm im Durchmesser, trifft man sie in der Nähe von Fiambalá, aber vereinzelte kleinere liegen selbst noch bei Tinogasta umher. In der Nähe von Fiambalá sollen sich, wie mir von glaubwürdiger Seite versichert wurde, ganze Schichtensysteme finden, die nur aus derartigen Bimssteingeröllen bestehen, aber leider vermochte ich am Orte selbst keine Auskunft über die Lage dieser Stelle zu erhalten und vermag daher auch nicht zu beurtheilen, ob bei Fiambalá eine vulcanische Thätigkeit stattgefunden hat, oder ob die Gerölle etwa von jenem Vulcane herstammen, der sich in der Cordillere, in der Gegend des S. Francisco-Passes finden und in dessen Nähe (nach Petermann's Karte) der Fluss von Fiambalá entspringen soll.

Rio Belen. Im W. des Unterlaufes liegt die Sierra de los Granadillos, die ich, in Gemeinschaft mit meinem Collegen Lorentz, bis zu den las Rayas genannten Alpenhütten erstiegen habe. Als anstehende Gesteine sah ich bei dieser Gelegenheit nur Granit, Gneiss und Sandstein, aber in allen Thälern, die sich von dem Gebirge herabziehen, fand ich Gerölle von augithaltigen Hornblendeandesiten und Augitandesiten, so dass diese Gesteine irgend wo im Gebirge zum Durchbruch gelangt sein müssen. Die Fundstätten der andesitischen Gerölle waren das schon oben genannte Thal des Rio del Tolar bei Zapata (Cap. XVII. 22), das Thal, in welchem der Weg von der Cuesta Zapata nach der Aguada bei Londres führt und die mächtige Geröllablagerung des Thales von Yacotula, welches sich in der Nähe der la Puerta genannten Felsenenge des Rio de Belen mit dem Hauptthale vereinigt (Cap. XVII. 20. 21. 36).

Die steilwandigen rechten Thalgehänge zunächst oberhalb dieser Puerta del Rio de Belen bestehen aus Gneiss, an dem sich unten im Thale rothe tertiäre Sandsteine anlagern. Ueber einigen der kleinen Sandsteinfelsen, welche sich dicht neben dem nach S. Fernando führenden Wege erheben, breitet sich eine mehrere Meter mächtige und den 50° W. fallenden Sandsteinschichten conform aufgernde Decke eines klüftigen Eruptivgesteines aus, das bei kryptokrystalliner Structur im frischen Zustande grünschwarze Farbe zeigt, auf allen Klüften aber rothbraun beschlagen ist. Der mikroskopischen Untersuchung nach ist es ein nephelinhaltiger Feldspathbasalt (Basanit) (Cap. XVII. 49).

Das Quellgebiet des Belener Flusses lernte ich auf einer Excursion kennen, die ich mit meinem Collegen Lorentz nach der Laguna blanca machte. Am ersten Tage ritten wir von der Herrn F. Schickendantz gehörigen Estancia Yacotula (1548 m) in den von N. kommenden Längsthale des Belener Flusses aufwärts bis S. Fernando (1600 m); am zweiten erreichten wir, über Villavid und die Laguna cortada ziehend, die kleine Ansiedelung von Nacimientos (2770 m). Der Charakter des Thales bleibt sich bis Villavid gleich; die das Thal einschliessenden Gebirge bestehen zum grössten Theile aus krystallinem Schiefern, während im Thale selbst tertiäre Sandsteine zu mächtiger Entwickelung gelangt sind. Diese letzteren zeigen mannigfach gestörte Lagerung und bizarre Erosionsformen. Bei S. Fernando fanden sich im Thale unter anderen Geröllen solche von Augitandesit (Cap. XVII. 37). Bei Villavid stehen noch Sandsteine an, mindestens von tertiärem Alter, da sich in den ihnen eingeschalteten Conglomeraten Andesitgerölle finden. Bald oberhalb der kleinen Ortschaft ändert sich vorübergehend der geologische Bau, denn die Cuesta, über die man bei der stellenweisen Unwegsamkeit des Thalgrundes nach der Laguna cortada reiten muss, besteht aus buntscheckigen Andesitbreccien, welche denen der chilenischen Cordillere ungemein ähnlich sind. Die mehr oder weniger scharfkantigen Fragmente von dunkelblaugrauen, bläulichgrauen oder lichtröthlichbraunen Hornblendeandesiten sind entweder unmittelbar zusammengeknetet oder durch eine ihnen ähnliche Masse verkittet. In grober bankförmiger Schichtung ziehen sich diese Tuffe bis zur Laguna cortada und bilden auf der linken Thalseite, auf welcher der Weg entlang führt, felsige Gehänge. Hier treten dann auch noch Sandsteine auf, die mit den Tuffbäuken gleiches Streichen und Fallen haben und denselben conform eingelagert zu sein scheinen.

Im Quellgebiete des Rio de Belen, das am Abend des zweiten Reisetages bei N a c i m i e n t o s (2770 m) erreicht wurde, bilden lediglich krystalline Schiefer die Thalgehänge. Dergleichen wurden auch in stetiger Entwickelung am dritten Reisetage beobachtet, an dem wir zunächst von Nacimientos aus la einer mit einem Sandgletscher erfüllten Seitenschlucht gegen W. hin mühsam aufwärts stiegen. Oberhalb der Flugsandablagerung erhält die Schlucht ebenen Boden, biegt jetzt nach NW. um und führt nun an der Salina de la Laguna blanca vorbei nach der L a g u n a b l a n c a selbst (2920 m) Diese letztere ist ein grosser, aber seichter See schwach salzigen Wassers und bildet den tiefsten Theil eines grossen, flachen, abflusslosen Beckens, das im Osten, Norden und Westen von schneebedeckten Gebirgskämmen umrahmt ist; nur im Süden steigt das Land flacher und zu geringerer Höhe an. Unser Führer nannte den im W. gelegenen, der Cordillere angehörigen Gebirgswall die Nevados del Peñon, einen im NO. aufragenden, und wohl der Sierra de Gulampaja angehörigen Schneeberg den Nevado de Pumaquasi. Wir lagerten uns neben dem zur Zeit unserer Anwesenheit verlassenen, la Puerta genannten Indianerdörfchen im SW. der Lagune, konnten aber leider nur einen Tag (1. 11. 1872) verweilen und zu Excursionen in die Vorberge des hier wohl noch 1000 bis 1500 m ansteigenden Hochgebirges benutzen. Ich stieg in einer kleinen wilden Schlucht hinauf, die dicht bei der Puerta herabkommt. Ihre Gehänge bestehen durchgängig aus Gesteinen, die der Gruppe des P l a g i o - k l a s b a s a l t e s zugerechnet werden können, dabei aber ein recht verschiedenes äusseres Ansehen besitzen. Besonders häufig sind anamesitische Abänderungen, die eine grünschwarze oder blaugraue und feinporöse Grundmasse haben und durch zahlreiche, bis 10 mm grosse, aber nur 1—2 mm starke Tafeln eines Plagioklases porphyrartigen Charakter erlangen (Cap. XVII 43—45). Daneben finden sich auch typische Basalte, die entweder compact oder reich an Blasenräumen sind. In letzterem Falle haben sich in den Blasenräumen mehrfach skalenoëdrischer Kalkspath und Chabasit angesiedelt.

Nördlich von der Puerta steht Granit an (S. 33); dagegen scheinen sich die vulcanischen Gesteine noch weit nach Süden hinzuziehen, denn das flache Uferland, welches sich im S. der Laguna blanca ausbreitet, und über welches der Weg von der Puerta nach der Salina führt, ist auf weite Flächen hin ganz mit kleinen Geröllen von schwarzer oder rother basaltischer Lava bedeckt.

S i e r r a d e l a s C a p i l l i t a s u n d A t a j o (Taf. I. 2). Von der Aconquijakette zweigt sich in der Nähe ihres Schneegipfels eine WNW. verlaufende Nebenkette ab, welche die ungefähr 2000 m hoch gelegene Sandwüste des Campo del Arenal von dem in einer Höhe von 800 bis 1000 m sich ausbreitenden Campo del Fuerte abtrennt. Jene Abzweigung der Aconquijakette gliedert sich in eine Reihe mehr oder weniger zusammenhängender Gebirgsstöcke, von welchen derjenige, der dem Aconquija am nächsten liegt, Sierra de las Capillitas, der weiter NW. folgende Atajo genannt wird. Die Specialnamen der übrigen Gebirgstheile sind mir nicht bekannt geworden. Ich habe das Grubengebiet der Capillitas im Januar 1872 besucht und hierbei auch eine Excursion nach den nördlichen Vorbergen des Atajo, welche sich als kleine insulare Kuppen und Kegel aus dem Campo del Arenal erheben, unternommen

In den Capillitas herrscht Granit vor; derselbe wird jedoch mehrfach von Q u a r z t r a c h y t durchbrochen. Ohne dieses letzteren sieht man zu Tage ausstreichen; wenn man von den Gebäuden der Restauradora nach dem zu derselben Grube gehörigen tiefen Stollen hinabsteigt; einen weiteren Gang trifft man in dem Felde der Grube Ortiz. Sodann besteht die kleine, Pan de Azucar genannte Felsenkuppe, welche einen Ausläufer des Grubenberges bildet, aus massigem Quarztrachyt. An dieser letztgenannten Stelle ist das Gestein besonders frisch und zeigt in einer graulich-blauen dichten Grundmasse zahlreiche Sanidin- und Mikrotintafeln, Körner und diploëdrische Krystalle von Quarz und kleine Säulen von schwarzem Glimmer (Cap. XVII. 1).

Ein anderweites hier zu erwähnendes Gestein, das jedoch in seinem Ansehen von dem ebengenannten sehr bedeutend abweicht, steht am oberen Theile des Grubenberges an. Dasselbe zeigt hier eine Absonderung zu groben Platten und eine weisse oder blassgelbe, von zahlreichen kleinen Hohlräumen durchzogene lithoidische Grundmasse; in der letzteren sind jedoch wiederum porphyrische Körner und Krystalle von Quarz, einzelne Krystalle von Sanidin und Mikrotin und, an Stelle des vorhin beobachteten Glimmers, Schuppen eines chloritartigen Minerales wahrzunehmen. Aus dieser Abänderung des Trachytes entwickelt sich dann noch local durch Verwitterung ein sehr cavernöses Gestein von erdiger Beschaffenheit, das in der Hauptsache noch eine weisse Farbe behält, aber vielfach braune, rothe oder violette Flecken zeigt (Cap. XVII. 2).

Zunächst ist man wohl geneigt, diese Gesteine des oberen Grubenberges für Tuffe des Quarztrachytes zu halten; aber auf dem von der Restauradora nach der Grube Rosario hinaufführenden Wege, an dem sie besonders gut aufgeschlossen sind, sieht man, dass von der lithoidischen Hauptmasse aus kleine gangartige Ausläufer in den angrenzenden Granit eindringen und weiterhin kann man sich bei Befahrung der Stollen der Gruben Rosario und Salvador davon überzeugen, dass die erdige Varietät ganz allmählich in die lithoidische und diese, noch weiter stolleneinwärts, in eine trachytische Abänderung übergeht, die schliesslich in allen wesentlichen Punkten mit dem sonst im Grubenreviere und am Pan de Azucar anstehenden Quarztrachyte übereinstimmt. Die lithoidische Abänderung kann daher nur als ein eigenthümliches Zersetzungs- und Umwandlungsproduct des typischen Quarztrachytes betrachtet werden.

In noch grösserer Ausdehnung müssen Trachyte, Andesite und Basalte im Gebiete des Atajo zur Entwickelung gelangt sein. Zur Begründung dieser Anschauung ist folgendes anzugeben.

Die insularen Vorberge am nördlichen Fusse des Gebirges, die ich besuchen konnte, bestehen zum Theile aus Granit, zum anderen, grösseren Theile aus Hornblendeandesiten und basaltischen Gesteinen. Die Basalte umschliessen zuweilen Chalcedonmandeln (Cap. XVII. 10—18). Sonst beobachtet man in dem kleinen Hügelgebiete nur noch rothe, Gypsknollen führende Sandsteine, deren Schichten mannigfache und starke Störungen zeigen. Auf dem Rückwege von diesen insularen Kuppen nach den Capillitas berührte ich auch die NO. Vorstufen des Atajo und vermochte hierbei zu constatiren, dass dieselben aus groben Bänken von andesitischen Breccien und Tuffen, mit denen Platten compacter Gesteine wechsellagern, zusammengesetzt sind. Die Breccien zeigten eckige Fragmente eines dunkelgraugrünen Andesites in einer reichlich entwickelten, rothbraunen, verkitteten Grundmasse.

Den Atajo selbst hat Herr F. Schickendantz im Jahre 1873 besucht*) und ich verdanke ihm die Mittheilung, dass er in der Gipfelregion desselben ein Gestein anstehend fand, welches in einer dichten grauen Grundmasse Quarzkrystalle enthielt und auf seinen Kluftflächen mit Alaunkrusten bedeckt war. Weiterhin traf er in der Höhe auf mächtig entwickelte vulcanische Tuffgesteine, die er in WSW. Richtung bis in die Gegend von Ampujaco verfolgen konnte. Es ist kaum zu bezweifeln, dass das hier erwähnte quarzführende Gestein der Atajokuppe wiederum Quarztrachyt ist.

Weiterhin vermag ich auf Grund eigener Beobachtungen anzugeben, dass sich Tuffe von Hornblende- und Augitandesiten zugleich mit rothen Sandsteinen auch im SO. des Atajo ausbreiten und die Gehänge

---

*) An. agr. 1874. La Plata M. 8. 1874. No. 2. Der höchste von Schickendantz erreichte Punkt lag 3328 m ob. d. M.

der Quebrada Yacuchuya bilden, durch welche der von den Capillitas-Gruben kommende und bei Amanao in den Campo del Fuerte ausmündende Tropenweg führt (Cap. XVII. 38—39).

Endlich verdient erwähnt zu werden, dass in denjenigen Schotterterrassen, welche sich am nördlichen Rande des Campo del Fuerte hinziehen und welche man auf dem Wege vom Fuerto de Andálgala nach Belen, u. a. an der Punta de la Cuesta, als 60 bis 80 m mächtige Anlagerungen an Granitfelsen beobachten kann, neben Geröllen alter krystalliner Massen- und Schiefergesteine sehr häufig auch solche von Augitandesiten, Hornblendeandesiten, Plagioklasbasalten und blasenreichen, lavaartigen Gesteinen gefunden werden (Cap. XVII. 19, 24—27. 40—41. 46). Diese Gerölle können nach den örtlichen Verhältnissen nur aus der Atajo-Gegend stammen und liefern somit einen anderweiten Beweis dafür, dass in der letzteren ein sehr thätiger Eruptionsheerd vorhanden war.

Provinz Tucuman. Unter der Führung von Herrn F. Schickendantz kreuzte ich die Sierra von Tucuman und die im W. sich anschliessende Aconquijakette in den ersten Tagen des Januars 1872. Ein viertägiger Ritt brachte uns zunächst von Tucuman (450 m) über San Javier, Siambon, Anfama und die Cuesta der Lagunilla (2448 m) nach Tafi, dessen Höhe wir zu 1780 m bestimmten. Das herrschende Gestein von Tucuman bis Anfama ist Thonschiefer; später sieht man bis Tafi vorwiegend Gneiss und nur vorübergehend, bei der Cienega, Granit anstehen (S. 11 u. 31).

Tafi liegt in einem etwa 5 Leguas langen und 0.5 bis 1 Legua breiten Hochthale, dessen grasreicher Boden zahlreiche Viehheerden ernährt. Die hohen Gebirge, welche die beiden Längsseiten des Thales bilden und deren westliches sich bis zu dem schneebedeckten Aconquija[*]) erhebt, bestehen auch bei Tafi aus Gneiss und bandstreifigem Glimmerschiefer. Gegen S. zu nähern sie sich einander und bilden endlich eine enge und unwegsame Schlucht, welche bei Morteros in die Tucumaner Ebene ausmündet. Wir setzten unseren Weg in entgegengesetzter Richtung fort, d. h. wir ritten im Thale von Tafi aufwärts nach Infernillo (2790 m) und von hier über einen kleinen Sattel hinüber in diejenige Seitenschlucht, die sich nach dem am Rio de S. Maria gelegenen Dorfe Amaicha hinabzieht.

Während die nördliche Thalseite, welcher der Weg von Tafi nach Infernillo folgt, lediglich aus Gneiss und Glimmerschiefer besteht, lenken in der Nähe des Passes düsterfarbige Felsen mit vielfach zerschnittenen Kämmen den Blick auf sich. Sie müssen aus hornblendehaltigen Augitandesiten, Plagioklasbasalten und basaltischen Laven bestehen, denn unmittelbar jenseits des Passes stellen sich plötzlich zahlreiche Blöcke und Gerölle dieser Gesteine ein (Cap. XVII. 28—29. 47—48), während die Felsengehänge selbst, an denen der Weg nach Amaicha vorüberführt, wiederum die schon genannten krystallinen Schiefer zeigen. Das Reiseprogramm und der Umstand, dass der Infernillo-Pass wegen der Tembladera verrufen ist,[**]), gestatteten keinen Aufenthalt für den Geologen, und so vermag ich nur die Diagnosen der am Passe gesammelten Gesteine zu geben.

Im Anschlusse an das Vorstehende ist noch zu bemerken, dass auch a. a. O. der Aconquijakette jüngere Eruptivgesteine zum Durchbruch gelangt sein müssen, denn als wir später im Hauptthale über S. Maria, S. José und die Punta de Balastro dem Campo del Arenal zuritten, sah ich in den Schotterfeldern, die den Thalboden stellenweise bedecken, ungemein häufig Gerölle andesitischer und basaltischer Gesteine; weiterhin fand ich dergleichen auch noch in einer bei S. José vom Gebirge herabkommenden Seitenschlucht.

---

[*]) Nach Burmeister (Phys. Beschreib. I. 246) 5400 m, nach M. de Moussy 4800 m.

[**]) Ueber diese eigenthümliche, innerhalb ganz bestimmter Gebirgsdistricte die Maulthiere befallende Krankheit vergl. man Moussy. Descr. I. 219. Schickendantz. Geogr. Mittheil. 1868. 188.

Im Tucumaner Flusse, unweit der Provinzialhauptstadt, konnte ich zahlreiche trachytische und basaltische Gerölle sammeln, deren Ursprungsort möglicher Weise in Salta zu suchen ist. Von einem besonders schönen Nephelinbasalt ist unten die Diagnose gegeben (Cap. XVII. 50).

Provinz Salta und Provinz Jujuy. Die ersten ausführlicheren Nachrichten über die geologischen Verhältnisse dieser Provinzen, die mir selbst unbekannt geblieben sind, verdankt man L. Bracke-busch. Derselbe hat im Jahre 1882 namentlich Jujuy nach vielen Richtungen hin durchforschen können und dabei u. a. auch an vielen Orten hornblendehaltige Trachyte und Andesite angetroffen. Dieselben bilden theils grosse, von Tuffen begleitete Massen, theils setzen sie gangförmig in silurischen Schiefern auf. Auch einzelne Basaltgänge in rothem Sandstein wurden beobachtet. Wegen allen näheren Angaben muss hier auf die Reiseberichte von Brackebusch[*]) und auf die in Aussicht gestellte speciellere Beschreibung verwiesen werden.

Provinz San Luis. Die geologischen Verhältnisse dieser Provinz sind mir ebenfalls nur durch die Mittheilungen von G. Avé-Lallemant und L. Brackebusch bekannt geworden.[**]) Auf Grund derselben möge hier nur angegeben sein, dass in der der Hauptsache nach aus krystallinen Schiefern und Graniten bestehenden Sierra von S. Luis wenigstens an 5 Stellen Durchbrüche von „Trachyten" vorhanden sind und dass diese „Trachyte", die mehrfach von Breccien und Tuffen begleitet werden, die höchsten Punkte der Sierra bilden: den Cerro Tomalasta (2 180 m nach Moussy, 2 117 nach A. Lallemant), den Cerro del Valle (2 000 m) und den Cerro Zololasta (1 950 m), ferner den Intiquasi und die Cerros largos. Sodann wird auch der im SO. der Sierra von San Luis, zwischen dieser und der Sierra von Córdoba gelegene Cerro del Morro (1 400 m) als ein Trachytberg erwähnt.

Endlich ist noch anzugeben, dass Brackebusch am Westabhange der Sierra von San Luis, zwischen Quines und Talita und weiterhin bei S. Francisco basaltische Gesteine angetroffen hat (l. c. 207) und nach A. Lallemant in dem Gebiete jener grossen Medanos, die sich im S. der Laguna Bebedero ausbreiten, Bimssteinbrocken eine sehr häufige Erscheinung sind (La Plata M. S. II. 1874. 169 und Acta. 1875. I. 143).

Provinz Córdoba. Die Sierra von Córdoba gliedert sich in drei NS. streichende Parallelketten, deren jede von O. her allmählich ansteigt, um nach W. zu steil abzufallen. Das Hauptmaterial dieser drei Gebirge bilden krystalline Schiefer und Granit. Jüngere Eruptivgesteine habe ich in ansehnlicher Entwickelung und zwar derart, dass sie die Physiognomie des Gebirges wesentlich beeinflussen, nur in zwei Districten beobachten können: in der am westlichsten gelegenen Serrazuela und in der östlichsten Kette, da wo dieselbe von dem Rio tercero durchbrochen wird und wegen der zahlreichen Condornester, die sich hier an steilen Andesitfelsen finden, Sierra de los Condores genannt wird.

Weiterhin vermochte ich im cordobeser Gebirge noch das Aufsetzen einiger Basaltgänge theils direct, theils indirect zu constatiren.

Serrazuela (Taf. II. 6). Das palmenreiche breite Längsthal, welches die mittlere Sierra von Córdoba (die Achala) von der Serrazuela trennt, hat zwischen Pocho und San Carlos eine mittlere Höhe von 1000 m; die Serrazuela steigt von ihm aus gegen W. hin nur noch um ein Geringes an, fällt aber dann

*) Estudios sobre la formacion petrolifera de Jujay. Bol. of. A. N. V. 1883. 181.
**) G. Avé-Lallemant. Apuntes sobre la geognosia de la Sierra de San Luis. Acta. 1875. I. 104 und La Plata M. S. an vielen Orten. L. Brackebusch. Informe sobre un viaje geológico hecho en el verano del año 1875 por las sierras de Córdoba y de San Luis. Bol. of. A. N. 1876. II. 167.

jäh nach der ungefähr 600 m tiefer liegenden Ebene ab. In der Nähe dieses Steilabfalles und speciell im NW. von Pocho erhebt sich eine Gruppe von Kegelbergen, die dem sonst einförmigen Gebirge einen hohen landschaftlichen Reiz gewährt. Am westlichsten und zwar unmittelbar am Gebirgsrande liegt der Cerro de la Yerba buena, dessen Spitze 1515 m erreichen mag,[*] während ich die individuelle Höhe des Berges auf 250 bis 300 m schätze. Bei klarem Wetter hat man von demselben aus eine ungemein weite Aussicht nach W., auf die Ebene mit ihren Salinen, auf die Sierra de los Llanos und die Sierra de la Huerta, ja zuweilen soll man sogar die weissen Spitzen des Nevado von Famatina sehen.

SO. vom Yerba buena liegt zunächst der Cerro de Popa, nach einem an seinem SW. Fusse gelegenen Puesto auch Cerro de Moyesito genannt, und noch weiter SO. erhebt sich in der Nähe der Cienega de Pocho der Cerro de Borroba oder Cerro de la Cienega, der zwar kleiner als die schon genannten ist, aber die schönste Kegelform besitzt. Nahe südlich vom Yerba Buena liegt dann noch eine vierte kleinere Kuppe, die mir als Cerro de la Bola bezeichnet wurde.

Auf den Yerba buena habe ich im December 1873 von der Estancia Agua del Tala aus eine Excursion gemacht; den Popa suchte ich im November 1872 von dem östlich gelegenen Talayni aus zu besteigen, traf hier aber, nahe unterhalb der Kuppe, auf Steilwände, die zur Umkehr zwangen. Dagegen erreichte ich ein Jahr später die Spitze sehr bequem von dem Puesto de Moyesito aus.

Der Yerba buena besteht, soweit ich ihn kennen lernte, lediglich aus einem mässig zerklüfteten, düsterfarbigen Andesit, an dessen Zusammensetzung sich Hornblende und Augit in etwa gleicher Menge betheiligen (Cap. XVII. 30).

Die Kuppe des Popa wird von massigen, hornblendearmen Augitandesiten gebildet (Cap. XVII. 33—35); dagegen besteht die Basis dieses Berges, die namentlich gegen N. hin (Thal zwischen Ojo de Agua und Agua del Tala) zu breiten Terrassen abgestuft ist, aus Bänken vulcanoklastischer Gesteine und zwar theils aus Andesitbreccien, deren grobe eckige Fragmente nur durch wenig Bindemittel verkittet sind, theils aus feinkörnigeren, an Trass erinnernden Tuffen. Gesteine der letzteren Art sieht man auch bei der zwischen dem Yerba buena und dem Popa gelegenen Estancia Agua del Tala; sie stehen unmittelbar SW. derselben in einem kleinen Hohlwege und ferner an demjenigen Wege an, der von der Estancia nach der Grube Argentina führt.

Ausserdem ist zu bemerken, dass mit den vulcanischen Tuffen hier und da auch feinkörnige, gelbe und rothe Sandsteine wechsellagern und dass in diesen Sandsteinen zuweilen Gerölle von Augitandesiten angetroffen werden. Ich sah derartige Verhältnisse u. a. sehr deutlich am Ostabhange des Popa, als ich denselben vom Puesto Totoral bei Talayni aus besuchte. Es darf hieraus gefolgert werden, dass die Sandsteine in derjenigen Periode abgelagert worden sind, in welcher die vulcanische Thätigkeit zwar bereits begonnen, aber noch nicht ihren Abschluss gefunden hatte.

Sierra de los Condores (Taf. III. 8). Dieses Eruptionsgebiet ist kleiner als dasjenige der Serrazuela; es breitet sich am Ostabhange der östlichsten Sierra von Córdoba da aus, wo die letztere vom Rio tercero durchbrochen wird und besteht aus kleinen Kuppen, Kegel- und Tafelbergen, die ihre Formen z. Th. nur starken Ab- und Einwaschungen verdanken.

Das Gneissgebiet, auf dem sich diese vulcanischen Berge erheben, hat an deren östlichem Fusse eine Meereshöhe von etwa 580 m, während die individuelle Höhe der Kegel und Kuppen 50 bis 150 m betragen mag.

[*) Moussy und nach ihm Petermann geben 1645 m an

Man beobachtet an den Hängen der letzteren vorwiegend bankförmig geschichtete **andesitische Tuffe**, von grünschwarzen, braunen oder violetten Farben. Die ebenfalls, aber nur beschränkt vorkommenden massigen Gesteine sind zuweilen blasig entwickelt; in den Blasenräumen und in Spalten der Tuffe haben sich Kalkspath und Analcim angesiedelt.

Gelbe und rothe, von Gypsadern durchzogene Sandsteine und Mergel sind auch diesem Eruptionsgebiete nicht fremd. Ich sah sie am mächtigsten da, wo der Rio tercero in das Gebirge eintritt und es schien mir, als wären sie hier von Andesiten überlagert. Eine Zwischenlagerung von rothbraunen Sandsteinen zwischen Andesittuffen konnte ich dagegen recht deutlich in halber Höhe eines kleinen Berges wahrnehmen, der dem südlichen Theile der Sierra de los Condores angehört.

Nephelinbasalte in der Sierra von Córdoba. In dem Gneissgebiete der östlichsten Sierra von Córdoba traf ich nahe südlich vom Rio segundo und zwar auf dem Wege von Anisacate nach dem Puesto de Garay auf einige kleine Gänge von Nephelinbasalt (Cap. XVII. 51).

Dafür, dass ähnliche Gänge auch anderwärts vorkommen, sprechen Gerölle von Nephelinbasalt, die ich im Rio primero auffand, theils im Flussschotter bei Córdoba, theils in demjenigen bei Cosquin (Cap. XVII. 52).

Ausserdem möge hier daran erinnert sein, dass nach G. Avé-Lallemant der Cerro de la Leoncita aus Nephelinbasalt bestehen soll.[*] Dieser kleine Hügel liegt auf dem östlichen Ufer des Baches von Chajan, in der Ebene, welche sich zwischen dem Rio Cuarto und dem Rio Quinto ausbreitet und ist, obwohl er dem politischen Gebiete der Provinz San Luis angehört, orographisch und geologisch wohl richtiger zu den Ausläufern der Sierra von Córdoba zu rechnen.

Gebiet der atlantischen Küstenregion nördlich vom La Plata. Ich stelle hier noch in Kürze die Nachrichten zusammen, welche mir über das Vorkommen von wahrscheinlich jüngeren Eruptivgesteinen in Uruguay und in den benachbarten brasilianischen Gebirgen bekannt geworden sind.

Die älteste bezügliche Nachricht gab. Weiss. Nach ihm läuft von der aus Gneiss und Granit bestehenden brasilianischen Küste unter dem 30.° S. Br. ein „basaltisches, d. i. ein Mandelstein- und (schwarzes) Porphyr- oder Melaphyr-Gebirge (nirgends jedoch eigentlicher Basalt) vom Meere aus in der siebenten Stunde auf mehr als 5 Längengrade quer hinein in's Land. Am südlichen Fusse seiner kegel- und dachförmig gestalteten Berge liegt das Thal von Guaiba oder Jacuy mit Porto Alegre . . . . Dieser Mandelstein ist die Quelle der grossen Mengen von Chalcedonen, Achaten, Carneolen, Bergkrystallen und Amethysten, welche die Ufer des Uruguay bis über den Rio Negro hinab bedecken" (Brasilien 222). A. a. O. wechsellagern basaltartige Gesteine und Mandelsteine mit Sandsteinen und feinsandigen Thonsteinen (l. c, 245. 250).

Auch Darwin fand einen 3 bis 4 miles langen Zug, der aus Trappgesteinen mit glasigem Feldspath, aus purpurfarbigen Mandelsteinen und aus Zwischengesteinen zwischen Thonsteinporphyr und Trachyt bestand, im Thale von Tapax, das 50—60 miles N. von Maldonado im SO. Uruguay liegt (Geol. Obs. 145. Car. 217) und hält diese Gesteine, wie sich aus Geol. Obs. 102., Car. 150 ergiebt, für Producte der vulcanischen Thätigkeit während der Tertiärperiode.

Gümbel bestimmte neuerdings das Muttergestein der Achate von Uruguay als **Augitandesit**.[**]

---

[*] Acta. 1875. L 143 ff. A. Lallemant, dessen Angaben mit grosser Vorsicht aufzunehmen sind, will bei der mikroskopischen Untersuchung dieses Basaltes ausser Augit, Nephelin und Olivin auch noch Leucit, Mellitth, Noscan, Apatit und Magnetit gesehen haben.

[**] Nachträge zu den Mittheilungen über die Wassersteine (Enhydros) von Uruguay etc. Sitzber. d. k. bayer. Akad. d. Wiss. vom 5. III. 1881. Ueber die seit 1834 von Rio Grande do Sul und Uruguay in den Handel kommenden Achatmandeln vergl. Ausland. 1881.

Hartt erwähnt Basalte, Melaphyre und Trachyte von mehreren Punkten der Provinz Rio Grande (Journey. 526. 530). Ferner ist daran zu erinnern, dass sich nach Darwin und Fox „Trappgänge" mehrfach an der brasilianischen Küste, von der La Plata-Mündung an nördlich bis Rio Janeiro finden (Geol. Obs. 142. 144. Car. 212. 215).

Ich selbst sah in dem Gneisse von Rio Janeiro und zwar unmittelbar neben der Fassung der von der Corcovada herabkommenden Wasserleitung einen 30 cm mächtigen Basaltgang aufsetzen und wurde später durch von Herrn E. Williams gesammelte Stücke darauf aufmerksam gemacht, dass jener Gang durch bis 5 mm starke glasige Salbänder ausgezeichnet ist. Das Ganggestein ist ein glashaltiger Plagioklasbasalt; das schwarze Glas der Salbänder bleibt im Dünnschliffe undurchsichtig.

In den nördlicher gelegenen Regionen der atlantischen Küste scheinen jüngere Eruptivgesteine nur noch ganz vereinzelt aufzutreten. Der von den Abrolhos-Inseln (18° S. Br.) bekannte, vielleicht cretacische Lagergang eines basaltigen Gesteines wurde bereits S. 127 erwähnt; ausserdem finde ich in der mir zugänglichen Litteratur nur noch die Notiz, dass Crevaux im SO. Guyana eine von Bimssteinconglomerat begleitete Trachytkuppe sah (Ch. Velain. N. Jb. 1882. I-408.).

Ergebnisse und Folgerungen. Aus den vorhergehenden Zusammenstellungen älterer und neuerer Beobachtungen ergiebt sich, dass in unserem engeren und weiteren Untersuchungsgebiete während der Tertiärzeit eine ebenso grossartige als mannigfaltige eruptive Thätigkeit stattgefunden hat.

Dieselbe zeigt in ihrer räumlichen Entwickelung die grösste Uebereinstimmung mit jener älteren, welche die präjurassischen Quarzporphyre zu Tage förderte; die gewaltigsten Masseneruptionen sind auch jetzt innerhalb der Cordillere erfolgt und sind im Osten, bis zur atlantischen Küste hin, wiederum von zahlreichen Nebeneruptionen begleitet worden.

Selbständige vulcanische Gebirge sind hierbei wohl nirgends zur Ausbildung gekommen, vielmehr sind die tertiären Eruptionen auch im Osten an Ältere, durch wellenförmige Erhebungen des archäischen und paläozoischen Untergrundes (Pampine Sierren, Anticordilleren) und durch voraufgegangene Ausbrüche von Graniten und Quarzporphyren gekennzeichnete Spalten geknüpft. Das gilt für alle Theile der Argentinischen Republik und scheint auch für Patagonien zuzutreffen; zum wenigsten giebt sich auch in den kleinen, an jüngeren Eruptivgesteinen besonders reichen Gebirgen zwischen dem Rio Negro und dem Rio Chupat das Vorhandensein älterer tektonischer Linien dadurch zu erkennen, dass hier krystalline Schiefergesteine und Quarzporphyre aus der mit tertiären Schichten bedeckten Ebene emporragen.

Das Eruptionsmaterial der tertiären Zeit ist ein äusserst mannigfaltiges. Andesite herrschen vor; aber auch Trachyte und basaltische Gesteine sind zahlreich entwickelt. Ob die räumliche Verbreitung und die zeitliche Folge dieser verschiedenartigen Producte von bestimmten Gesetzen beherrscht werden, lässt sich bei dem heutigen Zustande der südamerikanischen Geologie noch nicht angeben.

Eine weitere beachtenswerthe Thatsache besteht darin, dass in der jüngeren Eruptivformation, gleichwie in derjenigen der älteren Quarzporphyre und Porphyrite, ausser Massengesteinen und vulcanischen Breccien geschichtete Conglomerate und Tuffe wiederum eine sehr bedeutende Rolle spielen. Die letzteren finden sich in der grossartigsten Entwickelung auf dem Westabhange der Cordillere, zwischen dem 32. und 37. S. Br., als eine Decke der mesozoischen Sedimente, sind aber auch in den kleineren Eruptionsgebieten des Ostens keine

No. 49. S. 975. Gümbel. Ueber die mit Flüssigkeit erfüllten Chalcedonmandeln (Enhydros) von Uruguay. Sitzber. vom 7. II. 1880. Berg und Hüttenm. Zeitung. 1882. No. 12.

seltene Erscheinung. Man kennt sie hier in Catamarca (Laguna cortada, Atajo), S. Luis, Córdoba (Serrazuela Sierra de los Condores), Mendoza und in einigen Districten Patagoniens.

Da diese vulcanischen Sedimente des Ostens mehrfach mit gleichaltrigen Sandsteinen verknüpft sind, so darf hieraus und aus ihrer heutigen (mediterranen) Position in Uebereinstimmung mit Steinmann (164) und Döring (165) gefolgert werden, dass diese jüngeren Eruptionen nicht nur im Gebiete der Cordillere, sondern auch im Osten anfänglich unter Wasser oder zum wenigsten in der Nachbarschaft von Gewässern stattgefunden haben.

Man wird daher in Erinnerung der S. 138 besprochenen Thatsachen annehmen dürfen, dass die jüngere Eruptionsperiode schon in der älteren Tertiärzeit begonnen hat.

In dem grossartigsten Maassstabe jedoch und an noch weit zahlreicheren Orten wird die vulcanische Thätigkeit entfesselt worden sein, als sich — zwischen der älteren und neueren Tertiärzeit — die Haupterhebung der Cordillere vollzog (S. 143); denn um diese continentale Dislocation zu ermöglichen, muss die alte pacifische Hauptspalte ein letztes Mal weithin aufgerissen sein und zugleich hiermit werden sich auch mancherlei zu Eruptionscanälen geeignete Nebenspalten in dem archäischen Faltensysteme der Pampasregion gebildet haben.

Dass auch noch in späterer Zeit Eruptionen stattgefunden haben und dass überhaupt vollständige Ruhe bis jetzt noch nicht wieder eingetreten ist, wird durch das Eingreifen vulcanoklastischer Sedimente in die jüngeren Tertiärablagerungen Patagoniens und durch die auch noch heute thätigen vulcanischen Schlotte der Cordillere (Cap. XXIII) bezeugt.

XVII. Petrographische Bemerkungen

über die jüngeren Eruptivgesteine.

I. Quarztrachyte.

1. **Pan de Azucar, Capillitas.** Prov. Catamarca. (vergl. S. 172. u. H. Francke. Studien über Cordillerengesteine, 1875. No. 53. S. 14).

Die herrschende Gesteinsvarietät zeigt eine graublaue, dichte Grundmasse und in derselben, als porphyrische Elemente, bis 10 mm grosse, weisse und glasglänzende Feldspathkrystalle, bis 8 mm grosse Körner und Diploëder von Quarz und zahlreiche bis 2 mm im Durchmesser haltende hexagonale Tafeln und kurz-säulenförmige Krystalle von tombakbraunem bis rabenschwarzem Glimmer. Unter der Lupe gewahrt man noch, namentlich wenn man das Gestein vorher angefeuchtet hat, kleine säulenförmige Kryställchen von dunkler Farbe. Es sind stark umgewandelte Krystalle von Hornblende, deren Form am besten an den Abdrücken erkannt werden kann, welche ausgewitterte Prismen in der Gesteingrundmasse hinterlassen haben. Körnchen von Magnet- und Titaneisenerz sind ebenfalls erst unter der Lupe zu erkennen.

An einigen Stellen ändert das Gestein seinen Charakter dadurch etwas, dass einzelne Feldspathkrystalle bis 20 mm gross werden. Es sind Zwillinge nach dem Carlsbader Gesetze, weiss, glasartig glänzend, sehr rissig, z. Th. in ganz eigenthümlicher Weise schwammartig durchlöchert. An diesen grossen Krystallen vermochte ich niemals Viellingsstreifung wahrzunehmen, so dass ich sie für Sanidin halte; die in demselben Gesteine eingewachsenen kleineren Krystalle, die in ihrer physikalischen Beschaffenheit jenen ganz ähnlich sind, zeigen indessen theilweise die Parallelstreifung auf der Hauptspaltungsfläche sehr deutlich. —

Da wo das Gestein stärker zu verwittern beginnt, — ganz frisch habe ich es nirgends beobachtet —, büsst der Glimmer seinen lebhaften Glanz und seine dunkle Farbe ein und wandelt sich allmählich zu graugrünen Blättchen von chloritischem Ansehen um. Die Grundmasse braust alsdann ziemlich stark mit Salzsäure.

In den vier mir vorliegenden mikroskopischen Präparaten lässt sich nur an den dünnsten Stellen erkennen, dass die Grundmasse eine felsitische Structur hat; dickere Stellen bleiben wegen reichlicherer Imprägnation mit kaolinartiger Substanz, mit Viridit, Ferrit und Kalkspath undurchsichtig. Im ersteren Falle heben sich aus der Grundmasse zwischen gekreuzten Nicols einzelne Kryställchen von Feldspath und einzelne Quarzkörnchen ab.

Von den schon genannten makroporphyrischen Elementen des Gesteines verdienen zunächst die Körner und Krystalle des Quarzes, ihrer Einschlüsse wegen, Beachtung. Diese letzteren bestehen theils aus spärlichen Mikrolithen, theils sind es solche von Glas und von Flüssigkeit. Die Glaseinschlüsse, die nur vereinzelt auftreten, sind die grösseren. Sie haben theils rundliche, theils — und zwar in sehr ausgezeichneter Weise — diploëdrische Gestalt und umschliessen in beiden Fällen jederzeit ein dunkelumrandetes Bläschen. Ihrer Oberfläche haften nicht selten Opacitkörnchen an; z. Th. wird jene auch von dendritischen Gebilden bedeckt. In dem die Glaseinschlüsse zunächst umgebenden Quarze bemerkt man zuweilen Sprünge, deren Richtungen alsdann mit denjenigen der Axen der Glasdiploëder coincidiren. Hier und da sieht man wohl auch inmitten des Quarzes lediglich kleine Systeme von drei, sich unter 60° schneidenden Sprüngen. Die sechs Strahlen solcher kleinen Sterne laufen dann nicht genau, aber doch nahezu von einem Punkte aus. Offenbar gehörten auch diese Sprünge der unmittelbaren Umgebung von Glaseinschlüssen der genannten Art an, die etwas über oder unter den Grenzflächen des Präparates lagen und bei der Herstellung des letzteren weggeschliffen wurden. Die Sprünge sind wohl durch Spannungsdifferenzen entstanden, die sich wegen der ungleichen Contractilität des Quarzes und des von ihm eingeschlossenen Glases bei der Krystallisation von jenem geltend machten[*]) Die in dem Quarze schwarmartig auftretenden Flüssigkeitseinschlüsse sind weit kleiner als die Glaseinschlüsse; ihre Libellen zeigen wenigstens in den kleinsten deutliche Bewegung.

Endlich sieht man noch mehrfach die Gesteinsgrundmasse buchtenförmig in die Quarze eindringen oder man beobachtet grosse, wohl als Querschnitte solcher Buchten aufzufassende insulare Einschlüsse von jener inmitten des Quarzes.

Der Quarztrachyt des Pan de Azucar ist nach alledem, wie schon Francke (Studien S. 15) hervorgehoben hat, einer jener selteneren Repräsentanten seiner Art, in denen Glas- und Flüssigkeitseinschlüsse neben einander vorkommen. Dabei mag hier noch ausdrücklich hervorgehoben werden, dass die beiden Arten von Einschlüssen mehrfach in einem und demselben Quarzkorne anzutreffen sind

Die Feldspäthe des Quarztrachytes der Capillitas sind klar, rissig und von schaligem Baue. Unter den kleineren scheint Plagioklas über den Sanidin vorzuherrschen. Ausser Mikrolithen, winzig kleinen flächenreichen Kryställchen eines unbestimmbaren Minerales und reichlichem, opaken oder braun durchsichtigen Staub beherbergen auch die Feldpathkrystalle kleine Glaseinschlüsse und einzelne Flüssigkeitseinschlüsse, ausserdem auch noch Luftporen.

Die chloritartigen Glimmertafeln sind aus allen Präparaten herausgeschliffen worden; über ihre mikroskopische Beschaffenheit vermag daher nichts angegeben zu werden. Dagegen sind die stark pseudomorphosirten Hornblendekrystalle in den Präparaten sehr deutlich sichtbar. Schon Francke, mit dessen Angaben meine Beobachtungen recht gut übereinstimmen, hat angegeben, dass diese Pseudomorphosen innerhalb eines opaken Randes aus einem Aggregate von Viridit, Epidot, Opacit, Ferrit, Calcit und etwas Quarz bestehen und dass, auffallig genug, inmitten dieser secundären Gebilde, noch sehr frische Apatite innenliegen. Um die Hornblendesubstanz aus diesen Pseudomorphosen gänzlich verschwunden ist, so würde man bei der Deutung der vorliegenden Gebilde u. d. M. zunächst nur auf deren 4 und 6eckige, mit den gewöhnlichen Längs- und Querschnitten der Hornblendekrystalle gut übereinstimmende Schnittflächen angewiesen sein; indessen gewahrt man doch noch ein anderes Phänomen, welches die Richtigkeit der vorgenommenen Bestimmung von allen Zweifeln befreit. Einige sechseitige Querschnitte zeigen nämlich noch sehr deutlich der Spaltungsrichtungen der ursprünglich vorhanden gewesenen Hornblende, indem zwei unter stumpfen Winkel sich schneidende Systeme linearer Trümchen, die mit feinfaserigem Viridit erfüllt sind, das übrige und ganz regellose Gemenge der pseudomorphosirenden Neubildungen durchschneiden. Offenbar hat sich dieser Viridit zu einer Zeit gebildet, zu welcher die Hornblendesubstanz zwar noch vorhanden, aber bereits von vielen, ihren Spaltungsrichtungen folgenden Rissen durchzogen war. Als dann später die Hornblende ein Opfer zersetzend wirkender Prozesse wurde, blieb der auf den Spalten angesiedelte, widerstandsfähigere Viridit von den in seiner Umgebung vor sich gehenden Umwandlungen unbeeinflusst und gestaltete sich nun zu einem werthvollen Beweismittel für die Natur des ursprünglich vorhanden gewesenen Minerales. Diese gewiss höchst interessante Erscheinung steht übrigens nicht vereinzelt da; Zirkel hat sie bereits von einem syenitischen Granit der

---

[*]) Die gleiche Erscheinung beobachtet man in den Quarzen des Felsitporphyres von Kirchberg bei Dossenheim a. d. Bergstrasse, Baden. Schliffsammlung von Rosenbusch-Fuess. No. 28; Cohen. Sammlung v. Mikrophotographien. 1883. Tf. IV. 1.

Aehnliche, schon mit blossem Auge wahrzunehmende Sprünge zeigt mir ein in der Siemens'schen Glashütte zu Dresden zufällig entstandenes Glas, in welchem sich grosse radialfaserige Kugeln ausgeschieden haben. Von diesen Kugeln aus ziehen sich, und zwar in der Richtung ihrer Radien, Sprünge in das Glas hinein.

Oquirrh Mountains, Utah beschrieben*) und ich selbst habe sie noch in ganz ausgezeichnet deutlicher Weise in den pseudomorphen Hornblendekrystallen eines Andesiten von Schemnitz angetroffen.

2. **Lithoidischer Quarztrachyt, zwischen den Gruben Rosario und Restauradora, Capillitas, Prov. Catamarca anstehend** (vergl. S. 173).

In einer weissen, zuweilen rothbraun oder violett gestreiften und gefleckten, lithoidischen Grundmasse liegen kleine eckige Körner, seltener Krystalle von Quarz, Körner und Krystalle von glasigem Feldspath und vereinzelte Täfelchen eines graugrünen, chloritartigen Minerales. Die Grundmasse ist bald compact, bald mehr oder weniger zellig und porös und zwar ist ihre zellige Beschaffenheit theils eine ursprüngliche, theils ist sie in der Auswitterung eines porphyrisch entwickelt gewesenen Minerales (Feldspath? Hornblende?) begründet. Die ursprünglichen Hohlräume sind unregelmässig ausgebuchtet, oft flach gestreckt und dann wohl unter sich parallel; die durch Auswitterung entstandenen sind gewöhnlich mit kaolinartiger oder mit ockriger Substanz erfüllt und lassen hier und da auch Ansiedelungen kleiner Quarzkryställchen erkennen.

U. d. M. bleibt die Hauptmasse des Gesteines sehr trüb, da sie ebenfalls mit kaolinartigen und ockerigen Zersetzungsproducten stark imprägnirt ist. Nur an den dünnsten Stellen lassen die Präparate eine mikrofelsitische Beschaffenheit erkennen. Dabei ist aber diese mikrofelsitische Masse nicht gleichförmig entwickelt; sie erscheint vielmehr zusammengesetzt aus kleinen Partien von gröberer und feinerer felsitischer Structur. Während man bei Anwendung des gewöhnlichen Lichtes den Eindruck gewinnt, als verflössen diese verschiedenartigen Partien allmählich in einander, erweisen sie sich unter dem Polarisationsmikroskope als gegenseitig ziemlich scharf begrenzt und die Grundmasse scheint alsdann, wenigstens an einigen Stellen der Präparate, eine Breccie zu sein, deren kleine, eckige Fragmente feinfelsitisch sind und trüber bleiben, während das netzförmig verzweigte Cement eine gröbere felsitische bis mikrokrystalline Structur besitzt.

Die porphyrisch auftretenden Körner und Krystalle von Quarz umschliessen ausser Zonen kleiner Flüssigkeitseinschlüsse auch sehr schöne Glaseinschlüsse, die jenen der Quarze des vorstehend beschriebenen Gesteines vom Pan de Azucar ganz analog sind. Die porphyrisch auftretenden Krystallfragmente von Feldspath zeigen nur z. Th. Viellingsstreifung; das chloritartige Mineral ist z. gr. Th. zu einer farblosen, doppelbrechenden Substanz umgewandelt, zwischen deren Lamellen sich Platanit angesiedelt hat. Ferrit und Eisenocker, welche der Grundmasse hier und da die oben erwähnte rothbraune oder violette Färbung verleihen, sind wohl aus der Zerstörung des nirgends mehr wahrzunehmenden Magnetites hervorgegangen.

Einige Bemerkungen über anderweite aus Südamerika bekannte Quarztrachyte folgen weiter unten bei der Besprechung der Dacite.

II. Trachyt.

3. **Gestein des 110 m mächtigen Lagerganges in den cretacischen Schichten an der Puente del Inca, Cordillere von Mendoza** (vergl. S. 151. Francke. Studien. No. 27. S. 17)

Eine lichtgraue, felsitische Grundmasse bildet etwa die eine Hälfte des Gesteines. Die andere Hälfte besteht aus porphyrisch entwickelten Krystallen, unter denen in erster Linie weisse, bis 4 mm grosse Sanidine und Plagioklase, in zweiter Linie ebensogrosse Tafeln und kurzsäulenförmige Krystalle von schwarzem Glimmer zu nennen sind. Sporadisch treten einzelne rundliche Quarzkörner auf, während ausserdem noch allenthalben in der Gesteinsgrundmasse sehr kleine Hohlräume wahrgenommen werden, die aus der Zersetzung eines letzten porphyrischen Minerales entstanden und dermalen mit einem bräunlichgelben Ocker erfüllt sind.

U. d. M. erweist sich die Grundmasse als recht frisch. Sie besitzt, wie man namentlich zwischen gekreuzten Nicols sieht, eine krystallinischkörnige Structur und besteht im wesentlichen aus Feldspathkryställchen, die bei der genannten Beobachtungsweise graue, graublaue und bläulichweisse Farbentöne zeigen. Als sehr unter-

---

*) Microscopical Petrography. 1876. Pl. III. 2.

geordnete Elemente der Grundmasse, die erst bei stärkerer Vergrösserung erkannet werden, sind noch Glimmerblättchen, Magnetitkörnchen und staubförmige Partikelchen zu erwähnen. Hier und da haben sich einige Luftporen entwickelt.

Die porphyrisch entwickelten Sanidin- und Plagioklaskrystalle scheinen sich etwa das Gleichgewicht zu halten. Alle Sanidine und die Mehrzahl der Plagioklase sind sehr frisch und rein und zeichnen sich, wie schon Francke hervorgehoben hat, von denen anderer Trachyte und Andesite dadurch aus, dass ihnen Glaseinschlüsse fast gänzlich fehlen. Gewöhnlich beherbergen sie nur einzelne farblose Nädelchen und einige wenige Luftporen. Ueberdies werden sie mehrfach von parallelen Systemen feingewellter Linien durchzogen, die bei schwacher Vergrösserung Risse zu sein scheinen, sich aber bei stärkerer Vergrösserung als lineare Aneinanderreihungen staubförmiger Partikelchen zu erkennen geben. Neben diesen frischen und einschlussarmen Krystallen von Plagioklas finden sich nun aber auch noch in jedem der vorliegenden vier Dünnschliffe einige, die sehr stark zersetzt und mit zahllosen, staubfeinen Partikelchen, sowie mit Eisenocker und Kalkspath imprägnirt sind. Die Viellingsstreifung ist bei diesen Krystallen nur noch an einigen wenigen reineren und frischeren Stellen deutlich wahrzunehmen. Man wird kaum irren, wenn man annimmt, dass diese Krystalle von einem anderen Plagioklase gebildet werden, als die zuerst erwähnten. Der Glimmer ist ölgrün bis bräunlichgrün durchscheinend; der ordinäre Strahl wird stark absorbirt. In den vereinzelten Quarzkörnern sind sehr kleine Flüssigkeitseinschlüsse, z. Th. mit innenschwimmenden würfelförmigen Kryställchen zu beobachten. Das schon erwähnte verwitterte Mineral bleibt auch u. d. M. unbestimmbar. Seine Krystalle sind, obwohl an ihnen zeitweilig noch Andeutungen einer ursprünglich vorhanden gewesenen Längsfaserung oder Spaltbarkeit wahrgenommen werden können, doch ganz zersetzt und bestehen z. gr. Th. aus gelbbraun durchscheinendem Ocker und etwas Kalkspath, wozu nach Francke zuweilen auch noch etwas Quarz tritt. Dass diese Pseudomorphosen, wie Francke glaubt, solche nach Hornblende seien, ist, zumal man hier und da rectanguläre oder sechsseitige Querschnitte wahrnimmt, möglich, aber nicht sicher erweislich. Endlich ist noch zu erwähnen, dass in dem Trachyt der Incabrücke Magnetit nur sehr spärlich auftritt und dass auch Apatit nur in ganz vereinzelten Kryställchen anzutreffen ist.

Die chemische Analyse des Gesteines, welche Herr R. Müller im Freiberger Laboratorium auszuführen die Güte hatte, hat folgendes Resultat ergeben.

$$SiO^2 \quad 66.21$$
$$Al^2O^3 \quad 15.60$$
$$Fe^2O^3 \quad 1.95$$
$$FeO \quad 1.85$$
$$MgO \quad 5.93$$
$$CaO \quad 1.96$$
$$Na^2O \quad 4.46$$
$$K^2O \quad 3.04$$
$$H^2O \quad 2.46$$
$$\overline{103.46}$$

Da der 66.21% betragende Gehalt an SiO^2 anderweit bezeugt, dass sich Quarz nur in sehr untergeordneter Weise an der Zusammensetzung des Gesteines betheiligt, so trage ich kein Bedenken, das letztere im Hinblick auf seinen petrographischen Gesammtcharakter dem Trachyte zuzurechnen.

III. Quarzführende Andesite (Dacite).

4. Gestein der Cerros blancos bei Zonda, Prov. San Juan. (vergl. S. 168. Francke. Studien. Trachyt No. 29. S. 18).

Eine lichtgraue und feinporöse Grundmasse herrscht vor. In derselben liegen zahlreiche, bis 5 mm grosse, weisse und stark glasglänzende Feldspathkrystalle und sehr kleine, kurzsäulenförmige Kryställchen von grün schwarzer Hornblende. Die letzteren lösen sich z. Th. von dem Muttergesteine ab und zeigen dann die Combination Prisma, Klinopinakoid, Hemipyramide und Basis. Magnetit wird aus dem gepulverten Gestein nur in sehr geringer Menge ausgezogen.

U. d. M. erweist sich die Grundmasse als mikrokrystallin; sie besteht wesentlich aus Feldspathkryställchen von theils leistenförmigen, theils quadratischen Querschnittsformen. Einige dieser Kryställchen zeigen deutlich Viellingsstreifung. Beigemengt sind ihnen opake Nädelchen und Körnchen, sowie vereinzelte Blättchen von lichtbraunem Glimmer, überdies noch zahlreiche, braun durchscheinende, gekörnelte Flecken, von denen ich es unentschieden lassen muss, ob sie als Glasbasis oder als irgend ein Zersetzungsproduct aufzufassen sind. Zu Gunsten der letzteren Meinung würde der Umstand sprechen, dass das Gestein schwach mit Säuren braust. Endlich beobachtet man inmitten der Grundmasse auch noch einzelne Luftporen. Unter den porphyrischen Krystallen herrschen Sanidine und Plagioklase vor und zwar scheinen sich dieselben ungefähr das Gleichgewicht zu halten. Beide sind sehr frisch und gewöhnlich sehr rein, indessen beherbergen einzelne Krystalle auch neben farblosen Nädelchen, grünen Mikrolithen und Luftporen zahlreiche Glaseinschlüsse. Die ausserdem noch porphyrartig auftretenden Hornblendekrystalle zeigen schaligen Bau, sind grün durchscheinend und enthalten schöne Glaseinschlüsse.

Die mikroskopische Prüfung muss es bei der Frische und dem lebhaften Polarisationsverhalten der Feldspäthe unentschieden lassen, ob auch freier Quarz vorhanden ist; die Anwesenheit desselben ergiebt sich jedoch mit ziemlicher Wahrscheinlichkeit aus dem Resultate der chemischen Analyse, durch deren Vornahme im Freiberger Laboratorium mich Herr R. O. Teichgräber verpflichtet hat. Derselbe fand

$$
\begin{array}{ll}
SiO^2 & 68.97 \\
Al^2O^3 & 17.03 \\
Fe^2O^3 & 1.30 \\
MgO & 0.79 \\
CaO & 3.26 \\
Na^2O & 6.15 \\
K^2O & 1.70 \\
H^2O & 1.10 \\
\hline
Sa. & 99.30
\end{array}
$$

Das Ergebniss dieser Analyse beweist zugleich, dass das von Francke als Trachyt beschriebene Gestein richtiger der Andesitgruppe zuzurechnen ist.

5. Gestein des Steinbruches an den Los Blanquitos genannten Hügeln, westlich von Gualilan. Provinz San Juan. (vergl. S. 169. Francke. Studien. Dacit No. 36. S. 26).

Eine lichtgraue, trachytische Grundmasse bildet etwa ²/₃ der Gesteinsmasse; das dritte Drittel kommt auf porphyrisch entwickelte Krystalle, unter denen zahlreiche, bis 5 mm grosse, wasserhelle oder weisse Feldspäthe und 3 mm lange, bis 4 mm im Durchmesser haltende hexagonale Säulen von rabenschwarzem Glimmer sofort in die Augen fallen. Dagegen nimmt man erst bei schärferer Beobachtung einzelne, bis 6 mm grosse Quarzdiploëder, zahlreiche kleine grünschwarze und langsäulenförmige Hornblendekryställchen und vereinzelte Magnetitkörner wahr.

6. Gestein des Ganges, welcher in dem silurischen Kalksteine des Grubenberges von Gualilan, gegenüber dem Officiantenhause ausstreicht (vergl. S. 169. Francke. Studien. Liparit No. 24. S. 16).

Das Gestein ist dem der Blanquitos sehr ähnlich, nur finden sich in seiner gelblichgrauen, stark zur Verwitterung neigenden Grundmasse die Quarzkrystalle viel häufiger eingewachsen. In dem Gruse, der die anderweiten auf der Höhe des Grubenberges ausstreichenden Gehänge bedeckt, namentlich in dem des östlichsten Lagerganges, kann man zahlreiche angewitterte Diploëder sammeln, die von Pol bis Pol 10—15 mm und ungefähr ebensoviel in der Richtung einer horizontalen Axe messen. An allen diesen Krystallen treten die prismatischen Flächen, wenn sie überhaupt vorhanden sind, nur ganz untergeordnet auf.

An seinen Salbändern zeigt das unter 6 genannte Ganggestein reichlichere Beimengung von Glimmer und nimmt alsdann, während es sonst richtungslose Structur und massige Absonderung besitzt, eine gestreckflaserige Structur und schiefrige Spaltbarkeit an.*) Die Quarzkrystalle treten innerhalb dieser Contactregion zurück.

7. Gestein, in kleinen Felsen am Pochwerke von Gualilan anstehend.

Dieses Gestein weicht im äusseren Ansehen von den beiden zuvor erwähnten etwas ab, denn seine grünblaue Grundmasse ist mehr felsitisch als trachytisch. Als porphyrische Einsprenglinge sind wieder Feldspathkrystalle, Quarzkörner und graugrüne hexagonale Glimmertafeln in grosser Zahl vorhanden, dieselben besitzen aber diesmal nur eine Grösse von 2—3 mm.

Zur mikroskopischen Untersuchung eignet sich am besten das Gestein der Blanquitos, da es das frischeste ist. Seine Grundmasse lässt sich im allgemeinen als mikrofelsitisch bezeichnen. Ferrit, Magnetit und viel brauner, opaker Staub sind ihr beigemengt. Ausserdem treten in ihr noch zahlreiche kleine Kryställchen von Sanidin und Plagioklas, einzelne Quarzkörner, Hornblendemikrolithen und Glimmerblättchen auf und stellenweise werden diese krystallinen Elemente so häufig, dass sie den mikrofelsitischen Antheil fast ganz verdrängen und einen Uebergang zum mikrokrystallinen entwickeln. Die Grundmassen der Gesteine 6 u. 7 mögen ähnlich beschaffen gewesen sein; jetzt sind sie aber so mit kaolinartigen u. a. Zersetzungsproducten sowie mit Kalkspath imprägnirt, dass sie eine deutliche optische Analyse nicht gestatten.

Porphyrisch sind in allen drei Gesteinen Quarz, Sanidin, Plagioklas und Glimmer reichlich, Magnetit nur spärlich vorhanden. In 5 und 6 treten dann noch kleine Hornblendekrystalle und in 5 ausserdem noch vereinzelte Titanite und Apatite.

Der Quarz enthält mancherlei Einschlüsse; zunächst einzelne farblose oder grünliche, vereinzelt oder gruppenweise auftretende Nädelchen, sodann zahlreiche Glas- und Flüssigkeitseinschlüsse. Die Glaseinschlüsse, welche die grösseren sind, haben recht häufig eine dihexaëdrische Form. In dem sie umgebenden Quarze beobachtet man wiederum gar nicht selten lineare, in die Verlängerungen der Dihexaëder-Axen fallende Sprünge (S. 180). Die Flüssigkeitseinschlüsse treten theils einzeln, theils in Schwärmen auf und besitzen gewöhnlich eine sehr träge Libelle. Dieselbe verändert sich und bewegt sich oftmals auch dann nicht, wenn man bis 120° erwärmt; indessen kommt diese Unveränderlichkeit auch den mobilen Libellen zu, die sich in einzelnen kleineren Einschlüssen mit aller wünschenswerthen Deutlichkeit beobachten lassen, so dass jener Indifferentismus nicht gegen den liquiden Charakter der eingeschlossenen Substanz sprechen kann. Nur selten beobachtet man in den Flüssigkeitseinschlüssen neben der Libelle auch noch kleine, wasserhelle Würfelchen. Endlich mag erwähnt werden, dass sich in einzelne grössere Quarzkrystalle Buchten felsitischer Grundmasse eindrängen. Sanidin und Plagioklas treten in wechselndem Mengenverhältnisse auf; nach der chemischen Analyse des frischesten Gesteines (5) muss aber in diesem der Plagioklas überwiegen. Deshalb und weil die Ganggesteine von Gualilan aller Wahrscheinlichkeit nach einem und demselben Eruptionsheerde entstammen, habe ich hier alle dem Dacite beigerechnet.

Im Uebrigen ist noch bezüglich der Feldspäthe zu erwähnen, dass dieselben im Ganggesteine 5 sehr frisch sind, ausgezeichnet schalenförmigen Bau besitzen und zahlreiche farblose und grünliche Mikrolithen, sowie einzelne Glaseinschlüsse beherbergen. Ein Feldspathkrystall des Ganggesteines 7 enthält auch kleine Flüssigkeitseinschlüsse.

Die Hornblende ist in 5 frisch, von grüner Farbe und starkem Absorptionsvermögen. In 6 ist sie, wie schon Francke bemerkt hat, in Viridit umgewandelt. In 7 fehlt sie entweder von Haus aus oder ist durch die Verwitterung des Gesteines gänzlich unkenntlich geworden.

---

*) Derartige schiefrige Structur ist schon mehrfach an Quarztrachyten u. s. Ganggesteinen beobachtet worden. Vergl. Zirkel. Lehrbuch d. Petrographie. II. 1866. 156. B. v. Waltershausen-v. Lasaulx. Der Aetna. II. 1880. 349. J. Roth. Allgem. u. chem. Geologie. II. 1883. 17.

Die chemische Analyse der frischesten Gesteinsabänderung 5 hat auf meine Bitte Herr D. Wetzig, im Freiberger Laboratorium ausgeführt. Die von ihm gefundene Zusammensetzung ist die folgende:

SiO²	63,18
Al²O³	19,79
Fe²O³	1.10
FeO	3.23
MgO	1.51
CaO	4.04
Na²O	5.12
K²O	2.42
H²O	0.62
Sa.	101,01

8—9. Quarzführende Hornblendeandesite von der Sierra Famatina, Prov. la Rioja.

8. An der Cuesta colorada, im Thale des Rio amarillo, zwischen Escaleras und dem Cerro de Famatina einen Stock im Thonschiefer bildend.

In einer äusserst feinkörnigen lichtgrauen Grundmasse, welche quantitativ vorherrscht, liegen zahlreiche weisse Feldspäthe und säulen- oder nadelförmige Kryställchen von schwarzer Hornblende.

U. d. M. zeigt die Grundmasse ein Gefüge, das zwischen dem krystallinisch körnigen und mikrolithischen (kryptokrystallinen nach Rosenbusch) die Mitte hält. Körnchen und Leistchen von Feldspath, die sich durch allmähliche Grössenabnahme aus den porphyrischen Krystallen entwickeln, dominiren. Mit ihnen gemengt sind Körner von Magnetit und grüne Mikrolithen von Augit (?). Endlich finden sich auch noch in der Grundmasse zahlreiche kleine lufterfüllte Porenräume.

Unter den porphyrischen Elementen dominiren frische, wasserhelle und rissige Feldspäthe, die z. Th. überreich an kleinen Einschlüssen sind. Die grössere Zahl von ihnen zeigt Viellingsstreifung. Ferner sieht man Hornblendekrystalle, die z. Th. eine Zersplitterung in kleine, scharfkantige Fragmente erlitten haben, aber durch Grundmasse wieder verkittet worden sind. Auch in der Hornblende beobachtet man bei Anwendung stärkerer Vergrösserung zahlreiche Einschlüsse, welche die Form langgestreckter, negativer Kryställchen besitzen, parallel zur Hauptaxe des Wirthes liegen und je ein Bläschen haben, das bei Erwärmung keinerlei Veränderung zeigt. Nächstdem finden sich vereinzelte grössere Krystalle von Augit; endlich Quarz. Der letztere füllt kleine winklige Hohlräume aus, welche die anderweiten Gemengtheile übrig gelassen haben. In der einheitlichen Structur dieser kleinen Quarzpartieen und in der sehr frischen Beschaffenheit des ganzen Gesteines darf man wohl Beweise dafür erblicken, dass der Quarz ein primärer Gemengtheil und nicht, wie man vielleicht bei der allerdings ungewöhnlichen Art seines Vorkommens meinen könnte, ein Infiltrationsproduct ist.

Das Gestein kann sonach ein augitführender Hornblendedacit genannt werden.

9. Am Fusse der Cuesta Caldera im Thonschiefer ansetzend.

Das Gestein ist dem eben besprochenen äusserlich sehr ähnlich, nur dominiren bei ihm die porphyrischen Krystalle, die diesmal aus weissem Feldspath, Hornblende und bis 3 mm grossen krystallinen Quarzkörnern bestehen, über die Grundmasse. Von der letzteren heben sich hier und da bis mehrere Centimeter grosse Partieen ab, die kleinkörnige Structur besitzen und einen fragmentaren Eindruck hervorbringen; da sie aber lediglich aus den auch sonst in der Grundmasse eingebetteten Mineralien bestehen und da sie überdies ganz allmählich in die herrschende dichte Grundmasse übergehen, so kann man sie wohl nur als locale Erstarrungsmodificationen auffassen.

Die porphyrisch auftretenden Feldspäthe sind denen des Gesteines No. 8 ganz analog, nur umschliessen sie auch eine reichliche Zahl von Luftporen. Plagioklas ist vielfach deutlich zu erkennen; dass mitvorkommende, nn gestreifte Feldspäthe Sanidin sind, ist möglich. Die Hornblende ist dagegen diesmal vollständig pseudomorphosirt.

An ihrer nur noch durch die Krystallumrisse erkennbaren Stelle finden sich Zusammenschaarungen zahlloser opaker Körnchen, die durch eine wasserhelle, mit Viridit gemengte Masse zusammengehalten werden. Dass hier Zersetzungen stattgefunden haben, wird auch noch dadurch bewiesen, dass sich in der Gesteinsgrundmasse mehrfach Bäschelchen von feinen grünen Nädelchen und Kalkspath angesiedelt haben. In den Quarzkörnern beobachtet man vereinzelte, aber ausgezeichnet schöne dihexaëdrische Glaseinschlüsse mit dunkel umrandeten Bläschen, andere, von opaken Körnchen incrustirte Glaseinschlüsse und Schwärme von sehr kleinen Flüssigkeitseinschlüssen mit z. Th. sehr mobilen Libellen. Augit fehlt diesem Gesteine, dagegen sind Apatitsäulchen und neben zahlreichen Magnetitkörnchen auch noch einzelne, wie zerhackt aussehende Lamellen von Titaneisenerz vorhanden.

Die Zurechnung der soeben besprochenen Dacite und der unter No. 1 und 2 beschriebenen Quarztrachyte zu den Eruptionsproducten der tertiären Zeit muss sich, da an keiner der bezüglichen Fundstätten jüngere versteinerungsführende Sedimente vorhanden sind, in erster Linie auf den petrographischen Charakter jener Gesteine gründen; weitere zu ihren Gunsten sprechende Momente können dann allenfalls noch in der Nachbarschaft einiger jener Gesteine mit solchen von andesitischem Typus und in der Thatsache erblickt werden, dass nach den Mittheilungen von d'Orbigny, Philippi, Forbes und Wolff quarzhaltige Trachyte und quarzhaltige Andesite auch in den Cordilleren von Chile, Peru, Bolivia und Ecuador vielfach und z. Th. in sehr bedeutender Entwickelung vorhanden sind.

Eine kurze Zusammenstellung der betreffenden Angaben möge hier folgen.

A. d'Orbigny giebt an, dass „trachyte, le plus souvent à l'état de conglomérats ponceux, remplis de cristaux de quartz et de ponces" den Westabhang des bolivianischen Plateaus auf etwa einen halben Breitegrad hin bedeckt (Géologie 1842. 115; vergl. auch 217). Philippi (Reise 71. 79. 133) fand grosse Ströme von Trachytlava, deren röthlichweisse Grundmasse eine Menge wasserheller Quarzkrystalle und schwarzen Glimmer umschliesst, zwischen S. Bartolo und Atacama, sowie bei Toxando und s. a. O. der Wüste Atacama; Forbes (Rep. 25) erwähnt ebenfalls den 25 bis 30 Miles langen und mehrere Miles breiten Strom von quarzhaltigem Trachyt und Trachyttuff zwischen S. Bartolo und S. Pedro de Atacama und bezeichnet das Vorkommen ähnlicher Gesteine im Hochlande von Bolivia und Peru als eine häufige Erscheinung.

Alle drei Reisende heben überdies in fast übereinstimmender Weise den eigenthümlichen und an die oben von Gmelin beschriebenen Verhältnisse erinnernden Eindruck hervor, welchen die wasserhellen und lebhaft glänzenden Körner und Krystalle von Quarz da hervorbringen, wo sie in zahlloser Menge in dem Zerwitterungsgruse ihres trachytischen Muttergesteines umherliegen. Die Form der Quarzkrystalle wird dabei theils als eine rein diploëdrische, theils als die Combination von „small six-sided prisma, terminated at both ends by pyramids" angegeben.

Pissis stützt sich wohl auf d'Orbigny, wenn er An. d. m. 1876. III. 416 von den Quarztrachyten der Anden spricht.

Wolff entdeckte, dass Quarzandesite die vulcanische Basis des Mojanda, des Yana-Urcu und des Antisana bilden und vermochte die höchst interessante Thatsache zu constatiren, dass am Antisana Quarzandesit-Lava noch in der zweiten Hälfte des vorigen Jahrhunderts geflossen ist (N. Jb. 1871. 377). Vom Azuay, ebenfalls in Ecuador, erwähnt er Andesite, die, etwa zur Hälfte aus Körnern und Krystallen von Quarz, daneben aus krystallinen Körnern von Plagioklas und einer feinporösen, bimssteinartigen Grundmasse bestehend, die quarzreichsten aller vulcanischen Gesteine sein und in der Petrographie einzig dastehen dürften (Z. d. g. G. 1877. XXXI. 197).

IV. Hornblendeandesit.
Hornblendeandesite des Patos- und Cumbrepasses.

Diese Gesteine zeigen in ihrem Gesammthabitus und in ihren Specialitäten so viel Uebereinstimmung, dass ich sie gemeinschaftlich besprechen kann.

In einer kryptokrystallinen bis dichten Grundmasse von lichterer oder dunklerer grauer, und, bei verwitterten Abänderungen, von grünlichgrauer Farbe liegen zahlreiche 2—5 mm grosse Krystalle von weissem Feldspath und ebenso zahlreiche kurzsäulenförmige oder nadelförmige Krystalle von grünschwarzer bis schwarzer Hornblende. Diese letzteren sind bis 5 mm lang und gewöhnlich 1 bis 2, seltener bis 4 mm stark und lösen sich zuweilen gut von der Grundmasse ab. In diesem Falle kann man ausser den lateralen Flächen deutlich P und OP beobachten. Kleine Körnchen von Magnetit wird man in keinem der Gesteine vergeblich suchen; in demjenigen, welches am Espinazitopasse ansteht, treten auch einzelne Täfelchen von dunkelbraunem Glimmer auf. Die folgenden Gesteine wurden mikroskopisch untersucht:

10—13. Espinazito-Pass (Patosdistrict) (S. 144).

10. Gestein des Nevado del Espinazito, auf dem Passe anstehend (Francke No. 38. S. 26);

11. Gestein einer Kuppe, welche die am westlichen Fusse des Espinazito entwickelten Juraschichten durchbricht (Francke No. 30. S. 18);

12. Gestein eines Lagerganges in den jurassischen Schichten am Espinazito (Francke No. 37. S. 26);

13. Gestein eines Nevado nordwestlich vom Espinazito.

14—15. Cambre-Pass (S. 153).

14. Blöcke an der Laguna del Inca (Francke No. 32. S. 18).

15. Gestein des kurz oberhalb los Andes in dem Gebiete der thonsteinartigen Tuffe aufsetzenden Ganges (Francke No. 26. S. 17).

U. d. M. unterscheidet man stets eine Grundmasse und porphyrische Krystalle. Jene besteht im wesentlichen aus farblosen Feldspathmikrolithen, die gewöhnlich nadelförmige, nur in No. 15 körnige Gestalt haben, im ersteren Falle 0.01—0.02 mm lang sind und das öfteren, besonders gern in der Nähe der grösseren, porphyrischen Krystalle, fluidale Anordnung zeigen. Ausserdem sind noch mehr oder weniger Hornblendemikrolithen und schwarze, bis zu den kleinsten Dimensionen herabsinkende Körnchen wahrzunehmen, dagegen konnte ich eine das Licht nicht doppelt brechende Masse, die nach Francke S. 27 in der Grundmasse eines der Espinazito-Gesteine vorhanden sein soll, nicht beobachten.

Wenn die Gesteine zu verwittern beginnen, so trübt sich die Grundmasse und es stellen sich Abscheidungen von rothbraunem Eisenocker sowie — nach Ausweis der Reactionen mit Salzsäure — Ansiedelungen von Carbonaten ein; weiterhin entwickeln sich Viridit und Aggregate von Epidot, Quarz und Kalkspath.

Die porphyrischen Elemente bestehen im wesentlichen aus Feldspath und Hornblende. Die Feldspäthe sind fast durchgängig noch recht frisch, wasserhell und rissig und lassen oft zonalen Bau erkennen. Neben zahlreichen Dampfporen beherbergen sie einzelne Glaseinschlüsse und farblose Mikrolithen. Francke sah auch einige Flüssigkeitseinschlüsse.

Viellingsstreifung ist nur an einem Theile der Feldspäthe, dann aber auch ausgezeichnet deutlich beobachtbar; einem anderen Theile fehlt sie. Will man hiernach Mikrotin und Sanidin unterscheiden und die jeweiligen Quantitätsverhältnisse dieser beiden Feldspäthe abschätzen, so ergiebt sich, dass in 10. 11. 12 und 14 der Plagioklas dominirt, dass sich in 13 die beiden Feldspäthe etwa das Gleichgewicht halten und dass in 15 sogar der ungestreifte Feldspath etwas überwiegt.

Francke, dessen Untersuchungsresultate mit den meinigen sonst gut übereinstimmen, ist durch ähnliche Abschätzungen dazu veranlasst worden, nur die Gesteine 10 und 12 als Hornblendeandesite, 11, 14 und 15 aber als Trachyte aufzufassen, so dass nach ihm die Eruptivgesteine des Espinazitogebietes zwei Gesteinsfamilien angehören würden. Da er nun aber selbst zugiebt, dass in jenen Trachyten „die grösseren und kleineren Feldspäthe bis fast zur Hälfte Plagioklase seien, so dass man diese Gesteine zwischen Trachyte und Andesite hätte einfügen sollen" (S. 18) und da es mir in solchen für den Mikroskopiker zweifelhaften Fällen richtiger zu sein scheint, derartige Mittelgesteine den ihnen räumlich benachbarten und wohl auch aus demselben vulcanischen Heerde entstammenden typischen Gesteinen zuzurechnen, so habe ich es meinerseits, vom Standpunkte des Feldgeologen aus, vorgezogen, die in Rede stehenden jüngeren stock- und gangförmigen Gesteine des Espinazito- und Cumbre-Passes als Hornblendeandesite zusammenzufassen.

Die Hornblende dieser Gesteine ist sehr frisch und von lebhaft grüner oder bräunlichgrüner Farbe. Sie zeigt starken Pleochroismus und nicht minder starke Absorption. Ihre Krystalle, die theils einfache, theils Zwillinge nach dem Orthopinakoide sind, sind im Vergleich mit denen des Feldspathes arm an Einschlüssen. In den Dünnschliffen des Gesteines No. 14 stellen sich neben den zahlreicheren Hornblendekrystallen auch vereinzelte Krystalle und Gruppen krystalliner Körner von blassgrünem, frischem Augit ein. In allen Gesteinen tritt Magnetit auf und nicht selten bilden seine kleinen Körnchen schwache Umsäumungen der Hornblendekrystalle. Endlich finden sich auch in jedem Präparate einige Apatitkryställchen.

16—18. Hornblendeandesite von den nordöstlichen Vorbergen des Atajo, Provinz Catamarca (S. 173).

Die Mehrzahl dieser Hornblendeandesite, die kleine, als Ausläufer des Atajo in den Campo del Arenal zu betrachtende Kuppen bilden, ist in der äusseren Erscheinung jenen der Cordillere sehr ähnlich, denn in einer lichtgrauen und nahezu dichten Grundmasse sieht man auch hier gewöhnlich nur weisse Feldspathkrystalle und dunkle Hornblendesäulen. Lediglich in einem Falle treten zu diesen porphyrischen Elementen auch noch schwarze Glimmertäfelchen und ebenfalls nur in einem Falle (18) besitzt die Grundmasse eine bräunlichrothe Farbe und eine so dichte und harte Beschaffenheit, dass man sie als keratitisch bezeichnen kann.

U. d. M. erkennt man als wesentliche Elemente der Grundmasse aller Atajo-Andesite farblose und mikrolithische Nädelchen und Körnchen, die wohl als winzige Feldspathkryställchen aufzufassen sind und Magnetit-, bezw. Opacitkörnchen. Diese Gebilde sind indessen nur an einzelnen Stellen der Präparate deutlich wahrnehmbar, da die Grundmasse gewöhnlich bereits mehr oder weniger verändert und getrübt ist. Das Maximum der Veränderung zeigt die erwähnte bräunlichrothe Grundmasse von keratitischem Ansehen. Dieselbe ist allenthalben mit staubförmigen Partikelchen und Flocken von opakem Ferrit, der bei auffallendem Lichte roth erscheint, imprägnirt und umschliesst zum anderweiten Zeichen ihrer Veränderung zahlreiche kleine Adern und Drusen, die theils mit lagenförmigem oder zäungligem, theils mit relativ grosskörnigem Quarze erfüllt sind. Auch Kalkspath ist vielfach zu beobachten. Da in der Nachbarschaft dieses Andesites auch amygdaloide Gesteine mit Achatmandeln gefunden wurden, so scheint es, als ob früher in dem Atajogebiete heisse Quellen existirt und jene mikroskopischen und makroskopischen Ausiedelungen von Kieselsäure veranlasst hätten.

An der Zusammensetzung der Grundmasse des einen Gesteines (17) betheiligt sich auch eine isotrope Substanz, deren Deutung ich dahingestellt sein lassen muss.

Von den porphyrischen Elementen ist zunächst hervorzuheben, dass sich die Feldspäthe, die zumeist durch Viellingsstreifung als Plagioklase charakterisirt sind, eine auffallende Frische bewahrt haben. Sie strotzen z. Th. von mikroskopischen Einschlüssen und sind u. a. besonders reich an negativen, an ihrer Oberfläche mit opaken Körnchen inkrustirten Glaseinschlüssen.

Sehr lehrreiche Erscheinungen zeigen die Hornblendesäulen. In dem einen Gesteine von lichtgrauer Grundmasse (16) ist die Hornblende noch sehr frisch, von grüner Farbe und starkem Pleochroismus. Ihre Krystalle werden hier fast durchgängig von opaken Körnchen umsäumt, die mehrfach quadratische Umgrenzung und bei auffallendem Lichte Metallglanz zeigen und somit nur für Magnetit gehalten werden können. Ein Hornblendekrystall, der in zwei Theile zerbrochen ist, zeigt eine derartige Umsäumung auch längs seiner Bruchstellen; durch das frische Innere anderer Krystalle ziehen sich kleine gangförmige Adern hindurch, deren Salbänder von einem schwach doppelbrechenden Minerale gebildet werden, während ihre centrale Füllung wiederum aus zahlreichen Magnetitkörnchen besteht. Diese Verhältnisse erinnern lebhaft an die Beobachtungen, welche F. Zirkel an einem zerbrochenen Hornblendekrystalle des Hornblendeandesites vom Angusta Cañon *), anstellen konnte und beweisen, dass auch im vorliegenden Falle die Umsäumung der Hornblende durch Magnetit erst nach dem Bildungsacte jener erfolgt sein kann. Die Hornblendekrystalle des veränderten Gesteines 18 sind an ihrer Oberfläche in eine rothe eisenschüssige Masse umgewandelt worden und lösen sich in folge dessen leicht von der Gesteinsgrundmasse ab. Der braune Glimmer des Gesteines 18 ist noch recht frisch und zeigt eine jener der Hornblende ähnliche, nur etwas schwächere und weniger dichte Umsäumung durch Magnetitkörnchen. Endlich ist zu erwähnen, dass sich in allen Andesiten der Atajo-Vorberge auch noch vereinzelte Krystalle von Apatit und Titanit finden. Die ersteren sind säulenförmig und strotzen z. Th. von opaken, der Hauptaxe der Kryställeben parallel gelagerten Partikeln.

19. Das Material einiger Gerölle, welche ich in den Schotterablagerungen der Punta de la Cuesta, zwischen dem Fuerte de Andalgala und Belen, Cat., sammelte (S. 171), zeigt sowohl nach äusserem Ansehen, wie nach mikroskopischer Beschaffenheit vollkommene Uebereinstimmung mit den soeben unter 17 und 18 besprochenen Gesteine des Atajogebietes.

V. Hornblende- und Augit-führende Andesite.

Diese Gesteine sind nach ihrem Gesammtcharakter und nach dem Vorherrschen des einen oder anderen Bisilicates theils den Hornblendeandesiten, theils den Augitandesiten näher verwandt und hätten daher auch diesen beiden Gesteinsfamilien eingeordnet werden können; da sie indessen thatsächlich einen Uebergang zwischen den letzteren vermitteln, so schien es mir nicht unzweckmässig zu sein, der Existenz solcher Zwischenglieder durch eine besondere Ueberschrift auch einen äusseren Ausdruck zu geben. Im Einzelnen kann man dann ja immer noch zwischen augitführenden Hornblendeandesiten und hornblendeführenden Augitandesiten unterscheiden.

20—22. Augitführende Hornblendeandesite der Sierra de los Granadillos, Provinz Catamarca S. 171.

20 und 21. Geschiebe, gesammelt in den Schotterterrassen von Yacutula bei Belen und
22. Im Rio del Tolar bei Zapata, unweit Tinogasta.

Diese Gesteine entsprechen nach ihrem äusseren Ansehen und nach ihren mikroskopischen Einzelheiten noch vollständig den eben besprochenen Hornblendeandesiten und unterscheiden sich von denselben lediglich durch das u. d. M. deutlich erkennbare Auftreten vereinzelter grösserer Augitkrystalle.

Im frischen Zustande haben nur eine lichtgraue, dichte Grundmasse, in welcher deutlich erkennbare Kryställeben von weissem Plagioklas und säulenförmige Kryställeben von schwarzer Hornblende inneliegen. Die letzteren lösen sich zuweilen gut ab und zeigen dann, ausser Prisma und Klinopinakoid, P und OP. Endlich beobachtet man schon mit dem blossen Auge einzelne gelbe Titanitkryställeben. Wenn Zersetzungsprocesse ihr Spiel getrieben haben, so hat die Grundmasse eine duster graugrüne Farbe angenommen.

U. d. M. gliedern sich die Bilder in eine aus farblosen Mikrolithen, opaken Körnchen und einzelnen Ferritblättchen bestehende Grundmasse und in grössere, porphyrische Krystalle von Plagioklas, Sanidin, Hornblende, Augit, Magnetit, Titanit und Apatit. In 22 treten hierzu noch vereinzelte kleine Schüppchen von braunem Glimmer.

Die Feldspathe sind frisch und reich an Einschlüssen; die Hornblende ist in 20 und 22 frisch, dunkelgrün und stark pleochroitisch; der Augit ist ebenfalls frisch und von blassgrüner Farbe. Keines der beiden Bisilicate zeigt eine Umrandung. In dem graugrünen Gesteine 21 sind nicht nur die Elemente der Grundmasse stark zersetzt, sondern es sind hier auch die porphyrischen Hornblende- und Augitkrystalle unter Wahrung ihrer Form vollständig in Aggregate von Viridit, Epidot, Quarz und Kalkspath umgewandelt worden. Dieselben Zersetzungsproducte haben sich auch allenthalben in der Grundmasse angesiedelt. Dabei mag es besonderer Erwähnung werth sein, dass körniger Quarz nicht nur in der unmittelbaren Nachbarschaft der übrigen Secundärgebilde auftritt, sondern auch kleine selbständige Nester und Gänge ausfüllt. Wenn daher in diesem Falle seine secundäre Natur mit aller

*) Micr. Petrography. 1876. S. 128. Taf. V. 2.

wünschenswerthen Deutlichkeit charakterisirt ist, so darf vielleicht auch für vereinzelte kleine und ebenfalls körnige Quarzpartieen, die sich hier und da in den frischeren Grundmassen der Gesteine 20 und 22 zeigen, secundärer Ursprung angenommen werden.

23. Hornblendehaltiger Augitandesit. Gerölle bei der Trapiche del Durazno unweit Chilecito, Provinz la Rioja (S. 170).

In einer violettgrauen, fast dichten Grundmasse, deren Continuität durch vereinzelte kleine, winklige Hohlräume unterbrochen wird, liegen zahlreiche, bis 2 cm lange und bis 2 mm breite Nadeln von schwarzer Hornblende und einzelne grünschwarze Augitkörner inne; bei aufmerksamer Betrachtung sieht man auch die Spaltflächen kleiner Feldspäthe aufglänzen. Die Hornblendekrystalle sind an ihrer Oberfläche in eine rothbraune, glanzlose Masse umgewandelt, lassen aber beim Zerschlagen noch frische, gut spaltbare und lebhaft spiegelnde Substanz erkennen. In den kleinen Cavernositäten des Gesteins beobachtet man ausser einem zarten, gelblichweissen Incrustate auch noch kleine Tridymitkryställchen in fächerförmigen Viellingen. Der Magnet zieht viel Magnetit aus dem Gesteinspulver aus. Mit Salzsäure braust das letztere nicht.

U. d. M. zeigt die Grundmasse eine mikrokrystalline Structur und lässt als ihre Elemente neben Feldspathkryställchen, die mehrfach Viellingsstreifung zeigen, auch noch blassgrüne Mikrolithen von Augit (?), Magnetitkörnchen und Ferritschüppchen erkennen. Ausserdem beobachtet man in ihr hier und da schuppige Aggregate von Tridymit. Die porphyrischen Einsprenglinge sind Plagioklas, Hornblende, Augit, Apatit und Magnetit. Die Plagioklase sind frisch, rissig und beherbergen zahlreiche farblose Nädelchen, sowie nicht minder zahlreiche, incrustirte negative Kryställchen. Die Hornblendekrystalle zeigen sich mehr oder weniger in eine opake, rothe Masse umgewandelt, in welcher man bei auffallendem Lichte zahlreiche kleine Magnetitkörnchen eingewachsen sieht. Einzelne Krystalle haben nur noch in ihrem Centrum einen unbedeutenden Rest ihrer ursprünglichen, bräunlichgrün durchscheinenden Substanz. Die Augite sind im Gegensatz hierzu völlig frisch; sie treten in einzelnen grösseren Krystallen oder krystallinen Körnern auf, zeigen schönen zonalen Bau, z. Th. Zwillings- oder Viellingsverwachsungen und umschliessen zahlreiche nadelförmige Mikrolithen, Glaseinschlüsse und wohl auch kleine, langgezogene, schlauchförmige Hohlräume. Gleichwie die Hornblende, so hat auch der Augit eine Attraction auf Magnetite ausgeübt; fast jeder grössere Krystall umschliesst metallisch glänzende, schwarze Körnchen und andere haften an seiner Oberfläche an.

Endlich ist hervorzuheben, dass man mehrfach Hornblendekrystalle sieht, die gänzlich oder theilweise von Augit umwachsen sind; es liegt daher der sehr ungewöhnliche Fall vor, dass sich der Augit erst nach der Hornblende ausgeschieden hat. Die Apatite des Gesteines sind relativ gross und strotzen derart von kleinen, ihrer Hauptaxe parallel gelagerten schwarzen Nädelchen, dass sie dadurch einen bräunlichen Farbenton erhalten.

24 27. Hornblendehaltiger Augitandesit; aus dem Atajo-Gebiete stammende und an der Punta de la Cuesta gesammelte Gerölle (174).

Diese Gesteine sind durch düstere Farben und dadurch ausgezeichnet, dass in ihrer dichten, rothbraunen oder graugrünen Grundmasse nur sehr kleine, erst mit der Lupe zu erkennende Kryställchen von Feldspath, Augit und Hornblende eingewachsen sind. U. d. M. zeigt die Grundmasse, dass sie vorwiegend aus Mikrolithen besteht, die theils farblose, theils blassgrüne Nädelchen sind; nächstdem betheiligen sich an ihrer Zusammensetzung Opacit-, bezw. Magnetitkörnchen und in 24 und 27 stellt sich auch noch eine farblose, isotrope Basis ein. Neben diesen ursprünglichen Elementen machen sich ausserdem noch Zersetzungsproducte breit; zunächst rother Staub und Viriditschüppchen, welche die eine oder andere Farbe der Gesteine bedingen, weiterhin Kalkspath und faserige, doppelbrechende Mineralien, die mikroskopische Druseuräume ausfüllen. Die porphyrischen Elemente sind in allen näher untersuchten Gesteinen Plagioklas, Augit, Hornblende, Magnetit und Apatit. Der Plagioklas ist frisch, rissig, reich an Einschlüssen, und zwar theils an solchen farbloser Nädelchen, theils an schönen Glaseinschlüssen, die sich in den centralen Theilen der Krystalle oder in peripherischen Zonen der letzteren zusammendrängen. Der Augit ist blassgrün durchscheinend und reich an Glaseinschlüssen, während die gelblichroth bis rothbraun durchscheinende

Hornblende gern Perimorphosen bildet und alsdann in Gestalt eines schwachen Rahmens als Aggregat farbloser und schwarzer Körnchen umgiebt. Ausserdem ist zu bemerken, dass die Hornblende dann, wenn die Gesteinsgrundmasse stärkere Zersetzungen erlitten hat, von einem rothbraunen, opaken Saume, in dem Magnetitkörnchen liegen, umgeben wird, während der mit vorkommende Augit frisch ist, obwohl auch an der Oberfläche seiner Krystalle Magnetitkörnchen anhaften. Die in der Grundmasse auftretenden Apatitnädelchen strotzen wie gewöhnlich von schwarzen Nädelchen und Körnchen, die parallel zur Hauptaxe des Wirthes geordnet sind.

28—29. Hornblendehaltige Augitandesite vom Infernillo-Passe, Hochthal von Tafí, Prov. Tucuman (S. 174).

Ich habe am Infernillo-Passe zwei hierher gehörige Gesteine gesammelt. Das eine (28) ist dem äusseren Ansehen nach dem Riojaner Gesteine 23 sehr ähnlich, nur fehlen seiner dichten graublauen Grundmasse die kleinen, mit Tridymit erfüllten Hohlräume dieses letzteren. U. d. M. bleibt die Grundmasse, offenbar in Folge starker Zersetzung, sehr trüb, so dass man nur an besonders dünnen Stellen der Präparate kleine fluidal geordnete Plagioklasleisten zu erkennen vermag. Porphyrisch treten ausser frischem Plagioklase noch, in etwa gleicher Menge, Hornblende und Augit, nebstdem Magnetit und staubkörner Apatit auf. Die Hornblendekrystalle sind grünlichbraun durchscheinend und zeigen gewöhnlich einen schwachen, opaken, rothen Rand; einige bilden sehr schöne Perimorphosen, indem sie ein Aggregat von Opazitkörnchen und einer farblosen, doppeltbrechenden Substanz umschliessen. Die blassgrünen Augite sind auch in diesem Gesteine durchaus frisch und beherbergen schöne Glaseinschlüsse.

Für die Zurechnung dieses Gesteines zu den Augitandesiten war mir der Umstand massgebend, dass es sich in der unmittelbaren Nachbarschaft eines fast hornblendefreien Augitandesiten findet. Dieser letztere (29) zeigt in einer dichten, kernulitischen Grundmasse von bläulichgrauer bis schwärzlichgrauer Farbe vereinzelte schwarze Körnchen und kleine spiegelnde, auf Feldspath zu beziehende Flächen.

U. d. M. erweist sich dieser zweite Andesit als ganz ungewöhnlich frisch. Seine Grundmasse besteht aus einer farblosen Glasbasis, in welcher zahllose winzige Plagioklaskryställchen von quadratischen oder rectangulären Querschnitten, nadelförmige Augitmikrolithen und Magnetitkörnchen innelingen. Trotz der Frische des Gesteines, die ein prächtig klares mikroskopisches Bild zur Folge hat, beobachtet man dennoch hier und da kleine, mit einer lagenförmig struirten, gelbgrünen Substanz erfüllte Hohlräume. Porphyrisch treten Plagioklas, viele Augite und Magnetite, wenig brauner Glimmer und nur ganz vereinzelte Hornblendekrystalle auf. Die Plagioklase und die Augite sind sehr frisch und namentlich die ersteren reich an ausgezeichnet schönen Glaseinschlüssen. Die Blätter des Magnesiaglimmers sind von einem Kranze opaker Körnchen umsäumt und die vereinzelten Individuen der braunen durchscheinenden Hornblende sind an ihrer Peripherie in rothbraunen, opaken Eisenocker umgewandelt.

30—35. Augitandesite aus der Sierrazuela, Provinz Córdoba (S. 175).

30. Gestein des Yerba boena.

31. 32. Gesteine, die unweit der Estancia Agua del Tala anstehen.

33—35. Gesteine des Popa.

Die frischen Gesteine 30 bis 33 erscheinen dem blossen Auge als einförmige, fein- bis kryptokrystalline Massen von lichtgrauer, dunkelblaugrauer oder schwarzer Farbe und zeigen erst dann, wenn man sie mit der Lupe betrachtet, dass sie etwas cavernös sind und dass in ihrer Grundmasse mehr oder weniger zahlreiche Kryställchen von Feldspath und grünschwarze Körner und Säulen innelingen. Diese letzteren sind, wie das Mikroskop lehrt, zum grösseren Theile Augit, zum kleineren Theile Hornblende. Wenn derartige dunkelfarbige Gesteine verwittern, so nimmt ihre Grundmasse eine lichtröthlichgelbe (34) oder dunkelrothbraune Farbe (35) an und die schon genannten Einsprenglinge werden alsdann, wegen ihrer differenten Farbe, schon dem blossen Auge leicht bemerkbar. Ausserdem erkennt man mit Hülfe des Mikroskopes und durch Reactionen mit Salzsäure, dass die Zersetzung bei dem lichtröthlichgelben Gesteine 34 mit einer starken Imprägnation der Grundmasse durch Kalkspath verbunden ist, während die rothe Farbe von 35 in einer Umwandlung des Magnetites zu rothen Eisenoxyden begründet ist an sein scheint. Die wenigen übrig gebliebenen Reste des Erzes sieht man bei auffallendem Lichte deutlich inmitten der welkigen, rothen Partieen inneliegen.

Das Gestein 35 hat, wie noch zu bemerken ist, im Gegensatze zu allen anderen, eine blasige Structur. In seinen mehrere Millimeter grossen Blasenräumen findet man häufig kleine Ansiedelungen von Kalkspath.

Die Grundmassen dieser verschiedenen Cordobeser Andesite zeigen etwas verschiedenes Verhalten. Bei den Gesteinen 31 und 32 ist die Grundmasse fast rein mikrokrystallin entwickelt und lässt ihre Elemente, Körner und Krystalle von Plagioklas, Augit und Magnetit sehr deutlich erkennen. Nur in ganz untergeordneter Menge finden sich kleine Partieen gekörnelter Basis. Die Grundmasse von 33 erscheint als ein Gewirr farbloser Nädelchen und wenig durchscheinender dunkler Körnchen, von denen jene noch mehrfach die Viellingsstreifung der Plagioklase erkennen lassen und hier und da Neigung zu fluidaler Gruppirung entwickeln. Abweichend verhält sich die Grundmasse von 30, denn sie besteht wesentlich aus braunviolettem Glase, in dem zahlreiche Mikrolithen von Plagioklas, winzige kleine farblose Nädelchen und dunkle Körnchen eingewachsen sind. Dass gerade in diesem glasreichen Gesteine Hornblende besonders häufig auftritt, scheint mir deshalb bemerkenswerth zu sein, weil in anderen glasig, also rasch erstarrten Gesteinen fast stets nur Augit zur Entwickelung gelangt ist. Ueber die stark zersetzten Grundmassen der Gesteine 34 und 35 habe ich dem bereits Mitgetheilten nichts mehr hinzuzufügen.

Die porphyrischen Elemente, welche in allen Andesiten der Serrazuela auftreten, sind Plagioklas, Augit Magnetit und etwas Apatit; ausserdem stellen sich in 34 noch vereinzelte ungestreifte Feldspäthe, in 32 und 33 etwas brauner Glimmer, in 33 vereinzelte, in 30 und 34 aber zahlreiche Krystalle von Hornblende ein. Die Plagioklase sind meist sehr frisch, haben prächtigen zonalen Bau und beherbergen mehr oder weniger zahlreiche Glaseinschlüsse. Der blassgrün durchscheinende Augit ist in allen Gesteinen sehr frisch. Gewöhnlich tritt er in einfachen, selten in Zwillingskrystallen auf; oftmals zeigt er zonalen Bau. Er beherbergt gern nadelförmige Mikrolithen und schöne, gegenüber denen des Feldspathes relativ grosse Glaseinschlüsse. Hornblende ist, wie schon erwähnt, kein constanter Gemengtheil und auch da, wo sie sich am häufigsten findet (30. 34), kommt ihre Quantität höchstens derjenigen des Augites gleich. Sie bekundet ihren Hang zur Verwitterung und zur Ausbildung eines opaken rothen Saumes. Der braune Glimmer, der in 33 reichlich vorhanden ist, findet sich hier, gleichwie die mitvorkommende Hornblende, gern vom Magnetitkörnchen kranzartig umrandet; einzelne Blättchen sind stark gebleicht und zersetzt und zeigen eine Neigung, sich zu einem Aggregate dunkler Körnchen umzuwandeln. Magnetit tritt in allen frischen Gesteinen auf, in grösseren oder kleineren Körnern und in Krystallen von quadratischen Querschnitten. Die kleinen Körnchen werden von Augit, Hornblende und Glimmer angezogen, indessen ist hierbei zur Ergänzung des Vorstehenden zu bemerken, dass sich inmitten der Augite oder an ihren Rändern zwar recht häufig grössere Magnetite einstellen, dass diese letzteren aber doch immer nur vereinzelt bleiben und sich niemals um den Augit herum zu ähnlichen dichten Kränzen zusammenschaaren, wie um Hornblende oder Glimmer. Die nie fehlenden Apatite zeigen keine besondere Erscheinung. In 32 finden sich endlich noch zahlreiche kleine Körner eines grünen, braungefleckten, doppelt brechenden Minerales, die an Olivin erinnern. Eine sichere Bestimmung derselben war mir nicht möglich.

VI. Augitandesite.

Da über die petrographische Beschaffenheit der Augitandesite der Cordillere bereits früher, namentlich S. 146 und 148, Mittheilungen gemacht worden sind, so habe ich hier nur noch über die Resultate der mikroskopischen Untersuchung einiger Gesteine der Provinz Catamarca zu berichten.

36. Gerölle aus den Schotterterrassen bei Yacotula bei Belen (S. 171).

In einer violettgrauen, felsitischen Grundmasse, die quantitativ überwiegt, sind 2—3 mm lange, kurzsäulenförmige Krystalle von grünschwarzem Augit eingewachsen. U. d. M. erkennt man zunächst, dass auch noch Krystalle von Plagioklas, Körner von Magnetit und vereinzelte kleine krystalline Körner eines zu einer rothbraunen Substanz umgewandelten Minerales (Pseudomorphosen nach Olivin?) als porphyrische Elemente auftreten.

Die porphyrischen Plagioklase sind frisch, rissig und beherbergen zahllose, winzig kleine Glaseinschlüsse; in den Augiten, die schönen zonalen Bau zeigen, sind grössere Glaseinschlüsse, schwarze Körnchen und zahlreiche farblose Nädelchen wahrzunehmen. Die Magnetite zeigen häufig, und besonders deutlich bei der Beobachtung mit auffallendem Lichte, einen rothen, nach aussen hin verwaschenen Saum von Eisenoxyd. Dendritische Ansiedelungen des letzteren, die sich hier und da in den Augitkrystallen und in der Grundmasse finden, mögen ebenfalls Zersetzungsproducte des Magnetites sein. Die Grundmasse besteht im wesentlichen aus einem mikrokrystallinen Gemenge der soeben genannten Mineralien, zeigt aber ausserdem noch zwischen diesen Elementen hier und da kleine gekörnelte Partieen, die wohl als Glasbasis zu deuten sind.

37. Geröll aus den Schotterterrassen bei San Fernando, Thal von Belen (S. 171).

Ein dichtes, schwarzes, basaltartiges Gestein, in dem hier und da winzige kleine Spaltflächen aufglänzen. U. d. M. zeigt sich, dass das Gestein zur Hälfte aus violettbraunem Glase, zur anderen Hälfte aus krystallinen Elementen besteht, die richtungslos in jenem eingewachsen sind. Unter diesen Elementen herrschen leisten- und tafelförmige Krystälchen von Plagioklas vor, die durchgängig sehr frisch und theils sehr rein sind, anderntheils mehr oder weniger Glaseinschlüsse und zarte farblose Nädelchen beherbergen. Ausserdem finden sich noch blassgrüne Augite und Körnchen von Magnetit.

38. Augitandesite, zwischen der Sierra de las Capillitas und der Cuesta de los Negrillos anstehend (S. 173).

In einer braunschwarzen dichten Grundmasse, die vorherrscht, liegen bis 10 mm lange, säulenförmige Augitkrystalle; ausserdem spiegeln noch einzelne meist unter 1 qmm grosse Spaltungsflächen von Feldspathkrystälchen auf.

U. d. M. unterscheiden sich sehr deutlich Grundmasse und porphyrische Einsprenglinge. Jene besteht im wesentlichen aus wasserhellen Plagioklasmikrolithen und Opacitkörnchen, während Augitmikrolithen nur spärlich zu entdecken sind. Gelbgrüne Blättchen und Fasern, die sich ausserdem noch in das Gemenge eindrängen, sind wohl Zersetzungsproducte. Die Plagioklasmikrolithen zeigen mehrfach und zwar besonders schön in der Umgebung der grösseren porphyrischen Krystalle, schöne fluidale Anordnung. Diese porphyrischen Krystalle sind frische Plagioklase, die schöne zonale Structur besitzen und reich an Glaseinschlüssen sind, blassgrüne Augite, die ebenfalls zahlreiche farblose Nädelchen und Glaseinschlüsse beherbergen, Magnetit und Titaneisen. Ueberdies finden sich noch Olivinkrystalle, aber so vereinzelt — in jedem der beiden mir vorliegenden Schliffe ist nur je ein Krystall wahrzunehmen —, dass ich vorziehe, das Gestein hier und nicht bei den Basalten zu besprechen. Die Aehnlichkeit zwischen ihm und dem bei Yacotula gesammelten Andesit 36 ist sehr gross, nur ist der letztere weniger frisch und deshalb von lichtviolettgrauer, statt von dunkler Gesammtfarbe.

39. Augitandesit, der die Fragmente einer vulcanischen Breccie bildet, die am Wege von den Capillitas nach der Cuesta de los Negrillos ansteht.

Ein dichtes Gestein von düsterer, rothbrauner Farbe. Porphyrische Einsprenglinge sind in den mir vorliegenden Splittern mit dem blossen Auge nicht mehr zu erkennen. U. d. M. ergiebt sich, dass das Gestein mit dem zuvorbeschriebenen in allen wesentlichen Punkten übereinstimmt, nur haben bei ihm die porphyrischen Krystalle minimale Dimensionen angenommen, so dass sie erst im Dünnschliffe wahrgenommen werden können.

40. 41. Augitandesite aus den Schotterablagerungen an der Punta de la Cuesta, zwischen dem Fuerte de Andálgala und Belen (S. 174).

40. Schwarzes, basaltartiges Gestein, in dem einzelne Augitkörner und sehr kleine, aufspiegelnde Spaltflächen von Feldspathkryställchen wahrgenommen werden können.

41. Dichtes, braunschwarzes Gestein, lavaartig durch zahlreiche, sehr kleine und vielfach sich verzweigende Hohlräume, deren Wandungen mit zarten weissen Krusten bedeckt sind.

Bei 40 lassen sich u. d. M. eine Grundmasse und porphyrische Einsprenglinge unterscheiden. Jene löst sich sehr deutlich auf in zahllose, winzige und wirr durcheinanderliegende Mikrolithen, die zwischen gekreuzten Nicols eine blassblaugraue Farbe annehmen und wohl als Plagioklas zu deuten sind, sowie in Opacitkörn-chen. Diese beiden Elemente sind eingebettet in einer farblosen, optisch wirkungslosen Basis. Porphyrisch sind Plagioklas, Augit und Magnetit zur Entwickelung gelangt, indessen treten die beiden letzteren Mineralien gegenüber dem erstgenannten sehr zurück. Die Plagioklase sind ausserordentlich frisch, wasserhell, zeigen oftmals einen sehr schönen zonalen Bau und beherbergen zahlreiche Glaseinschlüsse.

Das lavaartige Gestein 41 ist ganz analog zusammengesetzt und unterscheidet sich von 40 nur dadurch, dass die Glasbasis, welche an seiner Zusammensetzung Theil nimmt, diesmal nicht farblos, sondern blass violett-braun ist.

Die hornblendefreien Augitandesite der Serrazuela von Córdoba sind schon unter 31, 32 und 35 beschrieben worden.

VII. Plagioklasbasalte.

42. Lagergang im Sandstein der Quebrada de las Leñas, Ostabhang des Espinazito (S. 144).

Ein äusserst feinkörniges, fast dichtes, grünschwarzes Gestein, in welchem man mit der Lupe zahlreiche Spaltflächen von Feldspathkryställchen aufspiegeln sieht und vereinzelte Olivinkörner wahrnimmt.

U. d. M. giebt das Gestein ein recht klares Bild und erweist sich als ein Aggregat von wasserhellen Plagioklasleisten, krystallinen Körnern von Augit und solchen von Magnetit. Das körnige Gemenge der beiden letztgenannten Mineralien bildet, zugleich mit geringen Mengen einer gekörnelten Glasmasse, die Füllung zwischen den Plagioklasleisten. Ausserdem sind porphyrische Krystalle von Olivin reichlich hinzutreten. Als Nebenproducte dieser Umwandlung sind wohl auch kleine Ansiedelungen eines Viridites zu deuten, die sich hier und da in dem Gestein finden. Sanidin, den Francke (Studien No. 47. S. 34) gefunden hat, kann ich in meinen Präparaten nicht beobachten.

Von dem durch Francke ebenfalls untersuchten und l. c. unter No. 46 beschriebenen Basalte, der die Juraschichten am Espinazito durchbricht und mit dem soeben beschriebenen in allen wesentlichen Punkten übereinstimmen soll, steht mir kein Material mehr zur Verfügung.

43. Anamesitischer Plagioklasbasalt, am Arroyo der Puerta de la Laguna Blanca, Prov. Catamarca anstehend (S. 172).

Ein blaugraues, sehr poröses Gestein, in dessen äusserst fein krystalliner Grundmasse sehr vereinzelte danntafelförmige Plagioklaskryställchen, Augit- und Olivinkörner bemerkbar sind.

U. d. M. zeigt es sich, dass die Grundmasse aus einem relativ grobkrystallinen Gemenge von Plagioklas-leisten, Augit- und Magnetitkörnern besteht, zu dem noch feine Apatitnädelchen hinzutreten. Bei starker Vergrösserung gewahrt man endlich noch zwischen den genannten Elementen etwas gekörnelte Glasbasis. Die grösseren, porphy-risch ausgeschiedenen Krystalle sind vorwiegend Plagioklasleisten, z. Th. von reiner und klarer Beschaffenheit, z. a. Th. von Einsprenglingen, insbesondere von kleinen Glaseinschlüssen strotzend. Daneben stellen sich auch einige blassgrüne, an ähnlichen Einschlüssen reiche Augite und stark serpentinisirte Olivine ein.

In derselben Schlucht finden sich noch Felsen eines dichten, grünschwarzen Gesteines. Dasselbe ist theils frei von allen grösseren Einsprenglingen (44), theils umschliesst es zahlreiche, bis 10 mm lange und breite, aber nur 1—2 mm starke Tafeln von Plagioklas, die richtungslos in der Grundmasse eingewachsen sind und wegen des lebhaften Glanzes ihrer grossen Spaltflächen dem Gesteine ein eigenthümlich schillerndes Ansehen geben (45). Trotz der hiernach statthabenden Differenz im äusseren Ansehen stimmen diese beiden Gesteine dennoch u. d. M. mit dem vorher unter No. 43 beschriebenen anamesitischen Plagioklasbasalte derart überein, dass die für die letzteren gegebene Diagnose auch für sie gültig ist.

46. Basaltlava. Geröll aus den Schotterlagerungen an der Punta de la Cuesta, zwischen dem Fuerte de Andálgala und Belen, Prov. Catamarca (S. 174).

In der Grundmasse dieser Lava hat sich rothes, opakes Eisenoxyd so reichlich abgeschieden, dass jene u. d. M. undurchsichtig bleibt. Als grössere porphyrische Einsprenglinge sind Plagioklase, Augite und Magnetite, sowie an einer rothbraunen Masse zersetzte Krystalle von Olivin deutlich zu erkennen.

47. Feldspathbasalt vom Infernillo-Pass, Hochthal von Tafí, Prov. Tucuman (S. 174).

Ein schwarzes, dichtes, etwas cavernöses Gestein, in dem vereinzelte Angit- und Feldspathkrystalle eingewachsen sind. Die Grundmasse zeigt u. d. M. ein Gewirr von Feldspath- und Augitmikrolithen, die bis zur Grösse winziger Nädelchen herabsinken. Opake Körnchen (Magnetit) sind reichlich beigemengt; ausserdem beobachtet man auch noch stellenweise etwas gekörnelte Glasbasis. In der näheren Umgebung der vereinzelt auftretenden grösseren Krystalle ordnen sich die genannten Elemente fluidal. Die grösseren porphyrischen Krystalle sind zonal struirte und an Glaseinschlüssen reiche Plagioklaskrystalle, Augite und Olivine.

48. Glasreicher Feldspathbasalt, ebendaher.

Das Gestein ist im äusseren Ansehen dem eben besprochenen sehr ähnlich, nur glänzen in seiner schwarzen kryptomeren Masse zahlreiche punktförmige Spaltflächen auf.

Das mikroskopische Bild ist dagegen von jenem des Gesteines 47 recht different, denn es zeigt, dass diesmal braunes, gekörneltes Glas sehr reichlich vorhanden ist und etwa die Hälfte der ganzen Masse ausmacht. In diesem Glase sind zahlreiche nadelförmige Mikrolithen von Plagioklas, zierlich ausgebildete Kryställchen von Augit und Magnetitkörnchen eingewachsen. Frischer Olivin ist nicht erkennbar, wohl aber scheinen einzelne eckig umgrenzte, grüne Partieen, die Aggregatpolarisation zeigen, Pseudomorphosen nach demselben zu repräsentiren.

VIII. Basanit (Olivinhaltiger Nephilintephrit).

49. Gestein, welches den Sandstein bei der Puerta, oberhalb Belen, deckenförmig überlagert (S. 171).

Dem äusseren Ansehen nach erscheint dieses Gestein wie ein dichter, schwarzer Basalt, ohne bemerkenswerthe Einsprenglinge. Sein Pulver bildet mit Salzsäure eine steife Gallerte.

U. d. M. zeigt sich ein Gemenge von Plagioklasleisten, Augitkryställchen, Magnetitkörnchen und Apatitnädelchen, in welchem ausserdem noch zahlreiche kleine, mehr oder weniger serpentinisirte Olivine inneliegen. Nephelin tritt als Zwischenfüllungsmasse auf und ist theils frisch und wasserhell, theils zersetzt und trüb. Im ersteren Falle zeigt er zwischen gekreuzten Nicols bläulichgraue Farben, im anderen bleibt er dunkel.

IX. Nephelinbasalt.

50. Geschiebe im Flusse bei Tucuman (S. 175).

Blauschwarzes, dicht erscheinendes Gestein, ohne bemerkenswerthe Einsprenglinge. Das Pulver gelatinirt sehr stark mit Salzsäure.

Dünnschliffe lassen ein körniges Gemenge von Augitkryställchen, Magnetitkörnchen und Apatitnädelchen erkennen, nächstdem klaren, wasserhellen Nephelin, der gewöhnlich die Lücken ausfüllt, die zwischen den erstgenannten Elementen geblieben sind. Neben dieser Fülle finden sich indessen auch einzelne quadratische Querschnitte, die als solche von Nephelinkrystallen gedeutet werden müssen. Als porphyrische Einsprenglinge treten einzelne Augite und zahlreiche, grünumrandete und von grünen netzförmigen Maschen durchzogene Olivine auf.

51. Gestein eines Gneisse zwischen Anisacate und dem Puesto de Garay aufsetzenden Ganges, Sierra von Córdoba (S. 177).

52. Geschiebe im Rio Primero, gesammelt bei Cosquin, Provinz Córdoba (S. 177).

Beides sind braunschwarze, kryptomere Gesteine von echt basaltischem Habitus. In dem von Anisacate sind keine Einsprenglinge wahrzunehmen; in dem von Cosquin liegen dagegen vereinzelte Olivinkörner, die bis mehrere Millimeter im Durchmesser halten. Beide Gesteine gelatiniren stark mit Salzsäure.

Dasjenige von Cosquin ist das frischere und zeigt u. d. M. ein Gewirre von winzigen Nädelchen und Kryställchen von Augit und zahlreiche Magnetitkörnchen. Nephelin mag die Füllung zwischen allen diesen feinen Nädelchen bilden, aber deutlich sieht man ihn nur da, wo zwischen den Augiten grössere Lücken geblieben und von ihm eingenommen worden sind. Grössere Krystalle von blassbräunlichem Augit und zahlreiche Krystalle von Olivin treten porphyrisch auf. Die letzteren sind im Innern noch klar und frisch, dagegen an ihrer Peripherie und von Spalten aus zu einer rothbraun durchscheinenden Masse umgewandelt. Ueberdies mag hervorgehoben werden, dass die Olivinkrystalle dieses Gesteines eine Neigung zeigen, Gruppen zu bilden, die aus einer Mehrzahl von parallel mit einander verwachsenen Individuen bestehen.

Das etwas verwitterte Gestein von Anisacate ist dem eben besprochenen sehr ähnlich und unterscheidet sich nur dadurch von ihm, dass an der Zusammensetzung seiner Grundmasse ausser dem Augit und Magnetit auch noch rothbraune Glimmerschüppchen theilnehmen.

XVIII. Jüngere Eruptivgesteine

von granitischem und dioritischem Habitus (Andengesteine).

—

Es ist jetzt an der Zeit, die im Vorstehenden erst ganz kurz erwähnten Stöcke von granitischen und dioritischen Gesteinen, die inmitten der den Westabhang der Patos- und Cumbrecordillere beherrschenden Andesitformation auftreten, zu besprechen und auf Grund des Selbstbeobachteten, sowie auf Grund der älteren, über ähnliche Vorkommnisse in anderen Theilen des Hochgebirges vorliegenden Mittheilungen eine Deutung dieser merkwürdigen und für die Cordillerengeologie allem Anscheine nach sehr charakteristischen Bildungen zu versuchen.

Zum ersten Male wurde ich durch ein solches insulares Vorkommen eines holokrystallinen Massengesteines im oberen San Antonio-Thale überrascht. Auf dem S. 145 besprochenen Wege vom Portezuelo del Valle hermoso nach San Antonio sah ich kurz vor der Stelle, an welcher der Maulthierpfad den Boden der wilden Schlucht verlassen und im steilen Zickzack die Cuesta del Cuzko erklimmen muss, am linken Gehänge Felsen von Quarzdiorit (Cap. XIX. 5), vermochte aber leider die Verbandsverhältnisse zwischen demselben und den massigen und geschichteten Andesiten, welche thalauf- und thalabwärts die über 1000 m hohen Thalwände zusammensetzen, nicht näher zu erkennen (Taf. II).

Bessere Aufschlüsse gewährt das Cumbre-Profil (Taf. III. 9). Eine geologische Skizze desselben ist bereits S. 147 gegeben und es ist dort gezeigt worden, dass der von Osten her kommende Weg die Andesitformation mit der oceanischen Wasserscheide erreicht und gegen W. zu bis in die Nähe von Santa Rosa de los Andes durchquert. Innerhalb dieses ungefähr 45 km langen Weges trifft man nun, wie bereits Darwin angegeben hat, an 3 Stellen auf stockförmige Massen von krystallinen Gesteinen.

Die erste liegt auf dem Westabhange der Cumbre selbst. Wenn man bei dem Abstiege von der oceanischen Wasserscheide nach der Estancia Juncal die kleine Thalweitung passirt hat, in welcher das neue Schutzhäuschen erbaut ist und in deren Niveau, seitwärts vom Wege, die Laguna del Inca liegt, so erreicht man bald darauf die Ruine einer anderen Casucha. Darwin nennt sie die von Janucillo. Hier sieht man in die sonst ausschliesslich vorhandenen, düsterfarbigen und in ihrer Lagerung vielfach gestörten andesitischen Tuffe und Breccien den grossen Stock eines lichtfarbigen Gesteines eingreifen. Darwin bezeichnet denselben auf seiner Taf. I mit z und rechnet das Gestein selbst seinem Andesite zu; nach dem heutigen Sprachgebrauche der Petrographie muss man es Granitporphyr nennen (Cap. XIX. 3).

Die zweite, beträchtlich grössere und aus kleinkörnigem Hornblendegranit (Cap. XIX. 1) bestehende insulare Masse findet sich im Juncalthale zwischen der Guardia vieja und der Guardia

nueva (Guardia del Rio colorado), da wo sich der durch zahlreiche Felsensprengungen und Uferbauten ge-
ebnete Weg bald unten im Thale, bald oben am Gehänge hinzieht. Längere Zeit reitet man hier an dem
Granite hin und kann dabei an zahlreichen guten Aufschlüssen wahrnehmen, dass das Gestein im allgemeinen
von recht gleichbleibender Beschaffenheit ist. Nur die Korngröbe schwankt ein wenig; ausserdem sieht man
auch hier und da, wie schon D a r w i n angegeben hat, in der lichtfarbigen Hauptmasse faust- bis kopfgrosse,
kleinkörnigere und glimmerreichere, dunkle Partieen, ganz ähnlich denen, welche man von anderen Granitgebieten her zur Genüge kennt und welche bald (wie u. a. von D a r w i n) für eingeschlossene Fragmente
präexistirender Gesteine, bald für concretionäre Bildungen gehalten werden. „Dagegen fehlen jene granitischen Ausscheidungsgänge, welche in den ächten Graniten so häufig sind" (Geol. obs. 174. Car. 261). D a r -
w i n nennt auch diese zweite, auf seinem Profile mit y bezeichnete Gesteinsmasse Andesit, giebt dabei aber
an, dass sie das äussere Ansehen von Granit hat. Ausserdem bemerkt er, dass sie von mächtigem dunklen,
nicht geschichteten Porphyr überlagert wird.

Zum dritten und letzten Male sieht man ein Gestein von makrokrystalliner Structur in dem Seiten-
thale des R i o C o l o r a d o, unweit seiner Vereinigungsstelle mit dem Rio Juncal. Es bildet dort in der
unmittelbaren Nähe der neuen chilenischen Grenzwache die den Wildbach einengenden Felsen (x in D a r w i n 's
Profil) und ist ein q u a r z h a l t i g e r D i o r i t (Cap. XIX. 4). Seinen Contact mit den in der Nachbarschaft
anstehenden Andesiten und Andesitbreccien habe ich nicht beobachtet.*)

Die mineralogische Zusammensetzung der soeben besprochenen Gesteine ist aus der nachstehenden
Tabelle zu ersehen.

Gestein.	Fundort	Quarz	Orthoklas	Plagioklas	Brauner Glimmer	Horn-blende	Augit	Diallag	Grundmasse.
Granit-porphyr	Cascuha Jancillo	+	+	+	+	+	—	—	mikrogranitisch, z. Th. m. krystallitischer Zwischen-klemmungsmasse
Hornblende-Granit	Juncalthal zwischen den Guardias	+	+	+	—	+	—	—	krystallinisch körnig
Quarzhal-tiger Diorit	Juncalthal, Rio colorado	+	+	+	—	+	—		krystallinisch körnig, z. Th. granophyrisch
Quarzhal-tiger Diorit	El. Antoniothal, gegenüber der Cuesta del Cuzko	+	+	+	—	+	+	?	desgl.

Die weiteren Mittheilungen über die Ergebnisse der mikroskopischen und chemischen Untersuchungen
finden sich in Cap. XIX zusammengestellt; sie werden erkennen lassen, dass man von dem rein petrogra-

---

*) Das sehr wünschenswerthe genauere Studium der drei oben besprochenen granitischen und dioritischen Gesteine des
Juncalthales würde von der Estancia Juncal, von der Guardia vieja und von der am Salto del Soldato gelegenen kleinen Ansiedelung
aus leicht möglich sein; an allen drei Punkten giebt es etwas Futter für die Maulthiere. Bei einem solchen Studium würde die
Aufmerksamkeit u. a. auch mit darauf zu lenken sein, ob vielleicht der von Stübel im Juncalthale beobachtete, durch seinen Quarz-
gehalt auffällige Porphyrit (Andesit?), der S. 156 anmerkungsweise erwähnt wurde und in der Nachbarschaft des zwischen den beiden Grenzwachen entwickelten Hornblendegranites auftreten muss, zu diesem letzteren in irgend welcher Beziehung steht.

phischen Standpunkte aus berechtigt ist, die vier immitten der Andesitformation des San Antonio- und Juncalthales in Form kuminirer Massen auftretenden Gesteine, wie oben geschehen ist, als Granit, Granitporphyr und Diorit zu bezeichnen.

Die abweichende Beurtheilungsweise, die man bei D a r w i n findet, bedarf einer erläuternden Besprechung.

...d ist für D a r w i n allerdings auch in der Erle... ...haben ein wesentlich jüngeres Alter als die gra... ...er Granitkern und schon in den einleitenden Be... ...Ich condrurt, indem hier der andesitic granite bezr... ...grund in the history of the Cordillera, from having ...ts have apparently been instrumental in turnin...

nitische Gesteine des Feuerlandes eine vollkommene Aehnlichkeit (a perfect similarity) mit den „Andesiten" der chilenischen Cordillere besitzen sollen. Ihrem Vorkommen nach — sie werden z. B. in dem südl. Arme des Beagle Channel von Glimmer- und Thonschiefer überlagert — möchte man sie freilich lieber mit archäischen Gesteinen parallelisiren (Geol. Obs. 153. Car. 229).

Kehren wir nun zu den Thälern von Juncal und San Antonio zurück, um jetzt die nördlich derselben gelegenen Cordillerentheile zu durchmustern, so würden zunächst noch an der Hand von Darwin die Stöcke (hillocks) von „white feldspatic greenstone, passing into andesite" zu erwähnen sein, die zwischen Illapel (etwa 31° S. Br.) und los Hornos namentlich die obere (cretacische ?) Schichtenreihe der Gypsformation durchsetzen; weiterhin die „Andesite", die sich an mehreren Stellen des Thales von Copiapo (27° 24') finden und zugleich mit mancherlei anderen jüngeren Eruptivgesteinen, ebenfalls stockförmig, theils in jurassische Sedimente, theils in (jurassische ?) porphyritische Conglomerate eingreifen. Als besonders beachtenswerth ist hierbei wiederum die Thatsache zu betonen, dass sich hier und da von den Hauptmassen dieser Andengesteine aus weisse Gänge abzweigen, um die genannten Sedimente zu durchqueeren. Als Bestandtheile einer der stockförmigen Massen (O. des Profiles) werden Albit, brauner Glimmer, Chlorit und Quarz mit dem Bemerken angegeben, dass jene in „andesitic granite" übergeht (Geol. Obs. 209. 218 ff. Car. 313. 325 ff. u. Taf. I. 3).

Sehr lehrreich sind ferner die Mittheilungen von Forbes über das Hochland von Bolivia und Peru. Nach denselben werden hier oberjurassische Schichten oft von Dioriten durchbrochen. Diese Diorite bestehen aus weissem triklinen Feldspath und mehr oder weniger dunkelgrüner Hornblende, sind im normalen Zustande quarzfrei und haben gewöhnlich eine grobkörnige Structur, gehen indessen local auch in feinkörnige Gesteine über. Die letzteren werden generell Grünstein genannt; bezüglich der grobkörnigen Abänderungen, „die von den gewöhnlichen Dioriten Europas u. a. Theilen der Welt nicht unterschieden werden können", wird ausdrücklich hervorgehoben, dass sie den in Chile, auf der westlichen Seite der Cordillere vorkommenden und von Darwin als Andesit beschriebenen Gesteinen gleich seien. Forbes gewann die Ueberzeugung, dass diese Diorite entweder in der Zwischenzeit zwischen der Jura und Kreideperiode hervorgebrochen oder mit der Kreideformation contemporär seien (Rep. 29. 37).

Ich selbst kann bei dieser Gelegenheit ein Gestein erwähnen, welches bei Morococha in Peru (11°36' S. Br.) gangförmig in Kreideschichten aufsetzt. Ein mir vorliegendes Probestück, welches ich Herrn Hüttenmeister Hübner verdanke, beweist, dass das Ganggestein ein ausgezeichneter, mittelkörniger Quarzglimmerdiorit ist (Cap. XIX. 6).

Den peruanischen ähnliche Gesteine finden sich allem Anscheine nach auch noch weiter im Norden, denn Th. Wolff hat uns darüber belehrt, dass die Inoceramen-führenden Kreideschichten der an Peru angrenzenden ecuadorianischen Provinz Guayaquil au zahlreichen Stellen von Grünsteinen durchbrochen werden und dass sich alle phanerokrystallinen Abänderungen dieser Grünsteine als zumeist quarzhaltige Diorite erwiesen. „Die kryptokrystallinische Ausbildung herrscht (freilich) bei weitem vor; ausnahmsweise kommen jedoch in der Provinz Manabl auch prachtvolle Dioritporphyre vor mit zollgrossen ausgeschiedenen Krystallen (bei Jipijapa, wo sich dann anderseits andere Gesteine sehr dem Quarz-Andesite des Hochlandes nähern und mit ihren begleitenden Tuffen förmliche Vulcane zusammensetzen)" (N. Jb. 1874. 387).

Durch diese der neueren Zeit entstammende Beobachtung wird man auf das lebhafteste an die quarzhaltigen „Syenite" erinnert, die schon A. v. Humboldt in den ecuadorianischen Vulcaneuregionen gesehen hatte und von welchen er ebenfalls angiebt, dass sie am Nevada von Baraguan, Provinz Popayan in

Trachyt übergehen und mit den aufgelagerten Uebergangs-Grünsteinen verbunden sind.*) Das Gestein, welches A. v. Humboldt von Säulen abschlug, die zu Pisoje bei Popayan, am Fusse des Vulcanes von Purace anstehen, ist von G. Rose zuerst als ein „prächtiger Dioritporphyr" beschrieben worden;**) nach einer später gegebenen, ausführlicheren Mittheilung soll es in einer grünlichgrauen, harten, im Bruche splittrigen Grundmasse weissen albitähnlichen Feldspath, Hornblende und einzelne Körner von Quarz enthalten.***)

Zum Schlusse dieser Aufzählung möge es endlich noch erlaubt sein, darauf hinzuweisen, dass Gesteine, welche in ihrem Vorkommen, in ihrer Structur und in ihrer Zusammensetzung mit einem oder dem anderen der soeben besprochenen eine sehr grosse Aehnlichkeit zeigen, auch in dem Gebiete der nordamerikanischen Cordillere bereits mehrfach angetroffen worden sind. Zuerst hat uns F. v. Richthofen mit den Nevaditen, d. i. mit Gesteinen bekannt gemacht, welche in dem Staate Nevada ihr Hauptentwickelungsgebiet besitzen und welche „die Stelle des Granites und des Quarzporphyres unter den vulcanischen Gesteinen bezeichnen." „Selbst im äusseren Charakter ist die Verwandtschaft zuweilen so ausgeprägt, dass einzelne Nevadite auf den ersten Anblick das Ansehen von Granit haben und die Verschiedenheit erst bei näherer Untersuchung hervortritt" (Z. d. g. G. 1868. XX. 677).

Einen dieser Nevadite v. Richthofen's, der 4 engl. Ml. NW. der Spitze von Lassens Peak ansteht, haben neuerdings A. Hague und J. P. Iddings untersucht und als Dacit von granitischem Ansehen beschrieben. Auch sie bestätigen, dass er granitischen Habitus besitzt und erst bei genauerer Betrachtung eine Spur von Glasbasis zeigt. Das Mikroskop offenbart das Vorhandensein der letzteren in reichlicher Menge. Die Quarze, sowie alle übrigen Gemengtheile des Gesteines (Hornblende, Glimmer, Pyroxen), waren reich an Glaseinschlüssen.†)

Weiterhin fand Zirkel unter den tertiären Eruptivgesteinen des 40. Breitegrades Propylit „vom charakteristischen Habitus der älteren vortertiären Dioritporphyre" und bemerkt gelegentlich der Beschreibung desselben: „Surely nobody would, from petrographical reasons, refer such rocks to the andesits, but would, without hesitation, place them among the old dioritic porphyries." ††)

An letzter Stelle möge hier noch ein Gestein aus dem der Sierra Nevada östlich vorliegenden Virginia Range deshalb etwas ausführlicher besprochen werden, weil es dem im S. Antonio-Thale von mir beobachteten Quarzdiorit in fast allen Beziehungen vollständig analog ist.

Der Virginia Range besteht zum grössten Theile aus jüngerem vulcanischem Materiale; „ältere Gesteine" sind nur hier und da zu beobachten, in tieferen Einschnitten oder an vereinzelten Kuppen, welche die vulcanischen Ströme überragten. Ein solches Ueberbleibsel der früher einmal vorhanden gewesenen Gebirgskette soll der rings von Propylit umgebene Diorit sein, welcher bei Virginia City den 7827 F. hohen Mount Davidson†††) und ausserdem auf weite Erstreckung hin das unmittelbare Liegende des Comstock Lode, des gewaltigsten Gold- und Silberganges der Welt, bildet. An der Hand einer grösseren Suite der Nebengesteine dieses Ganges, welche ich der Freundlichkeit der Herren Ch. H. Gibson und J. M. Taylor verdanke, war mir zunächst der Nachweis möglich, dass der Gesteinskörper des Mount Davidson eine sehr mannigfaltige Differenzirung nach Structur und Zusammensetzung besitzt, so dass sein Material vom petro-

---

*) Geogn. Versuch über die Lagerung der Gebirgsarten. 1823. 129.
**) Poggend. Ann. 1835. XXXIV. 9. 1837. XL. 165.
***) Poggend. Ann. 1841. LII. 471.
†) N. Jb. 1884. I. -255- nach Am. Journ. of Science. 1883. XXVI. 222.
††) Microscopical Petrography. 1876. 112.
†††) Zirkel, Micr. Petrography. 1876. 83—86.

graphischen Standpunkte aus bald als Syenit oder Diorit, bald als glimmerhaltiger oder glimmerfreier Quarzdiorit, bald wieder als augitführender Quarzdiorit zu bezeichnen ist. Den bezüglichen, in den Verhandlungen des Bergmännischen Vereines (Berg- u. Hüttenm. Zeitung, 1883. No. 22. 247) gegebenen Mittheilungen möchte ich hier nur noch beifügen, dass mich der allgemeine Habitus der untersuchten, aus Teufen bis zu 2500 Fuss unter der Tagesoberfläche stammenden und z. Th. ausserordentlich frischen Gesteine zunächst in keinerlei Weise an die chilenischen Andengesteine erinnert hat. Wohl aber musste ich unwillkürlich dieser letzteren gedenken, als ich durch Herrn Dr. A. Stübel ein von ihm selbst am Gipfel des Mount Davidson geschlagenes Handstück des in Rede stehenden Diorites erhielt; denn diese Abänderung, deren Feldspath bereits merklich getrübt und geröthet und deren Hornblende feinfaserig und deshalb seidenglänzend geworden ist, ist bei der Betrachtung mit blossem Auge von dem Quarzdiorite, der im San Antonio-Thale gegenüber der Cuesta Cuzco ansteht, schlechterdings nicht zu unterscheiden und auch die Dünnschliffe beider Gesteine zeigen eine sehr grosse Uebereinstimmung; abweichend ist nur, dass das Gipfelgestein des Mount Davidson rein krystallinisch körnig und augitfrei ist.

Eine weitere Analogie ergiebt sich aus der Mittheilung von Cl. King (U. S. Geol. Expl. of the 40. Parallel. Vol. III. 13. 21), da hiernach an dem dem Mount Davidson benachbarten Cedar Hill noch zwei kleinere Dioritkuppen auftreten, welche erkennen lassen, dass die Diorite metamorphe Gesteine, Schiefer und Kalksteine, die in der jurassischen Periode gefaltet wurden, durchsetzen und dass sie selbst sonach postjurassisches Alter haben müssen.

Ueberhaupt wird von den Dioriten Nevada's angegeben: „wherever observed, its manner of occurrence is always the same: it invariably accompanies the mountain-fracturers presumably of middle geological age, and is always assumed to be later than the granite and earlier than the propylite".[*])

Die Anschauungen, zu welchen Cl. King über das Alter und die geologische Rolle der Diorite Nevadas gelangt, sind also nabezu identisch mit jenen Darwin's über das chilenischen „andesitic granite", denn dieser letztere soll ja auch allenthalben in Erhebungsaxen der chilenisch-peruanischen Cordillere eingedrungen sein (Geol. Obs. 173. Car. 260).

Aus allen diesen von zahlreichen Geologen und Reisenden angestellten Beobachtungen ergiebt sich daher, dass an vielen Punkten von Chile und Peru, von Bolivia und Ecuador, gleichwie in den Cordilleren von Nordamerika, Eruptivgesteine auftreten, welche vom rein petrographischen Standpunkte aus als Granite, Syenite, Diorite und Quarzdiorite zu bezeichnen sind und welche trotzdem ein postjurassisches, z. Th. sogar ein postcretacisches Alter haben; in beiden Continenten finden sich derartige „Andengesteine" besonders häufig theils auf Dislocationsspalten der mesozoischen Sedimente, theils inmitten weit ausgedehnter Regionen von Andesiten und ihren Trümmergesteinen und dabei werden sie im letzteren Falle auch heute noch zuweilen von mächtigen Schichtenreihen andesitischer Tuffe bedeckt (Juncalthal, Peuqueneskette, Lajathal).

Immerhin könnte man vielleicht noch glauben, dass diese „Andengesteine" passive Gebirgsmassen im Sinne von Süss,[**]) also ältere, in der Tiefe längst vorhanden gewesene Eruptivgesteine seien, die erst bei einer der letzten Hebungen der Cordillere und zwar als bereits feste Gesteinskörper emporgepresst wurden, oder man könnte sie zum wenigsten da, wo sie heute als insulare Stöcke in die Andesittuffe eingreifen, für

---

[*]) Neuerdings hat auch G. F. Becker (A summary of the geology of the Comstock Lode and the Washoe District. 3° ann. rep. of the U. S. Geol. Survey. 1882. 253) die Variabilität in der Zusammensetzung der dioritischen Gesteinsmassen des Mount Davidson beschrieben und bestätigt, dass am Gold Hill bei Virginia City die metamorphen Schichten über und unter dem Diorite liegen. Auch er folgert hieraus, dass das mesozoische Alter dieser Diorite kaum zu bezweifeln sei.

[**]) Die Entstehung der Alpen. 1875. 10. 63.

Ältere, von den jüngeren Eruptivmassen umflossene und eingehüllte Felsklippen und Gebirgskuppen halten,[*]) indessen würden mit derartigen Auffassungen die von Forbes, Hübner und Wolff beobachteten, in den jurassischen und cretacischen Sedimenten von Peru, Bolivia und Ecuador aufsetzenden Gänge ebenso unvereinbar sein, wie die von Darwin am Portillopasse und im Thale von Copiapo wahrgenommenen Apophysen, mit welchen jene grösseren stockförmigen Massen in die überlagernden Tuffe eindringen.

Somit bleibt denn nur noch die Annahme übrig, dass die als Granite, Syenite und Diorite zu bezeichnenden Andengesteine eruptive Gebilde sind, die theils nach der Jura- und Kreidezeit, z. Th. sogar erst nach der in der Tertiärzeit erfolgten Ablagerung der buntscheckigen Andesittuffe im glutflüssigen Zustande emporgestiegen sind und diejenigen Lagerungsverhältnisse eingenommen haben, unter welchen wir sie heute beobachten können.[**])

Nach alledem liegen meiner Ansicht nach in den „Andengesteinen" Beispiele solcher eruptiver Gebilde vor, die unter mächtigen, die Wärmeausstrahlung und das Entweichen von Dämpfen verhindernden Decken langsam und daher auch, trotz ihres jugendlichen Alters, vollkrystallinisch erstarrt sind, also ausgezeichnete Beispiele von plutonischen Gesteinen der jüngeren Zeit. Die auf den ersten Blick befremdliche Häufigkeit ihres Vorkommens in der Cordillere erkläre ich mir nicht nur dadurch, dass längs der über beide Hemisphären wegreichenden Bruchspalte bis auf die jüngste Zeit herab das mannigfaltigste glutflüssige Material in einem z. Th. geradezu gigantischen Maassstabe zu Tage gefördert worden ist, sondern vor allen Dingen auch durch den anderen Umstand, dass erst während der Tertiärzeit, wiederum entlang jener uralten continentalen Spalte, nach Tausenden von Metern messende Dislocationen erfolgt sind und dass dann weiterhin auch noch die von den Schneefeldern des Hochgebirges gespeisten Wildbäche und Flüsse eine ausserordentlich energische, erodirende Thätigkeit entwickelt haben. Dadurch sind in der Cordillere Tiefen erschlossen worden, die an anderen Orten in der Regel unzugänglich bleiben und wir befinden uns in der selten glücklichen Lage, neben ohne bis an die Oberfläche emporgedrungenen, ächt vulcanischen Materiale der Tertiärzeit auch noch seine in plutonischer Tiefe erstarrten Parallelgebilde entblösst zu sehen. Neben Andesiten stossen wir daher auch auf Diorite, neben Trachyten auf Syenite, neben quarzreichen Laven auf Granitporphyre und Granite.

Jedenfalls lässt sich die weitere sorgfältige Untersuchung „der Andengesteine" als eine der wünschenswerthesten, aber auch als eine der interessantesten Aufgaben der Cordillerengeologie bezeichnen. Sie wird uns, wie ich meinerseits glaube, immer mehr und mehr erkennen lassen, dass die grössere oder geringere Krystallinität eruptiver Gesteine keineswegs, wie man so lange und so hartnäckig behauptet hat, von dem Alter der letzteren abhängig ist, sondern lediglich von den physikalischen Umständen, unter denen die mineralische Differenzirung und Erkaltung der glutflüssigen Magmen vor sich ging.

---

[*]) Ob diese Ansicht, wie die nordamerikanischen Geologen glauben, für den Diorit des Mount Davidson zulässig ist, vermag aus den vorliegenden Beschreibungen nicht erkannt zu werden.

[**]) Zur Erklärung der auch a. a. O. beobachteten Vorkommnisse solcher für anormal gehaltener jugendlicher Granite etc. ist wohl hier und da auch die Ansicht ausgesprochen worden, dass diese letzteren angeschmolzene ältere Eruptivgesteine seien; da jedoch hiermit in keinerlei Weise erläutert wird, warum diese Gesteine auch bei ihrer zweitmaligen Verflüssigung eine makrokrystalline Structur angenommen haben und da gerade diese letztere die hervorragendste Eigenthümlichkeit der „Andengesteine" und ihrer Verwandten ist, so scheint mir jene Umschmelzungshypothese gänzlich verfehlt zu sein.

XIX. Petrographische Bemerkungen
über die Andengesteine.

— — ·

1. **Andengranit** (Hornblendehaltiger Biotitgranit). Im Juncal-Thale zwischen der Guardia vieja und der Guardia nueva anstehend (S. 198. Francke. Studien. No. 14. S. 9).

Das Gestein hat eine etwas veränderliche Korngröße, so dass sein Ansehen zwischen dem eines klein- und eines feinkörnigen Granites schwankt. In seiner lichtfarbigen Hauptmasse kommen hier und da grosse, dunkle glimmerreiche Partien vor.

Bei gröberer Structur erkennt man schon mit dem blossen Auge, bei feinkörnigerer wenigstens mit der Lupe, dass ein richtungsloses Gemenge von röthlichem Orthoklas, weissem Plagioklas, von Körnern grauen Quarzes, von schwarzem Glimmer und grünschwarzer Hornblende vorliegt. Die Betrachtung der Dünnschliffe u. d. M. erweist, dass dieses Gemenge ein holokrystallines ist, vollständig gleich demjenigen eines typischen Granites.

Der Ortoklas ist z. gr. Th. in Folge beginnender Zersetzung trüb, der Plagioklas frischer; der letztere zeigt oft recht schönen zonalen Bau, beherbergt ausser vereinzelten kleinen, farblosen, nadelförmigen Mikrolithen spärliche Flüssigkeitseinschlüsse und umschliesst ausserdem noch kleine, theils randliche, theils unregelmässig gestaltete Poren, die nur mit Luft erfüllt zu sein scheinen. Der Quarz ist sehr reich an Flüssigkeitseinschlüssen, von welchen die kleineren eine mobile Libelle haben. Der Glimmer ist theils noch frisch und in diesem Falle auf seinen Querschnitten nur gelblichbraun durchscheinend und von starkem Absorptionsvermögen; anderntheils zeigt er sich bereits mehr oder weniger verändert, und besteht alsdann aus einer Wechselfolge von braunen Lamellen und solchen, die parallel zu c eine gelbliche, parallel zur Basis eine grüne Axenfarbe besitzen. Die Hornblende, die im frischen Zustande grüne und bräunlichgrüne Axenfarben und starkes Absorptionsvermögen hat, ist vielfach zu einem Aggregate von grünen Fasern umgewandelt. Endlich sind noch einzelne Magnetitkörnchen und Apatitnädelchen wahrzunehmen.

Die chemische Bauschanalyse hat Herr H. Schlapp im Freiberger bergakademischen Laboratorium auszuführen die Güte gehabt. Er fand:

$$
\begin{array}{ll}
SiO^2 & 69.43 \\
Al^2O^3 & 15.74 \\
Fe^2O^3 & 0.93 \\
FeO & 3.35 \\
MgO & 1.35 \\
CaO & 2.07 \\
Na^2O & 4.56 \\
K^2O & 2.99 \\
H^2O & 0.10 \\
\hline
& 100.52
\end{array}
$$

Das Gestein des Juncal-Thales kann daher den Sodagraniten*) zugerechnet werden.

2. Andengranit (Hornblendegranit). Von Herrn E. Williams in der Calabozoschlucht am Vulcan Descabezado gesammelt (S. 203).

Die Hauptmasse dieses Gesteines, welche eine lichtblaugraue Gesammtfarbe hat, ist so feinkörnig, dass das blosse Auge ihre Elemente kaum mehr zu unterscheiden vermag; unter der Lupe erscheint sie aber durchaus krystallinisch körnig. Porphyrische Elemente, welche in der Grundmasse liegen, aber nur eine quantitativ untergeordnete Rolle spielen, sind bis 1 cm lange und 2 bis 3 mm starke, weisse oder dunkelgraue Feldspathkörner, einige Millimeter lange prismatische Hornblendekrystalloide, die graugrüne Farbe haben, faserig struirt und deshalb seidenglänzend sind, und ganz vereinzelte schwarze Glimmerschüppchen. Ausserdem sieht man Körnchen von Magnetit und Eisenkies, sowie hier und da kleine nesterförmige Ansiedelungen von Epidot. Bei Behandlung des Gesteines mit Salzsäure tritt keine Entwickelung von Kohlensäure ein.

Das mikroskopische Bild ist ebenfalls daasjenige eines holokrystallinen Gesteines und zwar gleicht sich bei ihm der Unterschied zwischen grösseren porphyrischen Krystallen und feinkörnigerer Grundmasse durch allmähliche Grössenabstufungen jener aus. Orthoklas dominirt über Plagioklas. Beide sind z. Th. bereits getrübt, indessen giebt es, und zwar namentlich in grösseren Plagioklaskrystallen, auch noch mehrfach frische Partieen, in deren wasserhellen, etwas risslgen Substanz man kleine Flüssigkeits- und Glaseinschlüsse wahrnimmt. Die letzteren haben eine unregelmässige, rundliche Umgrenzung und umschliessen ihrerseits einzelne oder zahlreiche dunkle Körperchen. Aehnliche dunkle Körperchen haften an ihrer Oberfläche an. Die Quarzkörner sind ausserordentlich reich an Flüssigkeitseinschlüssen und diese letzteren zeigen bald nur eine, zuweilen recht bewegliche Libelle, bald ausser der Libelle noch ein kleines, wasserhelles Würfelchen oder ein förmliches Aggregat von wasserhellen krystallinen Körnern, die zwischen gekreuzten Nicols farbig erscheinen. Neben diesen Flüssigkeitseinschlüssen liegen ausserdem noch kleine, denen des Feldspathes ähnliche Glaseinschlüsse. Die gelbgrün bezw. blaulichgrün durchscheinende Hornblende tritt z. Th. in Zwillingen auf und lässt an vereinzelten Querschnitten noch recht deutlich ihre prismatische Spaltbarkeit erkennen. Die Mehrzahl der Individuen ist indessen zu einem Aggregate feiner grüner Fasern umgewandelt und von grünen und farblosen Zersetzungsproducten durchwachsen worden. Der nur spärlich vorhandene Glimmer ist nirgends mehr ganz frisch. Er besteht entweder aus braunen und grünen Lamellen oder ist bereits durch und durch grün geworden. Ausser Magnetit und Eisenkies sind noch vereinzelte Kryställchen von Titanit als primäre Elemente des Gesteines zu erwähnen. Der schon genannte Epidot scheint namentlich ein Zersetzungsproduct des Plagioklases zu sein.

3. Andengranit (Granitporphyr). Bei der Casucha de Janncillo, am Westabhange der Cumbre anstehend (S. 198. Francke. Studien. No. 15. S. 10).

Das Gestein macht, wenn man dasselbe mit dem blossen Auge oder mit der Lupe betrachtet, den Eindruck eines lichtfarbigen, kleinkörnigen Granites.**) Man erkennt bei der genannten Beobachtungsweise als vorwiegende Gemengtheile kleinkörnigen, blassfleischrothen Orthoklas und weissen Plagioklas, der in leistenförmigen Spaltflächen

---

*) J. Roth. Die Gesteins-Analysen. Berlin 1861. S. XXVII und S. 1.

**) Die Angaben, welche Francke über das Aussehen dieser Gesteines und über dasjenige des Granites vom Juncalthale (oben No. 1) macht, sind ganz unverständlich; denn während er S. 9 sagt, dass diese beiden Gesteine ihrem „makroskopischen Aussehen nach Andesiten sehr ähnlich erscheinen", bemerkt er auf der folgenden Seite, dass sie „in ihrem äusseren Aussehen ein von den ächten Andesiten sowohl, als von den Trachyten so abweichendes Bild darbieten, dass man vielmehr einen Granit vor sich zu haben glaubt". Die letztere Meinung, so fährt er fort, werde durch die mikroskopische Beschaffenheit vollkommen bestätigt. Die Thatsache, dass der Granit 1. (Francke No. 14) n. d. M. gleichförmig körnig ist, der Granit 3 (Fr. No. 15) dagegen eine porphyrartige Structur besitzt, wird mit keinem Worte erwähnt; und doch ist die letztere Structur in ganz gleichförmiger Weise stets nur an denjenigen Präparaten zu sehen, welche ich früher von einem im Cordobaser Museum niedergelegten Handstücke angefertigt habe, sondern auch an denjenigen Präparaten, welche ich erst neuerdings, Dank der Zuvorkommenheit Herrn F. Zirkel's, von dem an das Leipziger Museum eingewendeten und seiner Zeit auch von Francke benutzten Stücke herstellen konnte.

anfspiegelt und mehrfach sehr deutliche Viellingsstreifung zeigt. Untergeordnete Elemente sind bis 4 mm im Durchmesser haltende sechseitige Täfelchen und rund umgrenzte Blättchen von schwarzem Glimmer, säulenförmig ausgelängte Körner von grüner Hornblende, Magnetitkörnchen, die vereinzelt auftreten oder sich in Gemeinschaft mit einem grünen Minerale zu kleinkörnigen Partieen zusammenschaaren, endlich ganz vereinzelte und sehr kleine, röthlichgelbe Kryställchen von Titanit. Quarz ist auch bei der Benutzung der Lupe nicht deutlich zu sehen, ebensowenig die thatsächlich, aber nur in geringen Quantitäten vorhandene, äusserst feinkörnige weisse Grundmasse. Die letztere fällt dagegen u. d. M., namentlich bei schwacher Vergrösserung (60—100) und bei Anwendung des polarisirten Lichtes, sofort und sehr deutlich in die Augen. Man sieht alsdann, dass sich neben den obengenannten in grösseren krystallinen Körnern auftretenden Mineralien ein mikrokrystallines (mikrogranitisches) Aggregat an, der Zusammensetzung des Gesteines betheiligt und dass dasselbe gewissermaassen die Rolle eines Cementes spielt.[*] Die einzelnen Körnchen dieses Aggregates haben sehr lebhafte und reine, bunte Interferenzfarben, sodass man zunächst geneigt wird, sie für Quarz zu halten, indessen macht es der niedrige, nur 64.91% betragende Kieselsäuregehalt des Gesteines wahrscheinlich, dass sie wenigstens z. Th. auch aus frischem Feldspath bestehen.

Weit schwieriger ist es, dasjenige Bild zu beschreiben, welches diese Grundmasse bei gewöhnlichem Lichte und bei stärkerer Vergrösserung (800—1000) liefert. Denn alsdann erkennt man nur bei sehr scharfer Beobachtung und bei wechselnder Spiegelstellung die Contouren ihrer einzelnen wasserhellen Körnchen wieder und glaubt oft, nur eine einheitliche, rissige Substanz vor sich zu haben. Ausserdem sieht man jetzt, dass zwischen den einzelnen Körnchen Gruppen und fleckenartig erscheinende Schwärme von winzigen, schwer zu deutenden Gebilden vorhanden sind. Bald scheinen es rundliche oder zackige Glaspartikelchen, bald dunkel umrandete Luftporen, bald opake Körperchen und staubförmige, bräunlich durchscheinende Partikelchen zu sein; zuweilen gewinnt man auch den Eindruck, als ob diese Gebilde in die Körner der Grundmasse selbst eindrängen, aber bei der Durchsichtigkeit der letzteren vermag man nicht sicher zu unterscheiden, ob das nur scheinbar oder thatsächlich stattfindet. Es ist mir leider nicht möglich, mit Worten ein deutlicheres Bild von diesen eigenthümlichen Verhältnissen zu entwickeln; ich kann nur noch bemerken, dass ich Ähnliches niemals an archäischen Graniten, wohl aber hier und da an jüngeren, namentlich amidinreichen Eruptivgesteinen beobachtet habe.[**]

Die grösseren, porphyrisch auftretenden Krystalle sind, in der Ordnung ihrer relativen Menge aufgezählt: Orthoklas, Plagioklas, Quarz, Glimmer, Hornblende, Magnetit und ganz vereinzelte Titanite und Zirkone (?).

Der Orthoklas zeigt u. d. M. durch und durch jene, in beginnender Kaolinisirung begründete mehlige Trübung, welche man von Graniten her kennt; die Plagioklase sind bis auf einzelne Partieen klar durchsichtig und etwas rissig. Z. Th. zeigen sie einen recht schönen, zur Viellingsstructur gänzlich unabhängigen zonalen Bau. Besonders bemerkenswerth ist, dass sie ausser einzelnen wasserhellen oder grünlich durchscheinenden Nädelchen und ausser ebenfalls nur vereinzelten Flüssigkeitseinschlüssen und Dampfporen hier und da auch noch Interpositionen beherbergen, die ich für Glaseinschlüsse zu halten geneigt bin. Diese letzteren treten entweder vereinzelt oder in Schwärmen auf, haben rundliche oder parallelepipedische Gestalten und sind im letzteren Falle und wenn sie in grösserer Zahl beisammenliegen, parallel zu einander und zu den etwa vorhandenen Zwillingslamellen ihres Wirthes geordnet. Sie bestehen aus wasserheller Substanz, haben sehr feine Umgrenzungslinien und umschliessen ihrerseits gern einzelne oder mehrere dunkle Körperchen, während an ihrer Oberfläche Opacitkörnchen anhaften. Hierbei muss ich es auch als auffällig bezeichnen, dass in keinem dieser vermeintlichen Glaseinschlüsse grössere Luftbläschen wahrzunehmen sind; indessen ist es möglich, dass einzelne der von jenen umschlossenen und dunkel erscheinenden Körperchen winzige Libellen sind. Endlich möchte ich noch bemerken, dass mir Einschlüsse ähnlicher Art in den Feldspäthen archäischer Granite wiederum niemals vorgekommen sind, dass ich aber in Bezug

---

[*] Das mikroskopische Bild des Jaucelile-Gesteines erinnert daher lebhaft an die von Törneborn beschriebenen und abgebildeten Granite mit Mörtelstructur. Geol. Fören.'s i Stockholm Förhandl. V. 1880. 246. Tf. 8. 2.

[**] Z. Th. wird man bei der Betrachtung des Jaucellitgesteines an das erinnert, was Rosenbusch, Mikr. Physiogr. II. 147 über die Ausbildungsweise der Grundmasse mancher Liparite sagt.

auf Form, Beschaffenheit und Gruppirung vollkommen gleiche Einschlüsse nicht nur in dem oben unter No. 2 beschriebenen Gesteine, sondern u. a. auch in dem Plagioklase eines mir vorliegenden Augitandesites von Schemnitz angetroffen habe.

In den eckig-rundlichen Quarzkörnern, die in ihrer Grössenentwickelung hinter den Feldspäthen zurückblieben, beobachtet man Flüssigkeitseinschlüsse mit mobilen Libellen und andere, in deren Flüssigkeit kleine wasserhelle Würfelchen schwimmen. Der Glimmer ist frisch, braun durchsichtig und von sehr starkem Absorptionsvermögen; die Hornblende dagegen ist nur noch z. Th. frisch und alsdann von lichtgelblichgrüner bezw. dunklerer, blaugrüner Farbe, zum anderen, grösseren Theile ist sie bereits stark zersetzt oder in Viridit umgewandelt. An einigen Stellen der Präparate hat sich Kalkspath als secundäres Product angesiedelt.

Die nachstehenden Resultate der chemischen Rauschanalyse, welche ich Herrn J. C. Jenkins verdanke, stimmen mit denen der makroskopischen und mikroskopischen Untersuchung gut überein. Sie zeigen, dass der Andesitgranit von Janucillo auf der Grenze der quarzführenden und quarzfreien, an Plagioklas reichen Orthoklasgesteine steht und deshalb auch als ein Mittelgestein zwischen dem oben unter No. 1 beschriebenen Andesitgranit und den alsbald zu besprechenden Andesitdioriten betrachtet werden kann.

$$
\begin{array}{ll}
\text{SiO}^2 & 64.91 \\
\text{Al}^2\text{O}^3 & 21.49 \\
\text{Fe}^2\text{O}^3 & 1.09 \\
\text{FeO} & 4.62 \\
\text{MgO} & 1.13 \\
\text{CaO} & 0.71 \\
\text{Na}^2\text{O} & 2.72 \\
\text{K}^2\text{O} & 3.55 \\
\hline
& 100.22
\end{array}
$$

Quarzhaltiger Andesitdiorit.

4. Blöcke im Thale bei der Guardia nueva, kurz oberhalb der Einmündungsstelle des Rio colorado in das Janealthal (S. 199).

5. Gestein einer in der Region der Andesittuffe des San Antonio-Thales, gegenüber der Cuesta del Cuneo anstehenden, stockförmigen Masse (S. 198. Fraacke. Studien. No. 33. S. 23).

Diese Gesteine sind sich in ihrem äusseren Ansehen und in allen anderen Beziehungen so ähnlich, dass sie hier gemeinschaftlich behandelt werden können. Beide machen den Eindruck rein krystalliner Massengesteine von mittlerer Korngröbe und lassen schon dem blossen Auge oder der Lupe folgende Gemengtheile erkennen: weissen Plagioklas, mit deutlicher Vielingstreifung auf seinen leistenförmigen Spaltflächen; lichtfleischrothen Orthoklas; ein grangrünes, säulenförmig entwickeltes Mineral, das an seinen grösseren Krystalloiden recht deutlich eine oralitartige Parallelfaserung und zugleich hiermit seidenartigen Glanz zeigt; Körner von grauem Quarz; vereinzelte Blättchen von schwarzem Glimmer (nur in 4.) und Körnchen eines schwarzen, z. Th. magnetischen Eisenerzes.

U. d. M. zeigt sich, dass beide Gesteine vorwiegend aus krystallinisch-körnigen Elementen bestehen und zwar erkennt man jetzt, der Quantität nach geordnet, Plagioklas, Orthoklas, Quarz, Hornblende, Augit, Diallag (?; nur in 5), braunen Glimmer, Magnet- und Titaneisenerz.

Zwischen diesen Mineralien gewahrt man nun aber auch noch mehrfach, wenn schon in untergeordneter Menge, ein granophyrisches Aggregat, das aus Quarz und Feldspath zu bestehen scheint und sich besonders gern an die Oberfläche der Feldspathkrystalle angesetzt hat.

Der Plagioklas ist frisch und rissig, hat zonalen Bau und umschliesst wieder Glaseinschlüsse von der Form negativer Kryställchen mit anhaftenden opaken Körnchen, vereinzelte Flüssigkeitseinschlüsse, Luftporen und theils blassgrüne, theils farblose Nädelchen. Der Orthoklas ist, wie in Graniten, sehr trüb. Der Quarz, der

XX. Erzlagerstätten.

Die Verknüpfung von Eruptivgesteinen, Erzgängen und Thermen mit Bruchspalten und Dislocationszonen ist auf keinem anderen Erdtheile in so grossartigem Maassstabe zum Ausdrucke gelangt und mit einer solchen Klarheit zu erkennen, wie in Südamerika.

Eine Gangkarte des Continentes würde sich vollständig mit den Karten der tektonischen Störungslinien, der Gebirge und der älteren und jüngeren Eruptionsheerde decken. Sie würde dabei ein ungemein dichtes Gangnetz und die zahlreichsten Thermen im Westen zeigen, entlang der uralten und doch nimmer wieder geheilten Cordillerenspalte; sie würde auch noch vielfache Gänge und Mineralquellen in den durch steile Westhänge, durch Faltungen und Verwerfungen ihrer sedimentären Schichten und durch Durchbrüche von Graniten, Quarzporphyren, Diabasen, Trachyten, Andesiten und Basalten charakterisirten Anticordilleren und Pampinen Sierren aufzuweisen haben, dabei aber sehr deutlich erkennen lassen, dass gegen Osten hin mit dem Betrage der Dislocationen und mit dem Quantum der zur Eruption gelangten Massen auch die Zahl und Bedeutung der Erzgänge mehr und mehr abnimmt.

Ferner würde die generelle Gangkarte innerhalb der andinen Hauptkette — nach den Ansichten von Crosnier, Pissis und Domeyko*) — eine Gliederung in mehrere nord-südlich streichende Parallelzüge erkennen lassen, deren Gänge eine differente Erzführung zeigen und an analog verlaufende, orographische und geologische Zonen geknüpft sind.

Speciell für Chile glaubt Domeyko vier solcher Gangzonen unterscheiden zu können. Zunächst eine westlichste, die mit der aus alten krystallinen Schiefer- und Massengesteinen bestehenden Küstencordillere zusammenfällt und ausser Gold- und Eisenerzgängen von geringerer Bedeutung namentlich diejenigen Lagerstätten umfasst, welche Chile zu einem der grössten Kupferproducenten der Welt gemacht haben. Die Erze sind hier (Carrizal, Palnucillo, Tamaya) geschwefelte Kupfererze, fast durchgängig frei von Silber, aber mit einen kleinen Gehalt an Gold. Die zweite Erzzone entspricht im allgemeinen der Grenzlinie zwischen der Küstencordillere und der aus mesozoischen Sedimenten, älteren und jüngeren Eruptivgesteinen aufgethürmten Hauptcordillere; denn auf dieser continentalen Bruchspalte, oder doch nur wenig östlich der-

---

*) Crosnier. An. d. m. (4) XIX. 1851. 205 und (5) II. 1852. 10. Pissis. Revista de ciencias i letras. I. No.4. Santiago. 1858 (ein Auszug hieraus in Z. f. allg. Erdk. N. F. IX. 1860. 201). An. d m. (7) III. 1873. 420. Domeyko. Ensaye sobre los depósitos metaliferos de Chile. Santiago. 1876.

Dagegen vergleiche man aber auch Moesta. Ueber das Vorkommen der Chlor- Brom- u. Jodverbindungen des Silbers in der Natur. Marburg. 1870. u. B. v. Cotta. Die Lehre von den Erzlagerstätten. 1861. II. 669.

selben, reihen sich die durch edle Silbererze charakterisirten Gänge von Caracoles, Tres Puntas, Chañarcillo, Arqueros und Algodones, deren Ausbringen nach Millionen zu beziffern ist, aneinander. Im Osten dieser zweiten Schatzkammer Chiles, da wo am Westabhange der Cordillere rothe Sandsteine und „geschichtete Porphyre" zur Herrschaft gelangen, bilden zahlreiche Gänge mit silberhaltigem Bleiganz, Zinkblende, Fahlerz etc. die dritte Zone und endlich folgt, mit der die Wasserscheide der beiden Oceane bildenden Central-region der Cordillere, eine vierte, an Erzen sterile Zone.

Diese vier Erzzonen, deren schärfere geologische Fixirung den chilenischen Geologen überlassen bleiben muss, erinnern auf das lebhafteste an jene ebenfalls unter einander parallelen Gangzüge, welche nach Blake, Cl. King u. A. in den die geologische Fortsetzung der südamerikanischen Cordillere bilden-den californischen Küstengebirgen vorhanden sind und in ihrer verschiedenen Erzführung eine ganz ähnliche west-östliche Folge wie die chilenischen Gänge unterscheiden lassen.*)

Die Ausfüllung aller dieser Erzgänge der nördlichen und südlichen Westküste von Amerika zeigt, wie schon Whitney in einer sehr interessanten Studie hervorgehoben hat,**) keine ihr eigenthümliche Grundstoffe und nur wenige ihr eigenthümliche Mineralien; zahlreiche Gänge gleichen daher vollständig den in den Grubenrevieren anderer Welttheile bekannten Formationen. So haben z. B. die Goldgänge der Westküste genau denselben Typus wie jene Australiens und die Gänge der oben genannten zweiten und dritten Zone Domeyko's, denen sich weiter unten noch solche aus den argentinischen Gebirgen zur Seite stellen werden, sind getreue Spiegelbilder der sogenannten edlen Quarz- und edlen Bleiformation des säch-sischen Erzgebirges u. a. O.

Daneben machen sich aber doch auch noch einige besondere Charakterzüge in der Ausfüllungsweise der andinen Gänge bemerkbar. Von denselben sei hier nur mit Whitney die hervorragende Rolle betont, welche Chlor, und neben ihm Brom und Jod, als Erzbildner spielen und weiterhin sei mit Domeyko auf die überraschende Häufigkeit des Enargites und auf die nicht minder auffällige Seltenheit des Flussspathes aufmerksam gemacht.

Der Enargit lässt sich von Californien (Alpine Co.) an über Mexico (Cosihuirachi), Neu-Granada (S. Anna) und Peru (Morococha) bis nach Chile (Pabellon, S. Pedro Nolasco und Cordillere von Elqui) ver-folgen; ausserdem findet er sich noch auf drei argentinischen Ganggebieten (Guachi, Cerro de Mejicana und las Capillitas) und an zwei Orten (Morococha und Cerro de Mejicana) ist er dabei das vorherrschende und für den Grubenbetrieb wichtigste Erz. Diese Vielzahl von Enargitfundpunkten in der Cordillere und ihren Nebenketten ist um so beachtenswerther, als ihr nur sehr wenig ausserandine Fundstätten dieses Erzes zur Seite gestellt werden können. Unter diesen verdient Mancayan auf Luzon in erster Linie genannt zu werden, weil hier der Enargit nochmals als Haupterz der Gänge auftritt. An den anderen mir bekannt gewordenen Punkten seines Vorkommens (Chesterfield Co. in S. Carolina, Brixlegg in Tirol, Parad in Ungarn) spielt er dagegen nur eine untergeordnete Rolle.

Genauere Fundberichte liegen nur für einen Theil der ebengenannten Localitäten vor; aus denselben ergiebt sich aber, dass die Gänge von Morococha in der unmittelbaren Nachbarschaft von „Propylit" auf-

---

*) Eine Zusammenstellung der bezüglichen Arbeiten der nordamerikanischen Geologen gab Richter in der Zeitschr. f. Berg., Hütten- u. Salinen-Wesen. 1877. XXV. 77.

**) Ueber die in Californien und an der Westküste Amerikas überhaupt vorkommenden Mineralien und Grundstoffe. Mit-getheilt von H. Prof. J. D. Whitney in der Sitzung d. Calif. Acad. of Sciences vom 4. Novbr. 1867. Nach dem gedruckten Sitzungs-berichte übersetzt von F. v. Richthofen. Z. d. g. G. 1869. XXI. 741.

Gefolge postoolithischer Diorite entwickelten und die kupferreichen Gänge der Capillitas-Gruben, wie später zu zeigen sein wird, ein posttrachytisches Alter haben.

Nach diesen allgemeinen Bemerkungen wende ich mich der Schilderung der argentinischen Ganggebiete zu. Mein Hauptaugenmerk wird hierbei auf das geologische Vorkommen der letzteren und auf die mineralogische Natur ihrer Lagerstätten gerichtet sein; indessen sollen auch anhangsweise einige kurze Notizen über die Geschichte und über den neueren Betrieb der wichtigeren Bergbaue beigefügt werden. Die Bemerkungen der letzteren Art beziehen sich alsdann, sofern anderes nicht ausdrücklich angegeben ist, immer nur auf diejenige, in jedem einzelnen Falle besonders erwähnte Zeit, zu welcher ich die betreffenden Gruben besucht habe.

In der Anordnung des Stoffes folge ich wieder einer von S. nach N. und von W. nach O. vorschreitenden Gliederung nach Provinzen und Gebirgen.

Die mir über argentinische Grubengebiete bekannt gewordene Litteratur ist die folgende: A. du Graty. Mémoire sur les productions minérales de la Confédération Argentine. Paris. 1855. V. M. de Moussy. Description géographique et statistique de la Confédération Argentine. II. 1860. 386 ff. F. J. Rickard. Informe sobre los distritos minerales, minas y establecimientos de la República Argentina, presentado al Exmo Gobierno Nacional. Buenos Aires. 1869. A. Stelzner. Mineralogische Beobachtungen im Gebiete der Argentin. Republik. Mit chemischen Beiträgen von M. Siewert in Tsch. M. 1873. 219. L. Brackebusch. Las especies minerales de la República Argentina in An. Soc. Arg. 1879.

Die sonst noch vorhandenen Specialarbeiten werden in jedem einzelnen Falle angegeben werden.

Provinz Mendoza.

Das wichtigste, Silber- und Bleierze führende Ganggebiet dieser Provinz liegt in der Sierra von Uspallata und zwar am Westabhange der el Paramillo de Uspallata genannten Hochfläche, in einer Meereshöhe von circa 2670 m. Der Haupttropenweg, der von Mendoza aus über Villa vicencia nach Uspallata und weiterhin über die Cumbre nach Chile führt, durchschneidet es kurz vor dem Agua del Zorro (Taf. III. 9. — Eigene Beobachtung im Februar 1873).

In der Umgebung steht der an Coniferenstämmen reiche rhätische Sandstein mit flach nach W. fallenden Schichten zu Tage an (S. 78); derselbe bildet aber nur eine wenig mächtige Decke, die concordant auf banklörmig geschichteten Tuffen aufruht. Innerhalb dieser letzteren treten gewöhnlich zwei, auf der Grube Santa Rita aber, nach Rickard, vier „mantos" auf, d. s. 1 bis 2, local auch 3 m mächtige Einlagerungen eines schieferthonähnlichen, an der Luft zerblätternden Gesteines. Unter den Tuffen ist von einigen Gruben, und zwar in einer noch nicht 100 m erreichenden Gesammtteufe, massiger Olivindiabas angetroffen worden. Ausserdem wird der Sandstein des Grubengebietes noch von einigen kleinen Gängen und Stöcken durchbrochen, die theils aus einem dem liegenden Olivindiabas ähnlichen Gesteine, theils aus Mandelsteinen bestehen (S. 85). Andesite und Trachyte, die s. z. O. des Uspallatagebirges zu reichlicher Entwickelung gelangt sind, fehlen in der Grubenregion.

In dem Sandsteingebiete streichen nun in kleineren, nur wenige Meter betragenden, oder in grösseren Abständen mehrere Gänge aus, die, wie sich aus der Anordnung der alten Tagebaue und Halden ergiebt, im allgemeinen einen unter sich parallelen Verlauf haben. In den drei Gruben Rosario, S. Pedro und Carranza nahm ich an den Hauptgängen ein Streichen von 95 bis 110° ab. Das Fallen war durchgängig ein steiles und betrug gegen 80°. Die Mächtigkeit der Gänge schwankte zwischen wenigen Centimetern und 0.3 m; nur an besonders günstigen Stellen erreichte sie 1 m. Andererseits zeigen sich die Gänge da, wo sie die oben-

ordentlichen Schwierigkeiten zu kämpfen hat, theils wegen des Wüstencharacters des Paramillo, theils wegen der äusserst beschwerlichen Transportverhältnisse. Gras- und Baumwuchs fehlen in meilenweitem Umkreise und das einzige vorhandene Trinkwasser wird von einer kleinen, abseits der Gruben gelegenen Quelle geliefert. Holz für den Grubenanbau muss von dem 114 km entfernten Mendoza bezogen und die Aufbereitung der Erze muss im wesentlichen auf Handscheidung beschränkt werden. Nur auf Rosario kann unter Benutzung der geringen Stollenwässer zeitweise mit zwei kleinen Handsetzmaschinen gearbeitet werden.

Die in früheren Zeiten gefallenen, amalgamationsfähigen Erze wurden auf der etwa 50 km entfernten Trapiche Tambillo im Thale von Uspallata-Barreal verarbeitet; später, in den 60 ger Jahren, erbaute man an dem in der Nähe der Gruben gelegenen Agua del Zorro einen kleinen Hochofen und versuchte die Erze unter Benutzung der rhätischen Brandschiefer zu verschmelzen; da man aber hierbei keine brauchbaren Resultate erhielt, liess man den Ofen wieder verfallen und beschränkte sich von nun an auf einen Export der durch Handscheidung gewonnenen reicheren Erze. Anfänglich wurden dieselben auf Maulthierrücken nach Chile gesendet, später nach Mendoza. Von hier gingen sie dann mit Carreten nach Rosario. Unter solchen Umständen soll nur die Versendung von Erzen mit mindestens 0.5% Silber gelohnt haben. Die Verwerthung ärmerer Gangmassen und damit zugleich die stärkere Entwickelung des Grubenbetriebes, wird erst nach Vollendung der mendoziner Eisenbahn und nach der Herstellung eines Fahrweges zwischen den Gruben und Mendoza möglich werden.

Andere in der Sierra von Uspallata bekannte Erzgänge sind solche von goldführenden Quarzen und von Kupfererzen. Gänge von goldführenden Quarzen finden sich in der Gegend von Villavicencia, also in dem centralen, wesentlich aus Thonschiefern und Grauwacken bestehenden Theile des Gebirges und sollen hier schon von den Indianern bearbeitet worden sein. Ich habe die Grube, auf welcher 1873 Herr Dr. Hübler in Mendoza arbeiten liess, nicht besucht, sondern nur die von derselben kommenden Erze, eisenschüssige Quarze, auf der kleinen, am Tropenwege zwischen dem Paramillo und Villavicencia gelegenen Wäsche gesehen; nach gefälligen Mittheilungen des Besitzers hatte man auf Klüften des von den goldführenden Gängen durchsetzten Nebengesteines innerhalb einer gewissen Region auch dendritisches und blechförmiges gediegenes Kupfer gefunden.

Kupfererz-führende Gänge liegen am Westrande des Thonschiefergebietes und zwar neben dem seines schlechten Zustandes wegen nur wenig benutzten Maulthierpfade, der von Mendoza aus über Challao direct nach Uspallata führt. Burmeister, der diesen Weg einmal bereist hat, giebt an, dass das Muttergestein der Erzadern ein silberglänzender Chloritschiefer ist und dass in der Nähe der Gänge auch Porphyre aufsetzen.[*) Nach Rickard wurden durch drei Gruben „remolinos ó depósitos accidentales" (?) abgebaut, die eine ziemliche Ausdehnung und Mächtigkeit, aber eine sehr wechselnde Erzführung besassen. Die Erze selbst bestanden nach dem Letztgenannten aus geschwefelten, oxydirten und kohlensauren Kupfermineralien. 1873 war der Betrieb der Gruben und der kleinen zu ihnen gehörigen Hütte bei Uspallata sistirt.

Selenerze-führende Gänge am Cerro de Cacheuta.

Domeyko. Segundo apéndice á la 2. edic. de la mineralogia. An. Univ. de Chile XXIX. 1867. 62. 68. Cuarto apéndice. 1874. 21. Mineralojia. 3. edic 1879. 333. 402. Stelzner in Tsch. M. 1873. 254 (auf Grund eigener Beobachtungen im Februar 1873). F. Pisani. Sur divers séléniures de plomb et de cuivre de la Cordillère des Andes. Comptes Rendus. 1879. LXXXVIII. 391. (vergl. auch die Referate hierüber von Arzruni in Zeitschr. f. Krystallographie. IV. 1880. 403 u. 654. N. Jb. 1880. I. 287 u. -15-. Des Cloizeaux et Damour. Note sur la chalcoménite. Essais chimiques et analyse de la chalcoménite. Bull. de la Soc. Min. de France. IV. 1881.

*) Zeitschr. f. allg. Erdk. N. F. IV. 1858. 276.

28*

(Molybdomenit), kleine monokline, Erythrin-farbige Kryställchen (Cobaltomenit) und sehr feine weisse Nädelchen von Seleniger Säure, die mit Cerussit auf Molybdomenit aufsitzen.

Eine bergmännische Bedeutung kann den in wissenschaftlicher Beziehung hochinteressanten Erzträmern des Cerro de Cacheuta auf Grund der seitherigen Aufschlüsse leider nicht zugesprochen werden.

Kupfer- und Silberze im Süden der Provinz Mendoza.

1852 wurde von José Correa in der südlichen Fortsetzung des Uspallatagebirges, in der Nähe von San Carlos, ein Kupfererzvorkommen entdeckt und hierauf durch eine chilenische Compagnie auf zwei Gruben (Salamanca und Valencia) eine Zeit lang abgebaut. Nach Moussy und Rickard scheint das Haupterz Kupferkies gewesen zu sein; Proben, die ich in Mendoza erhielt, zeigten auch nickelfreien Magnetkies.

Ein letzter Kupfer- und Silbererze führender District soll sich in dem vom Rio colorado umflossenen und bis vor kurzem noch inmitten des Indianerterritoriums gelegenen Cerro Payen finden. Im vorigen Jahrhundert sollen hier 50 bis 100 Centner schwere Blöcke von gediegenem Kupfer gefunden worden sein (Moussy. Descr. III. 448).

Provinz San Juan.

In der Provinz San Juan scheint man früher eine ausserordentlich grosse Neigung zu bergmännischen Speculationen gehabt zu haben, denn nach Ausweis der in der Provincialhauptstadt geführten Register sind in der Zeit vom März 1856 bis 1870 1451 Gruben auf Silber, 97 auf Gold, 14 auf Kupfer, eine auf Eisen, zwei auf Schwefel, eine Wäscherei auf Gold und eine dergleichen auf Kupfer angemeldet worden. Da alle Angaben der Arbeit Rafael S. Igarzabal's, welcher ich diese Daten entnehme,[*] von Seiten der Provincialregierung für authentisch erklärt worden sind, so möchten Fernerstehende hiernach glauben, dass der Bergbau die hervorragendste Industrie der Provinz sei, indessen würde diese Folgerung doch einen Trugschluss hinauslaufen, da Schürfe anmelden und Bergbau treiben zweierlei ist. Im Gegensatz zu jenen zahlreich angemeldeten Schürfen beschränkten sich denn auch zu Ende 1868 nach Rickard (Informe 95) die in Betrieb stehenden Gruben auf 22 Silber- und 14 Goldgruben mit 210 Arbeitern, excl. 220 Pirquineros;[**] dazu kamen noch 5 Hütten. Als ich 1873 die Provinz bereiste, war der Betrieb, wie sich aus den folgenden Mittheilungen ergeben wird, noch weit geringer.

Gruben der Sierra von Tontal (Taf. II. — Eigene Beobachtung am 8. Januar 1873). Die Sierra von Tontal, die mit ihren höchsten Punkten eine Meereshöhe von etwa 4000 m erreichen mag, besteht im wesentlichen aus Thonschiefer. Diesem letzteren sind am Westabhange einzelne Gneissbänke, am Ostabhange zahlreiche Grauwackenschichten eingelagert, so dass man ihn theils für archäisch, theils für paläozoisch halten möchte (S. 40). Ausserdem müssen auch noch kleine Durchbrüche von Quarzporphyr vorhanden sein (S. 100).

Die Gruben liegen etwa 2800 bis 3000 m hoch auf einigen rückenförmigen Seitenausläufern des Gebirges, die gegen W., d. i. gegen das Thal von Calingasta — Oberlauf des Rio de San Juan —, abfallen.

---

[*] La Provincia de San Juan. Boletin ofic. de la Exposicion Nacional de Córdoba. 1871. Buenos Aires. 1872. 8. 233.

[**] Pirquineros oder Pilquineros sind kleine Leute, die zeitweilig in das Gebirge reiten, sich hier in einer alten aufhängig Grube einnisten und nun auf eigne Faust Raubbau der elendesten Art treiben. Ist etwa in der Nachbarschaft ein grösserer Bergbau im Betriebe, so sind sie wohl auch Käufer für die dort gestohlenen Erze. Nach mehrwöchentlicher Arbeit, wenn der mitgenommene Proviant zu Ende ist, zieht der Pirquinero wieder nach seinem in der Ebene gelegenen Rancho, um nun seine „metallos" nach alter Indianerweise durch Haufenamalgamation zu benefiziren.

werden, aber die Gruben lieferten nur 60 Quintal täglich und den Oefen fehlte es an Brennmaterial, das weit und breit nicht in genügender Quantität zu beschaffen war. Dazu mögen dann noch politische Wirren gekommen sein — kurz 1866 musste der Betrieb, wenige Monate nach seiner Eröffnung, zum zweiten und letzten Male eingestellt werden. Seitdem liegt die Hütte verlassen da, täglich mehr und mehr zur Ruine zerfallend.

Das eine Missgeschick zog andere nach sich; die meisten der kleinen Gruben, die in der Tontalkette und in den ihr benachbarten Gebirgen entstanden waren, wurden wieder aufgelassen und 1873 waren nur noch die beiden obengenannten in schwachem Betriebe.

Dieselben liefern seitdem ihre an Bleiglanz ärmeren Erze dem im Privatbesitze befindlichen Amalgamations werke Sorocayense, das 6 km oberhalb von Hilario bei Totoral de Barreal liegt. Das ist freilich nur ein sehr kleines und sehr bescheiden eingerichtetes Etablissement, aber eben deshalb ist es auch lebens- und ertragsfähig. Die Erze die es kauft, müssen mindestens 0,20% Silber und dürfen nicht mehr als 15% Blei enthalten. Bleiglanz-reichere Erzen müssen die Gruben nach Chile schicken. Der Transport dahin, der, auf Maulthierrücken erfolgt, er-fordert 10 bis 12 Tage. Versandfähig sollen Erze dann sein, wenn sie wenigstens 0.4% Silber enthalten; auch ihr Bleigehalt findet in Chile eine Bezahlung, dafern er 30%, übersteigt.

Grubengebiet von Castaño. Einige Leguas unterhalb Hilario vereinigt sich mit dem Rio de Calingasta, da wo derselbe nach O. umbiegt, um durch eine unwegsame Schlucht nach San Juan zu fliessen, der von NW. her aus der Cordillere kommende Rio de Castaño. Am Oberlaufe dieses letzteren liegt der Grubendistrict von Castaño, den ich nicht besucht habe, da der Betrieb in ihm zur Zeit meiner Bereisung der Provinz San Juan außlässig war. Seine bis 3 m mächtigen Gänge sind 1863 entdeckt und dann einige Jahre lang durch mehrere kleine Gruben abgebaut worden. Das Haupterz war nach Rickard, dem ich diese Angaben entlehne, Bleiglanz; neben demselben wurden aber auch grosse Mengen von derbem Cerussit gewonnen. Auf der Industrieausstellung zu Córdoba (1871) waren unter der Bezeichnung Castaño auch noch folgende Erze und Mineralien zu sehen: grosse Stücken von grobkörnigem Bleiglanz, z. Th. mit etwas Antimonfahlerz und Kupferkies durchwachsen, z. a. Th. von Cerussittrümern durchzogen; Gelbbleierz in bis 3 mm grossen, tafelförmigen Krystallen, in Hohlräumen einer aus Quarz und Brauneisenerz bestehenden Gangmasse innesitzend; smaragdgrüner Brochantit, in feinen Krusten Gemenge von Bleiglanz und Kupferkies überziehend; endlich grosse Kalkspathskalenoёder, z. Th. mit blassvioletten Amethystkrystallen bedeckt.

Goldgänge von Gualilan.

Litteratur: Rickard. Informe 62. Godoy. Informe al Ex. Señor Ministro de Instruccion Pública sobre el Establecimiento Anglo-argentino de Gualilan in der Memoria presentada al Congreso Nacional de 1875 por el Ministro de Justicia, Culto é Instruccion pública. Buenos Aires. 1875. 625. 630. — Eigene Beobachtung am 14. u. 15 März 1873.

Gualilan liegt etwa 180 bis 200 km NNW. von San Juan, am Tropenwege der nach Coquimbo und Huasco führt. Inmitten eines breiten Beckens, dass die Sierra del Tigre (welche die nördliche Fortsetzung der Sierren von Tontal und Paramillo sein, aber aus Kalksteinen bestehen soll) und die kleinere Kette von Talacastra zwischen sich lassen, erheben sich in NS. Anordnung einige kleine Rücken und Hügel, die gleichwie die letztgenannte Sierra Talacastra von silurischem Kalksteine, dem einige Schieferthonbänke eingelagert sind, gebildet werden (S. 47). Einer dieser Hügel, der seine Umgebung gegen 100 m überragt, ist der Grubenberg von Gualilan. Er wird von drei nord-südlich und von zwei ost-westlich streichenden und bis 30 m mächtigen Gängen von Quarztrachyt durchsetzt; andere, ähnliche Gänge streichen an seinem Fusse zu Tage aus (S. 168). Die erstgenannten drei Trachytgänge sind, wenigstens an ihren Ausstrichen, ausgezeichnete Lagergänge, denn auch die Kalksteinbänke haben nord-südliches Streichen und Trachyt wie Kalkstein fallen am Tage 50—60° W. ein.

Die Gänge von Gualilau sollen 1751 entdeckt und dann zeitweilig, bis zu einer jetzt 70 m erreichenden Teufe in Abbau genommen worden sein. Die grosse Mächtigkeit der Gänge hat dabei mehrfach zu Brüchen Veranlassung gegeben.

Reiche Ausbeute hat man wohl nie gehabt, da zwar arme Erze in grosser Masse vorhanden sind, aber das zu deren Aufbereitung unbedingt nothwendige Wasser fehlt. Denn Gualilan liegt in einem der trockensten Theile der Republik — zur Zeit meiner Anwesenheit hatte es z. B. daselbst seit mehr als zwei Jahren nicht geregnet — und in meilenweitem Umkreise sucht man vergeblich nach einem Bache oder Flusse. Dennoch bildete sich im Jahre 1869 in London eine grössere Gesellschaft mit der Absicht, die tieferen noch unverritzten Gangregionen zu erschliessen und die geförderten Erze an Ort und Stelle durch Amalgamation zu Gute zu machen. Man schickte aus England einen Director, einen cornischen Steiger, Schmiede und Tischler, Maschinisten und Erzwäscher; ferner zwei starke Dampfmaschinen, ein Pochwerk mit 36 Stempeln; 4 continuirliche Stossheerde, Röhrwerke, Amalgamationsfässer, Druckpumpen etc. und bald war in Gualilau reges Leben. Drei Schächte wurden abgeteuft, fünf Tagesstrecken gleichzeitig in Angriff genommen und am Fusse des Grubenberges erhob sich ein stattlicher, aus behauenen Trachytquadern erbauter, von Schornsteinen überragter Gebäudecomplex mit maschinellem Einrichtungen, deren Vollständigkeit und Zweckmässigkeit an und für sich nichts zu wünschen übrig liess. Der weitere in London ausgearbeitete Betriebsplan ging dahin, für das Pochwerk diejenigen Wasser zu benutzen, die man in den alten Grubenbauen erwartete. Diese sollten sich in einem, am Fusse des Grubenberges etwa 100 m tief niedergebrachten Schachte sammeln, dann durch Pumpen gehoben werden, das Pochwerk durchlaufen, sich weiterhin in cementirten Bassins klären und schliesslich, wiederum mit Dampfkraft, zum Pochwerke zurückgedrückt werden und von hier an ihren Kreislauf auf's neue beginnen. Als man diesen Plan, auf welchem die Existenzfähigkeit der ganzen Anlage beruhte, zu verwirklichen trachtete, zeigte sich, dass man das Quantum der vorhandenen und durch Pumpen zu hebenden Grubenwässer weit überschätzt hatte. Man fasste daher noch eine kleine, in den Vorbergen der Cordillera del Tigre gelegene Quelle und führte dieselbe etwa 5 km weit in hölzernen Gerinnen nach dem Pochwerke, indessen vermochte auch der hierdurch gewonnene kleine Zuwachs an Arbeitswasser (Godoy schätzt denselben auf 0.5 l pr. Sec.) an der Sachlage nichts zu ändern. Die mit unsäglichen Mühen aufgestellten Maschinen konnten also nur zum kleinsten Theile benutzt und es konnte in Folge dessen nur eine so geringe Quantität rohen Erzes verarbeitet werden, dass — zumal man wohl auch den Feingehalt des Goldes zu hoch angenommen hatte — bald jede Hoffnung auf eine Rentabilität des kühn geplanten Unternehmens aufgegeben werden musste. Der Betrieb der Gruben und Wäschen ist daher niemals über das Versuchsstadium hinausgekommen. Nach wenigen Jahren wurde er wieder eingestellt, so dass jetzt die Anlagen von Gualilau ein trauriges Seitenstück zu denen von Hilario bilden sollen.

Erzdistricte von Iglesia, Guachi und Guaco. Ueber diese Erzdistricte, die ich nicht besuchen konnte, mögen folgende Angaben genügen.

Iglesia liegt SW. von Jachal. In seiner Umgegend sollen nach Moussy Goldgruben bei Chilca, Gold-, Silber- und namentlich Kupfergruben bei Rodeo und Anticristo betrieben worden sein. Rickard erwähnt auch Silbergruben von Salado. Jetzt sind alle Gruben auflässig.

Guachi[*]) liegt einige 60 km NW. von Jachal und steht von Alters her wegen seines Goldreichthumes in hohem Rufe. Auf den Gruben, welche sich in einem ausserordentlich schwer zugänglichen und sehr rauhen Gebirgsdistricte finden sollen, wurde 1873 nur ein sehr schwacher Betrieb geführt. Nach Rickard ist der Hauptgang bis 20 m mächtig und im Streichen auf mehr als 800 m aufgeschlossen. Seine Nebengesteine werden von dem Genannten als Glimmerschiefer, Gneiss, Syenit u. a. Hornblendegesteine bezeichnet. Ich sah Erze von Guachi bei D. José Maria Suarez, dem Besitzer der östlich von Jachal

---

*) Einige Nachrichten finden sich in dem Aufsatze: Die altindianischen Bergwerke der argentin. Provinz San Juan; nach einer Original-Correspondenz der deutschen Zeitung am Rio de la Plata in der Zeitschr. d. Ges. f. Erdkunde. II. 1867. 174.

in der Sierra de la Huerta aufsetzen, im Jahre 1860 entdeckt und im Jahre 1868 von 11 Gruben mit 115 Arbeitern abgebaut. Im März 1873 waren nur noch zwei Gruben mit etwa 30 Arbeitern im Betrieb.

In der Grubenregion bildet Gneiss das herrschende Gestein. Local sind demselben Gabbro und körniger Kalkstein eingelagert (S. 9); ausserdem müssen auch noch einige Durchbrüche von Quarzporphyr vorhanden sein (S. 101).

Die Gruben, welche 1873 noch arbeiteten, waren Santo Domingo und Rosario. Santo Domingo liegt in einer engen Felsenschlucht, deren Gehänge nur mit Candelaber-Cacteen bewachsen sind. Das Mundloch des im Thale ausmündenden Stollens hat eine Meereshöhe von etwa 900 m, während der flache Schacht, von dem aus man bis jetzt den Gang abgebaut hat, etwa 200 m über dem Thalboden an dem steilen Felsengehänge angesetzt worden ist. Dieses letztere besteht aus grauem Gneiss und Gabbroschiefer. Der Erzgang streicht 20°, fällt 45° W., schwankt in seiner Mächtigkeit zwischen wenigen und 80 cm und besteht, ähnlich wie die Gänge der Tontalkette und der Sierra von Córdoba, aus Braunspath und Quarz, sowie aus silberhaltigem Bleiglanz und schwarzer Zinkblende. Fahlerz bricht nur untergeordnet ein; als seltene Vorkommnisse wurden mir Glaserz und gediegenes Silber genannt. An den Salbändern des Ganges findet man z. Th. etwas Lagenstructur, in der Gangmitte gewöhnlich massige Verwachsung der genannten Erze und Gangarten. Der durchschnittliche Silbergehalt des Fördergutes soll 0.6 bis 0.7% betragen und ähnlich soll derjenige der anderen, jetzt auflässigen Gruben der Huerta gewesen sein.

Der Grubenbetrieb ist ein ausserordentlich primitiver, hat aber dennoch und obwohl kein Haspel vorhanden ist, sondern alles Erz auf dem Rücken der Arbeiter ausgefördert werden muss, eine Teufe von etwa 200 m erreicht. Um sich die Arbeit zu erleichtern, hatte man daher eine für argentinische Verhältnisse schon recht grossartige Stollenanlage begonnen. Der unten im Thale angesetzte Stollen mochte, als ich ihn befuhr, etwa 250 m lang sein, war aber, da man nicht einmal einen Compass hatte, trotz vielfacher Richtungsänderungen noch nicht mit der Grube durchschlägig geworden.

Die zweite von mir befahrene Grube, Rosario, liegt im NO. von der Marayes-Quelle, in einer Höhe von etwa 740 m. Ihren Gang, der 45° NW. fällt, sah ich bis 0.3 m mächtig anstehen. Seine Ausfüllung war im allgemeinen derjenigen des Ganges von Santo Domingo ähnlich. In früheren Jahren hatte man einige recht gute Erzmittel abbauen können, indessen war der Bleiglanz gegen die Teufe zu mehr und mehr durch Zinkblende verdrängt und dadurch das Ausbringen allmählich auf ein solches Minimum reducirt worden, dass man im März 1873 im Begriffe stand, die Grube aufzulassen.

Ausser den eben genannten beiden Gruben habe ich noch die wasserlose Quebrada San Pedro besucht, in der früher die Grube Mercedes auf einem mächtigen Gange baute. Thalabwärts von derselben streicht ein Gang aus, der von Rickard (Informe 79) als ein 2 bis 3 m mächtiger Eisensteingang bezeichnet wird. Man trifft auf denselben da, wo man, in der Schlucht aufwärts reitend, zum ersten Male ein mächtiges Lager von weissem, krystallinisch-körnigen Kalkstein wahrnimmt. Local hat er die obenbezeichnete Mächtigkeit, aber wenn man sein Ausstreichen verfolgt, so überzeugt man sich bald, dass seine Dimensionen rasch veränderliche und gewöhnlich viel geringere sind. Der Gang besteht an seinem durch mehrere Schürfe näher untersuchten Ausstreichen vorwiegend aus ockrigem oder derbem Brauneisenerz mit etwas Rotheisenerz, Schüppchen von Eisenglanz und Psilomelan. Ausserdem sieht man aber auch noch hier und da in seiner Masse Quarzdrusen, vereinzelte Baryttafeln, Pseudomorphosen von Brauneisenerz nach rhomboëdrischen Krystallen, die auf das ursprüngliche Vorhandensein von Braun- oder Eisenspath hindeuten, und Partien von krystallinisch-körnigem Bleiglanz. Man hat es daher offenbar nicht mit einem Eisensteingange, sondern mit dem stark zersetzten Ausstriche, oder dem sogenannten eisernen Hute eines bleiglanzführenden Ganges

29*

zu thuen, der aller Wahrscheinlichkeit nach in grösserer Teufe den sonstigen Gängen des Gebirges ähnlich sein wird und deshalb einer weiteren Untersuchung werth sein dürfte. Ebenso verhält es sich wohl auch mit zwei anderen, in der Quebrada de la Barranca colorada aufsetzenden „Eisenstein-Gängen", die bis jetzt nur von der kleinen Hütte Esperanza zur Gewinnung von Zuschlagerzen bebaut worden sind.

Ueber die goldführenden Quarzgänge, die nach Moussy am Cerro blanco aufsetzen sollen und über die Kupfergänge, die Rickard erwähnt, habe ich nichts bemerkenswerthes erfahren können.

In Bezug auf die Geschichte des Bergbaues in der Sierra de la Huerta mag erwähnt sein, dass 1865 durch die Gebrüder Klappenbach eine Sociedad anónima de minas y fundiciones de San Juan gebildet und mit deren Fonds ein Hüttenetablissement an dem kleinen, salzigen Quell erbaut worden war, der unweit der Quebrada Santo Domingo, in einer Höhe von etwa 670 m und schon in dem dem Gebirgsrande angelagerten rothen Sandsteine zu Tage tritt. Dieses el Argentino oder la Huerta genannte Hüttenwerk, das 8 Schmelzöfen besass, wollte nicht nur die Erze der Huerta, sondern auch diejenigen von Tontal und Castaño verschmelzen, hat aber nur bis 1870 functionirt; dann ist es aufgegeben und dem Verfalle überlassen worden. Als ich die Ruinen der Anlage besuchte, fand ich noch Vorräthe von Bleiglätte, die wegen der Abgelegenheit des Werkes nicht absatzfähig gewesen waren.

1873 war nur noch die in der Quebrada de Santo Domingo selbst gelegene kleine Hütte Esperanza (745 m) im Betrieb. Auf ihr verschmolz ein französischer Ingenieur, Herr Marchand, die Bleierze von Santo Domingo und Rosario in einem kleinen Schachtofen, um hierauf das gefallene silberhaltige Werkblei abzutreiben. Für die bei letzterem Processe entstehende Glätte hatte auch er keinen Absatz. Marchand kaufte nur Erze, die mindestens einen Gehalt von 0.15 bis 0.2% Silber hatten.

Provinz La Rioja. Sierra de Famatina (Taf. I. 3).

Litteratur: J. O. French. On the Province of La Rioja. Journ. of the R. Geogr. Soc. Vol. IX. 1839. M. de Moussy. Die Bergwerksreviere der Provinz la Rioja. Aus dem Nacional Argentino No. 502 und 503 vom 23—25. Juli, übersetzt von Durkart. Zeitschr. f. Berg-, Hütten- und Salinwesen. Berlin. 1858. VI. 12. Moussy. Descr. II. 394. Rickard. Informe. 97. Guillermo Davila. Mineral de Famatina. Rápida ojeada sobre el origen, descubrimiento y trabajos de este mineral desde el tiempo de la conquista hasta nuestras dias. Revista de Buenos Aires. T. XXIII. 1870. 66—136. E. Hüniken. Die Argentinische Provinz Rioja. La Plata M. 8. IV. 1876. No. 1 ff. E. Hücke. Der Nevado von Famatina mit seinen Grubenbezirken bei Napp. Arg. Rep. 215. Burmeister. Descr. phys. II. 335. G. vom Rath. Sitzungsber. d. Niederrhein. Gesellsch. f. Natur- u. Heilkunde. 4. Novbr. 1878. Eigene Beobachtungen vom 17. Februar bis 21. März 1872. Ueber einen Theil der letzteren habe ich bereits in Tschermak's Mittheilungen f. 1873. 240 referirt.

Meine Stationsquartiere waren das Hüttenwerk Escalerns de Famatina, auf welchem ich mich der liebenswürdigsten Gastfreundschaft und thatkräftigsten Unterstützung des Herrn Emil Hüniken zu erfreuen hatte und Chilecito, das neuerdings Villa Argentina genannt wird.

Gewöhnlich, ob mit Recht, bleibe dahingestellt, wird angegeben, dass sich die Sierra de Famatina in der Breite von Copacavana (28°) von der Cordillere abzweigt. Jedenfalls bildet sie schon wenig südlich des genannten Ortes einen mächtigen, von N. nach S. verlaufenden Gebirgswall, der sich in der Breite von 29° mit zwei nahe benachbarten Spitzen bis in die Regionen des ewigen Schnee's erhebt, dann nach S. zu mit wesentlich niedrigerer Kammhöhe fortsetzt, in der Breite von Salinitas (30°) eine mit rhätischen Sedimenten erfüllte Depression zeigt, um hierauf mit der Sierra de la Huerta wenig südlich vom 31. Grade sein Ende zu erreichen.

Von den Erzlagerstätten dieser langen Kette sind die der Huerta soeben besprochen worden.

Weit zahlreichere Gänge finden sich in demjenigen Theile des Gebirges, welcher sich im W. der

Städtchen Famatina und Chilecito (Villa Argentina) erhebt und Sierra de Famatina im engeren Sinne des Wortes genannt wird. Diese Region ist wohl die erzreichste der ganzen Republik und deshalb wird wohl auch behauptet, dass der Name des Gebirges bedeuten solle: la sierra que fama tiene, das Gebirge, welches Ruf hat. Nach Moussy (Descr. II. 399) rührt jedoch die Benennung von einem Indianertribus her, der schon in alten Zeiten und noch ehe man die metallischen Schätze des Gebirges kannte, in der Gegend ansässig war.

Die Sierra de Famatina im engeren Sinne des Wortes, von der im folgenden zunächst ausschliesslich die Rede sein wird, ordnet sich in ihrer Configuration dem allgemeinen Gesetze unter, welches die argentinischen Gebirge beherrscht. Ihr Ostabhang, der — in der Horizontalen gemessen — gegen 50 km breit sein mag, ist ein von tiefen Thälern durchschnittenes Bergland, das sich aus der bei dem Städtchen Famatina etwa 1200 m erreichenden Ebene in rascher Stufenfolge zu 4000 bis 5500 m erhebt, in dem Nevado oscuro (6024 m) und in dem wenig südlicher gelegenen Nevado colorado gipfelt*) und endlich mit gigantischen Felsenwänden jäh nach W. zu abfällt.

Die in der Region der Nevados entspringenden Wildbäche, die bald von tiefen Schluchten aufgenommen werden, vereinigen sich weiterhin zu mehreren kleinen Flüsschen, von denen zwei, der Rio del Tocino und der Rio blanco, nordöstliche Richtung einschlagen und kurz unterhalb Angulos die Ebene erreichen; zwei andere, denen die von den Gruben abwärts führenden Maulthierpfade folgen, treten nach mannigfach gewundenem Verlaufe am Ostabhange aus dem Gebirge heraus. Nachdem sie hierauf grosse Schottermassen abgelagert haben und ein Stück weit in die Ebene eingedrungen sind, werden sie von zahlreichen Canälen absorbirt und bewässern nun die Klee- und Maisfelder, die Wein- und Orangengärten der beiden, oasenartig in dem sonst trockenen und sterilen Camplande liegenden Städtchen Famatina mit Carrisal und Chilecito. Einigen kleinen Gebirgswässern verdanken die ebenfalls am östlichen Fusse der Kette gelegenen Dörfer, Nonogasta, Sonogasta, Bichigasta etc. ihr Dasein. Die Bevölkerung dieser Städtchen und Dörfer, die zumeist direct oder indirect vom Bergbaue lebt, schätzt Huniken auf etwa 10000 Köpfe.

Das Gebirge selbst ist dagegen, abgesehen von den Gruben und von einigen wenigen, am Unterlaufe seiner Gewässer liegenden Schmelz- und Amalgamationswerken, unbewohnt. Die unteren Regionen des Ostabhanges sind noch mehrfach bewaldet, nach Huniken in den Thälern bis gegen 2000 m aufwärts. Dann folgt bis ungefähr 3400 m Strauchwerk. Zwischen 3400 bis 4000 m giebt es nur noch einige Gräser, Yareta und Cuerno de Cabra. Ueber 4000 m beginnt die Region der nackten Felsen und des aus faustgrossen, eckigen Stücken bestehenden Gebirgsschuttes. Dieser letztere zeigt eine ganz ausserordentliche Entwickelung: weithin sind die viele Hunderte von Metern hohen Thalgehänge mit seinen düsteren Halden bedeckt und nur hier und da findet das Auge des unten im Thale emporsteigenden Reisenden einen besonderen Haftpunkt, sei es an einem emporragenden Felsengrate, sei es an einem Schneeflecken oder an einer dem Gebirge anhaftenden Wolke. Das thierische Leben ist in diesen Regionen fast ganz erloschen. Nur selten verirrt sich ein Guanaco auf die kahlen Hänge, selbst der Condor ist eine ungewöhnliche Erscheinung. Die einzigen ständigen Bewohner dieser Höhen über 4000 m sind nur Schneehühner, einige kleine braune Vögelchen und — Bergleute. Denn zwischen 3000 und 5000 m, namentlich aber zwischen 4000 und 5000 m finden sich

---

*) Die Höhenbestimmung rührt von Nicolas Naranjo her, der 1854 den Nevado oscuro oder oscuro-overo (Schwarzschecke) zum ersten Male erstieg. Die Angabe von Moussy (Descr. II. 406), nach welcher Naranjo 6294 gefunden haben soll, corrigirte Barmeister (Phys. Beschr. I. 355). Huniken schilderte seine leider misslungenen Versuche, den Nevado oscuro zu besteigen, in La Plata M. S. 1876. IV. No. 3. Der Nevado colorado ist bis jetzt noch nicht erklommen worden.

auf einem weiten Raume zerstreut, in der denkbar ödesten Gegend, die reichen Famatina-Gruben. Die höchste ist San Francisco del Espino, am Fusse der kleinen, el Espino genannten Kuppe (nach M o u s s y 5070, nach B u r m e i s t e r 4910 m*), die sich auf einem vom Nevado Oscuro auslaufenden Grate und nur wenig unterhalb der Schneefelder erhebt. Zwei mal bin ich von der einige hundert Meter tiefer gelegenen Grube San Pedro nach dem Espino hinaufgestiegen; das eine mal bei nebeligem aber ruhigem Wetter, das andere mal bei klarem Himmel und ausserordentlich starkem Sturme, der hier an nebelfreien Tagen nur selten ausbleiben soll. Es war mir unmöglich, oben auf der Höhe stehen zu bleiben; nur platt auf dem Boden liegend konnte ich mich des weiten Ausblickes erfreuen, der sich hier endlich erschliesst: auf die Vorberge des Gebirges, auf die Ebene, auf die Riojaner Sierra und auf die aus weiter Ferne herüberleuchtende Schneespitze des Aconquija.**)

Die geologischen Verhältnisse der Sierra de Famatina haben, soweit sie mir aus eigener Beobachtung bekannt wurden, bereits in den früheren Abschnitten ihre Berücksichtigung gefunden. Ich kann mich daher an dieser Stelle auf die Angabe beschränken, dass der Ostabhang des Gebirges in der Breite der Nevados wesentlich aus archäischem (?) Thonschiefer, in dem hier und da Einlagerungen von Kieselschiefer, Porphyroiden und Diabasen vorkommen, besteht (S. 18). Der Schichtenbau dieser Schieferformation ist allem Anscheine nach ein sehr gestörter. An den Thalgehängen sieht man nicht selten steile Schichtenstellungen, zuweilen auch starke Schichtenbiegungen. Eruptivgesteine sind durch Granit, Quarzporphyr, Dacit und Andesit vertreten. Granit bildet einen mächtigen Stock im Osten des Nevado colorado und ist hier im oberen Theile des Chilecito'er Thales weithin aufgeschlossen (S. 33); aus Quarzporphyr besteht der steile Westabhang des Gebirges, mindestens zwischen dem Tocino-Passe und der nach Tambillo führenden Quebrada de la Calera (S. 101).

Kleine Durchbrüche von Dacit finden sich unweit der am Rio amarillo, d. i. am Oberlaufe des Flüsschens von Famatina gelegenen Cuesta colorada und im Gebiete der etwas südlicher gelegenen Cuesta Caldera, während der Agua clara genannte Wildbach, der sich bei der Trapiche Durazno mit dem Chilecito'er Flüsschen vereinigt, Gerölle von hornblendehaltigem Augitandesit aus dem Gebirge herabbringt (S. 170). Endlich treten noch rhätische Sedimente (Sandsteine mit pflanzenführenden Schieferthonen und Kohlenschiefern) auf. Dieselben bilden mehr oder weniger mächtige Anlagerungen an der Ost- und Westflanke des Gebirges, dringen aber auch von NO. und O. her in die Thäler des Rio del Tocino, Rio blanco und Rio amarillo de Famatina weit in das Gebirge ein und finden sich selbst noch am Espino (S. 69).

Die Erzgänge der Famatinakette, welche ich kennen gelernt habe, sind — mit einer einzigen Ausnahme (S. Francisco del Espino) — lediglich Spaltenausfüllungen im Thonschiefer. Ihr Alter und ihre etwaigen Beziehungen zu den Eruptivgesteinen lassen sich daher nicht genauer ermitteln.

---

*) Hiernach bitte ich Profil 3 auf Taf. I, auf welchem, einer älteren Angabe folgend, für den Espino nur 4600 m angenommen worden sind, zu corrigiren.

**) Deutlich vermochte ich hierbei von dem Heulen des Sturmes ein eigenthümliches Geräusch zu unterscheiden, das durch das Aneinanderschlagen der an Gehänge hinabgefegten Gesteinsstücken hervorgebracht wird. Ist es vielleicht die Combination dieser wilden Getöse, die man an klaren Tagen zuweilen am Fusse der argentinischen Hochgebirge hört? La sierra brama (bramar, brüllen, heulen), sagen die Leute in der Ebene und der Volksglaube meint, dass ein fremder Eindringling den Zorn des Gebirgsgottes — des argentinischen Kibrsablen — gereizt habe. Den meinigen ähnliche Beobachtungen erwähnt Cl. K i n g in U. S. Geol. Expl. of the 40. Parallel. I. Systematic Geology. 1878. 472. Indem er den für die nordamerikanische Cordillere ebenfalls höchst charakteristischen Gehängeschutt bespricht, bemerkt er: Upon the summits of the Rocky Mountains, the Uinta, and Wahsatch, and at very many points of the ranges near the Pacific coast, I have heard during the day thousands of blocks dislodge themselves and bound down the slopes.

Gewöhnlich treten sie gruppenweise auf, so dass man in dem Gebirge besondere Grubendistricte oder „Minerale" zu unterscheiden pflegt. Es empfiehlt sich, die weiteren Bemerkungen nach diesen Ganggebieten zu gliedern.

Gruben des Cerro de la Mejicana. Der Cerro de la Mejicana ist ein im wesentlichen aus kieseligem Thonschiefer bestehender Gebirgsgrat, der sich rechtwinklig zur Hauptkette vom Nevado oscuro abzweigt und dessen west-östliche Länge etwa 4000 m betragen mag. Nach N. und S. fällt er steil ab und zwar gegen N. zu in eine unwegsame, mit Sandsteinfelsen erfüllte Schlucht, gegen S. zu in dasjenige Hochgebirgsthal, in welchem der nach Famatina fliessende Rio amarillo entspringt. Auf dem Grate selbst liegt in circa 5000 m Höhe die schon oben erwähnte Grube S. Francisco del Espino; am Südabhange des fast durchgängig ein oder mehrere Meter hoch mit Thonschieferschutt bedeckten Grates bauen die einander benachbarten Gruben von Mejicana und San Pedro. Die Höhe derselben giebt Moussy zu 4300 bis 4600 m an. Endlich finden sich noch auf der östlichen Fortsetzung des Grates, die sich nach einer vorübergehenden Einsattelung nochmals zu einem kleinen, 4600 m hohen Plateau erhebt, die Gruben des Ampallado-Districtes.

S. Francisco del Espino unterscheidet sich von allen anderen mir bekannt geworden Gruben der Famatinakette dadurch, dass zum wenigsten der Ansatzpunkt ihres Schachtes in Sandstein liegt, der sich von N. her bis zu dieser Höhe heraufzieht und in der Gegend der Grube eine wenig mächtige Decke über den kieseligen Thonschiefer bildet. Der weisse Sandstein ist theils mürbe, theils von eigenthümlichem quarzitähnlichen Charakter (von den Gängen aus verkieselt?), kann aber auch im letzteren Falle nicht falsch gedeutet werden, da sich in ihm einige Bänke von eisenschüssigem Conglomerat mit groben Geröllen von _ Thonschiefer, Granit und Quarzporphyr einstellen. Wenn also der Gang von S. Francisco del Espino, wie ich glaube, aber nicht direct zu erkennen vermochte, auch den Sandstein selbst durchsetzt, so müsste er jünger als der rhätische Sandstein sein. Der Grubenbetrieb ist, während er den Gang in die Teufe verfolgte, jedenfalls bald in den Thonschiefer eingedrungen. Leider ist jener schon seit Jahren eingestellt und so vermag ich auf Grund eigener Beobachtungen nur anzugeben, dass die die Halde bedeckenden Gangstücke eine ausgezeichnete Breccienstructur hatten und dabei aus Quarz- und Hornsteinfragmenten bestanden, die durch drusigen oder derben Quarz verkittet waren. Ausserdem war hier und da noch etwas Schwefelkies zu sehen. Der Hauptreichthum der Grube soll in Polvorillos, d. i. in mulmigen Gold- und Silbererzen bestanden und die Grube soll in früheren Jahren, zuletzt 1842, eine z. Th. sehr bedeutende Ausbeute gegeben haben. ⸜

Unweit S. Francisco liegt noch die kleine Grube Dolores, jetzt nur mit ganz schwachem Betriebe. Man gewann, als ich dort war, etwas Kupfervitriol, der Klüfte im zersetzten Nebengesteine alter Baue ausfüllte.

In jedem der beiden aneinander angrenzenden Grubenbezirke la Mejicana und S. Pedro sind mehrere Gänge bekannt und auf jedem Hauptgange sind wieder mehrere Grubenfelder verliehen, so dass nach Moussy in beiden Districten zusammen 42 Einzelgruben existirt haben sollen. Die Mehrzahl derselben mag freilich nicht viel über die ersten Entwicklungsstadien hinausgekommen und dann wieder aufgelassen worden sein; zur Zeit meiner Anwesenheit waren nur noch sechs in Betrieb.

Auf den beiden Hauptgruben wurde mir die Befahrung in der zuvorkommendsten Weise gestattet. Die Hauptgrube des Mejicanadistrictes, la Compañia, baute mit den Gruben Upulungos und Verdiona auf einem und demselben, 65° streichenden und 75° NW. fallenden Gange. Auf der Hauptgrube von S. Pedro, S. Pedro senkrecht ein, der zweite zeigte bei 120° Streichen ein NO. Einfallen von 70°. In früherer Zeit hat man nur die obersten Regionen der Mejicana-Gänge abgebaut, die, ähnlich wie der Gang von S. Francisco del Espino, direct amalgamationsfähige Erze (metales calidos) führten: porösen Quarz mit reichen gold- und silberhaltigen Polvorillos. Später, in einer Teufe von 20—40 m, begannen sich Enargit und Kiese einzustellen (metal frio) die nur auf dem, 1869 durch Hüniken mit günstigem Erfolge eingeführten Schmelzwege zu Gute gemacht werden können; gegenwärtig (1873), wo der Betrieb im Maximum eine Saigerteufe von 50 m erreicht hat, ist Enargit das Haupterz geworden. Den Gängen des S. Pedro-Districtes hat die Zone der metales calidos gefehlt; sie haben sofort vom Tage aus denjenigen Charakter gezeigt, den die Gänge ihres Nachbargebietes erst später mit grösserer Teufe angenommen haben. Der Enargit brach auch hier in solchen Mengen ein, dass allein S. Pedro Alcántara gegen Ende der 70ger Jahre monatlich 3000 Ctnr schmelzwürdige Erze, die der Hauptsache nach aus dem genannten Minerale bestanden, liefern konnte. In denjenigen Abbauregionen der beiden Grubendistricte, die zur Zeit meiner Anwesenheit erschlossen waren, (40—50 m Saigerteufe), zeigte sich die Gangbeschaffenheit so analog, dass sie hier gemeinschaftlich besprochen werden kann.

Die Mächtigkeit der von ihrem Nebengestein durchgängig sehr scharf abgegrenzten Gänge war sehr variabel; im Maximum betrug sie 1 bis 1.25 m. Das wichtigste Erz war, wie gesagt, Enargit. Derselbe wurde von Famatinit und Kupferindig begleitet und war, gleichwie diese beiden letzteren, gold- und silberhaltig. Ausserdem betheiligten sich an der Gangausfüllung grosse Mengen von Schwefelkies, während Kupferkies und Zinkblende nur eine sehr untergeordnete Rolle spielten. Als Seltenheiten sah ich von Verdiona etwas Rothgiltigerz und kleine Blättchen von Freigold.

Gangarten waren Quarz, Hornstein und Baryt. Als Zersetzungsproducte traten auf: Kupfervitriol, Schwefel, dieser z. Th. in sehr beträchtlichen Massen, ein amorphes, grünes, die Enargitkrystalle incrustirendes Mineral und, als Ausfüllung kleiner Drusenräume, eine steinmarkartige Substanz.

Bezüglich aller weiteren Einzelheiten sei hier auf meine früheren, in Tschermak's Mittheilungen sich findenden Angaben und auf die die Zwillings- und Viellingsbildung des Enargites betreffenden Ergänzungen verwiesen, die jene durch G. v. Rath erfahren haben.

Die Structur der Enargitgänge ist gewöhnlich eine lagenförmige. Die aus Enargit und Schwefelkies, zuweilen auch noch aus Hornstein bestehenden Lagen zeigen entweder einen ebenen Verlauf oder sie blähen sich zu nierenförmigen Gestalten auf, welche letztere dann auf ihren Querschnitten den Eindruck schöner Ringerzbildungen hervorrufen können. An anderen Orten waren die Lagen breccienartig zerstückelt und durch derben Quarz wieder verkittet (Upulungos). Nicht selten stösst man auch auf kleine Drusenräume, deren Wände mit Enargitkrystallen bedeckt sind.

Grubenbetrieb. Die ältere Geschichte des Cerro de la Mejicana, die Davila namentlich auf Grund der in der Rioja fortlebenden Mythen und Traditionen zusammengestellt hat, ist ziemlich unsicher. Hier mag in Bezug auf dieselbe die Mittheilung genügen, dass die Gruben bereits gegen Ende des vorigen Jahrhunderts durch die Jesuiten bearbeitet worden sind, dann, nach deren Vertreibung, fast gänzlich in Vergessenheit gekommen sein sollen. Erst zu Anfang des 19. Jahrhunderts ist ihre Wiederentdeckung erfolgt und es ist hierauf zu verschiedenen Zeiten, z. Th. durch auswärtiges Capital und durch deutsche Bergleute, unter Direction von Carl Pförtner von der Höllen, ein stärkerer Abbau versucht, aber durch die Bürgerkriege zunächst immer wieder vereitelt worden. Günstigere Verhältnisse traten erst mit dem Sturze von Rosas ein. Jetzt entwickelte sich ein stabiler Betrieb, der namentlich von 1869 an, nachdem man die Kupfererze auf dem Schmelzwege zu verwerthen gelernt hatte, an Umfang zunahm.

Aus dieser letzten Periode verdient wohl noch besonders hervorgehoben zu werden, dass Pantaleon Garcia bereits 1854 mit dem Gelde einer chilenischen Companie vom Thale des Rio amarillo aus einen Hauptstollen zu treiben begonnen hatte. Nachdem der letztere über 100 m ausgelängt worden war, fehlte es leider an weiteren Capitalien, so dass die Arbeit wieder eingestellt werden musste. Das ist um so lebhafter zu bedauern, als sich gerade der Cerro de la Mejicana, ein beiderseits mehrere 100 m steil abfallender Gebirgsrücken, in selten günstiger Weise zu Stollenanlagen eignet und als diese letzteren nicht nur ausgezeichnete Gangaufschlüsse liefern, sondern auch den Betrieb sehr wesentlich vereinfachen und das Los der Bergleute wenigstens einigermaassen verbessern würden; denn die Arbeiter könnten dann die von kalten Stürmen umbrausten Höben verlassen und ihre Hütten im Thale erbauen. 1872 war indessen jener erste Stollen bereits wieder verbrochen und es soll erst in jüngster Zeit von dem Hauptbesitzer der Mejicana ein neuer Stollen begonnen worden sein. Im Interesse der Zukunft von Famatina ist nichts lebhafter zu wünschen, als dass man diesmal mehr Ausdauer entwickeln und das begonnene Werk zu einem gedeihlichen Ende führen möge. An materiellem Lohne wird es dann gewiss nicht fehlen und eine neue Aera wird für den so viel versprechenden Bergbau beginnen.

Eine solche thut aber auch noth, denn der seitherige Betrieb bestand lediglich in einem abscheulichen Raubbaue. Nur mit kleinen Suchörtern ist man ein Stück in das Gebirge hinein und dann mit flachen Schächten, sogenannten Chiflones, auf den Gängen niedergegangen.

Da die Unsitte herrscht, ganze Gruben oder einzelne Grubentheile auf Monate oder Jahre gegen einen Theil des Erzertrages zu verpachten, so wird man sich die Systemlosigkeit der eigentlichen Abbaue leicht vergegenwärtigen können. Die Pächter sollen freilich in derartigen Fällen unter genauer Befolgung der Gesetze der Mexicanischen Bergordnung arbeiten, aber natürlich geschieht das nie, zumal keinerlei Controle des Betriebes stattfindet. Der Grubenausbau beschränkt sich an besonders brüchigen Stellen auf einige Thürstöcke; zumeist überlässt man die Verwahrung der alten Baue dem Eise! Denn alles Wasser, dass durch den die Gebirgsoberfläche bedeckenden Schutt in die alten Abbaue eindringt, gefriert und bildet nun eine teitel genannte Breccie, die für gewöhnlich so fest hält, dass man aller sonstigen Verwahrung überhoben zu sein glaubt.

Durch einen schmalen, Eiszapfen-behängten Stollen, so habe ich mir die Befahrung der Grube Compaña sotirt, gelangten wir auf einen anfangs 40, später 60° fallenden Chiflon, der überall dick mit Eis bedeckt war. Meinetwegen sind zwei Arbeiter damit beschäftigt, Stufen in das Eis zu bauen, denn die Leute selbst brauchen dergleichen nicht, obwohl sie mit einem 50 bis 80 Pfund schweren Erzsacke auf dem Rücken hier herauf oder auch auf einem schräg liegenden Steigbaume über einen alten Abbau hinweg zu klettern haben. Sie halten sich dabei kaum an den Lederriemen an, die an den tollsten, neben grossen Weitungen hin führenden Stellen von einem in der Sohle des Chiflones eingeschlagenen Bohrer aus lose herabhängen. Zu den Füssen Eis, zu den Seiten Eis, im liegenden der durch Eis verkittete alte Mann — so sehen die Gruben des Cerro de la Mejicana aus. Die Eiszapfen vom Stollen brecht man ab; in eisernen Kesseln geschmolzen, liefern sie das einzige Trink- und Kochwasser in dieser idea Hochgebirgsregion.

Zur Förderung giebt es nur auf S. Pedro Alcantara einen Haspel. In den anderen Gruben wird alles Erz in Lederstücken auf den Rücken der Apires genannten Arbeiter hinausgetragen — in einer dünnen Atmosphäre, in der schon einfaches Steigen Athmungsbeschwerden hervorruft.[*]

Die Aufbereitung ist bei dem völligen Wassermangel in der Grubenregion auf eine Handscheidung beschränkt. Die durch sie gewonnenen Erze halten nach Hanikes im Mittel auf S. Pedro 25 %, Kupfer, 0.0025 % Gold und 0.06 %, Silber, auf Mejicana dagegen 15—18 %, Kupfer, 0.0025 %, Gold und 0.15 bis 0.25 %, Silber.

Zur Zeit meiner Anwesenheit zählte man in den beiden Grubengebieten zusammen 60—70 Arbeiter.

Das auf den Gruben gewonnene Erz wird in lederne Säcke gefüllt und auf Maulthierrücken nach den am Fusse des Gebirges gelegenen Hüttenwerken gebracht. Der Weg von den Gruben nach der Hütte Escaloras de Famatina soll nur 44 km, derjenige nach der Hütte el Progreso bei Chilecito 55 km betragen, aber beide sind in

---

[*] Ueber die enorme Leistung dieser „härter als Lastthiere" arbeitenden Apires auf chilenischen Gruben vergl. m. Ch. Darwin's naturwissenschaftliche Reisen. Deutsch von E. Dieffenbach. II. 1844. 113.

einem so schlechten Zustande, dass sie von beladenen Maulthieren nur in 2 bis 3 Tagen zurückgelegt werden können und dass sich die Transportkosten pr. Maulthierladung à 3 Centner auf 2.8 bis 4 M. stellen.

Auf dem Hüttenwerke von Escaleras, das gegen 30 Arbeiter beschäftigte, erzeugt man Bottoms, in denen fast alles Gold concentrirt ist, und Rohkupfer. Diese Producte wurden 1872 nach Chile verkauft und gingen auf Maulthierrücken bis nach der Eisenbahnstation Loros bei Copiapo. Man zog es vor, die aus je 10 Peonen und 60 bis 70 Thieren bestehenden Tropas nach Chile über den zwar zu Graswuchs Armeren, aber besseren Weg über Tinogasta und durch die Troyaschlucht zu schicken. Loros wurde dann nach 18 bis 20 Tagen erreicht. Rückwärts pflegte man den nur 12 bis 15 Tage beanspruchenden, aber ausserordentlich schlechten Weg über Vinchina und die Cuesta del Tocino zu nehmen. Die Transportkosten betrugen ab Escaleras bis Copiapo pr. Ctnr. 16 Mark, incl. 2.6 Mark Eingangszoll für die Metalle nach Chile.

In dem schon oben genannten Grubendistricte von Ampallaco, der im Osten des Cerro de la Mejicana liegt, sind früher flach fallende Gänge, die in quarziger Gangmasse Chlorsilber, Glaserz und Polvorillos führten, eine Zeit lang abgebaut worden; ähnliche Gänge auch auf dem nördlich an Ampallaco sich anschliessenden Cerro de Arauzazu, der an seiner Oberfläche mit einer dicken Schicht zusammengefrorenen Gebirgsschuttes bedeckt sein soll (Garcia).

Gruben von Piedra Grande. Im Thale des Rio amarillo sind einige Eisenkiesgänge bekannt. Einer findet sich kurz oberhalb der Cuevas de Noroños, ein anderer streicht am Fusse des dem Cerro Mejicana gegenüberliegenden Thalgehänges aus. Der letztere wird von der Grube Piedra Grande abgebaut. Der bis 0.6 m mächtige Gang setzt mit einem Streichen von 110° und einem Fallen von 70° SW. in Thonschiefer auf und besteht fast nur aus derbem, etwas goldhaltigen Eisenkies. Als Seltenheit soll sich zuweilen etwas Freigold finden. Der Thonschiefer ist zu beiden Seiten des Ganges stark gebleicht und dabei violett gefleckt. Als ich die kleine Grube befuhr, arbeiteten auf ihr ein Steiger und 8 Mann. Ob ihr Gang mit einem der Energitgänge des Cerro Mejicana identisch ist und ob er etwa denjenigen Zustand der Gangausfüllung repräsentirt, den jene in grösserer Tiefe annehmen werden, vermag gegenwärtig, bei dem Mangel aller Gangkarten und grösserer Aufschlüsse nicht entschieden zu werden.

Gruben des Caldera-Districtes. In demjenigen Theile des Hochgebirges, welcher südlich vom Cerro Mejicana, zwischen dem am Nevado oscuro entspringenden Rio amarillo von Famatina und dem in seinem Oberlaufe ebenfalls Rio amarillo genannten Flüsschen von Chilecito liegt, finden sich die beiden wichtigen Grubengebiete der Caldera und des Cerro Negro, ausserdem noch einige kleinere, welche die Namen los Bayos, el Tigre, el Morado und Casa colorada führen.

Das Calderagebiet, in dessen Nähe das dem Rio von Chilecito zufliessende Agua clara entspringt, mag eine Meereshöhe von etwa 4000 m haben. Das in seiner Umgebung herrschende Gestein (S. 26) ist allem Anscheine nach derselbe harte, kieselige Thonschiefer, den wir bereits vom Cerro Mejicana her kennen, indessen wird derselbe jetzt auch noch von einigen kleinen Dacitmassen durchbrochen, deren felsige Klippen sich deutlich von den mit Schieferschutt bedeckten Gehängen unterscheiden lassen. Ich beobachtete einen Dacitgang in der von den Cuevas de Noroños nach der Caldera führenden Seitenschlucht und einen zweiten unweit der Grube Caldera S. Pedro, deren Arbeiterhütten aus dem Ganggesteine erbaut sind (S. 170).

Das Object der von den Gruben Caldera S. Pedro, Aragonesa, Sentazon, Andacollo, S. Vincente etc. betriebenen Bergbaue sind silberreiche Gänge (Hüniken schätzt ihre Zahl auf 50), von denen die Mehrzahl ein ost-westliches Streichen hat. Ich befuhr die beiden „Gruben" Aragonesa und S. Pedro, möchte aber spätere Reisende, die keine besondere Freude an gymnastischen Uebungen und am Herumklettern in felsigen Löchern haben, dringend vor ähnlichem Wagniss warnen.

Der Gang von A r a g o n e s a streicht 65° und fällt 80° S. Ich sah ihn bis 0.6 m mächtig in gebleichtem Thonschiefer, den man immer als günstiges Nebengestein begrüsst, aufsetzen. Er war scharf vom Nebengesteine getrennt, zweigte aber einzelne kleine Trümer in dasselbe ab. Der Betrieb auf ihm, der hier wie auf den Nachbargruben nirgends eine Teufe von 30 bis 40 m überschritten hat, bewegt sich noch in einer stark zersetzten Gangregion. Die Spaltenfüllung besteht vorwiegend aus zelligem und zerfressenem Quarze, ockrigem Brauneisenerze und nierenförmigen oder mulmigen, schwarzen Manganoxyden. An frischen Stellen sah ich Braunspath und Manganspath, beide kleinkörnig und in Drusenräumen auskrystallisirt. Die in der Zersetzungsregion auftretenden Erze, die man, gleichwie in Chile, metal paco nennt, sind vornehmlich Chlorsilber, zähniges und gestricktes Silber, sowie blechförmiges, selten krystallisirtes Glaserz (plomo ronco). In frischeren Gangregionen stellen sich dann auch noch Zinkblende und Bleiglanz, sowie untergeordnete Mengen von Eisenkies und Kupferkies mit etwas Baryt ein. Wenn der kleinkörnigen Zinkblende Silbererze in einer dem blossen Auge fast unerkennbaren Weise eingemengt sind, spricht man von metal acerado (verstählt, hart), während schwarze Zinkblende für sich allein soroche und Bleiglanz plomo pobre oder plomo de bala (Kugelblei) genannt wird.

An seinen Salbändern zeigte der Gang der Aragonesa deutliche Lagenstructur.

Der Gang von C a l d e r a S. P e d r o, der wenige Centimeter bis 0.5 m mächtig aufgeschlossen war, besitzt ein Streichen von 160° bei 65° westl. Fallen. An den Salbändern bestand er aus abwechselnden Lagen von Braunspath und Quarz, in der Mitte aber bei mehr massiger Structur aus körnigem Braunspath, Quarz und Zinkblende. Aehnliche Beschaffenheit haben nach Handstücken, die ich zu sehen bekam, auch andere Gänge des kleinen Bergrevieres.

Um von dem Leben in demselben eine Idee zu geben, möge auch hier eine Stelle aus meinem Tagebuche eingerückt sein.

Wir — ich erfreute mich der Begleitung Herrn Hüniken's — erreichen das Grubengebäude Caldera S. Pedro bald 11 Uhr und werden von dem Betriebsleiter, einem alten Franzosen, in seiner dürftigen Steinhütte freundlich aufgenommen. Da es empfindlich kalt ist, so werden glühende Holzkohlen gebracht und auf den Fussboden geworfen und während wir uns ausserdem noch durch einen Maté erwärmen, hat das Auge Zeit, die Einrichtung der Hütte zu durchmustern. Das ist bald geschehen. Zwei Pedacken (Lederkoffer), ein rohes Bett und ein Tisch sind das Mobiliar, die Ritzen zwischen den Steinen der Wände geben Vorrathskammern und Kleiderschrank ab. Ein paar Ochsenviertel, die im Hintergrunde über Kästen mit Mais hängen machen den Küchenvorrath aus und andere Kästen sind mit Erzstücken angefüllt, die das ganze Fördergut repräsentiren. Zur Thüre — der einzigen Oeffnung des Hauses — hinaus blickt man auf felsgekrönte, gigantische Schutthalden, während unten in der Thalschlucht Wolken liegen. Nur an ein paar Stellen haben dieselben Risse und durch diese schimmern blaugrüne Streifen der Riojaner Ebene herauf.

Unterhalb dieser Beamtenwohnung liegt eine zweite Steinhütte, ein finsteres, ausgerusstes Loch, das den Wohn- und Schlafraum der vier Arbeiter und zugleich die Küche bildet.

Hühner und Ziegen können hier oben nicht leben; das rauhe Klima und der absolute Mangel an Vegetation erlauben das nicht. Nur der Mensch und seine Hunde halten es aus und dazu noch, sonderbarer Weise, Mäuse, die wohl in den Proviantsäcken mit herauf gebracht worden sein mögen und nun, ungestört durch eine Katze, deren Acclimatisation nicht gelingen wollte, in den Fugen der Steinhütten herumklettern.

G r u b e n d e s C e r r o N e g r o. Der südlich vom Calderagebiete liegende Cerro Negro ist ein SO. gerichteter Ausläufer des Nevado colorado. Die Meereshöhe seiner Kuppe wird von M o u s s y (nach N a r a n j o) zu 4575 m, von H ü n i k e n zu 4200 m angegeben. Die Hauptmasse des Gebirgsstockes besteht wiederum aus Thonschiefer, der graue, grüne oder rothbraune Farbe hat, bald kieselig, und alsdann stücklich abgesondert, bald tafelschieferartig und gut spaltbar ist. Da wo der Schiefer rothbraun ist, sagt man, dass er einen guten „Panizo" habe, d. h. zu bergmännischen Hoffnungen berechtige. Die Schichtung ist an der auch hier zumeist schuttbedeckten Oberfläche des Gebirges selten wahrnehmbar, indessen finden sich doch einzelne Aufschlüsse, die das Vorhandensein starker tektonischer Störungen beweisen. Innerhalb des Schiefers treten mehrfach Lager von Porphyroiden (fajas de malillo) auf (S. 18) und nahe der Kuppe soll nach Hüniken auch eine Einlagerung von Gabbroschiefer beobachtbar sein. Am Südabhange des Berges, da wo sich der Rio amarillo von Chilecito sein tiefes Bett eingewaschen hat, wird der Schiefer von einem ziemlich bedeutenden Granitstocke durchbrochen und es scheint nach den Blöcken und Geröllen, die der Fluss von dem das Thal abschliessenden Nevado colorado her mit sich führt, dass der letztere aus dem gleichen Gesteine besteht.

Der Weg von Chilecito bis zum Cerro Negro (Grube S. Domingo) soll 36 km lang sein. Er führt im Hauptthale aufwärts bis über den kleinen Puesto Pié de la Cuesta. Oberhalb des letzteren verengt sich das Thal zu einer wilden Felsenspalte, die am Gehänge auf beschwerlichen Zickzackwegen umgangen werden muss. Endlich biegt man in eine kleine Seitenschlucht ein, die steil zur Grubenregion hinaufführt. Unten steht noch Granit an, dann folgt eine kurze Strecke lang ein quarzitartiges Gestein mit vielen kleinen Pistazitkörnern. Mit der Höhe betritt man die Thonschieferregion, aus deren schuttbedeckten Gehängen hier und da kleine Felsen des Porphyroides hervorragen.

Die Gänge sind nur innerhalb des Thonschiefers, also lediglich in dem höheren Theile des Gebirges bekannt. Die Höhe von S. Domingo wird ziemlich übereinstimmend zu 3800 bis 3900 m, diejenige der höchstgelegenen Grube el Cielo zu 3900 m angegeben. Innerhalb des Revieres ist eine Unzahl von Gängen und Gangtrümern bekannt. Allenthalben stösst man auf kleine Tagebaue, Haldenzüge und verbrochene Schächte. Maulthierpfade führen von einer Grube zur anderen, bald an schuttbedeckten Gehängen entlang, bald auf beiderseits steil abfallenden Graten oder an Felsenwänden hin, an denen man die allerbösesten Stellen durch Sprengungen oder kleine Mauern zu verbessern gesucht hat. Man muss frei von Schwindel sein, wenn man diese Regionen besuchen will.

Der Betrieb war zur Zeit meiner Anwesenheit sehr schwach. Auf der Hauptgrube, S. Domingo, war er fast ganz eingestellt, so dass ich mich hier auf eine Befahrung des Hauptstollens und eines kleinen Abbaues, der 1871 ausserordentlich reiche Erze geliefert hatte, beschränken musste. Ausserdem wurde noch die hochgelegene Grube Viuda bearbeitet. Der Betriebsleiter konnte nicht einmal den Erlaubnissschein lesen, den mir der unten in Chilecito lebende Besitzer für den Besuch seiner Grube ausgestellt hatte. Ich erwähne diese Thatsache, weil sie mich jeder weiteren Schilderung des planlosen Raubbaues enthebt, der auf dem Cerro getrieben wird und zwar nicht nur von zeitweilig in das Gebirge heranfkommenden Pirquineros (S. 122), sondern auch von den grösseren Grubenbesitzern. Ein paar Steigbäume, ein paar an den schlechtesten Stellen der Gruben aufgehängte Lederstricke und auf Viuda eine offenbar schon seit Jahren zerbrochene Haspelwelle machten den ganzen zur Fahrung und Förderung vorhandenen bergmännischen Apparat eines Grubengebietes aus, dessen Ausbringen jährlich auf 480 bis 600000 M. geschätzt wird.

Allenthalben ladet das Gebirge wieder zur Anlage von Stollen ein, und doch hat man deren nur zwei auf S. Domingo, einen älteren, der etwa 110 m lang ist und einen zweiten, erst neu angelegten, der einmal eine Mehrteufe von circa 80 m einbringen wird. Alle anderen Gruben haben nur flache Schächte, ohne jeglichen Ueberbau am Tage. Kein Wunder, dass sie für gewöhnlich in der von Januar bis März andauernden Regenperiode zu ersaufen pflegen und dass während dieser Zeit aller Betrieb sistirt werden muss.

Die Gänge des Cerro Negro haben sehr verschiedene Dimensionen. Die meisten sind nur schmale Trümer mit sporadischer, zuweilen freilich sehr reicher Erzführung; daneben finden sich aber auch Hauptgänge, die bis 4 m mächtig werden können. Ich selbst sah den Gang von S. Domingo 1½ und denjenigen von Viuda 2 m breit anstehen. Die Ausfüllung dieser Hauptgänge ist derjenigen der Calderagänge sehr ähnlich. Quantitativ herrschen Braunspath, Eisenspath und Manganspath vor, in zweiter Linie Quarz und Zinkblende, während Baryt sowie Eisenkies, Bleiglanz und etwas Arsenkies nur untergeordnete Entwickelung gefunden haben. Gegenstand der Gewinnung sind die ausserdem einbrechenden Silbererze, vor allen Dingen gediegenes Silber. Dasselbe findet sich in reicher Formenmannigfaltigkeit: zähnig, blechförmig, blattförmig, gestrickt und zuweilen auch in grossen derben Massen. Die Gangstücke, die S. Domingo 1871 in Córdoba ausgestellt hatte, erregten gerechtes Aufsehen und waren den reichsten überhaupt bekannten Silbererzvorkommnissen ebenbürtig. Ausserdem sind noch Chlorsilber und Schwefelsilber relativ häufig, während Rothgiltigerz nur selten gefunden zu werden scheint.

Bei der geringen Teufe, die alle Gruben des Berges bis jetzt erreicht haben, bewegt sich der Betrieb zumeist noch in den vom Tage aus zersetzten Gangregionen, in denen die genannten Carbonate vielfach zu Brauneisenerz und mulmigen Manganerzen umgewandelt sind und in denen lediglich metales calidos (direct amalgamationsfähige Erze) einbrechen. Welchen Charakter die Gangfüllung in einer grösseren Teufe annehmen wird, ist gegenwärtig noch eine offene Frage.

Die Gangstructur ist theils eine massige, theils eine lagenförmige (am schönsten, nach Ausweis der alten Halde, auf S. Andres), zuweilen aber auch eine breccienförmige. Auf Viuda sah ich Fragmente von Thonschiefer und Quarz, die von Zinkblende umrandet und durch reichliche Mengen von Mangan- und Eisenspath verkittet waren. Die Carbonate waren in kleinen Drusenräumen auskrystallisirt und hier z. Th. von jüngeren Quarzkrystallen bedeckt.

Da wo die Gänge die dem Thonschiefer eingelagerten und Maisillo genannten Porphyroidbänke durchsetzen, sollen sie sich verdrücken und taub werden. So versicherte mir wenigstens der Eigenthümer von S. Domingo, D. Samuel Garcia in Chilecito, der einschlägige Beobachtungen bei dem Betriebe seines Stollens angestellt hatte. Die reichen Silbererzanbrüche sollen sich dagegen immer nur da finden, wo wenig mächtige, aus Eisen- und Kupferkies bestehende Trümer Kreuze (Cruceros) mit den Hauptgängen bilden.

Der Gesammteindruck, den der Cerro Negro in Bezug auf seine Lagerstätten macht, ist ein sehr günstiger; unverkennbar hat man ein an edlen Erzen sehr reiches Gebirge vor sich und dasselbe wird trotz seiner rauhen Höhenlage und seiner Wasserarmuth sicherlich noch reiche Ausbeute geben, wenn einmal an die Stelle des jetzigen maulwurfsartigen Wühlens ein regelrechter Bergbau getreten sein wird.

Hierbei muss jedoch in Erinnerung früherer arger Uebertreibungen noch hervorgehoben werden, dass lediglich den eben besprochenen Silbererzgängen, keineswegs aber den Eisenerzvorkommnissen des Cerros, von denen ältere Berichterstatter fabeln, eine Bedeutung für die Zukunft zugestanden werden kann. „Die unerschöpflichen Eisenerzmassen", aus denen der ganze Berg bestehen soll, „capable de fournir le mondo entier (Moussy. Descr. II. 411. 458), reduciren sich in Wirklichkeit auf die zersetzten Ausstriche der Braun- und Eisenspath führenden Silbererzgänge und auf zwei kleine, im Thonschiefer eingelagerte Linsen von körnigem Magnetit. Zu jenen gehört der von Rickard (Informe 101) angepriesene Gang, der aus 70 bis 80 procentigen Eisenerzen bestehen soll. Der Magnetit findet sich auf dem Grate, der von Viuda nach dem Portezuelo von S. Andres hinabführt und auf einem anderen Grate, auf dem man von der kleinen Grube Yareta nach S. Domingo hinaufsteigt und bildet an beiden Stellen je eine linsenförmige Masse im Thonschiefer. Die grössere Linse ist diejenige der erstgenannten Stelle. Ihre Mächtigkeit mag etwa 2.5 m betragen. Die Masse beider Linsen besteht aus sehr reinem, körnigen Magnetit, der lediglich von zahlreichen Spalten aus eine schwache Umwandlung zu Brauneisenerz erlitten hat und ausserordentlich starken polaren

Magnetismus zeigt. Schlägt man Stücke ab, so bleiben die kleinen hierbei entstehenden Splitterchen sofort an der Bruchfläche hängen. Diese beiden kleinen Erzlinsen, die allen Bergleuten des Cerro negro als solche von Piedra iman (Magnetstein) bekannt sind, können selbstverständlich nur das Interesse des Mineralogen und Geologen fesseln — für den Techniker sind sie vollkommen werthlos.

Die kleinen und schwer zugänglichen Grubengebiete los Bayos und el Tigre, die zwischen dem Cerro Negro und dem Cerro Mejicana liegen, habe ich nicht besucht. Ihre Gänge sollen denen des Cerro Negro ähnlich sein.

Auf dem benachbarten Cerro morado kennt man Kupfererzgänge. Probestücke derselben, die ich auf der Cordobeser Ausstellung und in Famatina sah, waren reich an gediegenem Kupfer und an Rothkupfererz. Ein Abbau dieser Gänge ist noch nicht versucht worden.

Weiterhin setzen in dem in der Nähe des Cerro Negro gelegenen Gebiete el Oro goldführende Eisenglanzgänge auf, die zu guten Hoffnungen berechtigen sollen.

Endlich sind hier noch die in den oberen Thalgebieten der Flüsschen von Chilecito vorkommenden Goldseifen zu erwähnen. Das Seifengebirge besteht aus älteren, 10 bis 20 m mächtigen, und durch den von den Flüssen abgesetzten Eisenocker bereits mehr oder weniger fest verkitteten Flussalluvionen und wird zeitweilig von kleinen Leuten, die sich mit kärglichem Gewinne begnügen, in Holzlutten und später in Ochsenhörnern verarbeitet. Die Ausbeute an Waschgold ist nur eine sehr geringe.

Die Zugutemachung aller Erze des Cerro Negrogebietes und seiner Umgebung erfolgt bis jetzt lediglich durch Amalgamation und zwar auf den grösseren Werken, die in Chilecito selbst und in der nächsten Umgebung des Städtchens liegen, durch Fässeramalgamation. Das besteingerichtete Etablissement dieser Art ist dasjenige von Candelaria. Dasselbe kann zwar seine mit grossen Kosten aus Chile bezogene Maschinerie nur zur Hälfte ausnutzen, da es das vorhandene Betriebswasser während der Nacht zur Bewässerung von Malligasta und den Nachbardörfern abgeben muss, macht aber trotzdem unter der umsichtsvollen Leitung seines Besitzers, D. Samuel Garcia, gute Geschäfte. Der Durchschnittsgehalt der verarbeiteten Erze soll 0.5% Silber betragen; Erze mit weniger als 1% sollen keinen Gewinn mehr abwerfen.

Von dem stattlichen Candelaria-Werke an geht es nun durch alle möglichen Abstufungen abwärts bis zur Haufenamalgamation, die von einem jeden Pirquinero in seinem eigenen Rancho ausgeführt wird. In dem kleinen Dorfe Puntilla bei Chilecito sieht man vor jedem Hause, selbst vor den erbärmlichsten Lehmhütten, einen grossen, mit zwei Schwingen versehenen Granitblock (Marai), der zum Zermalmen der vom Cerro heruntergebrachten Erze dient. Ein paar thönerne Töpfe und Schüsseln zum Calciniren des Erzmehles mit Chlornatrium und zum Auswaschen des auf einer Steinplatte im Hofe mit den Füssen durchgearbeiteten Amalgames vollenden die ganze Einrichtung. Die kleinen, durch Ausglühen des Amalgames erhaltenen Silberstücken (Piñas) werden an die Kaufleute von Chilecito, halb gegen baares Geld, halb gegen Waaren abgeliefert und dann von den letzteren, denen natürlich der Hauptteil des Gewinnes zufällt, an die Banken von Córdoba oder Buenos Aires versendet.

Erzgänge in dem nördlichen Theile der Famatinakette.

In der nördlichen Fortsetzung der Famatinakette kennt man nur noch wenig Erzgänge. Hüniken erwähnt solche mit Bleiglanz und Kupfererzen aus der Breite von Angulos. Durch Herrn Dr. Langer in Famatina erhielt ich selbst einige aus derselben Gegend stammende Stücke von Jamesonit. Nach Ausweis derselben setzt der betreffende Gang in Thonschiefer auf und führt als Hauptgangart feinkörnigen, grauen Kalkspath. In dem letzteren sind parallelfaserige, stänglige und derbe Massen von Jamesonit mit etwas Eisenkies und kleinen Krystallen von Arsenkies eingewachsen. Den Jamesonit hat Herr Professor Siewert analysirt (Tschermak's Mittheil. l. c. 248).

Die am weitesten nördlich gelegenen, durch **Flusspath**-Führung ausgezeichneten Gänge des Gebirges liegen in der **Punilla**, zwischen der Troya-Schlucht und dem Valle hermoso, bereits im Territorium der Provinz Catamarca.

Von anderweiten Erzlagerstätten der Provinz la Rioja ist noch zu erwähnen der **Rothnickelerz-führende Gang von Jaguë**. Im Westen der Famatinakette erheben sich parallel zu derselben die Sierren von Vinchina und von Guandacol. Zwischen beiden fliesst der Rio Vermejo, der sich aus mehreren in der Nähe des Cerro Bonete entspringenden Flüsschen bildet, nach Süden. Eines seiner Quellwässer ist der Rio Jaguë, an welchem die zum Departemento Vinchina gehörige Ansiedelung gleichen Namens liegt. Unweit nördlich derselben, in der Bergschlucht des Potrero Grande, finden sich Halden und Schlacken, die von einem altindianischen Bergbau auf Kupfer herrühren sollen; ausserdem aber wurde im Jahre 1845 in der Quebrada Jaguë, deren geologische Verhältnisse zur Zeit noch gänzlich unbekannt sind, ein mächtiger Gang entdeckt, der reich an Rothnickelerz war. Derselbe ist hierauf durch zwei Deutsche, die Gebrüder **Erdmann**, eine Zeit lang und erfolgreich abgebaut worden, aber **Rosas** und **Quiroga** duldeten selbst nicht in den abgelegensten Theilen des Landes eine Niederlassung von Ausländern und so mussten **Erdmann's** ihre Grube, die mit vollem Rechte den Namen la Solitaria, die Einsame, führte, aufgeben und sich nach Chile wenden. Eine Wiederaufnahme des Bergbaues ist meines Wissens nicht versucht worden.

Die **Sierra de la Rioja** (Sierra Velasco), in der ich nur Gneiss und Granit anstehen sah, scheint frei von Erzlagerstätten zu sein. Dagegen giebt **Moussy** (Descr. I. 293. II. 395) an, dass sich in der kleinen **Sierra de Mazan** reiche **Zinnerzlagerstätten** finden sollen und dass deren Ausbeutung versucht worden sei. Ich habe das kleine Gebirge nicht besuchen und weder in Rioja, noch in Catamarca erfahren können, worauf sich jene Angabe stützt. Niemand hatte die Lagerstätte oder Erze von derselben gesehen.

Erzlagerstätten der Sierra de los Llanos und der Sierra de Ullapes.

Diese beiden östlich der Famatinakette gelegenen pampinen Gebirgsinseln können als die Bindeglieder der Sierra de la Rioja und der Sierra von San Luis angesehen werden.

Die **Llanos** habe ich nur an ihrem südlichsten Ende, bei Chepe, berührt. Sie bestehen hier ebenfalls aus Gneiss, dem wiederum rhätische (?) Sedimente angelagert sind. Aus nördlicheren Regionen des Gebirges erhielt ich im Jahre 1871 eine Sendung von Erzen, als deren Fundort mir die Grube S. Nicolas, en la costa alta de los Llanos, angegeben wurde. Das Erz war Kupferglanz, in faustgrossen, derben Stücken, die von feinen Adern grüner, faseriger Mineralien durchzogen waren. Salzsäure und Flammenreactionen bewiesen, dass diese Secundärgebilde theils Malachit, theils Atacamit waren. Ob die Lagerstätten von S. Nicolas mit denjenigen Kupfer- und Silbererzgängen zusammenhängen, die in demselben Gebirge bei Malanzan vorkommen sollen, vermag ich bei dem Mangel einer guten Karte der Llanos nicht anzugeben.

Nach **San Roman** (Bol. of. Expos. VII. 260) sollen in den Llanos auch Wismutherze gefunden werden.

Von der **Sierra de Ullapes** kenne ich nur die nördlichen Ausspitzungen, die ich zwischen Mosquito und Sanja überschritten habe. Sie bestehen aus Gneiss, dem rothe Sandsteine angelagert sind. Durch englische Bergingenieure habe ich indessen erfahren, dass in dem Gebirge goldhaltige Quarzgänge aufsetzen, leider in einem so wasserarmen Districte, dass ihre Bearbeitung mit grossen Schwierigkeiten zu kämpfen haben wird.

Neuerdings (1884) sind auch noch mehrere Gänge, die gold- und silberhaltige Kupfer- und Bleierze führen, 4 Meilen von dem Orte Ullapes aufgefunden und in Abbau genommen worden.

Sie setzen nach Mittheilungen, welche ich Herrn Hüniken verdanke, in Gneiss auf und bestehen am Tage aus Quarz und Brauneisenstein mit Kieselkupfer, Malachit, Dioptas, Cerussit und Anglesit. Nach der Tiefe zu soll die herrschende Gangart ein „eisenschüssiger Kieselthon" werden, in welchem nun Mittel von Kupferindig, Bleiglanz, Zinkblende und Eisenkies auftreten. Der für die Argentinische Republik neue Dioptas, von dem mir ein Probestück vorliegt, wurde von Herrn Hüniken auf der Grube Rio Negro im Grubendistricte von Miraflores entdeckt.

Provinz Catamarca.

Moussy (Descr. II. 415) berichtet, dass, nachdem zu Anfang der 50ger Jahre die vorher so wild erregten politischen Verhältnisse der Argentinischen Republik eine friedlichere und industrieller Thätigkeit günstigere Gestaltung angenommen hatten, wie in anderen Provinzen, auch in Catamarca ein Minenfieber ausgebrochen sei und zwar in dem Masse, dass bereits 1857 278 Gruben in der Provinz zur Anzeige und Verleibung gelangt waren. Die meisten Gruben können jedoch nur in den Köpfen von Speculanten existirt haben, die durch Muthungen angeblicher Lagerstätten Terrainpreise zu steigern oder andere Vortheile zu erlangen hofften, denn als ich im Jahre 1872 die Provinz Catamarca bereiste, fand thatsächlich nur noch an zwei Orten Bergbau statt, in sehr bedeutendem Umfange auf der Sierra de las Capillitas und in kleinerem Maassstabe an der Hoyada.

Sierra de las Capillitas (Taf. I. 2).

Litteratur: Moussy. Descr. II. 414. Rickard. Informe 119. Burmeister-Schickendantz. Physikalisch-geographische Skizze des nordwestlichen Theiles der argentin. Provinzen von Tucuman u. Catamarca. Geogr. Mitthl. 1868. 137. F. Schickendantz. Eine Bergreise. La Plata M. S. 1874. II. No. 3. F. Schickendantz. La Mina Restauradora y el beneficio de sus metales en el Ingenio Pilciao. Informe del Dep. Nac. de Agricultura. Año. 1873. Buenos Aires. 1874. 217. F. Schickendantz. Die Provinz Catamarca. La Plata. M. S. 1875. III. No. 8. F. Schickendantz. El metal „Pinta" de la Mina Restauradora. Bol. A. N. III. 1879. 88. — Eigene Beobachtung vom 6. bis 13. Januar 1872.

Die Sierra de las Capillitas zweigt sich in der Nähe des Nevados von der Aconquijakette ab und trennt in Gemeinschaft mit dem weiterhin folgenden Atajo den wasserlosen Campo del Arenal von den Pampas und Salzsteppen Riojas und Catamarcas. Auch die Capillitas selbst sind wasserarm; die Existenz der ungefähr 200 Köpfe starken, lediglich aus Bergleuten bestehenden Bevölkerung des Grubendistrictes wird nur durch eine kleine, unweit der Grube Restauradora entspringende Quelle ermöglicht. In früheren Zeiten mag wohl neben derselben die kleine Capelle gestanden haben, nach welcher das Gebirge seinen Namen haben soll.

Die Grubenfelder liegen inmitten des Gebirges, an den fast vegetationslosen, in der Hauptsache nur mit Gebirgsschutt bedeckten Gehängen einer steil nach S. sich herabziehenden Schlucht, in einer Meereshöhe zwischen 2800*) (Restauradora) und 2900 m (Rosario). Die nächste kleine Stadt ist das einige 70 km entfernte Fuerte de Andálgala (900 m), das ursprünglich eine Ansiedelung der Calchaquis (Tribus der Andálgalas), dann eine spanische Befestigung war und neuerdings durch die Capillitasgruben und durch Weinbau regeres Leben gewonnen hat.

Die geologischen Verhältnisse der Capillitas sind einfacher Natur.

---

*) nach Schickendantz 8797 Fuss.

Die Hauptmasse des Gebirges besteht aus Granit, der theils durch grosse Orthoklaskrystalle porphyrartig, theils — so namentlich in der Nähe der Gruben — gleichmässig mittelkörnig ist und von zahlreichen kleinen turmalinführenden Pegmatitgängen durchschwärmt wird (S. 32). Ausserdem findet sich nur noch Quarztrachyt, der den Granit in Form von Gängen und kleinen Stöcken durchsetzt (S. 172). Der mächtigste Trachytgang hat am Tage ein NO. Streichen und nach Ausweis der durch die Gruben gewonnenen Aufschlüsse ein SO. Einfallen von 60°.

Die Erzgänge — es sollen deren überhaupt 25 bekannt sein — scheinen räumlich an den Trachyt und seine nächste Umgebung geknüpft zu sein. Nach den zuverlässigen Mittheilungen, welche ich den deutschen und englischen Beamten der Capillitasgruben verdanke, und nach den Beobachtungen, die ich selbst anstellen konnte, zeigen sie in Bezug auf die beiden vorhandenen Gesteine das folgende Verhalten:

a) nur im Granit setzen auf die Gänge von

Mina grande (oder Santa Clara)   Streichen   60°.   Fallen   80° NW.
Veinticinco   „   130°.   „   SW.
Ortiz   „   120°.   „   80° SW.

Der Erzgang der zuletzt genannten Grube durchschneidet und verwirft jedoch einen ungefähr 3 m mächtigen, ebenfalls im Granit aufsetzenden Trachytgang.

b) aus dem Granit setzen in den Trachyt über die Gänge von

Restauradora   Streichen   100°.   Fallen   70° SW.
Rosario (oder Catamarqueña)   „   75°.   „   90°.
Esperanza   „   110°.   „   70—85° NO.

c) nur im Trachyt sind bekannt die Gänge von

Carmelita.   Streichen   140°.   Fallen   70° SW.
Salvador.

Die Erzgänge sind von ihrem jeweiligen Nebengesteine scharf abgegrenzt und zeigen des öfteren einen mehr oder weniger starken Lettenbesteg. In dem letzteren sah ich auf der Grube Carmelita sehr zahlreiche Rutschflächen. Die Mächtigkeit der Gänge ist sehr variabel; bei den beiden wichtigsten, d. i. bei den Gängen von Restauradora und Rosario, soll sie zwischen wenigen Centimetern und 2.5 m geschwankt, im Durchschnitte aber 0.4 bis 0.6 m betragen haben. Zeitweilig zweigen sich von den Gängen Trümer ab, die sich auch kürzerem oder längerem Verlaufe wieder mit dem Hauptgange vereinigen.

Die Haupterze der Capillitas-Gruben sind geschwefelte Kupfererze und zwar herrschte auf Rosario in früherer Zeit Buntkupfererz, später Fahlerz vor, während sich die Restauradora ausserordentlich reicher Erzmittel zu erfreuen hatte, die vorwiegend aus Kupferkies und untergeordnet aus Fahlerz, bei dem Pinto oder Bronce negro genanntem Erze auch aus Enargit bestanden. Alle diese Kupfererze sind gold- und silberhaltig, führen aber, wenigstens in den tieferen Regionen, in denen sich der Abbau gegenwärtig bewegt, kein Freigold. Das letztere ist dagegen in früherer Zeit und zwar namentlich in den Buntkupfererzen von Rosario (Pique de oro) mehrfach beobachtet worden. Einzelne Stücke des nur genannten Erzes „erschienen zuweilen wie mit Gold incrustirt" (Schickendantz. 1868. 138).

Am häufigsten finden sich die genannten Erze in derben Massen; hier und da kommen aber auch kleine Drusen vor, deren Wände mit Krystallen von Kupferkies oder Fahlerz incrustirt sind. Einmal ist durch Schickendantz auch krystallisirter Enargit (auf Grube Ortiz) angetroffen worden. Die basischen Flächen seiner aus der Combination von ∞P. mit OP bestehenden Krystalle sind auf einem, vom Finder der mineralogischen Sammlung von Córdoba freundlichst überlassenen Stücke mit kleinen Fahlerzkryställchen bedeckt. Die Zusammensetzung dieses Enargites ist nach **Schickendantz** Cu 48.047, Fe 0.364, As 18.780, S. 33.400. Sn. 100.591.[*])

Mit den Kupfererzen, namentlich mit dem Kupferkiese, findet sich sehr gewöhnlich Eisenkies vergesellschaftet; endlich brechen noch krystallinisch körnige Gemenge von Bleiglanz und Zinkblende ein. Auf den Hauptgängen finden sich die letzteren nur sporadisch; auf ein paar anderen Gängen, wie z. B. auf demjenigen der Grube Montezuma, gewinnen sie dagegen die Oberhand. Leider ist der Bleiglanz nicht silberreich genug, um bei der Abgelegenheit der Gruben eine Verwerthung zu gestatten.

Die gewöhnliche Gangart ist Quarz. Derselbe tritt bald in derben Massen, bald in innigster Verwachsung mit den Erzen auf und findet sich auch zuweilen in Drusenräumen auskrystallisirt. In zweiter Linie muss eine specksteinartige Masse erwähnt werden, die das Innere kleiner Drusenräume ausfüllt oder butzenförmig inmitten der derben Erze vorkommt. Lokal und zwar, soweit meine Beobachtungen reichen, immer nur als Begleiter von Bleiglanz und Zinkblende, stellt sich auch Manganspath ein, meist von lagenförmiger Structur, seltener in rhomboëdrischen Kryställchen. Am häufigsten soll er auf Restauradora, Esperanza und Ortiz vorgekommen, aber von den Bergleuten ungern gesehen worden sein, da er mit den Blei- und Zinkerzen zusammen die allein werthvollen Kupfererze verdrängte. Als Seltenheit fand ich endlich noch in einer von Esperanza stammenden Kupferkiesdruse kleine weisse, tafelförmige Krystalle von Baryt.

Die Gangstructur ist da wo die Kupfererze dominiren, eine massige, bezw. drusige, da wo sich Bleiglanz und Blende einstellen, eine lagenförmige.

Die oberen Regionen einzelner Gänge sind reich an secundären Mineralbildungen. Ich konnte dieselben namentlich auf den Halden der zur Zeit meines Besuches der Capillitas auflässigen Grube Ortiz studiren und sammelte Rothkupfererz (neben dem in früherer Zeit etwas gediegenes Kupfer vorgekommen sein soll), derbes Kupferpecherz, Brauneisenerz, Malachit, Kupferlasur, Linaritkrystalle (letztere bis 1 cm gross und z. Th. von ausserordentlicher Schönheit, zuweilen auch von kleinen, nierenförmig aggregirten Krystallgruppen eines Minerales der Brochantitgruppe bedeckt), Cerussit, dessen Krystalle nicht selten oberflächlich durch Kupferlasur blau gefärbt sind und dann leicht mit Linarit verwechselt werden können und endlich sehr kleine Kryställchen von Anglesit.[**]) Ferner ist zu erwähnen, dass sich Brauneisenocker in dem mächtigen Gangausstriche der Mina grande reichlich entwickelt zeigte und dass Kupfervitriol nicht selten in dem zersetzten Nebengesteine alter Baue oder als Incrustation von Grubenholz angetroffen wurde (besonders schön auf Grube Salvador).

Die bis jetzt am besten aufgeschlossenen und am stärksten abgebauten Gänge sind diejenigen der Gruben Rosario und Restauradora, welche, ohne hierbei einen Richtungswechsel zu erleiden, aus dem Granit in den Trachyt übersetzen. Die 1855 auf diesen beiden Gängen begonnenen Tiefbaue haben leider das Resultat ergeben, dass sich den reichen Kupfererzen, die man in den ersten beiden Jahrzehnten des Betriebes angetroffen hatte, niederwärts mehr und mehr Schwefelkies beigesellte. Die 1873 ungefähr 100 m unter Tags erschlossene Gangregion war in dessen Folge bereits derart verarmt, dass sich ernste Sorgen für die weitere Zukunft der Gruben entwickelten (**Schickendantz**. La Plata M. S. 1874. No. 3).

---

[*]) Domeyko. Tercer apendice al reino mineral de Chile, 1871. 25.

[**]) m. vergl. A. M. in Tschermak's Mittheilungen 1873. 249. Die Linaritkrystalle untersuchte seitdem G. v. Rath (Sitzungsber. Ges. f. Natur- u. Heilkunde 4. Novbr. 1878), während Frenzel den Linarit analysirte. Er fand ihn zusammengesetzt aus 39.22 Kupferoxyd, 4.62 Wasser und 74 42 Bleisulfat (N. Jb. 1875. 675). Ich möchte glauben, dass auch der Linarit, den Domeyko „von den Bleiergruben der Provinz Rioja" beschreibt, von den Capillitas abstammt (An. Univ. d Chile XXIX 1867. 64).

Ausser durch die Teufe wird die Erzführung der Capillitasgänge auch noch durch das Nebengestein und zwar in doppelter Weise beeinflusst. Einmal hat man auf der Grube Restauradora beobachtet, dass ein und derselbe Gang im Granit namentlich „gelbe Erze", d. i. Kupferkies, im Trachyt dagegen ärmere „graue Erze" führte; sodann aber hat sich auf Restauradora und Rosario herausgestellt, dass Reicherzmittel überhaupt nur innerhalb der den Trachyt zunächst benachbarten Region des Granites vorhanden sind. Man hat zwar auch im Trachyte und zwar wiederum in der Nähe der Gebirgsscheide recht hübsche Erze angefahren, dieselben haben sich aber niemals so anhaltend gezeigt wie jene der benachbarten Granitregionen. Eine Betrachtung der Grubenrisse von Restauradora, Rosario und Esperanza lässt die hier besprochenen Verhältnisse sehr deutlich erkennen; alle Hauptbaue finden sich im Granit, nahe der Trachytgrenze, während zahlreiche und z. Th. weit in's Feld hinaus getriebene Versuchsstrecken fast allenthalben resultatlos geblieben sind. Die Capillitasgänge liefern daher ein neues und sehr ausgezeichnetes Beispiel für jenen „Contacteinfluss der Gesteine auf die Erzführung der Gänge", welcher bereits im sächsischen Erzgebirge, in Cornwall u. s. a. O. beobachtet worden ist.[*)]

Zugleich liegt aber auch in der Erkenntniss dieser Verhältnisse für die Bergleute der Capillitas die dringende Aufforderung, eine genaue Karte ihres Gebirges zu bearbeiten und in derselben nicht nur die Erzgänge, sondern auch die geologischen Verhältnisse einzuzeichnen. Eine derartige Karte würde deutlich erkennen lassen, ob und an welchen Stellen diejenigen Gänge, die bis jetzt nur im Granit oder nur im Trachyt bekannt sind, die Gebirgsscheide kreuzen und sie würde dadurch die Auffindung neuer Erzmittel wesentlich erleichtern und vereinfachen.

Historisches und gegenwärtiger Betrieb Der Ueberlieferung nach sollen die Capillitasgruben und einige andere, jetzt längst auflässig Bergbaue des benachbarten Atajogebirges schon zur Zeit der Incas betrieben und es sollen auch im 17. Jahrhunderte, während der spanischen Herrschaft, amalgamationsfähige Gohlerze auf ihnen gewonnen worden sein. Jedenfalls sprechen altindianische Steinwerkzeuge, die man in der Grube Ortiz fand, für eine weit zurückreichende Vorgeschichte des hiesigen Bergbaues. Später ist dann lange Zeit hindurch entweder vollständiger Stillstand eingetreten oder nur zeitweise ein schwacher Betrieb geführt worden, bis endlich im Jahre 1856 zunächst das Haus Lafone und bald darauf auch das Haus Carranza und Molina die Gruben erwarben, englische und deutsche Ingenieure und Arbeiter engagirten und beträchtliche Summen zur Einleitung und Durchführung eines rationellen Betriebes zur Verfügung stellten. Indem man weder verschwendete noch geizig und mit Umsicht und Energie die zahllosen Schwierigkeiten und Hindernisse zu überwinden suchte, die sich dem Bergbaue in einem wasserarmen und holzfreien Gebirge entgegenstellen, gewann jetzt die Gruben an Umfang und Bedeutung. Binnen wenigen Jahren waren sie die besteingerichteten und bestbewirthschafteten in der ganzen Republik. Namentlich entspricht die Restauradora allen Anforderungen, die man billiger Weise an einen so abgelegenen und mühevollen Bergbau stellen kann. Neben einem Hauptschachte mit guter Fahrung und einer durch einen Maultliergöpel getriebenen Tonnenförderung sind hier ein paar, hunderte von Metern lange Stollen angelegt, die Gänge durch zahlreiche Strecken aufgeschlossen und durch reguläre Förstenbaue abgebaut worden. Zimmerung ist da, wo nothwendig, mit Algarrobenholz, das aus der Ebene heraufgebracht wurde, ausgeführt, Schiessenförderung auf den Strecken hergerichtet, zur Wasserhaltung entlegener Grubentheile sind zweimännische Handpumpen eingebaut und auch dem Kieswesen ist die gebührende Beachtung geschenkt worden — kurzum, man findet eine Grubenwirthschaft, die in jeder Hinsicht als mustergiltig bezeichnet werden darf. Durch die Aufbereitung, die sich leider mit ein paar Handsetzsieben, die mit Stollenwässern arbeiten, und mit Handscheidung begnügen muss, erhält man Erze, deren Kupfer-

---

[*)] von Deust. Berg- u. Hüttenm. Zeitung 1861 49. Förster. Beiträge zur Kenntniss des Erzgebirges. III. Henwood, Observations on metalliferous deposits. 1871.

gehalt zwischen 14 und 30% schwankt und im Mittel auf 21% geschätzt wird. Rosario liefert Erze mit einem Durchschnittsgehalte von 25%. Erze mit weniger als 14% sind bei den beschwerlichen und kostspieligen Transportverhältnissen nach den Hütten nur noch ausnahmsweise absatzfähig, ja es würden selbst die reicheren Erze gerade nur die Kosten für die Gewinnung, Verhüttung und Versendung nach Europa decken, wenn das gewonnene Kupfer nicht gold- und silberhaltig wäre. Lediglich aus der Bezahlung, die diese Edelmetalle in England finden, entspringt der Nettogewinn, den man hat.

Die Erzproduction der beiden Gruben Restauradora und Rosario schätzte Schickendantz 1865 auf je 50 000 Centner und eine ähnliche Höhe mag sie auch noch in den folgenden Jahren gehabt haben.

Die zu den Gruben gehörigen Hütten wurden 1856 circa 125 km nördlich von jenen, unweit S. Maria erbaut, weil man dort nicht bloss Holz, gute Futterplätze und reiche Wasserkraft hatte, sondern weil man es auch für möglich hielt, die gewonnenen Producte unter Benutzung des Rio Salado nach dem Paraná und weiterhin nach dem Litorale verschiffen zu können. Da sich indessen dieser letztere Plan bald als unausführbar erwies, verlegte man einige Jahre später, zur Vereinfachung des Transportes, die Hütte in die dem Fuerte de Andálgala benachbarte und wenigstens an ihrem Rande mit grossen Algarrobenwäldern bestandene Ebene und gründete hier Pilciao und Pipanaco, die sich nun bald zu Culturoasen ersten Ranges entwickelten.

Pilciao, das Lafone'sche Werk, das die Erze von Restauradora verarbeitet, liegt 20 km SO. vom Fuerte de Andálgala, nach Schickendantz in einer Höhe von 845 m. 1871 beschäftigte das von Herrn J. Meller in der vorzüglichsten Weise geleitete Werk gegen 200 Arbeiter und hatte eine Gesammtbevölkerung von gegen 800 Personen. Das für diese letzteren und für die täglich kommenden und gehenden Maultiertropen nöthige Wasser wird von einem grossen Ziehbrunnen geliefert. Das Carranza und Molina gehörige Etablissement von Pipanaco, welches die Erze von Rosario verschmilzt, liegt noch 25 km weiter SO. von Pilciao, am Westabhange der Sierra. Die Entfernungen der beiden Werke von den Gruben längs des von ihren Besitzern auf eigene Kosten angelegten Tropenweges wird auf 93 bezw. 118 km angegeben. Der Erztransport von den Gruben nach den Hütten, der mit 1 Real (0.4 M.) pro Arroba (à 11.5 kg) bezahlt wird, erfordert 3 bis 4 Tage.

Mit dem in früheren Jahren durch Herrn F. Schickendantz auf beiden Werken eingeführten und geleiteten Hüttenprocesse gewinnt man Bottoms mit 90 bis 92% Kupfer, 0.02 bis 0.04% Gold und 0.50 bis 0.63%, Silber und Rohkupfer mit 95 bis 96% Kupfer, 0.001% Gold und 0.30 bis 0.35% Silber. Diese Producte, deren Gesammtquantum jährlich gegen 20 000 Ctnr betrug, wurden 1872 auf Maulthierrücken nach Córdoba als der nächsten Eisenbahnstation geschickt. Der Transport dahin erforderte im Durchschnitte zwei Monate, da die Tropen lange Wüsteneien zu durchwandern hatten und den hierbei ermatteten Thieren ein oder zwei mal an geeigneten Futterplätzen Erholung gegönnt werden musste. Die Maultierladung, die aus je zwei rectangulären Kupferblöcken im Gewichte von zusammen 16 Arrobas bestand, war für die Strecke Pilciao-Córdoba mit 10 Pes. bol. (32 M) zu bezahlen. Im übrigen calculirte man, dass etwa 5 Monate nöthig seien, um das Kupfer von den Hüttenwerken aus auf den europäischen Markt zu bringen. Durch die inzwischen erfolgte Eröffnung der Eisenbahnstrecke Córdoba-Tucuman sind diese schwierigen Transportverhältnisse wenigstens um etwas erleichtert worden.

Ueber sonstigen, jetzt auflässigen Bergbau, der in der engeren oder weiteren Umgebung der Capillitas stattgefunden hat, bezw. stattgefunden haben soll, sind mir noch die folgenden Nachrichten bekannt geworden.

Nach Moussy (Descr. II. 417) sollen auf der zwischen den Capillitas und dem Fuerte de Andálgala gelegenen Cuesta de los Negrillos in früheren Zeiten Nickelerze gewonnen worden sein. Trotz vielfacher Erkundigungen habe ich keine Bestätigung dieser Angabe erhalten können.

Glaubhafter erscheint die bei demselben Autor (II. 414) zu findende Mittheilung, dass ehemals Gruben auf dem westlichen, nach dem Campo del Arenal abfallenden Gehänge der Aconquijakette betrieben und dass die Erze derselben in einem am Rio del Arenal gelegenen Amalgamationswerke verarbeitet worden seien. 1852 soll ein missglückter Versuch zur Wiederaufnahme gemacht worden sein. Schickendantz vermuthet, dass es sich hierbei um Erzlagerstätten in einem Districte handelt, der den Namen el Tesoro führt und durch den der Weg nach den Ruinen einer alten Indianerstadt führen soll, die in unwirthlichen Gebirgshöhen am Ostabhange des Nevado Aconquija liegt. In der Nähe der in der Gegend vielgenannten, aber bis heute durchaus mysteriösen Ruinen, die bis jetzt nur von Guanacojägern besucht worden sind, soll sich dann auch noch ein anderweiter an Silbererzen reicher Bergkegel, der Cerro Bayo finden (Schickendantz. La Plata M. S. 1875. 121).

Goldführende Quarzgänge des Atajo-Gebietes sind neuerdings bearbeitet und von Kuss untersucht worden.*)

Nach den Mittheilungen des französischen Ingenieures besteht das ganze Atajo-Gebiet aus vulcanischen Gesteinen; in der Nähe der Gruben namentlich aus „Rhyolith und Rhyolith-Tuff." Die Tuffe treten in groben, nahezu horizontal liegenden Bänken auf und werden durchzogen von einem Systeme 10 bis 15 m mächtiger Gänge, die in der Hauptsache von einer lichtfarbigen, gelben oder weissen Masse gebildet werden. Kuss erblickt in dieser letzteren wiederum rhyolithisches Material (Tuffe oder Breccien), das aufgerissene Spalten erfüllt und starke Zersetzungen erlitten haben soll; ich möchte nach den vorliegenden Schilderungen diese „Gänge" für Zerrüttungszonen des Tuffgebietes halten.

In den centralen Regionen derselben setzen nun die eigentlichen Erzgänge auf. Dieselben sind 0.5 bis 0.6 m mächtig und bestehen aus cavernösem Quarze und einer gelben, erdigen Masse (Llampo). Quarz und Llampo halten in einer dem blossen Auge nicht erkennbaren Weise Gold und etwas Silber. Local fand sich auch Magnetit. Die diesen Erzgängen zunächst benachbarten, gebleichten Rhyolith-Breccien sind zu beiden Seiten jener reichlich mit Quarz und Pyrit imprägnirt und werden überdiess noch von kleinen, wiederum aus Quarz und Llampo bestehenden Trümern durchschwärmt.

Andere, an den Tagesoberfläche stark zersetzte Gänge des Grubengebietes führen in der Tiefe theils Eisenkies, theils kleine, nicht bauwürdige Mengen von goldhaltigen Kupfererzen.

Weiterhin sind silberhaltige Kupfererze aus der der Aconquijakette westlich gegenüberliegenden Sierra del Cajon bekannt; in der noch weiter westlich emporragenden Sierra de Galampaja sollen sich Blei- und Kupfererze finden (Schickendantz. La Plata M. S. 1875. 122).

Endlich ist anzugeben, dass auf der Industrieausstellung von Córdoba (1871) ein aus körnigem und krystallisirtem Quarze und violettem Flussspathe bestehendes Gangstück zu sehen war. Herr D. Francisco S. Ramon theilte mir später mit, dass er es auf den Halden einer auflässigen Grube, die in der Punilla, am Wege von der Troyaschlucht nach dem Valle hermoso liegt, gefunden habe. Ich erwähne das Vorkommen, da, wie früher schon hervorgehoben wurde, Flussspath eines der seltensten Gangmineralien in der Cordillere und ihren Vorketten ist. Die kleinen Krystalle des in Rede stehenden Vorkommens sind theils Hexaëder, theils Tetrakishexaëder.

Gruben der Hoyada. Der zweite Grubendistrict, der zu Anfang der 70ger Jahre in der Provinz Catamarca im Betriebe war, gehörte Herrn Carlos Cuba in S. José de Tinogasta. Er liegt nach den Mittheilungen, welche mir sein Besitzer machte, in einer höchst unwegsamen Gegend, bei dem Platze la Hoyada, 140 bis 150 km N. von Fiambalá und nahe der bolivianischen Grenze. Man baut hier zunächst die oberen Regionen mächtiger Gänge ab, die gold- und silberreiche Kupfererze führen. Die Proben, die ich in S. José erhielt, bestanden aus derbem Stromeyerit, der, z. Th. mit etwas Kupferkies und körnigem

*) Note sur les filons de quartz aurifères de l'Atajo, prov. de Catamarca An. d. m. (8) V. 1884. 379.

Bleiglanz, in quantitativ vorwiegenden Massen von Ziegelerz und Chrysokoll eingewachsen war. Einige knollenartige Stücke von Chrysokoll, die innerhalb einer thonigen Gangmasse aufgefunden worden waren, umschlossen Kerne von derbem Stromeyerit; andere waren von Hohlräumen durchzogen, in denen sich kleine, aber sehr schöne Krystalle von Cerussit angesiedelt hatten. Herr Professor S i e w e r t, der den Stromeyerit auf meine Bitte analysirte, fand als seine Zusammensetzung 52.60 Silber, 31.61 Kupfer, 14.38 Schwefel und 1.07 unlöslichen Rückstand (Tsch. M. l. c.).

Die Erze der Hoyada werden nach Copiapo geliefert, das die Tropen von den Gruben aus in 8 Tagen erreichen.

Provinzen Tucuman, Salta und Jujuy.

Von diesen drei Provinzen, von denen ich nur einen Theil der erstgenannten kennen gelernt habe, scheinen T u c u m a n und S a l t a sehr erzarm zu sein. Die wenigen bis jetzt bekannt gewordenen Gänge sind entweder noch niemals oder nur vorübergehend und schwach in Abbau genommen worden (M o u s s y. Descr. II. 423. S t u a r t. Bol. of. Espos. VI. 130).

In J u j u y wird dagegen, wie man sagt schon seit der Incazeit, G o l d aus Gängen und aus Seifen gewonnen. Die zahlreichen kleinen, noch gegenwärtig im Betriebe befindlichen Gruben und Wäschen liegen fast sämmtlich im NW. der Provinz, in den Gebirgsketten, welche sich auf dem rechten Ufer des Rio de San Juan, zwischen dem Cerro de Casabindo im S. und Santa Catalina im N. hinziehen. B r a c k e b u s c h, der diesen District neuerdings bereist hat, theilt Bol. A. N. V. 1883. 145. 182 mit, dass sich hier die Erzgänge in der Nachbarschaft von trachytischen Gesteinen finden, die ihrerseits silurische Schichten durchbrechen. Ausser Gold kommen auch silberhaltiger Bleiglanz, Zinkblende, Markasit und Eisenspath vor.

Die Höhenlage einiger der wichtigeren Gruben wird l. c. zu 3600—4000 m angegeben.

Provinz San Luis

Wie bereits früher nach A v é - L a l l e m a n t und B r a c k e b u s c h mitgetheilt worden ist, besteht die Sierra de San Luis im wesentlichen aus krystallinen Schiefern, die von Graniten und späterhin von „Trachyten" durchbrochen worden sind (S. 175).

An dieser Stelle ist dem noch hinzuzufügen, dass in der Nachbarschaft dieser „Trachyte" z a h l r e i c h e Q u a r z g ä n g e, die g o l d h a l t i g e Kiese und F r e i g o l d f ü h r e n, zur Entwickelung gelangt sind. Das wichtigste Erzgebiet findet sich am T o m a l a s t a und zwar setzen hier die Gänge nach M o u s s y (Descr. I. 280. II. 442) nicht nur in den Glimmer- und Talkschiefern auf, welche die Basis des Gebirgsstockes bilden, sondern auch in dem trachytischen Gipfelgesteine. In Uebereinstimmung mit dieser Angabe stehen die neuerlichen Mittheilungen von B r a c k e b u s c h über ähnliche Gänge, die er im Gebiete der dem Tomalasta angelagerten trachytischen Tuffe und Breccien fand (Bol. A. N. 1876. 211).[*]

Die Gänge des Tomalastagebietes sind seit dem Ende des vorigen Jahrhunderts durch eine grosse Zahl kleinerer und grösserer Gruben mit wechselndem Glücke abgebaut worden.

Noch wichtiger als die Gänge sind die G o l d s e i f e n, welche sich fast in allen vom Tomalasta auslaufenden Thälern finden und welche namentlich in dem Quellgebiete des Rio 5° angehörigen, von N. nach S.

---

[*] Ueber goldhaltige Pahlbänder, die sich im Tomalastagebiete und a. a. O. der Sierra von S. Luis finden sollen, hat Avé-Lallemant mehrfach berichtet; seine Schilderungen sind indessen so unverständlich und z. Th. auch so widerspruchsvoll, dass ich mich damit begnüge, auf sie zu verweisen. Acta. 1875. I. 114. La Plata M. S. 1873. 138 u 1874. No, 1.

gerichteten Thale des Carolina-Districtes sowie in der zu demselben parallelen Cañada honda, theils durch die umwohnende Bevölkerung, theils durch grössere Gesellschaften, mit zuweilen recht ansehnlichem Erfolge ausgebeutet worden sind. Trotzdem haben sich diese Arbeiten niemals einer grossen Stabilität erfreut, sei es, dass der Gehalt der Seifen ein zu veränderlicher war, sei es, dass sich locale Schwierigkeiten hindernd in den Weg stellten (A. Lallemant. Nota sobre los lavaderos auríferos de los Cerritos Blancos en la Sierra de S. Luis. An. Soc. Arg. IX. 1880. 268).

Ein zweiter Erzdistrict ist im Jahre 1855 am NW. Abhange der Sierra von S. Luis bei San Francisco entdeckt worden. Im Gneiss und Glimmerschiefer, welche hier die herrschenden Gesteine ausmachen, finden sich gangartige (?) Lagerstätten, die geschwefelte goldhaltige Kupfererze führen (Moussy. Descr. II. 449. A. Lallemant. La Plata M. S. 1873. No. 8. An. agr. 1873. No. 11. Acta. I. 113).

Etwas weiter nördlich, zwischen Guines und dem Rio Seco bei Zapallar setzen nach Avé-Lallemant in den krystallinen Schiefern bis 2 m mächtige Gänge auf, die aus Quarz und sehr silberreichem Arsenkiese bestehen und in ihren oberen Teufen eine Fundstätte für Skorodit gewesen sind (La Plata M. S. 1874. No. 12); dann sollen nach demselben Autor in denjenigen krystallinen Schiefern, welche den nördlichen Theil der Sierra von S. Luis bilden, Gänge bekannt sein, die neben Kalkspath und Eisenspath silberhaltigen Bleiglanz und Fahlerz führen (La Plata M. S. 1873. No. 10).

Brackebusch fand 1880 östlich von S. Maria (oder S. Bárbara) auf Blei- und Kupfererz-führenden Gängen neben Linarit, Malachit, Kupferlasur und Cerussit auch Descloizit und Pistacinit (Bol. A. N. V. 1883. 452. 506).

Ueber Manganerzvorkommnisse in der Sierra von S. Luis wurde La Plata M. S. I. 1873. No. 8 berichtet.

Provinz Córdoba.

Litteratur: A. Damour. Note sur la descloizite, nouvelle espèce minérale. Annal. de chim. et de phys. (3) XLI. 1854. 72. Descloiseaux. Note sur la forme crystalline d'un nouveau vanadato de plomb. Ebendas. 78. Moussy. Descr. II. 429. Rickard. Informe. 147. L. Brackebusch. Vetas de hierro magnetico en la Sierra de Córdoba. Bol. A. N. 1875. 1. Brackebusch. Las especies minerales de la República Argentina in den An. Soc. Arg. 1879. Rammelsberg. Ueber die Vanadinerze aus dem Staate Córdoba in Argentinien. Z. d. g. G. 1880. XXXII. 708. Websky. Ueber die Krystallform des Descloizites von Córdoba in Monatsber. d. k. Akad. d. Wiss. Berlin. 1880. 672. Websky. Ueber die Krystallform des Vanadinites. Ebendas. 799. M. Alberdi. Informe sobre la mineria y los principales criaderos metalíferos de la Prov. de Córdoba. 1881 (?). O. Wien. Die Sierra von Córdoba. Z. d. G. f. E. XVII. 1882. 57 m. K. Brackebusch, Rammelsberg, Döring, Websky. Los vanadatos naturales de las Provincias de Córdoba y San Luis. Bol. A. N. V. 1883. 439. M. Websky. Ueber Idunium, ein neues Element. Sitzber. d. k. Akad. d. Wiss. Berlin. 1884. II. 661. — Eigene Beobachtungen 1872 u. 1873.

In der Sierra von Córdoba sind zwei Erzdistricte bekannt. Der eine, wichtigere, besteht aus einem Ganggebiete, dass sich zwischen Soto und Pocho ausbreitet und zwar theils am Westabhange der Sierra de Achala (in der Gegend von Candelaria, Dep. Cruz del Eje), namentlich aber an dem flachhügeligen Ostabhange der Serrazuela (zwischen S. Bárbara, Guayco und Ojo de Agua, in den Dep. Minas und Pocho).

Nach mündlichen Mittheilungen, die ich Herrn Adolfo Roque in Córdoba verdanke, sollen die Gänge dieser Districte in den 30ger Jahren dieses Jahrhunderts durch einige deutsche Bergleute entdeckt und dann namentlich in den 40ger und 60ger Jahren auf zahlreichen Gruben abgebaut worden sein. Die grösseren Gruben liegen in der Umgebung von Guayco und Ojo de Agua und unter ihnen mag die Argentina deshalb besondere Erwähnung verdienen, weil auf ihr von D. Manuel Lastra im Jahre 1838 die erste Dampfmaschine in der Argentinischen

Republik (eine kleine von England bezogene Wasserhaltungsmaschine) aufgestellt wurde. Amalgamations- und Schmelzwerke existirten in S. Bárbara und dem benachbarten Higueras, in Ojo de Agua, in Union bei S. Carlos and in Taninga bei Salsacate.

Die Argentina und einige andere Gruben haben zeitweise eine recht schöne Ausbeute gegeben, wurden aber leider, obwohl man erst eine Saigerteufe von 40 m erreicht und hier noch schönes Erz anstehend gefunden hatte, zur Einstellung des Betriebes gezwungen, theils wegen der politischen Wirren der 40ger Jahre, theils wegen mancherlei technischer Hindernisse, unter welchen sich die in der Terrainbeschaffenheit begründete Schwierigkeit der Anlage grösserer Stöllen, die mehrfach angetroffene grosse Brüchigkeit des Nebengesteines, sowie der starke Wasserzudrang in den Tiefbauen besonders geltend gemacht haben sollen. 1868 fristeten, nach Rickard, von 28 Gruben nur noch 7, und 1872 und 1873, als ich das Gebirge bereiste, nur noch 4 Gruben ein kümmerliches Dasein. Nachdem in der Neuzeit die Absatzfähigkeit der Producte der inneren Provinzen durch Eisenbahnen wesentlich gesteigert worden ist, hat man zwar mehrfach an eine Wiederaufnahme des cordobeser Bergbaues gedacht, indessen harren die mannigfach aufgetauchten Projecte wohl noch immer ihrer Realisirung.

Die zahlreichen Gänge setzen, soweit meine Beobachtungen reichen, durchgängig in krystallinen Schiefern auf, die aus Gneiss mit untergeordneten Einlagerungen von Amphiboliten und körnigen Kalksteinen bestehen. Das Alter der Gänge und die etwaigen genetischen Beziehungen derselben zu den in der Nachbarschaft des Grubendistrictes vorhandenen Andesiten (S. 175) sind daher noch offene Fragen.

Die Mächtigkeit der Gänge wird als zwischen 0.4 und 0.8 m schwankend angegeben. Die Ausfüllung, welche massige Structur zeigt, besteht in erster Linie aus silberhaltigem Bleiglanz, nächstdem aus schwarzer Blende und Eisenkies. Local, wie auf Juno bei S. Carlos, sind auch geschwefelte Kupfererze (Kupferkies und Kupferindig) und rother Glaskopf, auf einem Gange in der Nähe von Higueras stängliger Antimonglanz und Antimonocker vorgekommen. Als Gangarten beobachtete ich Quarz oder Hornstein, seltener Carbonspäthe. Die oberen Regionen der Gänge waren reich an Zersetzungsproducten und zwar dominirten unter denselben, nach Ausweis der 1871 in Córdoba ausgestellten Sammlungen, derbe Massen von Cerussit und Anglesit, zuweilen von Malachit und Kupferlasur durchzogen.

Von der Grube S. Cruz, Pedania Argentina, lag auch Pyromorphit vor. Nächstdem sind, und zwar zuweilen in sehr beträchtlichen Mengen, gediegenes Silber und Chlorsilber, seltener brom- und jodhaltiges Chlorsilber vorgekommen. Kleine strohgelbe Kryställchen des letzteren, deren Zusammensetzung nach Siewert's Analyse der Formel $3\,AgCl + 1\,AgJ$ zu entsprechen scheint (La Plata M. S. 1874. No. 12), konnte ich 1873 bei der Befahrung der kleinen, eine halbe Stunde unterhalb Agua del Tala gelegenen Grube Marguerita sammeln. Endlich sind noch Phosgenit und Matlokit (Brackebusch Espec. min. Addenda. 2.) und Vanadate (Descloizit, Vanadinit und Brackebuschit) zu erwähnen. Die Existenz von Descloizit ist zuerst durch Damour nachgewiesen worden; Brackebusch ist dann 1878 so glücklich gewesen, in dem Districte von Guayco die Fundstätte der genannten Vanadate zu entdecken und in so erfolgreicher Weise auszubeuten, dass er an Döring, Rammelsberg und Websky das Material zu ihren wichtigen Arbeiten liefern konnte. In dem zinkhaltigen Bleivanadat der Grube Aguadita entdeckte Websky neuerdings das Element Idunium.

Ob derjenige Gang, der sich im Departamento S. Alberto, in der Quebrada de la Viuda, nahe bei Chaquinchuna findet und in quarziger Masse neben Kupfer- und Eisenkies Manganoxyde, Wolfram und kupferhaltigen Scheelit führt, nur eine locale Modification der Bleierzgänge oder eine besondere Formation repräsentirt, lässt sich nach den kurzen Mittheilungen von Brackebusch (Espec. min. Addenda. 4.) nicht beurtheilen.

Ebensowenig sind mir bis jetzt sichere Nachrichten über die goldhaltigen Quarzgänge bekannt geworden, die in der Gegend von Candelaria, Dep. Cruz del Eje, aufsetzen und zeitweilig in Abbau genommen worden sind.

Ein zweites, durch Kupfererze charakterisirtes Erzgebiet, in welchem gegen 1850 eine Zeit lang gearbeitet worden ist, findet sich in der östlichen Sierra von Córdoba, zwischen dem Rio 2° und 3°, im Departamento von Calamuchita. Ich habe die Lagerstätten selbst nicht besichtigen, sondern nur eine grössere Zahl von Probestücken, die an das Cordobeser Museum eingesendet wurden, untersuchen können. Dieselben bestanden der Hauptsache nach aus Hornblendeschiefer, der mehr oder weniger reichlich mit Kupferglanz, Kupferkies, Buntkupfererz und Eisenkies, seltener mit Bleiglanz durchwachsen war. An anderen Stücken fanden sich Silicate und Carbonate von Kupfer, etwas Atacamit, derbem Cerussit und als Seltenheit Linarit. Mit den Erzen waren Quarz, Epidot, Granat und Kalkspath verwachsen. Hiernach drängt sich die Vermuthung auf, dass man es im Dep. Calamuchita nicht mit Gängen, sondern mit fahlbandartigen Imprägnationen in Hornblendeschiefer zu thun hat. Aus demselben Districte hat später Brackebusch ein Vorkommen von körnigem und oktaëdrischem Magnetit, das von Martit, Kupfer- und Bleierzen begleitet wird und unbedeutende Nester im Hornblendeschiefer bildet, beschrieben (Bol. A. N. II. 1875. 1.).

Ein dem letzteren ähnliches Vorkommen muss sich auch bei Campucha, am Rande der Pampa de Pocho finden; ich sah Erze desselben auf den Hüttenwerken von Ojo de Agua und Taninga, auf denen man sie in früheren Zeiten als Zuschläge bei den Schmelzprocessen benutzt hatte.

Die Provinzen Santiago del Estero, Santa Fé, Corrientes mit dem Territorium der Missionen, Entre Rios und Buenos Aires gehören zum grössten Theile dem Gebiete der pampinen Lössformation an. In den kleinen insularen Kuppen älterer Gesteine, welche hier und da aus der letzteren emporragen, sind meines Wissens bis jetzt nur Kupfererze bei Santa Ana im Territorium der Missionen gefunden worden (Moussy. Descr. II. 451). Das von Moussy l. c. erwähnte Vorkommen von Quecksilber-Spuren im Sandsteine von La Cruz und Santo Tomé ist durchaus problematischer Natur (Bonpland. Z. f. allg. Erdk. N. F. II. 1857. 378).

Erst jenseits des Uruguay, in der Banda Oriental und in der brasilianischen Provinz Rio Grande do Sul, sind wieder einige, namentlich Gold- und Kupfererze führende Ganggebiete bekannt, theils in Granit, theils in krystallinen Schiefern. Aus der Nachbarschaft dieser Lagerstätten werden Durchbrüche von jüngeren Eruptivgesteinen (von „porphyrartigen Dioriten" und „echten Porphyren"), erwähnt. Bergbau hat sich auf diesen Gängen erst in den letzten Jahren zu entwickeln, bezw. wieder zu entwickeln begonnen.

Näheres darüber findet man bei v. Groddeck-Bredel. Ueber das Vorkommen von Gold- Kupfer- u. Bleierzen in der Provinz Rio Grande do Sul in Brasilien. Berg- u. Hüttenm. Zeitung. 1877. XXXVI. 422. G. v. Rath. Naturwissenschaftl. Studien 1879. 399 nach C. Barrial Posada. Estudio geológico de la region aurifera de Tacuarembó que comprende los distritos de Yagnari, de los Corrales y de Cuñapirú. C. D. Posada. Origen de la region aurifera de Tacuarembó. Montevideo. 1882. G. Avé-Lallemant. Bergmännisches aus der República Oriental del Uruguay. Berg- u. Hüttenm. Zeitung. 1883. XLII. 203. G. Avé-Lallemant. Datos mineros de la República oriental. An. Soc. Arg. XVIII. Novbr. 1884.

Meteoreisen.

Anhangsweise möge hier endlich noch jener grossen Massen von Meteoreisen gedacht werden, die zu Ende des vorigen Jahrhunderts inmitten der Gran Chaco-Wüste, und zwar in dem Otumpa genannten Districte entdeckt worden sind. Eine Expedition, die damals die spanischen Behörden nach ihnen ausschickten, brachte einen grossen Block mit nach Buenos Aires, der später von der Argentinischen Regierung an England verschenkt wurde und heute eines der grössten Exemplare der Meteoriten-Sammlung des Britischen Museums ausmacht. Nach Maskelyne's Catalog dieser Sammlung vom Jahre 1870 hat er das enorme Gewicht von 1400 Pfund und wird nur noch von einem australischen Eisen, das 8200 Pfund wiegt, übertroffen.[*]) Ein einige Pfund schweres Stück des Otumpaeisens bewahrt das Museum von Buenos Aires auf, während zu Otumpa selbst noch colossale Blöcke umherliegen sollen. Einer wird auf 45000 Kilo (?) geschätzt. An Anregungen zu neuen Expeditionen nach der Fundstätte hat es nicht gefehlt, da man die übertriebensten Vorstellungen von dem technischen Werthe der Blöcke hat, aber es ist mir nicht bekannt, dass der Ort neuerdings wieder einmal besucht worden sei.

Einen zweiten argentinischen Meteoriten sah Burmeister zu Machigasta in Catamarca bei einem Schmiede, der ihn als Ambos benutzte, aber nichts zuverlässiges über seine Herkunft anzugeben wusste (Reise II. 235). Mir wurde, als ich die Gegend bereiste, versichert, dass der Block seitdem nach England verkauft worden sei.

Ueber einen dritten, im Winter 1880 in der Provinz Entre Rios gefallenen und von Burmeister an die Berliner Academie der Wissenschaften eingesendeten Meteoriten, berichtete Websky (Sitzungsber. d. k. Pr. Akad. d. Wiss. zu Berlin. 1882, XVIII. 395).

Rückblick.

Die argentinischen Gebirge beherbergen, wie gezeigt wurde, sehr zahlreiche Erzgänge.

Die wichtigeren derselben kann man nach ihrer Füllung unterscheiden in solche mit edlen Silbererzen, mit silberhaltigen Bleierzen, mit gold- und silberhaltigen Kupfererzen und in solche mit reinen Golderzen.

Irgend welche gesetzmässige Gruppirung dieser verschiedenen Gangbildungen im Sinne der von den chilenischen Geologen angenommenen Erzzonen ist im Osten der Cordillere nicht wahrzunehmen. Die silberhaltigen Bleigänge im Thonschiefer der Tontalkette und die ihnen verwandten Gänge im Gneisse der Huerta und der Serrazuela gehören in geologischer wie orographischer Hinsicht ganz verschiedenen Districten an; gleiches gilt bezüglich der Goldgänge von Gualilan, von San Luis und Jujuy.

Das einzige allgemeinere Resultat, das sich aus den argentinischen Gangvorkommnissen ableiten lässt, ist das: dass sich die Ganggebiete stets in der Nähe von kleineren oder grösseren Eruptionsheerden entwickelt haben und dass sie, gleichwie diese letzteren, an grössere Dislocationszonen geknüpft sind.

In Bezug auf das Alter der argentinischen Erzgänge lässt sich nur angeben, dass die Gänge des Paramillo de Uspallata und allem Anscheine nach auch zum wenigsten einige Gänge der Sierra de Famatina (San Francisco del Espino, Mejicana-District) jünger als Rhät sind und dass die kupfererzreichen Gänge der Capillitas sowie die Goldgänge von Gualilan und San Luis, wahrscheinlich auch diejenigen von Jujuy, ein posttrachytisches Alter haben.

Die Erzführung einer grossen Zahl der oben genannten Gänge hat ebensowohl nach ihrer Qualität wie nach ihrer Constanz einen recht freundlichen Charakter. Wenn man trotzdem bei dem Betriebe hier und da auf arme oder sterile Gangzonen gestossen ist, wie in den Gruben von Tontal, von der Huerta und von den Capillitas, so steht doch auf Grund der in anderen Bergbaudistricten gesammelten Erfahrungen zu hoffen,

---

[*]) N. St. Maskelyne, Catalogue of the collection of meteorites exhibited in the mineral department of the British Museum. Hier wird Otumpa irriger Weise in die Provinz Tucuman verlegt, während es etwa 300 km östl. von Santiago del Estero zu suchen ist. M. vergl. darüber auch Woodbine Parish, Buenos Ayres and the Argentin Provinces. 291. Moussy, Descr. I. 272.

dass man auch wieder reichere Mittel anfahren wird, wenn man sich durch solche locale Vertaubungen nicht von dem Eindringen in weitere Teufen abhalten lässt und wenn man in Zeiten guten Erzfalles auch den Versuchs- und Aufschlussarbeiten eine grössere als die seitherige Beachtung schenken wird.

Ein eigentlicher Tiefbaubetrieb ist ja überhaupt erst in den letzten Jahren und nur auf einigen Gruben begonnen worden und hat auch da erst ein Niveau von 100 bis 200 m unter Tage erreicht. Deshalb liegen in allen bis jetzt bekannten Gangrevieren noch grosse Abbaufelder unverritzt vor. Ausserdem wird manche jetzt auflässige Grube durch das während der letzten Jahrzente in bewunderungswerther Weise ausgedehnte argentinische Schienennetz wieder lebensfähig werden und endlich ist auch die Entdeckung neuer Lagerstätten, namentlich in den heute erst wenig bekannten Gebirgen des Westens, kaum zu bezweifeln.

Auf der anderen Seite lässt sich allerdings nicht verkennen, dass dem vielfach inmitten rauher, holz- und wasserarmer Hochgebirge umgehenden argentinischen Bergbaue ein schwerer Kampf um's Dasein beschieden ist; indessen hat er bewiesen, dass er diesem Kampfe gewachsen ist und er wird auch in Zukunft aus demselben als Sieger hervorgehen, wenn es gelingen wird, das elende Pirquinerothum mehr und mehr durch Grubengesellschaften zu verdrängen, die, unter dem Schutze einer guten Gesetzgebung, grössere Capitalien anzulegen vermögen und die neueren Hülfsmittel der Technik umsichtig zu benutzen wissen. In diesem Falle wird der argentinische Bergbau noch auf lange Zeit hinaus in dem wirthschaftlichen Leben der Gesammtrepublik, namentlich aber in demjenigen der an sonstiger Industrie sehr armen Provinzen des Westens eine bedeutsame Rolle spielen.

XXI. Mineralquellen.

Im Gebiete der Cordillere und in demjenigen ihrer Vorketten findet sich, wie bereits im vorhergegangenen Capitel flüchtig erwähnt worden ist, eine grosse Zahl von Mineralquellen.

Ueber die zu C h i l e gehörigen haben J. L. S m i t h (Report on the minerals and mineral waters of Chile. U. S. Astron. Expedition. Appendix D), F r. F o n c k (Estudio sobre las aguas minerales cloruradas calizas de Chile. Apoquindo y Cauquenes. Valparaiso. 1879) und namentlich D o m e y k o (Estudio sobre las aguas minerales de Chile. Santiago. 1871) berichtet. In der letzteren Arbeit werden die Analysen von 36 Quellen mitgetheilt und zwar diejenigen von 5 Schwefelquellen, von 17 Haloidquellen, 7 Sulfatquellen, 6 Chlorosulfatquellen und 1 Vitriolquelle. Die Sulfatquellen sollen die stärksten der chilenischen Cordillere sein und besonders gern in Gesteinen entspringen, die mit Pyrit imprägnirt sind oder auch in weissen gebleichten Gesteinen, die tofos oder cerros apolcurados (in Alaun umgewandelte Felsen) genannt werden.*)

Eine grosse Zahl der a r g e n t i n i s c h e n M i n e r a l q u e l l e n hat M o u s s y (L 329) erwähnt; da er indessen keine genaueren Daten giebt und da überhaupt die nähere Beschaffenheit der argentinischen Quellen noch gänzlich unbekannt war, so habe ich es mir auf meinen Reisen angelegen sein lassen, jene so weit als möglich zu besuchen. Die hierbei gesammelten Wasserproben sind dann später von Herrn Professor Dr. M. S i e w e r t analysirt und die Ergebnisse dieser Untersuchungen sind von dem Genannten in der La Plata Monatsschrift. 1874. No. 11, in Giebel's Zeitschr. f. d. ges. Naturw. 1874. 481 ff. sowie in Napp. Arg. Rep. 1876. 258 ff. veröffentlicht worden. In der letztgenannten Arbeit finden sich auch die Analysen einiger Mineralquellen von Salta und Jujuy, die S i e w e r t selbst besuchen konnte. Indem ich wegen des chemischen Details auf die Arbeiten meines verehrten Collegen verweise, beschränke ich mich hier auf eine nach Provinzen geordnete Zusammenstellung der eigenen Beobachtungen und der mir sonst bekannt gewordenen Thatsachen.

P r o v i n z M e n d o z a. Die Kochsalz-haltige Sulfatquelle von C a p i, NW. von San Carlos, hat L e y b o l d besucht (Escurs. 70). Sie entspringt nach ihm in einer Meereshöhe von 1083.3 m in der östlich an die Cordillere angrenzenden Ebene und zwar inmitten eines ausgedehnten Gebietes von Medanos (Flug-

---

*) Ueber anderweite Mineralquellen der Cordillere sehe man: d'Orbigny. Géologie. 105, 141, 179. 190 (Bolivia). H o h a g e n. Die Mineralwässer Perus. Berg- u. Hüttenm. Zeit. 1883 XLII. No. 26. B o u s s i g n a u l t. Sur les eaux acides qui prennent naissance dans les volcans des Cordillères. Comptes Rendus. 1874. LXXVIII. 453 ff. (Ecuador). D r e s s e l. Estudio sobre algunas aguas minerales del Ecuador. Quito. 1876. N. Jb. 1877. 315. B o u s s i g n a u l t. Les sources thermales de la chaîne du littoral de Venezuela. Comptes Rendus. 1880. XCI. 836.

sandhügeln). In dem kleinen Bassin, mit welchem man die Quelle gefasst hat, bestimmte Leybold am 15. Februar 1871 die Temperatur zu 26°. Der Salzgehalt ist nach der l. c. mitgetheilten Analyse sehr gering.

Zwei andere Salfat (?) -Quellen treten unweit Lujan an der Boca del Rio (Austrittspunkt des Rio de Mendoza in die Ebene) mit einer Temperatur „moyennement chaude" zu Tage und zwar hart neben dem Flusse und inmitten der von ihm abgelagerten Geröllschichten. Ich habe sie nicht besuchen können und citire daher nach Moussy (Descr. I. 331).

Eine dritte Kochsalz-haltige Sulfatquelle ist der Borbollon, 15 km nördlich von Mendoza (Siewert-Napp. 273). Ganz ähnlich wie die Quelle von Capi entspringt sie im Randgebiete der Pampa unweit einiger kleinen Hügel, die aus sandigem Löss, mit dem schwache Kalksinterplatten wechsellagern, bestehen. Schwache Salzefflorescenzen sind in der Umgebung eine häufige Erscheinung. Die aus einer kleinen grubenartigen Vertiefung aufsteigende Quelle ist so stark, dass sie sofort einen kleinen Bach bildet, der zur Bewässerung einiger Estancias ausreicht. Ihre Temperatur fand Moussy am 11. Febr. 1857 26° (Descr. I. 332); ich beobachtete am 27. März 1873 24° C°). Die Meereshöhe des Quellpunktes ist etwa 700 m. Dicht neben dem letzteren sind ausser einigen Ranchos neuerdings auch einige recht nette Häuser für Badegäste erbaut worden; von den Verandas derselben erfreut man sich einer schönen Fernsicht auf das mendoziner Gebirge und auf die Cordillere.

Schwefelquellen in der Quebrada von Villavicencia in der Sierra de Uspallata (Siewert-Napp. 269). Der Tropenweg von Mendoza nach Uspallata berührt die ärmliche Estancia Villavicencia (1600 m). In der Umgebung der letzteren habe ich nur Thonschiefer, hier und da mit Einlagerungen von graugrünen Quarziten anstehen sehen, indessen müssen in dem benachbarten Gebirge nach Durchbrüche von Hornblendeandesiten vorhanden sein (S. 167). Geht man von der Estancia aus in dem von W. herkommenden Nebenthale, das sich local zu einer Felsenspalte im Thonschiefer verengt, aufwärts, so erreicht man nach halbstündiger Wanderung eine kleine Therme, die etwa 10 m über dem Thalboden mit einem zwei bis drei Finger starken Strahle aus dem Thonschiefer entspringt. An der Austrittsstelle hat sie 36.5 C. Ihr Wasser ist klar und zeigt nur Spuren von Gasentwickelung, giebt aber da, wo es an den Felsen herabrieselt, zur Bildung schwacher Salzkrusten Veranlassung. Am Fusse der Felsenwand sammelt es sich zunächst in zwei kleinen, nahe unter einander gelegenen Tümpeln, die den stolzen Namen „los baños" führen und deren Füllung noch eine Temperatur von 34.5° C. besitzt; dann vereinigt sich das Wasser mit demjenigen des Baches, der hart an jenen baños vorbeifliesst und dessen Temperatur ich am 13. Febr. 1873 Abends zu 18.5° bestimmte. Die Badeanlagen beschränken sich auf ein paar halbzerfallene Ranchos und der zu den Bädern führende Weg befindet sich in einem entsprechenden Zustande.

Puente del Inca (Siewert-Napp. 275). Unter den zahlreichen Kalksinterlingen der Cordillere ist derjenige der Puente del Inca der berühmteste und best bekannte, denn wohl jeder Reisende, der über den Cumbrepass nach Chile ging, hat nach ermüdendem Ritte in dem neben ihm erbauten — letzten — argentinischen Gehöfte (2570 m) gerastet und sich in einem der beiden lauwarmen Bäder erfrischt, in denen die Quelle unter sehr eigenthümlichen Verhältnissen zu Tage tritt: im Pfeiler einer aus Kalksinter bestehenden Naturbrücke, die dem Rio de Mendoza überwölbt.

Die Oberfläche der Brücke liegt nach meinen Aneroidmessungen 20 m über dem Flussspiegel; die Länge der Brücke beträgt von Ufer zu Ufer 40 m, die Breite 30 m, es ist also in der That eine sehr stattliche und eine so starke Brücke, dass der Tropenweg seit undenklicher Zeit über sie hinwegführen konnte.

°) Die mittlere Jahrestemperatur von Mendoza ist nach Burmeister (Descr. phys II. 141) 17.5° C.

Die Hauptmasse der Brücke besteht aus Thalschutt, der durch Kalktuff verkittet und zu oberst von einer mächtigen Bank reinen Kalktuffes überlagert wird. Vom Brückenbogen hängen schöne Stalaktiten herab. Der rechte Pfeiler, an dem in halber Höhe noch heute die Quelle entspringt und wellig geformte Krusten von Kalksinter und Eisenocker absetzt, gleicht einer versteinerten Cascade.

Die Quelle ist eine Therme, die in zwei nur wenige Meter von einander abstehenden und wohl mit einander communicirenden Spalten zu Tage tritt; an beiden Stellen hat sie Sinterbecken gebildet, die so gross sind, dass man sich bequem in ihnen baden kann. Am 7. Februar 1873 fand ich die Temperatur im unteren Bassin 33° C und beobachtete in demselben eine ziemlich starke Entwickelung von Kohlensäure. Der geringe Schwefelwasserstoff-Geruch, den andere wahrgenommen haben, ist mir entgangen. Das obere Bassin war leider immer von Badenden besetzt, so dass ich es nicht untersuchen konnte. Moussy giebt für die in Rede stehende Therme 34° C an (Descr. I. 200. 332); Darwin nach Brand's Beobachtungen (Travels 240) 91° F — 32.8° C.[*]

Die Entstehung der Brücke findet ihre Erläuterung, wenn man thalaufwärts nach dem Fusse der Cumbre zu reitet, denn man gewahrt alsdann, dass der Thalboden auch oberhalb der Brücke auf weite Flächen hin und bis 1 m mächtig mit Kalktuffablagerungen bedeckt ist (S. 114). Stellenweise und wohl an solchen Punkten, an denen Kalkquellen zu Tage traten, schwillt die Kalktuffbank zu kleinen Hügeln an; a. a. O. ist sie im Laufe der Zeit vom Flusse durch- oder unterwaschen worden und im letzteren Falle ist sie in der Regel zusammengebrochen, so dass jetzt nur noch gigantische Sinterschollen umherliegen. Diese grosse, die Gerölle des Thalbodens verkittende und überdeckende Travertinschicht hat sich offenbar in früherer Zeit abwärts bis zur Puente del Inca erstreckt, und ist hier unterwaschen und in folge dessen zum grösseren Theile zertrümmert worden; nur der Brückenbogen, der vielleicht durch die benachbarte Quelle immer wieder verstärkt wurde, ist der Zerstörung entgangen.

Zwei der Puente del Inca ähnliche Naturbrücken fand Leybold in dem dem chilenischen Cordilleren-abhange angehörigen Thale des Rio Maipu, zwischen Mal Paso und dem Rio Negro (Excurs. 90) und eine dritte beschrieb Crosnier aus dem Thale von Huancavelica in Peru, dessen Boden überhaupt, gleichwie jener des mendoziner Thales, mehrfach mit Kalktuffplatten bedeckt ist (An. d. m. (II) 1852. 27).[**]

A. a. O., wo kalkreiche Quellen nicht im Thalboden, sondern oben an den Thalgehängen zu Tage treten, haben sie die letzteren mit schönen Kalksintercascaden bedeckt. Man sieht einen solchen „versteinerten Wasserfall" in der Schlucht zwischen Villavicencia und dem Paramillo de Uspallata. Crosnier erwähnt eine ähnliche Bildung aus der Umgegend der Hütte von Pilcos bei Colcabamba (l. c. 60).

Provinz San Juan. Hier mögen zunächst die gegen 5 km SO. der Hauptstadt gelegenen Banos de Florida erwähnt werden. Das sind starke kalte Quellen, die in einer sumpfigen Depression der Ebene entspringen und wohl lediglich Sickerwässer des Rio de San Juan und des Rio de Zonda repräsentiren. Die kleinen Bäche, die die Quellabflüsse bilden, setzen ein wenig Eisenoxydhydrat ab, während die benachbarten Sümpfe einen ziemlich starken Schwefelwasserstoffgeruch wahrnehmen lassen. Ein paar kleine Hotels

---

[*] Nach einer Notiz, die aus der Reforma pacifica in die Zeitschr. f. Erdk. N. F. XIX. 1865 436 übergegangen ist, soll die Temperatur 45° C. betragen; im Hinblick auf die oben erwähnten drei, zu sehr verschiedenen Zeiten vorgenommenen und unter sich sehr gut übereinstimmenden Messungen ist die Correctheit jener Angabe entschieden zu bezweifeln. Die von Darwin erwähnte Erbsensteinbildung habe ich nicht gefunden. Die Behauptung von Richard, nach welcher die Quelle der Incabrücke Borsäure enthalten soll (Informe 40), beruht wohl auf einem Irrthume.

[**] Ueber andere Naturbrücken sehe man Bout. Geogr. Mittheil. 1861. 199. Keller. daselbst 1881. 229.

und Reisighütten suchen den verschiedenen Ansprüchen der Sanjuaniner, welche die freundlich gelegenen Bäder oft benutzen, gerecht zu werden.

Albardon. Etwa 13 km NO. der Provincialhauptstadt liegt die Ortschaft Albardon oder Villa San Martin. Im NO. derselben findet sich am Fusse von Sandsteinhügeln ein sumpfiges Terrain, in dem ein kleiner Bach entspringt, der schwachen Schwefelwasserstoffgeruch entwickelt. Der Erdboden ist in der Umgebung mit starken Salzkrusten bedeckt. In kleinen ausgetrockneten Tümpeln hatten sich vom Rande aus schöne Gruppen von säulenförmigen monoklinen Krystallen gebildet. Die meisten dieser Krystalle waren fingerstark und bestanden nur aus einer dünnen Salzrinde, übrigens waren sie hohl. Nach Siewert's Analyse (Napp. 289) lagen Mischungen von verschiedenen Sulfaten, unter denen Glaubersalz dominirte, vor; das ausserdem vorhandene Chlornatrium war wohl nur mechanisch beigemengt.

Nördlich von Albardon und ungefähr 20 km N. von San Juan liegen in der Ebene zwischen der Sierra Pié de Palo und der Sierra von Villagun die kleinen Estancien von Salado und etwa 2 km nördlich derselben die Banos de la Laja (Siewert-Napp. 269). Der Untergrund der Ebene wird hier von Sandstein gebildet. Ueber dem letzteren breitet sich noch eine Schicht von Kalkstein- und Dolomitgeröllen aus, deren Material aus der Sierra de Villagun stammt und oft durch Kalksinter zu festen Bänken verkittet ist. Die Continuität, welche diese Ablagerung ursprünglich gehabt hat, ist im Laufe der Zeit durch Auswaschungen vielfach unterbrochen worden, so dass jetzt entweder bis 50 m hohe Tafelberge aus der Ebene emporragen, die aus mürbem Sandstein bestehen und nur eine oft etwas vorspringende Kalktuffplatte bedeckt werden, oder conische Hügel, auf deren Flanken Schollen der alten Kalktuffdecke umherliegen.

Die Bewässerung der Estancias von Salado erfolgt durch Canäle, die aus dem bei Albardon vorbeifliessenden Hauptarme des Rio de San Juan abgezweigt worden sind; im Übrigen ist die Umgebung der Gehöfte eine mit dürftigem Yarillagebüsch und mit einzelnen Cacteen bewachsene Wüstenei von dem oben beschriebenen hügeligen Charakter. Inmitten derselben entspringen jedoch noch zwei Quellen: die Banos de la Laja, so genannt, weil sich in ihrer Nähe besonders starke Ablagerungen von compactem, gelblichbraunen und bankförmig geschichteten Travertin finden, die gewonnen und in San Juan zu Platten (lajas), Treppenstufen, Gesimsen etc. verwendet werden.

Die beiden Quellen, welche als Bano del bajo und Bano del alto unterschieden werden, treten in naher Nachbarschaft aus natürlichen Kalktuffbassins zu Tage. Das Bassin des unteren Bades wird durch eine starke Scheidewand von Kalktuff in zwei Abtheilungen gesondert. Beide sind erfüllt mit klarem, blaugrünem Wasser, das einen schwachen Schwefelwasserstoffgeruch entwickelt und von Zeit zu Zeit grosse Gasblasen aufsteigen lässt. Die Abflüsse beider Bassintheile vereinigen sich zu einem kleinen Bache, der über den stufenförmig abfallenden Aussenrand des Beckens hinabfliesst, um bald darauf zu versickern, auf seinem kurzen Wege aber Zeit genug hat, um Steine, Pflanzenstengel und Schneckenhäuser mit Kalktuff zu incrustiren und unter einander zu verkitten.

Das Bassin des Bano del alto, das ca. 2 m im Durchmesser hat, liegt am Fusse eines Hügels, der die Form eines abgestumpften Kegels besitzt, bei einer Höhe von ca. 25 m an seiner Basis einen Durchmesser von ca. 60, an seiner oberen Begrenzungsfläche einen solchen von ca. 10 m hat und lediglich aus horizontalen Lagen von Kalktuff besteht. Früher soll der Quell oben auf dem Kegel entsprungen sein, worauf auch der Name hindeutet; jetzt sieht man oben nur noch eine flache Einsenkung, aber keinen eigentlichen Quellschlund. Offenbar hat der Quell den ganzen Kegel selbst aufgebaut und als der vorhandene Druck schliesslich nicht mehr ausreichte, hat er sich den jetzigen, bequemeren Ausweg am Fusse seines alten Bauwerkes gesucht. Das neue Bassin hat bereits wieder einen erhöhten Rand, dessen flach abfallende Aussenfläche, da wo der Quell über sie hinwegfliesst, mit wellenförmigen Ornamenten von mürbem, feuchten Tuffe bedeckt ist.

Das eben Gesagte wird genügen, um die vollständige Haltlosigkeit der in San Juan oft zu hörenden und auch von R. S. Igarzabal (Bol. of. Expos. 1871. 62) vertretenen Ansicht zu erweisen, nach welcher der alte Quellenkegel des Baño del alto ein ausgebrannter Vulcan sein soll.*) Ebenso unrichtig ist die in San Juan allgemein verbreitete Annahme, dass das Wasser des Baño del alto kälter sein soll als dasjenige des Baño del bajo. Beide gaben mir am 28. Decbr. 1872 in vollständiger Uebereinstimmung 26° C. Die Quellen werden des öfteren benutzt, leider hat man jedoch das Häuschen, das zum Schutze der Kranken neben ihnen erbaut worden war, ganz verfallen lassen.

Etwa 2 km nördlich der Baños de la Laja trifft man auf das von W. nach O. gerichtete Bett eines kleinen Baches, der in der Sierra von Villagun entspringt und sich hier in silurische Kalksteine und rothe Sandsteine eingewaschen hat. In der trockenen Jahreszeit versiegt der Bach unmittelbar nach seinem Eintritte in die Ebene; etwas weiter nach Osten zu finden sich jedoch in seinem sonst bereits trockenen Bette noch einige mit klarem Wasser erfüllte Tümpel, die als Baños salados bekannt sind. Das Wasser derselben schmeckt salzig, scheidet etwas Kalktuff ab und besitzt eine ähnliche Zusammensetzung wie jenes der Baños de la Laja (Siewert-Napp. 269).

Agua hedionda (Siewert-Napp 265). In dem Thalboden der engen Felsenschlucht, welche die silurischen Kalksteine der Sierra von Guaco durchschneidet und durch welche der Weg von Jachal nach Guaco führt, tritt etwa 5 km oberhalb der letztgenannten Estancia eine starke Schwefelquelle zu Tage. Ihre Höhenlage ist ungefähr 1000 m. Ihre Temperatur fand ich am 18. März 1873 24,5° C. Rickard giebt 80° F oder 26,6° C an (Informe 76). Die Lagerung der plattenförmigen Kalksteine, die schluchtaufwärts eine sehr ruhige ist, zeigt in der Nähe der Quelle auffällige Störungen; einige Dislocationsspalten sind mit mächtigen, z. Th. Flussspath-führenden Gängen von grobkrystallinem, weissen Kalkspath erfüllt. Auf einem dieser Gänge entspringt die Quelle im Thalboden und am Fusse nackter, grosslöcherig zerfressener Felsenwände.

Schon aus weiter Entfernung nimmt man starken Schwefelwasserstoffgeruch wahr; am Quell selbst beobachtet man, dass das klar zu Tage tretende Wasser etwas Schwefelmilch absetzt.

Die Besucher der ihrer Heilkraft wegen in hohem Ansehen stehenden Quelle müssen sich in Felsenhöhlen einquartieren, denn an die Einrichtung eines kleinen Badeetablissements, das am Ausgangspunkte der Quebrada einen recht günstigen Platz finden würde, hat bis jetzt noch Niemand gedacht.

Den oben beschriebenen Baños de la Laja scheinen diejenigen Quellen ähnlich zu sein, die sich nach Igarzabal (l. c. 97) in den Gebirgen von Jachal finden und von ihm als Baños del Volcan bezeichnet werden. „Aus dem Krater eines ausgebrannten Vulcanes fliessen die kältesten Wässer aus, die man sich denken kann. Sie treten mit einer solchen Kraft zu Tage und wallen derartig auf, dass man von einem Wasservulcane sprechen könnte."

Die beiden Thermen, die im Thale von Pismanta entspringen, sind mir ebenfalls nur aus der Arbeit von Igarzabal bekannt geworden. Der Genannte giebt an, dass sie etwa 80 km östlich von Jachal und 20 km von Iglesia liegen. Die Quellbecken halten je einen Meter im Durchmesser. Das Wasser der beiden Becken besitzt verschiedene Temperatur. Das eine ist so heiss, „dass es keine Person länger als 4 Minuten in ihm aushalten kann." „Im Thale von Pismanta glaubt man, dass die Quelle mit dem stillen

---

*) Ganz analoge Quellbildungen finden sich in Algier (Fripier. Annal. de chim. et de phys. (3) I. 1841. 340 und M. Braun. Z. d. g. G. XXIV. 1872. 30) und am Demavend in Persien (E. Tietze. Jahrb. d. k. k. geol. Reichsanst. 1875. XXV. 120).

Ocean communicirt" (!). Das Wasser wird als sehr schwefelreich bezeichnet. Drei bei den Quellen erbaute Häuser erleichtern den Gebrauch jener.

Die Provinz Rioja ist arm an Mineralquellen. Ich selbst habe nur eine kleine Quelle schwach salzigen Wassers, el Saladillo genannt, auf dem Wege von Chilecito nach der Provincialhauptstadt angetroffen. Sie entspringt auf dem Westabhange der Sierra de la Rioja, unmittelbar neben der Leguasäule VIII, inmitten von Gneiss; es mag hervorgehoben werden, dass auch in den höheren Theilen des Gebirges allenthalben krystalline Schiefer und Granit anstehend gefunden wurden, nirgends aber Sedimente, auf deren Auslaugung der Salzgehalt der Quelle etwa zurückgeführt werden könnte.

Ausserdem ist mir noch durch freundliche Mittheilung Herrn E. Hüniken's bekannt geworden, dass zu Aymagasta bei Machigasta, Dep. Arauco, eine starke Quelle entspringt, die so so heiss ist, dass man sie erst einige Quadras weit laufen lassen muss, ehe man sie zur Bewässerung benutzen kann.

In der Provinz Catamarca finden sich Thermen an drei Punkten, die sämmtlich in das Gebiet der im Osten des Campo del Arenal sich erhebenden Sierra de Gulampaja fallen, nämlich bei Gualfin, bei Fiambalá und in der Quebrada de los Hornos, im Districte der Iloyada. Ich konnte keine dieser Quellen selbst besuchen und beschränke mich daher auf folgende Referate.

Die Therme von Gualfin entspringt nach Mittheilungen, die ich D. Justo Soza in San Fernando verdanke, in einer sehr unwegsamen Felsenschlucht. Ihr natürliches Bassin ist mit so heissem Wasser erfüllt, dass man darin Eier sieden und Fleisch kochen kann. Der Abfluss vereinigt sich in einigen auf einander folgenden Tümpeln nach und nach mit dem kalten Wasser des in der Schlucht herabfliessenden Baches, so dass man nach Belieben warm, lau oder kalt baden kann. Das letzte zu den Quellen führende Wegstück ist nur zu Fusse passirbar; die Kranken, welche das heilkräftige Wasser benutzen, quartieren sich in Steinhütten ein und werden durch kleine Tropen von Helen aus verproviantirt. Man kann nur vom Mai bis zum December baden, denn im übrigen Theile des Jahres wird die zu der Quelle führende Schlucht häufig durch Crecienten (Hochwässer nach Gewittern) unwegsam.

Die Quelle von Fiambalá besitzt nach Burmeister (Reise II. 251) eine Temperatur von etwa 40°; „man muss im freien Felde campiren und Alles mitbringen, was man zu seiner Existenz braucht". Nach Moussy (Descr. I. 333) sind die Quellwässer etwas Schwefel-haltig und salzig, von bitterem Geschmack.

Die Thermen der Quebrada de los Hornos im Districte Iloyada, im N. der Provinz Catamarca und nahe der bolivianischen Grenze gelegen, haben nach den Beschreibungen, die mir D. Carlos Cuba in S. José de Tinogasta von ihnen machte, bis 2 m hohe Quellkegel aus Kalktuff gebildet.

Endlich finden sich in der Provinz Catamarca an mehreren Orten auch kalte, Kalktuff absetzende Quellwässer, so z. B. in der Quebrada de la Joya, durch welche einer der Wege vom Fuerte de Andálgala nach den Capillitas führt und bei Visvis, 50 km W. vom Fuerte.

In der Provinz Tucuman ist mir nur eine Soolquelle bekannt geworden. Ich habe dieselbe am 21. Decbr. 1871 unter Führung des Herrn F. Schickendantz besucht und vermag daher folgendes über sie mitzutheilen.

Die sehr starke Quelle entspringt bei Timbó, etwa 18 km NNO. von Tucuman, am Südwestrande der Sierra de la Candelaria (S. 124). Sie tritt in einem flachhügeligen, mit Buschwald bedeckten Terrain zu Tage, in welchem anstehendes Gestein nicht zu beobachten ist. Einzelne Gasblasen entwickeln sich aus dem stark salzigen Wasser, das nach Ausweis schwacher Sinterbildungen in seinem Ausflusscanale auch etwas kalkhaltig sein muss. Die Temperatur konnte ich leider nicht messen.

Unmittelbar neben der Quelle erheben sich einige Hügel oder richtiger Halden aus schwarzer Erde,

In welcher unzählige Scherben roher Thongefässe innenliegen, die „von den Alten" herrühren sollen. Es scheint sonach, als hätten hier schon die Indianer lange Zeit Salz gesotten. Auch noch heute wird die Quelle benutzt, wohl in eben so primitiver Weise wie von jenen „Alten" und nur mit dem Unterschiede, dass jetzt die rohen Thongefässe durch grosse eiserne Töpfe ersetzt worden sind. Frauen schöpfen das Quellwasser mit Kürbisschalen in einige unter freiem Himmel liegende, trogartig ausgehöhlte Baumstämme, die die Rolle von Reservoirs spielen. Neben denselben prasselt ein verschwenderisches Feuer und an dieses rückt man nun die grossen Eisentöpfe, in denen der Siedeprocess vor sich gehen soll. Nach zehnmaliger Nachfüllung ist der Topf mit concentrischen Lagen von weissem, körnigen oder faserigen Salz erfüllt, das nun in einen zweiten ausgehöhlten Baumstamm geschüttet und mit hölzernen Keulen zerstampft wird. Das so erhaltene, noch feuchte Salzpulver schlägt man in Tücher ein und lässt es in der Sonne trocknen. Auf diese Weise erhält man 10 bis 18 Pfund schwere Salzbrode, die in Tucuman mit 2 Real (80 Pfennige) pro Stück verkauft werden.

Ueber die Quellen der Provinzen von Salta und Jujuy liegen kurze Angaben von Moussy (Descr. I. 333), Stuart (Bol. of. Espos. VI. 134), Hoost (daselbst. 188) und San Roman (daselbst VII. 258) vor, während die ersten Analysen der betreffenden Quellen wiederum von Siewert ausgeführt worden sind.

Darnach finden sich Mineralquellen in dem saltenischen Departements Rosario de la Frontera, Campo Santo, Jruya und Santa Victoria. Die beachtenswerthesten sind wohl diejenigen vier Quellen, die etwa 10 km östlich der kleinen Ortschaft Rosario de la Frontera in den Einsenkungen eines Höhenzuges ent-springen. Drei derselben sind Thermen, deren Wässer einen relativ hohen Betrag gelöster Kieselsäure auf-zuweisen haben, übrigens aber so different sind, dass Siewert (Napp. 270) die eine Quelle als Salzquelle (81°C), die zweite als Schwefelquelle (80°) und die dritte als alkalinischen Säuerling (63°) anführt.

Die Therme vom Paraiso del Sauce (Siewert-Napp. 274) ist ein kochsalzreicher alkalinischer Säuerling. Sie entspringt 52 km entfernt von der Hauptstadt Salta in einem Kalktuffgebirge mit einer Temperatur von 35—38° C, so dass sie gleichzeitig zum Baden und Trinken benutzt werden kann. Ihre natürliche Fassung besteht aus Kalktuff, die ein 15 bis 16 m langes und 8 bis 10 m breites Bassin bildet; der Wasserstand des letzteren misst an der tiefsten Stelle 4 bis 5 m.

Aguas termales entspringen weiterhin nach San Roman (l. c. 319) an einem 20 km von Campo Santo entfernten Platze. Ihre Temperatur wird zu 27.5°C angegeben.

Die der Provinz Jujuy angehörigen Baños de los Reyes liegen 15 km von der Hauptstadt ent-fernt und sind theils warm, theils kalt. Die ersteren sind nach Siewert Sulfatquellen von 36.5° C, die letzteren Kieselquellen (Napp. 273). Andere Schwefelwasserstoff-haltige Thermen, von denen eine, die süd-lich von der Laguna de la Brea entspringt, 85° zeigt, erwähnt Brackebusch (Bol. A. N. V. 1883. 143. 197. 203).

Ich kann diese Zusammenstellung nicht schliessen, ohne den Wunsch auszusprechen, dass man den mannigfachen heilkräftigen Wässern der Argentinischen Republik recht bald eine grössere Beachtung und Pflege als seither zu Theil werden lassen möge. Zum mindesten sollten von Seiten der betreffenden Provincial-regierungen die zu den Quellen führenden Wege soweit als nöthig in einen guten und auch für Kranke passirfähigen Stand gesetzt und neben den Quellen Logirhäuser erbaut werden, in welchen die Kranken vor Unbill der Witterung Schutz finden können. Nach und nach werden sich dann schon ähnliche, segenspendende und den Anforderungen der verschiedenen Stände gerecht werdende Badeetablissements wie in anderen Culturländern entwickeln.

XXII. Die Argentinische Lössformation.

Formation pampéenne d'Orb. Pampeau formation Darw. Formation diluvienne, dite quaternaire ou postpliocène Burm.

Litteratur: Ausser an den im Texte citirten Stellen der grösseren Werke von Burmeister, Darwin und d'Orbigny wird die argentin. Lössformation noch in folgenden Schriften und Abhandlungen besprochen: W. Parish. Buenos Ayres y las provincias del Rio de la Plata. Buenos Aires. 1852. I. Bravard. Geologia de las pampas y observaciones geológicas subre los differentes terrenos de transporto en la hoya del Plata. Buenos Aires. 1857. M. do Moussy. Origine et âge géologique du sol argentin in Descr. I. 1860. 297. Darwin. Ueber die Mächtigkeit der Pampas-Formation in der Nähe von Buenos Aires. Aus Quat. Journ. of the Geol. Soc. London. XIX. 1863. 68 abgedruckt bei Car. 156 (N. Jb. 1863. 872). Burmeister. Excursion am Rio salado. Z. f. allg. Erdk. N. F. XV. 1863. 225. Burmeister. Die Regenverhältnisse der Argentin. Republik im Allgemeinen. Geogr. Mittheil. 1864. 9. Hnusser und Claraz. Beiträge zur geognostischen und physikalischen Kenntniss der Provinz Buenos Aires. 1865. Burmeister. Anales del Museo Público de Buenos Aires. 1867. 112. Maak. Geological sketch of the Argentine Republic. Proceed. Boston Soc. Nat. Hist. Boston XIII. 1871. 417 (N. Jb. 1872. 328). M. Paigarry. La arena del rio y la loess. An. Soc. Arg. 1874. III. A. Döring. Studien über die chemischen und physikalischen Verhältnisse des Bodens der Pampaformation. La Plata M. S. II. 1874. 113. (daraus wieder abgedruckt in An. agr. I. 1873. No. 18 und in Napp. Arg. Rep. 190). E. S. Zeballos. Estudio geológico sobre la provincia de Buenos Aires. Buenos Aires. 1877. Le Long. Les Pampas de la République Argentine. Bull. de la Soc. de Géogr. Paris. 1878. Moreno. Viajo à la Patagonia austral. Buenos Aires. 1879. R. Lista. Mis exploraciones y descubrimientos en la Patagonia. Buenos Aires. 1880. II. Wichmann. Die Pampas des südl. Argentiniens. Geogr. Mittbl. XXVII. 1881. 99. m. Karte. F. Ameghino. La formacion pampeana. Paris y Buenos Aires. 1881. Moreno. Patagonia. Resto de un antiguo continente sumerjido. Buenos Aires. 1882. A. Döring in Inf. offic. 1882 iN. Jb. 1884. I. -209-). F. Ameghino. Escursiones geológicas y paleontológicas en la provincia de Buenos Aires. Bol. A. N. 1884. VI. 161. A. Döring. Estudios hidrognósticos y perforaciones artesianas en la República Argentina. Bol. A. N. 1884. VI. 259.

Eine Zusammenstellung der auf die organischen Reste der Lössformation bezüglichen Arbeiten folgt weiter unten.

Der Boden der argentinischen Ebene besteht zum grössten Theile aus Löss und zwar soll sich nach d'Orbigny's Angaben die Lössdecke vom Rio Paraná im Osten bis an die Anticordillere im Westen und vom Rio Colorado im Süden bis zur nördlichen Grenze der Argentinischen Republik, ja selbst über diese hinaus, bis nach den bolivianischen Provinzen Moxos und Chiquitos, also über mehr als 8 Längen- und 17 Breitengrade ausbreiten. Nach der Meinung Anderer soll die Lössdecke etwa die Hälfte vom Gebiete der Argentinischen Republik, also gegen 25000 geogr. □ Ml. bedecken.

28*

In den dem centralen Theile der Pampa angehörigen Steppen sieht man den nur von einer spärlichen Vegetation bedeckten Löss fast allenthalben zu Tage anstehen; in den Waldwüsten von San Juan, Catamarca und la Rioja schimmert überall der nackte gelbgraue Boden zwischen den Bäumen und Sträuchern hindurch; aus Löss bestehen auch die steilwandigen Ufer (Barrancas) der in die Ebene eindringenden und ihren Boden durchfurchenden Flüsse, Bäche und Regenschluchten. Eine Ueberlagerung durch noch jüngere und meist nur geringmächtige Bildungen findet im Inneren und im Westen nur in den Salinen und Flugsand-districten statt, während die Continuität des Entwickelungsgebietes lediglich durch die insularen Sierren der Pampa unterbrochen wird. In der Umgebung der letzteren pflegt die sonst ebene und scheinbar horizontale Lösssteppe eine flachwellige Oberfläche anzunehmen, ihre allgemeine Höhenlage jedoch innezuhalten, so dass sie unvermittelt an den rasch emporsteigenden älteren Gebirgen abstösst, gleichwie die bewegte See an einer Insel.

Thatsächlich ist jedoch dieser Vergleich nur für den Gegensatz von Ebene und Gebirge zutreffend, nicht aber für die Verbreitung des Lösses, denn der letztere ist, wie alsbald zu zeigen sein wird, unter Umständen auch noch im Gebirge selbst zur Entwickelung gelangt.

Wendet man nämlich seine Aufmerksamkeit auf die Höhenlage, welche die Lössformation einnimmt, so ergiebt sich zunächst das schon in der Einleitung zu diesen Beiträgen hervorgehobene Resultat, dass die Pampa, im Gegensatz zu dem Eindrucke, den sie auf den Reisenden hervorbringt, weder horizontal noch eben ist, sondern gegen W. und N. zu allmählich ansteigt und dabei von einigen Depressionen durchzogen wird. Während sie nämlich bei Buenos Aires das Meeresniveau nur um wenige Meter überragt, und auch bei Rosario erst 33 m gewonnen hat, erreicht sie bei Córdoba bereits 400 m und an ihrem westlichen Rande 500 bis 800 m (San Juan 646 m, Mendoza 780 m). Die Erhebung gegen N. zu wird durch die Höhenlagen von la Rioja (507 m), Catamarca (531 m) und Fuerte de Andálgala (900 m) charakterisirt.

Die Depressionen, welche dieses im allgemeinen stetige Ansteigen vorübergehend unterbrechen, stehen in unverkennbaren Beziehungen zu der durch die Pampinen Sierren erwiesenen wellenförmigen Configuration des archäischen Untergrundes. Am besten sind diejenigen beiden bekannt, welche sich zwischen Córdoba und San Juan finden und auf der Karte durch den Verlauf der später zu besprechenden Salinen leicht zu erkennen sind. Das Niveau der Pampa, das bei Córdoba bereits 400 m betrug, wird in der ersten dieser beiden abflusslosen Mulden, die sich zwischen der Sierra von Córdoba im Osten und zwischen den Llanos und der Sierra del Alto im Westen hinzieht, bis auf 160 m herabgedrückt, erreicht dann bei Chepe wieder 700 m, fällt in der zweiten, zwischen den Llanos und der Huerta gelegenen Saline auf's neue bis 425 m und steigt dann erst wieder bis zu 646 m (San Juan) an (Taf. II).

Nicht minder interessant sind die Höhenlagen, welche diejenigen Nebengebiete der Lössformation erreichen, die theils in Form kleinerer, in sich abgeschlossener Becken zwischen den die Ebene umgrenzenden Gebirgen, theils als Ausfüllungen von Thälern der Gebirge selbst auftreten.

Das grösste jener Nebenbecken ist wohl der Campo del Arenal, welcher von der in der catamarquenischen Saline sich ausspitzenden und bei dem Fuerte de Andálgala 900 m erreichenden Pampa nur durch die Sierra del Atajo getrennt wird und seinerseits eine Höhenlage von etwa 2000 m besitzt (Taf. I. 2).

Das Vorkommen von Löss inmitten der Gebirge selbst ist durch Burmeister und Schickendantz bekannt geworden. Jener beschrieb Lössablagerungen, welche das La Punilla genannte Längsthal ausfüllen, das sich zwischen der ersten und zweiten Sierra von Córdoba in 1100 bis 1200 m hinzieht und mithin um 700 bis 800 m höher liegt als die nahbenachbarte Ebene (Descr. phys. II. 198); dieser entdeckte ein kleines, Glyptodon-Reste führendes Lössbecken in der Sierra von Belen, in einer die catamarquenische Ebene wiederum um etwa 700 m übersteigenden Höhenlage von 1000 m (ebendas.).

Endlich muss hier auch noch der Beobachtungen L u n d 's gedacht werden, nach welchen sich ein dem Pampaslösse sehr ähnlicher röthlicher Lehm, der gleiche oder ähnliche Säugethierreste wie jener einschliesst, in der Provinz Minas Geraës bis zu einer Meereshöhe von 2000 m in weiter Verbreitung findet, sowie der Mittheilung von d'O r b i g n y , nach welcher die Lössformation nicht nur die kleinen Becken von Tarija und Cochabamba (2575 m) ausfüllt, sondern auch das grosse, im Durchschnitte 4000 m hohe Plateau von Bolivia über ausgedehnte Strecken hinweg bedeckt. „Ainsi ce terrain se trouverait à tous les niveaux, depuis l'océan jusqu'au sommet de la Cordillère" (Géologie. 249); und dabei soll es überall, wenigstens nach den Angaben des grossen französischen Reisenden, aus denselben „matières limoneuses" zusammengesetzt sein und überall die Reste derselben Arten von Säugethieren einschliessen (Siehe dagegen weiter unten).

Dafür dass die pampine Lössformation auch noch unter das heutige Niveau des Meeres hinabreicht, sind die Beweise theils durch die artesischen Brunnenbohrungen in Buenos Aires (B u r m e i s t e r . Descr. phys. II. 201), theils durch diejenigen bei Bahia blanca vorgenommenen Sondirungen erbracht worden, über welche D a r w i n (Geol. obs. 81. Car. 119) berichtet hat.

Die dermaligen Kenntnisse von der M ä c h t i g k e i t d e r L ö s s f o r m a t i o n sind noch ausserordentlich mangelhaft. B u r m e i s t e r giebt zwar an, dass jene oftmals 10 bis 20, local aber auch bis 50 m betrage und im Mittel auf etwa 30 m veranschlagt werden könne, indessen beziehen sich diese Angaben durchgängig nur auf randliche Entwickelungsgebiete. Ueber diejenige Mächtigkeit, welche die Pampasformation in grösseren Entfernungen von den sie einengenden Gebirgen besitzt, liegen bis jetzt irgend welche Beobachtungen nicht vor und man kann nur vermuthen, dass der Löss inmitten der Ebene von Santa Fé und Córdoba und da, wo er die breiten Depressionen zwischen den pampinen Sierren ausgeebnet hat, eine bedeutend grössere als die oben bezifferte Mächtigkeit erreicht, denn andernfalls würden wohl die Protuberanzen des älteren Grundgebirges, welches er bedeckt, hier und da als kleinere oder grössere Felsenkuppen und Felsenrücken zu Tage treten; aber über mehrere Breitengrade hinweg kennt man in den Pampas weder lose Steine noch anstehenden Fels. Auch dürfte hier an die Mittheilungen von D. F o r b e s zu erinnern sein, nach denen die „diluvialen Ablagerungen" auf dem Bolivianischen Plateau, auf die ich weiter unten zurückkommen werde, gewiss 2000 Fuss, vielleicht 2500 Fuss mächtig sein sollen (Rep. 19).

Die p e t r o g r a p h i s c h e B e s c h a f f e n h e i t d e s L ö s s e s ist zum wenigsten dem äusseren Ansehen nach von einer staunenswerthen Gleichförmigkeit. Ueberall in der Ebene sieht man dieselbe lichtgelblichbraune, feinerdige oder etwas sandige, zwischen den Fingern leicht zerreibliche Masse, die nach dem heutigen Sprachgebrauche als Löss bezeichnet wird. d'O r b i g n y nennt dieselbe argile, D a r w i n a more or less dull reddish, slightly indurated, argillaceous earth or mud (Geol. obs. 76), B u r m e i s t e r in seiner Reise Lehm, in seiner Descr. phys. marne rouge-jaune, demi-sablonneuse (II. 152); H e u s s e r und C l a r a z folgen zwar d'O r b i g n y , heben dabei aber die grosse Aehnlichkeit des argile mit dem Lösse des Rheinthales hervor (Beiträge. II. 24).

An allen denjenigen Punkten, an denen der Löss typisch entwickelt und namentlich frei von den alsbald zu besprechenden Toscalagen und Sandschichten ist, bildet er in seiner ganzen Mächtigkeit eine einzige, compacte, nur von zahlreichen haarfeinen Hohlräumen oder Canälen durchzogene Masse, der jegliche Schichtung fehlt. Hierüber haben schon d'O r b i g n y (Géologie 73. 84), D a r w i n (Geol. obs. 98. Car. 144) und B u r m e i s t e r (Descr. phys. II. 178) in übereinstimmender Weise aufmerksam gemacht.[*]

---

[*] D a r w i n wirft da, wo er die oben genannten „minute linear cavities" erwähnt, die Frage auf, ob dieselben vielleicht die Bohrgänge kleiner Würmer seien. Geol. Obs. 77. 99. Car. 113. 147.

Einige seltene Ausnahmen vermögen die Gesetzmässigkeit dieser Erscheinung nicht zu alteriren. So sah D a r w i n an einer der Barrancas des Paraná, zwischen Buenos Aires und Rosario, horizontale Linien, die in verschiedener Färbung und Dichte der Massen begründet waren (Geol. Obs. 87. Car. 129) und d'O r b i g n y fand u. a. O. eine Art bankförmiger Schichtung, die ihre Ursache hatte in der verschiedenen Menge sandiger Theilchen, welche dem Lösse in seinen verschiedenen Niveaus beigemengt waren; aber er hebt ausdrücklich hervor, dass selbst in diesem Falle die einzelnen Bänke nicht scharf von einander abgegrenzt waren und dass sie sich überdies nicht weit verfolgen liessen (Géologie. 84). Ich selbst sah bankförmig geschichteten Löss in den Schluchten vau Yacotula bei Belen.

Ein letzter allgemeiner Charakterzug des argentinischen Lösses, der die aus allem ersichtliche grosse Aehnlichkeit desselben mit dem Lösse anderer Länder nur noch vollkommener erscheinen lässt, ist seine Absonderung nach vertikalen Flächen. In dieser Absonderung und in der gleichmässigen Beschaffenheit des Materiales ist wohl der Grund dafür zu suchen, dass alle Flüsse und Bäche der Pampa steilwandige Ufer (Barrancas) besitzen und dass der Regen an allen dazu geeigneten Stellen spaltenartige Schluchten ausgewaschen und deren schroffe Wände mit allerhand Säulen und Pfeilern decorirt hat. Ausserordentlich lehrreiche Bilder der letzteren Art gewähren diejenigen, z. Th. 8 bis 10 m tiefen und dabei oft nur wenige Meter breiten Regenschluchten, welche sich unmittelbar bei der Stadt Córdoba auf dem rechten Flussufer finden und deren Grabesstille nur zeitweilig unterbrochen wird durch das Aufkreischen kleiner Papageien, die sich hoch oben an den kahlen Lehmwänden kleine Höhlen als sicherste Wohnstätten ausgearbeitet haben.

Eine genauere petrographische Untersuchung des pampinen Lösses hat bis jetzt meines Wissens nur A. D ö r i n g vorgenommen. Da seine zuerst in der La Plata M. S. II. 1874. 113 erschienene Arbeit später noch an zwei anderen Orten zum Abdruck gelangt und deshalb leicht zugänglich ist, so glaube ich hier auf sie verweisen und mich auf die Angabe beschränken zu können, dass die drei Lössproben, die D ö r i n g von Córdoba, Villa Maria und Rosario untersuchte, 85, 61 und 59% unverwitterte Gesteinssplitterchen enthielten, dass sie bei der chemischen Untersuchung neben vorherrschendem Thone einen Gehalt von 2.6 bis 5.4 Kali und Natron, 1.9 bis 3.5 Kalkerde, 0.47 bis 1.95 Magnesia und 2.2 bis 4.7 Eisenoxyd ergaben und dass sie endlich nach vorheriger Abschlemmung erkennen liessen, dass jene unverwitterten Gesteinstheilchen aus Glimmerblättchen, Quarz- und Titaneisenerzkörnchen bestanden. Feldspath war in den Schlämmproben nicht mehr sicher zu erkennen.

D ö r i n g fand ausserdem, dass die grössten Quarzkörnchen in dem Lösse von Córdoba 2 mm und darüber, in demjenigen von Villa Maria 0.15 bis 0.20 mm, in demjenigen von Rosario aber nur noch 0.04 bis 0.08 mm maassen und machte darauf aufmerksam, dass sich hiernach ein Uebergang von grobkörnigeren Gemengtheilen des Bodens zu feinkörnigeren in der Richtung vom Fusse der Sierra de Córdoba nach dem Ufergebiete des Paraná zu ergeben scheine; indessen dürfte, wie dies auch D ö r i n g selbst hervorhebt, erst noch eine Vervielfältigung derartiger Untersuchungen abzuwarten sein, ehe man aus denselben Resultate von allgemeinerem Werthe ableiten kann.

Ein kleiner Gehalt an verschiedenen Salzen scheint dem Lösse allenthalben zuzukommen, während Gyps nur selten angetroffen wird. A. d'O r b i g n y hielt das Fehlen des letzteren sogar für charakteristisch; D a r w i n fand ihn jedoch ein paar Mal im Lösse der Provinz Buenos Aires (Geol. obs. 78. Car. 116). Hier kann ich mich mit einer kurzen Andeutung dieser Accessoria begnügen, da ich von denselben in dem von den Salinen handelnden Capitel ausführlicher zu sprechen haben werde und da sie auf die zunächst folgenden Mittheilungen und Erörterungen ohne Einfluss sind.

Eine weitere petrographische Eigenthümlichkeit der Lössformation besteht darin, dass sich inmitten ihrem soeben geschilderten Hauptmateriales an zahlreichen Punkten kalkige Concretionen gebildet haben. Diese Concretionen, welche ihrem Wesen nach den sogenannten Lösskindeln oder Lösspüppchen entsprechen, werden in der Argentinischen Republik Tosca oder Cal de agua genannt und zeigen hier in ihrer Erscheinungsweise eine ausserordentliche Mannigfaltigkeit. Am häufigsten finden sie sich wohl in der Form knolliger oder kugeliger Bildungen, deren Durchmesser wenige Millimeter bis mehrere Decimeter betragen können; die Masse der Kugeln ist dicht und zeigt auf dem frischen Bruche entweder nur eine licht-röthlichbraune Farbe oder, in Folge der Abwechselung von lichter und dunkler gefärbten Zonen, eine concentrische Bänderung. Werden die Concretionen grösser, so gewinnen sie die Form von Wülsten, unregelmässigen Klumpen oder plattenförmigen Massen; in solchen Fällen nehmen dann die Wülste, wenn sie langgestreckt sind, oftmals eine schräge oder nahezu verticale Lage im Lösse ein. Diese Thatsache, welche mit besonderer Deutlichkeit dafür spricht, dass hier Concretionen vorliegen, die sich erst inmitten des Lösses gebildet haben, konnte ich u. a. sehr schön an den Flussgehängen bei Rosario beobachten.

Andererseits ordnen sich aber auch die ersterwähnten Knollen zuweilen nach horizontalen oder schwach undulirten Lagen und von diesen letzteren führen dann allmähliche Uebergänge zu mehr oder weniger mächtigen Schichten und Platten derben Kalkes, die sich, mit oder ohne Unterbrechung, mehrere Meter weit im Lösse hinziehen können. In dem nahe der Stadt gelegenen kleinen Einschnitte der Eisenbahn, die von Córdoba nach der Cañada de Molina gebaut werden sollte, konnte man zehn derartige Knollenlagen und Lagen derben Kalkes übereinander wahrnehmen. In ihrer Nachbarschaft war der Löss von Klüften durchzogen, die bis 5 cm mächtig und mit demselben dichten Kalke erfüllt waren, der jene Lagen bildete. Ganz ähnliche Verhältnisse sah ich an den Barrancas von Higueras bei Soto, Prov. Córdoba und Darwin hat sie aus anderen Regionen der Pampas geschildert (Geol. obs. 76. Car. 112). Endlich kann die Tosca an solchen Orten, an welchen die Verhältnisse der Concentration des Kalkes besonders günstig waren, geradezu felsbildend auftreten; so nach Burmeister bei Buenos Aires (Descr. phys. II. 173).

Ueber die chemische Zusammensetzung der Tosca folgt unten eine Angabe; hier mag daher nur noch das angegeben werden, dass in einigen seltenen Fällen auf den die Tosca durchsetzenden Kluftflächen Krystalle von Kalkspath und Gyps beobachtet worden sind (Heusser u. Claraz. Beitr. II. 27) und endlich mag auch noch an die merkwürdige Angabe Darwin's erinnert werden, nach welcher in einzelnen Tosca-knollen bei der durch Carpenter vorgenommenen mikroskopischen Untersuchung derselben deutliche Spuren (distinct traces) von Ueberresten mariner Organismen (Fragmente von Muschelschalen, Corallen, Polythalamien und schwammigen Körpern) angetroffen worden sein sollen. Das Befremdliche dieses Befundes wird sich später ergeben, wenn von den organischen Resten der Lössformation die Rede sein wird; aber schon jetzt möge hervorgehoben sein, dass die Carpenter'sche Beobachtung durchaus vereinzelt dasteht.

Da wo die an Concretionen reiche Pampasformation die Gehänge von Flüssen bildet, schlämmt das Wasser den Löss fort, während die schweren Concretionen an Ort und Stelle zurückbleiben. Auf solche Weise sind z. Th. sehr mächtige Ablagerungen von Toscaknollen entstanden. Eine derselben findet sich etwa 10 km oberhalb Rosario, an der Strasse nach San Lorenzo, in einer Ausbuchtung des rechten Paraná-Ufers. Als ich sie 1872 besuchte, war sie Gegenstand der Gewinnung und weiteren Verarbeitung auf Cement in einem trefflich angelegten und von dem Besitzer, Herrn Fuhr, mit grosser Umsicht geleiteten Etablissement. Proben dieser vom anhaftenden Lösse freigewaschenen Knollen hat später auf meine Bitte Herr Professor Siewert analysirt und wie folgt zusammengesetzt gefunden:

Kohlensaurer Kalk	62,50
Kohlensaure Magnesia	1.08
Kieselsäure	23.00
Thonerde	8.89
Eisenoxyd	2.17
Alkalien und Wasser, nicht bestimmt	2.36
	100.00

Es ergiebt sich hieraus, dass die Toscaknollen von Rosario in der That ein treffliches Rohmaterial zur Cementfabrikation sind und durch geeignetes Brennen ein direct absatzfähiges Product zu geben vermögen.

Durch einen dem eben besprochenen gewiss sehr ähnlichen und nur im kleineren Maassstabe vor sich gegangenen Aufbereitungsprocess, bei dem Regen und Wind die Hauptrolle gespielt haben mögen, sind wohl auch die bohnen- bis kopfgrossen Toscaknollen isolirt worden, die am Fusse der pampinen Gebirge zuweilen lose auf flachen Gneiss- oder Granithügeln umherliegen. Besonders häufig fand ich sie unweit der Kalkwerke von Malagueño bei Córdoba und bei Jesus Maria, im N. der ebengenannten Stadt. Da sie in jeder Beziehung denen gleichen, welche in der in nächster Nachbarschaft anstehenden Lössformation eingewachsen sind, so kann über ihren Ursprung und über ihre nachträgliche Isolirung kein Zweifel vorhanden sein.

Das Vorkommen dieser Knollen gewährt nun aber eine erwünschte Brücke zur Erklärung einer Erscheinung, die ebenfalls in den Rand- und Inselgebirgen der Pampa sehr häufig wahrzunehmen ist, dabei aber, wenigstens auf den ersten Anblick, etwas ganz ausserordentlich befremdendes hat.

Da wo in vegetationsarmen Districten pampiner Sierren nacktes Gestein weithin zu Tage ansteht, beobachtet man nämlich vielfach, dass dasselbe auf mehr oder weniger grosse Erstreckung hin von Kalkkrusten überzogen wird. Diese Krusten sind oft nur wenige Millimeter stark, können aber auch, wie ich es bei Las Peñas im S. von Córdoba und zwischen Jesus Maria und Las Talas im N. der Provinz sah, eine Mächtigkeit von ein bis zwei Metern erreichen. Sie bestehen alsdann entweder aus einer einzigen compacten Kalkmasse, oder, was häufiger der Fall ist, aus ebenen oder nierenförmigen Schalen eines dichten, bräunlichgelben, mergeligen oder sandigen Kalksteines, der demjenigen, welcher die Tosca bildet, überaus ähnlich ist. In selteneren Fällen ist der incrustirende Kalkstein auch etwas porös, kalktuffartig. Ferner ist anzugeben, dass er an einigen Localitäten von kleinen Adern eines weissen, grauen oder blassrothen Opales durchzogen wird. Ich selbst beobachtete ein derartiges Vorkommen an einem kleinen Hügel unweit der Post San José, an der von Córdoba nach Catamarca führenden Poststrasse und zwar am westlichen Rande der Saline gelegen; Brackebusch hat später ein ähnliches Vorkommen in San Luis angetroffen (Bol. A. N. II. 176) und Döring wohl ebenfalls hierher gehörige Concretionen von Chalcedon oder Opal aus einer Tosca des Rio Colorado-Gebietes, Patagonien, beschrieben (Inf. ofic. 512).

Viel häufiger ist es, dass diese Kalksteine eckige Quarzkörner und kleinere oder grössere Fragmente der in der Nachbarschaft anstehenden Gesteine umschliessen. Endlich kann man da, wo die Aufschlüsse günstig sind, beobachten, dass der Kalk, der das Material der Krusten bildet, von diesen letzteren aus in das unterlagernde Gestein eindringt und Klüfte und Adern desselben gangförmig ausfüllt.

Es bleibt noch übrig, zwei Punkte hervorzuheben, deren Kenntniss zur Charakteristik der in Rede stehenden Krusten nothwendig ist. Einmal den, dass sie sich auf den aller verschiedenartigsten Gesteinen finden, auf Gneiss, Hornblendeschiefer, Granit und, wie Brackebusch in der Provinz San Luis beobachten konnte, auch auf Quarzfels und „Trachyt". Auch fehlen sie nicht in den Geröllablagerungen, die den Fuss mancher Gebirge umsäumen; sie treten alsdann entweder nur als zarte Umrindungen der einzelnen Gerölle von Granit, Glimmerschiefer, Basalt, Trachyt etc., oder in derartig starker Entwickelung auf, dass sie fest verkittete Conglomerate entstehen lassen, so z. B. im Campo del Arenal, zwischen der Punta und den Cerillos. Sodann aber ist noch beachtenswerth, dass sich diese Kalkkrusten keineswegs nur am Fusse der Gebirge und auf den flachen Vorhügeln finden, welche eben noch aus den dem Gebirge angelagerten Löss emporragen, sondern dass sie auch in den höheren Regionen der Gebirge wiederkehren, an deren Abhängen oder auf deren Plateaus, also an Punkten, die oft Hunderte von Metern höher liegen als der Löss der benachbarten Ebene.

Da Brackebusch im Bol. A. N. II. 1875. 175 u. 206. bereits eine grössere Zahl von Stellen in den Provinzen Córdoba und San Luis aufgeführt hat, die als Beispiele für das Gesagte gelten können, und da die fraglichen Kalkkrusten überhaupt so häufig sind, dass sie wohl keinem Reisenden entgehen werden, der die eine oder andere der Pampinen Sierren überschreitet, so verzichte ich hier auf weitere Fundorts-angaben und erinnere nur noch zum Beweise für die weitere Verbreitung der Erscheinung daran, dass sie von Darwin auch in dem Süden der Provinz Buenos Aires und von Döring in Patagonien angetroffen worden ist. Jener sah die zerklüftete Sierra Ventana, die Sierra von Guitru-gueyu und den Quarzrücken von Tapalguen von Toscakrusten bedeckt und von Toscahügeln umgeben, welche höher sind als die benachbarte Ebene (Geol. Obs. 79. 100 Anmerk. Cap. 116. 148 Anmerk.); dieser fand Kalkkrusten auf Porphyrfelsen im Gebiete des Rio Colorado und beobachtete in ihnen nicht nur eckige Fragmente des incrustirten Porphyres, sondern auch die schon oben erwähnten Concretionen von Chalcedon oder Opal (Inf. ofic. 512. 515).

Eine genügende Erklärung dieser in der That sehr eigenthümlichen Kalkkrusten, die nach der ganzen Art und Weise ihres Vorkommens nicht als oberflächliche Deposita von Quellen angesehen und daher nicht mit den früher besprochenen, auf dem Boden mancher Cordillerenthäler sich findenden Kalktuffablagerungen verglichen werden können, ist bis jetzt noch nicht gegeben worden. Darwin bemerkt l. c., dass das Fehlen irgend einer Decke von alluvialen Massen über dieser Toscabildung sehr auffällig sei, „in welcher Weise man auch die Ablagerung und Erhebung der Pampasformation betrachten möge"; Brackebusch bezeichnet die Krusten geradezu als Räthsel; Döring fasst sie als Producte der Einwirkung von Calciumsulfat-Infiltrationen auf die zersetzten Feldspäthe der incrustirten Gesteine auf, bleibt aber Auskunft darüber schuldig, woher die Lösung von Calciumsulfat gekommen ist und übersieht, dass die Incrustationen auch auf feldspathfreien Gesteinen, wie z. B. auf Quarzit, anzutreffen sind.

Unter solchen Umständen glaube ich eine Beobachtung mittheilen zu sollen, die ich in San Francisco del Chañar, einer kleinen, im N. der Provinz Córdoba gelegenen Ortschaft, an einer im Werke befindlichen Brunnengrabung anstellen konnte. Bei San Francisco del Chañar hat sich die nördliche Ausspitzung der Sierra von Córdoba bereits in flache, granitene Hügel aufgelöst, die das Niveau der angrenzenden und sie durchziehenden Pampa nur wenig überragen. An den Abhängen dieser Hügel sieht man deren Gestein bereits ein oder mehrere Meter hoch mit Löss bedeckt. An einer solchen Stelle wurde jener Brunnen abge-teuft. Mit 1½ m hatte derselbe die Lössdecke durchsunken, hierauf zunächst eine mehrere Centimeter mächtige Kalklage und erst unterhalb dieser letzteren den Granit angetroffen. Die Kalklage zog sich längs der Grenze als eine Art von Contactbildung hin und glich in ihrer Beschaffenheit durchaus anderen Kalk-lagen, welche sich auf den benachbarten und nicht vom Lösse bedeckten Hügeln als oberflächliche Incrusta-tionen des Granites zeigten. Endlich waren die Klüfte des in der Tiefe des Brunnens anstehenden Granites durch Infiltration von oben her wiederum mit dem gleichen, dichten, blassbräunlichgelben Kalksteine erfüllt.[*]

---

[*] Aehnliche Verhältnisse scheinen bei Tucuman vorzukommen, wo stellenweise unter dem Löss ebenfalls „eine harte weisse Tosca, d. h. Kalkmergel" folgt. Burmeister. Reise. II. 140.

Wenn ich nun ausserdem noch angebe, dass nach mehrfachen glaubwürdigen Versicherungen gewisse im Lösse stehende Brunnen von San Francisco del Chañar ein so kalkhaltiges Wasser haben, dass dasselbe als Trinkwasser unbenutzbar ist, so kann es zunächst wohl keinem Zweifel unterliegen, dass die soeben geschilderte Kalklage zwischen Löss und Granit ein Auslaugungsproduct des ersteren ist. Dasselbe war dem seiner zahlreichen feinen Canäle wegen so leicht durchlässigen Lösse vom Regenwasser entzogen worden, war mit dem letzteren in die Tiefe gedrungen und hatte sich nun da wieder ausgeschieden, wo das Regenwasser die Oberfläche des weniger durchlässigen Granites erreicht hatte und zur Stagnation gezwungen worden war. Die Mitwirkung chemischer Reactionen auf den Granit ist hierbei denkbar, aber nicht nothwendig.

In ganz derselben Weise müssen nun offenbar die heute frei liegenden, sonst aber völlig analogen Kalkkrusten in der Nachbarschaft des Brunnens entstanden sein, d. h. dieselben müssen sich zu einer Zeit gebildet haben, in welcher die von ihnen überzogenen Granithügel noch mit Löss bedeckt waren.

Diese zunächst nur für die Verhältnisse von San Francisco del Chañar gewonnene Erklärung scheint nun aber auch für alle anderen, oben besprochenen Vorkommnisse anwendbar zu sein. Stimmt man dem zu, so ergiebt sich jetzt die für das Verständniss der Lössformation nicht unwichtige Folgerung, dass mindestens alle diejenigen Stellen der pampinen Gebirge, welche von Toscarinden überzogen sind, ehemals auch von Löss bedeckt gewesen sein müssen. Die spätere Zerstörung des Lösses und die Blosslegung der Kalksteinkrusten würde dann durch dieselben Vorgänge (Abwehung, Abschwemmung durch Regenwasser) erfolgt sein, welche S. 246 zur Erklärung der oberflächlichen Anhäufungen loser Toscaknollen angenommen wurden.

Zur weiteren Stütze der vorgetragenen Anschauung möge hier nur noch an zwei einschlägige Mittheilungen erinnert sein, die aus anderen Lössgebieten vorliegen. Zuerst an die Beobachtung von Benecke und Cohen, nach welcher im rheinischen Lössgebiete die mit Carbonaten beladenen Sickerwässer des Lösses auch in das unterliegende Gebirge eindringen und Kalksinter auf Klüften absetzen oder, wenn das Grundgebirge zur Zeit der Lössablagerung zertrümmert war, Breccien und Conglomerate mit kalkmilchartigem Bindemittel bilden können (Geognost. Beschreib. d. Umgegend von Heidelberg. 1881. 669);[*] sodann aber auch an die lehrreichen Schilderungen, welche ganz neuerdings G. v. Rath aus Mexico gegeben hat. Als derselbe von Amecameca aus die inselförmige Kuppe des Sacromonte besuchte, welche, nach Analogie zu schliessen, ohne Zweifel aus vulcanischem Gesteine besteht, erblickte er doch bei einer zweimaligen Besteigung derselben und Umwanderung ihrer Gipfelfläche kein solches weder anstehend, noch als Geröll. „Man findet keine andern Bildungen als die, welche auch die umgebende Ebene zusammensetzen, einen äusserst feinerdigen, dichten Lehm, oft dem Löss äusserst ähnlich. An der Oberfläche ist diese Masse staubartig, tiefer hinab fest und hart. Diese jüngsten Bildungen des Hochlandes von Anahuac scheinen Zersetzungsproducte vulcanischer Auswurfsmassen zu sein." Dann führt er fort: „Auf eine Eigenthümlichkeit der Erdoberfläche in der Ebene, welche ohne Zweifel durch das Klima, durch die Regenarmuth und die Vertheilung des Regens bedingt wird, möchte ich mir gestatten hinzuweisen. Dieselbe Erscheinung findet sich fast allverbreitet auf dem Hochlande Mexico's und in den gegen N. angrenzenden, durch ähnliche natürliche Bedingungen beherrschten Ländern. Unter einer staubigen Erdschicht, welche eine Dicke von ½ bis 1 m haben mag, ruht eine feste cementirte Schicht, hart wie eine Tenne. Bald gleicht sie einem harten Lehm, bald einem Mergel, bald einem sehr feinkörnigen Conglomerat. Auf der Grenze beider Bildungen, welche nicht ganz ebenflächig, sondern wellig und uneben ist, ruht häufig ein weisser kalkiger Ueberzug. Solche bekleiden auch wellige Spalten und Ablösungen in der festeren Masse nahe der tennenartigen Oberfläche derselben. Die obere staubähnliche Erdschicht ist ein Spiel der Winde und Wirbel.

---

[*] Nach E. van den Broek ist auch der obere Theil des belgischen Lösses stets seines Kalkgehaltes beraubt. N. Jb. 1884. II. -370-.

Zuweilen wird sie ganz fortgeweht; in abschreckender Nacktheit liegt dann die rauhe felsthsllche Erde da" (Geologische Briefe aus Amerika. Bonn. 1884. 57. 58).

Die Analogie dieser Verhältnisse mit jenen der pampinen Gebirge ist unverkennbar.

Randliche Facies der Pampas-Formation. Die vorstehenden Angaben über die inmitten der Ebene allenthalben zu beobachtende Entwickelungsweise des Lösses werden auch da noch vielfach als richtig befunden werden, wo man den letzteren am Rande der Pampinen Sierren oder in den Thälern derselben an- und eingelagert trifft. Indessen wird man in Fällen solcher Art nicht minder häufig die Wahrnehmung machen, dass hier die Lössformation jenen typischen Charakter zunächst dadurch einbüsst, dass sich an ihrer Basis oder in Wechsellagerung mit dem Lösse selbst, Einlagerungen von Sanden und Geröllen einstellen. So sind durch die artesischen Bohrlöcher von Buenos Aires 25 bis 29 m mächtige Sand- und Geröllschichten mit Azaraschalen zunächst unter dem Lösse angetroffen *) und ähnliche Verhältnisse durch Burmeister von Tucuman beschrieben worden (Reise. II. 140). Mit dem Lösse wechsellagernde Schichten von Kiesen und kleinen Rollsteinen sah Burmeister in der Punilla, Sierra von Córdoba, und am Rio segundo, am Ostabhange der Sierra von Córdoba (Reise. II. 87. 52); ich selbst beobachtete bis ¹/₂ m mächtige, linsenförmige Einlagerungen von feinem, glimmerreichem Sande im Lösse dicht bei der Stadt Córdoba, in dem schon S. 263 erwähnten Bahneinschnitte.

Auf meiner Reise von Córdoba nach San Juan konnte ich mich davon überzeugen, dass der Löss in den Umgebungen der Sierra de los Llanos und der Sierra Pié de Palo sandiger ist als inmitten der Ebene. Oestlich der Llanos, zwischen der Salina grande und Chepe, war man gerade mit der Ausgrabung der Represa del Bajo amarillo beschäftigt und der Boden, in dem die Ausgrabung erfolgte, war nicht nur sehr sandreich, sondern enthielt auch zahlreiche und z. Th. bis faustgrosse Gerölle von krystallinen Schiefergesteinen, die nur aus der Sierra de los Llanos herstammen konnten.

Ferner darf hier der im N. von Catamarca gelegene Campo del Arenal genannt werden, dessen Boden, wie schon der Name sagt, aus feinerem und gröberem Sande besteht, dem ebenfalls häufig Gerölle krystalliner Gesteine eingelagert sind.

Von bezüglichen Beobachtungen in den litoralen Provinzen sind namentlich solche von Heusser und Claraz und von Darwin beachtenswerth. Die Ersteren betonen, dass der Löss im S. der Provinz Buenos Aires, und zwar in der Nähe der kleinen Sierren von Tandil und Asul, entweder Schichten von Sand und Geröllen einschliesst oder überhaupt sandiger wird (Beiträge. 24—27. 50) und Darwin macht darauf aufmerksam, dass der Löss der Banda Oriental, verglichen mit dem der Pampas selbst, sandiger ist und wohl auch Quarzgerölle, dagegen nur noch kleinere Toscaknollen enthält. Grössere Massen von Tosca fehlen gänzlich (Geol. Obs. 91. Car. 134).

Aehnlich scheinen die Verhältnisse auf dem Bolivianischen Plateau zu sein. A. d'Orbigny sagt allerdings, dass das hier weit verbreitete Terrain pampéen überall von den gleichen matières limoneuses gebildet werde, wie in der argentinischen Niederung (Géologie 249). Indessen bezieht sich das wohl nur auf die östlichen Provinzen; denn nach Forbes sollen die über 2000 Fuss mächtigen diluvialen Ablagerungen im Becken von La Paz aus „alternating beds of grey, bluish, and fawn-coloured clays, gravel, and shingle beds, along with boulders of clay-slate, grauwacke and granite, frequently of enormous size, and well rounded as

---

*) Darwin fasste diese Sande als tertiäre auf (Car. 155); Burmeister ist zweifelhaft, ob er in ihnen die jüngste Schicht des darunter folgenden Tertiärs oder die älteste Schicht des Diluviums erblicken soll (Descr. phys. II. 202. 203). Döring parallelisirt sie neuerdings mit seiner in Patagonien stark entwickelten Formacion araucana (Inf. of. 503).

if by the action of water" bestehen (Rep. 19). Auch ein Bett von Trachyttuff soll als Zwischenlagerung auftreten. [*])

Nach alledem scheint das Resultat, zu welchem Heusser und Claraz durch ihre Studien geführt wurden, dass nämlich im S. der Provinz Buenos Aires der Gehalt des pampinen Lösses an Sand in demselben Maasse wächst, in welchem man sich dem S. und W. Rande der dortigen Pampas nähert, eine ganz allgemeine Gültigkeit zu besitzen und auf alle diejenigen Regionen ausgedehnt werden zu können, in welchen die Pampasformation dem Gebirge benachbart ist.

Im Anschluss hieran ist noch einer eigenthümlichen, in den westlichen Provinzen auftretenden Psammitformation zu gedenken. Dieselbe bildet hier, in der peripherischen Zone der Pampa, Anlagerungen an die älteren Gebirge und schwankt ihrer petrographischen Beschaffenheit nach zwischen sandigem Lehm und leichtzerreiblichem Sandsteine von gelblicher oder lichtbräunlicher Farbe. Hier und da finden sich inmitten dieser Sandsteine einzelne Gerölle von alten krystallinen Schiefern; an anderen Stellen trifft man wohl auch auf Einlagerungen ganzer Geröllbänke. Endlich ist zu bemerken, dass diese mürben und ihrem ganzen Habitus nach offenbar sehr jugendlichen Sandsteine allenthalben eine sehr deutliche Schichtung zeigen.

Als Fundpunkte seien hier u. a. erwähnt: der District im NO. der Sierra Pié de Palo, das SO. Vorland der Sierra de Villagun und der Ostrand der kleinen Sierra von Zonda. [**])

Da organische Reste in diesen Sandsteinen bis jetzt nicht angetroffen worden sind und da auch sonstige, das Alter charakterisirende Verhältnisse nicht zu beobachten waren, so ist die Stellung derselben noch eine offene Frage und es kann nur vermuthungsweise ausgesprochen werden, dass man es entweder mit einer randlichen Facies der Lössformation oder mit etwas älteren Sedimenten zu thuen hat, die nach der Bildung des patagonischen Tertiäres und vor derjenigen des Lösses zur Ablagerung gelangten. Im letzteren Falle würden Aequivalente jener subaëren Schichten vorliegen, welche Döring im W. von Nordpatagonien antraf und als Piso araucano bezeichnete (Inf. ofic.).

Die Lagerungsverhältnisse zwischen Löss und Tertiär haben bis jetzt nur an ganz vereinzelten Punkten beobachtet werden können. D'Orbigny sah die Formation pampéenne in Corrientes und Entre rios discordant auf seinem Guarani und Patagonien auflagern (Géologie 80) und nach Darwin bildet der Löss in der Banda Oriental zuweilen Einlagerungen in Erosionsschluchten der patagonischen Tertiärformation (Geol. Obs. 90. 102. Car. 134. 150). Ich selbst vermag dem nur noch hinzuzufügen, dass der Löss an den Rändern der Pampinen Sierren den hier mehrfach anstehenden und oftmals stark dislocirten, alttertiären (?) Sandsteinen an- und aufgelagert ist, ohne dabei irgend welche Störungen zu zeigen.

Seinerseits wird der Löss im Binnenlande nur noch von einigen lacustren und subaëren Bildungen, und lediglich in der atlantischen Küstenregion auch noch von einigen später zu erwähnenden marinen Sedimenten überlagert. Aus alledem folgt, dass er erst gebildet worden sein kann, nachdem der südamerikanische Continent im wesentlichen bereits seine heutige Umgrenzung und Gestaltung erhalten hatte.

Die organischen Reste der pampinen Lössformation bestehen fast nur aus Skelett-

---

[*]) Als Aequivalente des Lösses sind auf Grund ihrer organischen Reste auch diejenigen aus vulcanischen Elementen bestehenden und wohl subaër gebildeten Schichten zu betrachten, welche sich im Hochthale von Ecuador zwischen beiden Cordilleren ausbreiten und bis zur Höhe von 3600 m ansteigen. Reiss-Brance. Ueber eine fossile Säugethier-Fauna von Punin bei Riobamba in Ecuador. 1883.

[**]) Auf der Karte sind diese Sandsteine mit der Farbe des „unteren Tertiärs und der oberen Kreideformation" eingetragen, aber mit einem ? bezeichnet worden.

theilen oder aus ganzen Skeletten von Säugethieren; ganz ausnahmsweise trifft man auch noch auf Gehäuse von Landschnecken.

Die Säugethierreste haben durch ihre Grösse und durch ihren schönen Erhaltungszustand bereits die Aufmerksamkeit der ältesten Reisenden gefesselt und sind dann im Laufe der Zeit mit grossem Eifer gesammelt, in Museen geborgen und in zahlreichen Monographieen beschrieben worden. Rücksichtlich aller zoologischen und paläontologischen Momente muss hier auf die betreffende Litteratur, besonders auf die werthvollen Arbeiten Burmeister's verwiesen werden.

Eine Zusammenstellung der bezüglichen älteren Schriften gab d'Orbigny, Paléontologie 9 ff, zwei Verzeichnisse der gefundenen Arten Burmeister: das eine in der Abhandlung über die fossilen Pferde der Pampasformation. Buenos Aires. 1875 (N. Jb. 1877. 664), das andere in Descr. phys. II. 215. Die seitdem erschienenen Schriften und Abhandlungen sind die folgenden:

Ameghino y Gervais. Los mamiferos fosiles de la America Meridional. 1879 (N. Jb. 1883. I. -300-). Burmeister. Descr. phys. III. Animaux vertébrés. Mammifères vivants et eteints. Buenos Aires. 1879 (N. Jb. 1883. I. -300-). L. Réolle. Étude sur les mammifères fossiles des dépôts pampéens de la Plata, d'après les collections du musée de Buenos Aires. Mém. de l'Acad. de Sc. Lyon. XXIV. 1880. Gervais et Ameghino. Les mammifères fossiles de l'Amérique du Sud. Paris. 1880 (N. Jb. 1883. I. -300-). Ameghino. L'antiquité de l'homme dans la Plata. Ball. Soc. géol. France. 1880—81 (3) IX. Paris (N. Jb. 1883. I. -299-). Ameghino. La antiguedad del hombre en la Plata. Paris. 1881 (N. Jb. 1881. I. -299-). Burmeister. Bericht über ein Skelet von Scelidotherium leptocephalum. Monatsber. d. kgl. Preuss. Akad. d. Wiss. Berlin. 1881. 374. Burmeister. Nothropus priscus, ein bisher unbekanntes Faulthier. Sitzungsber. d. kgl. Preuss. Akad. d. Wiss. Berlin. 1882. XXVIII. 613. Branco and Reiss. Ueber eine fossile Säugethier-Fauna von Punin bei Riobamba in Ecuador. Nach den Sammlungen von W. Reiss und A. Stübel. Paläontol. Abhandl. herausgegeb. von Dames und Kayser. I. 1883 (N. Jb. 1884. I -263-). Ameghino. Sobre la necesidad de borrar el género Schistopleurum y sobre la clasificacion y sinonimia de los Glyptodontes en general. Bol. A. N. V. 1883. I (N. Jb. 1884. I -112-). F. Klinkelin. Ueber zwei südamerikanische diluviale Riesenthiere. Bericht der Senckenb. Ges. Frankfurt. 1884. II. Burmeister. Neue Beobachtungen an Macrauchenia patachonica. Leipzig. 1885. F. Ameghino. Oracanthus Burmeisteri, nuevo edentado extinguido de la República Argentina. Bol. A. N. VII. 1885. 499.

Für Zwecke dieser Beiträge wird es genügen, hier in aller Kürze diejenigen Thatsachen zusammenzustellen, die sich auf die räumliche Verbreitung der in Rede stehenden Reste sowie auf die specielle Art und Weise ihres Vorkommens beziehen und für das geologische Verständniss der Pampasformation von Wichtigkeit sind.

Leider muss ich da aber sofort bemerken, dass ich selbst nicht in der Lage gewesen bin, einschlägige Beobachtungen von irgend welcher Bedeutung anzustellen, denn obwohl ich auf allen meinen Reisen sorgfältig nach Säugethierresten ausschaute und nachfragte, habe ich doch nur ein einziges Mal Gelegenheit gehabt, spärliche Panzerfragmente eines Glyptodon in situ zu sehen und zwar an einer Lösswand, welche einige Meilen unterhalb Córdoba die Gehänge des Rio primero bildet. Ich bemerke das ganz ausdrücklich, weil ich gefunden habe, dass man den Reichthum der Pampasformation an solchen Ueberresten oder zum wenigstens die Leichtigkeit ihrer Auffindung in der Regel überschätzt. Thatsächlich mögen jene ja recht häufig und es mag ganz richtig sein, dass man, wie Darwin meint, wohl kaum einen tiefen Durchschnitt in irgend einer Richtung quer durch die Pampa ausführen können würde, ohne dabei auf die Reste irgend eines Säugethieres zu stossen; aber auf der anderen Seite darf man auch nicht vergessen, dass Fundstätten für Knochen fast nur die Flussgehänge und Regenschluchten sind, dass diese Entblössungen, soweit sie in cultivirten und leichter zugänglichen Theilen des Landes liegen, bereits vollständig abgesucht wurden und dass neue Aufschlüsse im Gebiete der Pampa zu den grössten Seltenheiten gehören. So wird es erklärlich, dass man z. B. von meinem Collegen Lorentz in Entre Rios 1000 M. verlangte, bevor man ihm den Ort, an welchem wieder einmal Knochen im Lösse gefunden worden waren, zeigen wollte![*]

Zusammenstellungen über die argentinischen Fundstätten fossiler Säugethiere haben d'Orbigny (Paléontologie 15) und Darwin (Geol. Obs. 106. Car. 160) veröffentlicht. Aus denselben und aus den inzwischen bekannt gewordenen anderweiten Vorkommnissen ergiebt sich zunächst, dass die Lössformation in ihrer ganzen oben skizzirten Ausdehnung Skelettreste beherbergt; ausserdem ist seitdem der Nachweis erbracht worden, dass Reste einer Säugethierfauna, die derjenigen des Lösses z. Th. gleich, z. Th. wenigstens sehr ähnlich ist, auch in den mit dem Lösse gleichalten Bildungen anderer südamerikanischer Territorien vorhanden sind, so dass einstmals der ganze Continent „von dem karaibischen Meere an bis nach Patagonien und von den glühenden Küstenländern bis zu den eisigen Hochplateaus der Anden" mit einer eigenthümlichen, heute gänzlich erloschenen oder nur durch verkümmerte Epigonen vertretenen Säugethierfauna bevölkert gewesen sein muss.[**]

Schränken wir uns hier auf das Vorkommen im argentinischen Lösse ein und fragen wir zunächst, um Anhaltepunkte für die Ablagerungsweise der Pampasformation zu gewinnen, nach der Art und Weise, durch welche die Säugethierreste in den Löss gelangt sind, so mag des historischen Interesses wegen zunächst daran erinnert sein, dass nach d'Orbigny's Meinung lediglich die in den brasilianischen Höhlen sich vorfindenden Mammiferen an der Stätte ihres Lebens begraben, die in dem pampinen Lösse vorkommenden aber bei einer gewaltsamen Hebung der Cordillere vernichtet und von dem Plateau der letzteren herabgeschwemmt worden sein sollten (Géologie 84. Paläontologie 152). Da die Unhaltbarkeit dieser Hypothese bereits von verschiedenen Seiten und in besonders überzeugender Weise von Darwin dargelegt worden ist, so ist es nicht nöthig, hier auf die letztere weiter einzugehen. Darwin selbst (Geol. Obs. 100. Car. 147) und nach ihm Hensser und Claraz (Beiträge 82) haben die Ansicht gewonnen, dass alle in den Pampas sich findenden Skelette durch geschwollene Flüsse auf ihre heutige, damals in einem Aestuarium gelegene Grabstätte geschwemmt worden seien und sie haben die Möglichkeit eines derartigen Herganges durch manche aus der Gegenwart genommene Beispiele zu unterstützen gesucht. Endlich hat Burmeister zunächst auf die Thatsache aufmerksam gemacht, dass die grossen Knochen und besonders die ganzen Skelette, obwohl sie sich inmitten des Lösses finden, doch oftmals zunächst von einer Sandhülle umgeben werden, die als eine Anschwemmung oder als eine Anwehung gedeutet werden könne. Durch seine sonstigen Erfahrungen ist er zu der Anschauung gelangt, dass sie das letztere ist und dass überhaupt die meisten Thiere an denjenigen Stellen begraben worden sein müssen, an welchen sie lebten und zu verschiedenen Zeiten, sowie durch verschiedene Umstände ihren natürlichen Tod fanden. Daneben wird allerdings auch die Möglichkeit zugegeben, dass einzelne Thiere, an deren Skeletten heute Kopf, Schwanz oder Extremitäten fehlen, durch Wasserfluthen überrascht und dass ihre Cadaver nach der heutigen Fundstätte durch Wasser transportirt worden sein mögen (Descr. phys. II. 190—205).

Indem ich selbst der Burmeister'schen Ansicht beipflichte, glaube ich dennoch auf Grund der vorliegenden Fundberichte betonen zu sollen, dass die bis heute bekannt gewordene Vorkommensweise der Säugethierreste in dem Pampaslöss für sich allein keinen zwingenden Einfluss auf die Frage nach der Entstehungsweise des Lösses auszuüben vermag.

---

[*] La vegetacion del Nordeste de la Provincia de Entre Rios. Buenos Aires, 1878. 177.

[**] Brance u. Reiss. Hier werden ausser Punin noch zahlreiche andere, den Hochgebirgen angehörige Fundstätten erwähnt.

Gebleichte Gehäuse von Landschnecken habe ich nur einmal in der Lössformation gefunden: an den flachen Gehängen des Baches von Higueras, S. von Soto, zwischen der Sierra de Achala und der Serrazuela von Córdoba gelegen. Der Löss war an der betreffenden Stelle reich an Bänken und unregelmässigen concretionären Massen einer kalktuffartigen Tosca.

Das gänzliche Fehlen von irgend welchen Resten wasserbewohnender (mariner, fluviatiler oder limnischer) Geschöpfe in dem typischen Lösse ist bereits, mit den unten zu erwähnenden Ausnahmen, von Darwin (Geol. Obs. 78. 99. Car. 115. 147) betont worden; später haben es auch M. de Monssy (Descr. I. 270), Heusser und Claraz (Beiträge 128) und Burmeister (Descr. phys. II. 175) als eine sehr beachtenswerthe Thatsache bezeichnet. Ich selbst habe dieselbe allenthalben bestätigt gefunden.

Wenn dennoch in der Litteratur einige andere lautende Angaben angetroffen werden, so ergiebt sich bei näherer Prüfung derselben, dass sie entweder von Laien herrühren und alsdann in Täuschungen begründet waren, oder dass zwar die Angaben selbst von Fachleuten, aber die bezüglichen Erfunde, welche diesen Angaben zu Grunde lagen, von unzuverlässigen Sammlern gemacht wurden und deshalb von durchaus zweifelhaftem Werthe waren. Bei der hohen Bedeutung, welche die referirten Thatsachen haben würden, möge das Gesagte hier noch näher begründet werden. Monssy führt im Gegensatze zu seinen sonstigen, oben citirten Mittheilungen an, dass im S. der Mendozaer Ebene zahlreiche marine Fossilien gefunden worden sein sollen, bleibt aber die Mittheilung der Quelle, auf welche er sich hierbei stützt, schuldig (Descr. III. 448). Eine Bestätigung seiner Angabe fehlt bis heute, wohl aber hat Hähler in seiner Beschreibung der Provinz Mendoza ausdrücklich angegeben, dass man die im Medanos-Gebiete häufig vorkommenden Toscastücke nicht selten, wenn schon ganz irrthümlicher Weise, für Versteinerungen halte (Instructor popular. 1871. II. 4). Ebenfalls nach Monssy sollen sich Tertiärversteinerungen an den Uferwänden des Rio Saladillo, Provinz Santiago del Estero, finden (Descr. III. 211). Ich konnte hier nur oberflächlich umherliegende, gebleichte Schneckenschalen sehen, die allem Anscheine nach recent und von dem Flusse selbst angeschwemmt worden waren. W. Parish will versteinerungsreiche Schichten der Pampasformation in den Provinzen von Córdoba und San Luis beobachtet haben; andere Reisende und ich selbst haben in dergleichen angetroffen, so dass die Mittheilung wohl auf eine falsche Deutung der gebleichten Gehäuse recenter Schnecken zurückzuführen ist, die stellenweise ungemein häufig auf der Oberfläche der Pampa umherliegen.

Fernerhin hat Weyenbergh berichtet, dass in den Barrancas von Córdoba ein Haifischzahn und ein Wallfischwirbel gefunden worden seien (Bol. A. N. II. 1876. 223. 224); aber da er nicht angegeben hat, dass die Aussagen der Person, welche diese Reste im Lösse gesammelt haben wollte, Glauben verdienen, so werden diese Erfunde, die in der That ganz einzig dastehen und eine ausführlichere als die auf zwei kurze Anmerkungen beschränkte Berichterstattung verdient haben würden, wohl auf eine Mystification zurückgeführt werden dürfen, deren Opfer der Herr College geworden ist.

Dass die Corallenfragmente, die bei Grundgrabungen im Lösse von S. Nicolas am La Plata gefunden worden sein sollen, für die Lössfrage selbst bedeutungslos sind, hat schon Burmeister hervorgehoben (Descr. phys. II. 177 und Anmerk. 14 auf 387)[*]).

Sehr merkwürdig ist eine letzte Reihe von Angaben, welche sich auf Proben von Löss und Tosca beziehen, die durch Darwin gesammelt und durch Ehrenberg und Carpenter mikroskopisch untersucht worden sind. Im Lösse der Bucht von Bahia Blanca und fernerhin in solchem, der einem am Paraná gesammelten Mastodonzahne anhaftete, fand zunächst Ehrenberg eine grössere Anzahl Polygastrica und Phytolitharia. Vorwiegend waren es Süss- und Brackwasserformen, vielleicht auch einige Landformen, daneben traten aber auch marine Arten auf (Geol. Obs. 81. 85. 88. Car. 119. 125. 130). Ehrenberg selbst folgerte hiernach, dass die Fundschichten „unveränderte brackische Süsswasserbildungen sind, die einst wohl sämmtlich zum obersten Flussgebiete des Meeres

---

[*]) vergl. auch diese Beiträge S. 140[*].

im tieferen Festlande gehörten" (Monatsber. der Berliner Akad. April 1845; darnach Geol. Obs. 248. Car. 370). Andererseits fand Carpenter, dass die Toscaknollen, welche Darwin an verschiedenen Stellen zwischen dem Rio Colorado und S. Fé Bajada (Paraná) und zwar namentlich in den oberen Schichten des südlicheren Theiles dieser Region gesammelt hatte, zwar in der Mehrzahl aus nahezu dichtem Kalke bestanden, in einigen Fällen aber auch „distinct traces of shells, corals, Polythalamia and rarely of spongoid bodies" wahrnehmen liessen (Geol. Obs. 77. Car. 113). Nach Darwins Meinung sprechen diese Funde für „a more purely marine origin." Auf Grund dieser Angaben hat auch Burmeister mehrfach Tosca untersucht, aber er hat seinerseits niemals organische Reste in derselben zu beobachten vermocht; er betrachtet daher die Carpenter'schen Erfunde als durchaus locale, vielleicht an die alte Meeresküste geknüpfte und betont, worin man ihm nur beistimmen kann, dass es unzulässig sei, auf jene vereinzelten Vorkommnisse allgemeinere Schlussfolgerungen über die Bildung der Pampasformation zu basiren (Descr. phys. II. 175. 176).

Zur paläontologischen Altersbestimmung des Lösses eignen sich nach alledem nur die in ihm begrabenen Reste von Säugethieren. Ehe dieselben aber verwerthet werden können, ist zunächst daran zu erinnern, dass Darwin, der an zahlreichen Orten Ausgrabungen machen liess, hierbei nirgends eine beachtenswerthe Differenz im Vorkommen jener Reste innerhalb der Gesammtmächtigkeit des Lösses wahrgenommen hat und daher nur angiebt, dass die Skelette und Knochen „at all depths from the top to the bottom of the deposit" liegen (Geol. Obs. 100. Car. 148); dass dagegen Burmeister auf Grund seiner langjährigen Erfahrungen zu einer anderen Ansicht gelangt ist. Nach derselben soll zwar die Lössformation eine homogene Bildung sein, die sich weder stratigraphisch noch petrographisch in einzelne Horizonte sondern lässt, dennoch sollen die in ihrer unteren und oberen Abtheilung begrabenen Säugethierreste sehr bemerkenswerthe Differenzen zeigen. Es sollen sich nämlich ganze Skelette und zwar von solchen ausgestorbenen Säugethieren, von denen heute z. Th. nicht einmal mehr verwandte Arten im Lande leben, nur in der unteren, etwa bis zur Mitte heraufreichenden Hälfte der Lössablagerung finden, dagegen sollen in der oberen Hälfte von diesen Geschöpfen nur noch einzelne auf secundärer Lagerstätte liegende Skelettheile, ausserdem aber auch Reste von solchen Säugethieren, die noch heute im Lande leben, angetroffen werden. Gleichzeitig hiermit wird es als noch nicht erwiesen bezeichnet, dass der Mensch, wie dies Gervais und Ameghino meinten, bereits ein Zeitgenosse jener älteren Fauna gewesen sei.

Während sich daher d'Orbigny aus paläontologischen Gründen noch auf die Angabe beschränkte, dass die Lössformation „très voisine de la nôtre, est néanmoins de beaucoup antérieure à nôtre création" sei (Géologie 81), während auch Darwin nur den Schluss zog, dass die Pampasformation in dem gewöhnlichen Sinne des Wortes zur recenten Periode gehöre (Geol. Obs. 101. Car. 149), bezeichnet Burmeister die ganze Lössformation zwar als eine diluviale Bildung, neigt sich aber weiterhin zu der — allerdings noch als discutabel bezeichneten — Meinung, dass die untere Hälfte derselben den präglacialen, die obere Hälfte den postglacialen Ablagerungen Europas zu parallelisiren sei. Döring hat sich dem angeschlossen.

Nach Cope,[*] dem Ameghino folgt, soll die Pampasformation gleichaltrig sein mit den nordamerikanischen Megalonyx-Beds und mit dem europäischen Pliocän.

Endlich hat Branco in der Neuzeit mehrfach ausgesprochen, dass die Fauna der unteren Hälfte der Lössformation ein Entwickelungsstadium repräsentire, welches demjenigen des europäischen jüngsten Pliocänes gleichwerthig sei, hierbei aber betont, dass daraus noch nicht die absolute Gleichzeitigkeit jener beiden

---

[*] The relations of the horizons of extinct Vertebrata of Europe and North America. Bull. of the U. S. geol. and geogr. Survey. Washington. 1879. (N. Jb. 1882. I. -275-).

Entwickelungsstufen des Thierreiches gefolgert werden könne. Er hält es vielmehr für möglich und sogar für recht wahrscheinlich, dass ungeachtet jener Gleichwerthigkeit die im unteren argentinischen Lösse begrabenen Säugethiere erst zu derjenigen quartären Zeit existirt haben, in welcher sich in Europa bereits das unterste Pleistocän entwickelte, dass also mit anderen Worten Thierformen, welche in Europa mit der Tertiärzeit verschwanden, in Südamerika noch fortgelebt und in eine jüngere geologische Zeit hineingeragt haben. Weiterhin soll sich nach B r a n c o die Fauna des unteren zu derjenigen des oberen Lösses etwa so verhalten, wie die Fauna des europäischen Diluviums zu derjenigen der recenten Zeit.[*)]

Vereinigen wir diese Ergebnisse der paläontologischen Forschung mit den früher aus geologischen Studien gewonnenen Anschauungen und bezeichnen wir die verschiedenen jüngeren Formationen Südamerika's mit den für ihre europäischen Aequivalente bräuchlichen Namen, so ergiebt sich daher, dass in der orographischen, physicalischen und biologischen Entwickelungsgeschichte des südamerikanischen Continentes ein scharf ausgeprägter Abschnitt zwischen der Ablagerungszeit des marinen, ungefähr dem Oligocän gleichwerthigen patagonischen Tertiäres auf der einen und jene des oberpliocänen (bezw. unterpleistocänen) Lösses auf der anderen Seite fällt, und dass weiterhin in der dem europäischen Diluvium und Alluvium entsprechenden und in Europa selbst durch bedeutsame physicalische und faunistische Veränderungen charakterisirten Zeit in Südamerika eine continuirliche Entwickelung der wenigstens in geologischer Beziehung ein einheitliches Ganzes bildenden und nur eine allmähliche Umformung ihrer Fauna zeigenden Lössformation statthatte.

Die geologische Geschichte des südamerikanischen Continentes zeigt also auch während der tertiären und quaternären Zeit eine wesentlich andere Gliederung als diejenige Europas.

Die E n t s t e h u n g s w e i s e d e r a r g e n t i n i s c h e n L ö s s f o r m a t i o n ist im Laufe der Zeit in sehr verschiedener Weise erklärt worden. A. d' O r b i g n y nahm, ohne dass ihm eine nähere Begründung hierfür möglich gewesen wäre, an, dass der grösste Theil des ?? ?? amerikanischen Continentes auch nach Abschluss der jüngeren Tertiärzeit noch vom Meere bedeckt gew... ?? und dass nur im W. eine „barrière insurmontable" aus diesem Meere emporgeragt habe; den Ostabhang dieses Gebirges, nach nicht die Höhe der Cordillere besass, dachte er sich mit einer üppigen Vegetation bedeckt und von Mastodonten, Megatherien u. a. grossen Vierfüsslern bevölkert. Dann sollte plötzlich, unter gleichzeitigem Ausbruche trachytischer Eruptivmassen, eine Bodenbewegung erfolgt sein, grösser und stärker als alle anderen, welche der Continent in früheren Zeiten zu erleiden hatte. Die alte Barriere wurde hierdurch zur Cordillere; gleichzeitig wurden die Wässer, welche das emporsteigende Gebirge umgaben, in tumultuarische Bewegung versetzt, die Mammiferen von den brausenden Fluthen verschlungen, ihre Leichen in die tertiären Basuins geschwemmt und hier von dem Lössschlamme eingehüllt, den die Gewässer der Niederung vom Gebirge her zuführten. Die ganze Katastrophe soll sich „instantanément et dans un laps de temps très-limité" vollzogen haben (Géologie. №. 249. 272).

Kurz nach d' O r b i g n y entwickelte D a r w i n eine wesentlich andere Hypothese. Für ihn war es erwiesen, dass die Erzeugung und Ablagerung der enormen Lössmassen einen grossen Zeitraum erfordert habe. Sodann hegte er nicht die geringsten Zweifel, dass die Pampasformation langsam an der Mündung eines früheren Aestuariums des La Plata in dem daran anstossenden Meere angehäuft worden sei. Das Rohmaterial für den Löss lieferten die gneissartigen und granitischen Gesteine der benachbarten Gebirge, welche eine tiefgreifende Zersetzung erlitten hatten und durch dieselbe so, wie man es noch heute in Brasilien

---

*) Auch die Höhlenfauna Brasiliens scheint sich in eine ältere und jüngere zu gliedern und theils derjenigen der unteren, theils jener der oberen Pampasformation gleichwerthig zu sein.

Palaeontographica Suppl. III. (Urmischte der Argentinischen Republik). 35

in grossartigem Maassstabe beobachten kann, in eine rothe, sandige und thonartige Masse verwandelt worden waren (Geol. Obs. 99. Cap. 146).[*]

Hiermit nahe verwandt sind die Ansichten von Heusser und Claraz, nach welchen das argentinische Bassin, gleichwie dasjenige des Amazonenstromes, einen alten Golf gebildet haben und dieser Golf im Laufe der Zeiten und in ähnlicher Weise ausgefüllt worden sein soll, wie etwa heute der Golf von Mexico oder die Hudsonsbay (Beitr. 134). Endlich hat auch Döring ausgesprochen, dass alle Merkmale zu der einzig wahrscheinlichen Annahme hinführen, dass eine allgemeine grosse, die gesammte Ebene überdeckende Wasserfläche durch ihren gleichförmigen Wellenschlag die Bildung der Pampa verursacht habe (bei Napp. Arg. Rep. 201).[**]

Es ist ein unbestreitbares Verdienst von Darwin und seinen Anhängern, dass sie die Unhaltbarkeit der phantastischen Kataklysmentheorie d'Orbigny's nachgewiesen und an ihre Stelle ruhig andauernde Processe gesetzt haben; aber auf der anderen Seite ist ihre eigene Theorie nicht acceptabel, weil sie alle Beweise für das thatsächliche Vorhandensein eines zur Lösszeit weit in das Binnenland hineinreichenden Golfes und eines damit in Verbindung stehenden Aestuariums schuldig bleibt und weil sie weder in Einklang zu bringen ist mit dem den Löss charakterisirenden Mangel aller wasserbewohnenden Organismen, noch mit dem dem Lösse eigenen Mangel an Schichtung und mit der Unabhängigkeit, welche der Löss von der Höhenlage seiner Bildungsräume erkennen lässt. Endlich ist sie auch unvereinbar mit dem Erhaltungszustande, in welchem sich die Reste der grossen Säugethiere z. Th. finden. Auf einige dieser schwerwiegenden Einwände hat schon d'Orbigny (Géologie 255) aufmerksam gemacht; auf andere Burmeister, der die Annahme von der Existenz und Ausfüllung eines diluvialen Golfes geradezu als eine Hypothese ohne Fundament bezeichnete.

Ehe jedoch auf das eingegangen werden kann, was Burmeister selbst an die Stelle der Darwin'schen Lehre setzte, ist zunächst — um die historische Folge innezuhalten — derjenigen Theorie zu gedenken, welche Bravard 1857 aufstellte und welche den Löss als das Product subaërer Processe betrachtete, die ihre Thätigkeit auf dem bereits über das Meeresniveau emporgehobenen Continent entwickelt haben sollten. Im besonderen dachte sich Bravard,[***] dass die vom atlantischen Oceane herkommenden Winde durch lange Perioden hindurch dem Landinnern thonigen Sand zugeweht und dass vielleicht auch anders gerichtete Winde Aschen der Cordilleren-Vulcane herbeigeführt hätten. Er sah also den pampiuen Löss als eine grossartige Dünenbildung der quaternären Zeit an. Die während dieses Aufwehens auf flachem Lande lebenden Mammiferen starben seiner Meinung nach eines natürlichen Todes; ihre Cadaver wurden von Flugsand bedeckt und in Folge dessen gut erhalten. Die Lössperiode sollte ihr Ende und die ihr angehörigen Mammiferen sollten

---

[*] Ueber die in der That ganz enorme Zersetzung zu lateritartigen Massen, welche die althrystallinen Gesteine unter der feuchten Tropenzone Brasiliens und u. a. auch in den Quellgebieten des La Plata erlitten, berichten Spix und Martius in einem Anhange zu ihrer Reise; v. Hochstetter schilderte in den „Bemerkungen über den Gneiss der Umgegend von Rio de Janeiro und dessen Zersetzung," (Bericht an die k. Akad. d. Wiss. vom 11. Septbr. 1857 und Novarra-Reise) die „bis auf das innerste Mark verfaulten Berge"; neuere bezügliche Mittheilungen gaben Gorceix in Comptes Rendus. XCI. 1880. 1100 und Derby im Am. Journ. XXVII. 1884. 138.

[**] Neuerdings scheint sich jedoch Döring bezüglich der Lössbildung der v. Richthofen'schen Theorie zugewendet zu haben; wenigstens erklärt er Inf. oßa. 424, dass alle Ablagerungen, die jünger als die patagonische Tertiärformation sind, nahezu ausschliesslich subaers oder lacustre Bildungen seien. Die nähere Darlegung seiner Ansichten wird erst in dem noch ausstehenden Schlussheft seines Reiseberichtes erfolgen.

[***] Ich muss hier dem Referate M. de Moussy's, Descr. I. 314 folgen, da mir die Arbeit Bravard's im Originale leider nicht zugänglich war.

ihren Untergang gefunden haben, als der Continent in jene Schwankungen gerieth, die seinen östlichsten Theil unter den Ocean tauchen und die alluvialen Muschelbänke entstehen liessen, welche in der Provinz Buenos Aires an zahlreichen Orten dem Lösse auflagern. Eine letzte, dem nachfolgende Hebung sollte hierauf den Continent in seinen heutigen Zustand versetzt haben.

. Die Schwächen dieser Theorie liegen darin, dass sie ihr Material, wenigstens der Hauptsache nach, von Dünen ableitet und in den Winden den ausschliesslichen dynamischen Factor der Lössbildung erblickt. Aus Dünensand, der schon durch das Meer aufbereitet wurde, kann sich niemals Löss bilden; ferner steht das Quantum von Rohmaterial, welches Dünen zu liefern vermögen, in keinem Verhältnisse zu der Masse einer 25000 geogr. ☐ Ml. umfassenden Lössdecke und weiterhin wird der Annahme, dass von der atlantischen Küste ans landeinwärts wehende Winde den Löss ausgebreitet haben sollen, dadurch widersprochen, dass das Material der Lössformation allem Anscheine nach gerade gegen W. zu eine gröbere und sandigere Beschaffenheit zeigt. Endlich ist der Bravard'schen Theorie auch noch von Seiten Burmeister's entgegengehalten worden, dass in einer mit Dünen bedeckten und der Sahara vergleichbaren Wüste die Säugethiere der Lösszeit nicht gelebt haben können und dass auch der oftmals zerstückelte Zustand, in welchem sich die Reste der grossen Mammiferen finden, durch eine blosse Einwehung von Thierleichen nicht erklärt zu werden vermag.

Trotz alledem gebührt Bravard' die vollste Anerkennung dafür, dass er den Winden zum ersten Male eine bedeutsame Mitwirkung bei der Lössbildung zugewiesen hat.

Die Ansichten, welche Burmeister von der Entstehungsweise des Lösses gewonnen hat, finden sich in Z. f. allg. Erdk. 1863, Geogr. Mitthl. 1864, Anal. d. Mus. publ. 1867 und bei Marcou. Explic. 1875. 171; neuerdings sind sie mit besonderer Ausführlichkeit in Descr. phys. II. 208 ff auseinandergesetzt worden.

Darnach stammt das Material des Lösses aus den Gebirgen und besteht aus den Zersetzungsproducten der alten krystallinen Gesteine. Seine Translocation nach der heutigen Lagerstätte und seine Ausbreitung auf derselben bewirkten Regengüsse, Bäche und Flüsse. Diese schwemmten den erdigen Verwitterungsrückstände nach hoch oder niedrig gelegenen Bodendepressionen und führten sie wohl auch bis zu den grossen Golfen, welche noch von der jüngeren Tertiärzeit her an der atlantischen Küste vorhanden waren und als deren letzte Ueberreste noch heute das Aestuarium des La Plata sowie dasjenige der Bai von Bahia Blanca aufzufassen sind.

Neben der Wirkung des Wassers ist für Burmeister auch eine Mitwirkung der Winde bei der Lössbildung denkbar; ja sie ist sogar, in Erinnerung an den Sandumhüllungen, welche sich an den im Lösse eingebetteten Knochen und Skeletten zeigen, recht wahrscheinlich.

Die grosse Gleichförmigkeit der Bildung beweist ihm ferner, dass alle plötzlichen Katastrophen ausgeschlossen werden müssen und dass lediglich das constante Wirken derselben Kräfte angenommen werden darf, deren langsame Arbeit für den Augenblick unmerklich ist und erst im Laufe der Jahrtausende das heute vorliegende Resultat geliefert hat. Es wird daher zwar als möglich zugegeben, dass zum Beginne und während der Lösszeit kleine Hebungen und Senkungen des Continentes erfolgt und dass deshalb vielleicht auch nicht ohne allen Einfluss auf den Process der Lössbildung geblieben sind, aber es wird in der bestimmtesten Weise negirt, dass derartige Bodenschwankungen eine directe Ursache der letzteren und von wesentlicher Bedeutung für dieselbe gewesen seien.

Die grossen Riesenthiere der Lösszeit, das Mastodon, Megatherium, Mylodon, Toxodon und Glyptodon, lebten in den Gebirgen und im Tieflande und mögen z. Th. bei den von Zeit zu Zeit sich wiederholenden Regengüssen und den dadurch veranlassten, zwar nur localen, aber immerhin ausgedehnten Ueberfluthungen der Ebene umgekommen sein.[*]) Die Cadaver wurden alsdann in die Niederung, vielleicht auch in die Golfe geschwemmt und hierbei mehr oder weniger zerstückelt; andere Thiere mögen in Sümpfen und Lagunen, die sich hier und da auf der Ebene entwickelt hatten, versunken, wieder andere eines natürlichen Todes auf dem Lande gestorben sein.[**])

Im Anschlusse an diese Darstellung hat Burmeister auch noch eine rohe Schätzung der Zeitdauer versucht, welche die Bildung der Lössformation in Anspruch genommen hat. Indem er davon ausgeht, dass die letztere eine durchschnittliche Mächtigkeit von etwa 30 m besitzt und dass die Absätze der grössten Flüsse heute ungefähr 7 cm pro Saeculum betragen, gelangt er zu dem Resultate, dass jener Zeitraum etwa 30000 Jahre umfasst haben möge. Man vergleiche jedoch S. 261.

Der Ueberblick über die seither bezüglich der pampinen Lössbildung ausgesprochenen Ansichten würde hiermit beendet sein; da es indessen die heutige Geologie für ihre Pflicht hält, die in dem einen Gebiete gewonnenen Erfahrungen mit solchen zu vergleichen, welche in anderen, ähnlichen Territorien erhalten worden sind, und da die Erfüllung dieser Pflicht gerade für den vorliegenden Fall ganz wesentlich erleichtert wird durch die Schilderungen der asiatischen Lössgebiete, für welche die Wissenschaft F. v. Richthofen zu so lebhaftem Danke verpflichtet ist,[***]) so möge hier zum Schlusse noch ein Vergleich zwischen dem südamerikanischen und dem asiatischen Lösse Platz finden. Derselbe ergiebt das hochinteressante Resultat, dass sich die chinesische Lössformation von der argentinischen nur durch ihre bedeutendere, bis zu 2000 Fuss ansteigende Mächtigkeit und durch den Umstand unterscheidet, dass sich in ihr gebleichte Gehäuse von Landschnecken sehr zahlreich finden. In allen anderen Punkten herrscht zwischen beiden Formationen die grösste Uebereinstimmung. Auch der chinesische Löss ist ein sandiger, durch grossen Kalkgehalt und Salzbeimengungen charakterisirter Lehm; er wird ebenfalls allenthalben durchzogen von jenen feinen Kanälen, die schon Darwin' in dem argentinischen Gebilde auffielen und deren Entstehung v. Richthofen auf Wurzelfasern der Steppenvegetation zurückführt. Fernere Gleichheit existirt zwischen den sonstigen Einschlüssen, welche der asiatische und der amerikanische Löss beherbergen, denn auch in jenem finden sich neben zahlreichen Kalkconcretionen die Knochen fossiler Landsäugethiere.

Dem chinesischen Lösse fehlt ebenfalls alle wahre Schichtung, dafür zeigt er wiederum die grosse Neigung zu verticaler Zerklüftung und zwar in solcher Uebereinstimmung, dass die von v. Richthofen gegebenen Bilder chinesischer Lössschluchten, wenn man sie nur auf einen kleineren Maassstab reduciren wollte, auch getreue Ansichten argentinischer Lösslandschaften abgeben könnten.

Weiterhin findet sich bei dem chinesischen Lösse dieselbe Unabhängigkeit von der Höhe, die oben für den argentinischen betont worden ist, denn man kennt ihn vom Meeresniveau an bis zu Regionen von 2000 m, in ungeheurer stetiger Verbreitung, und zwar ebenfalls als Ausfüllungsmaterial alter abflussloser Gebiete.

---

[*]) Bei dem 22 tägigen Regenguss, der vom 26. Febr. 1863 an die Tucumaner Niederung verheerte, lagen Sand und Schlamm nach dem Rücktritte des Wassers 2 varas (1.6 m) hoch. Burmeister. Geogr. Mitthl. 1864. 12.

[**]) Ich möchte hier an die grossen Verheerungen erinnern, denen bei abnormen Witterungsverhältnissen (Dürre oder Kälte) die Viehherden der Pampa auch heute noch ausgesetzt sind. Ein grosser Schneesturm, der im Jahre 1880 über die argentinische Ebene brauste, vernichtete mehr als eine Million Kühe und ungezählte Mengen von Schafen. In demselben Jahre herrschte auch in der Kirgisensteppe und in Turkistan ein so ausserordentlich strenger Winter, dass allein im Pawlograd Districte 1000 Kamele, 6000 Stück Vieh, 26500 Pferde und 51000 Schafe der Kälte zum Opfer fielen und in einem anderen Districte 200 000 Schafe auf einmal in einem Schneesturme umkamen (Globe).

[***]) China. I. 1877. 56 ff.

Endlich ist noch als ein für beide Regionen zutreffendes und von einem allgemeineren Gesichtspunkte aus beachtenswerthes Moment das hervorzuheben, dass sich der chinesische und argentinische Löss auf continentalen Territorien gebildet haben, die längere Zeiten hindurch frei von Meeresbedeckungen gewesen waren. Für China haben das v. Richthofen[*]) und R. Pumpelly[**]) hervorgehoben und für die Argentinische Republik ist oben gezeigt worden, dass nach der Ablagerung der für eine allgemeinere Ueberfluthung des Continentes sprechenden cretacischen oder alttertiären Sandsteine nur noch während der oligocänen Zeit einige Meeresbuchten von Osten her in den Continent eindrangen, dagegen marine Sedimente der miocänen und pliocänen Zeit nicht nur im argentinischen Binnenlande, sondern auch an der ganzen atlantischen Küste fehlen.

Da nun für zwei derart gleiche Bildungen gewiss auch eine gleiche Entstehungsweise anzunehmen ist, so gewinnt die Theorie, die v. Richthofen zunächst für die Bildung des chinesischen Lösses, weiterhin aber auch für diejenige ähnlicher Lössablagerungen entwickelt hat, auch für die argentinischen Verhältnisse hohe Bedeutung. Nach dieser Theorie (Asien, 76 ff.) besteht der Löss aus den Producten der saecularen, chemischen und mechanischen Zersetzung derjenigen älteren Felsarten, welche die die abflusslosen Lössbecken umrandenden Gebirge bilden und er ist subaër, unter Vermittelung der Winde, auf dem trockenen Festlande abgelagert worden. Da die Millionen von feinen canalförmigen Hohlräumen, die den Löss allenthalben durchziehen, von Pflanzenwurzeln herrühren sollen, so wird der Schluss gezogen, dass, solange das allmählige Anwachsen des Bodens andauerte, die jeweilige Oberfläche von einer Steppenvegetation bedeckt war und weiterhin gefolgert, dass dieser Pflanzendecke eine wichtige Mitwirkung bei der Lössbildung in sofern zugekommen sei, als das zugewehte staubförmige Material durch sie am Boden festgehalten und überdies durch die mineralischen Bestandtheile der absterbenden Pflanzen noch vermehrt worden sei. Fernerhin mag nach v. Richthofen's Ansicht auch Regen die Winde unterstützt haben; aber dem fliessenden Wasser kann nur eine ganz untergeordnete Bedeutung bei der Lössbildung zuerkannt werden, da Bäche und Flüsse nach kurzem Laufe durch Verdunsten oder Einsickern versiegen. Deshalb ist der früher erwähnten Umstände wegen scheitert nach v. Richthofen jeder andere Erklärungsversuch, welcher für die Lössbildung die Mitwirkung von Wasser zu Hülfe nimmt. Der Löss kann nur eine subaëre Bildung sein, die sich in einem unendlich langen Zeitraume auf dem Festlande und unter der Atmosphäre niedergeschlagen hat.

Indem ich bezüglich aller weiteren lehrreichen Einzelheiten auf v. Richthofen's Werk verweise, möchte ich hier nur noch hervorheben, dass, wie aus dem Mitgetheilten ersichtlich ist, die Theorieen über Lössbildung, zu welchen Burmeister und v. Richthofen in verschiedenen Untersuchungsgebieten, auf z. Th. verschiedenen Wegen und unter allen Umständen ganz unabhängig von einander gelangt sind, dennoch im Wesentlichen übereinstimmen, nicht nur in Bezug auf die Abstammung des für den Löss nothwendigen Rohmateriales und auf den physikalischen Zustand der Bildungsräume, sondern auch mit besonderer Rücksicht auf die Art der bei der Lössbildung wirkenden Kräfte. Lediglich in Bezug auf die relative Bedeutung, welche den verschiedenen, fortschaffenden und ablagernden Kräften zugeschrieben wird, gehen die Ansichten der beiden Forscher auseinander. Burmeister hält dem Regen und die fliessenden Gewässer für die Hauptkräfte, räumt indessen auch dem Winde eine untergeordnete Mitwirkung ein; v. Richthofen schreibt seinerseits die bedeutungsvollste Rolle dem Winde, die nächstfolgende dem Regen zu, während er in Bächen und Flüssen, wenigstens für Asien, nur nebensächliche Factoren erkennt. Ein Compromiss wird da leicht

---

[*]) Verhandl. d. k. k. geol. Reichsanst. 1872. 156.
[**]) The relation of secular rock-desintegration to Löss. Am. Journ. XVII. 1879.

herzustellen sein und v. Richthofen selbst hat zu demselben die Hand geboten. Denn da, wo er im Anschlusse an seine Untersuchungen über den asiatischen Löss desjenigen der Pampas gedenkt, gelangt er bezüglich dieses letzteren zu dem Resultate: „dass wir in der Pampasformation ein subaëres Gebilde haben, welches auf das lange Bestehen eines trockenen Klima's, und im grössten Theile des Landes auf einen ehemaligen Zustand der Abflusslosigkeit hindeutet, wenn auch die Gewässer der Anden zuweilen Abflusscanäle bis nach dem Meere durch die ganze Breite der Steppen hindurch gehabt haben mögen" (Asien. I. 185).

Die hier betonte Abflusslosigkeit der Gewässer vermag aber die transportirende Kraft derselben nicht zu schmälern; wenn auch diese letztere ihr Maximum innerhalb der Gebirge entfaltet, so erlischt sie doch keineswegs mit dem Austritte der Bäche und Flüsse in die Ebene. Wie heute, so wird also auch in früherer Zeit das träge in der Ebene sich hinziehende Wasser feinste Schlammtheilchen weithin mit sich geführt haben.

Andererseits werden später zu besprechende Thatsachen erkennen lassen, dass auch die Winde bei der argentinischen Lössbildung eine energischere Rolle als jene, welche ihnen Burmeister zugesteht, gespielt haben dürften.

Das Vereinigungsverfahren, dass sich hiernach zwischen den beiden Theorien zu empfehlen scheint, würde daher meiner Ansicht nach darauf hinauslaufen, dass man den von den Gebirgen herabkommenden Bächen und Flüssen die Hauptrolle für die Zufuhr der säcularen Verwitterungsproducte nach den abflusslosen Bodendepressionen einräumt, hierauf aber durch Winde die weitere Ausbreitung und Ausebnung jenes zugeschlemmten Materiales besorgen lässt.

Die Hauptbildungsstätten des argentinischen Lösses waren ja die grossen abflusslosen Bodendepressionen, welche seit der letzten Trockenlegung des Continentes, also während des grössten Theiles der Tertiärzeit, zwischen den Pampinen Sierren existirt haben müssen. Andererseits wird, da der Continent seit derselben Zeit bereits seine heutige orographische Gestaltung besass, angenommen werden dürfen, dass vom Beginne der jüngeren Tertiärzeit an seine meteorologischen Verhältnisse denen der Gegenwart, wenigstens im allgemeinen, gleich waren. Alsdann müssen sich aber in jenen Depressionen ganz ähnliche Verhältnisse abgespielt haben, wie heutzutage. Es müssen ihnen die in den umrandenden Gebirgen entspringenden Gewässer zugeflossen sein, diese letztere müssen ihnen die Verwitterungsproducte der in den Gebirgen anstehenden Urgesteine zugeführt und sie müssen überdiess, während der Regenzeit, die tiefsten Stellen der Niederung weithin mit seichten Lagunen bedeckt haben. In den regenfreien Wintermonaten verdunsteten dann die Lagunen. Ihr jüngst herbeigeschwemmter Schlamm trocknete jetzt aus und wurde nun ein Spiel der Winde, die ihn, nach Art der heutigen Staub- und Sandstürme, über die ganze Niederung ausbreiteten und auch auf den Gehängen der die letztere umgebenden Gebirge ablagerten. Von diesen ist er heute z. Th. schon wieder abgeschlemmt und abgewcht worden.

Die folgenden, von den Salinen und Flugsandbildungen der Gegenwart handelnden Abschnitte werden noch einige weitere Erläuterungen zu den hier angenommenen Vorgängen bringen.

XXIII. Ereignisse und Bildungen
der jüngeren Quartärzeit (Gegenwart).

Die geologischen Ereignisse, welche sich in unserem Untersuchungsgebiete nach der Ablagerung des Lösses vollzogen haben und noch vollziehen, sind theils continentaler, theils localer Natur. Jene umfassen die säcularen Oscillationen des Continentes, diese hängen namentlich mit der Thätigkeit des Wassers und der Atmosphäre, in untergeordneter Weise mit derjenigen von Vulcanen zusammen.

1. Continentale Hebungen und Senkungen.

Den letzten grossen Hebungen und Faltungen, welchen Südamerika seine heutige Gestaltung verdankt und welche sich, wie früher nachgewiesen wurde, nach Abschluss der älteren und vor Beginn der jüngeren Tertiärzeit vollzogen haben müssen, sind nur noch oscillatorische Bewegungen des Continentes gefolgt, die so gering waren, dass sie die Horizontalität der jüngeren Tertiärschichten nicht mehr zu alteriren vermochten und dass ihre Spuren lediglich an den oceanischen Küsten aufzufinden sind. Hier sind sie bereits von Sellow und Meyen erkannt, namentlich aber von d'Orbigny[*] und Darwin studirt worden. Der Letztere hat ihnen die ersten beiden Capitel seiner Geol. Obs. gewidmet.[**] Weitere Beobachtungen sind dann für die Ostküste durch Parish, Bravard, Burmeister, Heusser und Claraz, Capanema und Hartt, für die Westküste besonders durch Domeyko und Philippi gesammelt worden.

Ostküste. Ausser der eben genannten und der bereits S. 259 citirten Litteratur sehe man: Weiss. Brasilien. 217. Hartt, Journey. 35. 71. G. S. de Capanema. Die Sambaquis oder Muschelhügel Brasiliens. Geogr. Mittheil. XX. 1874. 228.

Westküste. A. Caldcleugh. Some observations on the elevation of the strata on the coast of Chile. London and Edinburgh Philos. Magaz. XI. 1837. 98. Darwin. Observations of proofs of recent elevation on the coast of Chili. ibid. 100. Domeyko. Sur le terrain tertiaire et les lignes d'ancien niveau de l'Ocean du Sud, aux environs de Coquimbo. An. d. m. (4) XIV. 1848. 153. Domeyko. Sobre el solevantamiento de la costa de Chile. Revista de ciencias i letras. Santiago. I. 1857. 9. Die Emporhebung der chilenischen Küste. Z. f. allg. Erdk. N. F. VI. 1859. 238. Domeyko. Memoria acerca del solevantamiento de la costa de Chile. An. Univ. Chile. 1860. XVII. 573.

---

[*] Rapport sur un memoire de M. Alcide d'Orbigny, intitulé: Considerations générales sur la géologie de l'Amérique meridionale. Comptes Rendus. XVII. 1843. 401. d'Orbigny. Géologie. 42. 85. 259. u. a. a. O. Paléontologie. 153.

[**] On the elevation of the western coast of South America. Geol. Obs. 1 Car. 1. On the elevation of the western coast of South America. Geol. Obs. 27 Car. 39.

Philippi. Reise. 1860. 129. Domeyko. Nuevas investigaciones acerca de las gradas en que esta cortado el terreno terciario de la costa de Chile. An. Univ. Chile 1862. XX. 164. W. Reiss. Sinken die Anden? Vhdl. G. f. Erdk. 1880. VII. 45.

Auf Grund aller dieser Berichte lässt sich zunächst für die atlantische Küste angeben, dass sich hier an mehreren Punkten Brasiliens, so u. a. in der Gegend von Pernambuco, bei Bahia, Rio Janeiro und Santos, dann in Uruguay, namentlich aber in dem argentinisch-patagonischen Litorale, z. Th. auf weite Erstreckungen hin alte Strandlinien, Muschelbänke und muschelführende Sande finden, die da, wo Löss vorhanden ist, auf diesem auflagern, andernfalls ältere Gesteine bedecken.

Die von der Brandung erzeugten Uferwälle bestehen, z. Th. in abwechselnden Schichten, aus Sand, Geröllen und aus den mehr oder weniger abgeriebenen Ueberresten mariner Organismen, namentlich aus Conchylienschalen, hier und da aber auch aus Fischknochen und Corallentrümmern. Im südlichen Theile der Provinz Buenos Aires kennt man z. B. zwei derartige Wälle, die sich meilenweit parallel zur Küste hinziehen und sich so auffallend von dem umgebenden flachen Lande abheben, dass sie als „albardones de conchillas"[**]) bekannt sind. Heusser und Claraz haben sie mit den schwedischen Asaren und den „chaussées de géants" verglichen.

Die Muschelbänke sind dagegen Produkte des geselligen Zusammenlebens von Mollusken und bestehen deshalb z. gr. Th. aus unverletzten, oft noch geschlossenen Schalen derselben, die hier und da sogar noch diejenige natürliche Stellung zeigen, welche sie bei Lebzeiten ihrer Bewohner einzunehmen pflegten. Derartige Muschelbänke oder conchillas besitzen z. B. bei San Pedro am Paraná eine Mächtigkeit bis zu 3 m und strotzen so von Schalen, dass man sie zum Brennen von Kalk verwendet. [**])

Schichten losen Sandes endlich, in denen Muschelschalen mehr oder weniger reichlich eingebettet sind, bilden nach Darwin's Beobachtungen auf ganz enorme Erstreckungen hin die freiliegende Decke mehrerer jener breiten Terrassen, mit welchen das patagonische Gebiet landeinwärts ansteigt.

Allen diesen verschiedenen Vorkommnissen von Molluskenresten ist das gemeinsam, dass die Schalen, welche zumeist gebleicht und mehr oder weniger mürbe geworden sind, z. Th. aber auch noch Spuren ihrer ursprünglichen Färbung zeigen, durchgängig solchen Geschlechtern und Arten angehören, welche noch heute an der benachbarten Meeresküste und in dem Brackwasser der in den atlantischen Ocean ausmündenden Flüsse leben; da wo nur marine Arten zusammengehäuft sind, findet man Mytilaceen und Veneriden, Patellen, Fusulien, Volutaceen etc., während da, wo brackiche Formen in Bänken auftreten, die noch heute an der Mündung des La Plata heimische Azara labiata d'Orb. über Ostreen, Mactraceen etc. zu dominiren pflegt.

Alle diese Ablagerungen finden sich über demjenigen Niveau, welches heute die Fluthstände des Meeres und der Ströme erreichen und ihre Höhenlage wächst in dem Maasse, in welchem man sie von der Küste an landeinwärts verfolgt. Denn bei Montevideo finden sich die betreffenden Schichten nur 4 bis 5 m, bei Belgrano unweit Buenos Aires schon 8 bis 9 m und bei San Pedro sogar 20 m über dem normalen Fluthstande. Wesentlich anders gestalten sich die Verhältnisse in Patagonien, denn hier traf Darwin überall,

---

[*] albardon: Hügel, Damm.
[**] Mit diesen natürlichen Muschelbänken dürfen andere nicht verwechselt werden, welche durch die früheren Bewohner der Küsten zusammengetragen worden sind. Vergl. G. S. de Capanema. l. c. C Wiener. Estudios sobre os Sambaquis do sul do Brasil. Archivos do Museo Nacional de Rio Janeiro. I. 1876. I. Virchow, v. Eye und Stegmann. Brasilianische Muschelberge der Provinz St. Catharina. Zeitschr. f. Ethnologie. Vhdlgn. 1882. XIV. 218. Ferner Ph. Germain. Observations sur les mouvements du sol dans l'archipel de Chiloë Comptes Rendus. XCVI. 1883. 1861.

wo er zwischen Port Desire und Port S. Cruz, also ungefähr zwischen 48 und 50° s. Br. landete, die gebleichten Schalen recenter mariner Mollusken noch auf den untersten drei der überhaupt vorhandenen sieben Terrassen, also in Höhen von 100, 250 und 340, bezw. 410 Fuss, ja er gewann sogar die Meinung, dass sie selbst noch auf den höheren Landstufen bis zu 1200 Fuss vorhanden sein dürften.

Von weiterem Interesse ist die horizontale Ausdehnung der in Rede stehenden Bildungen. In den häufigsten Fällen scheinen sie an die Nähe der atlantischen Küste gebunden zu sein, aber an einigen Stellen greift ihr Verbreitungsgebiet auch buchtenförmig in das Landesinnere hinein und fällt alsdann, wie am La Plata, im allgemeinen mit den früher erwähnten Golfen der jüngeren Tertiärzeit zusammen. Hierbei lässt es aber auf das Deutlichste erkennen, dass dieser Golf inzwischen bedeutend an Grösse abgenommen hatte und dass diese Abnahme auch in der später folgenden Zeit, bis auf die Gegenwart herab, angedauert hat. Denn während sich, wie wir früher gesehen haben, zur jüngeren Tertiärzeit der La Plata-Golf mindestens bis nach Paraná erstreckt haben muss, finden sich gehobene Azarabänke flussaufwärts nur bis San Pedro und heute geht die an Brackwasser gebundene Azara im La Plata nicht über Buenos-Aires hinauf.[*])

Ein ähnlicher Golf scheint weiter im Süden, in der heute vom Rio Santa Cruz durchströmten Region vorhanden gewesen zu sein, denn hier fand Darwin gebleichte Conchylien selbst noch 35 Meilen landeinwärts und zwar unter Verhältnissen, die es unwahrscheinlich machten, dass sie etwa an ihre Fundstätte nachträglich und zufällig verschleppt worden seien.

In Bezug auf die den soeben besprochenen ähnlichen Verhältnisse, welche in Chile beobachtet worden sind, genüge hier die Erinnerung, dass sich an zahlreichen Stellen der pacifischen Küste durch Brandung erzeugte Erosionsformen, sowie gehobene Strandlinien und Muschelbänke finden — nach d'Orbigny zwischen dem 12. und 36.° S. Br., nach Darwin sogar hinab bis zu 45°35' und dabei z. Th. 30 bis 40 Ml. landeinwärts —, dass die Strandlinien wiederum durch Schalen recenter Muschelarten charakterisirt sind, dass in ihnen die verschiedenen Geschlechter meistens, wenn schon nicht immer, in demselben Zahlenverhältniss vertreten sind, in dem sie noch heute in dem benachbarten Meere angetroffen werden und dass auch hier, ähnlich wie in Patagonien, zuweilen mehrere Strandlinien über einander zu beobachten sind. Auf der Insel S. Lorenzo bei Callao kennt man z. B. drei Strandlinien, die eine nahe über dem Meere, die anderen beiden 85 und 170 Fuss hoch liegend; bei Coquimbo zählt man fünf Terrassen mit Muschelbänken, die bis 252 Fuss ansteigen und bei Concepcion finden sich gehobene Bänke zum mindesten bis 625, vielleicht bis 1000 Fuss. Weiter nach S. nimmt dagegen, in auffälligem Gegensatze zu den Verhältnissen der Ostküste, der Betrag der Hebung wieder ab. Auf Chiloë macht er nur noch 350 Fuss aus.

Dass derartige Bodenbewegungen auch noch stattgefunden haben, als Südamerika bereits von Menschen bewohnt wurde, haben Heusser und Claraz (Beiträge II. 136) für die Ostküste wahrscheinlich gemacht, indem sie die Aufmerksamkeit auf das Vorkommen von Topfscherben lenkten, welche sich in grosser Zahl und auf meilenweite Erstreckung auf und in den „alhardones de conchillas" von Aldal im südlichen Theile der Provinz Buenos Aires finden. Ebenso hat Darwin nachzuweisen gesucht, dass sich die peruanische Küste in der Gegend von Lima mindestens um 85 Fuss gehoben haben müsse, seitdem dieselbe von Indianern bewohnt worden ist.[**])

.

---

[*]) Bravard entdeckte Skelettreste eines Haifisches sogar noch etwas weiter flussaufwärts, bei S. Nicolas, wie ich aus einem Citate bei Meunay (Descr. I. 317) ersehe; ob dieselben in Muschelbänken lagen, wird aber nicht angegeben. Ueber ähnliche Funde vergl. auch Burmeister. Descr. phys. II. 385. No. 8.

[**]) Dass dagegen, wie Darwin auf Grund seiner Beobachtungen in der Gegend von Bahia blanca und S. Julian annehmen

Die mitgetheilten Thatsachen beweisen zunächst, dass die der jüngsten geologischen Vergangenheit angehörigen Hebungen des Continentes sich, ähnlich wie diejenigen früherer Zeiten, an verschiedenen Orten in einem sehr ungleichen Betrage vollzogen haben; weiterhin lassen sie aus den an mehreren Orten stufenförmig über einander liegenden und deutlich von einander abgegliederten Terrassen folgern, dass die Hebungen, wenn sie überhaupt stetig und nicht ruckweise vor sich gegangen sind, zeitweilig von Perioden verlangsamten Ansteigens unterbrochen worden sein müssen.[*] Endlich ergiebt sich auch noch aus der Combination der jetzt und früher besprochenen Verhältnisse, dass mit der seit der jüngeren Tertiärzeit erfolgenden Hebung vorübergehend auch Senkungen grösserer oder kleinerer Theile des Continentes abgewechselt haben müssen. Eine derartige Complication der Bewegungserscheinungen darf zum mindesten für das Gebiet des La Plata-Busens als erwiesen gelten, da hier der während einer Hebungsperiode des Festlandes gebildete Löss auf den marinen Sedimenten des jüngeren Tertiäres aufruht, seinerseits aber von den während einer Senkungsperiode zur Entwickelung gelangten und durch recente Conchylien charakterisirten Muschelbänken überlagert wird.

Erdbeben. Im Anschlusse an diese Betrachtung der oscillirenden saecularen Bewegungen möge hier noch bemerkt werden, dass Erdbeben in dem Gebiete der Argentinischen Republik glücklicher Weise eine ziemlich seltene Erscheinung sind.[**] Die Erinnerung an grössere verheerende Katastrophen war im Lande bereits wieder erloschen, als am 20. März 1861 Mendoza, in dem man bis dahin nur zeitweilig schwache Erschütterungen gekannt hatte,[***] durch einen einzigen gewaltigen Stoss in einen Trümmerhaufen umgewandelt wurde. Dem ersten Stosse folgten noch zehn Tage lang mehr oder minder heftige Erschütterungen; 2000 bis 3000 Einwohner hatten ihr Leben eingebüsst.[†] Die vollständig vernichtete alte Stadt musste gänzlich verlassen und eine neue an ihrer Seite erbaut werden. Jene erweckt noch heute, wenn man sich in ihre stillen Ruinen und Schutthaufen verirrt, die hier und da noch von einigen grösseren Kirchen- und Klosterruinen und auf der alten Plaza auch noch von einigen Baumgruppen überragt werden, ein Gefühl der Wehmuth und des Grausens.

In neuerer Zeit hat auch Oran ähnliche Heimsuchungen erlitten. Die kleine NO. von Jujuy gelegene Stadt wurde 1871 ebenfalls gänzlich zerstört, indessen konnten sich diesmal wenigstens die Einwohner rechtzeitig flüchten, so dass nur ein Mensch tödtlich verunglückte. Der erste Stoss fand nach officiellen Mittheilungen des Teniente-Gobernador von Oran am 22. October 1871 Abends 11 Uhr statt; ihm folgten bis zum 23. Vorm. 8 noch gegen 40 weitere von verschiedener, aber wie es scheint, allmählich abnehmender Heftigkeit. Ein zweites Mal wurde Oran im Jahre 1873 erschüttert. Die z. Th. sehr heftigen Stösse begannen am 6. Juli und dauerten von da an vier Monate fort.[††]

Eine auch nur skizzenhafte Betrachtung der seismischen Erscheinungen der Westküste muss hier, da sie mich allzuweit abführen würde, unterbleiben.

---

zu müssen glaubte, zur Ablagerungszeit der Strandlinien an der patagonischen Küste auch noch einzelne heute ausgestorbene Thiere der Lösszeit gelebt haben, wird von d'Orbigny (S. 49), Bravard und Burmeister (Descr. phys. II. 167) bezweifelt.

[*] m. vergl. hierüber Kjerulf. Einige Chronometer der Geologia. Berlin. 1880.

[**] Ueber diejenigen aus älterer Zeit finden sich einige Angaben bei Darwin (Geol. Obs. 14. Cap. 20), W. Parish (La Plata. 242 u. Anhang 12) und bei M. de Moussy (Descr. I. 192. 340 und 1II, bei Beschreibung der einzelnen Provinzen unter den von der constitution physique du sol handelnden Abschnitten).

[***] Darwin l. c. Burmeister, Z. f. allg. Erdk. IV. 1858. 276.

[†] M. de Moussy. Descr. III. 450. Burmeister. Descr. phys. II. 64 u. 148. Siehe daselbst auch weitere Litteratur.

[††] Lorentz. La Plata M. S. IV. 1876. 152.

2. Einige Bildungen der Alluvialzeit im Binnenlande.

Bei dem geringen Betrage, welche die eben besprochenen oscillatorischen Bewegungen des Continentes erreichten, liegt die Annahme nahe, dass sie auf die Zustände, welche während und nach der Bildung der litoralen Strandwälle und Muschelbänke im argentinischen Binnenlande herrschten und auf die Vorgänge, welche sich hier abspielten und noch abspielen, nur einen geringen Einfluss geäussert haben.

Diese Annahme findet denn auch ihre vollkommene Bestätigung und zwar namentlich darin, dass eine scharfe Abgrenzung des Lösses gegen die Bildungen der späteren Zeit und der Gegenwart nicht wahrzunehmen ist. Wie zur Zeit der Megatherien und Glyptodonten, so führen die Flüsse auch heute noch immer neue Zersetzungsproducte der Gebirge in die Depressionen der Niederung, und wie damals, so legen auch noch heute Staubstürme über die Ebene, die neuesten Alluvionen ausbreitend und dabei wohl auch hier und da das Skelett eines gestürzten Rindes oder Maulthieres mit Sandanwehungen umgebend und bedeckend. Endlich mögen auch einige der grösseren Lagunen, wie die der Porongos, Prov. Santiago del Estero, das Mar Chiquito, Prov. Córdoba und die Laguna de Curraco (Urre Lauquen), Prov. Buenos Aires von der jüngeren Lösszeit an bis heute existirt haben,[*] andere Salzsümpfe verschwunden, neue entstanden sein.

Beispiele dafür, dass Lagunen in historischer Zeit entweder beträchtlich kleiner geworden oder ganz verschwunden sind, führt Zeballos (Estad. geol. 12. 22) an, indem er u. a. darauf aufmerksam macht, dass Ullrich Schmidt aus Straubing, einer der ältesten Berichterstatter über die La Plata-Länder, noch im Jahre 1567 bei Buenos Aires mehrere Lagunen sah, die heute vollständig ausgetrocknet und verweht sind. Darüber dass manche Lagunen, gleichwie manche Flüsse der Provinz Buenos Aires nur während des Winters, d. i. während der Regenzeit Wasser haben, während des Sommers aber trocken daliegen, und dass hierauf bei der Beurtheilung der Karten vom hydrographischen Standpunkte aus sorgfältige Rücksicht genommen werden müsse, möge man bei Heusser und Claraz (Beiträge II. 4. Des circonstances hydrographiques. 8. 36 und 5. De l'action actuelle des eaux. 8. 69) nachlesen.

Ein Beispiel für eine in der Neuzeit erfolgte Lagunenbildung wird weiter unten, in dem von den Salinen handelnden Abschnitte anzuführen sein.

Ich stehe daher nicht an die Meinung auszusprechen, dass in den centralen und westlichen Theilen der Argentinischen Republik im wesentlichen noch immer dieselben Verhältnisse fortdauern, welche zur Lösszeit statthatten, dass also jene Continuität der Zustände und Ereignisse, welche den allmählichen Uebergang der unteren zur oberen Lössformation zur Folge hatte, auch die jüngere Lösszeit mit der Gegenwart auf das innigste verknüpft.

Die Vorgänge, die sich heute im argentinischen Binnenlande vollziehen, werden daher auch jene illustriren, welche sich hier zur Lösszeit abgespielt haben. Deshalb mögen noch als einige besonders charakteristische und lehrreiche Beispiele recenter Bildungen die Schutt- und Geröllablagerungen in den Cordillerenthälern, die Anwehungen von Flugsand und die mannigfachen Salzvorkommnisse in der Ebene und in den Gebirgen besprochen werden.

Gesteinsschutt in dem Hochgebirge. Die allen Hochgebirgen eigene Bildung und Anhäufung von Gesteinsschutt vollzieht sich in der Cordillere und in ihren Vorketten in einem so grossartigen Maassstabe und beinflusst die Physiognomie jener in einer solchen Weise, dass sie hier nicht mit Stillschweigen übergangen werden kann. Rechnet doch Darwin „die glatten, kegelförmigen Haufen von feinem und hellfarbigem Schutt, die sich unter einem starken Winkel von den Seiten der Berge zu ihrem Fusse

---

[*] Ameghino. Bol. A. N. VI. 1884. 170. Döring. ebendas. 273.

herabsenken, und von denen einige eine Höhe von mehr als 2000 Fuss haben", mit zu dem, was ihm in den Anden, im Vergleich mit den anderen Bergketten, die er kennen gelernt hatte, am meisten auffiel (Nat. Reis. II. 81).

Die Entwickelung dieser Schuttmassen beginnt mit der Auflockerung des anstehenden Gesteines auf den Cordilleren-Plateaus und an deren Gehängen. Der eigenthümliche Charakter, welchen die ersteren dadurch gewinnen, ist mehrfach betont worden, so von Burmeister, der die Cordilleren-Hochfläche, welche er auf seiner Reise von Copacavana nach Copiapo mit vierzehnstündigem Ritte zu kreuzen hatte, absolut kahl und unabsehbar mit kleinen Trümmern der den Boden bildenden Gesteine überschüttet fand. Die Trümmer sahen alle eckig und ungerollt aus und ähnelten Topfscherben von 1½ bis 2 Zoll Durchmesser (Reise II. 261. 263. Phys. Besch. I. 212). In gleicher Weise haben Philippi (Viaje 111. Reise. 127) und Tschudi (Reisen. V. 109) angegeben, dass drei Viertheile oder wenigstens zwei Drittheile der Wüste Atacama von Grus und eckigem Gesteinsschutt bedeckt sind.

Diejenigen Fragmente, welche sich nicht auf den Plateau's, sondern an den Thalgehängen ablösen, häufen sich zunächst ohne Vermittelung von Wasser, lediglich der Schwerkraft folgend, am Fusse der Thalgehänge zu gigantischen Schutthalden an, die ebenfalls absolut vegetationslos sind und sich, nur hier und da von einem kleinen Felsengrate überragt, stundenlang an beiden Thalseiten hinziehen können. Daher die ermüdende Einförmigkeit, welche manche Hochgebirgsthäler zeigen; daher auch die Schwierigkeiten, die sich dem Cordilleren-Geologen bei allen jenen Studien entgegenstellen, welche an anstehendem Gesteine vorgenommen sein wollen.

An der Cuesta del Cuzco, deren beschwerlichen Zickzackweg man auf dem Wege von der Patoscordillere nach San Antonio ersteigen muss (S. 110), betrug die Höhe der am Gehänge angelagerten und z. Th. mehrere Meter mächtigen Schutthalden nach meinen Aneroidmessungen circa 600 m; Halden von ähnlichen Dimensionen finden sich an den östlichen und westlichen Gehängen der Famatinakette, am Cerro Negro u. s. a. O. Am Cerro Negro fand ich den Böschungswinkel der Schuttmassen bei einigen mit langen Schnuren vorgenommenen Messungen übereinstimmend zu 34°.[*])

Die Natur der felsbildenden Gesteine ist für die Erzeugung der Schutthalden ganz gleichgültig und influirt höchstens wegen der grösseren oder geringeren Leichtigkeit der weiteren Zerstückelung auf den Böschungswinkel; ich sah gleich grossartige Halden von Andesiten und ihren Breccien, von Quarzporphyren und Graniten, von Thonschiefern und Grauwacken.

Da wo Seitenschluchten in breite Hauptthäler einmünden, entwickeln sich, sei es ohne, sei es mit Unterstützung fliessender Gewässer, grosse Schuttkegel von halbkreisförmigen Querschnitten. Ist ein Bach vorhanden, so verflacht sich die Böschung des Kegels und seine Oberfläche wird jetzt von zahlreichen kleinen Rinnsalen durchschnitten, die sich vom Scheitel aus in radialer Richtung herabziehen.

Im Hochthale von Tafi, Prov. Tucuman, hat man treffliche Gelegenheit, derartige subaëre Deltabildungen kennen zu lernen.[**])

---

*) Nach A. Heim beträgt er in den schweizer Alpen gewöhnlich 30° (Einiges über die Verwitterungsformen der Berge. Zürich. 1874. 23) und nach F. Drew, der die grossartigen Schuttbildungen studirte und ihrem Wesen nach classificirte, welche sich in dem vom oberen Indus durchströmten Hochgebirgsthälern von Kashmir finden, 35°. Drew bezeichnet diejenigen Schutthalden, deren Material sich, wie bei den oben erwähnten, noch auf primärer Stelle oder wenigstens noch an demjenigen Orte findet, an den es lediglich durch die Wirkung der Schwerkraft hingelangt ist, als Talus (Alluvial and lacustrine deposits and glacial records of the Upper-Indus Basin. Quart. Journ. Geol. Soc. London. XXIX. 1873. 441).

**) Drew unterscheidet die trocken gebildeten Schuttkegel dieser Art als Fan-Talus von denen, welche unter Mitwirkung

Aeltere Reisende, wie d'Orbigny, haben die nächste Ursache zu allen diesen Schuttbildungen in Erdbeben suchen zu müssen geglaubt und obwohl sich zu Gunsten dieser Annahme keinerlei positive Gründe anführen lassen, so findet man sie doch noch häufig unter solchen Leuten verbreitet, die öfter über die Cordillere zu reisen haben. Eine richtigere Erklärung hat Darwin angebahnt, indem er den zertrümmerten Zustand der Felsenoberflächen von einer Wirkung des Frostes ableitete (Nat. Reis. II. 81). Burmeister, Philippi und Tschudi erblicken den Grund für die Auflockerung des Gesteines und für die Schuttbildung ebenfalls nur in dem starken Temperaturwechsel der Jahres- und Tageszeiten. Diese letztere Erklärung ist wohl die einzig zulässige (vergl. auch S. 286).

Schotterterrassen in den Thälern. Der Schutt solcher Halden, die an ihrer Basis von einem Wildbache oder von einem grösseren Flusse tangirt werden, wird natürlich im Laufe der Zeiten dem Wasser zur Beute fallen. Das letztere wird ihn abwärts führen, hierbei allmählich abrunden und ihn endlich an solchen Stellen wieder absetzen, an denen das Gefälle eine Verminderung erlitten hat, also namentlich da, wo sich das Wasser hinter einer Bodenschwellung, einem seitlich herabkommenden Schuttkegel oder irgend welchem anderen Hindernisse zu einem See gestaut hat. In solchen Gebirgssee'n, für welche die nahe unterhalb des Cumbrepasses gelegene Laguna del Inca ein der Gegenwart entnommenes Beispiel liefert, werden sich also Geröllschichten über die ganze Thalbreite hinweg ablagern können und diese Schichten werden entweder horizontal liegen oder ein flaches, der Thalneigung entsprechendes Einfallen zeigen. Ist dann der See ausgefüllt oder das das Wasser aufstauende Hinderniss zerstört worden, so wird jetzt der Fluss in seinen früher abgelagerten Geröllbänken ein Bett auswaschen und hierdurch, sowie durch allmähliche Aenderungen in der Lage seines Bettes, Schotterterrassen bilden.

Dergleichen sind in den Cordillerenthälern ungemein häufig und haben oft, sowohl nach Höhe als Breite, ganz enorme Dimensionen. Als ein paar besonders schöne und grossartige Beispiele mögen hier nur die Terrassen erwähnt sein, welche sich im Oberlaufe des Rio de San Juan, zwischen Barreal de Calingasta und Sorocayense hinziehen, bei 20 bis 50 m hohen, stufenförmigen Absätzen eine Gesammtmächtigkeit von einigen hundert Metern haben und namentlich aus einer wahren Musterkarte von Porphyrgeröllen, die aus der Patos-Cordillere abstammen, bestehen; ferner diejenigen, welche sich kurz vor der Austrittstelle des Rio de Mendoza in die Ebene, bei der Compuerta, finden, eine zweifache Abstufung besitzen [und u. a. durch gigantische Blöcke von Granit ausgezeichnet sind.

Schotterfelder. Wenn dagegen die translocirenden Kräfte der Gebirgswässer innerhalb der Thäler selbst kein Hinderniss erleiden, so werden die Gerölle immer weiter abwärts geführt und erst dann abgelagert werden, wenn der Fluss aus dem Gebirge in die Ebene hinausgetreten ist und nunmehr seinen Lauf verlangsamt hat. In solchen Fällen bilden sich noch heute, wie bereits zur Lösszeit (S. 267), die die Gebirge umrandenden Schotterfelder.

In ausgezeichneter Weise kann man dergleichen u. a. an der kleinen Sierra von Zonda, gegen die Stadt San Juan zu, studiren. Nicht minder typisch trifft man sie am Ostabhange der Famatina-Kette, zwischen Famatina und Chilecito.

In San Juan ist man wohl in Folge jener erstgenannten Schotterfelder der Meinung, dass der Fluss früher einmal im W. der Sierra de Zonda geflossen und durch die Quebrada von Zonda in die Ebene ausgetreten sei. Indem man befürchtete, dass er sich bei irgend einer zukünftigen Anschwellung aufs neue diesen Weg wählen und

---

von fliessenden Gewässern erzeugt werden (Alluvial Fans). Der Böschungswinkel der letzteren beträgt nach ihm im Himalaya nur 5 bis 6°; nach Heim in den Alpen gewöhnlich 5—10°. Aehnlich flache Böschungen sah ich im Thale von Tafí.

alsdann die schönen Felder und Weingärten verwüsten könne, die sich im W. der Stadt ausbreiten, hat man in der genannten Quebrada mit grossen Kosten einen mächtigen Schutzwall aufgeführt, der im Falle der Noth das Fluthwasser aufhalten und seinen Abfluss verlangsamen soll. Ich lasse hier dahingestellt sein, ob sich dieser wundersame Damm gegebenen Falls wirklich von Nutzen erweisen würde und ob die Motive, die zu seiner Anlage geführt haben, wirklich begründet sind, denn ich habe nicht erfahren können, ob sich die Furcht der San-Juaniner auf historisch verbürgte Thatsachen bezieht oder ob sie bloss in der Einbildung existirt; auch habe ich auf dem Wege, auf welchem ich von Zonda nach den Cerros blancos ritt, kein altes Flussbett zu erkennen vermocht, welches zu Gunsten jener Annahme sprechen könnte — immerhin ist es zweifellos, dass der Rio de San Juan, mag er nun im W. oder im O. der Sierra von Zonda nach S. umgebogen sein, in der Vergangenheit einmal hart am Ostabhang derselben hingeflossen sein und eine weite Fläche mit Geröllen bedeckt haben muss.

Geröllе von Graniten und Quarzporphyren, Andesiten, Grauwacken, Thonschiefern und Sandsteinen, die nur aus der Cordillere stammen können, liegen mit solchen von silurischen Kalksteinen und Dolomiten, die von der Sierra de Zonda selbst herkommen, bunt durcheinander.

Dabei ist es einer besonderen Erwähnung werth, dass man unter diesen Geröllen zuweilen auch solche findet, die zersprungen sind. Dieselben sind an ihren frei zu Tage liegenden Oberflächen von klaffenden, bis zwei Millimeter breiten Rissen und Spalten durchzogen, die sich gabeln oder durchkreuzen und gegen das Innere zu allmählich verlieren. Dass diese offenen Spalten nicht, wie man vielleicht zunächst glauben könnte, durch die Auswitterung von Kalkspathtrümern oder Trümern anderer leicht zerstörbarer Mineralien entstanden sind, ergiebt sich aus dem Umstande, dass Gerölle der in Rede stehenden Art dann, wenn man sie zerschlägt, in ihrem frischen Inneren keinerlei Spuren derartiger, noch unverwitterter accessorischer Trümer zeigen. Beachtet man weiterhin, dass die Unterflächen, mit welchen solche Geröllе auf dem Boden aufliegen, stets die gewöhnliche glatte und intacte Beschaffenheit zeigen, so darf aus Allem gefolgert werden, dass man es im vorliegenden Falle mit einer Oberflächenerscheinung zu thun hat, die sich erst im fertigen Geröllе und zwar zu einer Zeit entwickelt haben kann, zu welcher das letztere bereits auf seine heutige Fundstätte und in seine gegenwärtige Stellung gelangt war. Die zersprungenen Geröllе sind nicht gerade häufig, finden sich aber doch in solcher Zahl, dass sie keinem aufmerksamen Beobachter bei einem Ritte über das sanjuaniner Schotterfeld entgehen werden.

Hält man sich zunächst nur an das Formale der Erscheinung, so erinnern diese Geröllе an jene faustgrossen Geschiebe mit geborstener Oberfläche, welche mehrfach in dem dem mittleren Diluvium angehörigen nordischen Geschiebelehme Deutschlands angetroffen worden sind;[*) indessen besteht doch eine Differenz darin, dass die geborstenen Geröllе von San Juan theils aus frischem Quarzporphyr, theils aus Sandstein bestehen, während das Material der deutschen Diluvialgeschiebe zum allergrössten Theile thoniger Kalkstein ist. In Folge dessen lässt sich die zunächst von Laspeyres ausgesprochene und dann auch von Moya acceptirte Meinung, nach welcher jene Diluvialgeschiebe im durchfeuchteten Thone durch Wasseraufnahme gequollen und schliesslich gesprungen sein sollen, für unseren Fall nicht anwendbar.

Ebensowenig kann die in Rede stehende, an frei zu Tage liegenden Geröllen auftretende Erscheinung für das Ergebniss einer Pressung gehalten, also auch nicht derjenigen zur Seite gestellt werden, welche die in manchen Conglomeraten aufgefundenen „zerdrückten Geröllе" zeigen;[**) dagegen ruft der Anblick der geborstenen Geschiebe von San Juan die Erinnerung an Beobachtungen wach, die zuweilen an den in tropischen Regionen anstehenden Gesteinen oder an umherliegenden Gesteinsfragmenten angestellt worden sind und darauf hinauslaufen, dass jene, wenn auf heisse Tage kalte Nächte folgen, durch die alsdann plötzlich vor sich gehende Contraction zerspringen oder in sandigen Grus zerfallen. So berichtet Geikie nach Livingston (Zambesi 492. 516): Dr. Livingston found in

---

*) Laspeyres. Ueber Geschiebe mit geborstener Oberfläche. Z. d. g. G. 1869. XXI. 465. 697. Moyn. Ueber geborstene und zerspaltene Geschiebe. das. 1871. XXIII. 399.

**) Rothpletz. Z. d. g. G. 1879. XXXI. 355 ff.

Africa (12° S., 34° E. long.) that surfaces of rock which during the day were heated up to 137° Fahr. (58° C), cooled
so rapidly by radiation at night that, unable to sustain the strain of contraction, they split and throw off sharp
angular fragments from a few ounces to 100) or 200 lb. in weight.[*] In gleicher Weise erklärt Zittel die Entstehung der weit verbreiteten und durch zahllose Splitter und Trümmer von Gesteinen charakterisirten Wüstenform,
welche unter dem Namen Hammada bekannt ist.[**]) Pechuel-Lösche giebt an, dass in Westafrica eine Insolation
von 60—70° durchaus normal ist, dass aber auch höhere Werthe, bis zu 75°, sehr häufig sind und einmal sogar
84.6° abgelesen wurde. „Es werden sich weder im Gebirge, noch im fernsten inneren wesentlich andere Werthe
ergeben. Die Temperatur des Regens dagegen schwankt zwischen 21 und 24°. Da nun besonders bei den Nach-
mittagsgewittern auf eine bedeutende Erhitzung der Gesteine eine plötzliche Abkühlung durch mächtige Regengüsse
erfolgt, da infolge dessen jähe Temperaturdifferenzen von 40—50° eintreten, muss das Gebirge, auch den härtesten Felsons,
sich lockern."[***]) Im Anschluss hieran sei auch noch der Achatkugeln und der Concretionen von eisenschüssigem
Sandsteinen gedacht, die bei Insolation oder künstlicher Erwärmung zerspringen.[†])

Im Hinblick auf alle diese von ausgezeichneten Beobachtern verbürgten Thatsachen und im weiteren Hinblick auf die heissen, mit klaren, kalten und thaureichen Nächten wechselnden Sommertage von San Juan glaube
ich auch die geborstenen Geschiebe in den argentinischen Schotterfeldern als die Producte der periodisch erfolgenden
Erwärmung und Abkühlung betrachten zu sollen.

D a r w i n, der den Flüssen lediglich eine erodirende Wirkung zuschrieb, wurde zu der Annahme
geführt, dass die geschichteten Geröllablagerungen der Cordillerenthäler in Meeresfjorden gebildet worden seien,
die vor einer letzten allmählichen, 6000 bis 7000 Fuss betragenden Hebung des Continentes so in die Cordillere eingegriffen haben sollten, wie sie es noch gegenwärtig im südlichen Chile und im Feuerlande thuen
(Geol. Obs. 62. Car. 92). Diese ziemlich complicirte Hypothese ist indessen, ganz abgesehen davon, dass ihr
alle weiteren Stützpunkte fehlen, überflüssig geworden, seitdem sich die Erkenntniss immer mehr Bahn gebrochen hat, dass ein und derselbe Fluss nicht nur im Laufe der Zeiten, sondern auch — an verschiedenen
Thalpunkten — zu einer und derselben Zeit, eine zweifache Wirkung entfalten und hier accumulirend, dort
denudirend thätig sein kann. Ob er das eine oder das andere thut, wird lediglich von den jeweiligen Verhältnissen abhängen, in welchen der Betrag der Schuttbildung an den Gehängen seines Thales und die
transportirende Kraft seines Wassers zu einander stehen.

In der Thatsache, dass heute alte Geröllablagerungen in einem Thale wieder durchschnitten und
terrassirt werden, kann daher nicht, wie D a r w i n glaubte, ein Grund gegen die rein fluviatile Bildung jener
gefunden werden; wohl aber kann jetzt, im Hinblick auf die gewaltigen Schotterablagerungen in den Cor-
dilleren-Thälern und die gegenwärtig an denselben sich vollziehende Terrassenbildung die Frage entstehen,
aus welchem Grunde die accumulirende Thätigkeit der Flüsse in früherer Zeit einmal grösser gewesen und
warum sie neuerdings in eine denudirende übergegangen sei?

Diese Frage haben D r e w und P e n c k für andere Gebiete erörtert; jener für die mächtigen, mit
den andinen offenbar ganz analogen Schotterterrassen, die sich in den Himalaya-Thälern finden. Er gelangt
dabei zu dem Resultate, dass die Schotterbildungen im Gebirge, und im Zusammenhang damit die accumu-
latorische Thätigkeit der Flüsse, zum Beginne der Alluvialzeit grösser als jetzt gewesen sein müsse und
indem er, gleichwie D a r w i n, als wichtigsten Factor der Schuttbildung den Frost ansieht, erblickt er in

---

[*]) Geology in Encyclopaedia Britannica. 1879. X. 265.

[**]) Briefe aus der libyschen Wüste. 1875. 44.

[***]) Ausland. 1884. 494.

[†]) Ausland. 1867. 1221. F. Keller. Berg- u. Hüttenm. Zeitung. XXII. 1868. 63. Fraas. Geol. Beob. a. d. Orient. 38.
v. Hochstetter. Tagebl. d. Naturf. Vers. in Hamburg. 1876. 94. Wurm. Verhandl. d. k. k. geol. Reichsanst. Wien. 1881. 153.

jenen gewaltigen Anhäufungen von Geröllen einen Beweis dafür, dass der Gegenwart Zeiten grösseren Frostes vorausgegangen sind und dass die Himalaya-Gletscher, wie dies ja auch durch manche andere Thatsachen erwiesen ist, früher eine grössere Ausdehnung besessen haben müssen, als gegenwärtig. „The conclusion then is that the greater deposits of alluvium were made at some part of the glacial period, and that the denudation of them occured, or began, at the close of that period, when the lessening cold diminished the rate of waste of the rocks (l. c. 470).

Zu ganz ähnlichen Resultaten ist Penck bei dem Studium der Geröllablagerungen und Terrassen-bildungen europäischer Ströme gelangt. Auch er glaubt annehmen zu müssen, dass die Diluvialzeit in West-und Mitteleuropa, und ebenso in Nordamerika, eine Zeit der Thalzuschüttung gewesen sei und dass sich dieses allgemeino Phänomen nicht durch locale Aenderungen in den Gefällverhältnissen der Ströme erklären lasse, sondern eine allgemeine Phase in der Geschichte der letzteren kennzeichne. Indem er dann darauf hinweist, dass sich in den Alpenthälern eine Abhängigkeit der Schotteranhäufung von der Eisausdehnung zu erkennen giebt, gelangt er ebenfalls dahin, in der Gletscherzeit eine Periode der Thalaufschüttung zu erblicken. „Die kleinen Flüsse beluden sich mit Geröllen derart, dass die grossen Flüsse diese Trümmerzufuhr nicht zu be-meistern vermochten. Es blieb das seitlich herbeigeführte Geröll im Bette der grossen Flüsse liegen, die Thäler derselben wurden aufgeschüttet, und gerade während einer Periode besonders energischer Denudation kam die Thalbildung zum Stillstand." Erst später, nach dem Rückgange der Gletscher, gewann die denu-dirende Kraft wieder die Oberhand und schnitt in die eben erst abgelagerten Geröllmassen Terrassen ein.[*])

Unter solchen Umständen erhebt sich unwillkürlich die weitere Frage, ob vielleicht auch in dem Cor-dillerengebiete das frühere Ueberwiegen der accumulirenden Flussthätigkeit mit einstmals vorhandenen Gletschern in Zusammenhang stehe? Da ich vor meinen südamerikanischen Reisen keine Gelegenheit gehabt habe, Gletscher studiren und Erfahrungen über die in ihrem Gefolge auftretenden Phänomene sammeln zu können, so bin ich leider nicht im Stande, diese Frage näher zu beantworten; ich kann nur sagen, dass mir in den argentinischen Gebirgen und in der Cordillere keinerlei auf Gletscher zurückzuführende Erschei-nungen aufgefallen sind. Dasselbe berichtet auch Burmeister in Descr. phys. II. 393.

Dagegen möge auf der anderen Seite daran erinnert werden, dass Darwin, als er den Santa Cruz-Fluss (50°10') hinauffuhr, auf den von demselben durchschnittenen patagonischen Terrassen, in einer Meeres-höhe von 1400 Fuss und 55 bis 67 Meilen von der Cordillere entfernt, sowie im östlichen Theile des Feuer-landes, auf Inseln der Magelhaens-Strasse und auf Chiloë, unzweifelhafte erratische Blöcke angetroffen und nachgewiesen hat, dass dieselben innerhalb oder nicht lange vor der Periode der jetzt existirenden Mollusken-fauna an ihre heutige Fundstätte gelangt sein müssen;[**]) ferner daran, dass in Uebereinstimmung hiermit neuerdings auch von Steinmann die weite Verbreitung glacialer Gerölle und erratischer Blöcke im süd-lichen Patagonien constatirt werden konnte;[***]) endlich an den grossen noch jetzt vorhandenen Gletscher, den Gussfeldt bei seiner Untersuchung der chilenischen Cordillere kürzlich näher untersucht hat. Das dieser Gletscher, welcher sich in das Cypressenthal (Gebiet des Cachapoal) herabzieht, früher eine grössere Ausdehnung besass, lässt sich an alten Moränen und Rundböckern erkennen.[†])

*) Zelten der Thalzuschüttung. Humboldt. III. 1884. 121. Löwi erachtet dagegen zur Entwickelung der Erosionsstufen und Lateralterrassen der Alpenthäler Schuttkegel und Bergstürze für ausreichend (Ueber den Terrassenbau in den Alpenthälern. Geogr. Mittheil. 1882. XXVIII. 132).
**) On the distribution of the erratic boulders and on the contemporaneous unstratified deposits of South Amerika. Transact. Geol. Soc. London. (2) VI. 1842. 415. Abgedruckt bei Caros. Anhang 57. Farner Geol. Obs. 97. Car. 143.
***) N. Jb. 1883. II. 257.
†) Reise in den Andes Chiles und Argentiniens. Verhandl. d. Ges. f. Erdk. Berlin. X. 1883. 409. bzw. 415. und Bericht in den

Im Anschlusse hieran ist auch noch der sehr bestimmten Versicherungen von A g a s s i z und H a r t t zu gedenken, nach welchen in der Umgegend von Rio Janeiro, in der Provinz Ceara und in dem Becken des Amazonen-Stromes Moränen, Rundhöcker u. s. Zeugnisse einstmaliger Gletscher vorhanden sein sollen.[*]

Flugsandbildungen.

Medanos oder Binnenlands-Dünen.[**]) Dünen finden sich nicht nur im Gebiete der atlantischen Küste, sondern auch an zahlreichen Orten des argentinischen Binnenlandes. In beiden Fällen haben sie eine ganz analoge Form und Beschaffenheit. Der Hauptmasse nach bestehen sie aus Quarzkörnchen; denselben können jedoch hier und da einige Körnchen von Magnetit oder anderen Mineralien, im litoralen Gebiete ausserdem noch kleine Fragmente von Muschelschalen beigemengt sein (H e u s s e r u. C l a r a z. II. 101). Die Binnenlandsdünen oder Medanos, von denen hier, dafern nichts anderes erwähnt wird, allein die Rede ist, haben am gewöhnlichsten eine wallartige Form und sind alsdann senkrecht zur Richtung der herrschenden Winde orientirt, flach ansteigend und steil abfallend. Da wo sie in grösserer Zahl auftreten, verfliessen sie wohl auch ineinander zu einem welligen Sandfelde. Zuweilen können sie auch sehr eigenthümliche kreisförmige Wälle bilden, welche die schon von H e u s s e r und C l a r a z ausgesprochene Idee wachrufen, dass sich alsdann an ihrer Entstehung Wirbelwinde betheiligt haben mögen.

Die Höhe der Medanos schwankt gewöhnlich zwischen 2 und 10 Meter, soll aber local auch bis zu 40 Meter ansteigen können.

Eine weitere erwähnenswerthe Erscheinung ist die, dass sich am Rande grösserer Flugsandwälle oder im Centrum der kreisförmigen Zusammenwehungen nicht selten kleine Quellen oder Tümpel von Süsswasser (manantiales) finden, die wohl durch das Zusammensickern des nächtlichen Thaues gebildet werden.[***]) Neben dergleichen Wässerchen und auf einzelnen, in einer ähnlichen Ursache begründeten feuchten Stellen der Flugsandmassen entwickelt sich dann auch eine spärliche Vegetation; für gewöhnlich aber ist der Sand ein Feind allen organischen Lebens. Kahl und nackt breitet er sich aus und das einzige, was auf grösseren Sandflächen das Auge des Reisenden zu fesseln vermag, sind die durch Gegenströmungen in der Atmosphäre erzeugten Staubsäulen, die z. Th. hoch emporsteigen und bald still zu stehen scheinen, bald geheimnissvoll über die Ebene hinwegmarschiren. Im Campo del Arenal sahen wir, als wir denselben an einem glühend heissen Tage auf dem Wege von der Punta de Ballastro nach den Gruben von Capillitas kreuzten, zuweilen 15 bis 20 solcher Windhosen zu gleicher Zeit.

Medanos-reiche Districte sind u. s. der Westen der Provinz Buenos Aires, die Depression im N. der Laguna Guanacache, die Mendoziner Ebene und gewisse Theile in der Umgebung der Salina grande, so die Gegend zwischen Atamisqui und Tornma, ferner die Travesia zwischen los Angulos und Copacavana, Prov. la Rioja. Am aller häufigsten aber finden sich Med anos in der grossen beckenförmigen Einsenkung, welche von der Aconquijakette, den Capillitas und der Sierra von Gulampaja eingerahmt und Campo del Arenal genannt wird. Noch treffender wäre freilich Desierto del Arenal (Sandwüste).

Sitzber. d. k. Akad. d. Wiss. Berlin. 1864. II. 696. Eine Abbildung dieses Gletschers gab schon Plasin. Geogr. fa. Lam. XXII. Ausserdem vergl. Philippi. Die Gletscher der Andes. Geogr. Mitthl. 1867. 347.
[*] Agassis. A Journey in Brazil. 1868. 456. Hartt. Journey. 29. 558—572. Vergl. aber auch Burmeister. Descr. Phys. II. 393 und Crevaux. Faux blocs erratiques de la Plata ou prétendue période glaciaire d'Agassiz dans l'Amérique du Sud. Bull. Soc. géol. France. 1876. 304.
[**] Moussy. Descr. I. 249. Heusser und Claraz. Beiträge. II. 99 ff.
[***] Heusser u. Claraz. Beiträge II. 100. Hübler. Instructor popular. Mendoza. 1871. II. 3. Avé-Lallement. La Plata M. S. I. 1873. 19.

Die Medanos sind von älteren Reisenden, die noch an eine ehemalige allgemeine Bedeckung der Pampa durch Wasser glaubten, für Dünen im gewöhnlichen Sinne des Wortes, d. h. für Küstenbildungen, gehalten worden; so von d'Orbigny, der ihre Bildung in jene Zeit verlegte, in welcher die Azara labiata noch bei San Pedro lebte und in welcher später die Bänke dieser letzteren, wie überhaupt das ganze Blachfeld, durch plötzliche Hebung trocken gelegt worden sein sollten (Géologie. 44.87).

Mit der Erkenntniss, dass jene Pampas-See niemals existirt haben könne, musste sich auch die Anschauung über die Bildung der Medanos und Sandwüsten ändern und so finden wir denn, dass Bravard das Material der letzteren von Dünen des atlantischen Litorales ableitet und annimmt, dass dasselbe im Laufe der Zeit landeinwärts gewandert sei. Da diese Ansicht erst neuerdings wieder durch Zeballos vertreten worden ist, so möge in Bezug auf dieselbe und unter Verweisung auf die auch hier einschlägigen, bereits S. 275 gemachten Bemerkungen noch folgendes erwähnt sein.

Zuzugeben ist, dass sich heute im atlantischen Litorale zahlreiche und sehr grosse Dünen bilden — nach Heusser u. Claraz besonders zwischen Cap San Antonio und Bahia blanca, woselbst sie einen ⅓ bis ½ lieu breiten Streifen bedecken und bis 60 m hoch werden (l. c. 99) —, fernerhin, dass auch in manchen anderen Küstengebieten landeinwärts gerichtete Dünenwanderungen bekannt sind und dass dem argentinischen Flugsande bei einem westwärts gerichteten Marsche auf weite Entfernungen hin keinerlei orographische Hindernisse in den Weg gestanden haben würden.

Die landeinwärts gerichtete Bewegung der Dünen in den Landes bei Bordeaux beträgt nach Brémontier im Mittel 20—25 m pr. Jahr[*]) und an der Küste von Suffolk sind nach Lyell's Mittheilung die Dünen von der Nordsee aus im Verlaufe von 100 Jahren sogar 4 engl. Meilen, d. l. durchschnittlich 64 m pr. Jahr vorgedrungen.[**])

Nimmt man daher im Sinne der Bravard'schen Hypothese an, dass Dünen vom argentinischen Litorale aus mit einer jährlichen Geschwindigkeit von 50 m westwärts gewandert seien, so würden sie an dem westlichen Rande der Pampa, der bei Mendoza ungefähr 130 geogr. Meilen oder circa 1000 km vom atlantischen Oceane entfernt ist, nach Verlauf von circa 20000 Jahren angelangt sein. Diese Zahl ist natürlich im höchsten Grade unsicher, theils weil früher die Küste etwas mehr landeinwärts gelegen haben könnte, anderntheils weil die angenommene Geschwindigkeit schon eine ungewöhnlich hohe ist; aber seien es nun auch bloss 10000 oder seien es sogar 30000 oder mehr Jahre, so wird weder in dem einen noch in dem anderen Falle an und für sich ein ernstes Bedenken gegen die Möglichkeit und Zulässigkeit eines derartigen Zeitaufwandes erhoben werden können.

Wohl aber entspringt ein solches, sobald man auf die heute thatsächlich beobachtbaren Zustände und Vorgänge — die ja doch mit denen, welche seit Beginn der Alluvialzeit existirten, im wesentlichen übereinstimmen müssen — Rücksicht nimmt. Alsdann ist nämlich daran zu erinnern, dass nach Heusser und Claraz an der argentinisch-patagonischen Küste dermalen eine westliche Wanderung der Dünen nicht constatirt zu werden vermag (l. c. 101), und dass auch aus den inneren Provinzen keinerlei Nachrichten darüber vorliegen, dass etwa in diesen die Medanos irgend welche lebhafte, westwärts gerichtete Bewegung zeigen. Sie scheinen hier vielmehr nach den mir bekannt gewordenen Erfahrungen überall ziemlich stationär zu sein, wenn schon sich natürlich ihre specielle Gestalt fortwährend und auch ihre Lage etwas ändert. [***])

---

*) E. Reclus. La terre. Paris. 1876, II, 257.
**) Principles of geology. II. 515.
***) Dasselbe gilt auch für die in ihrer Lage und Form vollkommen stabilen Dünen der Sahara; wenn eine Bewegung

Schlecht vereinbar ist mit den Ansichten von B r a v a r d ferner die von B u r m e i s t e r (Descr. phys. II. 180) und merkwürdiger Weise auch von Z e b a l l o s selbst (Estud. geol. 15) mitgetheilte Thatsache, dass in der Provinz Buenos Aires der Flugsand und die Medanos um so häufiger werden, je weiter man nach W. kommt, denn nach B r a v a r d 's Theorie sollte man doch eigentlich das umgekehrte Verhältniss — grössere Mächtigkeit im ursprünglichen Entstehungsorte, Verringerung der Mächtigkeit mit der Entfernung von dem letzteren — erwarten. Endlich ist aber noch mit besonderem Nachdrucke das hervorzuheben, dass wenigstens heutzutage in den inneren Provinzen Ostwinde keineswegs diejenige Rolle spielen, welche die B r a v a r d 'sche Hypothese erfordert: die im Litorale herrschenden Staubtürme pflegen von SW., seltener von N. oder NW. herzukommen (B u r m e i s t e r. Descr. phys. II. 38) und die stärkeren Winde des Binnenlandes, die Zondos, zumeist von N. oder S. (ebendas. 74). Dass aber diese Verhältnisse zum Beginne der Alluvialzeit andere gewesen seien als heute, ist durchaus unwahrscheinlich, da die als Regulatoren der Windrichtung dienenden Gebirge auch damals schon in ihrer gegenwärtigen Ausdehnung und Höhe existirt haben müssen.

Nach alledem wird zuzugeben sein, dass die Hypothese von B r a v a r d und Z e b a l l o s auf sehr schwachen Füssen steht; dieselbe wird aber vollends untergraben, wenn man den Blick auch diesmal auf andere, an Flugsandbildungen reiche Gebiete wirft und von den Erfahrungen Nutzen zieht, die in denselben gewonnen worden sind.

Medanos und Sandwüsten finden sich von einem dem argentinischen ganz analogen Charakter und z. Th. noch weit häufiger und grossartiger, als wahre Sandoceane, in der Sahara, in der Gobi, in Persien und Australien; nach v. R i c h t h o f e n scheint wenigstens ein Stück Sandwüste überhaupt keinem der bekannten grossen Steppenbecken zu fehlen.

Fragen wir nun z. B. nach den Verhältnissen der nordafrikanischen Wüsten, so werden wir durch Z i t t e l darüber belehrt, dass sich auch hier die alte weitverbreitete Annahme, nach welcher die Sahara durch ein diluviales oder durch ein der jüngeren Tertiärzeit angehöriges Meer bedeckt gewesen sein soll, nicht aufrecht erhalten lässt und dass der Wüstensand, welcher zu dieser Hypothese veranlasste, lediglich von den nubischen Sandsteinen herrührt und nur durch atmosphärische Wirkung, selbst auf grössere Entfernungen hin, verbreitet wurde.[*] Dieselbe Anschauung ist neuerdings von R o l l a n d[**] und schon früher von R e c l u s acceptirt worden. Letzterer sagt la Terre II. 239: Un certain nombre de dunes ont été formées sur place pendant le cours des siècles par la désagrégation des roches de grès.

Die Anwendung dieser Ergebnisse auf die argentinischen Verhältnisse erleidet aber nicht die geringste Schwierigkeit, da ja in allen Pampinen Sierren, in den Anticordilleren und in der Cordillere selbst ältere wie jüngere, und unter den letzteren z. Th. ausserordentlich mürbe Sandsteine, die direct oder indirect, unter Mitwirkung von Wasser, das Rohmaterial für die Flugsandbildungen liefern konnten, weit verbreitet sind, da sich noch heute die über die Ebene fegenden Pamperos und Zondos gern zu Polvaderas und Tormentas de tierra (Staubstürmen) gestalten[***]) und da somit der heute vorhandene und in Thätigkeit befindliche geologische und meteorologische Apparat vollkommen zur Entwickelung der verschiedenen Flugsandbildungen ausreicht.

---

derselben überhaupt stattfindet, so muss dieselbe eine äusserst langsame, innerhalb eines Menschenlebens unmerkliche sein. R o l l a n d. N. Jb. 1883. II. -240-.

[*]) Ueber den Bau der libyschen Wüste. 1880.

[**]) Sur les grandes dunes de sables du Sahara. N. Jb. 1883. II -240- nach Bull. Soc. géol. France X. 1882. 30.

[***]) vergl. z. B. Burmeister's Schilderung des heftigen „orage à poussière", der am 19. März 1866 in Buenos Aires wüthete. (Descr. phys. II. 38.) Ich selbst habe in Córdoba und im freien Campe mehrmals Staubstürme, welche die Sonne minutenlang verfinsterten und nur auch die nächsten Gegenstände erkennen liessen, erlebt.

Die Medanos und Sandwüsten der argentinischen Ebene sind mithin als Erzeugnisse der zerstörenden, translocirenden und aufbereitenden Kraft der Winde und als Nebenproducte der noch heute fortdauernden Lössbildung zu betrachten.[*)]

Sandgletscher. Zum Beschlusse dieses Abschnittes habe ich noch einer recht eigenthümlichen, im Hochgebirge auftretenden Facies der Medanos zu gedenken, die bisher, wenn auch nicht gänzlich übersehen, so doch auch nirgends gebührend hervorgehoben worden ist. Herr Professor L o r e n t z, in dessen Gesellschaft ich sie zum ersten Male gelegentlich unseres Ausfluges von Yacotula bei Belen nach der Laguna blanca kennen lernte, hat sie mit dem Namen Sandgletscher bezeichnet, der sie ihrer Erscheinung und — mutatis mutandis — auch ihrer Entstehung nach trefflich charakterisirt.

Jene Tour führte uns zunächst in dem beiderseits von hohen Felsenketten eingeschlossenen, bis San Fernando sehr breiten, von da an aber enger werdenden Thale des Rio de Belen aufwärts. Als wir noch einige Wegstunden von San Fernando entfernt waren, wurden wir an der westlichen Thalseite plötzlich durch Erscheinungen überrascht, die aus der Ferne, aus der wir sie beobachten konnten, „so täuschend den Eindruck grosser Gletscher machten, dass ein alter Alpenwanderer wie Schreiber dieses sich unwillkürlich in dieser sonst so öden und fremdartigen Scenerie davon angeheimelt fühlte, wie durch eine aus der Ferne herüber klingende heimathliche Melodie."[**)] Die sonderbaren Gebilde lagen indessen noch so weit vom Wege ab, dass ihr Besuch mit unserem Reiseprogramme unvereinbar war.

Am Abend des ersten Tages gelangten wir nach San Fernando (1600 m), am Abend des nächsten Tages über Villavid (2035 m) und die Laguna cortada nach Nacimientos (2770 m). Als wir dann am Morgen des dritten Tages, um nach der Laguna blanca zu kommen, von Nacimientos aus in einer Seitenschlucht des westlichen Thalgehänges hinaufreiten wollten, zeigte es sich, dass dieselbe ebenfalls mit einer jener am ersten Reisetage beobachteten gletscherartigen Bildungen erfüllt und dass uns somit treffliche Gelegenheit zum näheren Studium der letzteren geboten war; denn um den 2920 m hohen Portezuelo und mit demselben das nach der Laguna blanca führende Hochthal zu erreichen, waren wir gezwungen, den „Gletscher" in seiner ganzen Länge zu überschreiten.

Ich gestatte mir, hier zunächst diejenige Beschreibung einzurücken, welche bereits durch meinen Reisegenossen gegeben worden ist.

„Wir ziehen nach Norden, erreichen das Ende des Thales (von Nacimientos), in dem wir uns befinden, überschreiten das Bächlein, und biegen nun in ein anderes Hochthal ein, welches ein ungeheurer Sandgletscher ausfüllt.

„Wenig seltsamere Erscheinungen mögen diese unerforschten Gebirge hegen als diese Nachahmungen der Eisgletscher in Flugsand.

„Mit letzterem Worte klingen „aus der Jugendzeit" Vorstellungen mit, die so ganz von den hier vor uns liegenden Landschaften verschieden sind; Bilder von weiten Flächen, auf denen der Wind mit den leichten Sandtheilchen sein Spiel treibt, sie launisch und schäkerhaft emporjagt und sie je nach seiner Hauptrichtung zu Hügeln und wandernden Dünen zusammenweht; oder höchstens Bilder von einem Wüstenthale, von steilen kahlen Felswänden eingefasst, in deren Boden mühsam eine Caravane ihren Weg sucht.

[*)] In gleicher Weise wird man wohl auch einige der im älteren Löss auftretenden Sandeinlagerungen (S. 267) deuten können; andere mögen Flussanschwemmungen sein.
[**)] Ein Ausflug nach der Laguna Blanca von Dr. A Stelzner und Dr. P. G. Lorentz. Geschildert von dem Letzteren. Buenos Aires. 1875. 3.

„Aber hier in den Hochalpen circa 10000 Fuss üb. d. M. mit allen ihren landschaftlichen, botanischen und meteorologischen Eigenthümlichkeiten in eine Sandwüste in Gletscherform versetzt zu sein — können Gegensätze schroffer sein?

„Rechts und links ragen steile Alpenhöhen empor mit Blöcken besät oder in Steilhängen und Felswänden abstürzend, mit spärlichem Gebüsche oder mit leuchtenden Alpenpflanzen garnirt, in steile Schneiden und Kämme auslaufend, z. Th. in Wolken gehüllt, welche einen eisigen Bergwind zu Thale senden. Den Grund des Thales füllt der weisse blendende Flugsand aus, einem Gletscher täuschend ähnlich, dessen Wellen und sanfte Contouren nachahmend, dessen Spalten, Eisnadeln und Abstürze freilich fehlen; wo die umgebenden Hänge sanfter sind, oder wo sich horizontale Flächen bilden, bis hoch, hoch hinauf an den Hängen ist der Flugsand an die Bergflanken angeweht, und ahmt so die Firnfelder der Alpen nach, welche die Gletscher speisen.

„Auf diesem anscheinenden Gletscher waten unsere Thiere im lockern Sande bis an die Knice, und jener kalte Gletscherwind weht uns seine Sandmassen in Mund und Augen und erregt auf der Hand Prickeln und Stechen. Die Vegetation, welche diesen Sand bedeckt, ist aus Alpen- und Wüstenvegetation gemischt. Leuchtende grossblumige Loasaceen, Papilionaceen, Gesneraceen mischen sich mit einem blattlosen ginsterartigen Strauche, einer sonderbaren Gattung aus der Familie der Bignoniaceen (Oxycladus) — welche auch die Sandparten des Campo del Arenal bewohnt, ebenso wie eine blattlose neue Verbenaceengattung (Neosparton), die wir ebenfalls wiederfinden. Diese Sträucher bilden Inseln und Gruppen auf dem Sandfelde am unteren Ende des Gletschers; bei weiterem Ansteigen verschwinden sie und lassen der Alpenvegetation allein das Feld" (l. c. 10).

Zur Ergänzung füge ich dem noch bei, dass die meiner Erinnerung nach einige 100 m breite Gletscheroberfläche zumeist durch gröbere oder feinere Rillen ornamentirt war. Diese Rillen — ein Erzeugniss des Spieles der Winde mit dem Flugsande — hatten alle einen etwas gewellten Verlauf, waren aber im grossen Ganzen unter einander parallel und rechtwinklig zur Thalschlucht orientirt. In den zwischen ihnen liegenden Vertiefungen zogen sich hier und da schmale schwarze Streifen hin, die aus feinem Magnetitsande bestanden und, indem sie sich lebhaft von dem herrschenden gelblichweissen Quarzsande abhoben, eine zarte Schraffirung des an sich schon eigenthümlichen Oberflächenbildes erzeugten. Hier und da wuchsen die gewöhnlich nur einen oder einige wenige Centimeter hohen Sandriffeln wohl auch zu kleinen dünenartigen Sandwellen an, während die Aehnlichkeit der ganzen Sandbildung mit einem Gletscher durch Gesteinsschutt und Felstrümmer erhöht wurde, die von den Schluchtwänden herabgefallen waren und sich moränenartig angehäuft hatten.

Da die Nacht über starke Nebel in der Schlucht gelegen hatten, so war der Sand oberflächlich so durchfeuchtet, dass er sich um herabrollende Steinchen ballen konnte; es fehlte also auch nicht an kleinen Lawinen.

Der Höhenunterschied zwischen dem oberen und unteren Ende des Sandgletschers mag nach Ausweis unserer Hypsometerablesungen etwa 100 bis 120 m betragen; um jenes zu erreichen, hatten wir etwa eine Stunde Zeit gebraucht.

Endlich sei angegeben, dass die Gehänge der Schlucht, in der sich der Gletscher herabzog, aus steilfallenden Schichten grauen und rothen Gneisses, mit denen gegen das obere Schluchtende zu die S. 14 besprochenen dunkelfarbigen Schiefer wechsellagerten, bestanden.

Aehnliche Bildungen, nur in kleinerem Maassstabe, fanden sich dann noch an den steilen Felsenhängen der Salina, kurz vor dem Austritte unseres Weges in das weite Becken der Laguna blanca.

Anderweite grössere „Sandgletscher" sah ich noch — aber wiederum nur aus der Ferne — von Fiambalá aus. Sie zogen sich hier an dem linken, aller Wahrscheinlichkeit nach ebenfalls aus alten krystallinen Schiefern bestehenden Gehänge des Thales herab.

In der älteren argentinischen Litteratur habe ich derartige Bildungen nur bei M. de Moussy kurz erwähnt gefunden. Er bemerkt da, wo er von der Sierra Chango-real (unter welcher er wohl die Gneisskette versteht, welche die linke Seite des Belener Thales bildet) spricht, dass sie „à une hauteure de 4000 mètres, offre d'énormes quantités de sables blancs qui descendent à l'ouest vers la vallée de la Laguna Blanca et en exhaussent continuellement le sol" (Descr. I. 291).

Von ähnlichen Flugsandbildungen in der chilenischen Cordillere berichtet Moesta. „An der Westseite des Thales (durch welches der Weg von Copiapó nach Tres Puntas führt) erheben sich im mittleren Theile zwei Berge, welche durch den Umstand merkwürdig sind, dass lockerer Sand sie bis zur Spitze überlagert. Ihre Höhe ist reichlich 2000 m über der Thalsohle, ihre Gehänge sind steil und der Umfang ihrer Basis beträgt mehrere Stunden. Der bedeckende Sand bildet eine mächtige Lage, derart jedoch, dass die Reliefform der unter ihr versteckten Felsbildung noch deutlich sich zeichnet und man die von der Spitze herablaufenden Grate und Schluchten wohl verfolgen kann. Man sieht in den Bergen der Wüste sehr häufig wohl die Erscheinung, dass Thäler ihrer Abhänge bis zu erheblicher Höhe hinan mit Sand angefüllt sind, welchen der Wind daselbst zusammengewoht hat, ähnlich wie derselbe in winterlichen Gegenden Schneemassen in Schluchten und Terrainvertiefungen zusammentreibt; hier jedoch findet eine vollständige Einhüllung in Sand statt und die Bildung ist um so räthselhafter, als dieselbe zwischen den umgebenden und sich anreihenden Bergen isolirt dasteht. Aus weiter Ferne erkenntlich und bekannt unter dem Namen Cerros de arena, bilden sie eine untrügliche Landmarke für den Reisenden in dieser gefahrvollen Wildniss." [*])

In Bezug auf das Vorkommen der zuerst besprochenen argentinischen Sandgletscher muss ich hier zunächst noch darauf aufmerksam machen, dass sich dieselben, soweit meine Erinnerungen reichen, nur in Seitenschluchten der Hochgebirge, nicht aber an denjenigen Gebirgsabhängen finden, welche das flugsandreiche Becken des Campo del Arenal, die catamarquenische Steppe u. a. Medanosgebiete umrahmen.

Durch diese Wahrnehmung könnte man vielleicht dazu veranlasst werden, die Bezugsquelle für das Rohmaterial der Sandgletscher nicht in jenen Sandsteppen der Niederung, sondern in Sandsteinvorkommnissen der Hochgebirge und in den Sandalluvionen der Thäler zu suchen; also z. B. für den Nacimientos-Gletscher in dem mürben Sandsteine, der die Gehänge des Belener Thales zwischen San Fernando und Nacimientos weithin anlagert, und in den Sanden des Thalbodens, welche wohl in der Hauptsache aus jenem entstanden sind. Da in diesem Falle die Sandkörnchen in einem langen und vielfach gewundenen Gebirgsthale stundenweit aufwärts geblasen worden sein müssten, so würde alsdann zu erwarten sein, dass sich hinter allen Vorsprüngen der Thalgehänge und an allen scharfen Thalbiegungen Flugsandanlagerungen fänden.

Das ist nun keineswegs der Fall; die Sandgletscher sind vielmehr eine ganz locale Erscheinung.

Unter Berücksichtigung dieser Thatsache und in Erinnerung der zahlreichen rauchsäulenartigen Sandhosen, die wir im Campo del Arenal beobachtet hatten, neigte ich mich daher von Haus aus der Ansicht zu, dass der Sand des Nacimientos-Gletschers (2770—2920 m) von dem Campo del Arenal (2000 m) abstamme, obwohl er von dem letzteren durch die mit Schneespitzen gekrönte Sierra de Gulampaja getrennt ist; denn es

*) Ueber das Vorkommen der Chlor-, Brom- und Jodverbindungen des Silbers in der Natur. 1870. 5.

Aus C. Wilhelmi's Schilderung der grossen Sandwüstendistricte von Port Lincoln, SW. Australien, ersieht man, dass auch dort, in der Nähe der Coffin-Bay, Sandberge unzugängliche Steilabstürze bilden. Sitzungsber. der Isis. Dresden. 1872. 146.

schien mir unter weiterer Erinnerung an die bei vulcanischen Eruptionen oftmals constatirte leichte und weite Transportabilität sandartiger Gesteinspartikelchen durch Wind recht wohl denkbar, dass die Quarzkörnchen jener Staubsäulen in bedeutende Höhen der Atmosphäre geführt, alsdann von Stürmen erfasst und nach W. zu, über die Kette von Gulampaja hinweggefegt worden sein könnten, um endlich an einer Stelle, wo welcher die Kraft des Windes durch eine entgegenstehende Felsenwand oder dergleichen gebrochen wurde, zur Ablagerung zu gelangen.

Herr Professor Lorentz wollte im Anfange dieser Ansicht nicht zustimmen, indessen schloss er sich derselben später rückhaltlos an, nachdem er unter den spärlichen Pflanzen des Sandgletschers von Nacimientos auch diejenigen Arten von Bignoniaceen und Verbenaceen wiederfand, die er bereits früher als charakteristische Elemente der Flora des Campo del Arenal kennen gelernt, im Thale von San Fernando-Nacimientos aber nicht gesehen hatte. Die Samen dieser Pflanzen konnten auch seiner Meinung nach nur über die Sierra von Gulampaja hinweg nach ihrer Colonie bei Nacimientos gekommen sein.*) Dann ist aber auch der Weg fixirt, den die Sandkörnchen ihrerseits durchflogen haben müssen.

Endlich habe ich noch anzugeben, dass mir geglättete oder polirte Felsenflächen (Sandscratches, Sandcuttings), die bekanntlich in manchen anderen Flugsandregionen beobachtet wurden, im Gebiete der Argentinischen Republik nicht aufgefallen sind, sei es, weil ich diesen Bildungen nicht die genügende Aufmerksamkeit geschenkt habe, oder sei es, weil ihrer längere Zeit beanspruchenden Entwickelung und ihrer Conservirung die weiter oben besprochene starke Abbröckelung und Zersplitterung der Felsoberflächen hindernd entgegensteht.

Salzsteppen, Salzsee'n und Salinen.
A. Salze im Gebiete der Lössformation.

Salzefflorescenzen. Wie schon S. 262 kurz erwähnt wurde, müssen dem Lösse in der Regel kleine Mengen verschiedener Salze beigemengt sein, denn man beobachtet fast stets, dass er sich nach Regentagen, wenn die Bodenfeuchtigkeit wieder zu verdunsten beginnt, mit zarten weissen, mehligen oder haarförmigen Krusten bedeckt, die freilich ebenso rasch, wie sie gebildet wurden, wieder verschwinden können, sei es dass sie vom Winde abgeweht, oder sei es dass sie vom Thaue gelöst und nun von den feinen Hohlräumen des Lösses wieder aufgesogen werden.

Die einzige mir bekannt gewordene Analyse einer derartigen Efflorescenz des argentinischen Lösses hat A. Döring ausgeführt und zwar hat er eine Ausblühung untersucht, welche sich an den Lössgehängen unweit der Sternwarte von Córdoba gebildet hatte.**) Dieselbe bestand aus

Schwefelsaurem Kalk	3.715
Schwefelsaurem Kali	32.342
Schwefelsaurem Natron	53.136
Chlornatrium	10.807
	100.000

---

*) l. c. 1L. Lorentz erinnerte sich nun auch ähnlicher Erscheinungen, die er, wennschon in kleinerem Maasstabe, in den deutschen Alpen beobachtet hatte. „So begegnete ich öfters in den Berchtesgadner Alpen, z. B. des steinernen Meeres, an geschützten Stellen, in Felsenklüften etc. einem feinem, glimmerhaltigen Detritus, der sicher nicht von den umgebenden Gesteinen stammte. Wohl ohne Zweifel hat der Staub der Wind aus den Glimmer- und Thonschiefer-Alpen im Süden des erwähnten Gebirgsstockes herbeigeführt und der Regen denselben in Felsklüfte und geschützte Orte zusammengeschwemmt."

**) La Plata M. S. 1874. No. 8 und Napp. Arg. Rep 263.

Salzsteppen (Salitrales).[*]) Da wo der Lössboden der Pampa von keinem oder nur von spärlichem Graswuchse bedeckt ist und nicht von fliessenden Gewässern durchschnitten wird, gewinnen seine Efflorescenzen oftmals einen stabileren Charakter. Der nackte Boden ist alsdann während der trockenen Jahreszeit (April bis September) ständig mit einer weissen Salzkruste bedeckt. Die Stärke derselben kann einige Millimeter erreichen. Meilenweite Landstriche machen alsdann den Eindruck, als wenn sie leicht beschneit wären, und werden nun — fälschlich — Salitrales genannt.[**])

Das genannte Phänomen kann man, wie schon Darwin auf Grund älterer Reiseberichte und eigener Beobachtungen hervorgehoben hat, mit mehr oder weniger grossen Unterbrechungen über die ganze pampine Ebene hinweg verfolgen, von Bahia Blanca und der Mündung des La Plata an bis nach Rioja und Catamarca. Darwin selbst traf derartige oberflächliche Incrustationen des Bodens besonders häufig in der Nähe von Bahia Blanca. Dort erschienen Quadratmeilen grosse Flächen der Lössebene nach trockenem Wetter „weisser als ein mit starkem Reif bedeckter Boden" (Geol. Obs. 72. Cap. 106). Efflorescenzen dieses Gebietes hat Parchappe für d'Orbigny analysirt (Voyage. Partie Histor. I. 664) und gefunden, dass sie in schwankender Weise aus 93 bis 63 schwefelsaurem Natron und 7 bis 37 Chlornatrium bestehen. Da indessen die an Chlornatrium reichen Efflorescenzen dicht an der Küste gesammelt worden waren, so mag es fraglich sein, ob dieselben lediglich dem Lösse entstammten oder ob sie Mischungen der Lösssalze mit Salzen des Meeres waren.

Die Möglichkeit eines derartigen doppelten Ursprunges ist natürlich ausgeschlossen bei den Efflorescenzen der binnenländischen Salzsteppen. A. A. Hayes hat solche der Gegend von Mendoza analysirt und gefunden, dass sie aus Astrakanit-artigen Salzen, denen etwas Chlornatrium beigemengt war, bestanden.[***]) Die Zusammensetzungen schwankten und ergaben, abgesehen von Wasser und erdigen Beimengungen,

Schwefelsaure Magnesia   29.7 bis 34.2
Schwefelsaures Natron   54   . 45.7
Chlornatrium   0.4   . 1.8

Eine andere Efflorescenz derselben Gegend, welche Fr. Perez untersuchte,[†]) bestand aus

Schwefelsaurer Magnesia   42.0
Schwefelsaurem Natron   10.5
Wasser   47.5

Eine Efflorescenz dieser Art habe ich selbst im December 1873 bei Toama, zwischen Santiago del Estero und Loreto gesammelt. Sie bedeckte hier, nach vorhergegangener andauernd trockener Witterung, den sandigen Lehmboden mit feinen weissen, haarförmigen Nädelchen, die bis 2 mm lang waren und bestand nach Herrn Professor Siewert's Untersuchung aus

Schwefelsaurem Kalk   3.16
Schwefelsaurer Magnesia   0.12
Schwefelsaurem Kali   6.29
Schwefelsaurem Natron   78.12
Chlornatrium   13.53
                       Sa. 100.22

---

*) Burmeister. Phys. Besch. I. 188.
**) Salitre, Salpeter. Derselbe findet sich nicht in den argentinischen Steppen. Das bereits von Moussy (Descr. III. 210) und neuerdings wieder von Zeballos (Estud. geol. 47) aus der Umgebung der Stadt Santiago del Estero beschriebene und als unerschöpflich bezeichnete Vorkommen reducirt sich nach Brackebusch (Exp. Min. 61) auf Efflorescenzen an alten Mauern.
***) Silliman. Amer. Journ. XXIV. 112. Darnach Kenngott. Uebers. d. Res. Min. Forsch. in 1856 u. 57 1859. 23.
†) Domeyko. Mineralojia. 3. edic. 504.

Die Efflorescenzen, welche sich auf dem rothen Lössboden der bolivianischen Hochfläche finden, sind nach d'Orbigny ebenfalls reich an schwefelsaurem Natron (Géologie. 117), so dass dieses letztere als der meist charakteristische Bestandtheil der im Lösse vorhandenen Salze zu betrachten ist. Untergeordnetere Rollen spielen Bittersalz, Gyps, Chlornatrium etc.

Eine wohl nur scheinbare Abweichung von dieser Regel hat die von Herrn S i e w e r t vorgenommene Untersuchung einer Efflorescenz ergeben, welche ich 1873 auf dem Wege von Mendoza nach San Juan, zwischen Borbollon und Huanacacha, sammelte. Die Wüste, welche dieser Weg durchschneidet, soll in der trockenen Jahreszeit nach glaubwürdigen Mittheilungen allenthalben mit einer Salzkruste bedeckt sein; da es aber an den Tagen, die meiner Reise vorhergingen, stark geregnet hatte, so glich die Ebene, als ich sie am 27. Februar betrat, dem Boden eines vor kurzem abgelassenen Teiches. Unter der Einwirkung heissen Sonnenscheines begann indessen bereits am 28. eine rasche Abtrocknung. Der Boden zersprang jetzt schollenartig und es entwickelten sich auf seiner Oberfläche schon wieder aufglitzernde Salzkryställchen und zarte weisse Krusten.

Die Analyse eines Gemenges dieser Ausblühungen ergab

Schwefelsauren Kalk	3.91
Chlorcalcium	2.27
Chlormagnesium	2.19
Chlorkalium	1.68
Chlornatrium	89.95
Sa.	100.00

Die auffällige Abweichung, welche hiernach die Zusammensetzung dieser letzteren Efflorescenz von allen sonst untersuchten und z. Th. aus derselben Gegend stammenden zeigt, ist wohl nur darin begründet, dass sich die bei trockener Zeit dominirenden Sulfate noch in Lösung befanden und von den tieferen Bodenschichten noch festgehalten wurden. Diese Annahme würde zum wenigsten mit denjenigen Erfahrungen übereinstimmen, die man a. a. O. gemacht hat, so in den Buchten des Kaspischen Meeres, in denen sich in der warmen Jahreszeit zunächst Gyps, dann Kochsalz und erst an letzter Stelle Bittersalz abscheiden.

S a l z s e e 'n u n d S a l i n e n.*) Da wo sich im Gebiete der eben besprochenen Salzsteppen Depressionen einstellen, in welchen die von den Gebirgen kommenden Flüsse zur Stagnation gelangen oder die während der nassen Jahreszeit fallenden Regenwässer sich ansammeln können, entwickeln sich, je nach dem Verhältnisse, in welchem die Beträge des zufliessenden Wassers oder der atmosphärischen Niederschläge zur Verdunstung stehen, salzige Lagunen oder stärkere, an Chlornatrium reichere Salzkrusten (Salinen). Eine scharfe Grenze zwischen diesen verschiedenen Salzbildungen kann nicht gezogen werden. Salitrales gehen allmählich in Salinen über und diese können sich ihrerseits während der Regenzeit stellenweise in Salzlagunen umwandeln. An anderen Orten sind die Salzlagunen perennirend.

Kleine See'n der letzteren Art finden sich besonders häufig in der Provinz Buenos Aires und einige derselben sind so reich an Salz, dass sich dasselbe an ihren Rändern und auf ihren Böden abscheidet.

Aehnliches kennt man aus der Küstenregion zwischen Bahia Blanca und el Carmen am Rio Negro, welche d'Orbigny und Darwin bereist haben. **)

*) Burmeister. Phys. Besch. I. 197.
**) d'Orbigny. Partie historique. II. 69. 121. 166. Géologie. III. 4L. Darwin. Geol. Obs. 73. Car. 108.

Die Depressionen, welche hier von den Salzsee'n und Salinen eingenommen werden, sind gewöhnlich von Sandhügeln umgeben. Ihre tiefsten Stellen liegen bis 60 m unter dem Niveau der benachbarten Ebene. An ihren Rändern macht die sonst herrschende Steppenvegetation einer Salzflora Platz. Den Boden der Depression bildet eine dicke Schicht schwarzen, lehmigen Sandes und über dieser liegt eine einige Centimeter, zuweilen aber auch bis ¹/₄ Meter starke Schicht derben Steinsalzes. In der nassen Jahreszeit erhält sich letztere unter einer schwachen Wasserdecke, oder sie wird gänzlich aufgelöst; im trockenen Winter krystallisirt alles Salz wieder aus, und zwar scheiden sich alsdann am Beckenrande, in dem mit Bittersalz imprägnirten schwarzen Schlamme, zunächst grosse Krystalle von Gyps und Glaubersalz aus, erst später das Steinsalz. Das letztere concentrirt sich in den tiefsten Punkten der Saline und kann nun mit Hacke und Schaufel gewonnen werden. Reeks, welcher derartiges Salz aus einer Saline am Rio Negro untersuchte, fand, wie Darwin angiebt, dass es ausser Chlornatrium nur noch 0.26% Gyps und 0.22% erdige Substanzen enthielt.

Die grössten Salzsee'n der Ebene liegen in so unwirthlichen und schwer zugänglichen Regionen, dass sie bis jetzt noch nicht genauer untersucht worden sind.

Am weitesten südlich, bis vor kurzem noch im Gebiete der nomadisirenden Indianer, liegt die Laguna Curraco, in welche der aus der Provinz Mendoza kommende Rio salado einmündet; dann folgt, gegen N. zu, die auf der Grenze der Provinzen Mendoza und San Luis gelegene Laguna de Guanacache, die zeitweilig mit der Laguna Bebedero in Verbindung stehen soll und namentlich durch sanjuaniner Flüsse gespeist wird. In der kleinen Laguna amarga („Bitter-See") verliert sich der von San Luis kommende Rio Quinto.

In der Provinz Córdoba liegt ferner das Mar chiquita („kleines Meer"), welches höchstens in der Regenzeit vom Rio primero und seinen Nachbarflüsschen erreicht werden mag; endlich breitet sich auf der Grenze von Córdoba und Santiago del Estero die Laguna de los Porongos aus, die über 8000 ☐ km umfassen soll und aus den Provinzen Santiago und Tucuman kommende Wässer in sich aufnimmt.

Die Wässer aller dieser See'n und Sümpfe sollen stark salzig sein, aber ihre genauere Zusammensetzung ist noch unbekannt. Nur vom Bebedero sagt Moussy (Descr. I. 178), dass sich während der trockenen Jahreszeit an seinen Ufern Salz abscheide, welches zwar etwas bitter, aber dennoch gut zu brauchen sei. Avé-Lallemant macht in Bezug auf denselben See die Angabe, dass der etwa 2¹/₄ km breite Sandstrich, welcher ihn umgiebt, durch starke Ausschwitzungen von Bittersalz ausgezeichnet sei (La Plata M. S. 1873. 17).

Diejenigen Depressionen der Pampa, welche keine oder nur geringe und vorübergehende Zuflüsse haben, sind die Bildungsstätten der Salinen. Jene sind gewöhnlich so flach, dass sie an und für sich von dem blossen Auge nicht erkannt zu werden vermögen (S. 261); sie machen sich jedoch indirect und zwar sehr deutlich bemerkbar, denn in demselben Grade, in welchem der Salzgehalt des Bodens gegen die tieferen Stellen der Mulde hin zunimmt, verkümmert auch der Baum- und Buschwald, welcher die Ebene in den centralen und westlichen Provinzen für gewöhnlich bedeckt. Er wird nach und nach gänzlich durch Gestrüpp von Salzpflanzen verdrängt und in dem centralen, salzreichsten Theile der Mulde verschwindet selbst dieses letztere. Zu gleicher Zeit erstirbt natürlich auch alles und jedes Thierleben. Absolute Sterilität ist also ein anderweiter Charakter der ächten Salinenregionen.

Der besondere Anblick, den die letzteren gewähren, ist ein sehr verschiedener, je nachdem trockene Witterung geherrscht hat oder Regen gefallen ist.

Nach langer Trockenheit erscheint die Saline als ein Riesenfeld, das im O. und W. von Gebirgen, im N. und S. aber nur von dem Horizonte begrenzt wird und aus einem ebenen, harten, lehmig-sandigen Boden besteht. Das Salz, welches sich nach dem letzten, vielleicht viele Monate zurückliegenden Regen in Gestalt feiner Krusten entwickelt hatte, ist inzwischen vom Boden wieder aufgesaugt oder durch den Wind verweht worden. Hackt man das von zahlreichen Rissen durchzogene Erdreich auf, so stösst man höchstens auf kleine, knollige Concretionen von feinkörnigem Gyps, deren grösste einige Centimeter im Durchmesser haben mögen.

Hat es dagegen noch vor kurzem stärker geregnet, so ist die Saline zu einem ungeheueren Schlammpfuhle geworden, auf dem sich hier und da weite, seichte Wasserflächen ausbreiten. In solchen Zeiten ist die Saline gänzlich unpassirbar und die Züge von Frachtkarren, die sie etwa überschreiten wollten, müssen am Rande liegen bleiben und einfach ausharren, bis der Boden wieder ausgetrocknet und erhärtet ist; sind die Wagen aber inmitten der Saline vom Regen überrascht worden, so muss man abspannen und wenigstens die Zugthiere nach dem festen Uferrande zu bringen suchen, jene dagegen bis auf weiteres ihrem Schicksale überlassen.

Sobald dann das Austrocknen erfolgt, entwickeln sich nun rasch allenthalben Salze. Zuerst glitzern einige Kryställchen auf, bald darauf entstehen zarte Krusten; an anderen Orten folgen nierenförmige und blumenkohlartige Efflorescenzen, oder blendend weisses Salz bedeckt mit einer continuirlichen, wenige Millimeter starken und zuweilen etwas faltigen Decke den Boden, soweit nur das Auge reicht. Es scheint sich, trotz der Sonnengluth, eine prächtige Winterlandschaft vor uns auszubreiten. Frische Fährten von einem Guanaco oder einem Strausse, die sich in die Saline verirrten, heben sich erdfarbig und scharf von der weissen Salzdecke ab; ältere Eindrücke sind schon wieder mit Salz incrustirt.

Kreuzt man die Salinen an warmen Tagen, so fehlt es ihnen nicht an Luftspiegelungen, ähnlich denen, welche man so häufig in den Grassteppen der östlichen Provinzen wahrnimmt. Da wo alles kahler Lehmboden ist, glaubt man von weitem dennoch Salzflächen zu sehen und am Horizonte scheinen sich von Bäumen umstandene Lagunen, in denen sich die benachbarten Gebirge deutlich abspiegeln, auszubreiten. Ausserdem bewirkt die stark zitternde Bewegung, in welcher sich die über der Saline stehende Luftschicht befindet, eine auffällige Verzerrung sichtbar werdender Objecte. So erschienen z. B. Reiter, die mir entgegenkamen, selbst noch bei geringer Entfernung, als unförmliche und, da auf der vom Horizonte begrenzten Ebene jedes andere zum Maassstabe dienliche Object fehlte, als gigantische Gespenster.

Derartig waren die mannigfachen Eindrücke, die ich empfing, als ich die Salinen zwischen Córdoba -Catamarca, zwischen Córdoba-San Juan und bei Pilciao, in der Ebene vom Fuerte de Andálgala, zu fünf verschiedenen Malen und unter verschiedenen Witterungsverhältnissen kreuzte.

Die Poststrassen, welchen ich auf den beiden erstgenannten Linien folgte, haben die Salinen an besonders schmalen Stellen zu schneiden und die tiefsten Stellen sorgfältig zu vermeiden gewusst, denn in den letzteren sollen die zusammengelaufenen Regenwasser Wochen- und Monate-lang stagniren und oftmals nur in besonders trockenen Wintern gänzlich verdunsten. An derartigen Stellen und in Gräben, die man in ihrer Nähe gezogen hat, bilden sich alsdann stärkere Bänke von reinem Salz, die von den Bewohnern des Salinenrandes in Blöcken gewonnen und auf die Märkte von Córdoba, Catamarca etc. gebracht werden. Solche Gewinnungspunkte von reinem und sofort gebrauchsfähigem Steinsalze finden sich, wie mir mitgetheilt wurde, z. B. in der Salina grande einige Leguas westlich von der an ihrem Ostrande gelegenen Poststation San José und in der Saline vom Fuerte de Andalgalá südlich dieses Städtchens, in der Nähe von Poman.

Man kennt in den centralen und westlichen Provinzen drei Salinen der eben geschilderten Art: die eben genannte Salina grande, die sich zwischen der Sierra von Córdoba im O. und der Sierra de los Llanos, sowie der Sierra de Ancaste im W. hinzieht und den Provinzen Córdoba, la Rioja, Catamarca und Santiago del Estero angehört. Sie mag nahezu 400 km lang sein und in ihrer Breite zwischen 5 und 40 km schwanken.

Nach der 1872 von der Oficina de los Ingenieros Nacionales bearbeiteten und in photographischen Abzügen ausgegebenen Karte umfasst sie den enormen Flächenraum von etwa 8500 ☐ km oder 150 geogr. ☐ Meilen.

Eine zweite Saline zieht sich zwischen der Sierra de San Luis und der Sierra de los Llanos im O. und der Sierra del Gigante, sowie der Sierra de la Huerta im W. hin und besitzt, abgesehen von einigen localen Unterbrechungen, ebenfalls eine ungefähre Länge von 400 km, während ihre Breite im N., wo diese Saline besonders typisch entwickelt ist, im Mittel 15 km betragen mag.

Die dritte Saline findet sich im W. der Sierra del Ambato, südlich vom Fuerte de Andálgala und hat bei etwa 100 km Länge 10 bis 20 km Breite.

Die in diesen Salinen von mir gesammelten Salze und Efflorescenzen hat wiederum Herr Professor S i e w e r t zu analysiren die Güte gehabt. Die Ergebnisse seiner Untersuchungen sind die folgenden:

I. Versandsalz aus der Saline südlich vom Fuerte de Andálgala, das in der Gegend von Poman in etwa 5 cm starken Platten gewonnen und ohne weiteres als Speisesalz verwendet wird.

II. Salz, welches die oberflächliche Bodenschicht im vegetationslosen Centraldistricte der Salina grande imprägnirte; die Erde wurde auf der Reise von Catamarca nach Córdoba zwischen den Poststationen S. Miguel im W. und S. José im O., in der mehrtägigem starken Regen folgenden Abtrocknungsperiode gesammelt und für Zwecke der Analyse ausgelaugt.

III. Efflorescenz aus dem bereits wieder mit Yume bewachsenen östlichen Randgebiete der Salina grande, 30 Kilometer westlich der Poststation San José und unter gleichen Umständen gesammelt.

IV. Feinkörnige, bis 2 mm starke Kruste, die wie ein saltiges Tuch Kilometer weite Strecken der zwischen der Sierra de los Llanos und der Sierra de la Huerta gelegenen Saline bedeckte. Nach vorausgegangener trockener Witterung auf dem Wege von Córdoba nach San Juan zwischen Mascasin und Papagallos gesammelt.

V. Nierenförmige Kruste vom östlichen Rande derselben Saline, einige Monate später, aber wiederum nach vorausgegangener Trockenheit gesammelt.

	I.	II.	III.	IV.	V.
Schwefelsaurer Kalk	8.09	3.59	9.41	0.75	11.23
Schwefelsaure Magnesia	0.69	—	1.08	0.23	0.99
Schwefelsaures Kali	—	4.04	10.40	0.84	14.19
Schwefelsaures Natron	—	—	10.57	18.59	26.52
Chlormagnesium	—	0.67	—	—	—
Chlorkalium	2.40	—	—	—	—
Chlornatrium	88.82	91.70	68.54	79.59	47.07
	100.00	100.00	100.00	100.00	100.00

Es zeigt sich aus diesen Analysen, wie wohl nicht anders zu erwarten war, dass die Salze der Salinen, abgesehen von ihren durch die jeweilige Witterung veranlassten Umsetzungen, in ihrer qualitativen Zusammensetzung mit denen der Salzsteppen (Salitrale) übereinstimmen, aber räumliche Sonderungen in der Weise erlitten haben, dass die Alkalisulfate am Rande, das Chlornatrium aber im tiefergelegenen Centrum der Salinen vorherrschen.

Ausserdem ergiebt sich, dass die älteren Mittheilungen, nach welchen den Salzen der Salinen häufig auch noch kohlensaures Natron beigemengt sein und ein kleiner Jodgehalt zukommen soll,[*] nicht zutreffend

---

[*] M. de Moussy. Descr. I. 246. 947. Burmeister. Phys. Besch. I. 200.

sind. Den Jodgehalt, der weder in den von D a r w i n am Rio Negro,[*]) noch in den von mir gesammelten und eben besprochenen Salzen gefunden werden konnte, scheint M o u s s y nur deshalb angenommen zu haben, weil an Kröpfen erkrankte Leute durch den Gebrauch der in der catamarqueñischen Ebene vorhandenen Brunnen gesunden sollen (Descr. L. 333). Wenn dies wirklich der Fall ist, so muss die Heilung einen anderen Grund haben; durch Jod wird sie nicht erzielt.

Im Anschlusse an das Vorstehende mag hier noch einer sehr interessanten und mit Rücksicht auf die Zugänglichkeit und Besiedelungsfähigkeit gewisser Theile der Pampa ausserordentlich wichtigen That-sache gedacht werden: des V o r k o m m e n s v o n L a g u n e n u n d B r u n n e n m i t s ü s s e m W a s s e r i n m i t t e n d e r s a l z g e s c h w ä n g e r t e n E b e n e.

Als Beispiele sind in erster Linie die Provinz Buenos Aires und die angrenzenden Theile der pata-gonischen Steppe zu nennen, denn hier finden sich mehrfach, wie schon W. P a r i s h (Buenos Aires. 122. 170), D a r w i n (Geol. Obs. 75. Car. 111) und H e u s s e r u n d C l a r a z (Beitr. II. 59) hervorgehoben haben, Salinen, Salz- und Süsswasserlagunen in nächster Nachbarschaft und in scheinbar regellosem Wechsel. Mit besonderer Deutlichkeit ersieht man diese Verhältnisse aus der Karte des lagunenreichen Districtes zwischen dem Rio Cuarto und dem Rio Salado, welche Major F. L. M e l c h e r t aufgenommen, und zuerst in der La Plata M. S. 1876. 34, dann auch bei N a p p (Arg. Rep.) veröffentlicht hat.

Aehnliches berichtet G. A v é - L a l l e m a n t aus der Provinz San Luis (La Plata M. S. 1873. 17).

Vergleichbar hiermit ist das Vorkommen von süssem Wasser inmitten der Salitrale und Salinen. Je nachdem man im Gebiete dieser letzteren mehr oder weniger tiefe Brunnen gräbt oder Bohrlöcher nieder-stösst, trifft man auf salziges oder süsses Wasser. M o u s s y erwähnt, dass in der Gegend der Lagunen von Guanacache, also inmitten der Salzsteppenregion, 5 bis 6 m tiefe Brunnen süsses und trinkbares Wasser liefern (Descr. III. 443; vergl. auch L. 247); nach A v é - L a l l e m a n t hat man in dem weiter südlich gelegenen Districte, 2½ km NO. von dem salzigen Rio Desaguadero, bei 8.6 m süsses Wasser gefunden und dasselbe erfreuliche Resultat auch mit einem noch tieferen Brunnen bei der an der Strasse San Luis-Mendoza gelegenen Post el Balde erhalten. In ähnlicher Weise gab ein Versuchsbrunnen, den man gelegentlich der Vorarbeiten zur Eisenbahnlinie Córdoba-Tucuman im Gebiete der von der Bahn durchschnittenen Saline ausschachtete, wie mir der den Bau leitende Ingenieur mittheilte, trinkbares Wasser.

Als ein besonders wichtiges Beispiel ist hier auch die schöne Ziehbrunnenanlage des Hüttenwerkes von Pilciao anzuführen. Obwohl zu Pilciao jährlich nur gegen 222 mm Regen fallen und obwohl das Eta-blissement einige Leguas weit vom Gebirge und in der allen fliessenden Wassers baren Ebene liegt, die gegen Süden zu bald mit der catamarqueñischen Saline bedeckt ist, giebt sein 38 m tiefer Brunnen doch das ganze Jahr hindurch genug gutes Wasser, um die Existenz der ganzen, etwa 800 Köpfe starken Be-völkerung des Hüttenwerkes zu sichern und die Tränkung der zahlreichen, zu- und abgehenden Maulthier-tropen zu erlauben.

Endlich sei nach B r a c k e b u s c h citirt, dass auch in der Saline der Puna Brunnen mit süssem Wasser vorhanden sind (Bol. A. N. V. 1883. 241).

Die Erklärung aller dieser Thatsachen ist wohl darin zu suchen, dass die pampine Lössformation in weit höherem Grade, als es bei flüchtigem Ansehen der Fall zu sein scheint, aus verschiedenen, durch-lässigen und undurchlässigen, salzreichen und salzarmen Schichten besteht und dass sich nun unter Umständen

---

*) Geol. Obs. 74. Car. 110.

In ihren salzfreien Schichten auch solche Wasser ansammeln können, die in der Nähe der Gebirge oder in medanosreichen Gebieten in die Tiefe eindringen und bei ihrem unterirdischen Laufe keine Gelegenheit zur Auslaugung von Salzen finden. Je nach der Ausdehnung derartiger Schichten wird sich süsses Wasser mehr oder weniger weit unter den Salinen fortziehen können.[*]

Zu dem Vorstehenden möchte ich nur noch bemerken, dass die auf die unterirdischen Wasserverhältnisse bezüglichen Erfahrungen, welche an einer Stelle der Pampa gewonnen worden sind, natürlich nicht ohne weiteres auf beliebige andere Orte der Ebene übertragen werden können.

In Buenos Aires, wo dem Lösse zwei bis fünf wasserführende, durch mehr oder weniger starke thonige Schichten getrennte Sandlager eingebettet sind, weiss man z. B., dass süsses Wasser, in geringer Quantität, nur in dem obersten Sande zu erwarten ist; teuft man die Brunnenschächte weiter ab, so erhält man zwar reichlicheres, aber bis zur Unbenutzbarkeit gesalzenes Wasser (Heusser u. Claraz. Beitr. II. 59). Anderseits haben neuerdings, wie Döring berichtet, die Untersuchungen, welche im Interesse der von der Linie Córdoba-Tucuman nach Santiago del Estero abzweigenden Eisenbahn angestellt worden sind, östlich der Sierra von Ancaste die Existenz von zwei bis drei Sand- und Geröllschichten nachgewiesen und ergeben, dass von denselben nur die unterste, 30 bis 60 m tief gelegene, reichliches und brauchbares Wasser liefert (Bol. A. N. VI. 1884. 260 ff).

Ein genaueres Bild von den unterirdischen Wasserläufen wird daher erst in späterer Zeit und dann entwickelt werden können, wenn einmal die Beschaffenheit der Lössformation durch Brunnen und artesische Bohrungen besser gekannt sein wird als heutzutage.

Dislocation der Salze in der Ebene. Ausser dem in der Gegend von Tarija (Bolivia) entspringenden Rio Vermejo und dem aus dem Hochgebirge von Salta kommenden Rio Juramento erreicht nur noch der Rio Tercero, dessen Quellen in der Sierra von Córdoba liegen, den Paraná und mit diesem das Meer. Diese drei Flüsse, von denen die erstgenannten beiden den dritten an Bedeutung weit überragen, sind also die einzigen, welche die Salze der argentinischen Ebene auslaugen und gänzlich wegführen können; alle anderen Flüsse, welche von den pampinen Sierren und von dem Ostabhange der Cordillere herabkommen, versiegen nach kürzerem oder längerem Verlaufe und vermögen daher die Salze, welche sie in der Ebene lösen, nur innerhalb dieser letzteren selbst zu dislociren.

So kommt es, dass das Wasser aller dieser Flüsse nur innerhalb der Gebirge und in den den letzteren zunächst angrenzenden, bereits ausgelaugten Theilen der Ebene süss ist, weiterhin aber, und zwar oft in sehr hochgradiger Weise, salzig wird. Daher die vielen Rios salados und saladillos, die den Salinen und Salzlagunen zuströmen oder inmitten der Ebene allmählich versiegen.

Diese Thatsache ist zwar unter den obwaltenden orographischen und hydrographischen Verhältnissen des Landes eine sehr naturgemässe, indessen möge sie hier doch an einem besonders hervorragenden Beispiele noch etwas näher erläutert werden.

Dieses Beispiel liefert der Rio dulce (Süsser Fluss), dessen zahlreiche Quellbäche in der Aconquijakette entspringen.[**] Von Tucuman fliesst derselbe in SW. Richtung nach Santiago del Estero, um bald unterhalb der letztgenannten Stadt, immer noch mit süssem, trinkbarem Wasser, in eine Ebene von solcher

---

[*] Man vergleiche auch Ameghino, nach welchem gewisse kreisförmige Lagunen der Provinz Buenos Aires durch solche unterirdisch verlaufende Wässer, durch die Auswaschungen derselben und durch die diesen Auswaschungen folgenden, trichterförmigen Zusammenstürze des Bodens entstanden sein sollen (Bol. A. N. VI. 1884. 172).

[**] M. de Moussy. Descr. I. 147. III. 205. Burmeister. Phys. Besch. I. 303. Auf meiner Karte steht irrthümlicher Weise Rio Salos.

Horizontalität einzutreten, dass er mit Leichtigkeit nach rechts oder links ausbrechen kann. Und in der That hat er hier mehrfach sein Bett geändert, besonders dann, wenn er in der Regenperiode hochangeschwollen herbeikam und nun innerhalb jener Ebene sein augenblickliches Bett mit Gebirgsschutt und Schlamm verstopfte. 1825 floss er z. B. an den Indianerstädtchen Loreto, Atamisqui und Salabina vorbei, in deren Nähe heute noch mehrfache, 2 bis 4 m tiefe trockene Betten zu sehen sind; aber im genannten Jahre verliess er jenen Lauf und schlug eine mehr SW. Richtung ein, die ihn nun in den nördlichsten Theil der oben besprochenen Salina grande eindringen liess. Bisher hatte es in dieser Saline nur während der Regenzeit kleine Salzlachen gegeben, deren Wässer zuweilen durch einen kleinen, Saladillo genannten Canal dem Rio dulce zuflossen, ohne jedoch die grosse Wassermasse des letzteren merkbar salzen zu können. Nach 1825 änderten sich diese Verhältnisse, denn seitdem strömt der ganze Fluss durch die Saline, zerschlägt sich innerhalb derselben in viele Canäle und bildet eine Reihe grosser, unter sich communicirender Lagunen, die in der Regenzeit weithin übertreten. Der vereinigte Abfluss aus diesen Lagunen erfolgt nach wie vor durch den Saladillo und erreicht nun wieder das alte Bett, etwa 25 Leguas oder 130 km unterhalb der Stelle, an welcher er es verlassen hatte. Hierauf theilt sich der Hauptfluss bald in verschiedene Canäle und wendet sich mit diesen letzteren jener grossen abflusslosen Depression zu, in welcher die Laguna de los Porongos liegt. Diese letztere nimmt also jetzt den Tucumaner Fluss auf, nachdem er aus einem süssen, klaren Gebirgswasser ein starker Salado geworden ist.

Der kleine, in früheren Zeiten seichte Abflusscanal (Saladillo), den die Saline früher besass, hat sich in Folge dieser Vorgänge während der letzten Decennien zu einem breiten Thale mit etwa 15 m hohen Längsgehängen (Barrancas) umgestaltet.*)

Während der Regenzeit wird dieses Thal von einer bedeutenden Wassermasse mit grosser Geschwindigkeit durchströmt; alsdann ist das Wasser nur wenig salzig. In den trockenen Zeiten hingegen, in welchen die Menge und die Geschwindigkeit des Abflusses auf ein Minimum reducirt sind und die Verdunstung einen hohen Betrag erreicht, ist das Wasser nach M. de Moussy's eigener Erfahrung zuweilen so stark gesalzen, dass ein Badender in ihm nicht mehr unterzusinken vermag.

Ich selbst überschritt den Saladillo nach einer regenarmen Zeit auf der von Córdoba nach Santiago del Estero führenden Poststrasse bei der schönen, Puente del Monte genannten Brücke, welche die National-Regierung in den letzten Jahren über den jugendlichen Thaleinschnitt hat schlagen lassen.

Das sehr langsam fliessende Wasser mochte nach roher Schätzung eine Breite von 25 m und eine mittlere Tiefe von 1.5 m haben; seine Ufer waren von starken Salzefflorescenzen bedeckt. Zwei Flaschen Wasser, welche ich am 6. December 1871 schöpfte, sind später von Herrn Professor Siewert analysirt worden; dabei hat sich ergeben, dass der Fluss zu jener Zeit eine mehr als 10procentige Salzsoole vom s. G. 1.07 repräsentirte. 1000 ccm Wasser enthielten die unter 1 verzeichneten festen Bestandtheile.

Ich füge dieser Siewert'schen Analyse des Saladillo noch diejenigen zweier anderer Salzflüsse bei, welche man Döring verdankt; nämlich

II. Wasser des Arroyo salado zwischen Lavalle und Sauce Corto, Patagonien (Bol. A. N. VI. 1884. 325);

III. Wasser des Rio saladillo zwischen Salta und Jujuy (Bol. A. N. V. 1883. 417).

---

*) So versicherte mir im Jahre 1871 der Besitzer der kleinen, am Saladillo gelegenen Post von Chilca, ein Mann von ungefähr 50 Jahren. In seiner Jugendzeit hatte der Salado noch keine Barrancas gehabt.

In 1000 ccm Wasser waren enthalten

	I	II	III
Schwefelsaure Kalkerde	5.9890	0.6120	0.2664
Schwefelsaure Magnesia	1.2130	0.0679	0.0335
Schwefelsaures Kali	—	0.0840	—
Schwefelsaures Natron	—	1.5232	0.1799
Chlormagnesium	0.7950	0.7671	—
Chlorkalium	—	—	0.1022
Chlornatrium	100.2260	2.6829	0.3496
Kohlensaurer Kalk	—	0.0616	0.0984
Kohlensaure Magnesia	—	—	0.0556
Kieselsaurer Kalk	—	—	0.0688
Kieselsaure Magnesia	—	—	0.0593
Kieselsäure	—	0.0421	0.0029
Verlust u. organ. Substanzen	—	—	0.0005
	108.2530	5.8308	1.2261 *)

Nach gefälligen Mittheilungen, die mir Herr Edling, ein schwedischer Ingenieur, der die vorhin erwähnte Brücke gebaut hatte, machte, ist das unter der letzteren hinwegfliessende Wasser 5 Monate jährlich stark gesalzen. Der Querschnitt des Saladillo soll während dieses Zeitraumes durchschnittlich 50 qm betragen. Darnach würden, wenn der Fluss während jener 5 Monate eine Geschwindigkeit von nur 5 m pr. Minute hätte, innerhalb eines Tages an der Puente del Monte 360 000 cbm Wasser vorbeifliessen und diese würden, wenn wir die Siewert'sche Analyse I zu Grunde legen, enthalten:

Schwefelsauren Kalk   2 156 040 kg.
Schwefelsaure Magnesia   447 480 „
Chlormagnesium   286 200 „
Chlornatrium   36 081 360 „
       Sa. 38 971 080 kg

Nimmt man die Gültigkeit dieser Zahl für die Dauer der 5 trockenen Monate des Jahres an, so ergiebt sich als Summe der Salze, welche allein während der trockenen Zeit eines jeden Jahres der Salina grande entzogen und der Laguna de los Porongos zugeführt werden

Schwefelsaurer Kalk   323 406 000 kg
Schwefelsaure Magnesia   67 122 000 „
Chlormagnesium   42 930 000 „
Chlornatrium   5 412 204 000 „
       5 845 662 000 kg.

Die dislocirte Menge von Chlornatrium würde für sich allein einen Salzwürfel von circa 135 m Seitenlänge entsprechen.

Aehnliche Beispiele könnten liefern: der aus der Provinz Salta kommende Rio Juramento, der lange Zeit dem ebenbesprochenen Flusse parallel läuft und sich als Rio salado bei Santa Fé in den Paraná ergiesst; der Desaguadero in der Provinz Mendoza, welcher die salzigen Wasser der Laguna de Guanacache theils

---

*) Im Original steht als Summe 1.2245.

dem Bebedero-See, theils dem südlich desselben gelegenen sumpfigen Flachlande zuführt; der Rio Cuarto und der Rio Quinto, die im südlichen Theile der Sierra von Córdoba entspringen und als Saladillos in der Pampa versiegen.

Auch auf dem bolivianischen Plateau bewirkt der Desaguadero des 12850 F. hoch gelegenen Titicaca-See's, des grössten Süsswasserbeckens des Continentes, eine analoge Auslaugung und Translocation der Salze der Lössformation (S. 297). Da wo er den See verlässt, hat er süsses, trinkbares Wasser; nachdem er aber in SO. Richtung 35 geogr. Ml. weit durch die salzgeschwängerte Ebene geflossen ist, mündet er endlich, mit Salzen nahezu gesättigt, in die 12280 F. hoch gelegene, abflusslose Laguna de Pausa (auch L. de Aullagas genannt) ein.[*])

B. Recente Salzbildungen in den Gebirgen.

Salzefflorescenzen und Salzwässer finden sich nicht nur, wie soeben erwähnt wurde, im Gebiete der bolivianischen Lössformation, sondern man trifft sie auch sehr häufig in gänzlich lössfreien Gebirgsregionen und unter Umständen, die beweisen, dass sie sich hier direct aus älteren Gesteinen und zwar namentlich aus den — wie wir von früher her wissen — gewöhnlich mehr oder weniger gypshaltigen Sandsteinen entwickeln.

Efflorescenzen der letzteren Art, die von mir gesammelt und von Herrn Professor Siewert analysirt wurden, sind die folgenden:

1. Efflorescenz aus dem Valle hermoso, zum Quellgebiete des Rio de San Juan gehörig, gesammelt in circa 2900 m Höhe. Das Thal ist eingeschnitten in mächtigen, cretacischen oder alttertiären Sandsteinschichten, die von dunkelfarbigen Conglomeraten, Tuffen und Strömen andesitischer Gesteine überlagert werden (S. 145). Die Efflorescenz ist häufig am Rande kleiner Sümpfe, zu denen sich der das schöne Wiesenthal durchströmende Bach zeitweilig ausbreitet. Es ist möglich, dass die erwähnten vulcanischen Gesteine an der Bildung der Efflorescenz irgend einen Antheil haben. Löss ist dagegen in dieser, der Wasserscheide beider Oceane nächstbenachbarten Gebirgsregion nirgends zu sehen.

2. Efflorescenz, reichlich entwickelt auf dem öden, in der Hauptsache aus einer Schichtenfolge von rhätischen (?) Sandsteinen und Schieferthonen bestehenden Plateau zwischen Guaco und Salinitas (San Juan). Das 1200 bis 1400 m hohe, lössfreie Plateau überragt die östlich angelagerte Ebene mindestens um 100 bis 200 m (S. 74).

3. Des Vergleiches wegen füge ich noch die Zusammensetzung derjenigen Efflorescenz bei, welche Philippi in der Wüste Atacama gesammelt hat und welche hier den Boden derart bedeckte, dass er wie beschneit aussah (Viaje 81. Reise 94). Die Analyse ist von Domeyko ausgeführt worden (An. Univ. Chile. XI. 262).

4. ist die Zusammensetzung einer zweiten, von Field analysirten und ebenfalls aus der Wüste Atacama stammenden Efflorescenz (Philippi l. c.).

Der in 3 und 4 von den betreffenden Analytikern angegebene Wassergehalt von 15 bezw. 12.3% wurde hier weggelassen und der Betrag der Salze entsprechend umgerechnet.

5. Efflorescenz, welche den Thalboden bei San Fernando, am Oberlaufe des Rio de Belen (Catamarca) gelegen, bedeckt. Das Thal ist hier auf weite Erstreckung hin in mürben gelben Sandstein eingeschnitten. Die Meereshöhe der Fundstätte beträgt circa 1600 m.[**])

---

*) d'Orbigny. Géologie. 117. 135. Wappäus. Bolivia. 688.

**) Qualitativ ähnlich zusammengesetzte Efflorescenzen aus dem Flussbette des benachbarten Rio Gualfin (oder Unalfin),

6. Eine letzte Efflorescenz sammelte ich in der Quebrada de Cal genannten Schlucht, welche am Westabhange der Famatinakette liegt und durch welche der Weg von Famatina nach Vinchina führt. Das Salz bedeckte an einigen Stellen die Gneissfelsen, welche die Wände der engen Schlucht bilden, mit dünnwandigen, blasenförmigen Krusten.

	1.	2.	3.	4.	5.	6.
Schwefelsaures Eisen	—	—	2.23	—	—	—
Schwefelsaure Thonerde	—	—	1.36	—	—	—
Schwefelsaurer Kalk	11.81	3.67	23.45	18.66	—	2.28
Schwefelsaure Magnesia	30.86	1.27	19.96	15.73	0.18	—
Schwefelsaures Kali	6.45	11.84	—	—	1.77	—
Schwefelsaures Natron	34.77	80.81	43.65	47.77	48.21	1.25
Kohlensaures Kali	—	—	—	—	—	1.71 *)
Kohlensaures Natron	—	—	—	—	24.37	8.07
Doppelkohlens. Natron	—	—	—	—	11.49	—
Chlornatrium	15.98	2.41	9.05	17.84	13.90	86.67
	99.87	100.00	99.70	100.00	99.92	99.98

*) Das Kali wurde als Carbonat angenommen, da die Efflorescenz hygroskopisch war.

Die Efflorescenzen 1 und 2, deren Zusammensetzung in qualitativer Hinsicht mit jener der im Lösse auftretenden Salze völlig übereinstimmt, sind wohl entweder auf einen ursprünglichen Salzgehalt der betreffenden Sandsteine oder auf Reactionen zurückzuführen, zu denen der dem Sandsteine fast niemals fehlende Gyps die Veranlassung gab; denn wenn der letztere von einsickernden Tagewässern gelöst wurde, musste er nun auf die dem Sandsteine beigemengten Körnchen von Silicaten oder auf die das psammitische Material cementirenden Carbonate von Alkalien und Erden zersetzend einwirken (Bischof. Lehrb. d. chem. u. phys. Geologie. 1864. II. 198).

Der ungewöhnliche Reichthum der Efflorescenzen 5 und 6 und der von Schickendantz untersuchten Ccollpa an Alkalicarbonaten ist möglicher Weise auf die Wirkung alkalischer Säuerlinge zurückzuführen, die wenigstens in der Gegend von Gualfin bekannt sind (S. 257).

Diese verschiedenen Salzefflorescenzen der Gebirgsregionen werden natürlich, ganz ebenso wie jene der Lössebene, im Laufe der Zeit dem Wasser zur Beute fallen und an geeigneten Stellen concentrirt werden. Dadurch entstehen dann die

Salzsee'n und Salinen des Hochgebirges*) Ich selbst habe, als ich 1872 in Gemeinschaft mit Herrn Professor Lorentz die Laguna blanca besuchte, in dieser und in der ihr benachbarten Salina de la Laguna blanca ein ausgezeichnetes Beispiel derartiger Bildungen kennen gelernt.

Der nach der Laguna blanca führende Weg wurde bereits S. 171 und 292 besprochen.

Die heute abflusslose und unseren Beobachtungen nach sehr seichte Laguna blanca liegt circa 2920 m

---

der in der Sierra de Gulampaja entspringt, bei Gualfin rothe Sandsteine und Hügel vulcanischer Schottermassen durchbricht und dann im Campe versandet, sind auch von Schickendantz untersucht worden (Wöhler's Annal. d. Chem. u. Pharm. CLV. 1870. 359). Dieselben, Ccollpa genannt, bilden sich im Winter auf trockenen Stellen des Flussbettes, werden gesammelt, und finden beim Waschen und bei der Seifenbereitung Verwerthung.

Nach Moussy (Descr. I 327) soll kohlensaures Natron auch den Boden der centralen Cordillere bedecken. Auf welche Localität und auf welche Untersuchungen sich diese Angabe bezieht, wird indessen nicht mitgetheilt.

*) Der Beitrag zur Bildung der Hochgebirgssalinen, den aller Wahrscheinlichkeit nach auch die in der Cordillere vorhandenen älteren Salzlagerstätten liefern, wird weiter unten besprochen werden.

ab. d. M. in dem an Bolivia angrenzenden Theile des Hochgebirges von Catamarca und erfüllt das Centrum eines flachen, von schneebedeckten Bergketten eingerahmten Beckens. Dieses mag nach roher Schätzung 30 Quadratleguas umfassen, die Lagune ihrerseits einige Quadratleguas bedecken. Am Beckenrande liegen vereinzelte kleine Ansiedelungen von Indianern. Dieselben waren zur Zeit unserer Anwesenheit, wegen herrschender Dürre, verlassen. Die Lagune war dagegen von zahlreichen Flamingos und Wasservögeln belebt. Das Wasser der Lagune schmeckte schwach salzig und das die letztere umgebende Flachland war allenthalben mit zarten Salzkrusten bedeckt.

Die Lagune wird durch kleine Bäche gespeist, die in den umgebenden Gebirgen entspringen und namentlich von S., N. und W. herbeizufliessen scheinen.

Die Salina de la Laguna blanca liegt am Wege von der Lagune nach Nacimientos und dem Belener Thale. Der Weg verlässt das Hochgebirgsbecken im SO. und folgt dann einem kleinen Thale, welches die Sierra de Gulampaja in SO. Richtung durchschneidet. Ehe man dasselbe betritt, muss man eine Reihe von Gneiss-hügeln passiren, die quer vor dem Thaleingange liegen und diesen vollständig abzusperren scheinen, jedoch an beiden Seiten den Eintritt gestatten. Das Thal selbst ist während der ersten 7 bis 8 km noch 2 bis 3 km breit, so dass es zunächst mehr den Eindruck einer in das Gebirge eingreifenden Seitenbucht des Haupt-beckens hervorbringt; dann aber verengt es sich zu einer Felsenschlucht, auf deren Boden sich nun der Weg noch mehrere Stunden lang hinwindet, bis er den Sandgletscher von Nacimientos (S. 292) erreicht und über diesen hinab nach Nacimientos führt. Die 600 bis 1000 m hohen Felsenwände, welche die anfängliche Thalweitung und die spätere Felsenenge bilden, bestehen durchgängig aus krystallinen Schiefern, namentlich aus Gneiss; hier und da sind ihnen kleine Flugsandmassen angelagert.

In der kesselartigen Thalweitung, welche man — von der Lagune kommend — hinter den Gneiss-hügeln zunächst erreicht und welche mit dem Lagunenbecken etwa gleiche Höhenlage hat, liegt die Salina.

Tritt man in den Kessel ein, so zeigt sein ebener, bald lehmiger, bald sandiger Boden anfangs noch einen schwachen Graswuchs; zwischen den Lücken desselben stellen sich aber bald kleine weisse, nieren-förmige Krusten ein. Bald darauf verliert sich alle und jede Vegetation. Der Boden wird glatt und kahl wie eine Scheunentenne, bedeckt sich aber mehr und mehr mit dünnen Rinden von Salz, die unter den Huf-tritten des Maulthieres klirrend zerbrechen. In kleinen ausgetrockneten Pfützen und in den Eindrücken, die früher des Weges ziehende Maulthiere hinterlassen haben, sind kleine Salzhexaëder von 0.5 bis 1 mm Seiten-länge auskrystallisirt. Vor uns scheint ein Wasserspiegel zu liegen, über welchem die Luft in stark zitternder Bewegung ist; aber es zeigt sich bald, dass wir uns getäuscht haben: je weiter wir vorrücken, um so stärker wird die Salzbedeckung. Aus der dünnen Scherbenkruste werden 2 bis 3 cm starke, parquetartig in einander gefügte Salzscheiben, die eine grosskrystalline Structur haben, so dass ihre glatte, von der Sonne beschienene Oberfläche einen eigenthümlichen schillernden Glanz entwickelt. Endlich werden die gewöhnlich etwas concaven Schollen sehr stark. Der dröhnende Huftritt unserer Thiere und die spiegelnde Glätte, welche uns umgiebt, könnten uns glauben machen, dass wir auf einem gefrorenen See reiten — nur ist das schein-bare Eisfeld auch jetzt noch in eigenthümliche kreisförmige Scheiben von 2 bis 6 m Durchmesser zersprungen und zwischen den aneinandergrenzenden Rändern dieser Scheiben ist allenthalben etwas lehmige Erde einige Centimeter hoch emporgequollen. Weiterhin wiederholen sich die beobachteten Erscheinungen in rück-läufiger Folge.

Kurz ehe man in die nun folgende Thalenge eintritt, führt der Weg an einem „Auge" süssen Wassers vorbei, d. h. an einer kleinen Quelle, die ihren Ursprung den umliegenden Bergen verdankt und von den Maulthiertreibern sorgfältig mit einem kleinen Erdwalle umgeben worden ist.

39*

Am Rande der Saline konnte ich die feste Salzdecke mit meinem Hammer und einem grossen Messer durchbrechen und stiess hierbei zunächst auf eine einige Centimeter starke Lage schlickrigen oder firnartigen Salzes, noch tiefer auf lehmige Erde. In der Mitte der Saline war es dagegen mit den mir zu Gebote stehenden Hülfsmitteln nicht mehr möglich, die feste Salzmasse zu durchdringen. Man hat mir versichert, dass hier die Salzkruste im Winter (Juli-August) am stärksten sein und etwa einen halben Meter erreichen soll. Dann hackt man aus ihr eine Vara (86 cm) lange und ½ Vara breite Salzplatten heraus, von denen je zwei eine Maulthierladung bilden und in Belen einen Kaufpreis von 2 bis 3 boliv. Pesos (à 3 M.) erreichen. Diejenigen versandfähigen Salzstücke, die ich neben den Indianerhütten der Puerta an der Laguna blanca sah, waren etwa 10 cm stark und zeigten auf ihrem Querbruche deutlich eine lagenförmige Structur. Es wechselten etwa 5 bis 6 parallele Lagen lichteren und dunkleren, d. h. reineren und unreineren Salzes ab, zuweilen durch eine blasige Fuge, in anderen Fällen durch eine dünne Erdschicht von einander getrennt.

Den eben geschilderten Anblick gewährte die Saline, als wir sie nach vorausgegangenem trockenen Wetter zum ersten Male überschritten. Als wir sie dann nach Verlauf von 3 Tagen, während welcher es z. Th. stark geregnet hatte, ein zweites Mal passirten, bot sie ein gänzlich verändertes Bild dar.

In ihrem Centrum, also da wo das Salz am mächtigsten war, war noch die alte glatte Fläche vorhanden, oder sie war bereits wieder vorhanden. Letzteres erscheint mir wahrscheinlicher, denn diesmal konnte ich sie ohne grosse Mühe mit dem Hammer durchbrechen. Sie war nur einige Centimeter stark; unter ihr fand sich schlickriges Salz. Gegen den Salinenrand zu breitete sich eine fein- und grobblasig aufgetriebene Schicht von Schlamm aus, deren Material der Regen wohl eben erst von den umgebenden Berggehängen herabgeschwemmt hatte. Unter dieser Schlammdecke fand sich an einer Stelle schlickriges Salz von einer eigenthümlich grünen Färbung, die, wie Collega Lorentz später bei mikroskopischer Untersuchung zu constatiren vermochte, durch zahlreiche Crococcaceen veranlasst wurde; noch tiefer folgte eine 15 cm starke Lage von festem, weissen Salz und unter diesem endlich salzreiche Erde. Der Aussenrand der Saline bestand jetzt aus einem weichen, stellenweise fast schlammigen Lehmboden, in dem unser Lastthier oft knietief einsank. Die glitzernden Salzkrusten, die ihn früher bedeckt hatten, waren natürlich vollständig verschwunden.

Die Untersuchung der in der Saline gesammelten Salze verdanke ich wiederum Herrn Professor Siewert.

I. Versandsalz, das, wie erwähnt, in grossen Platten aus der Saline herausgeschlagen wird. Das untersuchte Stück entnahm ich Platten, die neben einer der Indianerhütten am Rande der Laguna blanca für den Transport nach Belen aufgestapelt waren.*)

II. Einige Millimeter starke, nierenförmige Krusten, die den Lehmboden des Aussenrandes der Saline bedeckten. Vor dem Regen gesammelt. An derselben Stelle fanden sich in alten Fusseindrücken von Maulthieren kleine weisse Hexaëderchen. Ich hatte es unterlassen, vor dem Regen von diesen letzteren zu sammeln; es können aber wohl nur solche von Kochsalz gewesen sein.

III. Schlickriges, durch Crococcaceen grün gefärbtes Salz, nach dem Regen gesammelt. Diesem Salze waren kleine Schüppchen und krystalline Körnchen von Gyps beigemengt, die bei der Analyse nicht weiter berücksichtigt wurden.

---

*) F. Schickendantz schätzt die jährliche Ausbeute auf 1300 bis 1400 Maulthierladungen oder auf etwa 12000 Arrobas (3000 Ctnr) Steinsalz. La Plata M. S. III. 1875. No. 9.

	I	II	III
Schwefelsaurer Kalk	0.56	—	6.66
Schwefelsaures Kali	—	2.95	2.66
Schwefelsaures Natron	—	78.26	—
Chlorcalcium	1.28	—	20.95
Chlormagnesium	0.18	—	7.01
Chlorkalium	0.88	—	—
Chlornatrium	95.62	18.79	63.19
Sand	1.50	—	—
	100.02	100.00	100.47

Das Hervortreten der Chloride in III fällt sofort in die Augen und erinnert an die Zusammensetzung der ebenfalls nach vorhergegangenem Regen gesammelten Efflorescenz der Mendoziner Ebene (S. 297).

Die Analysen machen es ausserdem wahrscheinlich, dass die Salze, während sie vom Regenwasser aufgelöst sind, zunächst gegenseitige Zersetzungen und weiterhin räumliche Sonderungen erleiden. Unter anderem werden sich aus Chlornatrium und Gyps Chlorcalcium und Glaubersalz entwickelt haben und während nun das letztere beim Wiedereintritte trockener Witterung am Rande der flachen Depression auskrystallisirt, mag sich das leichtzerfliessliche Chlorcalcium, mit Chlormagnesium zu einem Tachhydrit-artigem Salze verbunden, noch ein Stück gegen das Centrum der Saline hinziehen.

Herr Professor Siewert machte mich ausserdem darauf aufmerksam, dass möglicher Weise die Conferven, die dem Salze III so reichlich beigemengt waren, dass sie ihm eine grüne Gesammtfarbe ertheilten, die bezüglichen Zersetzungen eingeleitet haben, da Pflanzen den Sulfaten des Kalkes und der Magnesia ihren Sauerstoff entziehen können.

Zu einer Vorstellung von der Bildung dieser interessanten Saline wird man durch die Mittheilung geführt, die M. de Moussy auf Grund von Aussagen der Umwohner der Laguna blanca Descr. III. 347 macht. Darnach soll nämlich der Wasserstand der Lagune früher höher als gegenwärtig gewesen sein. Alsdann darf aber mit Rücksicht auf die ungefähr gleiche Höhenlage von der Lagune und der Saline angenommen werden, dass jene damals einen kleinen Abfluss hatte, der, an der Seite der oben erwähnten Gneisshügel vorbei, in die heute von der Saline eingenommene kesselförmige Thalweitung führte, hier eine zweite Nebenlagune bildete und sich dann vielleicht auch noch weiter, den oben geschilderten Weg entlang, bis nach Nacimientos und dem Rio de Belen erstreckte. Die Nebenlagune muss sich jetzt, bei schwachem Zuflusse und starker Verdunstung, nach und nach mit Salzen gesättigt haben. Als dann endlich der Spiegel der Laguna blanca sank und die Communication zwischen dieser letzteren und ihrem Nebenbassin unterbrochen wurde, musste dieses, aller weiteren Zuflüsse beraubt, derart austrocknen, dass nur noch die feste spiegelnde Salzdecke zurückblieb.

Die catamarquenische Hochgebirgssaline steht übrigens durchaus nicht vereinzelt da. Als Seitenstücke zu ihr sind nach Moussy (Descr. I. 180) zu nennen: die Laguna brava und die Laguna de las Mulas muertas, beide auf dem 4000 bis 4200 m hohen Cordillerenplateau gelegen, welches die von Rioja und Catamarca nach Copiapo führenden Wege zu übersteigen haben, und die Laguna verde in der Cordillere von San Francisco, die so reich an Salz ist, dass man dasselbe im Sommer an ihrem Ufer gewinnt. Endlich gehören hierher die neuerdings von Brackebusch studirten, gegen 1000 ☐ km umfassenden Salinas grandes de la Puna, welche sich einer Meereshöhe von 3300 m in einer abflusslosen Einsenkung zwischen den Hochgebirgen von Salta und Jujuy ausbreiten und in trockenen Zeiten ebenfalls über weite Flächen hinweg an das Bild eines mit glattem Eise bedeckten See's erinnern (Bol. A. N. V. 1883. 241).

In der Region dieser letzgenannten Saline tritt auch der aus der Argentinischen Republik sonst nicht weiter bekannte Boronatrocalcit auf. Brackebusch sammelte denselben zwischen Cerillos und Cangrejillos, d i. am SW. Rande der Saline. Er bildet hier einen weissen, an der Luft zu einer festen Masse erhärtenden Schlamm, der n. d. M. ein Aggregat dünner, durchsichtiger Prismen zeigt und nach Rammelsberg ausser einer kleinen Thonbeimengung und 7.68 Chlornatrium aus

Borsäure	42.06
Kalk	15.91
Natron	8.90
Wasser	33.48
	100.35

besteht. Diese Zusammensetzung entspricht wahrscheinlich der Formel $Na^4 Ca^4 Bo^{18} O^{31} + 27$ aq, sodass der Boronatrocalcit von Salta mit demjenigen von Atacama identisch zu sein scheint (N. Jb. 1884. II. 159).

Den argentinischen ähnliche Salzlagunen und Ablagerungen fester Salze, „die z. Th. mit Salzkrusten bedeckt sind, welche wie eine Eisdecke von Menschen und Thieren überschritten werden können", finden sich auch auf der bolivianischen Hochfläche in Höhen von 12000 bis 13000 Fuss (Wappäus. Bolivia. 686), sowie zu Austin, Nevada (Berg- u. Hüttenm. Zeit. 1871. 114).

Endlich ist hier noch der Bildung alaunartiger Salze zu gedenken, welche sich heute in vielen argentinischen und chilenischen Gebirgsdistricten vollzieht. In erster Linie muss da die sogenannte Polcura erwähnt werden, die im Gebiete der chilenischen Cordillere massenhaft auftritt. Nach Domeyko (Mineralogia 3a ed. 1879. 522) entsteht sie aus der Zersetzung solcher feldspathhaltiger Gesteine, die mit Kiesen imprägnirt sind. Die mit Polcura durchzogenen und oberflächlich incrustirten Felsen erkennt man schon vom weiten an ihren lichten, roth und braun gefleckten Farben. Die Wässer, welche aus ihnen entspringen, sind gewöhnlich reich an Sulfaten, besonders an solchen von Kalk, Eisen und Thonerde; von Alkalien findet sich nur etwas Natron. Alaune der argentinischen Gebirgsregionen hat Schickendantz beschrieben (Acta. I. 1875. 13, darnach bei Napp. Arg. Rep. 235). Er fand sie theils als krustenförmige Efflorescenzen auf dem Quarztrachyte der Sierra del Atajo, theils im Schuttlande an anderen Stellen der Provinz Catamarca; meist sind es Magnesia-Alaune, die kleine Mengen der Sulfate des Eisens, Natrons oder Kalis enthalten. In Salta kennt man Alaun in den Thälern von Calchaqui (Stuart. Bol. of. Espos. VI. 123); in Jujuy in der Sierra de Santa Bárbara, die deshalb auch — bei Moussy — Sierra de Alumbre genannt wird (Descr. I. 329). Ich selbst sammelte alaunartige Efflorescenzen bei Escaleras de Famatina, la Rioja, woselbst sie Schotter- und Sandablagerungen überkrusten, die dem linken, aus Thonschiefer bestehenden Felsengehänge zwischen Escaleras und Corrales anlagern. Nach Siewert's Untersuchungen sind diese letzterwähnten Alaune denen ähnlich, welche Schickendantz von Famatina (vielleicht von der eben genannten Localität) erhalten und analysirt hat (l. c. sub E), denn es sind wasserhaltige Thonerdesulfate, mit denen Sulfate von Eisen, Natron, Magnesia und Kalkerde theils chemisch verbunden, theils mechanisch gemengt sind. Endlich hat D. Saile Echegaray in Siewert's Laboratorium einen Alaun analysirt, der im Thale von Guachi, San Juan vorkommt. Ich selbst sah auf dem Hüttenwerke Sorocayense faserige Alaune, die aus dem Gebirge in der Nähe von Isla, Valle de Calingasta, San Juan stammen sollten.

Ueber die Herkunft der Salze der Lössformation und der Gebirgssalinen sind im Laufe der Zeit sehr mannigfaltige Ansichten ausgesprochen worden.

Zunächst, und solange man den Löss für eine marine Bildung hielt, leitete man auch seine Salze direkt vom Meere ab und erblickte, unter Hinweis auf die Hebung, welche der Continent nachweislich in der jüngsten Zeit erlitten hat, in den Salzsee'n und Salinen der Ebene Ueberreste der ehemaligen oceanischen Bedeckung; dieselben sollten vom Meere abgetrennt und Binnensee'n geworden, bezw. ausgetrocknet sein.[*)]

Die Möglichkeit einer derartigen Entstehung wird allenfalls, wie dies schon von Philippi (Reise. 134. Visje 118) bemerkt worden ist, für diejenigen Salzbildungen zugegeben werden können, welche innerhalb jener neuerlich aus dem Meere gehobenen Regionen liegen und deren Salze in ihrer chemischen Zusammensetzung mit denjenigen des Meeres übereinstimmen.[**)] Wahrscheinlicher ist es jedoch, dass sich die Küstensalinen in gleicher Weise entwickelt haben, wie die in allen wesentlichen Punkten mit ihnen übereinstimmenden Salinen des Binnenlandes und Hochgebirges.

Dass auch diese letzteren Verdampfungsrückstände abgetrennter oceanischer Buchten seien, wie Darwin (Geol. Obs. 70. Car. 103), Forbes (Rep. 13), und Ochsenius (die Bildung der Steinsalzlager. Halle. 1877. 45) annahmen, ist aber durchaus unwahrscheinlich, denn es fehlt, wie bereits für Chile durch Philippi, und für die Argentinische Republik oben in dem Abschnitte über die Pampasformation auseinandergesetzt worden ist, an allem und jedem anderweiten Kennzeichen dafür, dass diejenigen Regionen der centralen Pampa und des bis zu 3000 und 4000 m ansteigenden Hochgebirges, in welchen sich Efflorescenzen und Salzsee'n finden, während der quartären Zeit vom Meere bedeckt gewesen und erst hierauf in ihr heutiges Niveau emporgehoben worden sind.

Hieraus ergiebt sich aber mit Nothwendigkeit, dass alle über den recenten Strandbildungen liegenden, und mit Wahrscheinlichkeit, dass auch die an der Küste auftretenden Salzsee'n und Salinen lediglich binnenländische, von der directen Mitwirkung des Meeres gänzlich unabhängige Bildungen sind.

Diese schon von einigen älteren Reisenden ausgesprochene Auffassung hat denn auch in der Neuzeit immer mehr und mehr an Boden gewonnen und dürfte heute nur noch in ganz vereinzelter Weise angezweifelt werden.

Weiterhin gehen die Ansichten aber noch auseinander.

Nach der Meinung der Einen sollen die oben besprochenen Salzvorkommen von älteren Salzlagerstätten oder von einem ursprünglichen kleinen Salzgehalte mariner Sedimente, namentlich der Sandsteine, abstammen und lediglich durch Auslaugung dieser primären Salze, durch deren Wegführung in fliessenden Gewässern und durch erneute Concentration auf secundärer Lagerstätte entstanden sein;[***)] Andere erblicken in den Salzen, gleichwie in dem Lösse, die Zersetzungsproducte der verschiedenartigsten älteren, krystallinen und sedimentären Gesteine und denken sich, dass die Salze entweder als solche zugleich mit den Lösselementen abgelagert worden oder erst inmitten des Lösses zur Entwickelung gelangt sind.[†)] H. von Schlagintweit-

*) d'Orbigny. Voyage. 83. 84. 102 u. a. a. O. Darwin. Geol. Obs. 69 ff. Car. 102 ff. Moussy. Descr. III. 448. Maak. Proceed. Boston Soc. Nat. Hist. XIII. 1870. 417, darnach N. Jb. 1872. 326.

**) vergl. auch Döring. Bol. A. N. VI. 1884. 272.

***) W. Parish. Buenos Aires. Cap. XV. Philippi. Reise. 184. Tschudi. Reisen. IV. 292. Brackebusch. Bol. A. N. V. 1883. 240. Döring. Bol. A. N. VI. 1884. 272.

†) v. Richthofen. China. I. 56. Burmeister. Descr. phys. II. 181—87. Schickendantz. Acta. 1875. I. und bei Napp. Arg. Rep. 284. Die Estudios sobre la formacion de las salinas von Schickendantz, die Bol. A. N. I. 1874. 240 abgedruckt worden sein sollen, sind mir leider nicht zugänglich gewesen.

S'akünlünski glaubt auf Grund seiner Untersuchungen des tibetanischen Hochasiens zur Erklärung der dortigen, den argentinischen ähnlichen Salinen vom Vorhandensein älterer, Chlornatrium-führender Gebirge gänzlich absehen und sich mit der Annahme begnügen zu können, dass Salzseen im Laufe der Zeit aus der Concentration der Salze gewöhnlicher Quellwasser entstanden seien,[*]) während Posepny den Nachweis zu führen gesucht hat, dass jedes abgeschlossene Becken im Laufe der Zeit versalzen müsse — unabhängig von der Natur des Untergrundes und der umliegenden Gebirge, und nur in Folge davon, weil die Salze des Meeres das verdunstende Wasser desselben auf dem ersten Theile seines Kreislaufes (bis zum Niederschlage in binnenländischen Regionen) begleiten und hierauf von fliessenden Gewässern in abflusslosen Regionen concentrirt werden.[**]) Endlich könnte man mit Boussignault auch an einen „vulcanischen Ursprung" der Salze, d. h. an deren Herkunft aus Thermalquellen vulcanischer Regionen denken.[***])

Im Hinblick auf diese verschiedenen Theorieen bleibt an dieser Stelle noch übrig, diejenigen Beobachtungen und Erfahrungen zusammenzustellen, welche in den uns vorliegenden Fällen zu Gunsten der einen oder anderen jener Erklärungsweisen sprechen.

Was da zunächst die Theorie der einfachen Translocation bereits vorhandener Salze durch fliessende Gewässer anlangt, so ist es leicht zu zeigen, dass, soweit Chlornatrium und Gyps in Frage kommen, das von derselben erforderte Rohmaterial in den argentinischen Gebirgen und namentlich in der Cordillere in reichen Mengen vorhanden ist.

Nach Forbes sind „permische oder triassische" Schichtensysteme, die aus salz- und gypshaltigen Mergeln bestehen und aus denen zahlreiche Salzquellen entspringen, auf dem Bolivianischen Plateau, in Höhen von 12000 bis 14000 F. mächtig entwickelt; sie ziehen sich, nach dem Genannten, in einem 50 bis 80 miles breiten Streifen, von dem Titicaca-See aus südlich bis in die Argentinische Republik hin (Rep. 38 u. Profile), so dass man versucht wird, als ihre Fortsetzung diejenige Sandsteinformation zu betrachten, die sich in Jujuy und Salta ausbreitet und nach Brackebusch, der ihr freilich ein cretacisches Alter zuschreibt, ebenfalls sehr reich an Gyps und an fein eingemengten Salzpartikeln ist (Bol. A. N. 1883. 172). Auch Philippi berichtet, dass sich in der Wüste Atacama Gyps- und Steinsalz-führende, „permische" Mergel und Sandsteine über 5½ Breitegrade hinweg verfolgen lassen. In diesen letzteren mag — in der Breite von Chañaral — der Rio salado entspringen, „ein krystallheller Bach, fast gesättigte Salzsoole, zu beiden Seiten wohl fünf bis sechs Schritte breit mit schneeweissem Salze eingefasst, dass allerlei Gestalten zeigt" (Reise 99. 130).

Als Auslaugungsproducte von Salzlagern müssen offenbar auch die warmen Aguas saladas betrachtet werden, welche nach Domeyko in der Höhe der Cordillere von San José, unweit den Quellen des Rio Maipo entspringen, über 8% gewöhnlichen Salzes enthalten und die Felsen, über welche sie herabfallen, im Sommer mit Stalactiten von reinem, weissen Salz bedecken (Ag. min. 38),[†]) ebenso die in der Cordillere von

---

[*]) Untersuchungen über die Salzseen im westl. Tibet und in Turkistan. Abhdl. d. bayer. Akad. d. Wiss. XI. 1871. 115. Das Auftreten der Dorverbindungen in Tibet. Sitzungsber. derselben Akademie. II. Cl. 1878. 461 ff. Die Ursache des Salzgehaltes der 14000 bis 15700 F. hoch gelegenen tibetanischen See'n soll darnach keine geologische, sondern eine topographische, also darin zu suchen sein, dass durch die den Wasserzufluss überwiegende Verdunstung der Bodenwässer die Menge der mit den Quellen zu Tage tretenden und in den Bodendepressionen sich ansammelnden Salze ununterbrochen zunimmt.

[**]) Zur Genesis der Salzablagerungen, besonders jener im nordamerikanischen Westen. Sitzungsber. d. k. Akad. d. Wiss. Wien. LXXVI. 1877. vergl. jedoch auch Tietze. Zur Theorie der Entstehung der Salzsteppen und der angeblichen Entstehung der Salzlager aus Salzsteppen. Jahrb. der k. k. geol. Reichsanstalt. Wien. XXVII. 1877. 341 ff. und Ochsenius. Z. d. g. G. XXXI. 1879. 411.

[***]) Sur les eaux qui prennent naissance dans les volcans des Cordillères. Comptes Rendus. LXXVIII. 1874. 453 ff.

[†]) Das sind wohl dieselben 40° C warmen Quellen, in deren Wasser Leybold in 100 Theilen 6.70 Chlornatrium, 0.25 schwefelsauren Kalk und 0.13 schwefelsaure Magnesia fand. Escurs. 100.

Tinguiririca hervorbrechenden Quellen, welche ausser einer ansehnlichen Quantität von Chlorcalcium eben-soviel Salz wie das Meerwasser enthalten (ibid. 36); endlich die S. 257 beschriebenen salzreichen Quellen von Timbó in der Provinz Tucuman.

Ferner ist hier an den z. Th. enormen Gypsreichthum der in den Cordilleren von San Juan, Mendoza etc., sowie in den Pampinen Sierren auftretenden cretacischen oder alttertiären Sandsteine zu erinnern.

Nach alledem kann es nicht Wunder nehmen, dass, wie schon W. Parish hervorhebt, zahlreiche Flüsse vorhanden sind, welche salzreich aus den Gebirgen hervortreten und, da sie das Meer nicht erreichen können, zugleich mit ihrem Schlamme auch ihre Salze oberflächlich ablagern müssen.

Für die oberflächliche Ablagerung der Salze spricht nach dem eben Genannten auch noch der Um-stand, dass sich mehrfach in der Nachbarschaft von Salzsee'n und inmitten der mit Salzefflorescenzen bedeckten Lössebene schon in geringer Tiefe Quellen oder Brunnen mit süssem Wasser finden (vergl. oben S. 301).

Der Erklärung der Herkunft des im Löss vertheilten und in den Salinen angesammelten Chlor-natriums und Gypses bereitet, wie gesagt, nach alledem keine Schwierigkeit.

Anders verhält es sich mit den sonstigen, in den Efflorescenzen des Lösses und in den Salinen der Ebene und Gebirge reichlich vorhandenen Sulfaten, denn für diese scheint eine directe Bezugsquelle in den älteren Gesteinen nicht, oder wenigstens nicht in genügender Weise vorhanden zu sein. Das Vorkommen dieser Sulfate macht es daher erforderlich, für die Bildung der Salinen etc. ausser der directen Translocation präexistirender Salze auch noch die gleichzeitige Mitwirkung chemischer Processe zu Hülfe zu nehmen. Das ist bereits für den chinesischen Löss von v. Richthofen und für den argentinischen von Burmeister und Schickendantz betont worden. Hier möge nur noch darauf aufmerksam gemacht werden, dass bei diesen chemischen Umsetzungen nicht nur die bereits S. 306 erwähnten, rein anorganischen Processe, sondern auch die Thätigkeit der Steppenflora, und zwar namentlich diejenige des für die argentinischen Salitrales ausserordentlich charakteristischen Jumestrauches (Suaeda divaricata), eine bedeutungsvolle Rolle spielen dürften. Denn nach Siewert ist der letztere unter allen dermalen untersuchten Gewächsen das aschenreichste. 100 Theile seines lufttrocknen Holzes geben 19% Asche und diese letztere besteht u. a. aus 19.38 Chlor-natrium, 9.50 schwefelsaurem Kalk, 12.15 phosphorsaurem Kali, 7.50 kohlensaurem Kali und 41.73 kohlen-saurem Natron (Napp. Arg. Rep. 285 und Tabelle C.).

Dass auch die Solfataren und die Thermen der Cordilleren-Vulcane unter Umständen beachtens-werthe Beiträge zur Bildung der verschiedenen Salzlagerstätten liefern können, hat Boussignault durch seine Studien in den Cordilleren von Neugranada und Ecuador nachgewiesen. Die heissen Quellen, Bäche und Lagunen in der Umgegend der Vulcane Puracé, Pasto, Tuqueres und Ruiz enthalten ausser Chloriden und Sulfaten des Natrons, Kalkes und der Magnesia auch freie Schwefelsäure und Salzsäure und der vom Puracé kommende Pasambió (Rio Vinagre, Essigfluss) soll pro Jahr die enorme Menge von 17 Millionen Kilogramm Schwefelsäure und 15 Millionen Kilogramm Salzsäure wegführen.

Es ist recht wahrscheinlich, dass sich ähnliche Vorgänge auch in unserem Gebiete abspielen und dass z. B. die Gewässer, welche in der Nähe des Tupungato und seiner Solfataren [*]) entspringen und der mendoziner Ebene zufliessen, dieser letzteren ebenfalls Salze und Säuren zuführen.

Endlich wird zuzugeben sein, dass bei der Bildung der recenten argentinischen Salzvorkommnisse auch noch die von v. Schlagintweit und von Posepny angenommenen Processe binnenländischer Salz-ansammlungen mitgewirkt haben und noch heute mitwirken; indessen begnüge ich mich hier mit der Erinnerung

---

[*]) Leybold. Excurs. 1873. 10.

an dieselben, da ihnen in unserem Falle, gegenüber den im Vorstehenden nachgewiesenen und in grossem Massstabe sich vollziehenden Translocationen und Zersetzungen nur eine sehr untergeordnete Bedeutung zukommen dürfte.

In dem Jahre 1846 konnte D a r w i n noch schreiben: „The problem of the origin of salt is so obscure, that every fact, even geographical position, is worth recording" (Geol. Obs. 234. Car. 349).

Die vorstehenden Bemerkungen zeigen, wie fleissig man in den letzten Decennien an der Lösung dieses Problemes gearbeitet hat und wie das Material zur Beantwortung dieser Frage in den verschiedensten Ländern gesammelt worden ist.

Für die recenten Salzbildungen der argentinischen Lössformation und der argentinischen Gebirge hat sich dabei, um das Gesagte nochmals zusammenzufassen, ergeben: dass diese so mannigfachen Bildungen durch ein Zusammenwirken der verschiedenartigsten Processe entstanden sind. Sie vereinigen auf secundärer Lagerstätte Salze älterer Sedimentärformationen, Salze, welche sich bei der Verwitterung und Zersetzung krystalliner und sedimentärer Gesteine gebildet haben, Salze vulcanischer Entstehung und solche, welche durch Mineralquellen an die Tagesoberfläche gelangen; dagegen ist dem Meere nur in den seltensten Fällen (Salinen des Litorales) eine directe Mitwirkung beschieden gewesen.

3. Vulcane.

Vulcanische Reactionen haben seit dem Beginne der quartären Zeit nur noch im Gebiete der Cordillere und hier wieder zum grösseren Theile auf der chilenischen, zum kleineren Theile auf der argentinischen Seite der oceanischen Wasserscheide stattgefunden.")

Die Kenntniss der argentinischen Vulcane liegt noch sehr im argen; sie reducirt sich in der Hauptsache auf einige allgemeinere Mittheilungen von älteren und neueren Reisenden und auf Vermuthungen, zu welchen die nur aus der Ferne gesehenen Formen einiger Berge Veranlassung gegeben haben. Deshalb und weil es mir nicht vergönnt war, einen der argentinischen Vulcane studiren zu können — ich habe nur den Tupungato von der mendoziner Ebene aus gesehen —, vermag ich hier lediglich die folgenden Anmerkungen aus der mir bekannt gewordenen Litteratur zusammenzustellen.

A c o n c a g u a, Cordillere von Mendoza. Die vulcanische Natur des Aconcagua ist ebenso oft behauptet, wie angezweifelt worden und ist auch heute noch im höchsten Grade problematisch. Die Meinung, dass der Berg ein Vulcan sei, gründet sich meines Wissens lediglich darauf, dass ein Kaufmann von Valparaiso vom dortigen Hafen aus in der Nacht vom 20. Januar 1835 den Berg „in Thätigkeit" gesehen haben will. Er theilte dies D a r w i n' mit (Ueber den Zusammenhang gewisser vulcanischer Erscheinungen etc. Trans. Geol. Soc. London (2) V. 601; darnach C a r u s. Anhang. 27) und in folge dessen findet sich nun Geol. Obs. 241 (Car. 360) der Berg unter den „active or more commonly dormant volcanos" der Cordillere angeführt. Dem ist anfänglich auch B u r m e i s t e r gefolgt (Z. f. allg. Erdk. IV. 1858. 276). Später hat jedoch P i s s i s behauptet, dass der Aconcagua lediglich aus sedimentären Schichten bestehe (An. d. m. (5) IX. 1856. 144, N. Jb. 1856. 199, Descr. top. Ac. 258. 267) und darnach bezeichnet ihn auch B u r m e i s t e r neuerdings als eine „nicht vulcanische Wand" (Phys. Beschr. I. 226).

") Durch die sonst noch hier und da auftretende Bezeichnung „Volcan" darf man sich bei der Beurtheilung dieser Angabe nicht irre machen lassen. Die argentinischen Maulthiertreiber bezeichnen, gleichwie ihre bolivianischen Collegen, gern jeden höheren Berg als Volcan (d'O r b i g n y. Géologie. 115). In Jujuy versteht man unter Volcanen die zu Zeiten von Hochfluthen entstehenden Ablagerungen von Flussschotter (B r a c k e b u s c h. Bol. A. N. V. 207). Endlich entbehrt der Name der im SO. der Provinz Buenos Aires liegenden Sierra de Volcan aller geologischen Begründung (B u r m e i s t e r. Descr. phys. II. 400. 69).

Unter solchen Umständen ist es auf das lebhafteste zu beklagen, dass der im Jahre 1883 von Güssfeldt unternommene Versuch einer Besteigung des Aconcagua in Folge widriger Umstände missglückte. Der kühne Reisende ist zwar auf Grund der von ihm an den NW. Abhängen des Berges in einer Höhenzone von 5500—6100 m gesammelten Gesteinsproben zu der Meinung gelangt, dass sich der Berg durch vulcanische Thätigkeit aufgebaut zu haben scheine, muss aber auf der anderen Seite doch zugeben, dass die Configuration des Berges durchaus nicht diejenige eines Vulcanes ist.[*]) Diesem letzteren Ausspruche vermag ich in Erinnerung der verschiedenen Ansichten, die ich gelegentlich meiner Kreuzung der Patos-Cordillere von dem Aconcagua hatte, nur beizustimmen.

Tupungato, Cordillere von Mendoza. Dieser ist zwar ebenfalls noch nicht erstiegen worden, gilt jedoch, seiner Form wegen, allgemein als ein Vulcan. Darwin glaubte einen Krater vom Portillopasse aus unterscheiden zu können und berichtet ausserdem, dass sein Arriero einst aus einem Gipfel habe Rauch hervorkommen sehen (Nat. Reis. II. 90). Leybold erwähnt Solfataren aus dem Tupungato-Gebiete (Escurs. 10).

Cerrito Diamante. Das ist ein Vorberg der Cordillere, der unter 34½° plötzlich aus der Ebene emporsteigt. Crawford (Across the Pampas and the Andes. 1884. 206) bezeichnet ihn als einen erloschenen Vulcan und bemerkt, dass er Lavaströme, welche von dem Krater aus nach W. zu in die Ebene herabgeflossen waren, deutlich gesehen habe.

Pummahuida, zwischen dem Rio colorado und dem Rio Neuquen etwa unter 37° S. Br. gelegen. Nach Pöppig „ein Doppelberg mit zwei Kratern, von denen aber nur einer sehr thätig ist." Der Vulcan hat nach demselben 1822 einen grösseren und 1827 oder 1828 einen kleineren Erguss gehabt (Berghaus Annal. d. Erd- Völker- und Staatenkunde. XII. 1836. 219).

---

[*]) Der Aconcagua ein Vulcan. Verh. G. f. Erdk. Berlin. X. 1883. 461. Bericht etc. in Sitzungsber. d. Preuss. Acad. d. Wiss. 1884. 869. Der Vulcan Aconcagua. Zeitschr. d. deutsch. u. österr. Alpenvereines. 1884. 404. Reise etc. Deutsche Rundschau XI. 1885. 94.

Inzwischen hat auch J. Roth die von Güssfeldt an der Nordwestflanke des Aconcagua und in der oben genannten Höhe gesammelten Gesteine untersucht und darüber in den Sitzber. d. k. Preuss. Akad. d. Wiss. zu Berlin. 1885 XXVIII. folgendes mitgetheilt: „Ein hellröthliches, splittrig brechendes, compactes, zähes Gestein, das in dichter Grundmasse einige Quarzkörner und etwas Feldspath erkennen lässt. U. d. M. sieht man noch etwas verwitterte Hornblende. Wahrscheinlich liegt in dem stark verwitterten Gestein ein Felsitporphyr vor. Ein schwarzer, ebenfalls verwitterter Tuff lässt u. d. M. neben Plagioklas-Chlorit, Magneteisen, Kalkspath erkennen. Ein spärliches augitisches oder amphibolisches Mineral ist vollständig in Chlorit mit breitem Erzrand umgewandelt. Nach dem einzigen Handstück lässt sich das Alter des Tuffes nicht mit Sicherheit bestimmen. Ein weisses, durch Schwefelwasserstofffumarolen zersetztes Gestein zeigt reichlich Gyps neben Schwefel. Es erinnert an zersetzte Trachyte, begreiflicher Weise ist eine Altersbestimmung des Gesteins nicht thunlich. Lässt sich auch nach diesem Vorkommen der Aconcagua nicht als Vulcan bezeichnen, da Laven und jüngere Eruptivgesteine nicht vorliegen, so lässt sich doch Fumarolenwirkung mit Sicherheit an den Gesteinen erkennen."

Zusätze und Berichtigungen.

Seite 14 Zeile 19 von oben ist, gleichwie in der Folge, statt variolithische zu lesen variolitische.

„ 26 Zeile 7 von unten ist statt Cerro Negro zu lesen Caldera-District.

„ 35 Zeile 1 von unten ist statt XIX zu lesen XVIII.

„ 94 „ 7 „ „ „ „ wich her zu lesen which here.

„ 100 „ 8 „ „ „ „ im zu lesen ihm.

„ 130 „ 5 von oben ist X zu streichen.

„ 133 „ 14 „ „ „ Carseolas, das hier und in der Folge als ein bolivianischer Ort angeführt worden ist, gehört neuerdings zu Chile.

„ 130. Das Verzeichniss der Litteratur über die Tertiärformation der Argentinischen Republik ist noch zu ergänzen durch: H. Conwentz. Sobre algunos árboles fósiles del Rio negro. Bol. A. N. VII. 1881. 436. — F. Ameghino. Nuevos restes de mamiferos fósiles oligocenos, recogidos por el professor P. Scalabrini y pertenecientes al Museo Provincial de la ciudad del Paraná. Bol. A. N. VIII. 1885. 1.

„ 147 Zeile 15 von oben ist statt Santa Ros zu lesen Santa Rosa.

„ 148 „ 16 „ „ „ „ Porphyitre zu lesen Porphyrite.

„ 163 Das Verzeichniss der neueren Arbeiten über jüngere Eruptivgesteine der Cordillere ist zu ergänzen durch:

J. Siemiradzki. Geologische Reisemotiven aus Ecuador. Ein Beitrag zur Kenntniss der typischen Andesitgesteine. Nebst einer geologischen Uebersichtskarte von SW. Ecuador. N. Jb. Beilageband. IV. 1885. 195.

Hypersthenandesite, welche den im Descabesado-District vorkommenden hypersthenführenden Augitandesiten (S. 203**) an die Seite zu stellen sind, werden kürzlich von J. v. Siemiradski aus W. Ecuador (N. Jb. 1885. I. 155) und von F. H. Hatch aus Peru (N. Jb. 1885. II. 73) beschrieben.

„ 165 Zeile 12 von oben ist statt Plagioklaskrystalle zu lesen Plagioklasbasalte.

„ 166 „ 11 „ „ „ „ Westabhang zu lesen Ostabhang.

„ 172 „ 9 von oben. Im Anschlusse an Moussy (Descr. III. 365. 366) und Schickendantz (La Plata M. S. III. 1875. 129), sowie auf Grund dessen, was mir in Salem mitgetheilt wurde, habe ich im Texte hier und in der Folge die Laguna blanca der Provinz Catamarca zugerechnet; nach den Einzeichnungen der Provinzialgrenzen auf Petermann's Mapa original de la Rep. Arg. 1875, welchem ich auf meiner Kartenskizze gefolgt bin, würde sie jedoch der Provinz Salta angehören. Die Textangabe ist wohl die richtige.

„ 203 Zeile 12 von unten ist statt ungeschmolzen zu lesen umgeschmolzen.

„ 203 Zweite Anmerkung. Siehe oben den Zusatz zu S. 163.

„ 207 Zeile 4 von unten ist statt ungeschmolzen zu lesen umgeschmolzen.

„ 217 „ 2 „ „ ist hinter 80° einzuschalten N.

„ 246 „ 7 „ „ . Hier und in der Folge (257) gilt bezüglich der Lage von Hoyada dasselbe, was oben in der Anmerkung zu S. 172 über die Laguna blanca bemerkt wurde. Schickendantz bespricht die Hoyada in seiner Schilderung der Provinz Catamarca (La Plata M. S. III. 1875. 129).

„ 246. Die Litteratur über die Kravorkommnisse der Provinz San Luis ist noch zu ergänzen durch M. Puigarri. Hierro oligisto de la Provincia de San Luis. Bol. A. N. II. 1875. 610. Die übertriebenen Vorstellungen von der technischen Bedeutung der hier beschriebenen und anderer, in Catamarca und Salta gefundener Erzmasse hat A. Döring (ebendas. 615) auf ihren wahren Werth zurückgeführt.

„ 273 Zeile 20 von oben ist statt zugeschlemmten zu lesen zugeschwemmten.

Auf der beiliegenden Karte

Auf der beiliegenden K a r t e

        ist statt Stahmer's Reise in 70/71 zu lesen in 71/72.

        „   „   (Provinz) San Louis zu lesen San Luis.

        „   „   Rio sulce (zwischen Tucuman und Santiago del Estero) zu lesen Rio dulce.

      Sodann ist zu erwähnen, dass die kleine insulare Kuppe, welche in der von N. nach W. gerichteten Biegung des Weges Mendoza-Villavicencia liegt, aus silurischem Kalksteine (S. 41) und nicht, wie es wenigstens nach einem mir vorliegenden Reisedrucke der Karte der Fall zu sein scheint, aus Thonschiefer besteht. Diese Kuppe entspricht dem Cerro de Cal auf Tafel III. Profil 9.

      Ausserdem sind für die Karte die soeben zu S. 172 und 245 gemachten Anmerkungen zu berücksichtigen.

      Bezüglich der in die Profile eingezeichneten und eingeschriebenen Höhen wolle man sich

für Tafel I. No. 3 der Correctur auf S. 230° (El Espino nicht 4600 sondern circa 5000 m) und

für Tafel II. No. 6., unterster Abschnitt, jener auf S. 5 (Ascensagua nach Güssfeldt 6970 m) und auf S. 109° (Rio de los Patos im W. des Espinacito nicht 2285 sondern 2785 m) erinnern.

Ortsregister.

Sachregister.

Da wo sich dieses Register mit der auf S. XXI ff. gegebenen Uebersicht des Inhaltes decken würde, finden sich nur Hinweise auf die Capitel und Unterabtheilungen des letzteren und auf die entsprechenden Seitenzahlen des Textes.

Beiträge zur Geologie und Palaeontologie der Argentinischen Republik.
II. Palaeontologischer Theil.

(Palaeontographica. Suplement III.)

Inhalt.

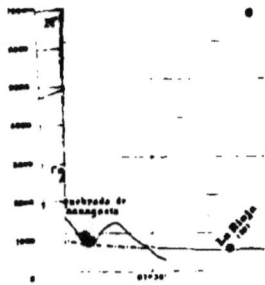

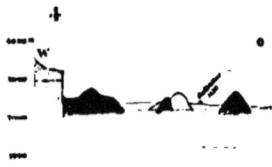

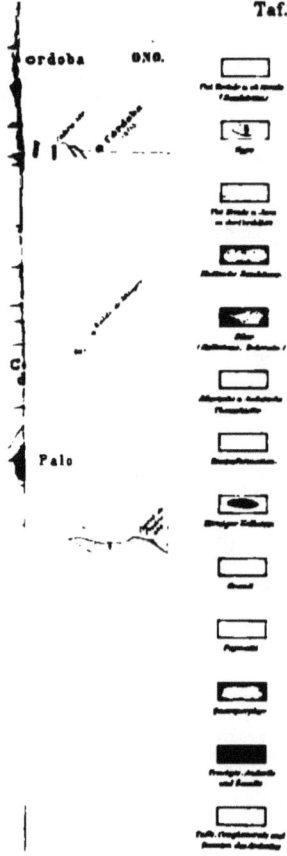

Taf. II.

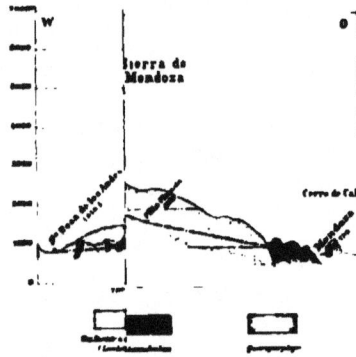

O

W   O

Sierra de
Mendoza

Cerro de Cal

www.ingramcontent.com/pod-product-compliance
Lightning Source LLC
Chambersburg PA
CBHW021114270326
41929CB00009B/879